本书精彩实例欣赏

实例应用

▲ 绘制沙滩风景

实例应用

▲ 旋转和倾斜对象

实例应用

▲ 将线条转换为填充

实例应用

▲ 制作logo

实例应用

▲制作星形表情

实例应用

▲制作珍珠文字效果

实例应用

▲制作变色花

实例应用

▲转换矢量图形并替换背景

实例应用

▲库文件的编辑

实例应用

▲图层的使用

实例应用

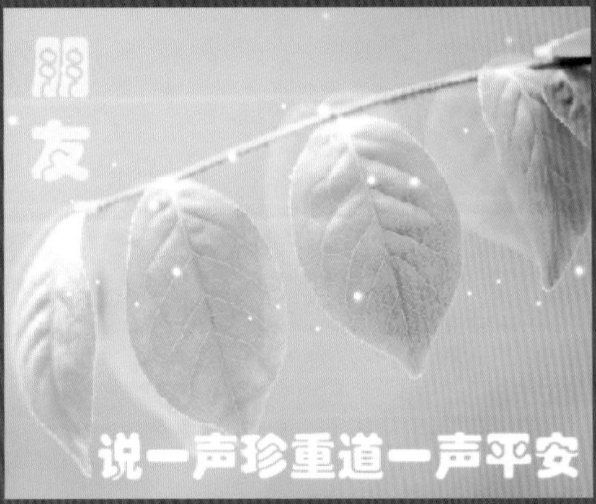

▲ 制作友情贺卡——想你的朋友

实例应用

▲ 制作补间形状动画

实例应用

▲ 变形文字

实例应用

▲ 制作遮罩层动画

实例应用

▲ 设置音频效果

实例应用

▲ 制作菜单动画

实例应用

▲制作Flash小游戏

实例应用

▲制作公益广告宣传动画

48小时精通Flash CS6

刘进 李少勇 编著
飞思数字创意出版中心 监制

電子工業出版社
Publishing House of Electronics Industry
北京·BEIJING

内容简介

本书全面系统地介绍了Flash CS6的基本操作方法和Flash动画的制作技巧，包括初识Flash CS6、认识Flash CS6的工作环境、设置绘图环境、Flash操作基础、对象的基本操作、绘制基本图形、设置填充与笔触、图形的编辑、文本的编辑与应用、应用元件和实例、素材的使用、库和时间轴、动画制作基础、基本动画、复合动画、音频和视频的编辑、ActionScript基础与基本语句、Flash组件的应用、动画的输出与发布，最后结合几个商业案例实训对整体内容进行贯穿。

本书内容均以课堂案例为主线，通过对各案例的实际操作，学生可以快速上手，熟悉软件功能和读者设计思路。书中的软件功能解析部分使读者能够深入学习软件功能。每章中的演练，可以拓展读者的实际应用能力，提高软件使用技巧。商业案例实训可以帮助读者快速地掌握商业动画的设计理念和设计元素，顺利达到实战水平。

本书内容全面，案例丰富，图文并茂，注重理论与实践相结合，充分注意知识的相对完整性、系统性、时效性和可操作性。本书既可作为各类职业院校网页创作应用课程的教材，也可以用做计算机培训班、辅导班和短训班的教材。对于希望快速掌握Flash动画制作的入门者，也是一本不可多得的参考资料。

图书在版编目（CIP）数据

48小时精通Flash CS6 / 刘进，李少勇编著. -- 北京 : 电子工业出版社，2013.11
ISBN 978-7-121-21203-1

Ⅰ. ①4… Ⅱ. ①刘… ②李… Ⅲ. ①动画制作软件 Ⅳ. ①TP391.41

中国版本图书馆CIP数据核字(2013)第182383号

责任编辑：田　蕾
特约编辑：李新承
印　　刷：涿州市京南印刷厂
装　　订：涿州市京南印刷厂
出版发行：电子工业出版社
　　　　　北京市海淀区万寿路173信箱　　邮编：100036
开　　本：787×1092　1/16　印张：23.25　字数：601.6千字　彩插：2
印　　次：2013年11月第1次印刷
定　　价：59.80元（含光盘1张）

凡所购买电子工业出版社图书有缺损问题，请向购买书店调换。若书店售缺，请与本社发行部联系，联系及邮购电话：（010）88254888。
质量投诉请发邮件至zlts@phei.com.cn，盗版侵权举报请发邮件至dbqq@phei.com.cn。
服务热线：（010）88258888。

前言

PREFACE

Flash CS6是一种交互式动画设计制作工具，利用它可以将音乐、声效、动画及富有创意的界面融合在一起，制作出高品质的Flash动画。越来越多的人已经把Flash作为网页动画设计制作的首选工具，并且创作出了许多令人叹为观止的动画效果。经过几年的发展，Flash动画的应用空间越来越广阔，除了可以应用于网络，还可以用于手机等其他媒体领域，是设计师必备的技能之一。

本书向读者详细介绍了各种类型Flash动画的设计与制作方法。全书分为24章，每章全面而细致地讲解了Flash CS6软件的知识点及Flash动画设计制作的技巧，并配有大量图片说明，让初学者很容易掌握Flash动画设计制作的规律。

通过本书的学习，读者完全可以领悟使用Flash CS6软件制作各种类型Flash动画的方法和技巧。本书从商业应用的角度出发，内容全面，案例类型覆盖了各种风格网站的应用领域。

第1章主要讲解了Flash CS6的特点和应用范围、运行环境、安装与卸载的方法，以及新增功能。

第2章主要讲解了Flash CS6工作界面内各个窗口和面板的使用及功能。

第3章对Flash CS6的一些基本操作进行讲解，包括使用文档属性设置绘图环境、首选参数的设置、快捷键的设置、辅助线和网格线的使用，熟练掌握本章内容可以为后面Flash的操作奠定基础。

第4章主要介绍Flash的操作基础，包括选择工具、部分选取工具、手形工具、缩放工具的使用，并介绍了形状的切割、形状的融合、3D旋转工具、3D平移工具的使用方法与技巧，全面快速地掌握矢量图形的编辑与调整，为后面更好地学习Flash奠定基础。

第5章介绍在Flash CS6中编辑与修改对象的相关知识。

第6章介绍基本图形的绘制方法。

第7章介绍“颜色”面板的使用，并介绍填充工具的应用，以及与笔触颜色相关的工具，如墨水瓶工具，和与填充颜色相关的工具，如颜料桶工具等。

第8章介绍使用任意变形工具对图形进行变形，并利用将线条转换成填充、扩展填充和柔化填充边缘命令对图形进行修饰的方法。

第9章介绍创建与编辑Flash文本的方法。

第10章对元件和实例进行简单介绍。

第11章对素材的应用进行了讲解。处理好静态图像是进行动画创作的基础。任何美观的图形和活泼的动画，其根本还是由一幅幅静态的图像所构成的。

第12章对“库”面板和“时间轴”面板进行了简单的介绍。

第13章主要介绍图层的应用，包括图层的管理、属性、混合模式，以及对关键帧、空白关键帧、普通帧及多个帧的编辑。

第14章介绍一些基本动画的制作，包括逐帧动画、传统补间动画和补间形状动画，这些动画是Flash中最基本、也是最经常用到的。

第15章主要通过制作复杂的动画实例，介绍引导层动画和遮罩层动画的制作方法。

第16章主要讲解音频和视频的编辑。在制作一些Flash动画时，用户可以根据需要将音频文件或者视频文件导入到Flash中，从而使制作出的动画效果更加美观。

第17章讲解ActionScript基础与基本语句。ActionScript脚本语言是特有的一种非常强大的网络动画编程语言，用于使Flash各元素之间互相传递信息。要学好Flash，不仅要掌握动画的基础知识，而且更重要的是学好ActionScript脚本语言。

第18章介绍主要Flash组件的应用。

第19章主要介绍动画的输出与发布。

网站导航栏是网站中引导观众对主要栏目进行浏览的快捷方式，它可以将网站结构清晰地展示出来。第20章将介绍网站导航栏的制作。

虽然Flash不是专为制作游戏而开发的软件，但是随着ActionScript功能的强大，出现了很多种制作技法，并且，通过这些技法可以制作出简单、有趣的Flash游戏。第21章将制作一个非常简单的Flash小游戏。

第22章将介绍友情贺卡的制作方法。

目前房地产市场上，开发商青睐的宣传途径主要包括报纸、房展会、路牌条幅、互连网络、电视广播、宣传单页及业主联谊等。第23章将介绍使用Flash制作房地产宣传动画的方法。

第24章将主要介绍如何制作公益广告宣传动画。

本书案例涉及面广，几乎涵盖了Flash动画设计制作的各个方面，力求让读者通过不同的实例掌握不同的知识点。在对案例进行讲解的过程中，手把手地解读如何操作，直至得出最终效果。

本书由德州职业技术学院的刘进老师及李少勇执笔编写，此外，于海宝、刘蒙蒙、徐文秀、孟智青、李向瑞、王玉、李娜、王雄健、张林为本书的章节的编排及内容的组织进行了大量的工作；同时，任龙飞、贾玉印、张花、刘杰、荣建刚、荣立峰、弭蓬也参与了部分章节场景文件的整理，其他参与编写与制作的还有陈月霞、刘希林、黄键、黄永生、田冰、徐昊，北方电脑学校的刘德生、宋明老师等，谢谢你们在书稿前期材料的组织、版式设计、校对、编排，以及大量图片的处理所做的工作，在此，编者对他们表示衷心的感谢。

本书由刘进、李少勇编著，参与编写的人员还有叶丽丽、王海峰、牟艳霞、张国华、周轶、周琳、焦丽华、李怀良、唐红连、李华、李晓鹏、田娟娟、刘爱华。

作 者

2012年8月

目录

CONTENTS

（2小时）

第 4 章 Flash操作基础

（2小时）

第 5 章 对象的基本操作

（2小时）

第 6 章 绘制基本图形

（2小时）

第 7 章 设置填充与笔触

（2小时）

第 8 章 图形的编辑

（2小时）

第18章 Flash组件的应用

（2小时）

第19章 动画的输出与发布

（2小时）

第20章 制作导航栏

（2小时）

第21章 制作Flash小游戏

（2小时）

第22章 制作友情贺卡——想你的朋友

（2小时）

第23章 制作房地产宣传动画

（2小时）

第24章 制作公益广告宣传动画

第1章

本章导读：

Flash是Adobe公司出品的一款多媒体矢量动画制作软件，具有交互性强、文件尺寸小、简单易学及拥有独有的流式传输方式等优点。作为一种创作工具，设计人员和开发人员可以使用它来创建演示文稿、应用程序和其他允许用户交互的内容。它包含简单的动画、视频内容、复杂的演示文稿和应用程序，以及介于它们之间的任何内容。

初识Flash CS6

【基础知识：1小时15分钟】

绘制矢量图	10分钟
设计动画	10分钟
强大的编程功能	10分钟
Flash CS6的安装	25分钟
Flash CS6的卸载	20分钟

【演练：45分钟】

Flash CS6的新功能	45分钟

1.1 使用Flash可以做什么

学习时间：30分钟

使用Flash中的诸多功能，可以创建许多类型的应用程序。以下是使用Flash能够生成的应用程序示例。

◉ 动画。

包括横幅广告、联机贺卡和卡通画等。许多其他类型的Flash应用程序也包含动画元素，如《猫和老鼠》的动画场景。

◉ 游戏。

许多游戏都是使用Flash制作的。游戏通常结合了Flash的动画功能和ActionScript的逻辑功能。

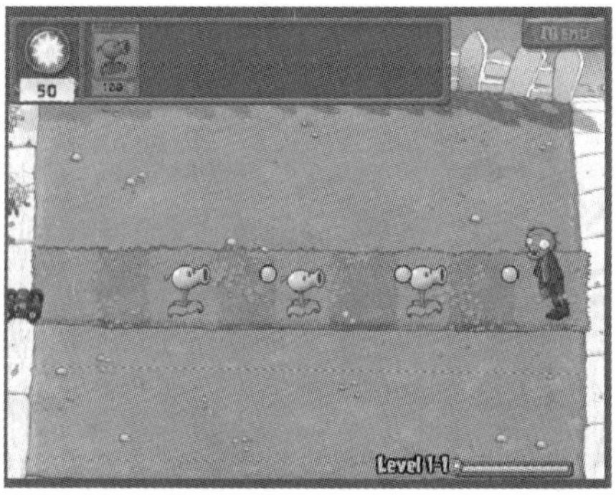

◉ 用户界面。

许多Web站点设计人员习惯使用F1ash设计用户界面。它可以是简单的导航栏，也可以是复杂得多的界面。

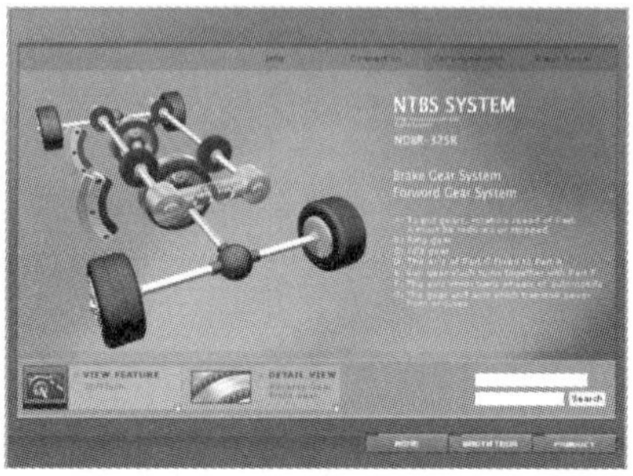

◉ 灵活的消息区域。

设计人员使用Web页中的这些区域，显示可能会不断变化的信息。

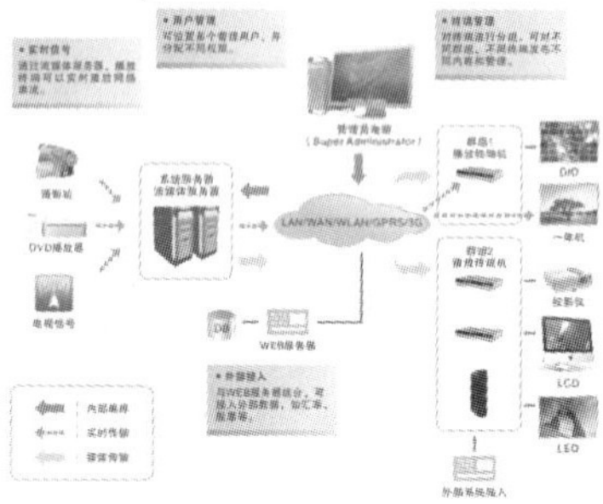

◉ 丰富的Internet应用程序。

包括多种类型的应用程序，它们提供了丰富的用户界面，用于通过Internet显示和操作远程存储的数据。丰富的Internet应用程序可以是一个日历应用程序、价格查询应用程序、教育和测试应用程序、购物目录或者任何其他使用丰富的图形界面提供远程数据的应用程序等。

1.1.1 绘制矢量图

利用Flash的矢量绘图工具，可以绘制出具有丰富表现力的作品，例如在Flash中绘制圣诞帽的矢量图。

矢量绘图是Flash的基本功能之一。尽管与专业的矢量绘图工具相比，Flash的界面稍简陋，但功能却不逊色。在它所提供的绘图工具中，不仅有传统的圆形、矩形和直线等图形的绘制工具，而且还有专业的贝济埃曲线等绘制工具。

计算机以矢量格式或者位图格式显示图形。其中矢量图形是以数学公式，而不是大型数据集来表示的，因此它需要的内存和存储空间要小很多；而位图图形之所以更大，是因为图像中的每个像素都需要用一组单独的数据来表示。使用Flash可以创建压缩矢量图形，并将它们制作为动画，也可以导入和处理在其他应用程序中创建的矢量图形和位图图像。

技巧提示

矢量图形使用矢量直线和曲线描述图像，矢量包括颜色和位置等属性，例如，铅笔图像可以由创建铅笔轮廓的线条所经过的点来描述，图像的颜色由轮廓所包围区域的颜色决定。

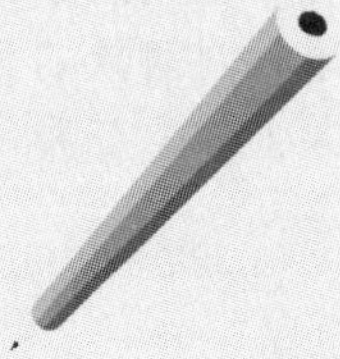

在编辑矢量图形时，既可以修改描述图形形状的线条和曲线的属性，也可以对矢量图形进行移动、调整大小、重定形状及更改颜色等操作，并且这些操作不会降低其外观品质。矢量图形与分辨率无关，这就意味着它们可以显示在各种分辨率的输出设备上，而丝毫不影响其品质。

技巧提示

位图图像使用在网格内整齐排列的像素的彩色点来描述。例如，玫瑰花的图像由网格中每个像素的特定位置和颜色值来描述，使用类似于镶嵌的方式来创建图像。

在编辑位图图像时修改的是像素，而不是直线和曲线，因此编辑位图图像会更改它的外观品质。特别是调整位图图像的大小，会使图像的边缘出现锯齿，这是因为网格内的像素重新进行了分布。因为描述图像的数据是固定到特定尺寸的网格上的，所以位图图像与分辨率有关，这就意味着在比图像本身分辨率低的输出设备上显示位图图像时会降低它的品质。

1.1.2 设计动画

动画设计可以说是Flash最普遍的应用了，其基本形式是“帧到帧动画”，这也是传统手动绘制动画的主要工作方式。由于动画在每一帧中使用单独的图像，所以对诸如面部表情和形体姿态等需要细微改变的复杂动画来说，是一种很理想的工作方式。Flash提供的补间动画制作方式，可使动画的制作更加直观、方便。

Flash CS6提供了几种在文档中添加动画和特定效果的方法。

（1）补间动画技术的引入，给计算机辅助动画设计带来了一场革命。一些有规律可循的运动和变形，只需要制作起点帧和终点帧的画面，并对两帧之间的运动规律进行准确的设置，计算机就能自动地生成中间过渡帧。

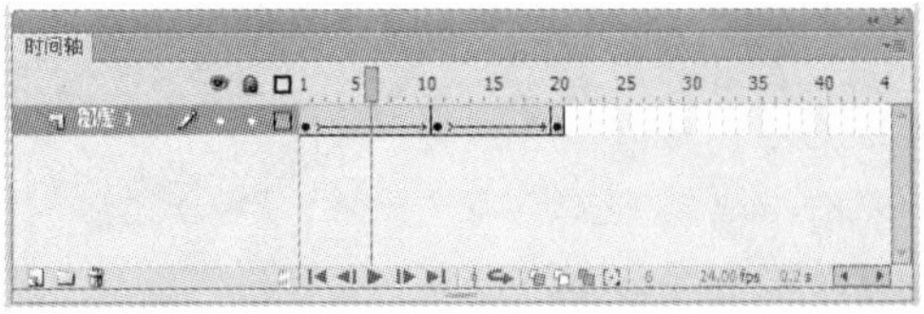

例如，要创建补间动画，只需创建好起始帧和终点帧的画面，而让Flash自己创建中间帧的动画即可。Flash通过更改起始帧和终点帧之间的对象大小、旋转角度、颜色或者其他的属性，而自动地创建运动的效果。

（2）可以通过在时间轴中更改连续帧的内容来创建动画。

可以在舞台中创作出移动对象、旋转对象、增大或者减小对象大小、改变颜色、淡入淡出，以及改变对象形状等效果。对对象的更改既可以独立于其他对象，也可以和其他对象互相协调。例如可以创作出这样的效果：对象在舞台中一边移动，一边旋转，并且逐渐淡入。在逐帧动画中，必须创建好每一帧的图像。

1.1.3 强大的编程功能

动作脚本是Flash CS6的脚本编写语言，可以使影片具有交互性，动作脚本提供了一些元素，例如动作、运算符及对象等。用户可以将这些元素组织到脚本中，指示影片要进行什么操作。还可以对影片进行脚本设置，使单击鼠标和按下键盘键之类的事件可以触发这些脚本，例如可以用动作脚本为影片创建导航按钮。

在F1ash中，可以通过“动作”面板来编写脚本，在标准编辑模式下使用该面板，可以通过从菜单和列表中选择选项来创建脚本；在专家编辑模式下使用该面板，可以直接向脚本窗格中输入脚本。在这两种模式下，代码提示都可以帮助完成动作和插入属性及事件。一旦有了一个脚本，就可以将其附加在按钮、影片剪辑或者帧上，从而创建出所需要的交互性。

Flash引入了定义元件的功能，它可以把各种图形和字符，甚至是其他的元件组织在一起．并且可以对它们进行统一的操作。其中变化最丰富的就是影片剪辑元件，不仅可以在开发环境中手动编辑它的属性（例如长度、颜色、旋转角度，甚至播放头在时间轴上的位置等），而且可以通过编程进行控制。这样Flash影片的表现空间就被大大地扩展了，作品的表现手段更加丰富。

1.2 Flash CS6的安装与卸载

学习时间：45分钟

在学习Flash CS6之前，首先要安装Flash CS6软件。本节介绍在Microsoft Windows XP系统中安装与卸载FlashCS6的方法。

1.2.1 运行环境需求

随着版本的升级，Flash CS6对计算机软、硬件的要求也会有所改变，下面来看一下运行Flash CS6的系统要求。

◉Windows系统。

- 1GHz或更快的处理器。
- Microsoft Windows XP或Windows Vista。
- 1GB的内存。
- 3.5GB可用硬盘空间用于安装，安装过程中需要额外的可用空间(无法安装在基于闪存的设备上)。
- 分辨率为1024×768像素的显示器，16位的显卡。
- DVD-ROM驱动器。
- 多媒体功能需要QuickTime 7.1.2软件。
- 在线服务需要连接Internet。

◉Mac OS系统。

- PowerPC G5或Intel多核处理器。
- Mac OS X 10.4.11～10.5.4版。
- 1GB的内存。
- 4GB可用硬盘空间用于安装，安装过程中需要额外的可用空间(无法安装在使用区分大小写的文件系统的卷或基于闪存的设备上)
- 分辨率为1024×768像素的显示器(推荐用1280×800的显示器)，16位像素显卡。
- DVD-ROM驱动器。
- 多媒体功能需要QuickTime 7.1.2软件。
- 在线服务需要连接Internet。

Flash CS6是专业的设计软件，其安装方法比较标准。具体的安装步骤如下：

1.2.2 Flash CS6的安装

Flash CS6是专业的设计软件，其安装方法比较标准。具体的安装步骤如下：

01 在计算机中找到Flash CS6的安装程序，双击安装文件图标，先初始化安装程序，弹出“Adobe 安装程序”对话框。

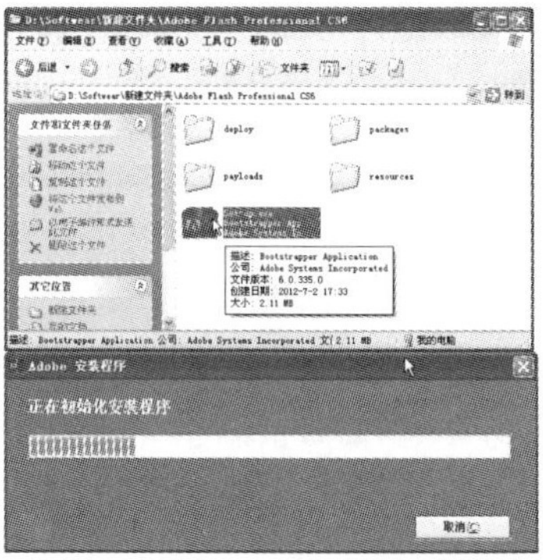

02 接着弹出“欢迎”界面，单击“试用”按钮。

03 在弹出的“Adobe 软件许可协议”界面中单击“接受”按钮。

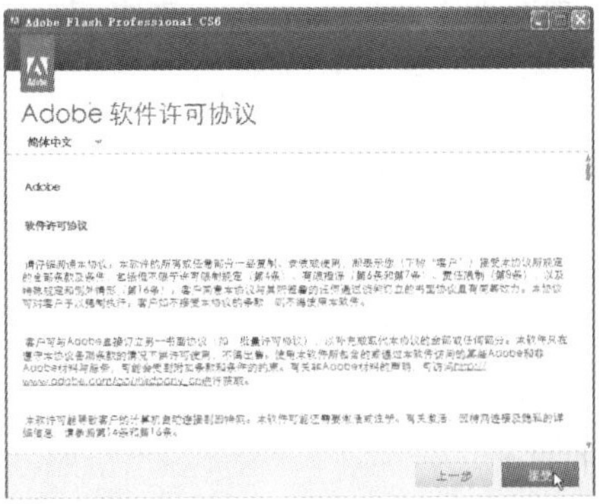

04 进入“需要登录”界面，单击“登录”按钮。

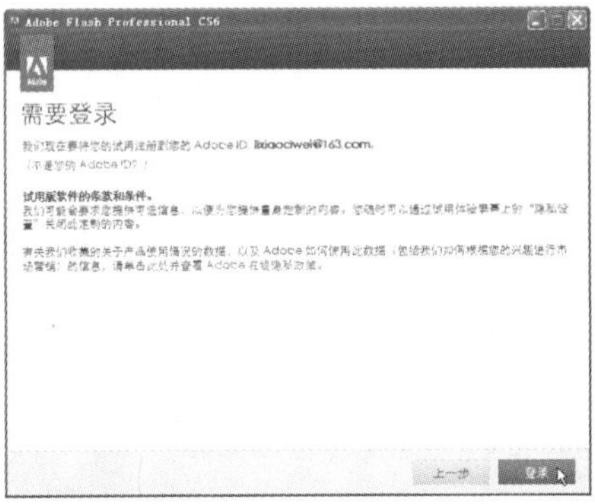

05 进入“选项”界面，显示安装的选项，并设置安装路径。

06 单击“安装”按钮，进入“安装”界面，显示安装进度，安装完成后，进入“安装完成”界面。然后单击“关闭”按钮，Flash CS6即安装成功。

1.2.3 Flash CS6的卸载

上面介绍了Flash CS6的安装，下面再来介绍Flash CS6的卸载。

01 打开“控制面板”窗口，双击“添加和删除程序”选项。

02 弹出“添加和删除程序”窗口，在该窗口中选择“Adobe Flash Professional CS6”选项，单击上面的“删除”按钮。

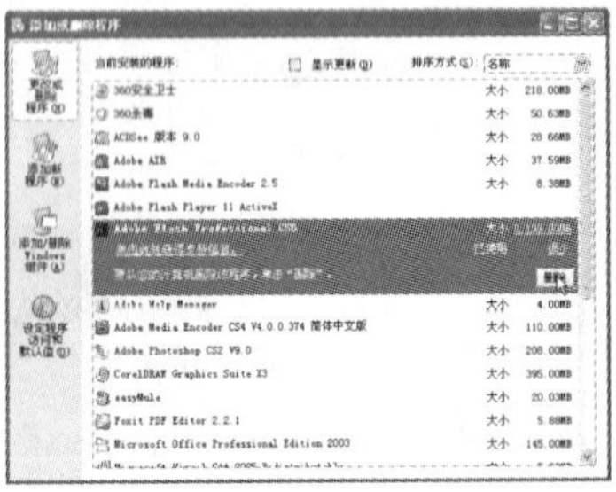

03 进入“卸载选项”界面，在该界面中选择需要卸载选项的复选框，单击“卸载”按钮。

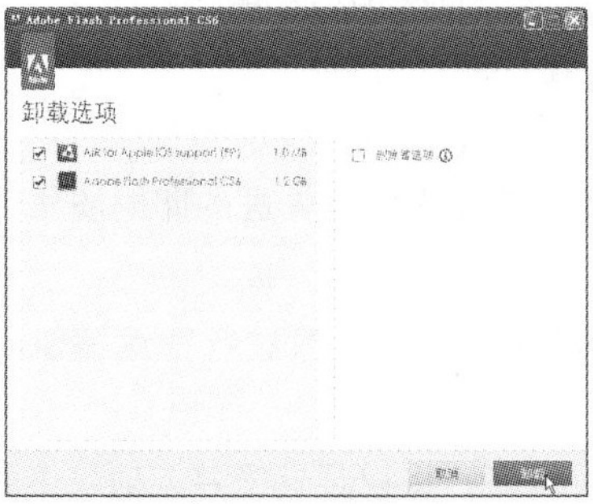

04 即可在“卸载”界面显示卸载进度。

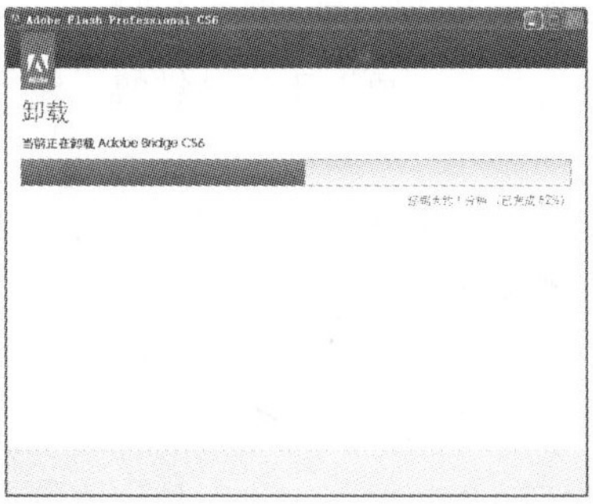

05 卸载完成后，显示“卸载完成”界面。然后单击“关闭”按钮，Flash CS6即卸载成功。

06 此时“添加或删除程序”窗口中已无Flash CS6软件。

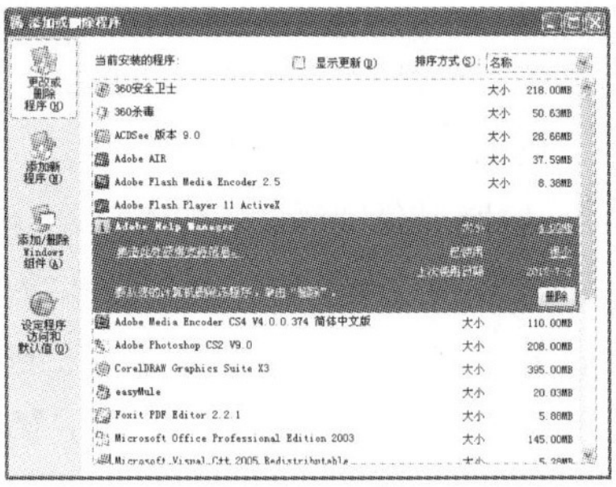

1.3 Flash CS6的新功能

学习时间：45分钟

Flash CS6是交互创作的业界标准，可用于提供跨个人计算机、移动设备，以及几乎任意尺寸和分辨率的屏幕一致呈现的令人痴迷的互动体验。

从Flash CS3到Flash CS6绝不是一个简单的升级，不仅用户界面更易于使用，而且功能的整合也得到了大幅度的增强。下面就来看一看Flash CS6的新功能。

要想了解所安装的版本，在菜单栏中选择“帮助”→“Flash帮助”命令即可。或者按【F1】键。

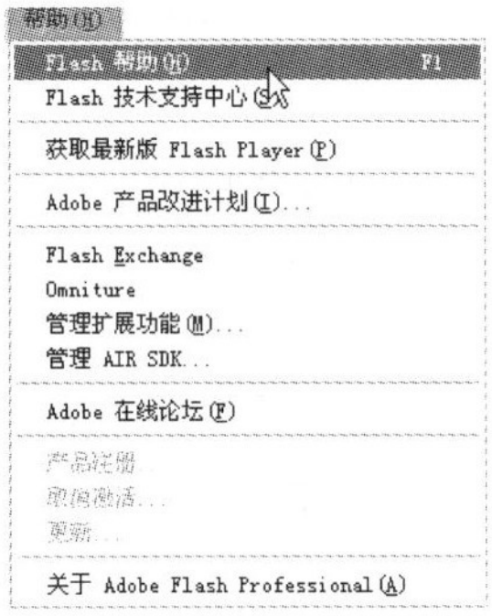

1.3.1 Flash CS6的新增功能

Adobe Flash Professional CS6软件内含强大的工具集，具有排版精准、版面保真和丰富的动画编辑功能，能帮助您清晰地传达创作构思。

- **HTML的新支持。** 以Flash Professional的核心动画和绘图功能为基础，利用新的扩展功能（单独提供）创建交互式HTML内容。导出JavaScript来针对CreateJS开源架构进行开发。
- **生成 Sprite 表单。** 导出元件和动画序列，以快速生成Sprite表单，协助改善游戏体验、工作流程和性能。

◉**锁定 3D 场景。**使用直接模式作用于针对硬件加速的2D内容的开源Starling Framework，从而增强渲染效果。

◉**高级绘制工具。**借助智能形状和强大的设计工具，更精确有效地设计图稿。

◉**行业领先的动画工具。**使用时间轴和动画编辑器创建和编辑补间动画，使用反向运动为人物创建自然的动画。

◉**高级文本引擎。**通过“文本版面框架”获得全球双向语言支持和先进的印刷质量排版规则API。从其他Adobe应用程序中导入内容时仍可保持较高的保真度。

◉**Creative Suite集成。**使用Adobe Photoshop CS6软件对位图图像进行往返编辑，然后与Adobe Flash Builder 4.6软件紧密集成。

◉**专业视频工具。**借助随附的Adobe Media Encoder应用程序，将视频轻松并入项目中并高效转换视频剪辑。

◉**滤镜和混合效果。**为文本、按钮和影片剪辑添加有趣的视觉效果，创建出具有表现力的内容。

◉**基于对象的动画。**控制个别动画属性，将补间直接应用于对象而不是关键帧。使用手柄轻松更改动画。

◉**3D转换。**借助激动人心的3D平移工具和3D旋转工具，让2D对象在3D空间中转换为动画，让对象沿*X*、*Y*和*Z*轴运动。将本地或者全局转换应用于任意对象。

◉**骨骼工具的弹起属性。**借助骨骼工具的动画属性，创建出具有表现力的、逼真的弹起和跳跃等动画。强大的反向运动引擎可制作出真实的物理运动效果。

◉**装饰绘图画笔。**借助装饰工具的一整套画笔添加高级动画效果。制作颗粒现象的移动（如云彩或雨水），并且绘出特殊样式的线条或者多种对象图案。

◉**轻松实现视频集成。**用户可在舞台上拖动视频并使用提示点属性检查器，简化视频嵌入和编码流程。在舞台上直接观赏和回放FLV组件。

◉**反向运动锁定支持。**将反向运动骨骼锁定到舞台，为选定骨骼设置舞台级移动限制。为每个图层创建多个范围，定义行走循环等更复杂的骨架移动。

◉**统一的Creative Suite界面。**借助直观的面板停放和弹起加载行为，简化与Adobe Creative Suite版本中所有工具的互动，大幅提升用户的工作效率。

◉**精确的图层控制。**在多个文件和项目间复制图层时，保留重要的文档结构。

◉**返回顶部快速编写代码和轻松执行测试。**使用预制的本地扩展功能可访问平台和设备的特定功能，以及模拟常用的移动设备应用互动。

◉**特定平台和设备访问。**使用预置的本地扩展功能访问特定平台与设备，例如电池电量和振动。

◉**Adobe AIR移动设备模拟。**模拟屏幕方向、触控手势和加速计等常用的移动设备应用互动来加速测试流程。

◉**ActionScript编辑器。**借助内置ActionScript编辑器提供的自定义类代码提示和代码完成功能，简化开发作业。有效地参考本地或外部的代码库。

◉**基于XML的FLA源文件。**借助XML格式的FLA文件实施，更轻松地实现项目协作。解压缩项目的操作方式类似于文件夹，可使用户快速管理和修改各种资源。

◉**代码片段面板。**借助常见操作、动画和多点触控手势等预设的便捷代码片段，加快项目的完成速度。这也是一种学习ActionScript更简单的方法。

◉**顺畅的移动测试。**在支持Adobe AIR运行时并使用USB连接的设备上执行源码级调试，直接在设备上运行内容。

- **有效地处理代码片段。**使用pick whip预览并以可视方式添加20多个代码片段，其中包括用于创建移动和AI应用程序、用于加速计多点触控手势的代码片段。
- **Flash Builder集成。**与开发人员密切合作，让他们使用Adobe Flash Builder软件对您的FLA项目文件内容进行测试、调试和发布，能够提高工作效率。
- **返回顶部创建一次，即可随处部署。**使用预先封装的Adobe AIR captive运行时创建应用程序，在台式计算机、智能手机、平板电脑和电视上呈现一致的效果。
- **广泛的平台和设备支持。**锁定最新的Adobe Flash Player和AIR运行时，使用户能针对Android和iOS平台进行设计。
- **高效的移动设备开发流程。**管理针对多个设备的FLA项目文件。跨文档和设备目标共享代码和资源，为各种屏幕和设备有效地创建、测试、封装和部署内容。
- **创建预先封装的Adobe AIR应用程序。**使用预先封装的Adobe AIR captive运行时创建和发布应用程序。简化应用程序的测试流程，使终端用户无须额外下载即可运行您的内容。
- **在调整舞台大小时缩放内容。**元件和移动路径已针对不同屏幕大小进行了优化设计，因此在进行跨文档分享时可节省时间。
- **简化的“发布设置”对话框。**使用直观的“发布设置”对话框，更快、更高效地发布内容。
- **跨平台支持。**在所选择的操作系统上（Mac OS或Windows）工作。
- **元件性能选项。**借助新的工具选项、舞台元件栅格化和属性检查器提高移动设备上的CPU、电池和渲染性能。
- **增量编译。**使用资源缓存缩短使用嵌入字体和声音文件的文档编译时间，提高丰富内容的部署速度。
- **自动保存和文件恢复。**即使在计算机崩溃或者停电后，也可以确保文件的一致性和完整性。
- **多个AIR SDK支持。**使用可以帮助用户轻松创建新出版目标的菜单命令添加多个Adobe AIR软件开发工具包（SDK）。

1.3.2 ActionScript 3.0的增强功能

Flash包含有多个ActionScript版本，可以满足各类开发人员和回放硬件的需要。ActionScript 3.0的执行速度极快，与其他的ActionScript版本相比，此版本要求开发人员对面向对象的编程概念有更深入的了解。使用最新且最具创新性的ActionScript 3.0语言，能高效地进行工作。

ActionScript 3.0中的改进部分包括新增的核心语音功能，以及能够更好地控制低级对象的改进的Flash Player API。

- **ActionScript 3.0开发。**使用最新的ActionScript 3.0语言，可以节省时间。该语言具有改进的性能、增强的灵活性，以及更加直观和结构化的开发能力。
- **高级调试器。**可使用功能强大的新的ActionScript调试器测试内容。Flash包括一个单独ActionScript 3.0调试器，ActionScript 3.0调试器仅用于ActionScript 3.0 FLA和AS文件。FLA文件必须将发布设置设为Flash P1ayer 9。
- **脚本辅助。**使用脚本辅助功能便于脚本的编写。脚本辅助提供有一个可视化用户界面，用于编辑脚本，包括自动完成语法及任何给定操作的参数描述。

◉**操作面板。**通过从操作面板的不同语言配置文件中（包括用于移动开发的配置文件）进行选择，可以轻松地使用ActionScript 语言的不同版本。

◉**将动画转换为ActionScript。**能及时地将时间线动画转换为可由开发人员轻松编辑、再次使用和利用的ActionScript 3.0代码，将动画从一个对象复制到另一个对象。

◉**用户界面组件。**可以使用新的、轻量的、可轻松设置外观的界面组件，为ActionScript 3.0创建交互式内容。可以使用绘图工具以可视方式修改组件的外观，而不需要进行编码。

1.3.3 轻松使用其他的Adobe软件

用户可享受您喜爱的Adobe软件的省时集成，以及轻松地在应用程序之间交换资源。

（1）Adobe Photoshop和Illustrator导入。

- Adobe Photoshop导入。在保留图层和结构的同时，可导入和集成Photoshop（PSD）文件，然后在Flash CS6中编辑它们。可使用高级选项，在导入过程中优化和自定义文件。
- Adobe Illustrator导入。在保留图层和结构的同时，可导入和集成Illustrator（AI）文件，然后在Flash CS6中编辑它们。可使用高级选项，在导入过程中优化和自定义文件。

（2）增强的Adobe软件集成。

- Adobe After Effects集成。用户可使用新的QuickTime导出器导出具有不透明度的各个图层，并将它们导入到After Effects中以进行高级处理。还可以直接从After Effects导入FLV。
- Adobe Premiere Pro集成。用户可使用新的QuickTime导出器导出具有不透明度的各个图层，并将它们导入到Adobe Premiere Pro中以进行高级处理。还可以直接从Adobe Premiere Pro导入FLV。
- 导入/导出提示点Adobe Premiere Pro、After Effects和Soundbooth可导入基于XML提示点数据，创建复杂的交互式视频体验。还可以使用提示点触发视频和音频内容中特定点处的交互性。

（3）常见Adobe Creative Suite 3功能。

- Adobe界面。用户可享受新的简化的界面，该界面强调与其他Adobe Creative Suite 5应用程序保持一致，并且可以进行自定义，以改进工作流和最大化工作区空间。
- Adobe Device Central。Adobe Device Central现在集成在所有的Adobe Creative Suite 5中，使用它可以设计、预览和测试移动内容。可创建和测试可供Flash Lite浏览的交互式应用程序和界面。
- Adobe Bridge。使用Adobe Bridge（Adobe CreativeSuite 5的中枢），可以享受效率更高的工作流。Adobe Bridge提供对项目文件、应用程序和设置的集中访问，以及XMF元数据标记和搜索功能。

1.3.4 在Flash中创建应用程序

由于F1ash的文件非常小，所以特别适丁创建通过Internct提供的内容。要在Flash中构建应用程序，可以使用Flash绘图工具创建图形，并将其他媒体元素导入Flash文档中，然后，需要定义如何及何时使用各个元素来创建设想中的应用程序。

第 2 章

本章导读：

Flash是一款矢量图形编辑和动画制作软件，主要用于动画制作、动态网页制作和多媒体制作等领域。本章主要介绍Flash CS6的启动与退出、文档的新建、保存与打开，并对Flash CS6的工作界面进行简单的介绍。

认识Flash CS6的工作环境

【基础知识：1小时】

启动与退出Flash CS6	10分钟
新建Flash文档	10分钟
打开Flash文档	10分钟
保存Flash文档	10分钟
Flash工具箱	10分钟
认识浮动面板	10分钟

【演练：1小时】

认识Flash CS6的工作界面	10分钟
认识菜单	10分钟
常用面板	10分钟
场景和舞台	10分钟
操作工作区	10分钟
认识Flash CS6的不同工作界面	10分钟

2.1 认识并操作Flash CS6

学习时间：1小时

下面对Flash CS6中的基本操作进行简单的介绍。

2.1.1 启动与退出Flash CS6

安装完Flash CS6软件后，即可使用该软件了，下面来介绍Flash CS6的启动与退出。

双击桌面上的Adobe Flash CS6快捷方式图标，弹出启动界面，系统开始加载Flash CS6应用程序。程序启动后，即可进入Flash CS6开始界面。

启动Flash CS6的方法还有以下3种：

- 双击计算机中任意一个扩展名为.fla的文件。
- 找到Flash CS6的安装路径，在其中双击Flash CS6的程序图标。
- 单击“开始”按钮，选择“程序”→“Adobe”→“Adobe Flash Professional CS6”命令。

下面介绍Flash CS6的退出。

单击标题栏右侧的“关闭”按钮，即可退出Flash CS6的应用程序。

若在工作界面中进行了部分操作，之前也未对场景文件进行保存，此时在退出该软件时，将弹出提示信息框。单击“是”按钮将保存文件；单击“否”按钮则不保存文件；单击“取消”按钮，将不退出Flash CS6应用程序。

退出Flash CS6的方法还有以下4种：

- 在菜单栏中选择“文件”→“退出”命令。
- 按【Ctrl+Q】组合键。
- 按【Alt+F4】组合键。
- 在任务栏中的Flash程序按钮上单击鼠标右键，在弹出的快捷菜单中选择“关闭”命令。

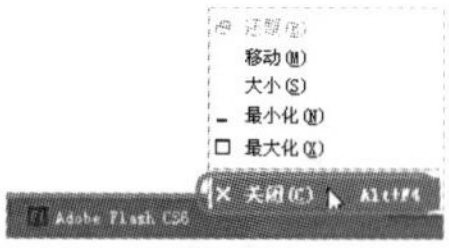

2.1.2 新建Flash文档

在Flash中绘制图像，首先要新建一个Flash文档，下面介绍新建Flash文档的方法。

启动Flash CS6后，会显示其开始界面，在“新建”选项区域选择任意一项即可新建一个空白文档。

新建Flash文档的方法还有以下两种：

- 在菜单栏中选择“文件”→“新建”命令，弹出“新建文档”对话框。在“新建文档”对话框的“常规”选项卡中，在“类型”列表框中选择任意一项，单击“确定”按钮即可新建文档。

- 按【Ctrl+N】组合键，在弹出的“新建文档”对话框中选择新建文档的类型。

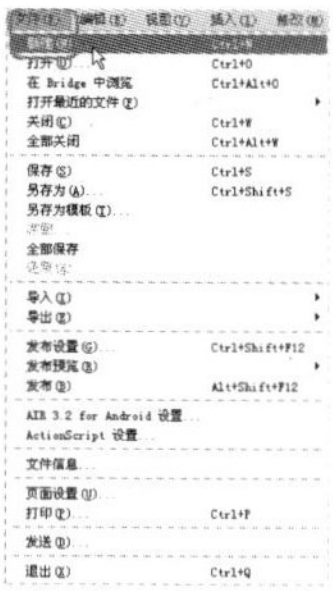

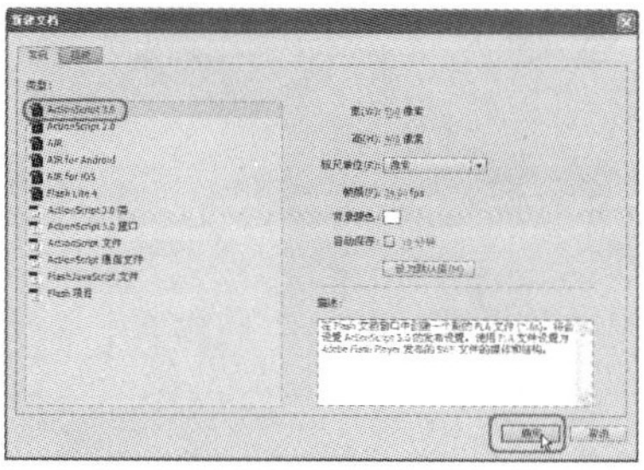

2.1.3 打开Flash文档

启动Flash CS6后，可以打开以前保存的文件。

01 在菜单栏中选择“文件”→“打开”命令。

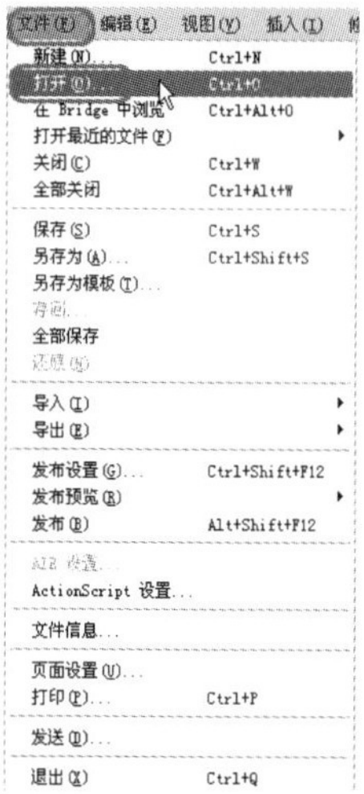

02 弹出“打开”对话框，在其中选择需要打开的文件。

03 单击“打开”按钮，即可将选择的文件打开。

打开Flash文档的方法还有以下3种：

- 启动Flash CS6后，在启动界面上单击“打开最近的项目”选项区域的“打开”按钮，在弹出的“打开”对话框中选择需要打开的文件，单击“打开”按钮即可将选择的文件打开。
- 按【Ctrl+O】组合键，在弹出“打开”对话框中选择需要打开的文件，单击“打开”按钮即可将选择的文件打开。
- 在磁盘中双击需要打开的场景文件。

2.1.4 保存Flash文档

绘制完图形后就需要将场景文件进行存储，保存Flash文档的步骤如下：

01 如果是第一次保存文件，在菜单栏中选择“文件”→“保存”命令。

02 弹出“另存为”对话框，在其中设置文件的保存路径及文件的名称。

03 设置完成后，单击“保存”按钮即可保存场景文件。

保存Flash文档还可以使用【Ctrl+S】组合键，弹出“另存为”对话框，在其中设置文件的保存路径和文件的名称，单击“保存”按钮。

2.1.5 Flash工具箱

工具箱包括一套完整的Flash图形创作工具，与Photoshop等其他图像处理软件的绘图工具非常类似，其中放置了编辑图形和文本的各种工具，利用这些工具可以进行绘图、选取、喷涂、修改及编排文字等操作，有些工具还可以改变查看工作区的方式。工具箱包括4个区，分别是工具区、查看区、颜色区和选项区。

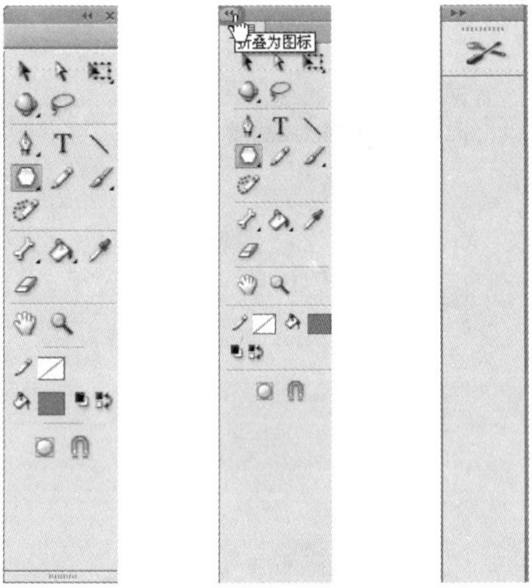

- **工具区**：主要包括选择工具、绘图工具和颜色工具。
- **查看区**：可以对工作区窗口进行缩放和移动操作。
- **颜色区**：主要用于设置边框颜色和填充颜色。
- **选项区**：主要包括选定工具的功能设置按钮，选择的工具不同，选项区中的按钮也不相同。

单击工具箱上方的“折叠为图标”按钮 ◂◂，即可将工具箱折叠为一个图标形式。

除了对工具箱进行折叠外，还可以对工具箱进行移动，下面介绍工具箱的移动。

01 将鼠标指针移至工具箱上方的灰色区域。

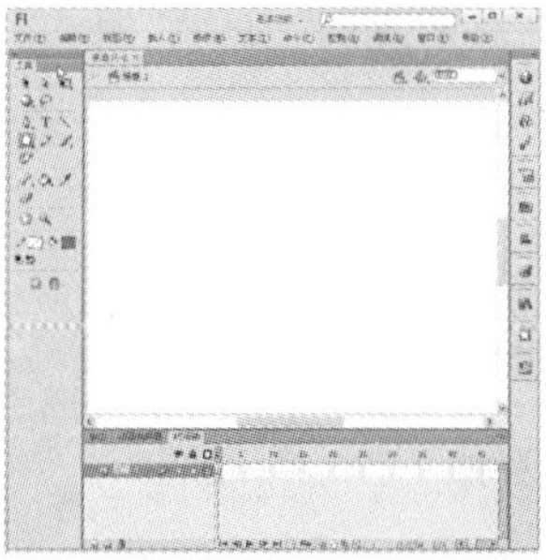

02 按下鼠标左键将其拖曳至窗口右侧后释放鼠标，即可移动工具箱。

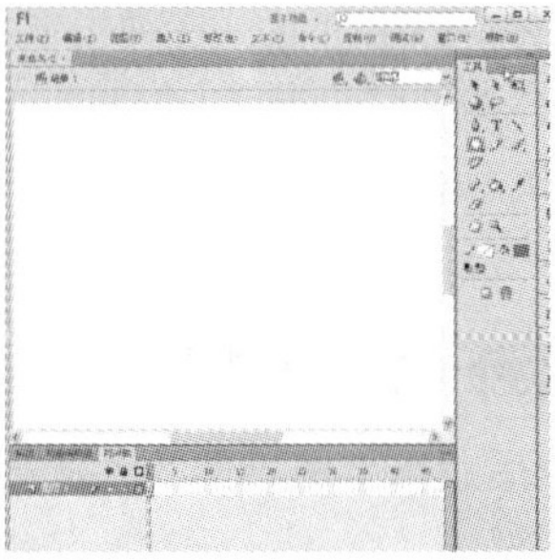

2.1.6 认识浮动面板

Flash提供了根据用户的要求调整操作界面的各种方法和功能，利用浮动面板可以使操作更为简便。通过调整面板的大小或显示/隐藏的方法，可以有效地分配操作空间，通过群组化常用的面板或者用户自定义调配面板位置等方法扩大操作空间。

浮动面板可以在动画的制作过程中协助用户观察、组织和修改影片中的元素，其中的相关选项用于调整所选元素的各种属性。Flash CS6中的浮动面板允许用户对对象、颜色、文本、元件实例、帧、场景和整个影片进行操作。

大多数浮动面板含有附加选项的弹出式菜单，若面板的右上角有一个小三角形按钮，则表明这是一个弹出式菜单，单击此三角形可以选取弹出式菜单中的命令。。

单击面板上方的“折叠为图标”按钮，即可将面板折叠为一个图标的形式。除此之外，还可以通过双击面板的标题栏，折叠该面板的扩展部分。在折叠状态下，面板缩为一个标题栏，仅显示该面板的图标，这样可以节省空间，扩大编辑视野。当面板处于折叠状态时，直接双击此面板的标题栏可以将面板展开。

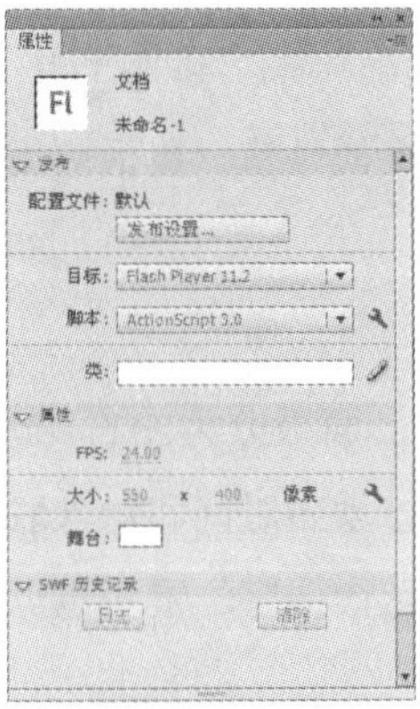

2.2 Flash CS6的工作界面

学习时间：1小时

下面对Flash CS6的工作界面进行简单的介绍。

2.2.1 认识Flash CS6工作界面

启动Flash CS6后即可进行动画制作了。用户需要熟练掌握Flash CS6工作界面中各要素的使用方法及功能，为熟练操作Flash CS6奠定基础。

2.2.2 认识菜单

与许多应用程序一样，Flash CS6的菜单栏包含绝大多数通过窗口和面板可以实现的功能。尽管如此，某些功能还是只能通过菜单或者相应的快捷键才可以实现。在使用Flash CS6制作动画前应先了解Flash CS6的菜单栏，各菜单的用途将在后面的章节讲解。

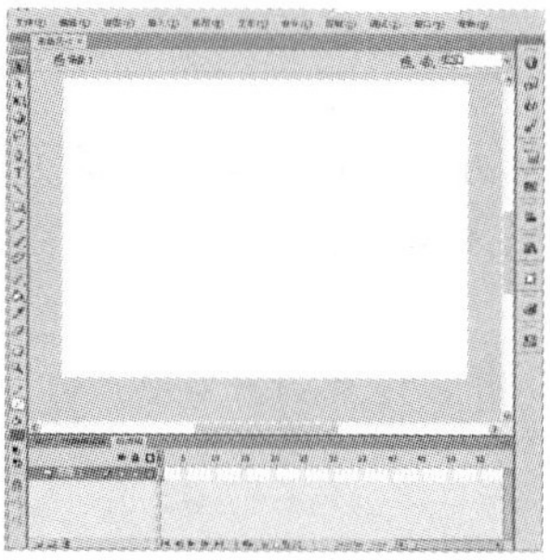

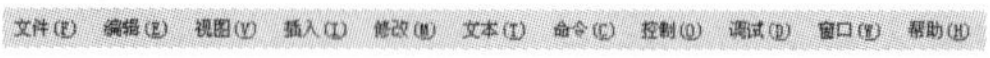

2.2.3 常用面板

Flash CS6提供了多种面板，下面对常用的面板进行简单的介绍。

◉ “属性”面板。

“属性”面板中的内容不是固定的，它会随着选择对象的不同而显示不同的设置项，选择“矩形工具”后，即显示”矩形工具“的“属性”面板。因此用户可以在不打开面板的状态下，方便地设置或者修改各属性值。灵活应用“属性”面板既可以节约时间，还可以减少面板个数，提供足够大的操作空间。

◉ “时间轴”面板。

“时间轴”面板分为左右两个部分，左侧是“图层”面板，右侧是“帧”面板，正是这种结构使得Flash能巧妙地将时间和对象联系在一起。在默认情况下，“时间轴”面板位于工作窗口的顶部，用户可以根据习惯调整位置，也可以将其隐藏起来。

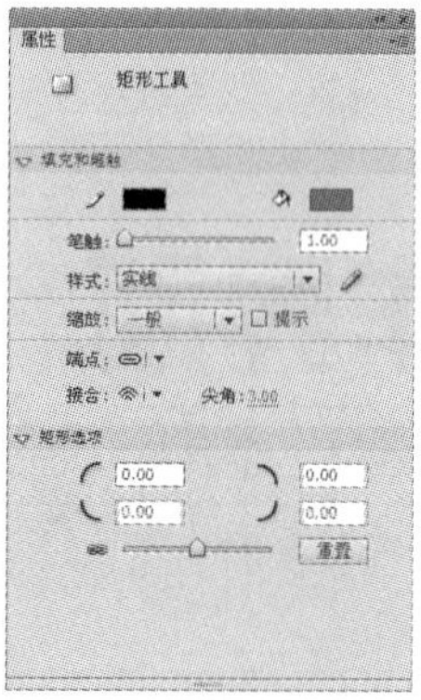

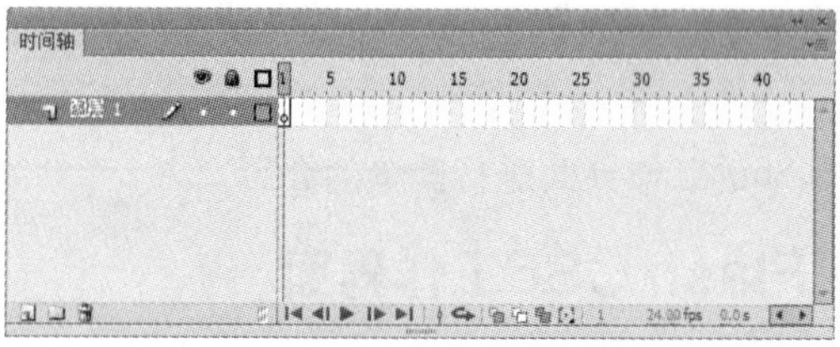

◉ “颜色”面板。

选择“窗口”→“颜色”命令，打开“颜色”面板。“颜色”面板主要用来设置图形对象的颜色。如果已经在舞台中选定了对象，则在“颜色”面板中所做的颜色更改会被应用到该对象上。用户可以在RGB、HSB模式下选择颜色，或者使用十六进制模式直接输入颜色代码，还可以指定Alpha值定义颜色的不透明度。另外，用户还可以从现有调色板中选择颜色。也可对图形应用渐变色，使用“亮度”调节控件可修改所有颜色模式下颜色的亮度。

◉ “库”面板。

在菜单栏中选择“窗口”→“库”命令，可以打开“库”面板。在“库”面板中包含当前编辑文件下的所有元件，如导入的位图、视频等，并且某个实例不论其在舞台中出现多少次，它都只作为一个元件出现在库中。

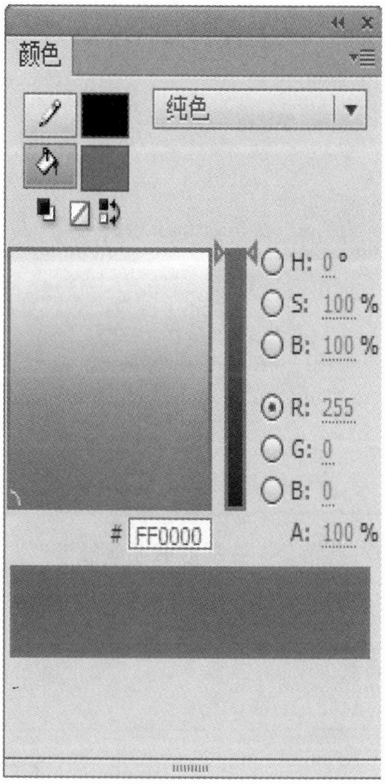

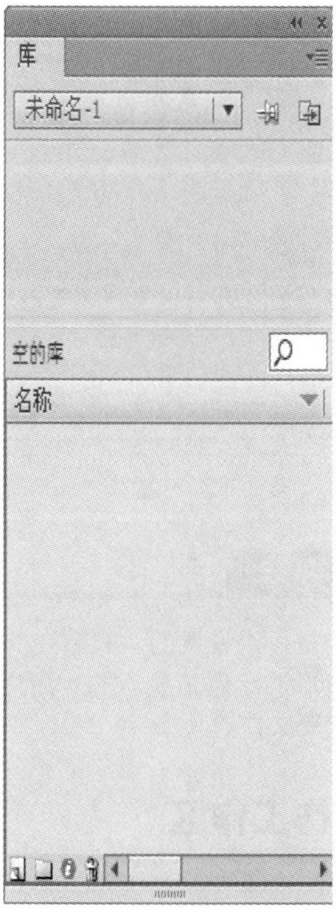

2.2.4 场景、舞台及操作工作区

Flash中的动画在网页上相当于一部小型电影，在制作过程中需要使用不同的场景。通过场景的不断变化及一些特效的加入，然后在“导演”的指挥下，各个“演员”按预定的时间出现在舞台上，最终成为一部小型电影。

“场景”面板帮助用户处理和组织影片，并且允许创建新的场景，或者删除和重新组织场景，并在不同的场景之间切换。

要按照主题组织影片，可以使用场景。例如，可以使用单独的场景用于简介、显示消息及片头、片尾字幕等。当发布包含多个场景的Flash影片时，影片中的场景将按照它在Flash文档的“场景”面板中列出的顺序进行回放。影片中的帧都是按场景顺序编号的。例如，如果影片包含两个场景——“场景1”和“场景2”，那么它将先从“场景1”开始播放。可以添加、删除、复制、重命名场景和更改场景的顺序。

- **添加场景：**单击“添加场景”按钮，在影片中建立一个新场景，命名规则为“场景+数字”。
- **重制场景：**先选中要复制的场景，单击“重制场景”按钮后，将在影片中复制一个与此场景完全相同的新场景，新场景命名规则为“原场景名+副本”。
- **删除场景：**单击“删除场景”按钮，则从影片中删除选中的场景。
- **更改场景的顺序：**在“场景”面板中将场景名拖动到不同的位置，可以更改影片中场景的顺序。
- **更改场景名称：**在“场景”面板中双击场景名称，然后输入新名称。

位于Flash工作界面正中央的白色区域就是舞台，是用户在创作时观看自己作品的场所，也是用户进行编辑、修改动画中对象的场所。对于没有特殊效果的动画，在舞台上也能直接播放，且最后生成的SWF格式的文件中播放的内容也只限于在舞台上出现的对象，其他区域的对象不会在播放时出现。

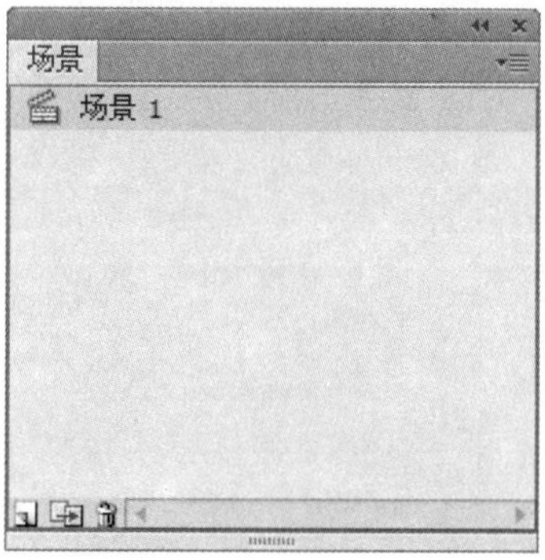

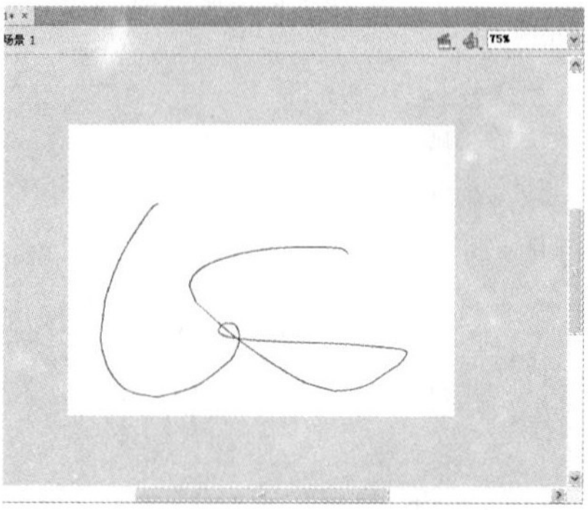

技巧提示

舞台的大小是可以设置的。只有在舞台中出现的Flash对象元素，在播放时才能被看到。在系统默认情况下，舞台是按100%的比例来显示的，用户可以在舞台右上角的下拉列表框中设置舞台的显示比例。改变舞台的比例并不会改变文件的大小。

2.2.5 操作工作区

工作区是舞台周围的所有灰色区域，通常用于动画开始和结束的设置，即动画过程中对象进入舞台和退出舞台时的位置。工作区中的对象除非在某个时刻进入舞台，否则不会在影片的播放中看到。

2.2.6 认识Flash CS6的不同工作界面

Flash CS6有动画、传统、调试、设计人员等4个不同的工作界面，单击标题栏中的“基本功能”按钮 基本功能 ▾ ，在弹出的下拉菜单中选择相应的命令，即可切换到不同的工作界面。

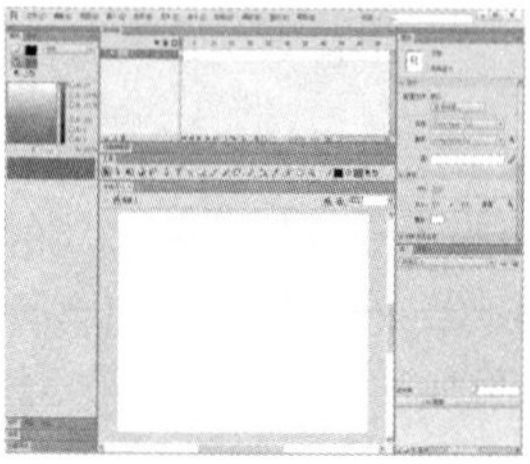

（1）动画工作界面

（2）传统工作界面

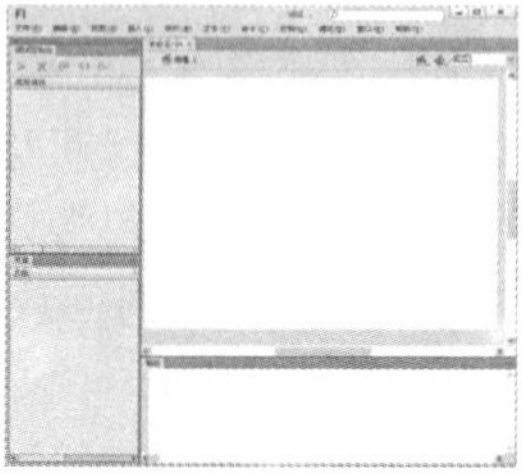

（3）调试工作界面

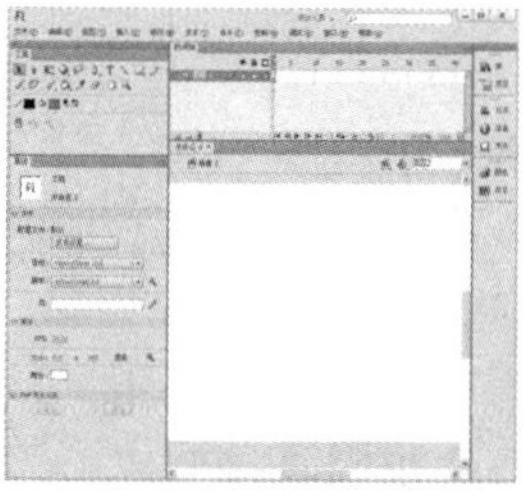

（4）设计人员工作界面

（5）开发人员工作界面

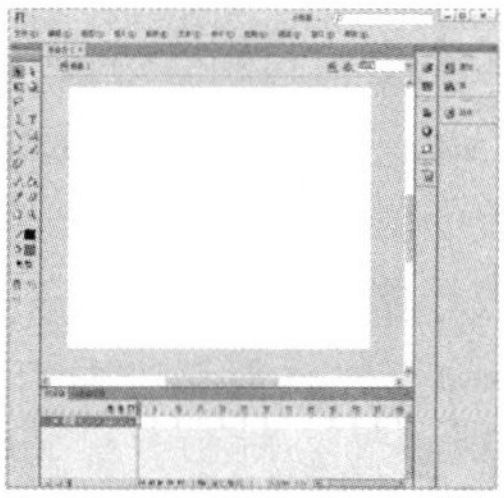

（6）小屏幕工作界面

第3章

本章导读：

本章主要对Flash CS6的一些基本操作进行讲解，包括使用文档属性设置绘图环境、首选参数的设置、快捷键的设置、辅助线和网格线的使用，熟练掌握本章内容为后面的操作奠定基础。

设置绘图环境

【基础知识：1小时30分钟】

设置文档属性	10分钟
首选参数设置	10分钟
快捷键的设置	10分钟
辅助线的添加、删除和移动	15分钟
辅助线的显示与隐藏	45分钟

【演练：30分钟】

网格线的使用	30分钟

3.1 设置文档属性

学习时间：10分钟

新建一个Flash文档后，需要设置该文档的相关信息，如文档的尺寸、背景颜色、标尺单位和帧频等。设置文档属性的操作步骤如下：

01 新建一个空白文档，在菜单栏中选择“修改”→“文档”命令。或按【Ctrl+J】组合键，弹出“文档设置”对话框。

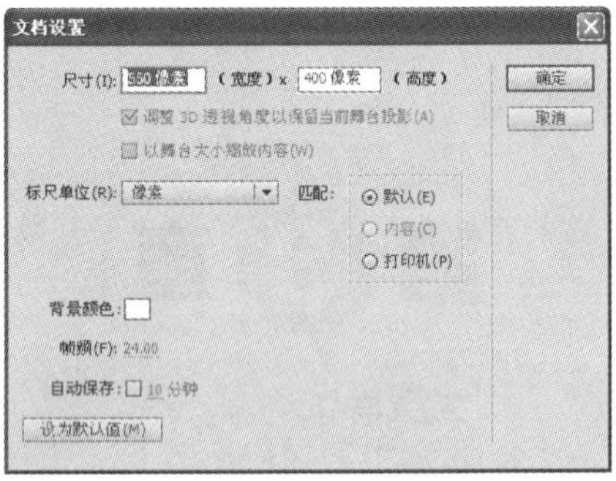

02 在弹出的“文档设置”对话框中显示了文档的属性，可以根据需要进行设置，更改文档的属性。

03 设置完文档属性后，单击“确定”按钮，即可应用该设置。

“文档设置”对话框中各项参数含义如下。

- **尺寸：**在文本框中输入数字可设置舞台的宽度和高度，默认单位为“像素”。
- **调整3D透视角度以保留当前舞台投影：**选择该复选框，则在调整图形的3D角度时，可在舞台上保留图形的投影。
- **标尺单位：**选择标尺的单位。可用的单位有“像素”、“英寸”、“点”、“厘米”和“毫米”。
- **匹配：**选择“打印机”单选按钮后，会使影片尺寸与打印机的打印范围完全吻合；选择“内容”单选按钮后，会使影片内的对象大小与屏幕完全吻合；选择“默认”单选按钮，则使用默认设置。
- **背景颜色：**设置文档的背景颜色。单击色块即可打开拾色器，用户可在其中选择一种颜色作为背景颜色。
- **帧频：**影片播放速率，即每秒要显示的帧数。对于网上播放的动画，设置为8～12帧/秒就足够了。
- **设为默认值：**单击此按钮可以将当前设置保存为默认值。

3.2 参数设置

学习时间：20分钟

在特定的情况下，需要在进行动画编辑制作之前对一些相关的参数进行设置，从而定制Flash CS6的工作环境。由于每个人都有自己的操作习惯和喜好，Flash中设有预置的选项，能让用户使用得更加得心应手。

3.2.1 首选参数设置

在菜单栏中选择“编辑”→“首选参数”命令，弹出“首选参数”对话框，其中有9个类别，用户可以在此设置相应的参数。

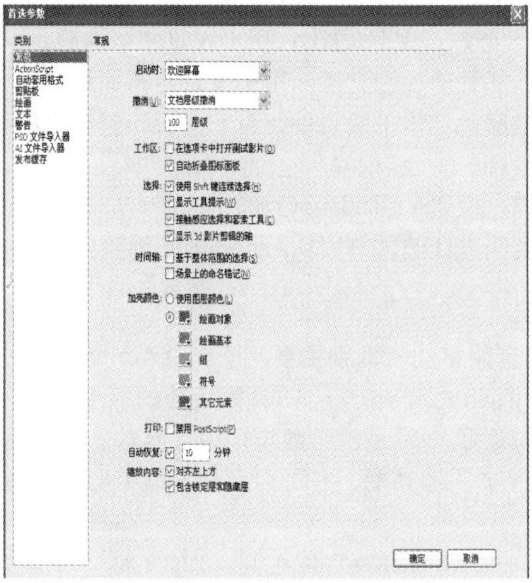

（1）常规。

“常规”是默认的类别，在该类别中可以对以下参数进行设置。

- **启动时：**默认设置是“欢迎屏幕”，还包含“不打开任何文档”、“新建文档”和“打开上次使用的文档”选项。
- **撤消：**包含“文档层级撤消”和“对象层级撤消”。“层级”数设置得越高，所需的内存越多。
- **工作区：**选择“在选项卡中打开测试影片”复选框后，可以在选项卡中打开测试影片。选择“自动折叠图标面板”复选框后，画面中的浮动面板可以自动收缩。
- **选择：**设置选择的相关操作属性。若选择“使用Shift键连续选择”复选框，则只有在按住【Shift】键的前提下才可以选择多个对象，否则选择多个对象时只能逐次单击要选择的对象。若选择“显示工具提示”复选框，则在鼠标指针指向工具时，工具旁边会显示工具的名称，反之亦然。如果选择“接触感应选择和套索工具”复选框，则使用选择工具和套索工具时，反应会很敏感。
- **时间轴：**选择“基于整体范围的选择”复选框，可以在时间轴上选择一个区域；选择“场景上的命名锚记”复选框，可以在操作中指定一个场景。
- **加亮颜色：**设置舞台上所选对象边框的颜色。若选择“使用图层颜色”单选按钮，则选中对象的边框颜色将采用所在层编辑区的小方块的颜色。若选择第二个单选按钮，则可以单击右侧相应的按钮，选择一种颜色作为选中对象的边框颜色，包括“绘画对象”、“绘画基本”、“组”、“符号”和“其他元素”5个按钮。
- **打印：**用于设置是否使用PostScript打印机输出文件。
- **自动恢复：**选择该复选框后，即使在计算机崩溃或者停电后，也可以确保文件的一致性和完善性，此功能是Flash CS6的新增功能。

（2）ActionScript。

“ActionScript”类别用于设置用户在使用ActionScript时的相关属性。

- **编辑：** 主要用于设置使用ActionScript时的自动缩进、制表符大小及代码的延迟时间。
- **字体：** 用于设置使用ActionScript编写脚本时所用的字体和字号。
- **样式：** 用于设置文字样式。
- **使用动态字体映射：** 选择该复选框，则使用动态字体映射。
- **打开/导入、保存/导出：** 用于设置文档编码。
- **重新加载修改的文件：** 用于设置重新加载修改的文件时的提示方式。
- **语法颜色：** 用于设置使用ActionScript时各处的颜色，包括“前景”、“背景”、“关键字”、“注释”、“标识符”、“字符串”等。
- **语言：** 设置ActionScript的语言。
- **重置为默认值：** 可以将ActionScript类别中设置的参数保存为默认值。

（3）自动套用格式。

“自动套用格式”类别主要用于定义ActionScript代码显示的格式。选择任何一个复选框，可以实现如“在if、for、switch、while等后面的行上插入”、“在函数、类和接口关键字后面的行上插入”、“不拉近和else”、“函数调用中在函数名称后插入空格”、“运算符两边插入空格”、“不设置多行注释格式”等功能，并可以在预览框中看到代码格式。

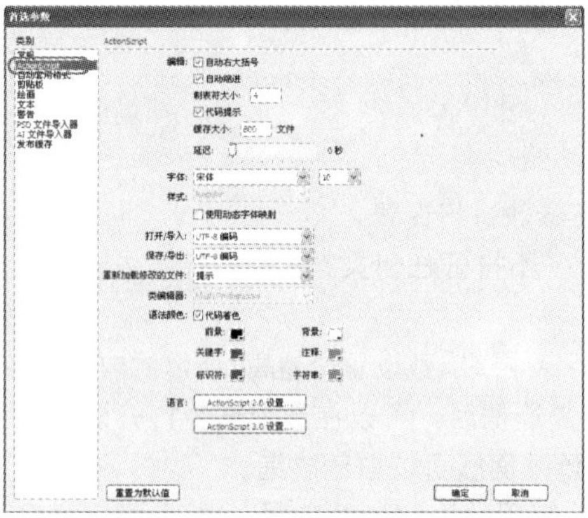

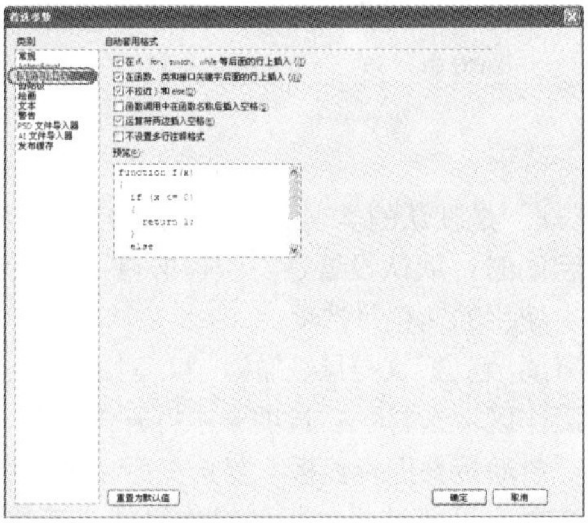

（4）剪贴板。

“剪贴板”类别主要用于设置应用剪贴板时的相关属性。

- **颜色深度：** 可以在其下拉列表框中选择颜色的深度。
- **分辨率：** 设置引入位图的分辨率。
- **大小限制：** 设置引入位图时，可以在剪贴板中占用的最大内存。

（5）绘画。

“绘画”类别，包含以下选项，下面分别介绍。

- **钢笔工具：** 选择“显示钢笔预览”复选框，在使用“钢笔工具”时将会显示跟随钢笔移动的预览线；选择“显示实心点”复选框可以在使用“钢笔工具”时显示实心的节点；选择“显示精确光标”复选框，可以在使用“钢笔工具”时使指针显示为十字形。
- **连接线：** 设置两个独立的端点可连接的有效距离范围。

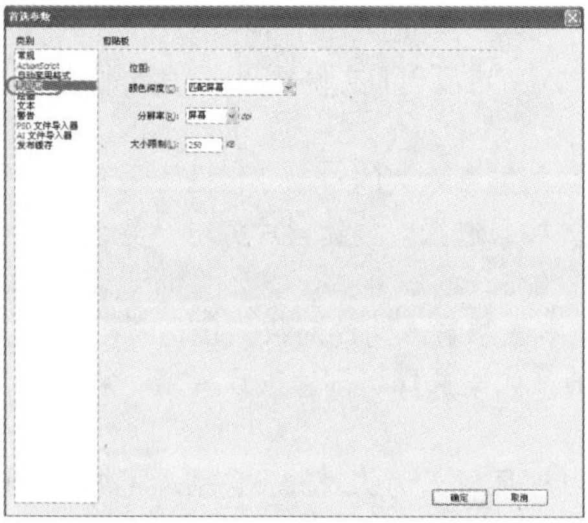

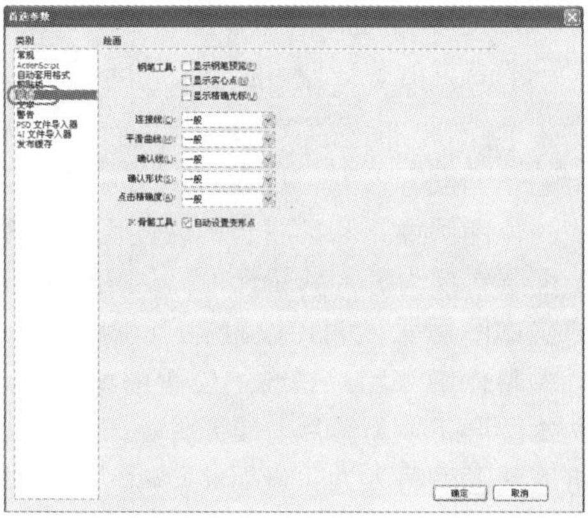

- **平滑曲线：**设置使用“铅笔工具”时所绘线条的光滑度。
- **确认线：**设置使用“铅笔工具”绘制的直线可以被拉直的平直度。
- **确认形状：**设置可以被完善地使用“铅笔工具”绘制的形状的规则度。
- **点击精确度：**设置单击的精度及其有效范围。
- **IK骨骼工具：**选择“自动设置变形点”复选框，在使用IK骨骼工具时，可以自动在图形上设置变形点。

（6）文本。

“文本”类别包含以下选项，下面分别介绍。

- **字体映射默认设置：**设置默认映射的字体。
- **样式：**用于设置字体样式。
- **字体映射对话框：**选择“为缺少字体显示”复选框，则在缺少字体时会显示“字体映射”对话框，用于选择替换字体。
- **垂直文本：**选择“默认文本方向”复选框，则在输入文本时使用默认的对齐方式；选择“从右至左的文本流向”复选框，则设置输入文本时由右至左的方式；选择“不调整字距”复选框，则可以在输入文本时不进行字距调整。
- **输入方法：**用来设置是以“日语和中文”还是以“韩文”作为输入语言。
- **字体菜单：**用于设置字体菜单的显示方式。

（7）警告。

“警告”类别主要用来设置在特殊操作或者操作出现某些程序性可识别错误时，相应出现的警告信息，例如，在保存时提示与原来旧版本的兼容性等。为了保证操作的正确性、协调性与合理性，一般采用默认设置，即选中所有复选框。

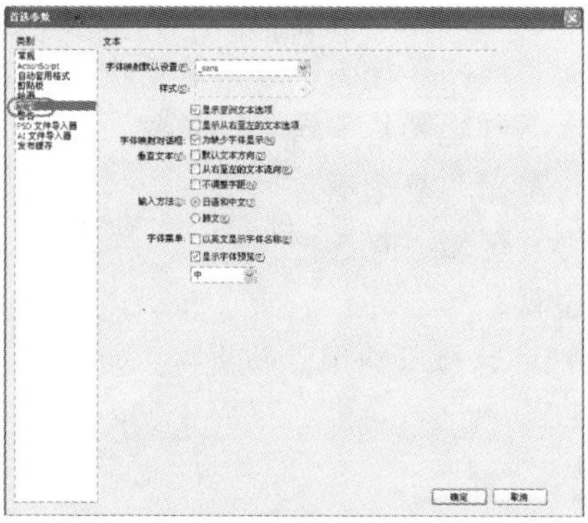

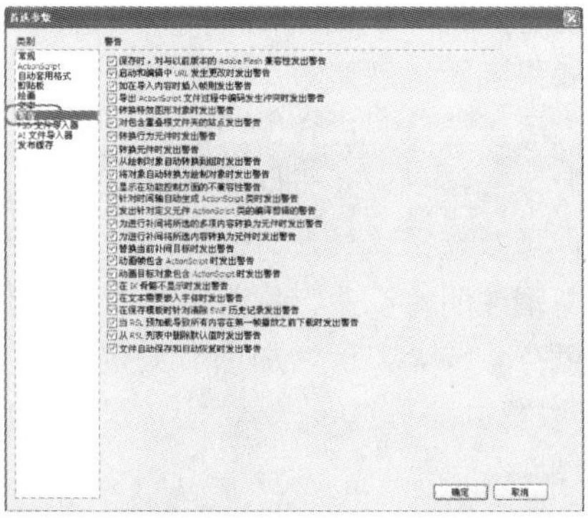

（8）PSD文件导入器。

Flash CS6更好地支持了Photoshop PSD文件的导入，在“PSD文件导入器”类别中可以设置相关参数。

- **将图像图层导入为：** 设置将Photoshop中的图像图层导入为的对象，包括“具有可编辑图层样式的位图图像”和“拼合的位图图像”两种。如果选择“创建影片剪辑”复选框，可以将图像图层转换为影片剪辑元件。
- **将文本图层导入为：** 设置将Photoshop中的文本图层导入为的对象，包括“可编辑文本”、“矢量轮廓”和“拼合的位图图像”3个选项。如果选择“创建影片剪辑”复选框，可以将文本图层转换为影片剪辑元件。
- **将形状图层导入为：** 设置将Photoshop中的形状图层导入为的对象，包括“可编辑路径与图层样式”和“拼合的位图图像”两个选项。如果选择“创建影片剪辑”复选框，可以将形状图层转换为影片剪辑元件。
- **图层编组：** 如果选择“创建影片剪辑”复选框，可以将图层编组转换为影片剪辑元件。
- **合并的位图：** 如果选择“创建影片剪辑”复选框，可以将合并的位图转换为影片剪辑元件。
- **影片剪辑注册：** 设置影片剪辑元件注册点的位置。
- **压缩：** 设置发布时的有损或者无损压缩。
- **品质：** 设置发布时的质量。

（9）AI文件导入器。

Flash CS6更好地支持了Illustrator AI文件的导入，在“AI文件导入器”类别中可以设置相关参数。

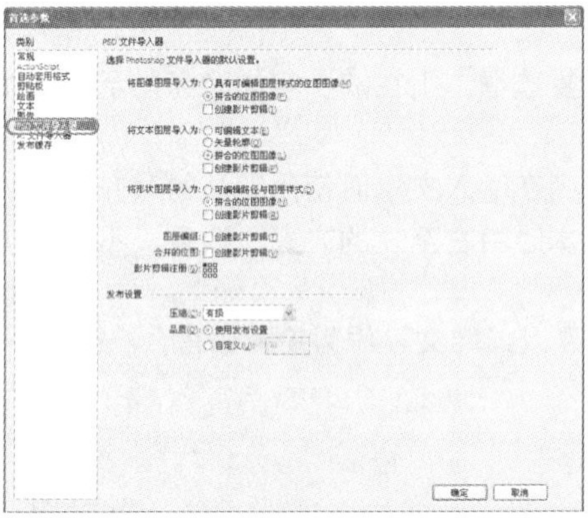

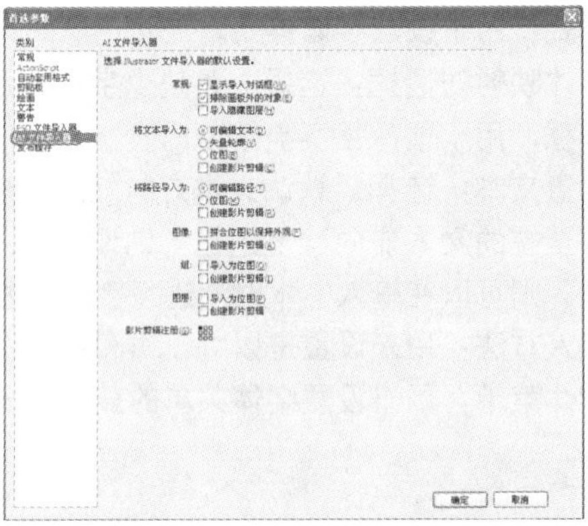

- **常规：** 可以设置“显示导入对话框”、“排除画板外的对象”和“导入隐藏图层”。
- **将文本导入为：** 设置将Illustrator中的文字导入为的对象，包括“可编辑文本”、“矢量轮廓”和“位图”3种。如果选择“创建影片剪辑”复选框，可以将文字转换为影片剪辑元件。
- **将路径导入为：** 设置将Illustrator中的路径导入为的对象，包括“可编辑路径”和“位图”两种。如果选择“创建影片剪辑”复选框，可以将路径转换为影片剪辑元件。
- **图像：** 可以选择“拼合位图以保持外观”或者“创建影片剪辑”复选框。
- **组：** 可以选择“导入为位图”或者“创建影片剪辑”复选框。
- **图层：** 可以选择“导入为位图”或者“创建影片剪辑”复选框。
- **影片剪辑注册：** 设置影片剪辑元件注册点的位置。
- **发布缓存：** Flash CS6增加了“发布缓存”类别，选择“启用发布缓存”复选框，缓存导出的字体和声音可以减少发布时间。

3.2.2 快捷键的设置

使用快捷键可以大大提高工作效率，Flash本身提供了包括菜单、命令、面板等许多快捷键，用户可以在Flash中使用这些快捷键，也可以自己定义快捷键，使其与个人的习惯保持一致。比如，用户可以从某个比较流行的软件程序中选择一组内置快捷键，包括Fireworks、Illustrator和Photoshop等。Flash CS6同样提供了自定义快捷方式及热键的功能，用户可以根据自己的需要和习惯自由地设置各种操作相应的快捷方式和热键。

自定义快捷键的操作步骤如下：

01 在菜单栏中选择“编辑”→“快捷键”命令，弹出“快捷键”对话框。

02 在“快捷键”对话框中单击“直接复制设置”按钮，弹出“直接复制”对话框，使用默认的名称，单击“确定”按钮，创建一个“Adobe标准 副本”。

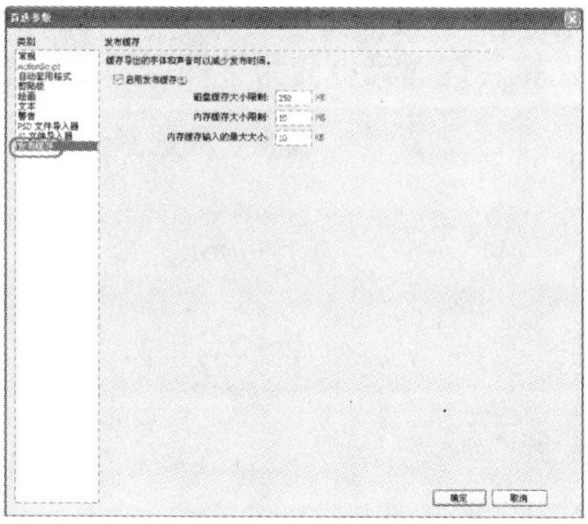

03 单击“修改”前的三角按钮，展开“修改”选项。

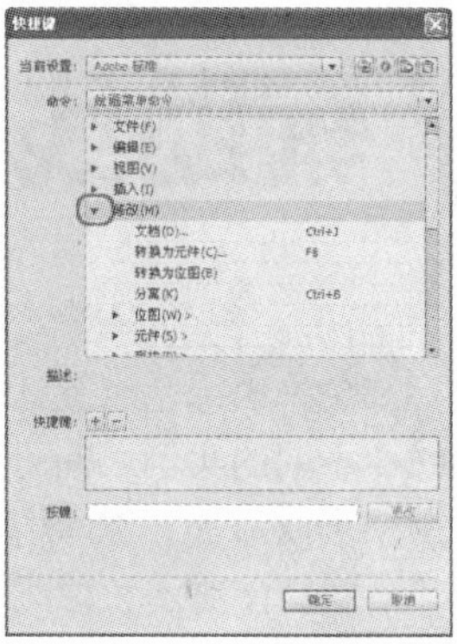

04 选择“转换为位图”命令，为“转换为位图”命令设置快捷键，单击“快捷键”后面的“+”按钮，然后在“按键”文本框中输入“Ctrl+0”，并单击“更改”按钮。设置完成后单击“确定”按钮，即可完成快捷键的设置。

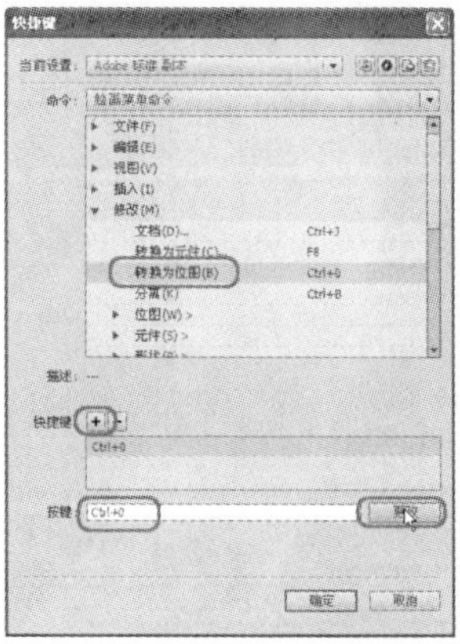

如果删除不再需要的个性化快捷方式配置，则先单击“当前设置”下拉列表框右侧的“删除设置”按钮，然后在弹出的对话框中选择要删除的配置，这里选择的是“Adobe标准 副本”选项，使其高亮显示，单击“删除”按钮，即可将新设置的快捷方式删除。

技巧提示

在“快捷键”对话框中，Flash CS6为用户配置了Adobe标准、Firworks 4、Flash 5、FreeHand 10、Illustrator 10和Photoshop CS6等快捷方式，这样用户就可以方便地使用Flash CS6了。通常来说，以上这几种快捷方式对于普通用户就足够了，但是如果是特殊用户或者是普通用户在特殊情况下有更多的需要时，还可以进行其他选择。Flash CS6提供了自定义快捷方式的功能，可以方便快捷地满足用户的需要，定义出称心如意的个性化快捷方式操作方案。

Flash CS6自带的内置快捷方式的标准配置——Adobe标准，是不能直接修改的。用户可以创建一个“Adobe标准”的副本，然后修改副本即可。

3.3 辅助线的使用

学习时间：1小时

辅助线也可用于实例的定位。从标尺处开始向舞台中拖动鼠标，会拖出绿色（默认）的直线，这条直线就是辅助线，不同的实例之间可以以这条线作为对齐的标准。用户可以添加、删除、移动、对齐辅助线，也可以锁定、解锁、显示和隐藏辅助线。

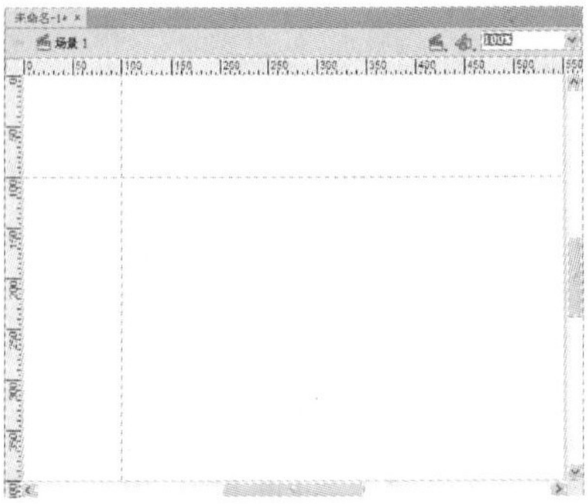

3.3.1 添加/删除辅助线

下面来介绍添加和删除辅助线的方法。

01 启动Flash CS6，在菜单栏中选择“视图”→“标尺”命令，显示标尺。

02 将鼠标指针放在文档顶部的横向标尺上，按住鼠标左键，这时光标变为下图所示的状态。

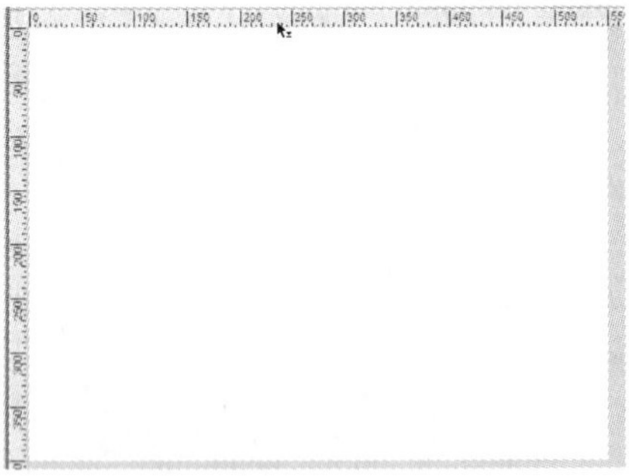

03 这时拖动鼠标到舞台中，释放鼠标后，将在舞台上出现一条横向的辅助线。

04 使用同样的方法，在左侧的标尺上拖出纵向的辅助线。

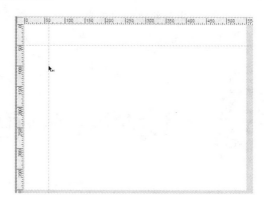

辅助线添加完成后，如果要删除辅助线，在菜单栏中选择“视图”→“辅助线”→“清除辅助线”命令，即可将辅助线删除。

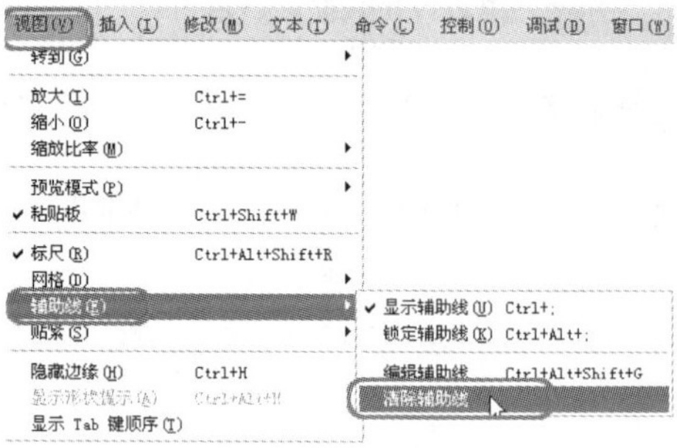

3.3.2 移动/对齐辅助线

如果辅助线的位置需要变动，可以使用“选择工具”工具，将鼠标指移到辅助线上，按住鼠标左键拖动辅助线到合适的位置即可。用户可以使用标尺和辅助线来精确定位或对齐文档中的对象，在菜单栏中选择“视图”→“贴紧”→“贴紧至辅助线”命令即可。

3.3.3 锁定/解锁辅助线

为了防止因不小心移动辅助线，可以将辅助线锁定在某个位置。在菜单栏中选择“视图”→“辅助线”→“锁定辅助线”命令，这样就不能再移动辅助线了。

如果要再次移动辅助线，可以将其解锁。方法很简单，在菜单栏中选择“视图”→“辅助线”→“锁定辅助线”命令即可。

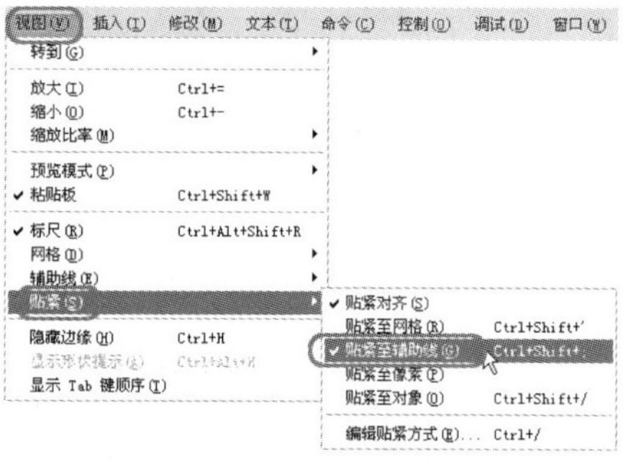

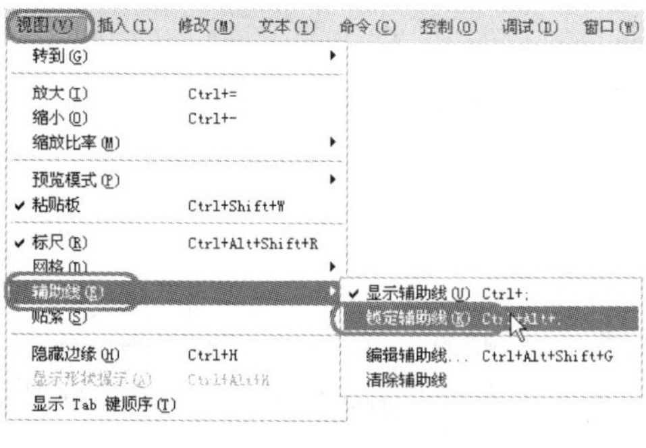

3.3.4 显示/隐藏辅助线

如果文档中已经添加了辅助线，则在菜单栏中选择“视图”→“辅助线”→“显示辅助线”命令，即可将辅助线隐藏，再次选择该命令就可以重新显示辅助线。

3.4 网格线的使用

学习时间：30分钟

网格是显示或隐藏在所有场景中的绘图栅格，网格的存在可以方便用户绘图。

3.4.1 显示/隐藏网格

默认情况下网格是不显示的，下面介绍显示网格的方法。

01 在菜单栏中选择“视图”→“网格”→“显示网格”命令。

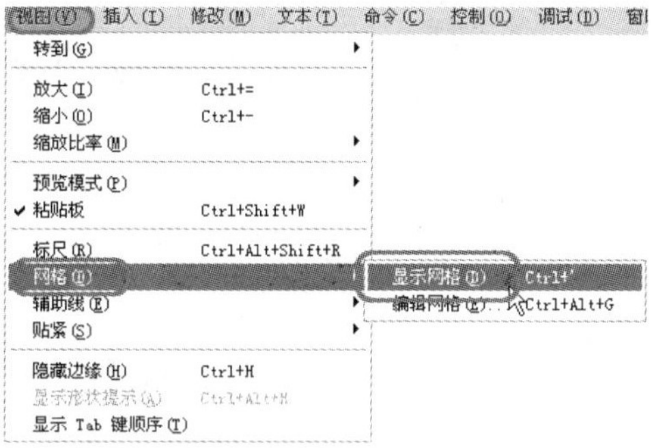

02 则舞台上将出现灰色的小方格，默认大小为18像素×18像素。

03 继续在菜单栏中选择“视图”→“网格”→“显示网格”命令。

04 即可将显示的网格隐藏。

技巧提示

在Flash中按【Ctrl+ '】组合键，也可以添加网格效果。

3.4.2 对齐网格

要对齐网格线，可以在菜单栏中选择“视图”→“贴紧”→“贴紧至网格”命令。再次执行该命令，则可以取消对齐网格。也可以使用【Ctrl+Shift+′】组合键来执行【贴紧至网格】命令。

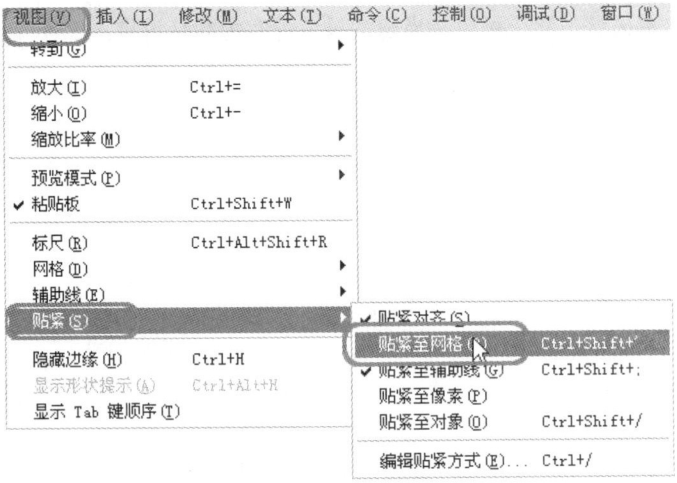

3.4.3 修改网格参数

如果用户对当前的网格效果不满意，可以对网格参数进行修改，继续上面的操作来修改网格参数。

01 在菜单栏中选择“视图”→“网格”→“编辑网格”命令，弹出“网格”对话框。

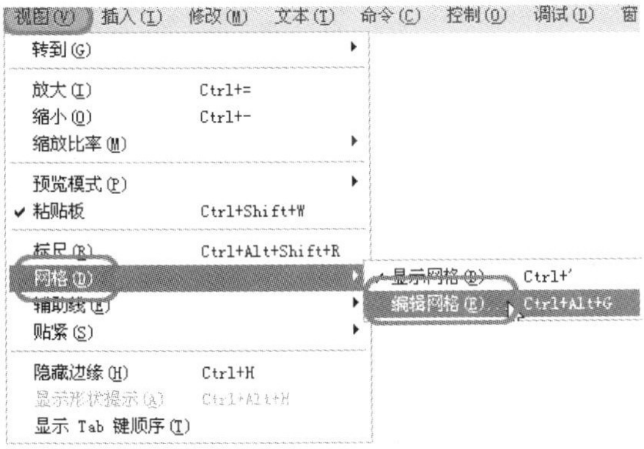

02.在“网格”对话框中将“宽度”和“高度”参数都设置为25像素，设置完成后单击“确定”按钮，即可更改网格效果。

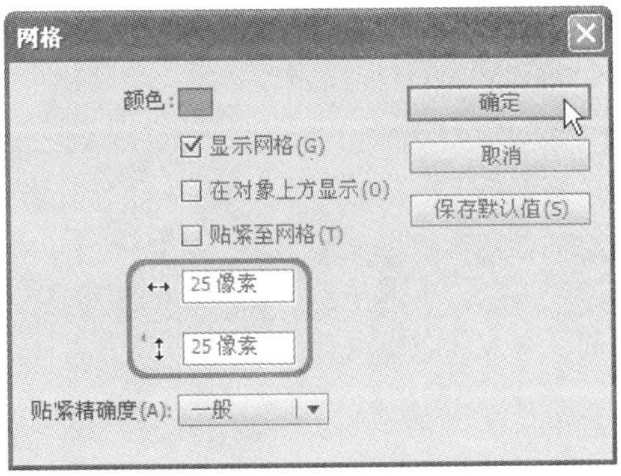

“网格”对话框中的各项参数含义如下。

- **颜色：**单击色块可以打开拾色器，用户可在其中选择一种颜色作为网格线的颜色。
- **显示网格：**选择该复选框，则在文档中显示网格。

- **在对象上方显示**：选择该复选框，网格将显示在文档中的对象上方。
- **贴紧至网格**：选择该复选框，在移动对象时，对象的中心或者某条边会贴紧至附近的网格。
- ↔(宽度)、↕ (高度)：这两个参数分别用于设置网格的宽度和高度。
- **贴紧精确度**：用于设置对齐精确度，有“必须接近”、“一般”、“可以远离”和“总是贴紧”4个选项。
- **保存默认值**：单击该按钮，可以将当前的设置保存为默认设置。

第4章

本章导读：

本章主要介绍Flash操作基础，包括“选择工具”、“部分选择工具”、“手形工具”、“缩放工具”的使用，以及形状的切割、形状的融合、“3D旋转工具”、“3D平移工具”的使用方法与技巧。全面快速地掌握矢量图形的编辑与调整，可以为后面更好地学习Flash奠定基础。

Flash操作基础

【基础知识：1小时】

选择工具	20分钟
部分选择工具	20分钟
“手形工具”的使用	10分钟
“缩放工具”的使用	10分钟

【演练：1小时】

形状的切割	20分钟
形状的融合	20分钟
使用“3D旋转工具”	10分钟
使用“3D平移工具”	10分钟

4.1 选择工具

学习时间：20分钟

下面对“选择工具”的使用进行简单的介绍。

4.1.1 “选择工具”相关知识

选取对象是进行对象编辑和修改的前提条件。Flash提供了丰富的对象选取方法，理解对象的概念及清楚各种对象在选中状态下的表现形式是很必要的。使用工具箱中的“选择工具”，用户可以很轻松地选取线条、填充区域和文本等对象。

工具箱中的“选择工具”主要用来选择目标对象和修改形状的轮廓。选取对象最简单的方法是单击工具箱中的“选择工具”，用鼠标单击工作区中的对象。“选择工具”没有自己的【属性】面板，但在工具箱按钮的选项区域会出现相关的设置按钮，各按钮的具体功能如下。

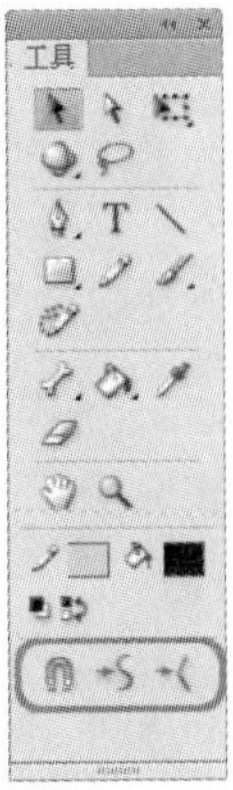

- **“贴紧至对象”按钮**：单击该按钮，使用“选择工具”时，光标处将出现一个圆点，将它向其他对象移动时，会自动吸附上去，有助于将两个对象连接在一起。此外该按钮还可以使对象定位于网格上。
- **“平滑”按钮**：可以将选中的线条变平滑，消除多余的锯齿。可以柔化曲线，减少整体凹凸等不规则变化，形成轻微的弯曲。
- **“拉直”按钮**：可以将选中的线条变平直，消除线条上多余的弧度。

4.1.2 “选择工具”应用示例

使用工具箱中的“选择工具”选择对象，可以选择单个、多个和部分对象，还可以移动拐角，将直线变为曲线，下面将分别对其进行介绍。

（1）选择单个对象。

01 选择工具箱中的“选择工具”，在舞台中三角形的边缘上单击，即可选中三角形的一条边。

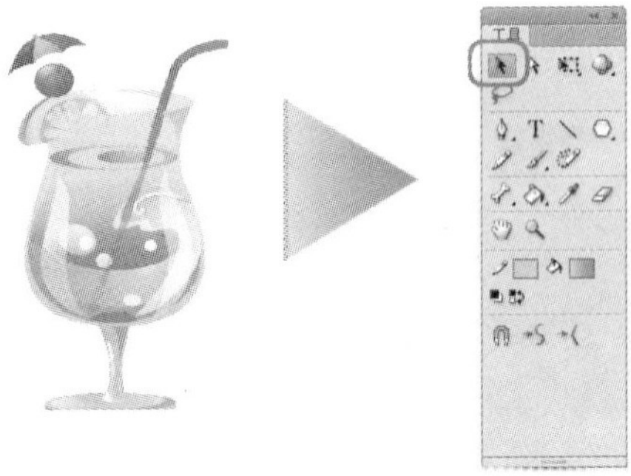

02 单击三角形对象的面，则会选中三角形的面。

（2）选择多个对象。

01 使用工具箱中的“选择工具”，双击三角形对象的边缘部位，即可选中三角形的所有边。

02 双击三角形对象的面，则会同时选中三角形的面和边。

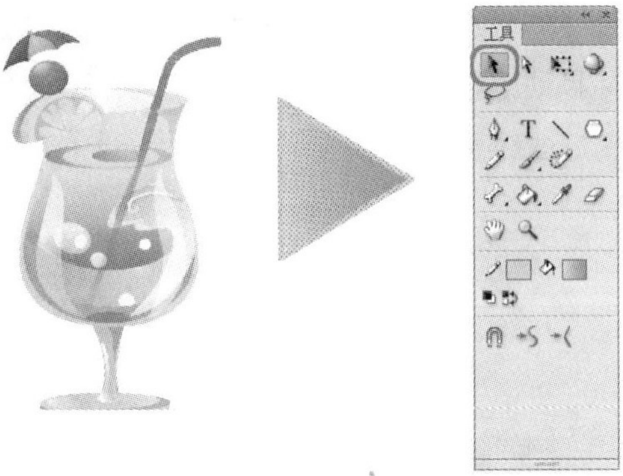

03 在舞台中通过拖曳鼠标框选舞台中的所有对象，即可将舞台中的对象全部选择。

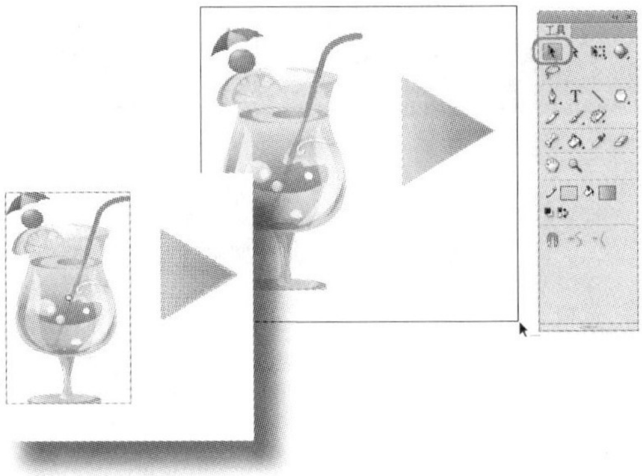

技巧提示

选取对象时，选择菜单栏中的“编辑”→“全选”命令，或按【Ctrl+A】组合键也可以选取场景中的所有对象。

在使用工具箱中的其他工具时，如果要切换到“选择工具”，可以按下【V】键。如果只是暂时切换到“选择工具”，按住【Ctrl】键选取对象后松开即可。按住【Shift】键依次单击要选取的对象，可以同时选择多个对象；如果再次单击已被选中的对象，则可以取消对该对象的选取。

（3）选择部分对象。

01 使用工具箱中的“选择工具”，在舞台中通过拖曳鼠标框选舞台中三角形的部分对象。

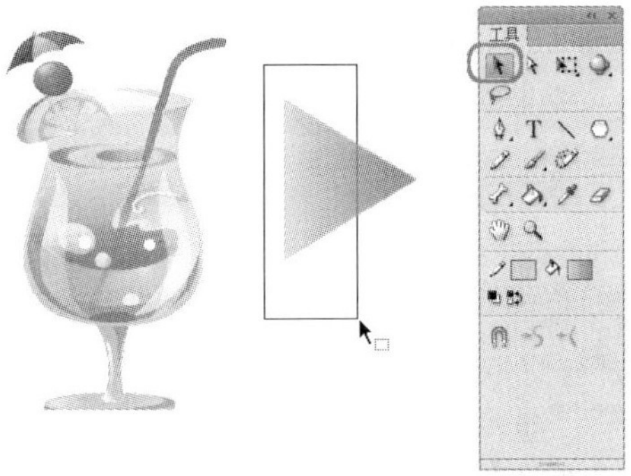

02 释放鼠标，被框选的部分将呈网点阴影效果。

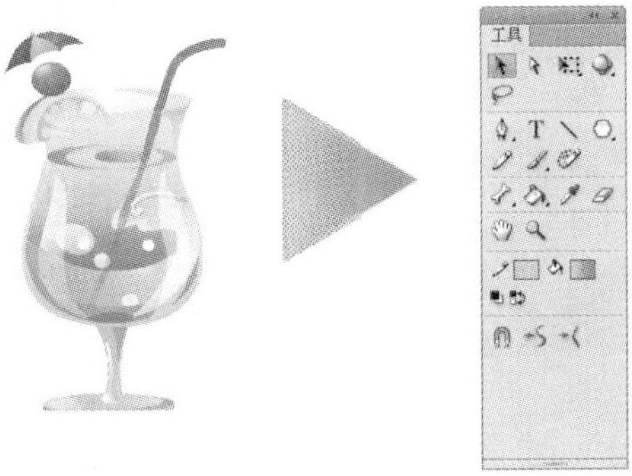

（4）移动拐角。

01 选择工具箱中的“选择工具”，当鼠标指针由变成状态时，单击鼠标选中拐点。

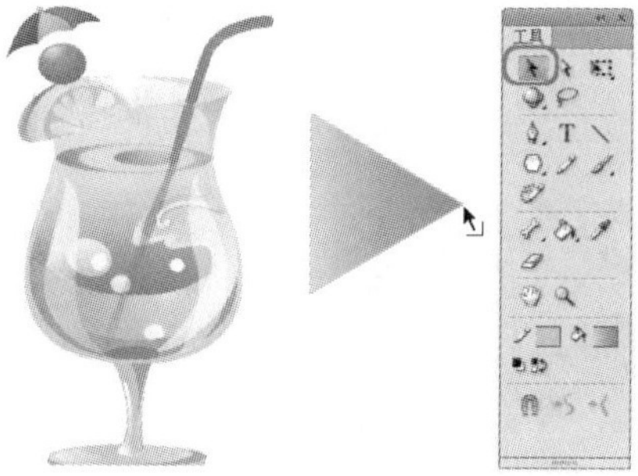

02 然后按住鼠标左键并拖动，该拐点将随鼠标移动，移动到指定位置后释放鼠标即可。

（5）直线变曲线。

01 选择工具箱中的“选择工具”，当鼠标指针由变成状态时，单击鼠标选中该线段。

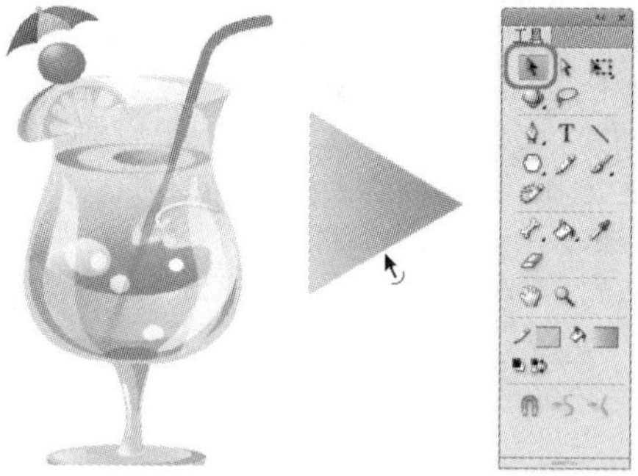

02 然后按住鼠标左键并拖动鼠标，该线段将随鼠标移动，移动到指定位置后释放鼠标，直线就会变成曲线。

4.2 部分选取工具

学习时间：20分钟

4.2.1 “部分选取工具”相关知识

下面对“部分选取工具”的使用进行简单的介绍。

“部分选取工具”除了可以像“选择工具”那样选取并移动对象外，还可以对图形进行变形等处理。当某一对象被“部分选取工具”选中后，其图像轮廓线上会出现很多控制点，表示该对象已被选中。

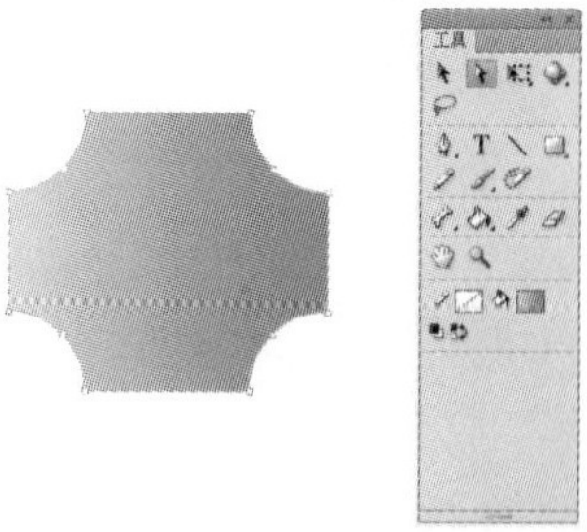

4.2.2 “部分选取工具”应用实例

下面通过简单的实例来介绍“部分选取工具”的应用。

01 启动Flash CS6，新建一个空白文档。选择工具箱中的“多角星形工具”，将“笔触颜色”设置为无，将“填充颜色”设置为渐变色。

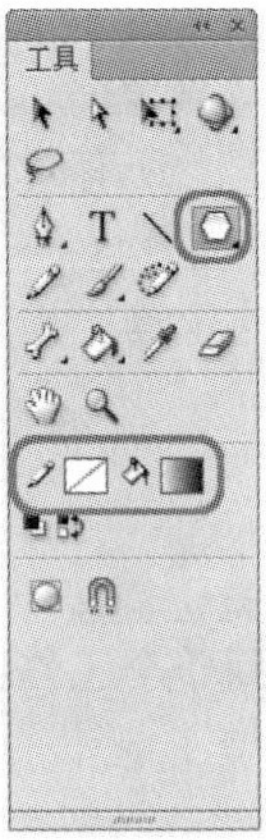

02 单击“颜色”按钮，展开“颜色”面板，在下面的颜色块中将渐变颜色设置为从“#FFFF00”到“#FF0000”。

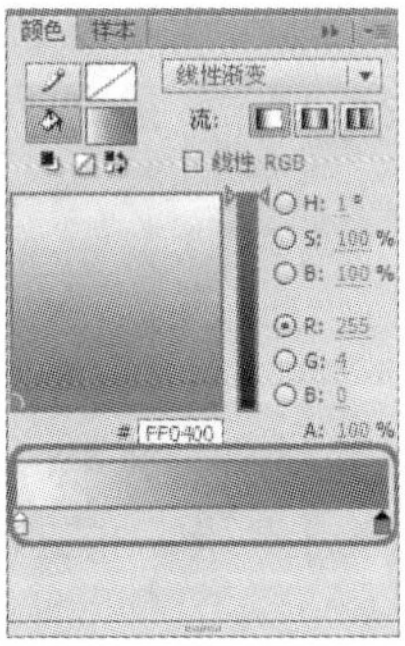

03 单击“属性”按钮，展开“属性”面板，在“工具设置”选项组中单击“选项”按钮，弹出“工具设置”对话框，将“边数”设置为6，设置完成后，在舞台中绘制一个六边形。

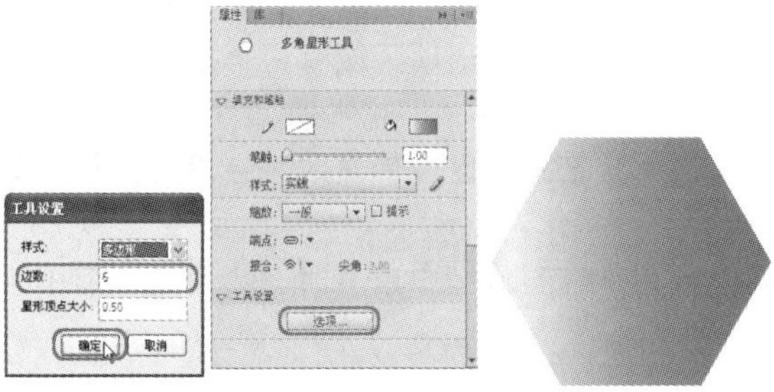

04 选择工具箱中的“部分选取工具”，在舞台中选择新绘制的图形，其周围会出现一些控制点，将鼠标指针移动到控制点旁边，此时鼠标指针变成形状，拖动鼠标即可改变图形的形状。

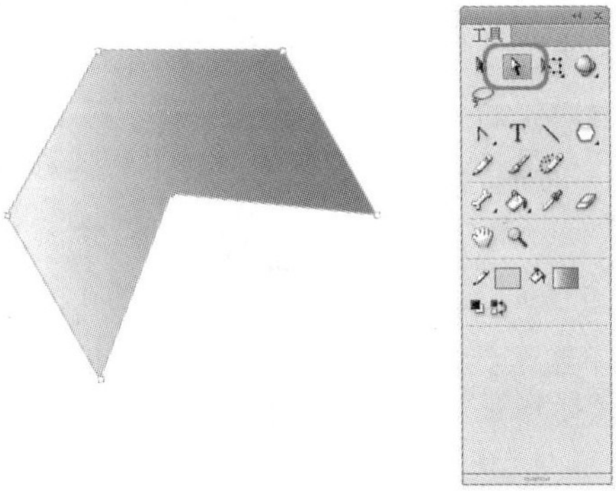

05 选择工具箱中的“转换锚点工具”，将节点转换为平滑曲线。

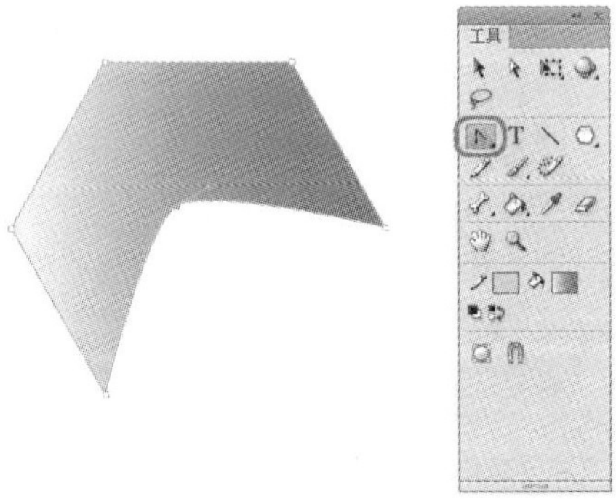

06 继续选择工具箱中的“部分选取工具”，拖动控制手柄，可以改变图形的弧度。

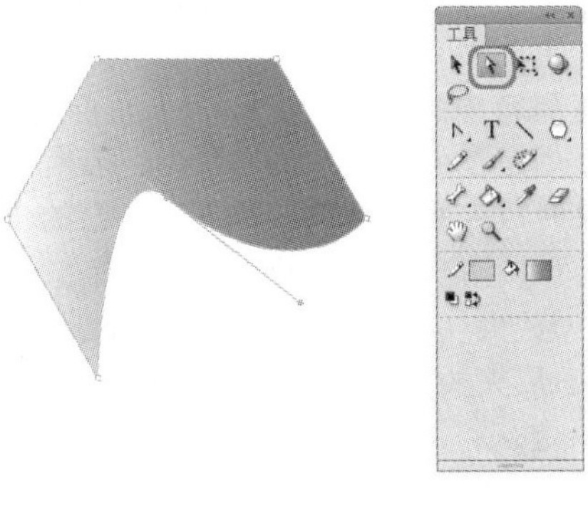

4.3 使用查看工具

学习时间：20分钟

4.3.1 使用“手形工具”调整工作区的位置

“手形工具”用于在工作区移动对象。使用“手形工具”移动对象时，表面上看到的是对象的位置发生了改变，但实际移动的却是工作区的显示空间，而工作区上所有对象的实际坐标相对于其他对象的坐标并没有改变，即“手形工具”移动的实际上是整个工作区。“手形工具”的主要任务是在一些比较大的舞台内快速移动到目标区域，显然，使用此工具比拖动滚动条要方便许多。

使用手形工具的操作步骤如下：

01 单击工具箱中的“手形工具”按钮，此时，光标将变为一只手的形状。

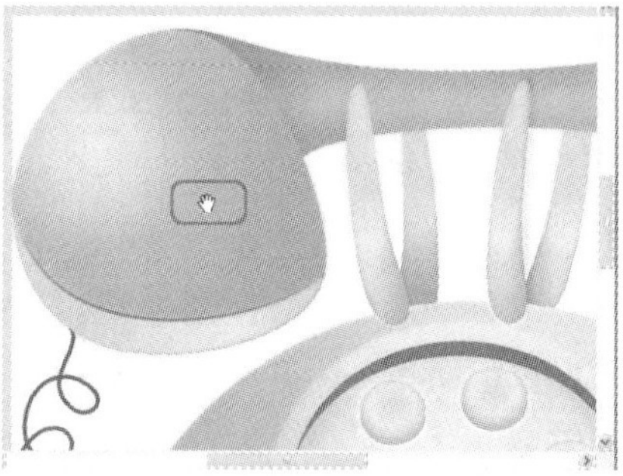

02 在工作区的任意位置按住鼠标左键并向任意方向拖动，即可看到整个工作区的内容跟随鼠标的动作而移动。

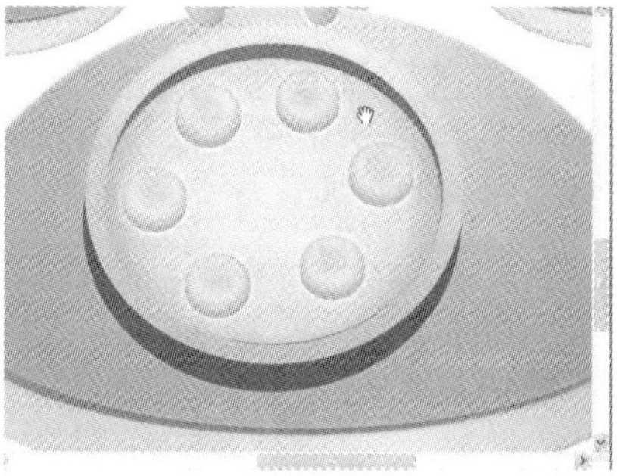

技巧提示

不管目前正在使用的是什么工具，只要按住空格键，都可以方便地实现“手形工具”和当前工具的切换。

4.3.2 使用“缩放工具”调整工作区的大小

工具箱中的“缩放工具”主要用来放大或者缩小视图，便于编辑。它是辅助绘图工具。它的主要作用是在浏览图形的过程中，若需要浏览大图形的整体外观可以缩小视图，或在需要编辑小图形对象时放大视图。该工具没有自己的“属性”面板，但在工具箱的选项区域有两个按钮，分别为“放大”按钮和“缩小”按钮。

- **放大：**单击此按钮，放大镜上会出现“+”号，当用户在工作区中单击时，会使舞台放大为原来的两倍。
- **缩小：**单击此按钮，放大镜上会出现“−”号，当用户在工作区中单击时，会使舞台缩小为原来的1/2。

下面介绍“缩放工具”的使用。

01 在舞台中选择需要缩放的对象。

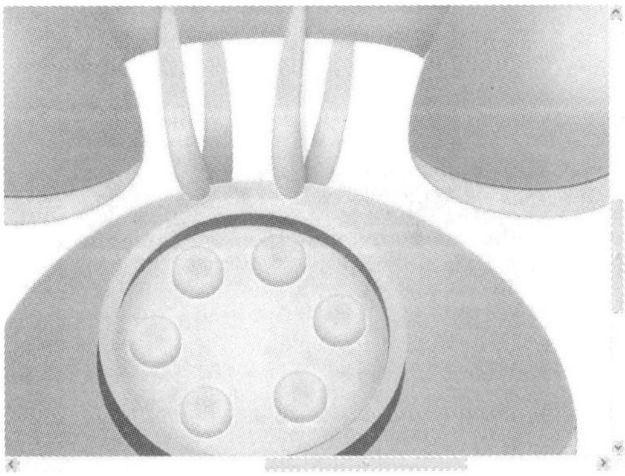

02 选择工具箱中的"缩放工具"，并单击"缩小"按钮，选择此工具后光标变为一个放大镜形状。在舞台内需要缩小的地方单击，即可看到舞台中该位置的图形被缩小。

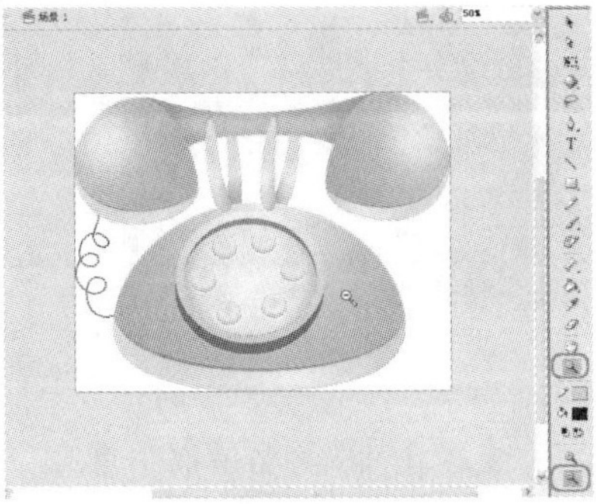

技巧提示

双击工具箱中的"缩放工具"按钮，舞台将以100%状态显示，而双击工具箱中的"手形工具"按钮，可将舞台充满窗口显示。

4.4 形状的重叠

学习时间：1小时

在Flash中使用绘图工具绘制的图形称为形状。从Flash 8开始新增了"对象绘制"按钮，在创建对象时如果激活"对象绘制"按钮，将创建独立的对象，与其他对象互不影响。激活"对象绘制"按钮后，绘制两个矩形，移动其中一个对象可以看见两者之间互不影响。相反，如果在绘制图形时没有单击"对象绘制"按扭，则对象之间将会产生影响，对象能够被切割或者融合。下面将对形状的切割和融合进行简单的介绍。

4.4.1 形状的切割

切割就是将某个形状分成多个部分。切割的方法是使用与其不同的颜色，绘制出要切割的部分，如一条直线或者一个圆等，选中该部分删除即可。下面以在矩形中切出一个星形为例进行说明。

01 选择工具箱中的“矩形工具”，将“笔触颜色”设置为无，将“填充颜色”设置为红色，然后在舞台中绘制矩形。

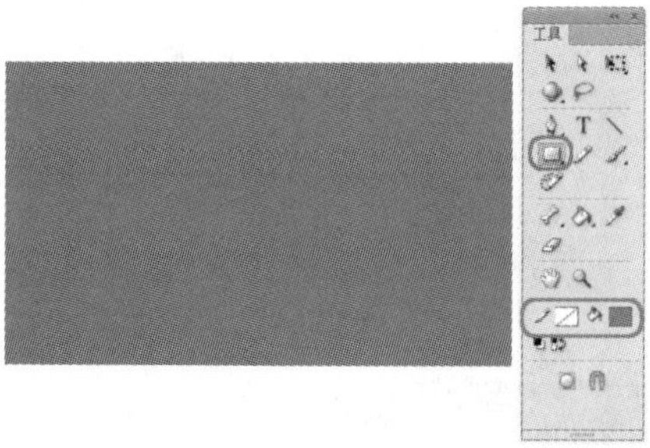

02 选择工具箱中的“多角星形工具”，将“笔触颜色”设置为无，将“填充颜色”设置为黄色，打开“属性”面板，在“工具设置”选项组中单击“选项”按钮，在弹出的“工具设置”对话框中将“样式”定义为“星形”，单击“确定”按钮。

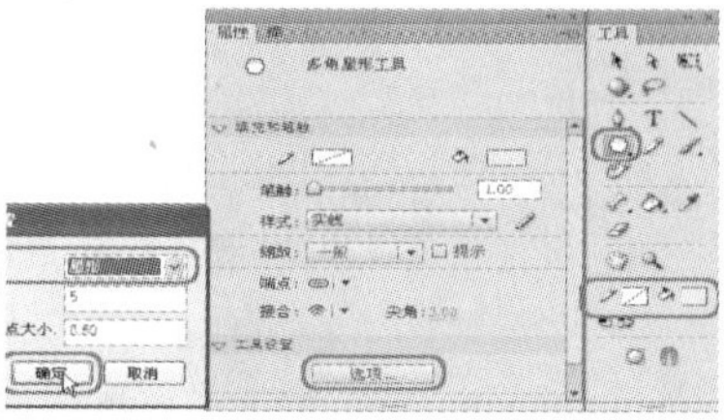

03 设置完成后，在舞台中绘制一个星形，选择工具箱中的“选择工具”，在舞台中选择新绘制的星形对象。

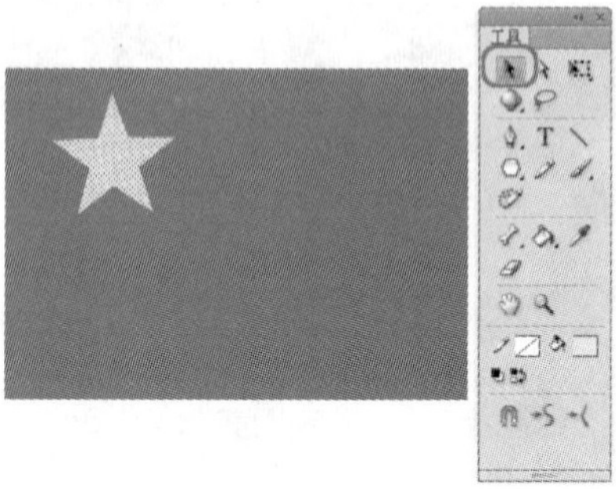

04 确定星形对象处于选择状态，按【Delete】键将其删除，现在的矩形上出现了一个星形的漏洞。

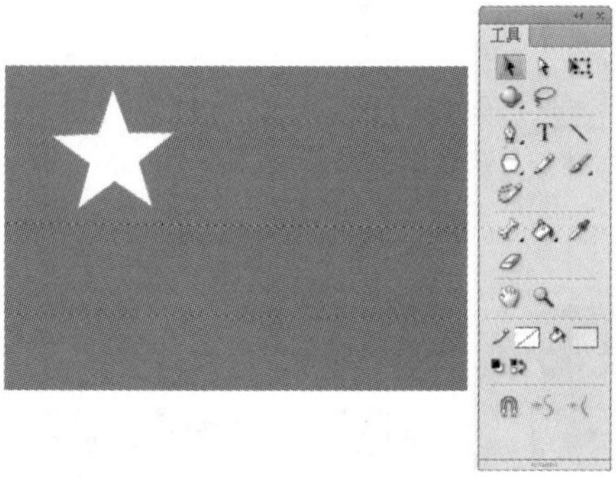

4.4.2 形状的融合

融合是将两个形状连在一起，此功能可以创建绘图工具无法绘制的形状。使用时要注意，进行融合的形状的颜色要相同，没有边框，并且不是独立的对象（即在绘制对象时没有单击“对象绘制”按钮）。下面以将一个矩形和一个三角形融合为例进行说明。

01 选择工具箱中的“矩形工具”，将“笔触颜色”设置为无，将“填充颜色”设置为红色，然后在舞台中绘制矩形。

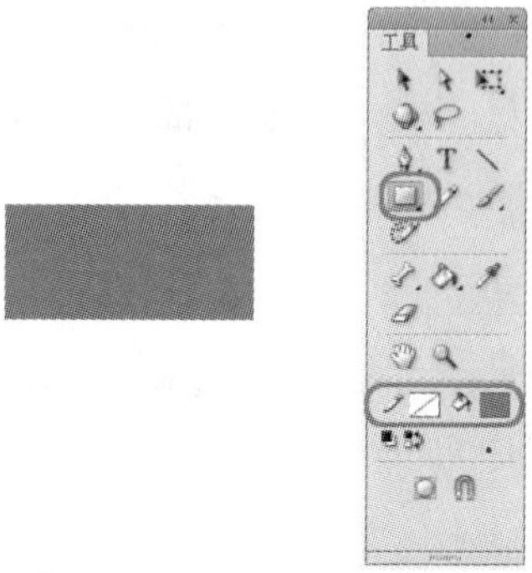

02 选择工具箱中的“多角星形工具”，将“笔触颜色”设置为无，将“填充颜色”设置为红色，打开“属性”面板，在“工具设置”选项组中单击“选项”按钮，在弹出的“工具设置”对话框中将“边数”设置为3，设置完成后单击“确定”按钮。

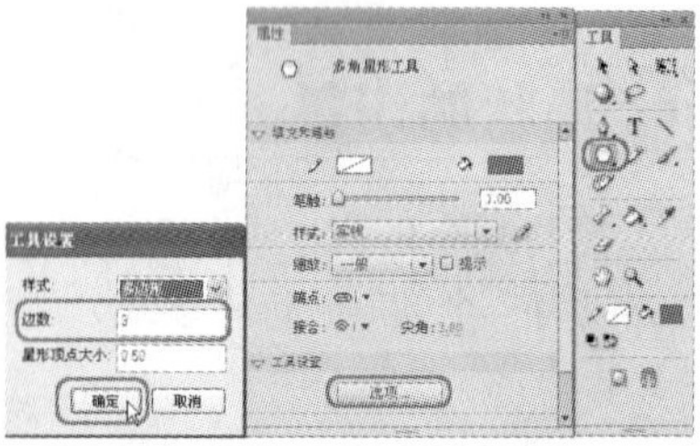

03 在舞台中绘制红色的三角形。选择工具箱中的“选择工具”，在舞台中选择新绘制的三角形对象，将其移至矩形前端。

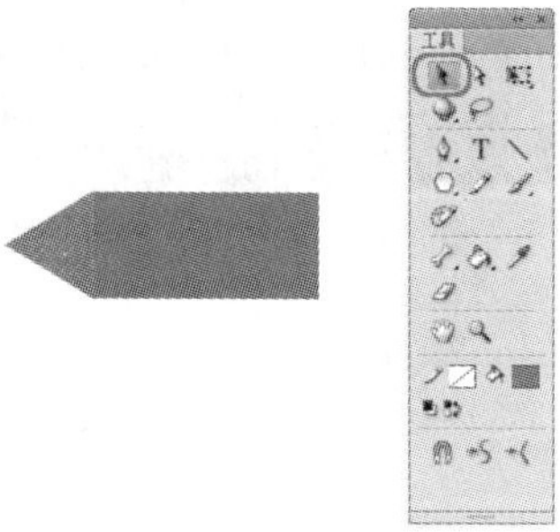

04 在空白区域单击，取消三角形的选择状态，此时两个形状已融合在一起，用鼠标拖动可发现两个形状会一起移动。

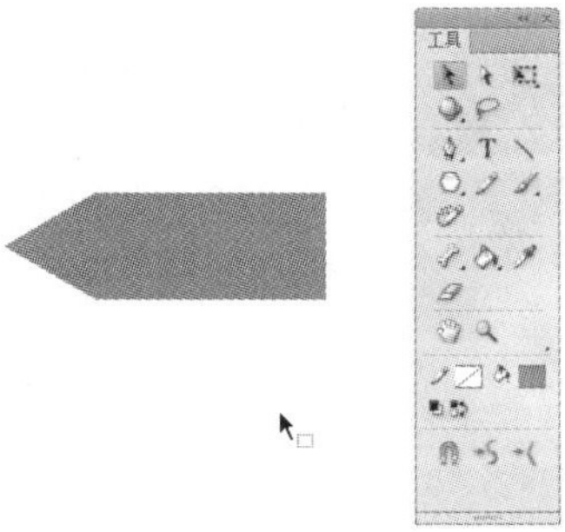

4.4.3 使用“3D旋转工具”

下面介绍工具箱中“3D旋转工具”的使用。

01 启动Flash CS6后，在弹出的界面中选择“新建”选项区域下的“ActionScript 3.0”选项，新建一个空白文档。

02 选择工具箱中的“多角星形工具”，将“笔触颜色”设置为无，将“填充颜色”设置为红色，打开“属性”面板，在“工具设置”选项组中单击“选项”按钮，在弹出的“工具设置”对话框中将“样式”定义为“星形”，设置完成后单击“确定”按钮。

03 在舞台中绘制红色星形，并在星形上单击鼠标右键，在弹出的快捷菜单中选择“转换为元件”命令。

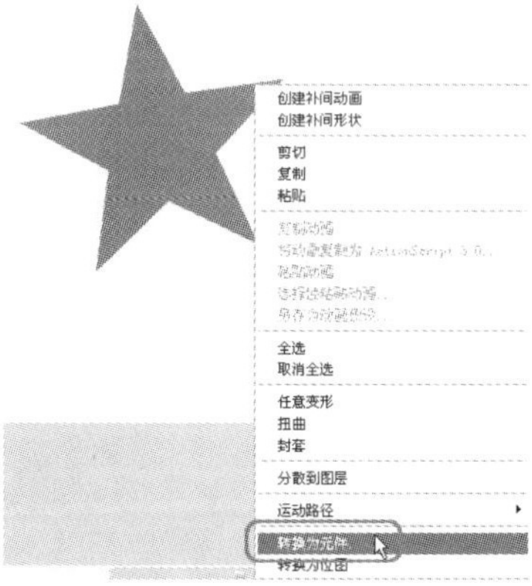

04 弹出“转换为元件”对话框，将“名称”命名为五角星，将“类型”定义为“影片剪辑”，单击“确定”按钮，即可将星形转换为元件。

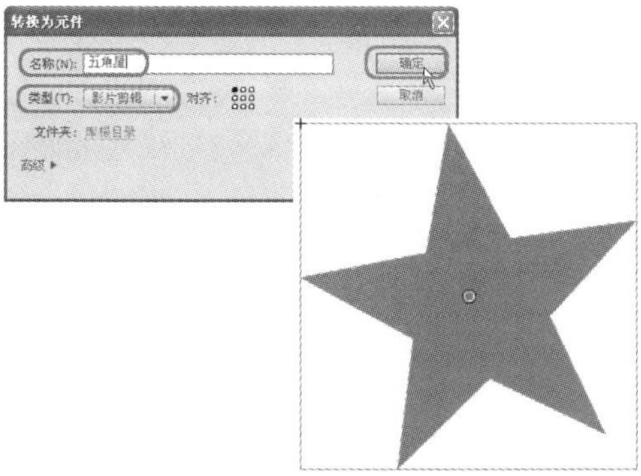

05 选择工具箱中的“3D旋转工具”，即可对舞台中的元件进行旋转了。

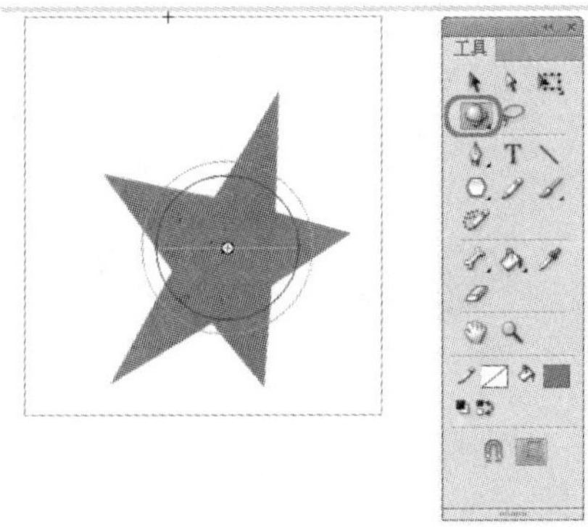

技巧提示

使用“3D旋转工具”时，必须是在ActionScript 3.0文档中，并将旋转的图形转换为影片剪辑元件才可以使用这个功能，如果创建的是“ActionScript 2.0”文档，使用“3D旋转工具”，会弹出提示，提醒用户更改为ActionScript 3.0文档。

4.4.4 使用“3D平移工具”

“3D平移工具”与“3D旋转工具”的相同之处：都是在ActionScript 3.0文档中使用，并且图形为影片剪辑元件状态。下面介绍“3D平移工具”的使用方法。

01 继续上节的步骤进行操作，选择工具箱中的“3D平移工具”，将鼠标指针移动到*X*轴上。

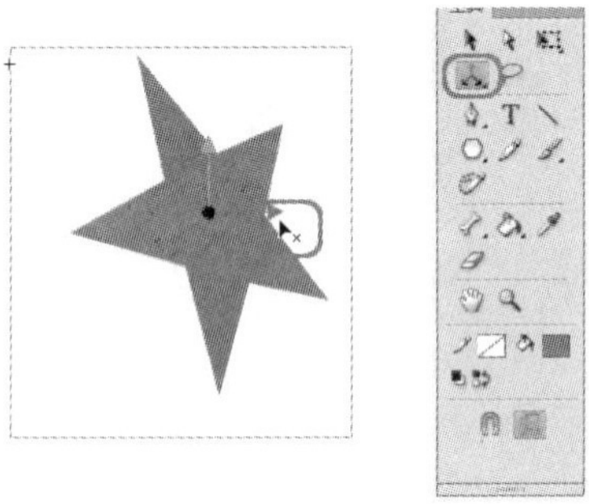

02 按下鼠标左键将其沿*X*轴向右移动。

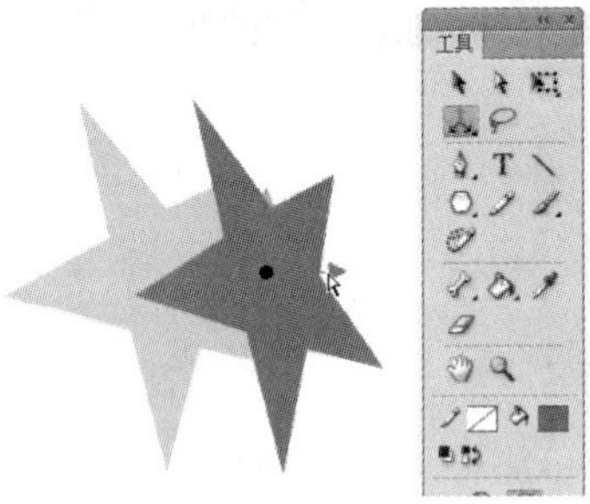

第 5 章

本章导读：

在Flash中，图形或图像是舞台中主要编辑的对象。进行动画的编辑之前首先要根据想要构造的动画场景绘制或者引入相应的对象。然后用Flash CS6中的一些工具和相关命令对这些对象进行编辑。本章将介绍Flash CS6中编辑与修改对象的相关知识。

对象的基本操作

【基础知识：1小时30分钟】

对象的简单操作	30分钟
调整图形对象	10分钟
对象的编组	20分钟
合并图形对象	30分钟

【演练：30分钟】

使用影片浏览器定位需要编辑的对象	30分钟

5.1 对象的简单操作

学习时间：30分钟

5.1.1 对象的选择

前面章节中介绍了使用“选择工具”和“部分选取工具”进行选择的方法，本节介绍“套索工具”的使用，“套索工具”用于选择对象的不规则区域，该工具适合选择一些对选取范围精度要求不高的区域。它虽然与“选择工具”一样是选择一定的对象，但是与“选择工具”相比，它的选择方式有所不同。使用“套索工具”可以徒手在某一对象上选择某一区域。选择“套索工具”时，没有自己的属性设置面板，但在工具箱的选项区域包括“魔术棒”、“魔术棒设置”和“多边形模式”3个按钮。下面对“多边形套索工具”的使用方法进行简单的介绍。

01 新建一个空白文档，并导入一张素材文件，在素材上右击，在弹出的快捷菜单中选择“分离”命令。

02 将素材文件分离成图形。选择工具箱中的“套索工具”，单击“魔术棒”按钮，在舞台中白色背景处单击，即可将其选择。

03 按【Delete】键将选择的区域删除，然后单击工具箱中的“魔术棒设置”按钮，弹出“魔术棒设置”对话框，将“阈值”设置为8，单击“确定”按钮。

04 设置完参数后，多次在白色背景处单击进行选择，并按【Delete】键将选择的区域删除。

05 确定“套索工具”处于选择状态，取消“魔术棒”按钮的选择，单击“多边形模式”按钮，在舞台中逐一单击，即可圈选中蝴蝶的尾巴。

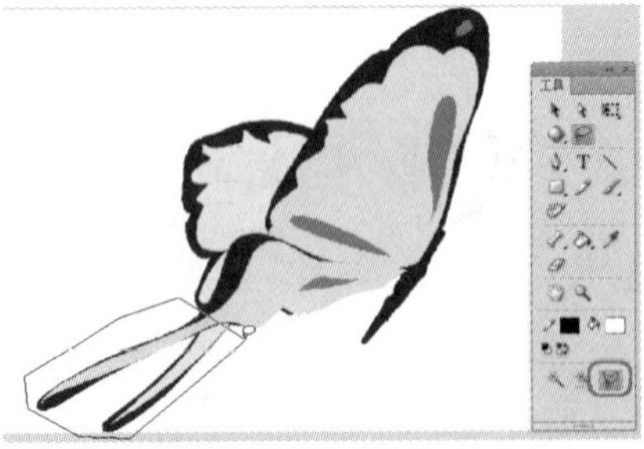

技巧提示

在对位图“使用魔术棒工具”操作前，必须将位图进行分离操作，选择位图后按【Ctrl+B】组合键即可，此时使用“魔术棒工具”才起作用。

5.1.2 对象的移动

在Flash的舞台上创建出来的对象位置和大小不一定总是合适的，往往需要移动对象使它在舞台上规范化、准确化。Flash中有3种移动对象的方法：鼠标移动、方向键移动和通过“属性”面板进行移动。下面分别对这3种方法进行介绍。

（1）通过鼠标移动对象。

这是最简单直接的方法，使用鼠标移动对象时较随意。

01 在舞台中选择需要移动的对象。

02 按住鼠标左键不放向右拖动，释放鼠标右键即可完成移动操作。

技巧提示

移动图形对象时按住【Shift】键，只能进行水平、垂直或45度方向上的移动。选择对象后按住【Alt】键不放，将复制出一个新的对象。如果移动对象时，在选中对象的同时按住【Shift+Alt】组合键，复制出来的新对象将只进行水平、垂直或45度方向上的移动。

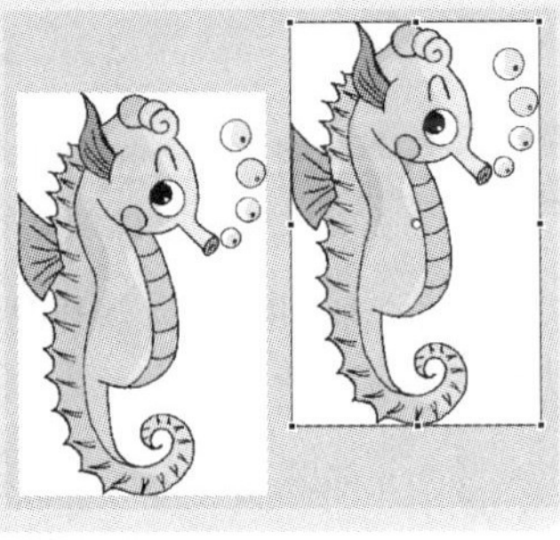

（2）使用方向键移动对象。

01 在舞台中选择需要移动的对象。

02 选中对象后，在键盘上按上、下、左、右方向键可以以每次1像素的距离移动对象，如图所示为向右移动5像素的效果。

技巧提示

如果在按住【Shift】键的同时再按上、下、左、右方向键，则能以每次8像素的距离移动对象。

（3）使用“信息”面板设置精确数值移动对象

01 在舞台中选择需要移动的对象，在菜单栏中选择“窗口”→“信息”命令，或者单击工作区右侧的“信息”面板按钮，打开“信息”面板，该面板中显示了被选中对象的宽度与高度，以及在舞台上当前的位置。将“X”参数更改为240。

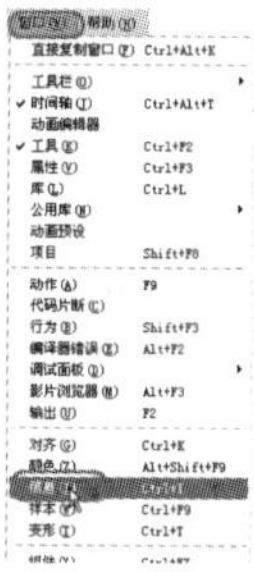

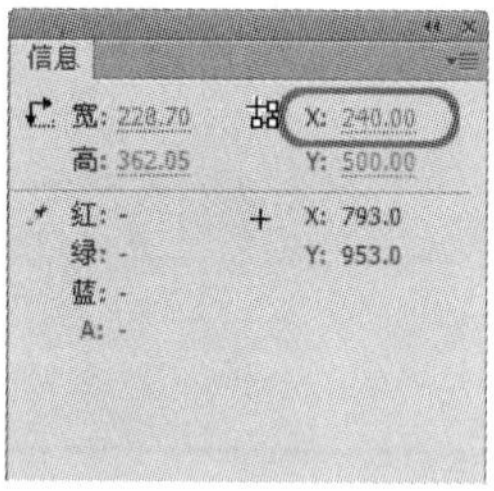

02 按【Enter】键即可将选择的对象移动到新指定的位置。

5.1.3 对象的复制

制作动画时经常会出现两个或者几个相同的对象，这里就需要用到复制功能，下面来介绍复制功能的使用。

（1）粘贴到中心位置。

01 选择工具箱中的“多角星形工具”，将“笔触颜色”设置为无，将“填充颜色”设置为红色，单击“属性”按钮，展开“属性”面板，在“工具设置”选项组中单击“选项”按钮，弹出“工具设置”对话框，将“样式”设置为“星形”，设置完成后单击“确定”按钮。

02 设置完成后在舞台中绘制红色星形，选择工具箱中的“选择工具”，在舞台中选择新绘制的星形。

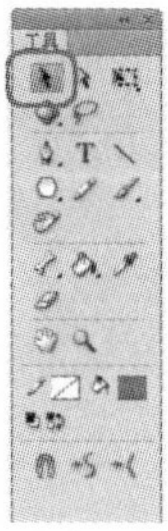

03 确定图形处于选择状态，在菜单栏中选择“编辑”→“复制”命令，将对象复制到剪贴板中。

04 在菜单栏中选择“编辑”→“粘贴到中心位置”命令，即可将复制的对象粘贴到舞台中央。

（2）粘贴到当前位置。

如果在前面的实例上进行操作，在菜单栏中选择“编辑”→“复制”命令，将对象复制到剪贴板中。然后在菜单栏中选择“编辑” →“粘贴到当前位置”命令，即可将复制的对象粘贴到当前光标所在的位置。

（3）配合【Ctrl】键复制。

继续在前面的实例上进行操作，确定复制后的图形处于选择状态，配合键盘上的【Ctrl】键移动鼠标，即可复制选择的图形。

5.1.4 对象的删除

当场景中的有些对象已经没有必要继续保留时，可以将其从场景中删除。删除对象的方法很简单，选中场景中要删除的对象，按【Delete】键，或者在菜单栏中选择“编辑”→“清除”命令，即可删除对象。如果删除的是场景中的元件，保存在库中的元件并不会受到影响。

5.1.5 对象定位点的移动

所有的集合、实体、文本块和位图都有一个定位点，Flash会据此进行定位和变形。在默认状态下，这个点位于对象的中心。

01 在舞台中选择蝴蝶对象，选择工具箱中的“任意变形工具”。

02 移动鼠标到中间的定位点上，拖动鼠标进行移动。释放鼠标即可完成定位点的移动。

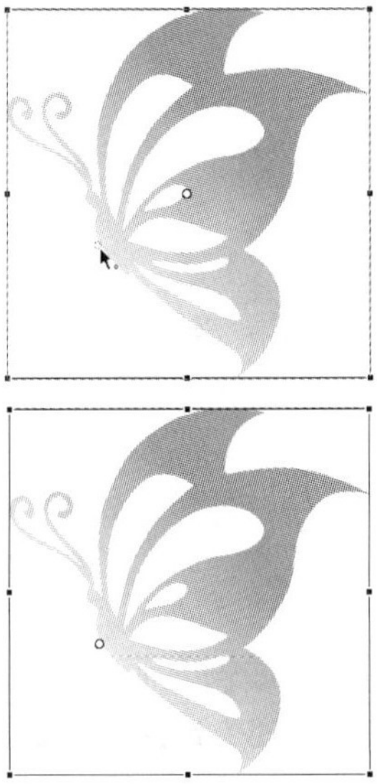

技巧提示

需要注意的是线条和形状是没有定位点的，其定位和变形是相对于其左上角进行的。

5.2 调整图形对象

学习时间：10分钟

5.2.1 对齐对象

在制作动画的过程中，同一舞台中将出现多个对象。在Flash中可以利用自动对齐功能，对多个对象进行排列。单击工作区右侧的“对齐”面板按钮，或者在菜单栏中选择“窗口”→“对齐”命令，打开“对齐”面板。

下面对对齐操作进行简单的介绍。

01 新建一个空白文档，在舞台中导入一张素材图片，并调整素材的大小。

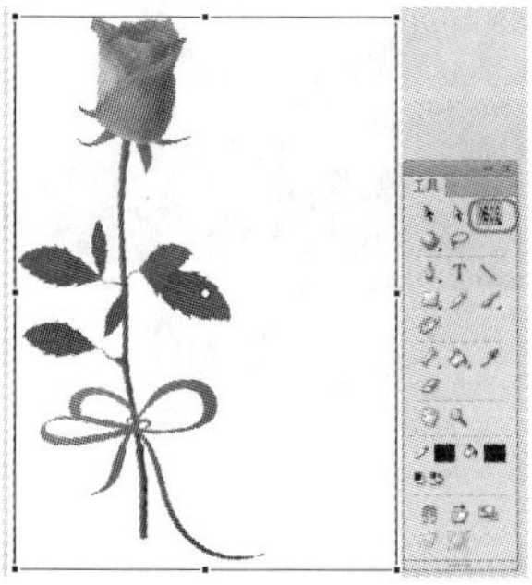

技巧提示

在对多个图形进行对齐之前最好要进行组合，否则有可能导致图形混在一起分不开。

02 选择工具箱中的“文本工具”，单击“属性”按钮，打开“属性”面板，在“属性”面板中单击按钮，在弹出的下拉菜单中选择“垂直”命令，将文本方向更改为垂直方向，在“字符”选项组中将“系列”设置为“方正粗活意简体”，将“大小”设置为40，将“颜色”设置为红色。

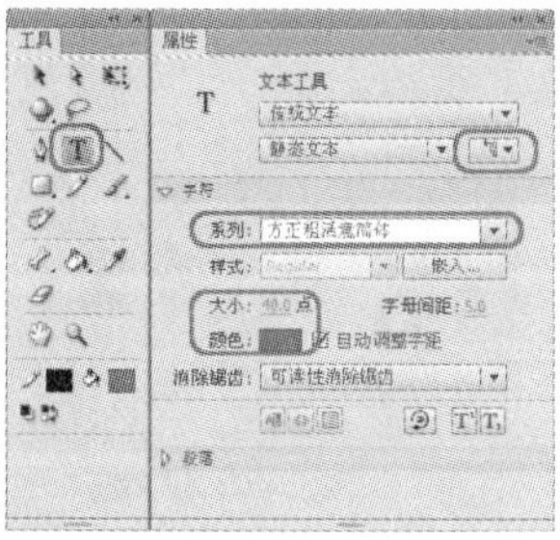

03 设置完成后在舞台中创建文本。在舞台中选择素材对象和文本对象，单击“对齐”按钮，打开“对齐”面板，在“对齐”选项组中单击“右对齐”按钮，将选择的对象进行右对齐。

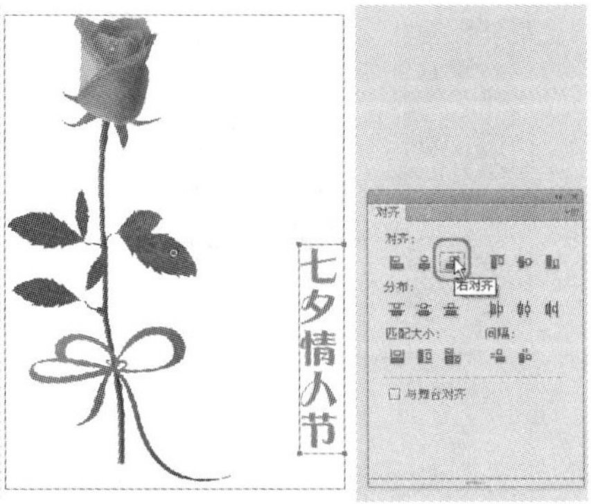

有时需要将图形放到整个舞台的边缘或者中央，这时就需要用到“对齐”面板上的“与舞台对齐”复选框。单击该按钮后，再次单击“对齐”按钮时，选中的对象不再是相互之间对齐排列，而是分别相对舞台对齐。

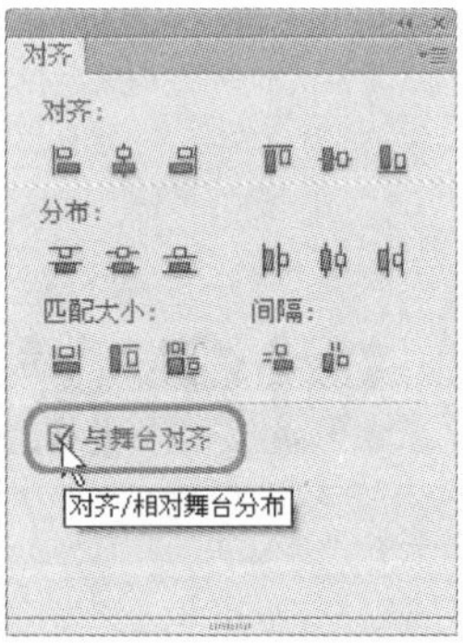

技巧提示

使用“对齐”面板时应注意“与舞台对齐”复选框的状态，选择和取消选择时的执行效果是不同的。每个对齐命令的效果都不尽相同，读者可以尝试对齐效果。

5.2.2 排列对象

在同一图层中，系统根据对象创建的先后顺序叠在一起，后绘制的对象排在先绘制的对象前面。如果对象既不是元件也没有并组的话，那么就没有办法对它们进行排序。所以在排序前，必须确认这些对象是元件或者已经并组。

01 新建一个空白文档，选择工具箱中的“矩形工具”，将“笔触颜色”设置为无，将“填充颜色”设置为“#FF00FF”，在舞台中绘制矩形。

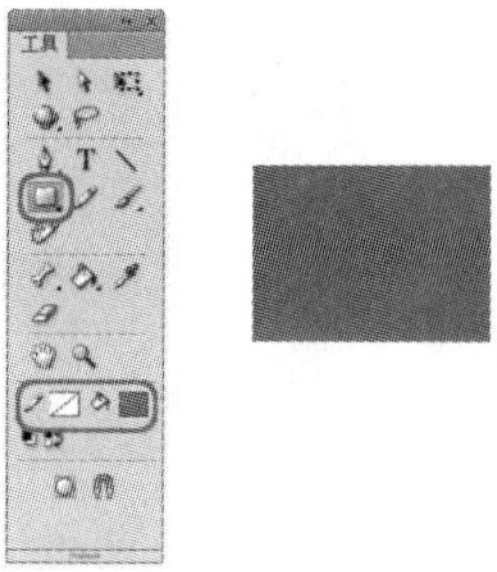

02 确定图形处于选择状态，在菜单栏中选择“修改”→“转换为元件”命令，弹出“转换为元件”对话框，将“名称”命名为“矩形”，单击“确定”按钮，即可将选择的图形转换为元件。

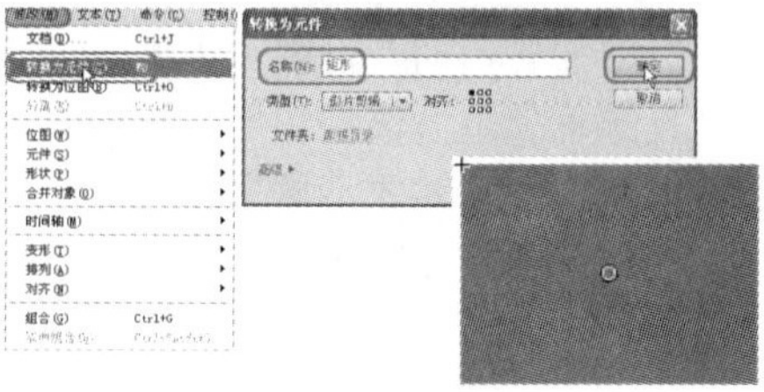

03 用同样的方法绘制其他元件。

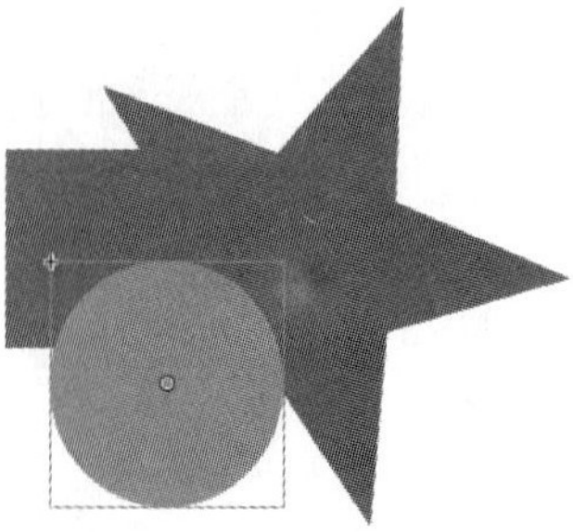

04 确定圆形元件处于选择状态，在菜单栏中选择“修改”→“排列”→“下移一层”命令。即可将圆形元件后移一个位置。

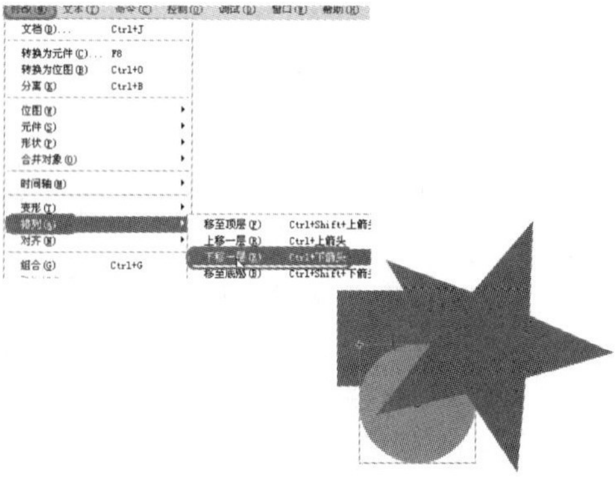

5.3 对象的编组

学习时间：20分钟

5.3.1 创建对象组

并组后的各个对象可以被一起移动、复制、缩放和旋转，这样会节约编辑时间。下面介绍“组合”命令的使用。

01 选择工具箱中的“椭圆工具”，将“笔触颜色”设置为无，将“填充颜色”设置为“#FFCC00”，然后在舞台中绘制椭圆形。

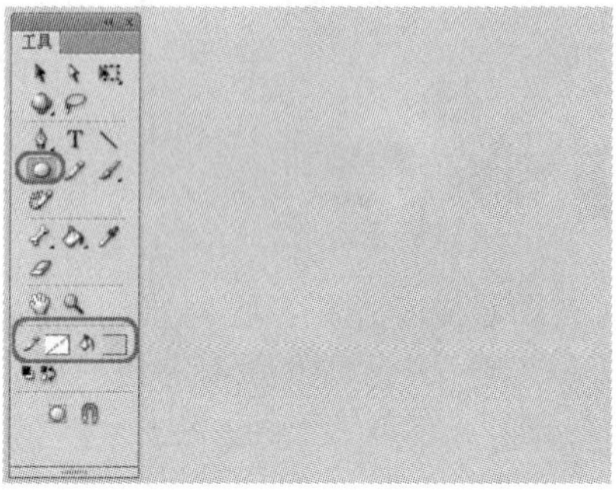

02 确定新绘制的图形处于选择状态，选择菜单栏中的“修改”→“组合”命令。将舞台中的椭圆组合。

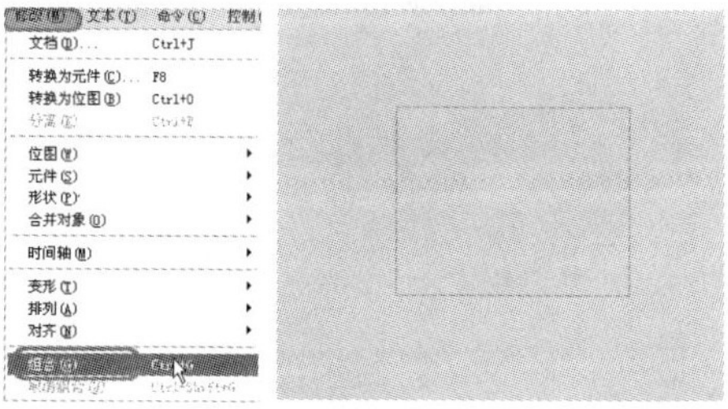

03 选择工具箱中的“椭圆工具”，将“笔触颜色”设置为无，将“填充颜色”设置为渐变色，单击“颜色”按钮，打开“颜色”面板，将渐变颜色设置为从白色到不透明度为0%的渐变色。

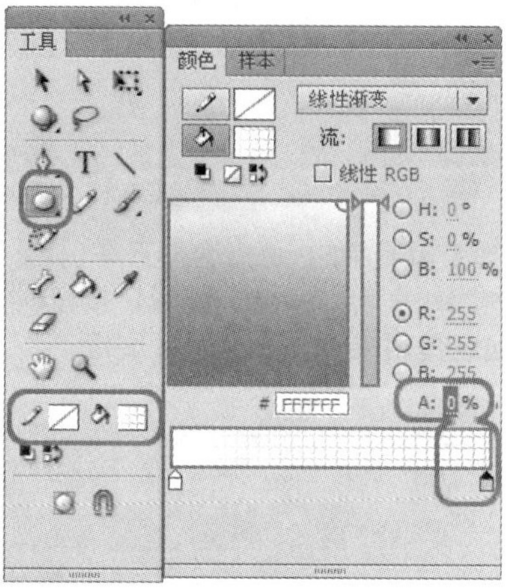

04 设置完成后在场景中绘制椭圆形。

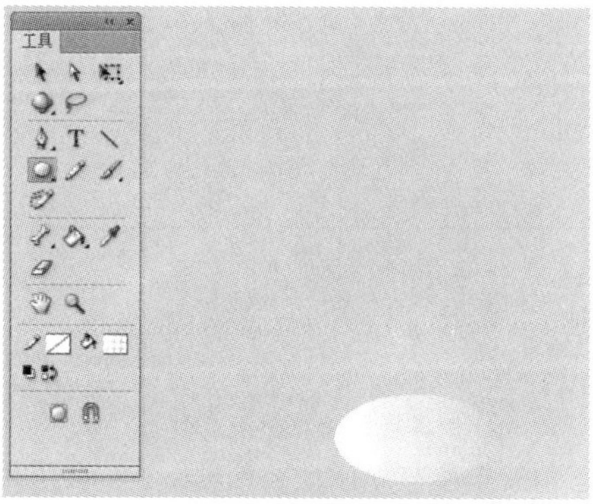

05 确定新绘制的图形处于选择状态，选择工具箱中的“渐变变形工具”，在新绘制的图形上出现渐变变形控制框。

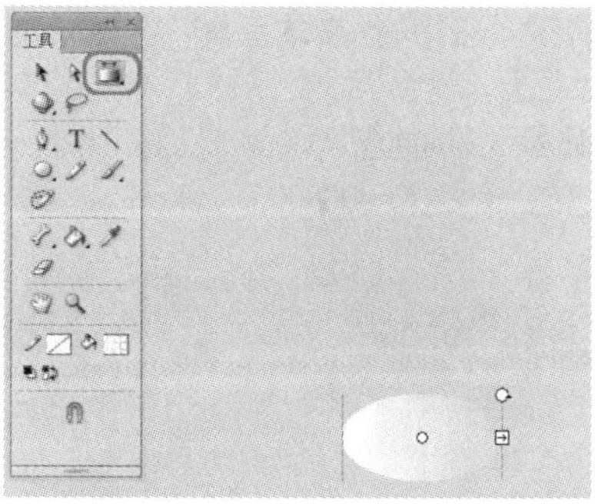

06 将鼠标移到旋转标记处，出现旋转箭头时，按住鼠标左键将渐变颜色进行90度旋转，调整填充色的方向。

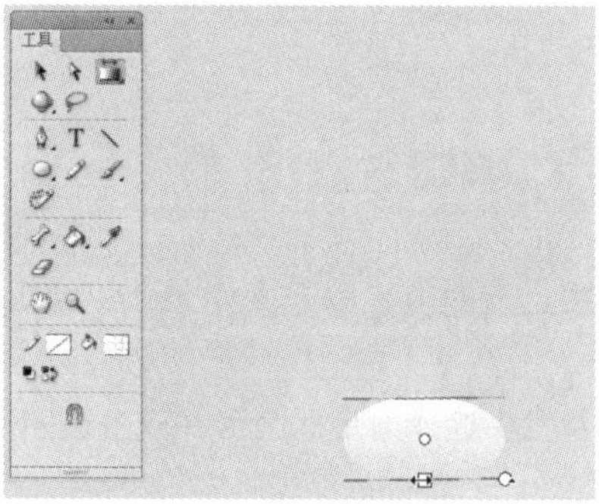

07 按【Ctrl+G】组合键将新图形组合。

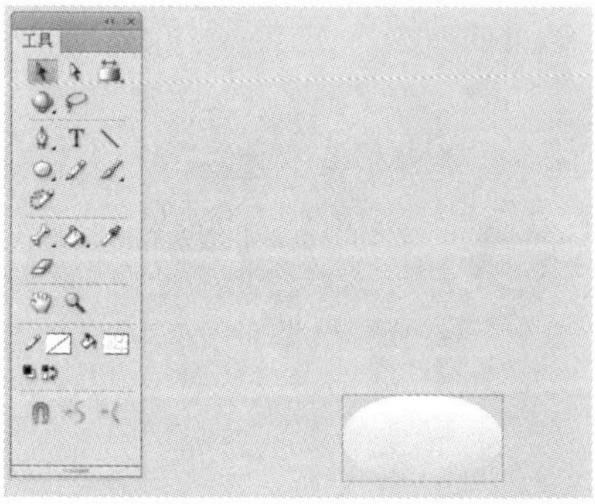

08 使用工具箱中的“选择工具”将组合后的图形调整至下图所示的位置。

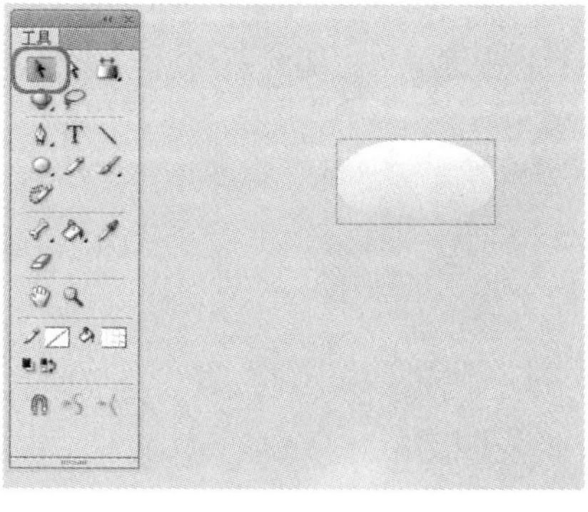

09 选择工具箱中的“文本工具” T，单击“属性” 按钮，打开“属性”面板，展开“字符”选项组，将“系列”设置为“Monotype Corsiva”，将“大小”设置为50点，将“颜色”设置为“#660000”。

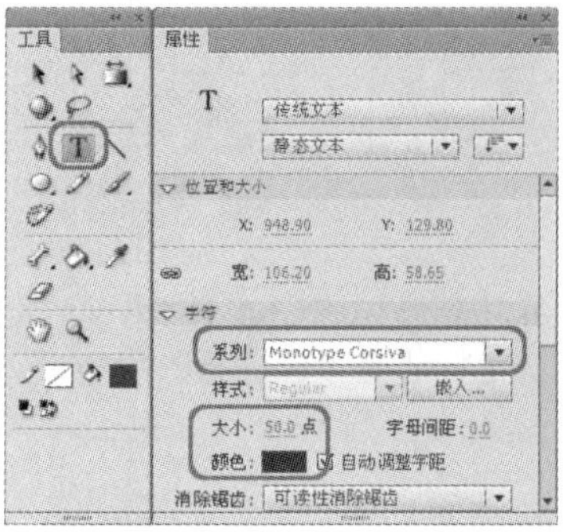

10 设置完成后在舞台中创建“Enter”文本。

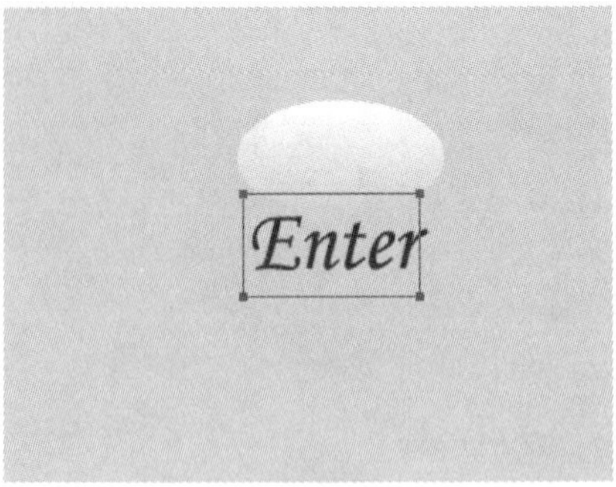

5.3.2 编辑对象组

继续上节的内容进行操作，介绍编辑对象组的操作方法。

01 在舞台中选择渐变椭圆形并双击该图形，即可进入该对象的编辑状态。

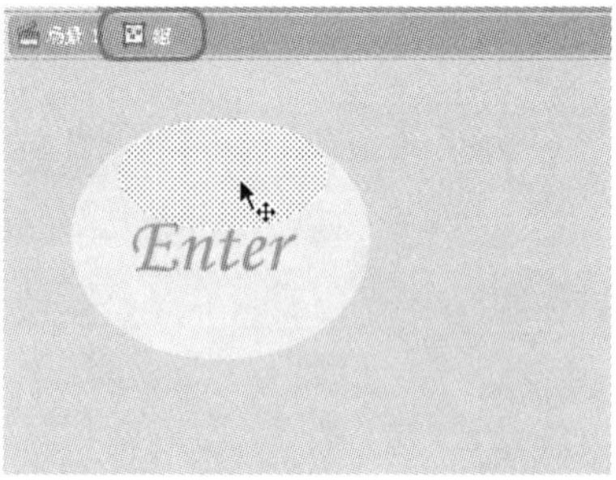

02 选择工具箱中的“任意变形工具” ，将渐变图形放大。编辑完成后单击“场景1”按钮 场景 1，即可返回场景1中完成单个对象的编辑。

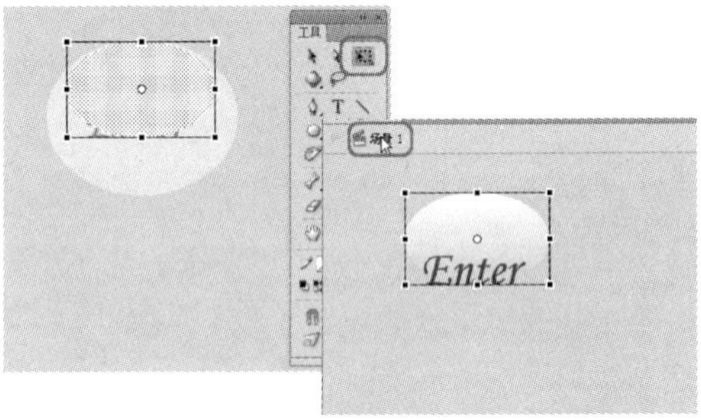

5.3.3 分离对象组

继续上节的内容进行操作，介绍分离对象组的操作方法。

01 在舞台中选择黄色组合图形。

02 在菜单栏中选择“修改”→“分离”命令。即可将选择的组合图形分离成形状图形。

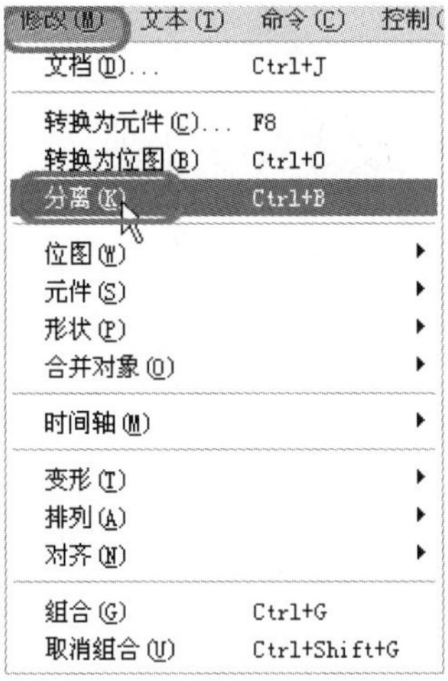

03 在舞台中选择渐变组合图形。在菜单栏中选择“修改”→“分离”命令，或者按【Ctrl+B】组合键。

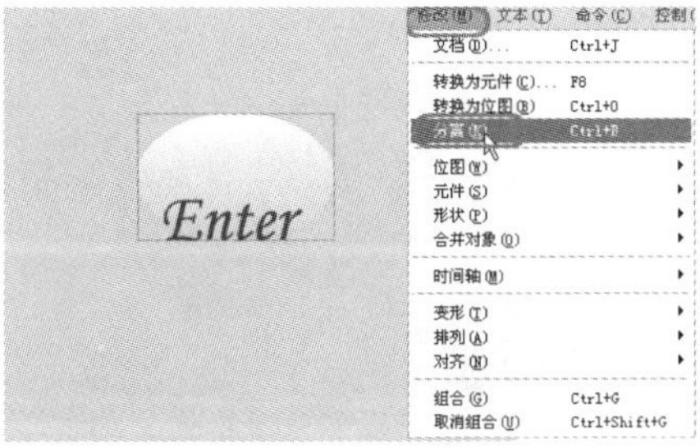

04 即可将选择的组合图形分离成形状图形。

5.4 合并图形对象

学习时间：30分钟

5.4.1 联合对象

01 选择工具箱中的“多角星形工具”，将“笔触颜色”设置为无，将“填充颜色”设置为红色，在舞台中绘制红色星形。

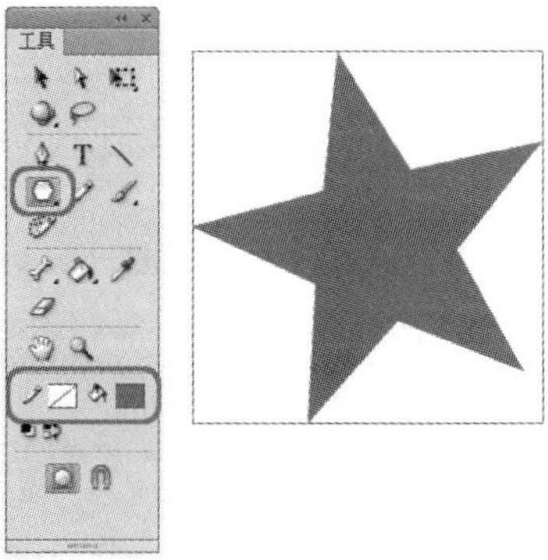

02 选择工具箱中的“椭圆工具”，将“填充颜色”设置为“#FFCC00”，配合【Shift】键继续在舞台中绘制正圆形。

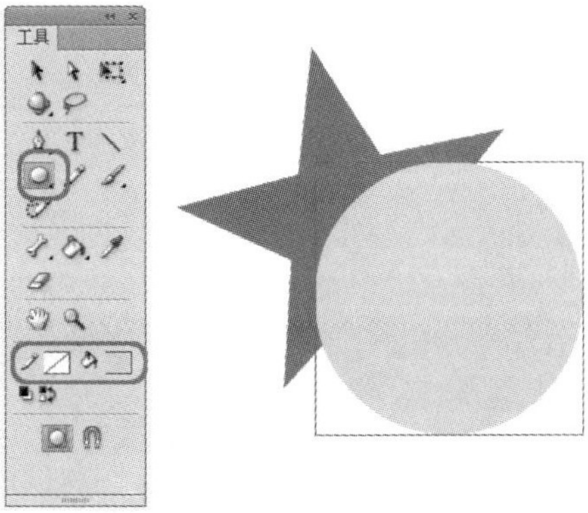

03 按【Ctrl+A】组合键选择场景中的所有对象。

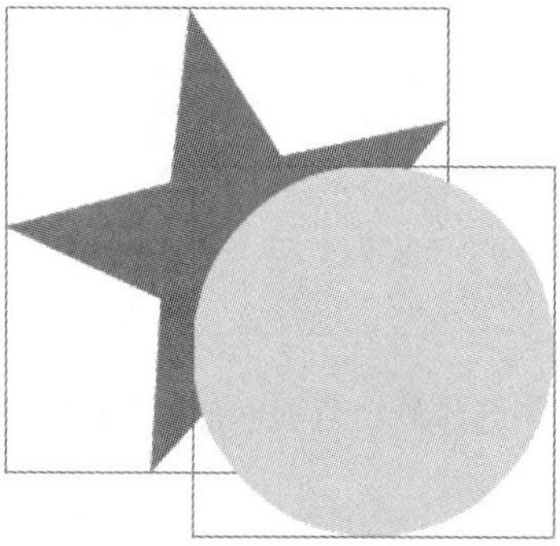

04 选择菜单栏中的“修改”→“合并对象”→“联合”命令。

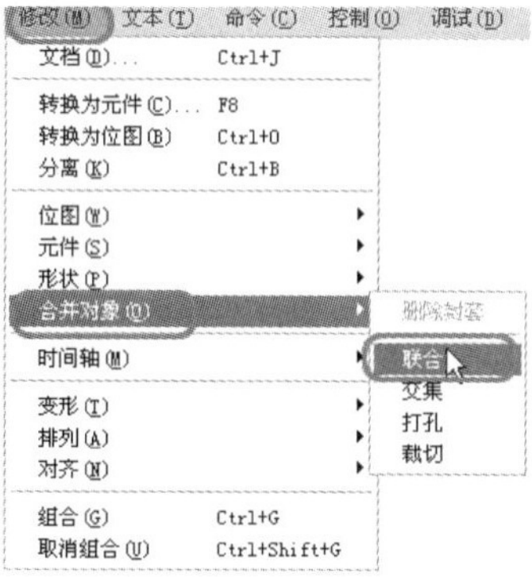

05 即可将选择的图形进行合并。

06 在舞台中双击正圆形，进入对象组的编辑状态。使用“选择工具”移动正圆形，星形将出现残缺。

5.4.2 交集对象

下面对“交集”命令的使用进行简单的介绍。

01 选择工具箱中的“矩形工具”，将“填充颜色”设置为“#00FFFF”，单击“对象绘制”按钮，在舞台中绘制矩形。

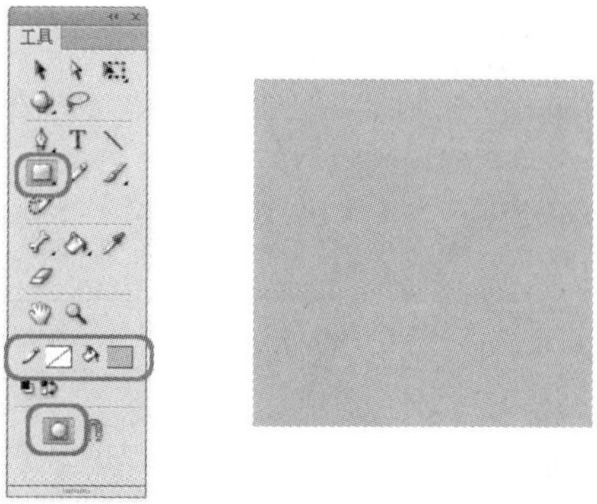

02 选择工具箱中的“多角星形工具”，将“填充颜色”设置为红色，在舞台中绘制红色星形。

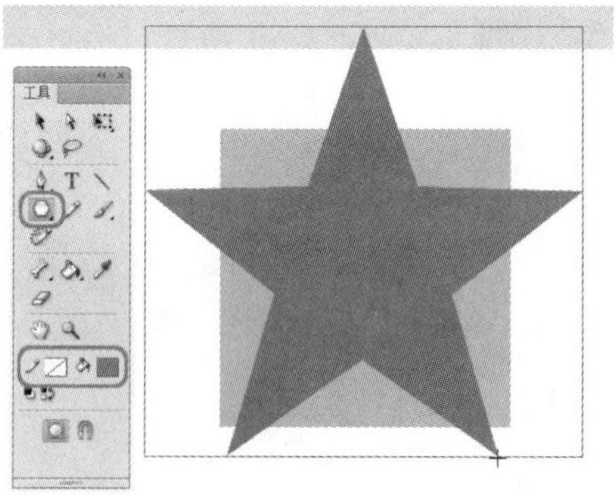

03 按【Ctrl+A】组合键选择场景中的所有对象，选择菜单栏中的“修改”→“合并对象”→“交集”命令。

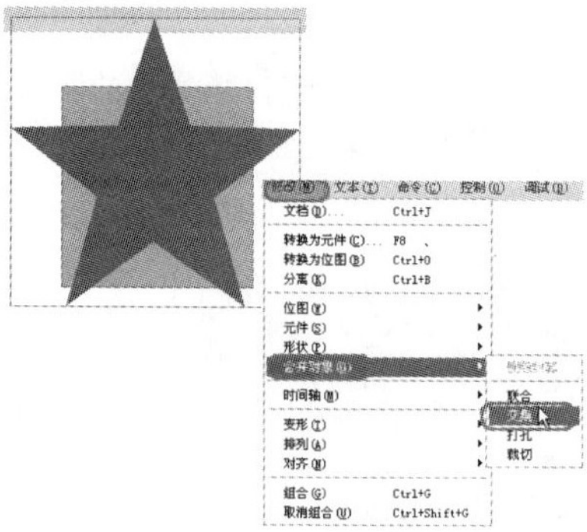

04 即可将选择的图形进行交集处理。

5.4.3 打孔对象

下面来介绍“打孔”命令的使用。

01 选择工具箱中的“椭圆工具”，将“填充颜色”设置为红色，配合【Shift】键继续在舞台中绘制正圆形。

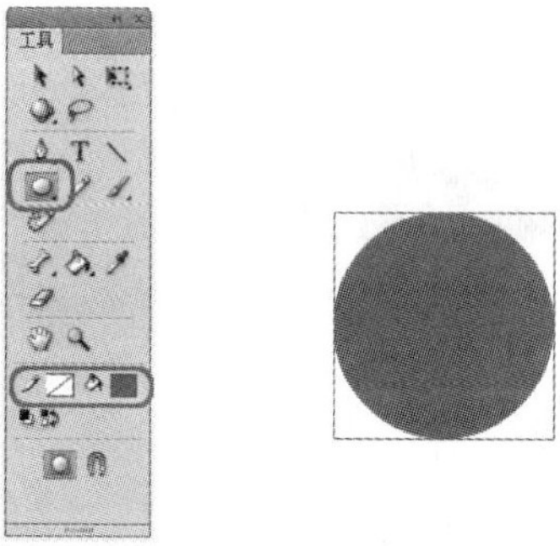

02 复制一个圆形。选择工具箱中的“选择工具”，配合【Shift】键将复制后的图形水平向右移动，并将其“填充颜色”更改为黄色。

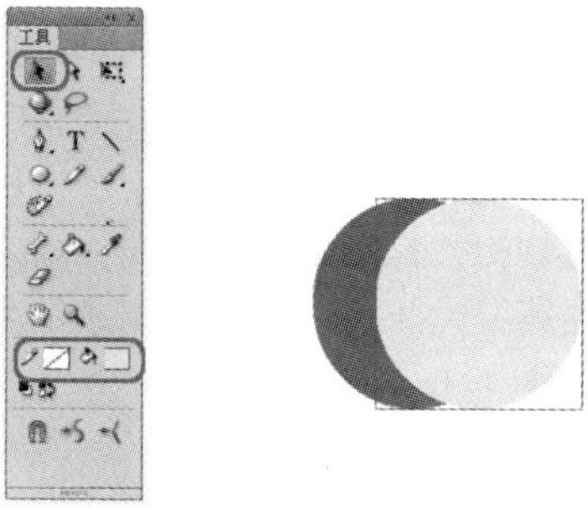

03 按【Ctrl+A】组合键选择场景中的所有对象。选择菜单栏中的“修改”→“合并对象”→“打孔”命令。

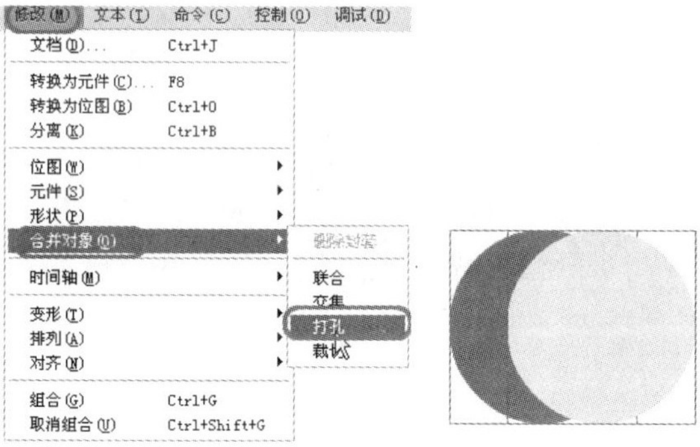

04 即可将选择的图形进行打孔处理，完成后的效果如下图所示。

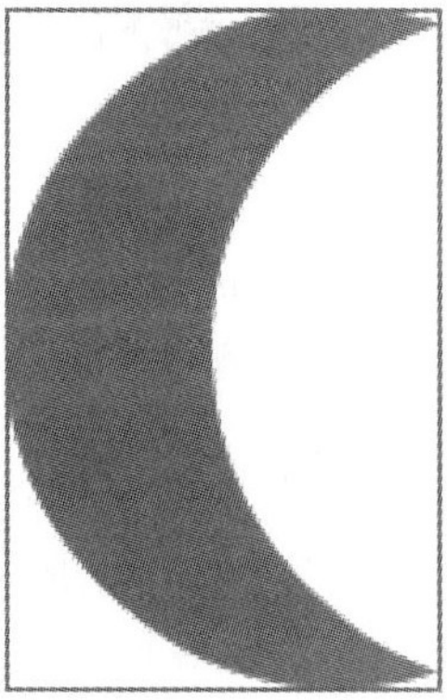

5.4.4 裁切对象

下面来介绍“裁切”命令的使用方法。

01 选择工具箱中的“矩形工具” ，将“填充颜色”设置为红色，单击“对象绘制”按钮，在舞台中绘制矩形。

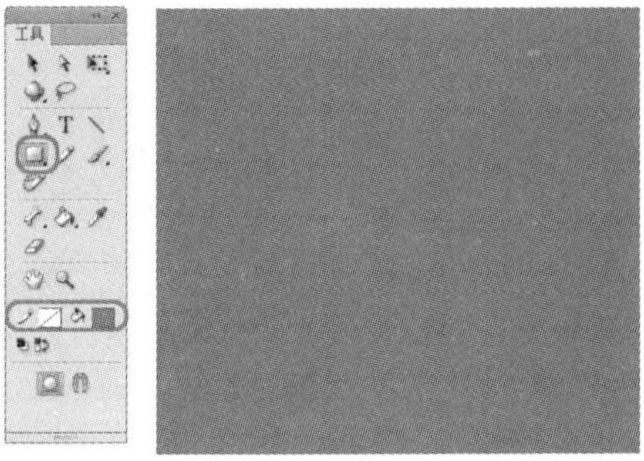

02 选择工具箱中的“多角星形工具” ，将“填充颜色”设置为黄色，在舞台中绘制黄色星形。

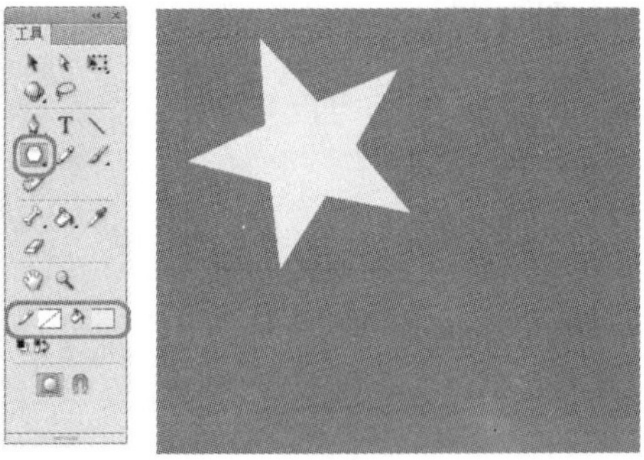

03 按【Ctrl+A】组合键选择场景中的所有对象，再选择菜单栏中的“修改”→“合并对象” →“裁切”命令。

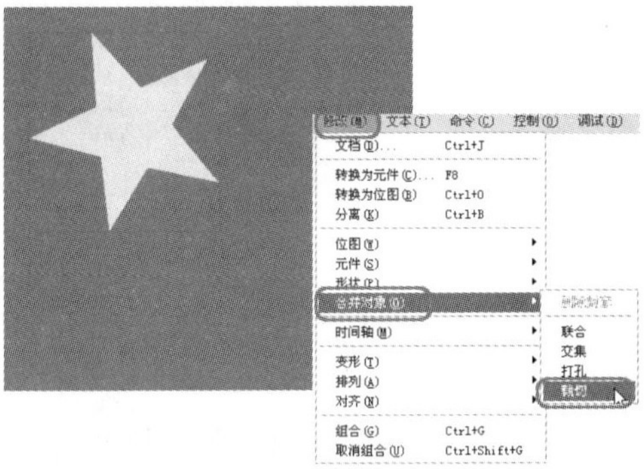

04 即可将选择的图形进行裁切处理，完成后的效果如下图所示。

5.5 使用影片浏览器定位需要编辑的对象

学习时间：30分钟

使用影片浏览器，可以轻松地组织和查看文档的内容，以及对文档中已有的元素进行修改。它包含当前全部元素的显示列表，该列表显示为一个导航分层结构树。它可以过滤文档中指定类别的项目，包括文本、图形、按钮、影片剪辑、动作和导入的文件等；也可以将所选类别显示为场景或者元件定义（或两者并存），并且可以展开或者折叠导航树。

5.5.1 打开“影片浏览器”面板

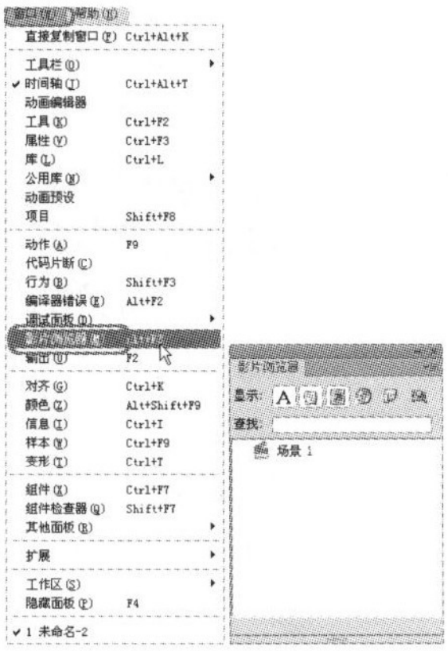

“影片浏览器”面板是Flash CS6提供的一个功能强大的工具。它将一个Flash文件组织成一张树形文件图，在图中可以找到该文件中的每一个元素。使用“影片浏览器”面板，可以使用户很方便地熟悉Flash文件中的每一个对象、每一帧之间的位置关系，以及对象与对象之间的组织关系。另外，影片浏览器还包括各个对象的属性及其包含的Actions等。对于大型的Flash程序，影片浏览器是一个相当方便的工具。

可以通过选择“窗口”→“影片浏览器”命令，或者按【Alt+F3】组合键，打开“影片浏览器”面板。

5.5.2 使用 “影片浏览器”面板

在“影片浏览器”面板上有一排按钮，它们分别对应打开或关闭以下对象，从而决定在“影片浏览器”中是否显示它们。

- **“显示文本”按钮A：** 用于显示文本。
- **“显示按钮、影片剪辑和图形”按钮：** 用于显示按钮、影片剪辑和图形。
- **“显示ActionScript”按钮：** 用于显示ActionScript。
- **“显示视频、声音和位图”按钮：** 用于显示视频、声音和位图。
- **“显示帧和图层”按钮：** 用于显示帧和图层。
- **“自定义要显示的项目”按钮：** 单击后会弹出“影片浏览器设置”对话框，从中可以自定义要显示的项目。

在“影片浏览器”面板的6个按钮下面有一个“查找”文本框，它的作用是在组织中查找带有指定关键字的对象，有了它就可以快速地找到自己所需要的对象。

在“影片浏览器”面板底部有一个状态栏，显示所选对象在该Flash文档中的路径。

5.5.3 右键菜单中的各项功能

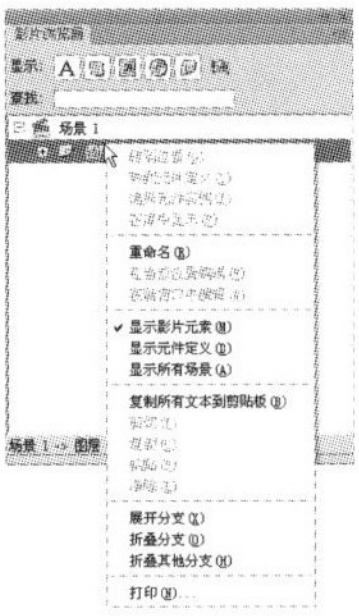

在“影片浏览器”面板的树形关系网中右击，会弹出一个快捷菜单。

- **“转到位置”命令：** 可以直接转到所选对象所在的场景、层和帧。
- **“转到元件定义”命令：** 跳到“影片浏览器”面板的“影片元素”选项区域选定元件的元件定义。元件定义列出了与该元件关联的所有文件。
- **“选择元件实例”命令：** 该命令只能作用于元件定义中显示的对象，作用是在工作区选中用户指定的对象。
- **“在库中查找”命令：** 只能作用于元件定义中显示的对象，它的作用是在库里显示用户指定的对象。
- **“重命名”命令：** 对所选对象重新命名。
- **“在当前位置编辑”命令：** 使用户可以在舞台上编辑选定的元件。
- **“在新窗口中编辑”命令：** 在新窗口中编辑元件。

- **“显示影片元素”命令：**显示文档中组织为场景的元素。
- **“显示元件定义”命令：**显示与某个元件关联的所有元素。
- **“复制所有文本到剪贴板”命令：**可以将选定的文本复制到剪贴板上，要进行拼写检查或者其他的编辑操作，需将文本粘贴到外部文本编辑器中。
- **“剪切、复制、粘贴和清除”命令：**这些是很常用的Windows命令，可以对选定元素应用这些常用功能。
- **“展开分支”命令：**用于打开所选对象的分支。如果该对象的分支有好几层，比如选中一个包含许多对象的场景，如果一个一个地单独打开会很费时，而使用这个命令打开它所有的分支就会显得很方便。
- **“折叠分支”命令：**这个命令与“展开分支”命令相反，它将把所有打开的分支折叠起来。
- **“折叠其他分支”命令：**用于折叠所有未选中的分支。
- **“打印”命令：**打印“影片浏览器”面板中显示的分层显示列表。

第6章

本章导读：

Flash CS6具有强大的绘图功能，使用它可以创作出精美的图画。但是Flash CS6毕竟不是专业的绘画软件，其绘图能力有限，无法与专业矢量绘图软件相提并论。使用Flash CS6的基本绘图工具可以创建和修改图形，绘制自由形状及规则的线条或者路径，并且可以填充对象，还可以对导入的位图进行适当的处理。

绘制基本图形

【基础知识：1小时】

矢量图与位图	10分钟
绘制生动的线条	25分钟
绘制几何图形	25分钟

【演练：1小时】

为卡通人物填充颜色	10分钟
绘制苹果	10分钟
绘制卡通形象	20分钟
绘制风景	20分钟

6.1 矢量图与位图

学习时间：10分钟

计算机图像有矢量图和位图两种。在Flash中用绘图工具绘制的是矢量图形，而在使用Flash制作动画时会用到矢量图形和位图图像两种图像类型，并且经常交叉使用，互相转换。例如，当把一幅位图图像导入到Flash中时，为了改变其某个部分的颜色，可以将图像“打散”变为矢量图形。

6.1.1 矢量图

矢量图形是使用包含颜色和位置属性的点和线来描述的图像。以直线为例，它利用两端的端点坐标和粗细、颜色来表示直线，因此无论怎样放大图像，都不会影响画质，依旧保持其原有的清晰度。在通常情况下，矢量图形的文件要比位图图像小，但是对于构图复杂的图像来说，使用矢量图形的文件比使用位图图像的还要大。另外，矢量图形具有独立的分辨率，它能以不同的分辨率显示和输出，即可以在不损失图像质量的前提下，以各种各样的分辨率显示在输出设备中。如右图所示为矢量图形及其放大后的效果。

6.1.2 位图

位图图像是通过像素点来记录图像的。许多不同色彩的点组合在一起，就形成了一幅完整的图像。位图图像存在的方式及所占空间的大小是由像素点的数量来控制的。图像点越多，即分辨率越大，图像所占空间也越大。位图图像能够精确地记录图像丰富的色调，因而它弥补了矢量图形的缺陷，可以逼真地表现自然图像。对位图进行放大时，实际是对像素的放大，因此放大到一定程度，就会出现马赛克现象。如右图所示为位图图像及其放大后的效果。

6.1.3 图像像素

图像分辨率为数码相机可选择的成像大小及尺寸，单位为dpi。常见的有640×480、1 024×768、1 600×1 200、2 048×1 536。在成像的两个数据中，前者为图片的宽度，后者为图片的高度，两者相乘得出的是图片的像素。长宽比一般为4：3。

在大部分数码相机内，可以选择不同的分辨率拍摄图片。一台数码相机的像素越高，其图片的分辨率越大。分辨率和图像的像素有直接关系，一张分辨率为640×480的图片，其像素就达到了307 200，也就是我们常说的30万像素，而一张分辨率为1 600×1 200的图片，它的像素就是200

万。这样，我们就知道，分辨率表示的是图片在长和宽上所占点数的单位。

一台数码相机的最高分辨率就是其能够拍摄最大图片的面积。在技术上说，是指数码相机能产生在每寸图像内，点数最多的图片，通常以dpi为单位，英文为Dot per inch。分辨率越大，图片的面积越大。

像素越大，分辨率越高，照片越清晰，可输出的照片尺寸也越大。

6.2 绘制生动的线条

学习时间：25分钟

任何一个Flash形状都有其各自的构成元素。在深入学习Flash之前，必须能够分析Flash形状的基本构成元素。本节将介绍如何使用“线条工具”、“铅笔工具”来绘制生动的线条。

6.2.1 线条工具

“线条工具”主要用来绘制直线和斜线。与“铅笔工具”最大的不同点是，“线条工具”只能用于绘制不封闭的直线和斜线，由两点确定一条线。

使用“线条工具”绘制之前需要设置线条的属性，如设置直线的颜色、粗细和样式等，“线条工具”的“属性”面板中各选项含义的说明如下。

- **笔触颜色：**单击“笔触颜色”色块可以打开调色板，在调色板中用户可以直接选取线条的颜色，也可以在上面的文本框中输入线条颜色的十六进制RGB值。如果预设颜色不能满足用户需要，还可以通过单击右上角的按钮，在弹出的“颜色”对话框中根据需要自定义设置颜色的值。

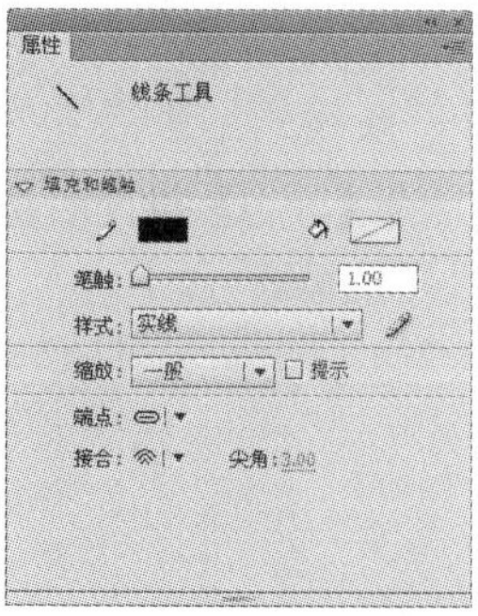

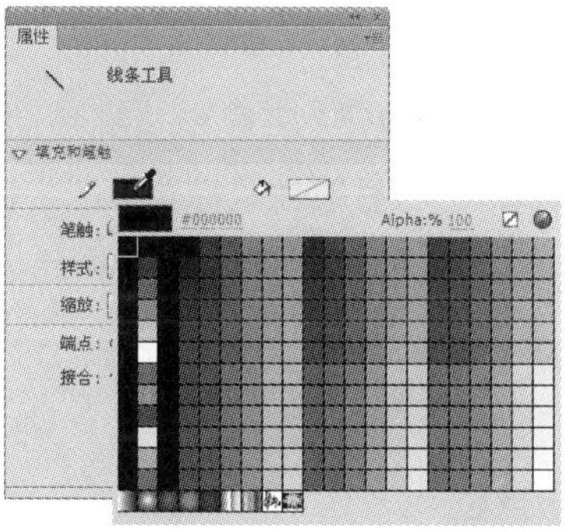

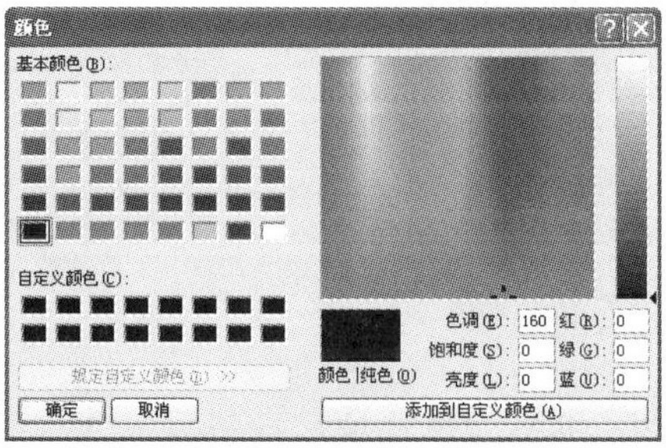

- **笔触：**用来设置所绘线条的粗细，可以直接在文本框中输入数值，范围为0.10～200，也可以通过调节滑块来改变笔触的大小。
- **样式：**在该下拉列表框中选择线条的类型，包括“极细线”、“实线”、“虚线”、“点状线”、“锯齿线”、“点刻线”、和“斑马线”。通过单击右侧的“编辑笔触样式”按钮，可以打开“笔触样式”对话框，在该对话框中可以对笔触样式进行设置。“笔触样式”对话框中各个选项的作用如下。
    - **类型：**可以从其下拉列表框中选择Flash CS6所提供的6种类型的笔触，如实线、虚线和点刻线等。
    - **粗细：**在其下拉列表框中可以直接输入数字，也可以通过调整“属性”面板中的滑块无限制地调节线形粗细。

- **锐化转角**：选择该复选框，在画出锐角笔触的地方不使用预设的圆角，而改用尖角。

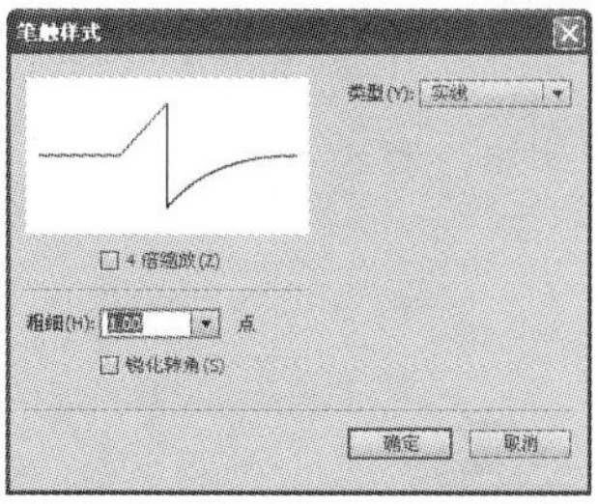

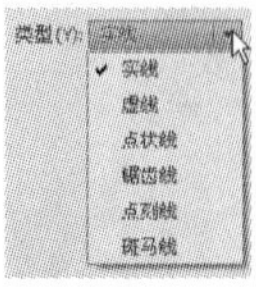

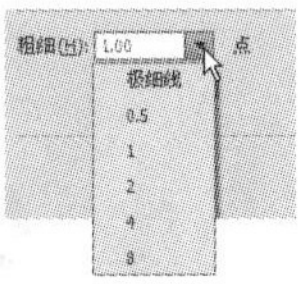

- **缩放**：有“一般”、“水平”、“垂直”和“无”4个选项。
- **端点**：用于设置直线端点的3种状态：“无”、“圆角”或“方形”。
- **接合**：用于设置两条线段的相接方式，包括“尖角”、“圆角”和“斜角”。如果选择“尖角”选项，可以在右侧的“尖角”文本框中输入尖角的大小。

01 新建一个空白文档。在工具箱中选择“线条工具”，将“笔触颜色”设置为红色，将鼠标指针移动到舞台上的起点位置，然后按住鼠标左键配合键盘上的【Shift】键向左下方拖曳，出现直线后释放鼠标，即可绘制出一条红色的直线。

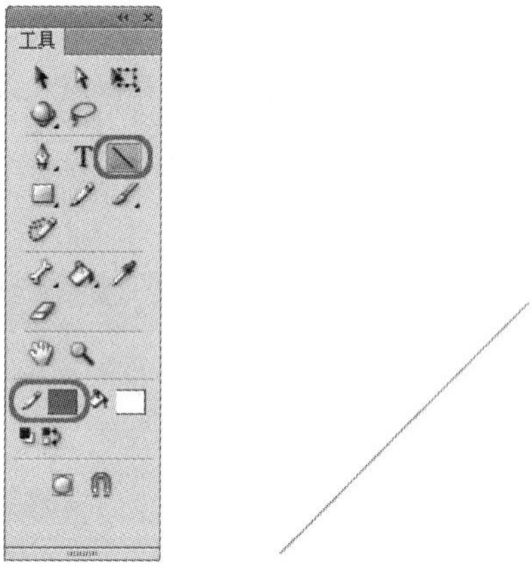

02 继续将鼠标指针移动到第一条线的起点位置，然后按住鼠标左键配合键盘上的【Shift】键向右下方拖曳，出现直线后释放鼠标即可。

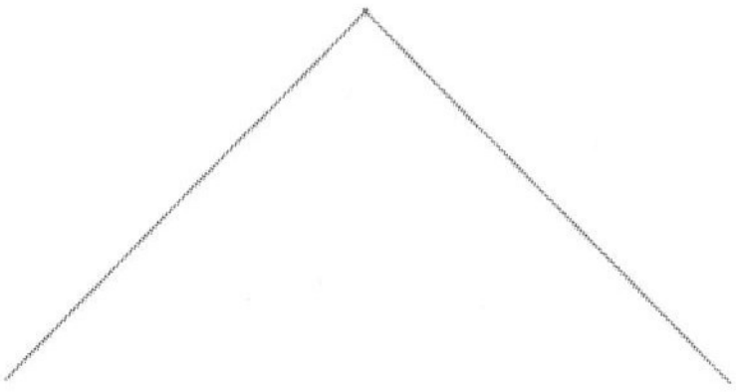

03 单击“属性”按钮，打开“属性”面板，在“填充和笔触”选项组中将“笔触颜色”设置为青色，将“笔触”设置为3。

04 将鼠标指针移动到第一条线的结束点，然后按住鼠标左键配合键盘上的【Shift】键向右拖曳，到第二条线的结束点松开鼠标即可。

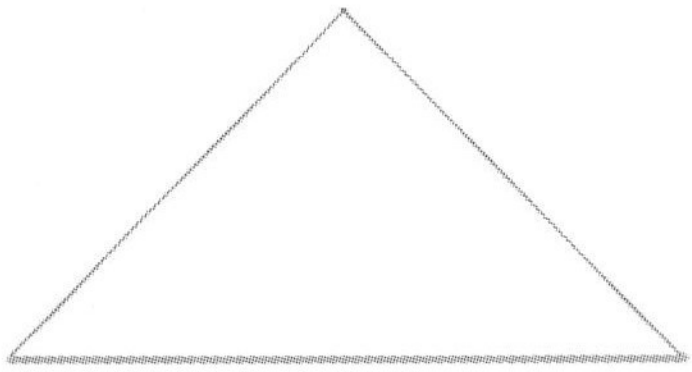

技巧提示

在使用“线条工具”绘制直线的过程中，如果在按住【Shift】键的同时拖动鼠标，可以绘制出垂直或水平的直线，或者与水平线呈45度角的斜线。如果按住【Ctrl】键可以暂时切换到“选择工具”，对工作区中的对象进行选取，当松开【Ctrl】键时，又会自动换回到“线条工具”。

6.2.2 铅笔工具

使用“铅笔工具”可以在舞台中绘制任意线条或者不规则的形状。它的使用方法和真实铅笔的使用方法大致相同。“铅笔工具”和“线条工具”在使用方法上也有许多相同点，但是也存在一定的区别，最明显的区别就是使用“铅笔工具”可以绘制出比较柔和的曲线，这种曲线通常用做路径。

在工具箱中选择“铅笔工具”，然后单击“铅笔模式”按钮，在弹出的下拉列表中可以选择铅笔的模式，包括“伸直”、“平滑”和“墨水”3个选项。

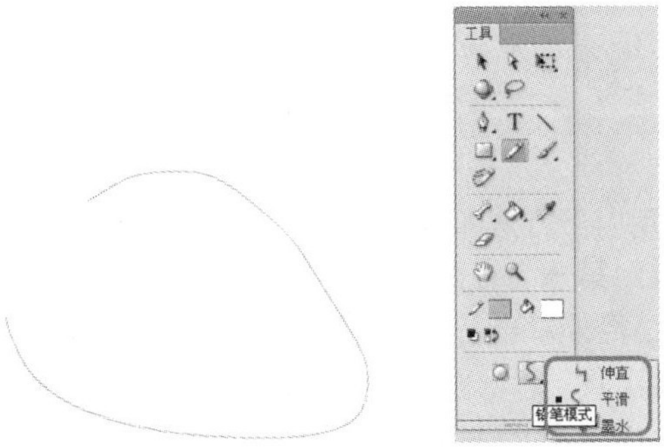

- **“伸直”模式：**该模式是“铅笔工具”中功能最强的一种模式，它具有很强的线条形状识别能力，可以对所绘线条进行自动校正，将画出的近似直线取直、平滑曲线及简化波浪线等。
- **“平滑”模式：**使用此模式绘制线条，可以自动平滑曲线，减少抖动造成的误差，达到一种平滑线条的效果，选择“平滑”模式时可以在“属性”面板中对平滑参数进行设置。
- **“墨水”模式：**使用此模式绘制的线条就是绘制过程中鼠标所经过的实际轨迹，此模式可以在最大程度上保持实际绘出的线条形状，而只做轻微的平滑处理。这种模式不对笔触进行任何修改。

单击“笔触颜色”色块，可在弹出的调色板中选择除了渐变以外的任何颜色（因为渐变不能用做笔触颜色）。

打开“铅笔工具”的“属性”面板。从中可以选择的笔触样式包括实线、点状线及斑马线等，还可以设置笔触高度（即线条的宽度）。

从中可单击“端点”下拉按钮，设定路径终点的样式，包括“无”、“圆角”和“方形”3个选项。

还可以单击“接合”下拉按钮，定义两个路径片段的相接方式，包括“尖角”、“圆角”和“斜角”3个选项。

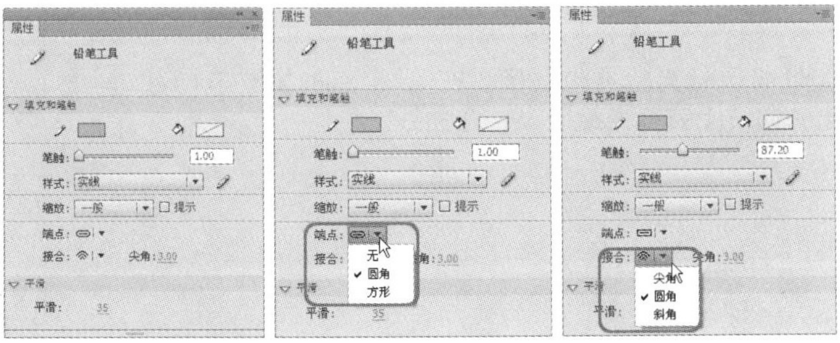

6.2.3 钢笔工具

使用“钢笔工具”可以绘制形状复杂的矢量对象，通过对节点的调整完成对象的绘制。用户可以创建直线或者曲线段，然后调整直线段的角度和长度，以及曲线段的斜率。“钢笔工具”和“线条工具”在使用方法上也有许多相同点。

使用“钢笔工具”绘制直线的方法如下：

01 选择工具箱中的“钢笔工具”，并打开“钢笔工具”的“属性”面板，在舞台上单击确定一个点。

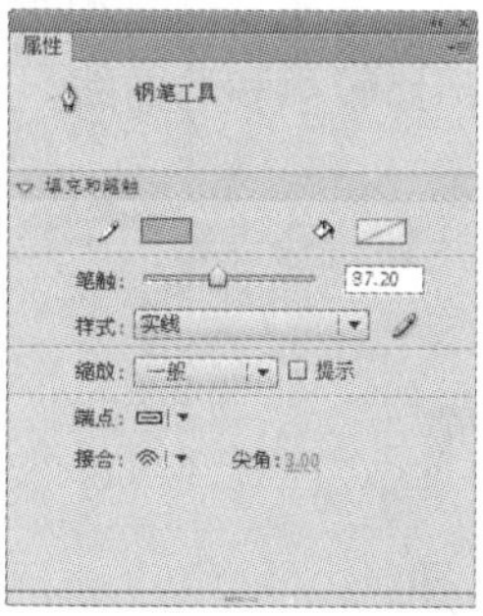

02 单击第二个点（如在第一个点右侧单击确定第二个点）绘制出一条直线，继续单击以添加相连接的线段，直线路径上或直线和曲线路径结合处的锚点称为转角点，转角点以小方形表示。

要结束路径的绘制，使用以下方法即可：

- 将“钢笔工具”放置到第一个锚点上，单击或拖曳可以闭合路径。
- 按住【Ctrl】键，在路径外单击。
- 单击工具箱中的其他工具。

使用“钢笔工具”绘制曲线的方法如下：

01 选择工具箱中的“钢笔工具”，在舞台上单击确定第一个点。

02 在第一个点的上方单击确定另一个点，并向右下方拖曳绘制出一段曲线，然后释放鼠标。

03 将鼠标光标再向上移，在第3个点的位置单击并向右上方拖曳绘制出一条曲线。

04 按住【Ctrl】键，在路径外单击，完成路径的绘制。

技巧提示

当用“钢笔工具”单击并拖曳时，需注意曲线点上有延伸出去的切线，这是曲线所特有的手柄，拖曳它可以控制曲线的弯曲程度。

6.2.4 刷子工具

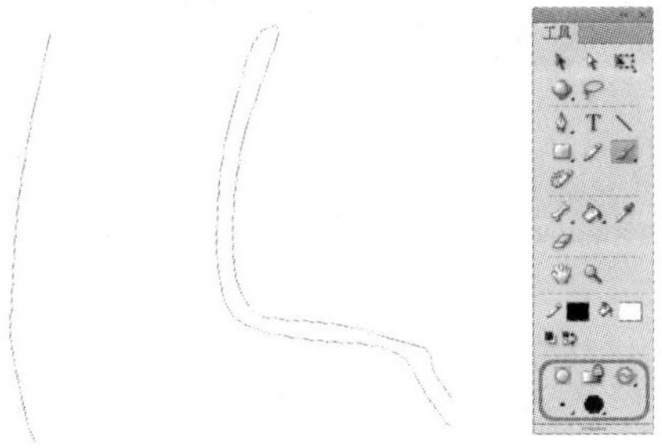

使用“刷子工具”可以绘制出类似钢笔、毛笔和水彩笔的封闭形状。其绘制方法和使用“铅笔工具”绘制曲线相似。不同的是使用“刷子工具”绘制的是一个封闭的填充形状，可以设置它的填充颜色，而使用“铅笔工具”绘制的则是笔触。选择菜单栏中的“视图”→“预览模式”→“轮廓”命令，可以清楚地看到它们的不同之处。

“刷子工具”包括5个附属工具选项。

- ◉ **对象绘制**：绘制图形对象。
- ◉ **锁定填充**：控制刷子在具有渐变的区域涂色。若启用此功能，整个舞台就成为一个大型渐变，而每个笔触只显示所在区域的一部分渐变。若关闭此功能，每个笔触显示整个渐变。
- ◉ **“刷子模式”**：绘制时有5种可供选择的刷子模式。
  - **标准绘画**：可以对同一层的线条和填充涂色。
  - **颜料填充**：对填充区域和空白区域涂色，不影响线条。

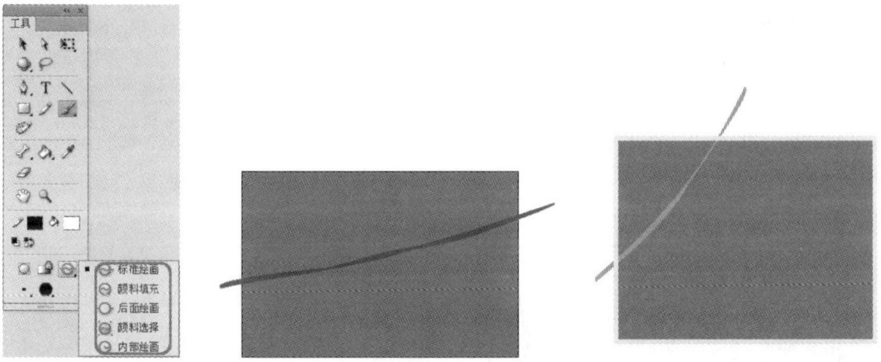

  - **后面绘画**：在舞台上同一层的空白区域涂色，不影响线条和填充。
  - **颜料选择**：当使用“填充”功能键或在“属性”面板的“填充”颜色框中选择填充时，颜料选择会将新的填充应用到选区中（此功能就和简单地选择一个填充区域并应用新填充一样）。
  - **内部绘画**：对使用刷子工具时所做的填充进行涂色，但不对线条涂色。这种做法类似于一本智能色彩书，不允许在线条外面涂色。如果在空白区域中开始涂色，该填充不会影响任何现有的填充区域。

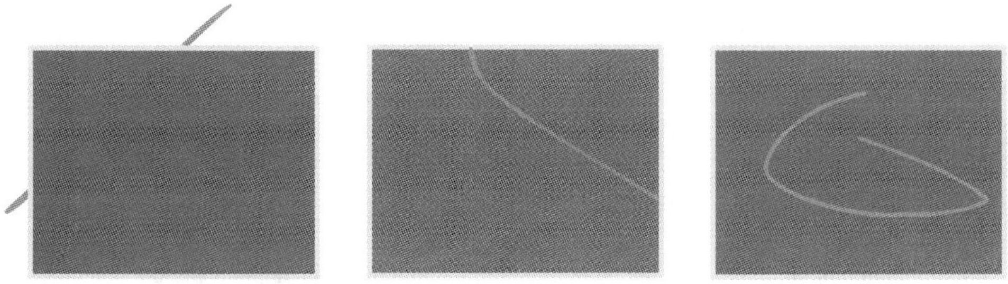

- ◉ **刷子大小**：可以设置刷子的大小。
- ◉ **刷子形状**：控制刷子的形状，可创建出各种各样的效果。

6.3 绘制几何图形

学习时间：25分钟

“椭圆工具” 和 “基本椭圆工具” 属于几何形状绘制工具，用于创建各种比例的椭圆形，也可以绘制各种比例的圆形，操作起来比较简单。

6.3.1 “椭圆工具”和“基本椭圆工具”

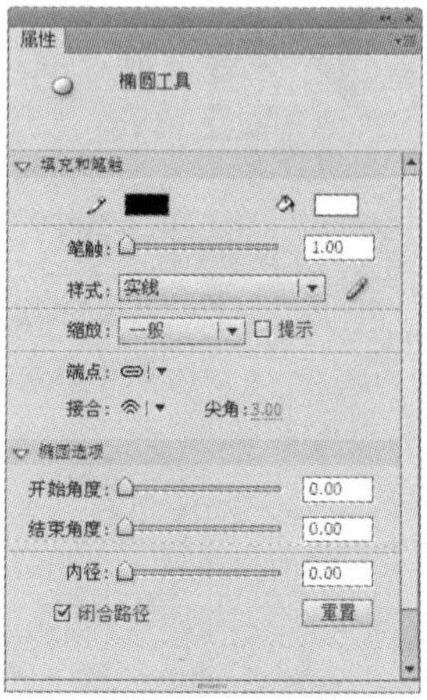

使用“椭圆工具” 可以绘制椭圆形和正圆形。

在工具箱中选择“椭圆工具”后，可以在“属性”面板中设置“椭圆工具” 的绘制参数，包括所绘制椭圆的轮廓色、填充色、笔触大小和轮廓样式等。

“属性”面板中的“椭圆选项”选项组中的各选项参数含义如下。

- **开始角度：**设置扇形的起始角度。
- **结束角度：**设置扇形的结束角度。
- **内径：**设置扇形内角的半径。
- **“闭合路径”复选框：**选择该复选框，可以使绘制出的扇形为闭合扇形。
- **重置：**单击该按钮后，将恢复到角度、半径的初始值。

技巧提示

如果在绘制椭圆形的同时按住【Shift】键，可以绘制一个正圆形。按下【Ctrl】键可以暂时切换到“选择工具” ，对工作区中的对象进行选取。

相对于“椭圆工具”来讲，使用“基本椭圆工具” 绘制的是更加易于控制的扇形对象。

使用“基本椭圆工具” 绘制图形的方法与使用“椭圆工具” 是相同的，但绘制出的图形有区别。使用“基本椭圆工具” 绘制出的图形具有节点，通过使用“选择工具” 拖动图形上的节点，可以调节出多种形状。

6.3.2 “矩形工具”和“基本矩形工具”

“矩形工具”是用来绘制矩形的，它是从“椭圆工具”扩展而来的一种绘图工具，使用它也可以绘制出带有一定圆角的矩形。

在工具箱中选择“矩形工具”后，可以在“属性”面板中设置“矩形工具”的绘制参数，包括所绘矩形的轮廓色、填充色、轮廓线的粗细和轮廓样式等。

通过在“矩形选项”选项组中的4个“矩形边角半径”文本框中输入数值，可以设置圆角矩形4个角的角度值。

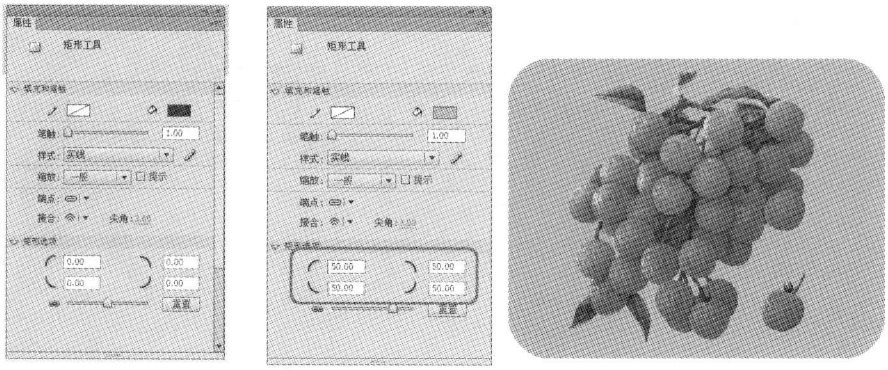

技巧提示

角度范围为－100～100，数字越小，所绘矩形4个角上的圆角弧度就越小，默认值为0，即没有弧度，表示4个角为直角。也可以通过拖动下方的滑块，来调整角度的大小。通过单击“将边角半径控件锁定为一个控件”按钮，将其变为状态，这样用户便可为4个角设置不同的值。单击“重置”按钮，可以恢复到矩形角度的初始值。

“基本矩形工具”的使用方法与“矩形工具”的使用方法相同，但绘制出的图形具有更加灵活的调整方式。使用“基本矩形工具”绘制的图形上面有节点，通过使用“选择工具”拖动图形上的节点，可以改变矩形对角外观，使其形成为不同形状的圆角矩形。

技巧提示

在使用“矩形工具”绘制形状时，在拖动鼠标的同时按键盘上的上、下方向键可以调整矩形圆角的半径。使用“基本矩形工具”绘制图形并使用“选择工具”调整图形形状时，也可以通过在“基本矩形工具”的“属性”面板中，对“矩形”选项组中的参数进行调整来改变图形的形状。

6.3.3 多角星形工具

“多角星形工具”也是几何形状绘制工具，用于创建各种比例的多边形，也可以绘制各种比例的星形，使用方法与“椭圆工具”相似。用户可以在“多角星形工具”的“属性”面板中设置绘制的类型（多边形和星形）、边数和顶点大小。

在工具箱中选择“多角星形工具”。单击“属性”按钮，打开多角星工具的“属性”面板，在“属性”面板中设置笔触的颜色、宽度和样式。如果希望多边形只有轮廓没有填充，可将填充设置为无。

这时将鼠标移到舞台中，会发现它变成了一个十字光标。单击并拖曳鼠标，可以看到多边形的基本样式。在多边形大小和形状达到要求后释放鼠标，然后单击“编辑笔触样式”按钮，弹出“笔触样式”对话框。从“类型”的下拉列表框中选择其他的笔触类型。单击“属性”面板中的“选项”按钮，可以打开“工具设置”对话框进行设置。

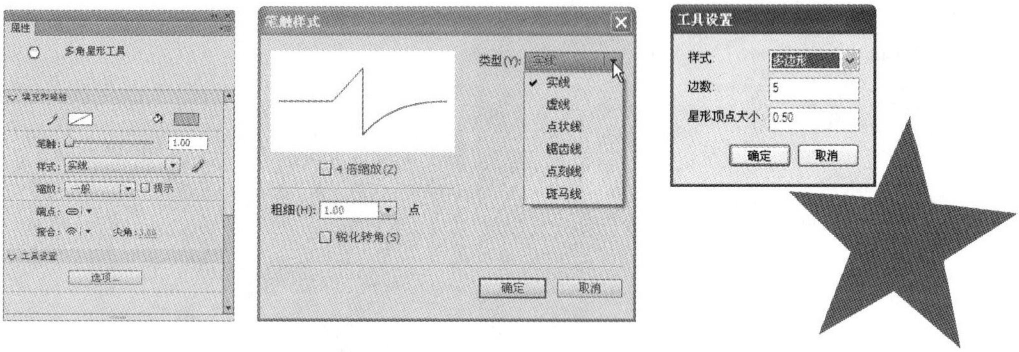

- **样式：**在该下拉列表框中可以选择“多边形”或者“星形”样式。
- **边数：**用于设置多边形或者星形的边数。
- **星形顶点大小：**用于设置星形顶点的大小。

设置好所绘多角星形的属性后，就可以开始绘制了。

技巧提示

这个工具与“矩形工具”在同一个工具组中，可在该工具组上按下鼠标保持1秒钟，然后选择所需的工具。

6.4 案例制作

学习时间：1小时

绘图工具的功能非常强大，本节通过几个案例的制作使读者熟悉绘图工具的使用。

6.4.1 为卡通人物填充颜色

本节介绍如何为卡通人物填充颜色。其具体操作步骤如下：

01 新建一个空白文档，按【Ctrl+O】组合键，在“打开”对话框中选择第6章中的“为卡通人物填充颜色.fla”文件，单击“打开”按钮，即可打开场景文件。

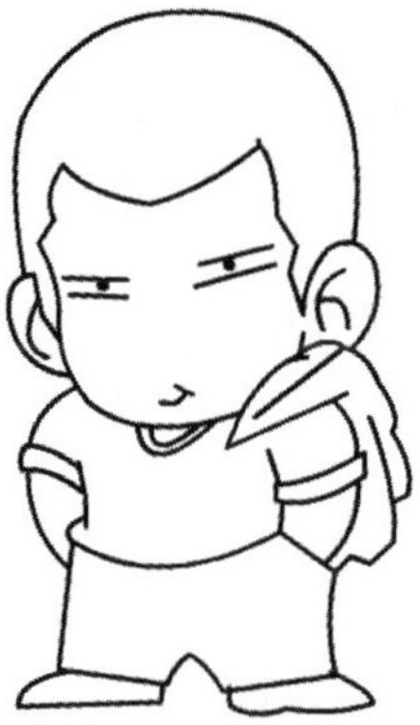

02 在舞台中选择人物的皮肤区域。单击“颜色”按钮，打开“颜色”面板，在“颜色类型”下拉列表框中选择“纯色”选项，在文本框中输入颜色值“#FFDAAE”，即可将设置的皮肤颜色填充到选择的区域中。

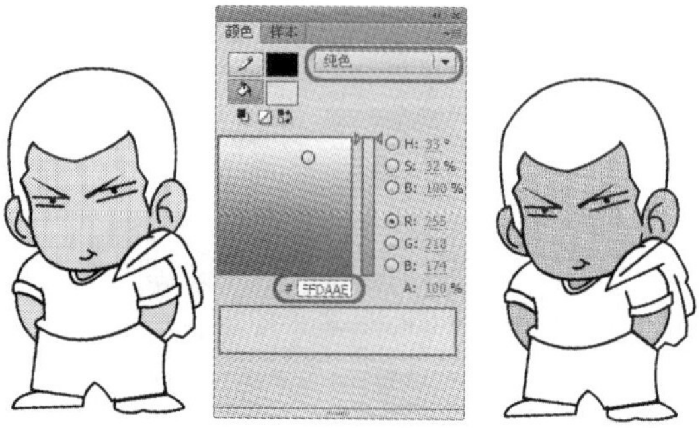

03 在舞台中选择人物的衣服区域，打开“颜色”面板，在“颜色类型”下拉列表框中选择“纯色”选项，在文本框中输入颜色值“#FC945C”，设置衣服的颜色，即可将设置的颜色填充到选择的区域中。

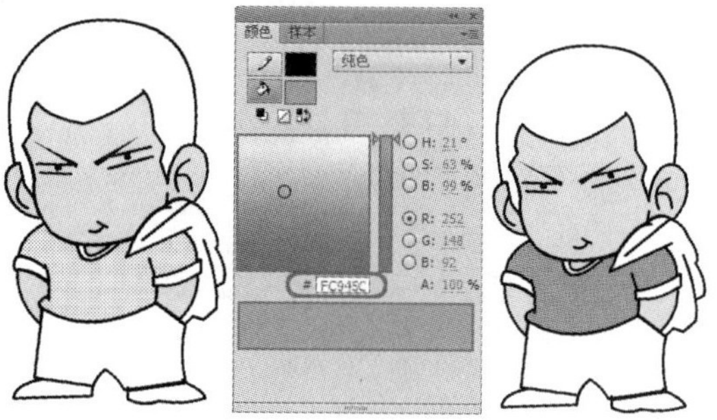

04 在舞台中选择袖口和领口的区域，在“颜色”面板中选择“颜色类型”下拉列表框中的“纯色”选项，在文本框中输入颜色值“#F45804”。

05 在舞台中选择裤子和上衣的区域，在“颜色”面板中选择“颜色类型”下拉列表框中的“纯色”选项，在文本框中输入颜色值“#669AFF”。

06 选中头发和鞋子，在“颜色”面板中选择“颜色类型”下拉列表框中的“纯色”选项，在文本框中输入颜色值“#000000”。至此，为卡通人物填充颜色的效果就制作完成了。

6.4.2 绘制苹果

下面再来介绍苹果的绘制，具体操作步骤如下。

01 新建一个空白文档，选择工具箱中的“钢笔工具”，在舞台中绘制苹果的形状。

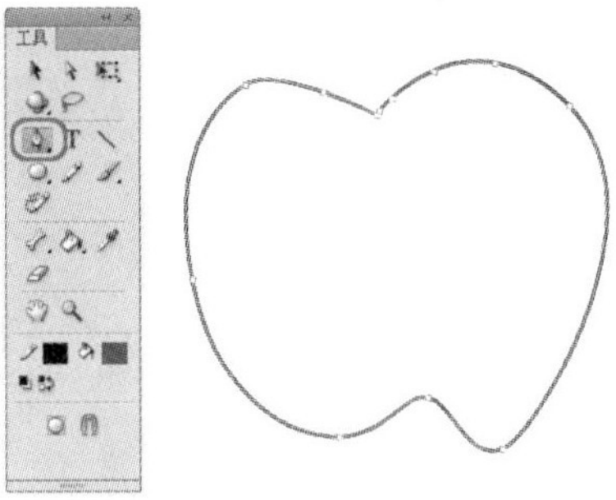

02 使用工具箱中的“部分选取工具”和“转换锚点工具”对苹果形状进行修改，使该形状更加圆滑。

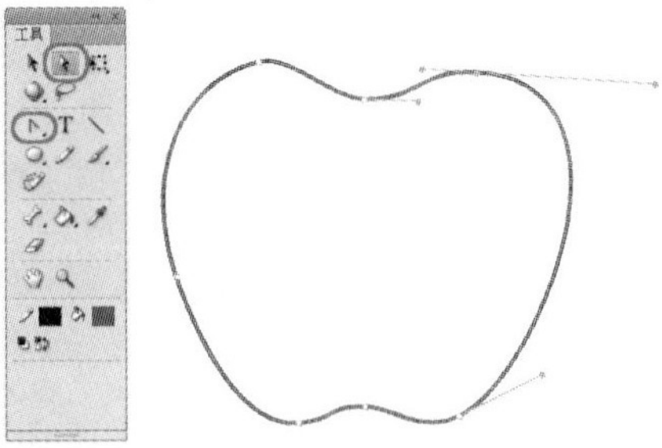

03 确定苹果形状处于选择状态，单击“属性”按钮，打开“属性”面板，设置“笔触颜色”为红色，设置“笔触大小”为0.5。

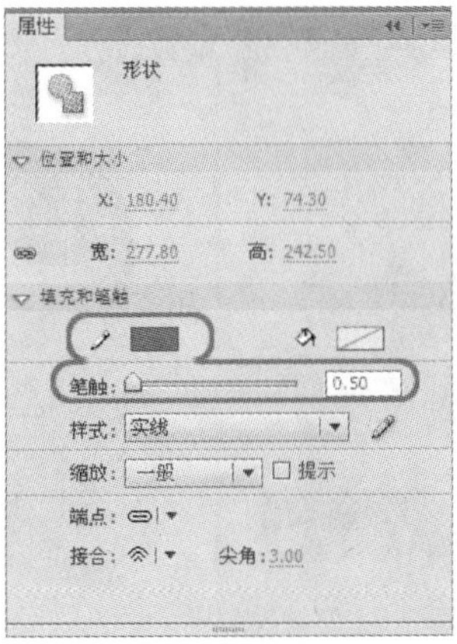

04 选择工具箱中的“颜料桶工具”，单击“颜色”按钮，打开“颜色”面板，在“颜色类型”下拉列表框中选择“纯色”选项。

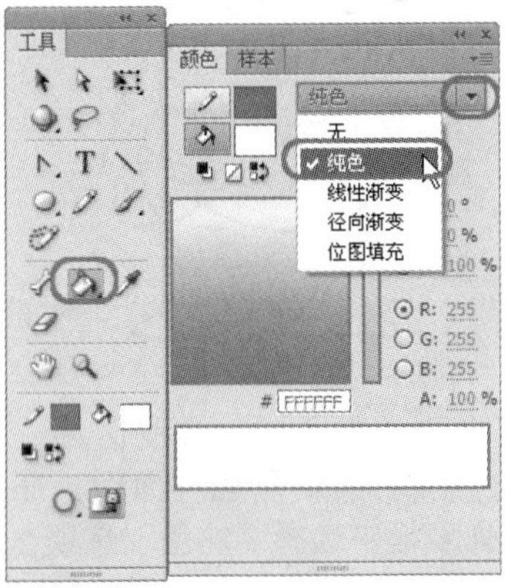

05 在文本框中输入颜色值“#FE090E”，单击舞台中的苹果图形，添加定义后的填充色。

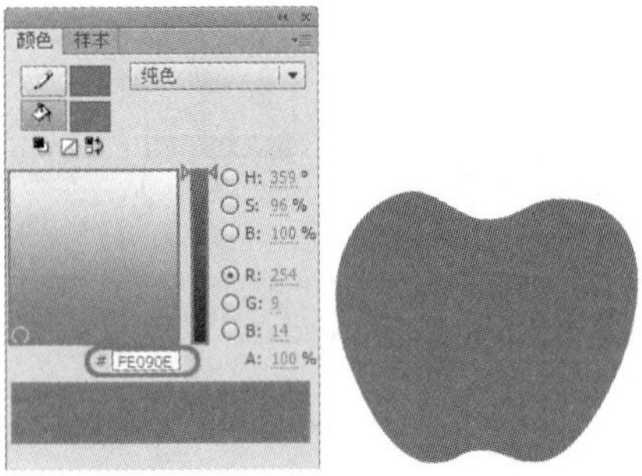

06 选择工具箱中的“钢笔工具”和“椭圆工具”，在舞台中绘制苹果高亮部分的形状。

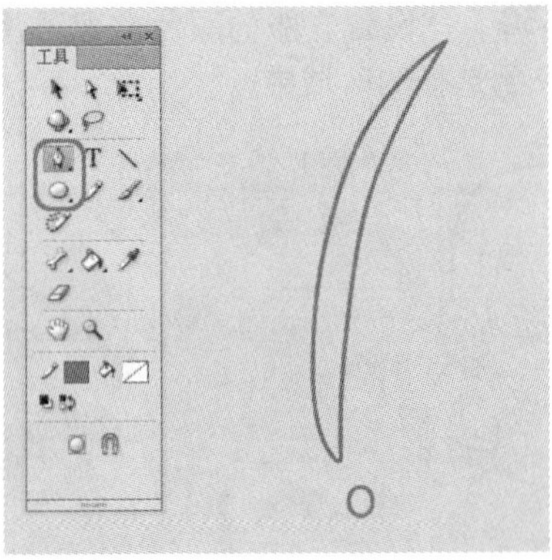

07 选择工具箱中的“颜料桶工具”，将“填充颜色”设置为白色，为绘制的形状填充白色，再将“笔触颜色”设置为无，去掉笔触颜色。

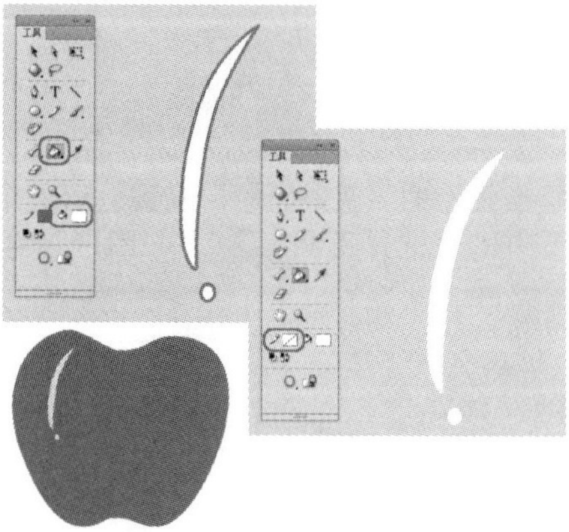

08 使用工具箱中的“钢笔工具”，在舞台中绘制图形作为苹果的柄，并使用工具箱中的“部分选取工具”和“转换锚点工具”对柄的形状进行修改。

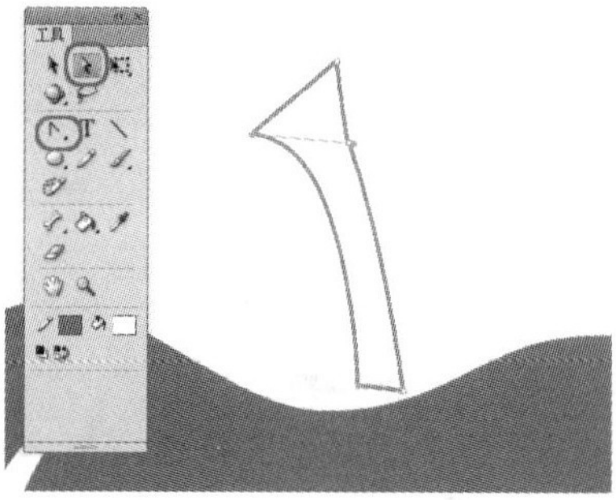

09 选择工具箱中的“颜料桶工具”，将“填充颜色”设置为绿色，为绘制的形状填充颜色，并去掉笔触颜色。

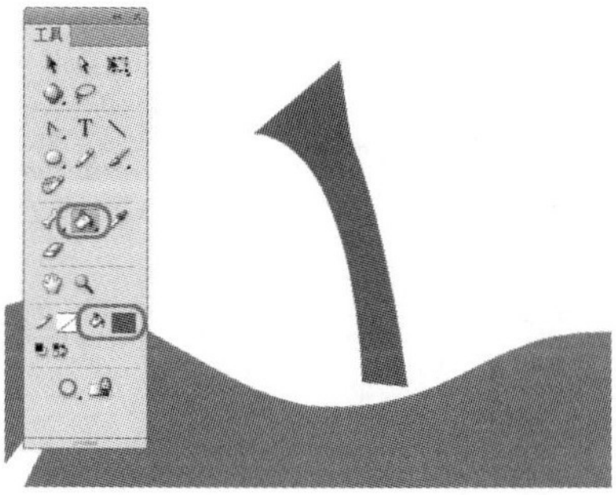

10 选择工具箱中的“选择工具”，将柄移动到适当的位置，苹果即绘制完成了。

6.4.3 绘制卡通形象

下面介绍卡通形状的绘制，具体操作步骤如下：

01 按【Ctrl+N】组合键，弹出“新建文档”对话框，在“类型”列表框中选择“ActionScript 3.0”选项，将“宽”设置为300像素，单击“确定”按钮。

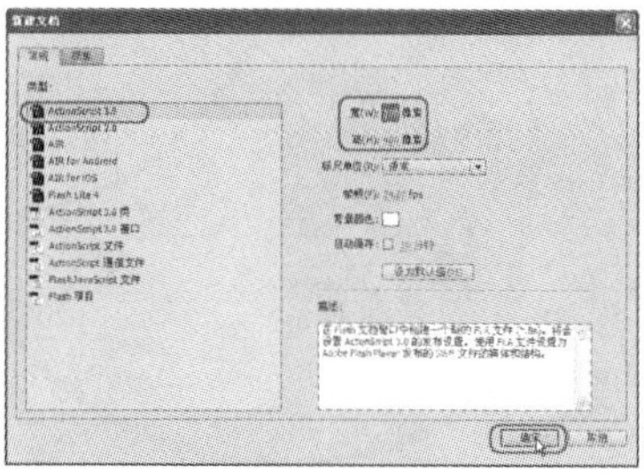

02 选择工具箱中的“钢笔工具”，单击“属性”按钮，打开“属性”面板，将【笔触】设置为4。

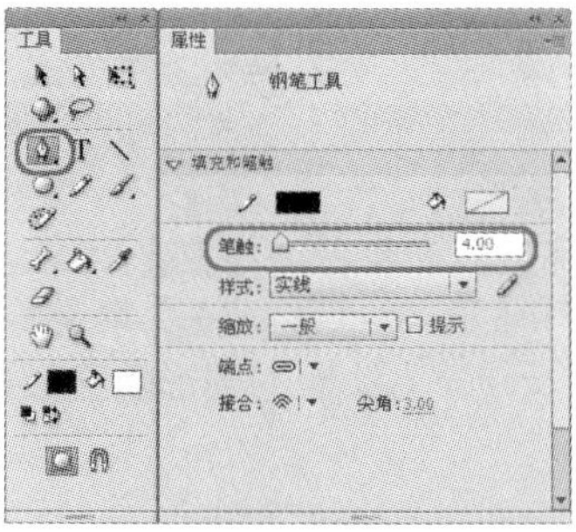

03 设置完成后单击“对象绘制”按钮，在舞台中绘制图形，并使用工具箱中的“部分选取工具”和“转换锚点工具”对新绘制的形状进行修改，使该形状更加圆滑。

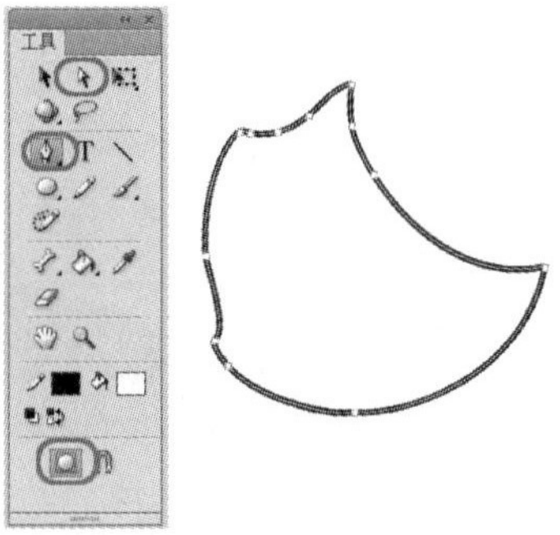

04 双击新绘制的图形，进入图形的编辑状态，选择工具箱中的“颜料桶工具”，将“填充颜色”设置为“#FFE7C5”，为绘制的图形填充颜色。

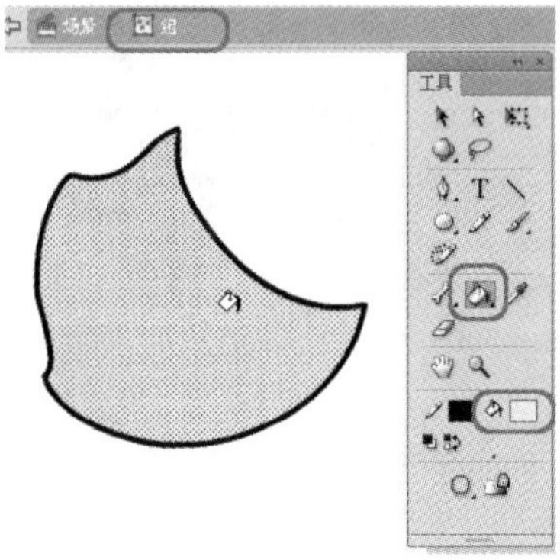

05 填充完颜色后，单击“场景1”按钮场景 1，返回场景1中，选择工具箱中的“钢笔工具”，单击“属性”按钮，打开“属性”面板，将“笔触”设置为0.1。

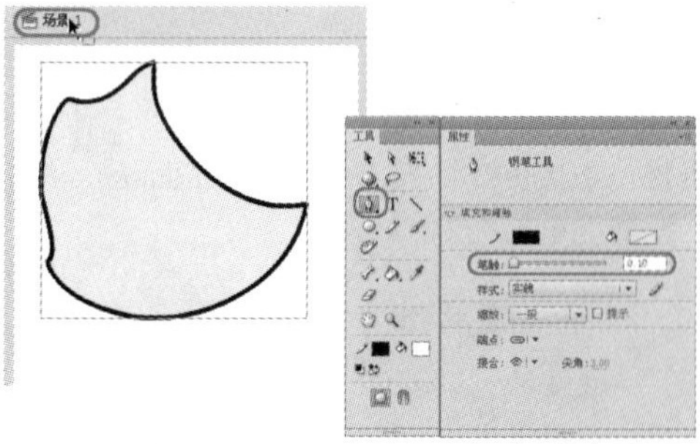

06 设置完成后在舞台中绘制形状，选择工具箱中的“颜料桶工具”，将“填充颜色”设置为“#FED39E”，为绘制的图形填充颜色。

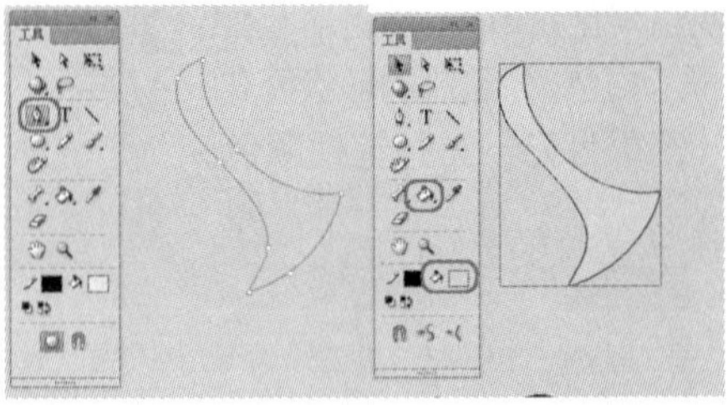

07 将该图形的“笔触颜色”设置为无，并使用工具箱中的“选择工具”，将图形移至下图所示的位置。

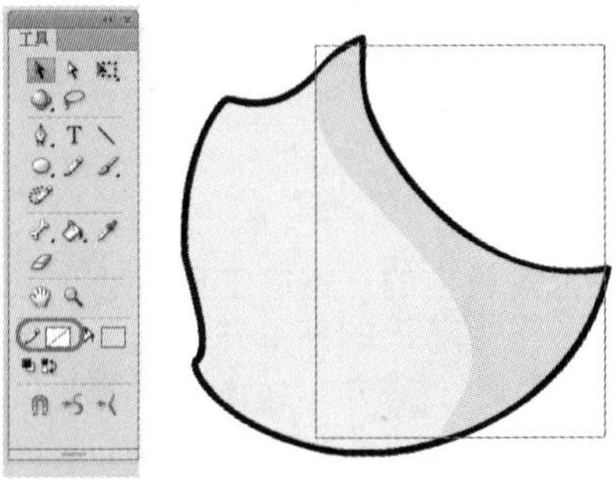

08 选择工具箱中的“钢笔工具”，在舞台中绘制图形作为卡通形象的眉毛，并使用工具箱中的“部分选取工具”和“转换锚点工具”对新绘制的形状进行修改，并将其填充为黑色。

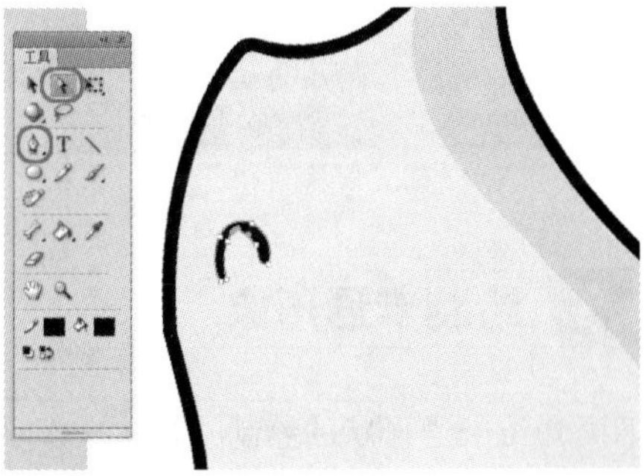

09 继续使用工具箱中的“钢笔工具”在舞台中绘制眼睛图形，并在舞台中调整图形的位置。

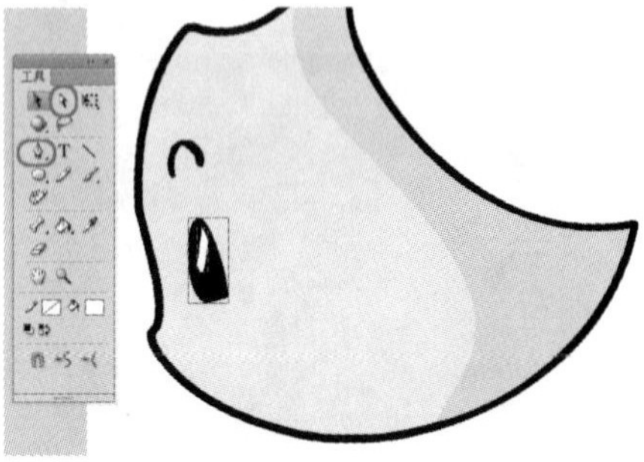

10 选择工具箱中的“椭圆工具”，将“填充颜色”设置为“#FB9AA5”，在舞台中绘制图形作为卡通图形的嘴巴，并使用工具箱中的“部分选取工具”和“转换锚点工具”对新绘制的形状进行修改，并将其调整至下图所示的位置。

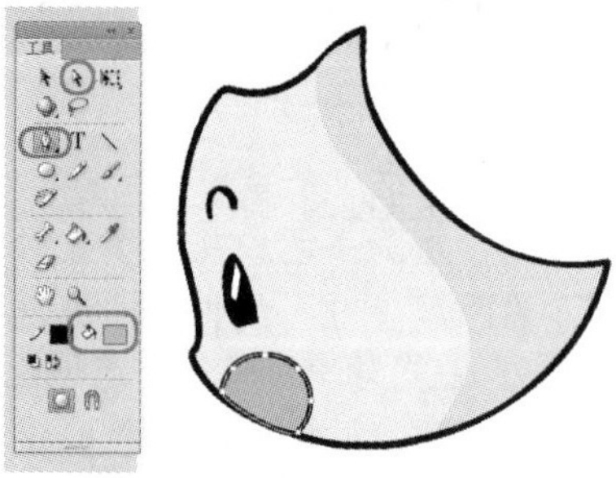

11 选择工具箱中的“钢笔工具”，在舞台中绘制图形，并使用工具箱中的“部分选取工具”和“转换锚点工具”对新绘制的形状进行修改。

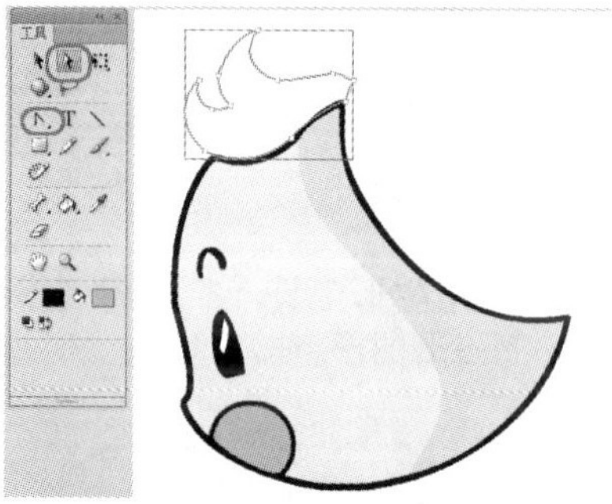

12 确定新绘制的图形处于选择状态，选择工具箱中的“颜料桶工具”，将“填充颜色”设置为“#FFCC01”，并将设置的颜色填充到新绘制的图形中。

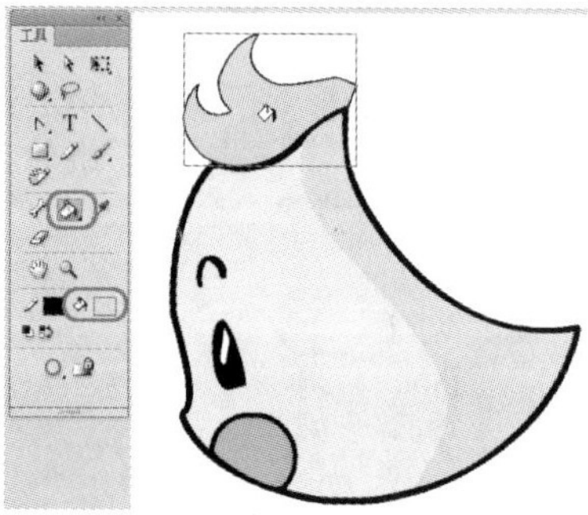

13 确定图形处于选择状态，单击“属性”按钮，打开“属性”面板，将“填充和笔触”区域下的“笔触”值设置为3，设置图形的轮廓。

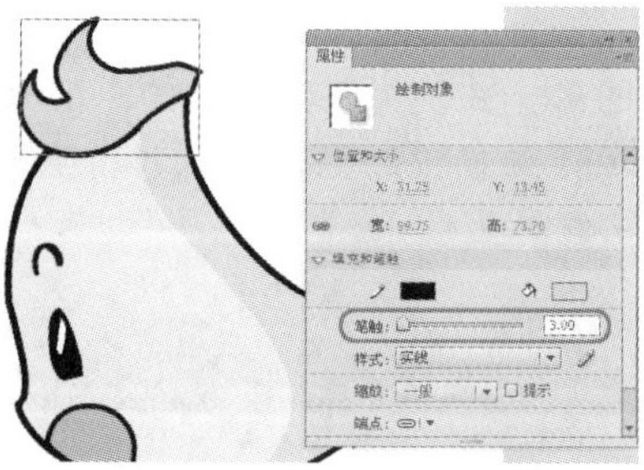

14 选择工具箱中的“钢笔工具”，在舞台中绘制图形，并使用工具箱中的“部分选取工具”和“转换锚点工具”对新绘制的形状进行修改，并将其填充为白色。

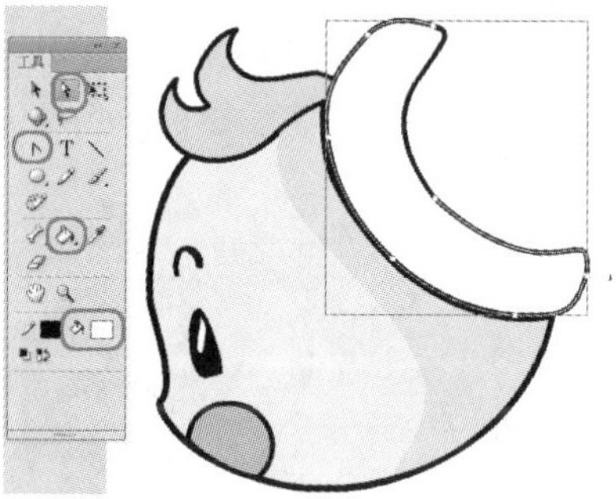

15 选择工具箱中的“钢笔工具”，在舞台中绘制图形，并使用工具箱中的“部分选取工具”和“转换锚点工具”对新绘制的形状进行修改，并将其填充颜色设为“#68B823”。

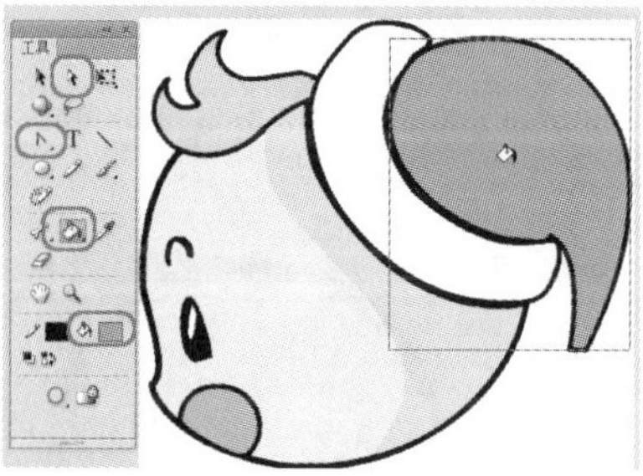

16 选择工具箱中的“椭圆工具”，将“填充颜色”设置为白色，配合【Shift】键在舞台中绘制正圆形。

17 选择工具箱中的“钢笔工具”，在舞台中绘制图形，并使用工具箱中的“部分选取工具”和“转换锚点工具”对新绘制的形状进行修改。

18 确定新绘制的图形处于选择状态，选择工具箱中的“颜料桶工具”，将“填充颜色”设置为“#CECECE”，并将设置的颜色填充到新绘制的图形中。

19 选择工具箱中的“椭圆工具”，将“填充颜色”设置为“#CECECE”，配合【Shift】键在舞台中绘制正圆形，并使用工具箱中的“部分选取工具”和“转换锚点工具”对新绘制的形状进行修改。

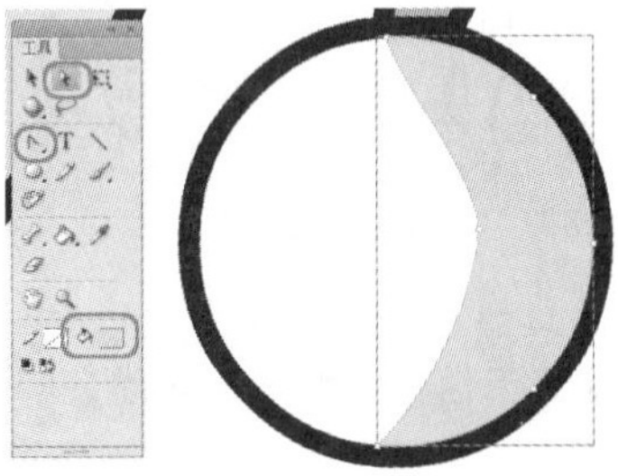

20 选择工具箱中的“钢笔工具”，在舞台中绘制图形，并使用工具箱中的“部分选取工具”和“转换锚点工具”对新绘制的形状进行修改，选择工具箱中的“颜料桶工具”，将“填充颜色”设置为“#75A535”，并将设置的颜色填充到新绘制的图形中，然后取消轮廓线的填充。

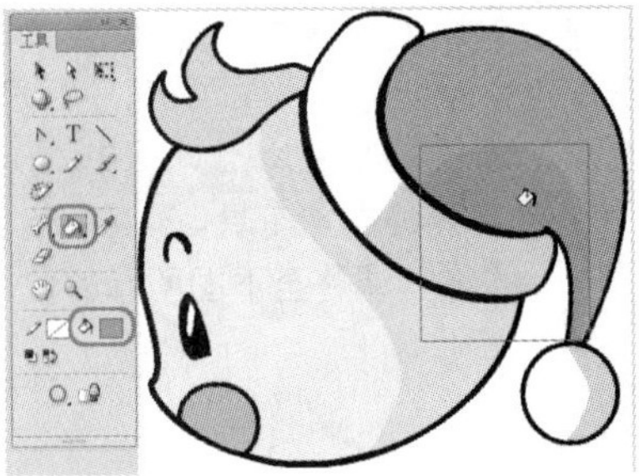

21 选择工具箱中的“多角星形工具”，将“笔触颜色”设置为黑色，将“填充颜色”设置为“#FFCC01”，单击“属性”按钮，打开“属性”面板，在“填充和笔触”选项组将“笔触”设置为3，在“工具设置”选项组中单击“选项”按钮，在“工具设置”对话框中将“样式”定义为“星形”，单击“确定”按钮。

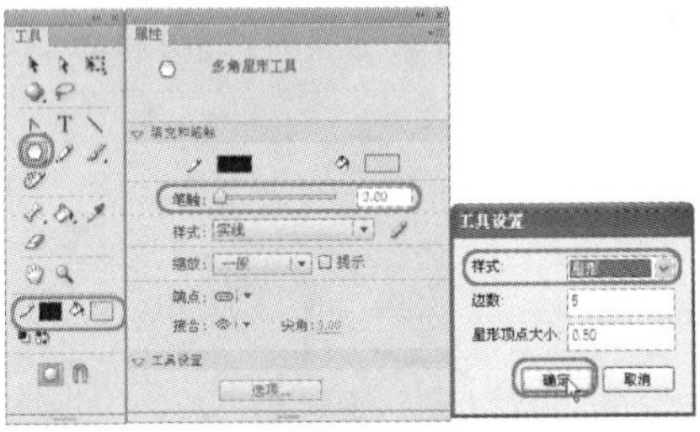

22 确定“多角星形工具”处于选择状态，在舞台中绘制星形图形。

23 确定新绘制的图形处于选择状态，选择工具箱中“任意变形工具”，并单击“旋转与倾斜”按钮，在舞台中改变图形的形状。

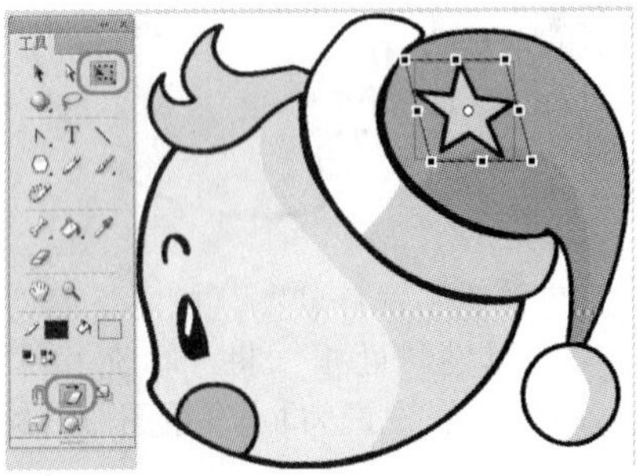

24 继续在舞台中绘制星形，并调整图形的位置。

25 确定新绘制的图形处于选择状态，选择工具箱中的“任意变形工具”，并单击“旋转与倾斜”按钮，在舞台中改变图形的形状。

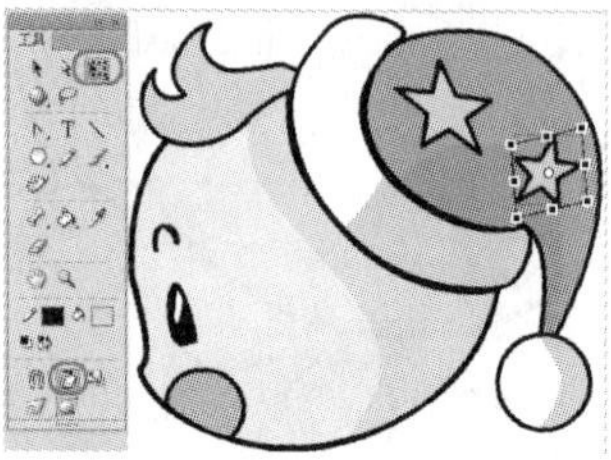

26 选择工具箱中的“钢笔工具”，在舞台中绘制图形，并使用工具箱中的“部分选取工具”和“转换锚点工具”对新绘制的形状进行修改，并将其调整至下图所示的位置。

27 确定新绘制的图形处于选择状态，选择工具箱中的“颜料桶工具”，在“属性”面板中将“笔触颜色”设置为黑色，将“填充颜色”设置为“#FFE7C5”，将“笔触”设置为3，并将设置的填充颜色填充到图形中。

28 选择工具箱中的“钢笔工具”，在舞台中绘制图形，并使用工具箱中的“部分选取工具”和“转换锚点工具”对新绘制的形状进行修改，选择工具箱中的“颜料桶工具”，将“填充颜色”设置为“#FED39E”，并将设置的颜色填充到新绘制的图形中，然后取消轮廓线的填充。

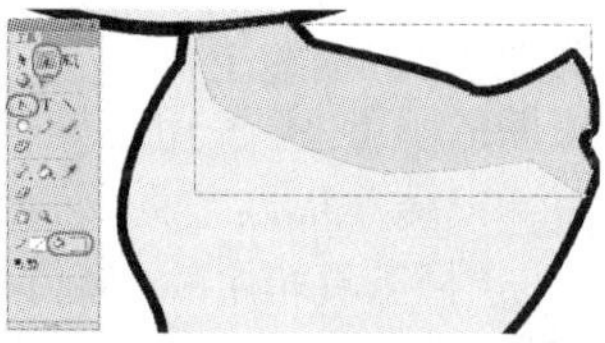

29 选择工具箱中的“钢笔工具”，在舞台中绘制图形作为翅膀，并使用工具箱中的“部分选取工具”和“转换锚点工具”对新绘制的形状进行修改，选择工具箱中的“颜料桶工具”，将“填充颜色”设置为“#FFE7C5”，并将设置的颜色填充到新绘制的图形中。

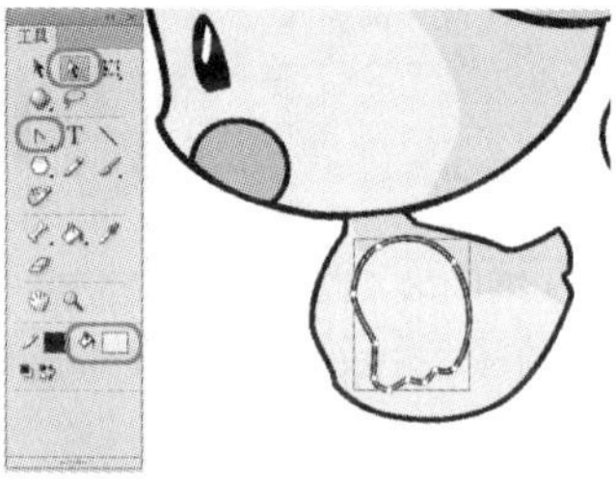

30 选择工具箱中的“钢笔工具”，在舞台中绘制图形作为翅膀的阴影，并使用工具箱中的“部分选取工具”和“转换锚点工具”对新绘制的形状进行修改，选择工具箱中的“颜料桶工具”，将“填充颜色”设置为“#FED39E”，并将设置的颜色填充到新绘制的图形中，取消轮廓线的填充。

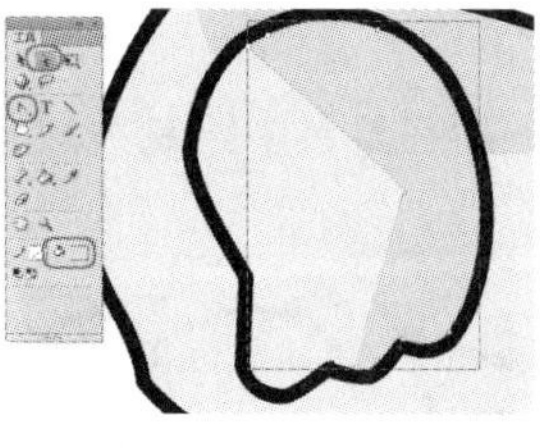

31 选择工具箱中的“钢笔工具”，在舞台中绘制图形作为翅膀，并使用工具箱中的“部分选取工具”和“转换锚点工具”对新绘制的形状进行修改，选择工具箱中的“颜料桶工具”，将“填充颜色”设置为“#FFE7C5”，并将设置的颜色填充到新绘制的图形中。

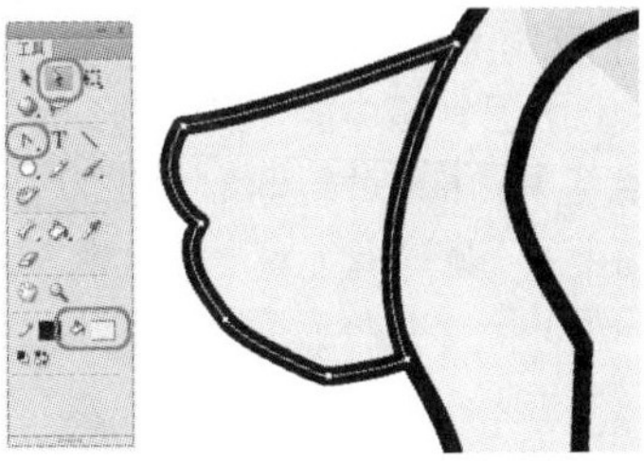

32 选择工具箱中的“钢笔工具” ，在舞台中绘制图形作为翅膀的阴影，并使用工具箱中的“部分选取工具” 和“转换锚点工具” 对新绘制的形状进行修改，选择工具箱中的“颜料桶工具” ，将“填充颜色”设置为“#FED39E”，并将设置的颜色填充到新绘制的图形中，取消轮廓线的填充。

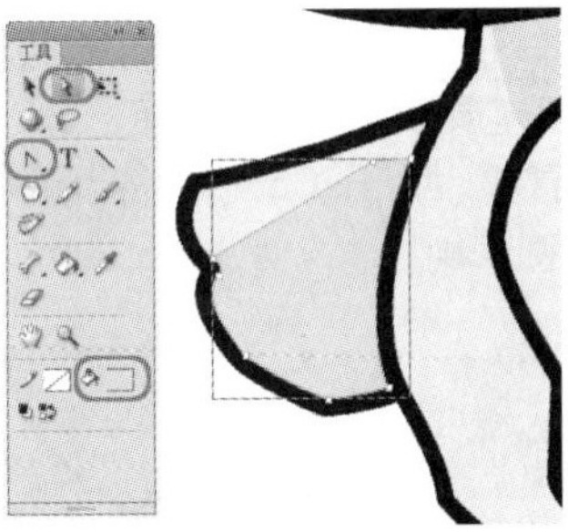

33 选择工具箱中的“钢笔工具” ，在“属性”面板中将“笔触颜色”设置为黑色，将“笔触”设置为3。

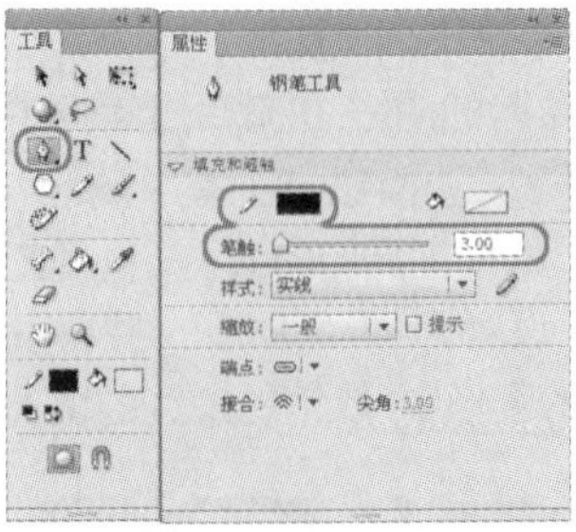

34 设置完成后在舞台中绘制线段作为卡通形象的脚。

35 使用同样的方法绘制另一只脚，并调整它的位置。

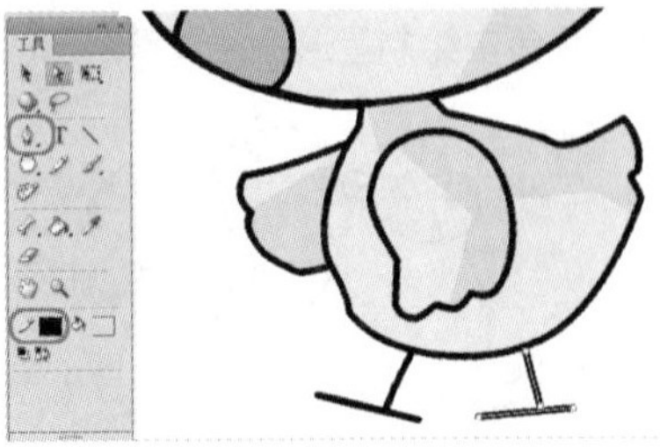

36 按【Ctrl+A】组合键选择舞台中的所有对象。

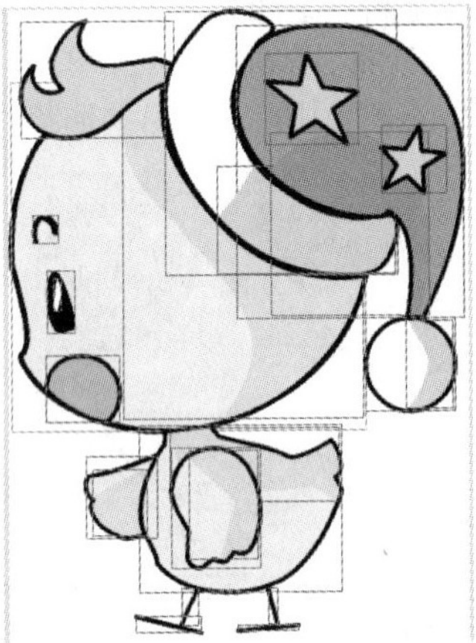

37 在菜单栏中选择“修改”→“组合”命令。即可将舞台中的所有对象组合。

38 至此，卡通的形状绘制完成了，选择菜单栏中的“文件” →“保存”命令，弹出“另存为”对话框，选择保存路径，将文件命名为“绘制卡通形象.fla”，单击“保存”按钮，保存场景文件。

6.4.4 绘制沙滩风景

下面再来介绍海滩风景的绘制，绘制完成后的效果如下图所示。

01 新建一个文档，选择工具箱中的“矩形工具”，将“笔触颜色”设置为无，将“填充颜色”设置为渐变色，单击“颜色”按钮，打开“颜色”面板，将渐变颜色设置为从“#D7E4F5”到“#198EFF”的渐变，在舞台中绘制渐变矩形。

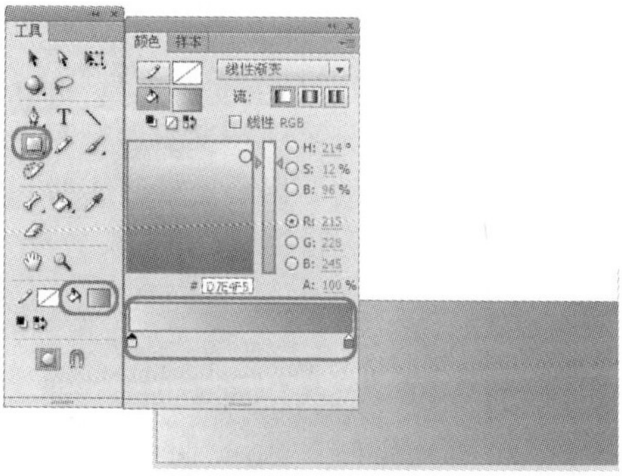

02 下面再对渐变颜色进行调整，选择工具箱中的“渐变变形工具”，选择舞台中的矩形，出现渐变变形控制框，将鼠标移到旋转标记处，出现旋转箭头时，按住鼠标左键将渐变颜色进行旋转。

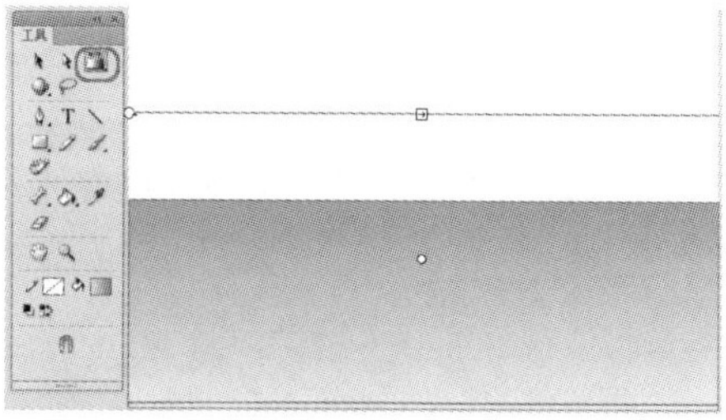

03 继续使用工具箱中的“矩形工具”，在舞台中绘制渐变矩形。

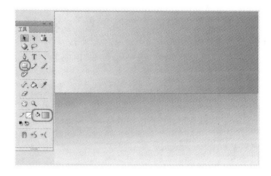

04 选择工具箱中的“渐变变形工具”，再选择舞台上的矩形，此时出现渐变变形控制框，将鼠标移到旋转标记处，出现旋转箭头时，按住鼠标左键进行拖动旋转渐变颜色。

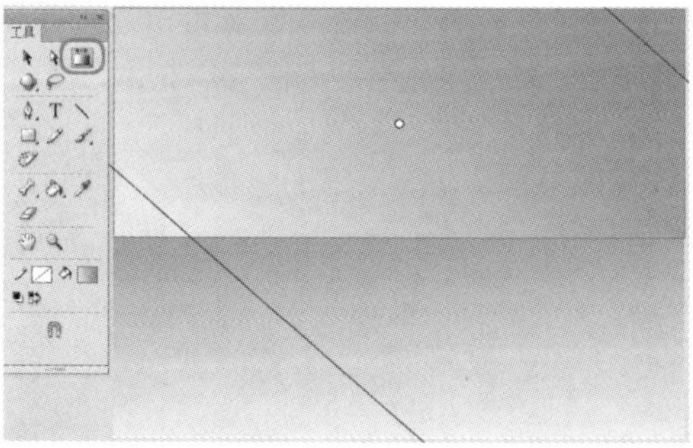

05 在工具箱中选择“钢笔工具”，在舞台中绘制图形，并使用工具箱中的“部分选取工具”和“转换锚点工具”对新绘制的形状进行修改，使该形状更加圆滑，将“填充颜色”设置为白色，并使用“颜料桶工具”将绘制的图形填充为白色。

06 在“时间轴”面板中单击“新建图层”按钮，新建一个图层。

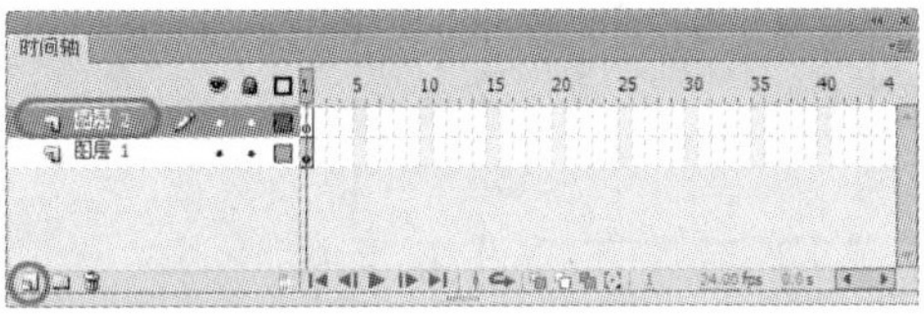

07 选择工具箱中的“椭圆工具”，将“笔触颜色”设置为无，将“填充颜色”设置为白色，配合【Shift】键在舞台中绘制正圆形。

08 选择工具箱中的“钢笔工具”，在舞台中绘制图形，将“填充颜色”设置为白色，并使用“颜料桶工具”将绘制的图形填充为白色。

09 选择工具箱中的“颜料桶工具”，将“填充颜色”设置为渐变色，单击“颜色”按钮，打开“颜色”面板，将渐变颜色设置为从白色到白色透明的渐变。

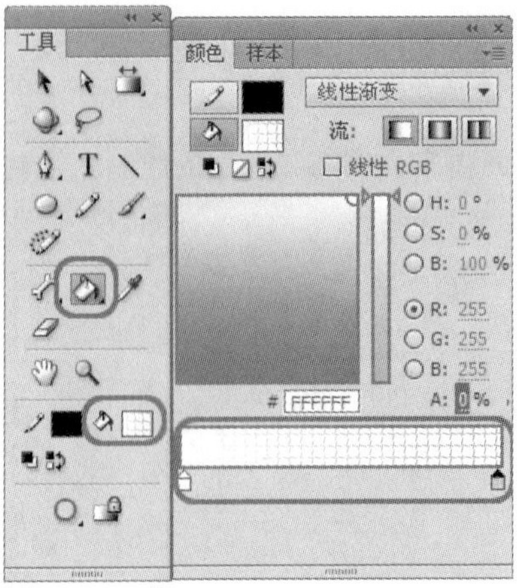

10 在舞台中选择前面绘制的白色图形，将设置的渐变颜色填充到该区域中。

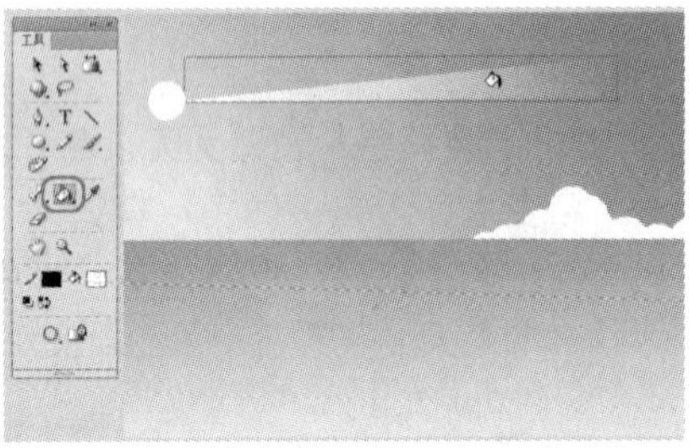

11 选择工具箱中的“渐变变形工具”，选择舞台上的渐变图形，出现渐变变形控制框，将鼠标移到旋转标记处，出现旋转箭头时，按住鼠标左键将渐变颜色进行旋转。

12 使用同样的方法在舞台中绘制其他图形，完成后的效果如下图所示。

13 在“时间轴”面板中单击“新建图层”按钮，新建一个图层。

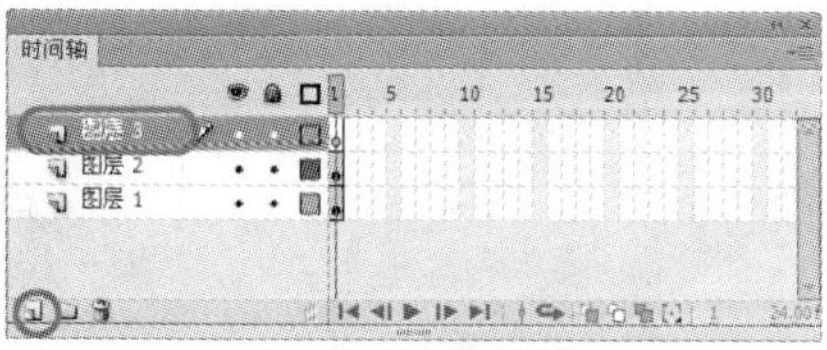

14 在工具箱中选择“钢笔工具”，在舞台中绘制沙滩图形，并使用工具箱中的“部分选取工具”和“转换锚点工具”对新绘制的形状进行修改，使该形状更加圆滑，将“填充颜色”设置为“#FFEDC9”，使用“颜料桶工具”填充该图形，并删除轮廓线。

15 使用同样的方法绘制图形作为沙滩的阴影。

16 在“时间轴”面板中单击“新建图层”按钮，新建一个图层。

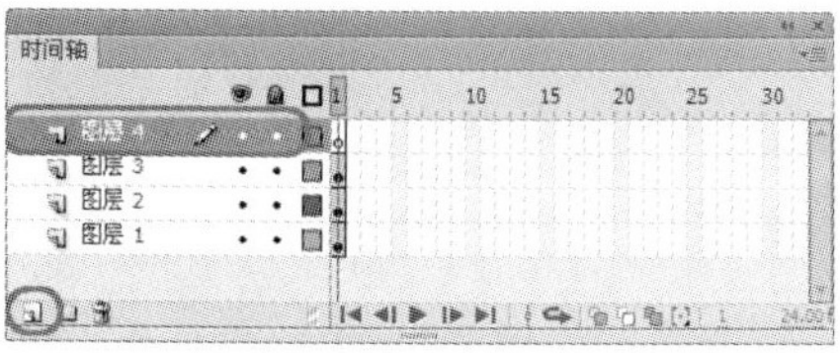

17 在工具箱中选择“钢笔工具”，在舞台中绘制图形，并使用工具箱中的“部分选取工具”和“转换锚点工具”对新绘制的形状进行修改，将“填充颜色”设置为白色，使用“颜料桶工具”填充该图形，并删除轮廓线。

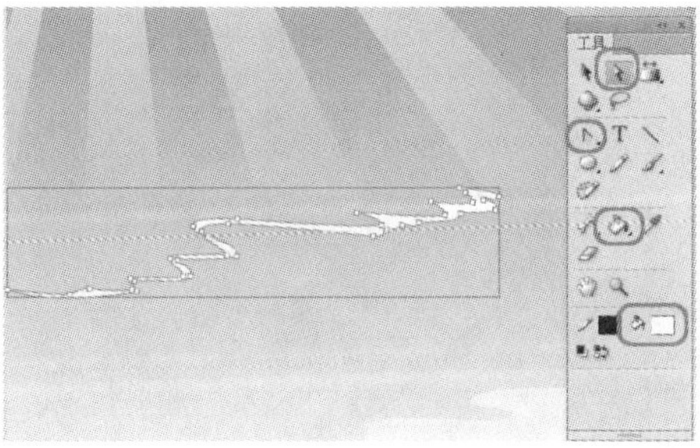

18 使用同样的方法绘制其他图形。

19 在“时间轴”面板中单击“新建图层”按钮，新建一个图层。

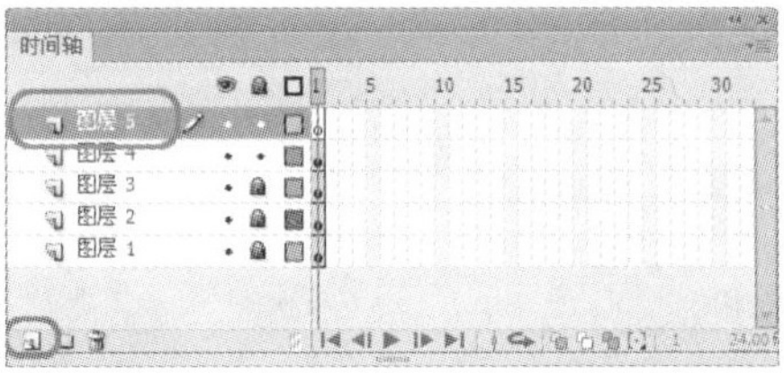

20 在工具箱中选择“钢笔工具”，在舞台中绘制图形作为树干，并使用工具箱中的“部分选取工具”和“转换锚点工具”对新绘制的形状进行修改，将“填充颜色”设置为“#75552E”，使用“颜料桶工具”填充该图形，并删除轮廓线。

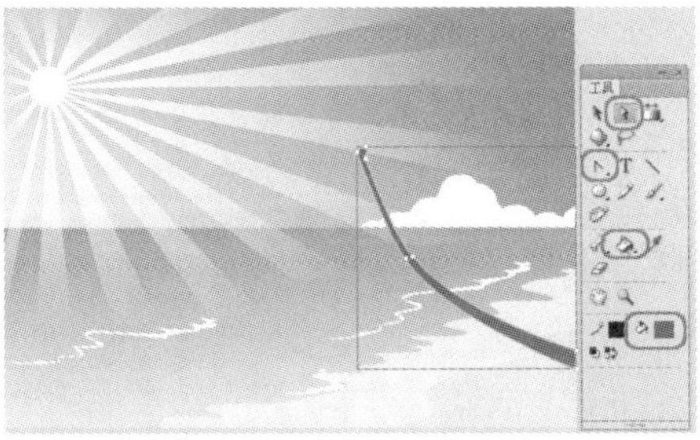

21 同样使用“钢笔工具”在舞台中绘制图形作为树干的阴影，并对图形进行调整。

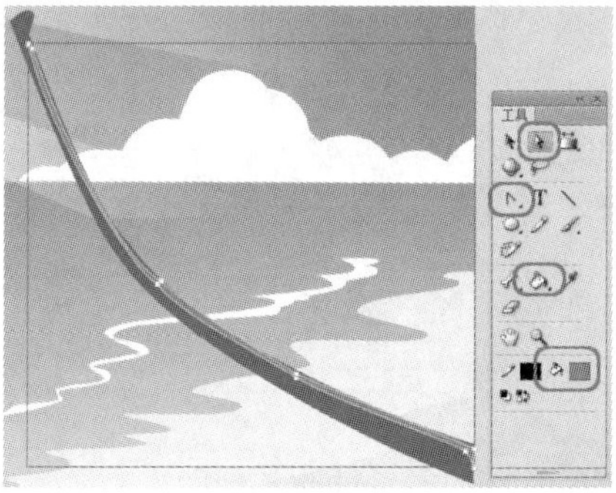

22 按【Ctrl+R】组合键打开“导入”对话框，选择第6章中的“树叶.gif”文件，将素材导入到舞台中，并使用工具箱中的“任意变形工具”对导入的素材进行缩放调整，并将其调整至下图所示的位置。

23 在“时间轴”面板中单击“新建图层”按钮，新建一个图层。

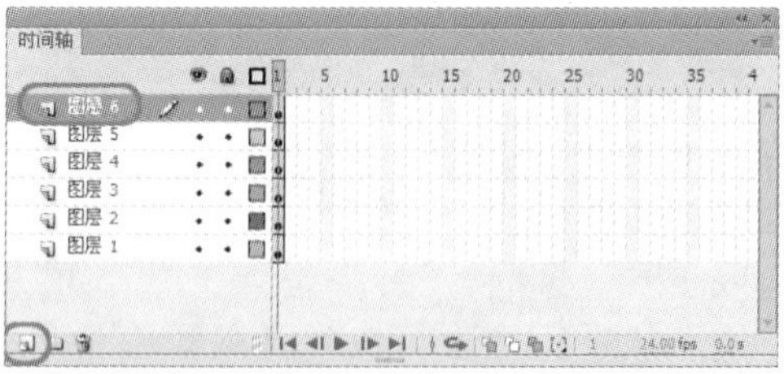

24 使用工具箱中的“钢笔工具”，在舞台中绘制图形，并使用工具箱中的“部分选取工具”和“转换锚点工具”对新绘制的形状进行修改。

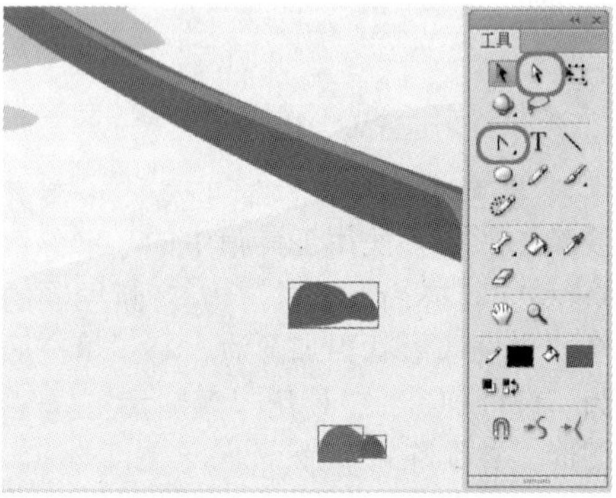

25 至此，沙滩风景效果图绘制完成了。

第7章

本章导读：

Flash中的图形由边框和填充区域两部分组成，本章将介绍“颜色”面板和填充工具的应用，以及与笔触颜色相关的工具如墨水瓶工具，和与填充颜色相关的工具如颜料桶工具等。本章将从实例出发，讲解如何使用纯色、渐变色和填充工具。

设置填充与笔触

【基础知识：1小时10分钟】

认识“颜色”面板	10分钟
设置纯色	10分钟
创建与编辑渐变颜色	15分钟
填充工具的使用	35分钟

【演练：50分钟】

临摹效果图	30分钟
为瓢虫填充颜色	20分钟

7.1 认识“颜色”面板

学习时间：10分钟

选择“窗口”→“颜色”命令，打开“颜色”面板。“颜色”面板主要用来设置图形对象的颜色。

如果已经在舞台中选定了对象，则在“颜色”面板中所做的颜色更改会被应用到该对象上。用户可以在RGB、HSB模式下选择颜色，或者使用十六进制模式直接输入颜色代码，还可以指定Alpha值定义颜色的不透明度。另外，用户还可以从现有调色板中选择颜色，也可对图形应用渐变色，使用“亮度”调节控件可修改所有颜色模式下的颜色亮度。

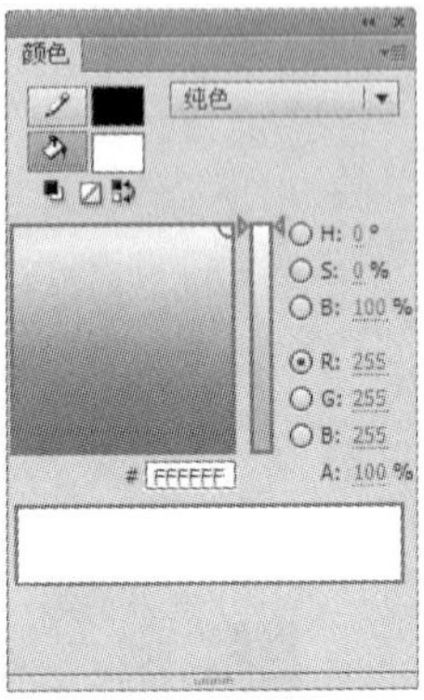

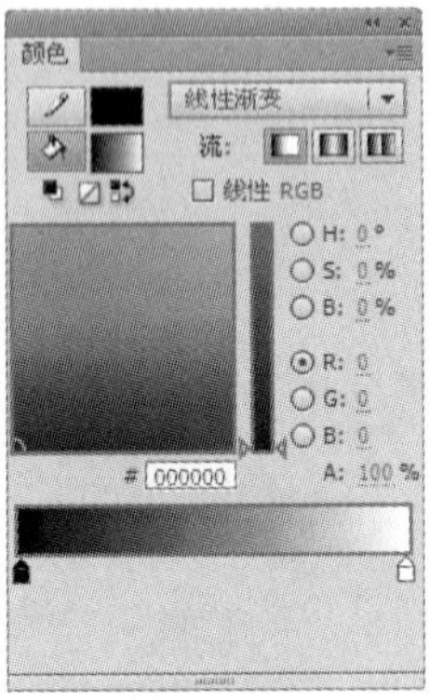

将“颜色”面板的填充样式设置为线性或者放射状时，“颜色”面板会变为渐变色设置模式。这时需要先定义好当前颜色，然后再拖动渐变定义栏下面的游标来调整颜色的渐变效果。单击渐变定义栏还可以添加更多的游标，从而创建更复杂的渐变效果。

7.2 设置纯色

学习时间：10分钟

下面来介绍纯色的设置。

01 选择工具箱中的“多角星形工具”，单击“属性”按钮，打开“属性”面板，在“填充和笔触”选项组中将“笔触颜色”设置为黑色，将“填充颜色”设置为无，在“工具设置”选项组中单击“选项”按钮，打开“工具设置”对话框，将“样式”设置为星形。

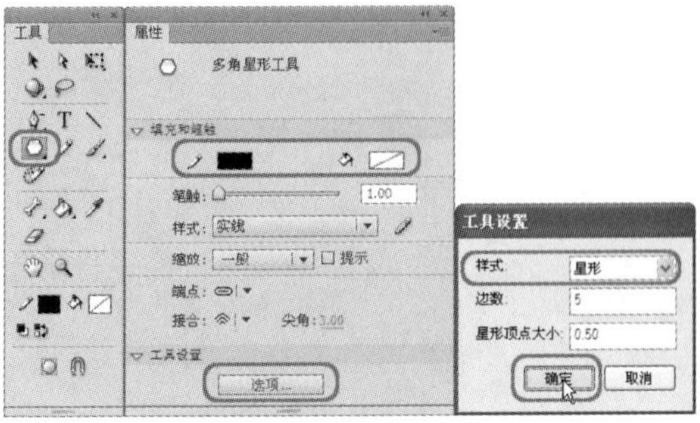

02 在舞台中绘制星形。

03 单击“颜色”按钮，打开“颜色”面板，单击▾按钮，在弹出的下拉列表中选择“纯色”选项，在十六进制编辑文本框中输入颜色值“#FF0000”（红色）。

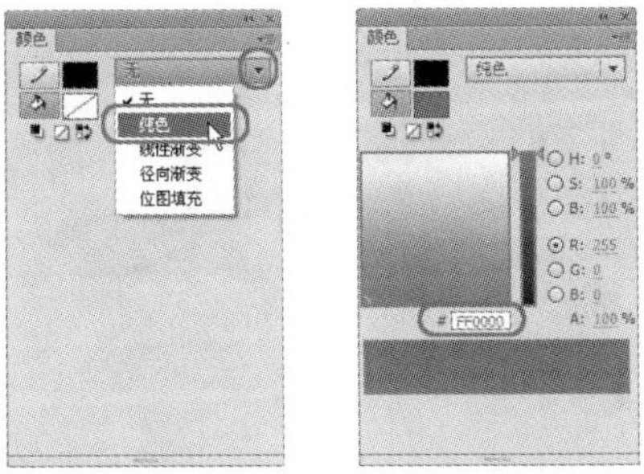

04 设置完颜色后单击“颜料桶工具”按钮，在舞台中的星形上单击，为图形填充红色。

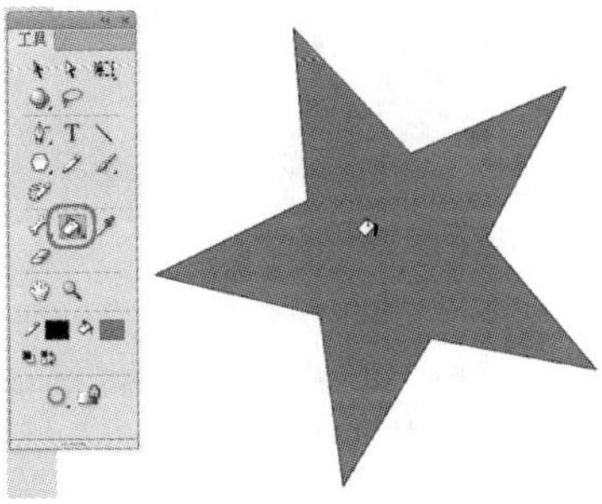

7.3 创建与编辑渐变色

学习时间：15分钟

下面介绍渐变颜色的创建与编辑。

01 新建一个空白文档。按【Ctrl+O】组合键打开“打开”对话框，选择第7章中的“编辑渐变颜色.fla”素材，导入素材。

02 单击“颜色”按钮，打开“颜色”面板，单击▾按钮，在弹出的下拉列表中选择“线性渐变”选项，即可将渐变颜色设置为从黑色到白色的渐变。

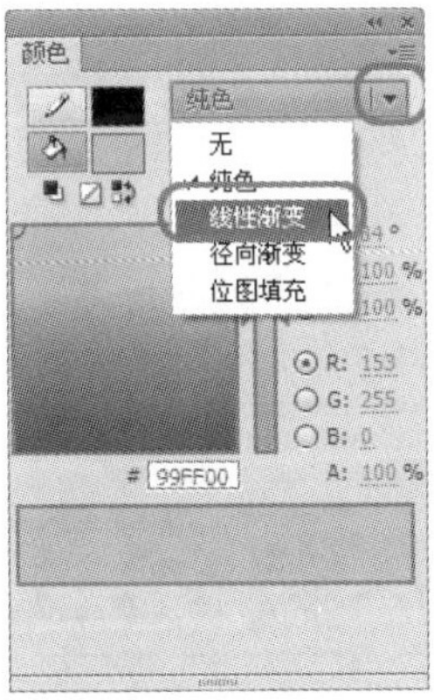

03 设置完成后选择工具箱中的“颜料桶工具”，单击舞台中的蝴蝶图形，为图形填充渐变色。

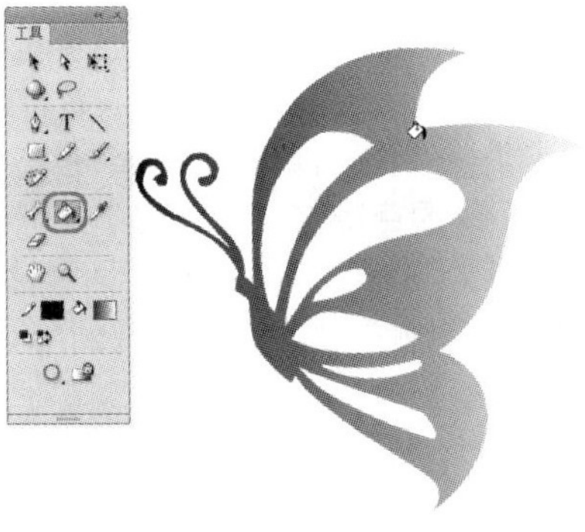

04 在“颜色”面板中将渐变颜色设置为“#FF00FF”到“#FFF0FF”的渐变。

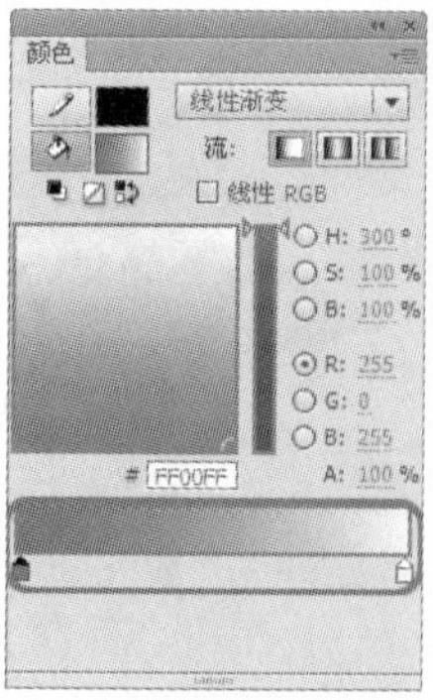

05 设置完渐变颜色后单击舞台中的蝴蝶图形，将新设置的渐变颜色填充到该图形中。

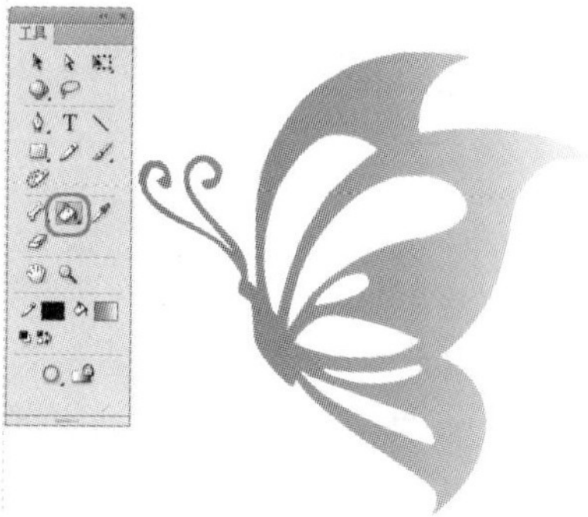

06 选择工具箱中的“渐变变形工具”，选择舞台上的蝴蝶对象，出现渐变变形控制框，将鼠标移到旋转标记处，出现旋转箭头时，按住鼠标左键将渐变颜色进行180度旋转，并调整好渐变变形框的位置。

7.4 填充工具的使用

学习时间：35分钟

7.4.1 使用“颜料桶工具”填充

使用“颜料桶工具”不仅可以为封闭的图形填充颜色，还可以为一些没有完全封闭但接近于封闭的图形填充颜色。还可以更改已填充的颜色区域，可以用纯色、渐变及位图进行填充。

在工具箱中选择“颜料桶工具”后，即可打开“颜料桶工具”的“属性”面板。

在工具箱中选择“颜料桶工具”后，单击工具箱中的“空隙大小”按钮，在弹出的下拉列表中包括“不封闭空隙”、“封闭小空隙”、“封闭中等空隙”和“封闭大空隙”4个选项。

- **“不封闭空隙”**：在使用“颜料桶工具”填充颜色前，Flash将不会自行封闭所选区域的任何空隙。也就是说，所选区域的所有未封闭的曲线内将不会被填充颜色。

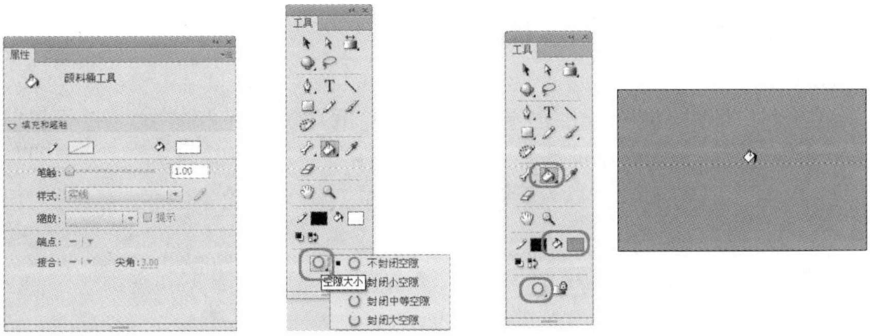

- **“封闭小空隙”**：在使用“颜料桶工具”填充颜色前，会自行封闭所选区域的小空隙。也就是说，如果所填充区域不是完全封闭的，但是空隙很小，则Flash会近似地将其判断为完全封闭而进行填充。
- **“封闭中等空隙”**：在使用“颜料桶工具”填充颜色前，会自行封闭所选区域的中等空隙。也就是说，如果所填充区域不是完全封闭的，但是空隙大小中等，则Flash会近似地将其判断为完全封闭而进行填充。
- **“封闭大空隙”**：在使用“颜料桶工具”填充颜色前，自行封闭所选区域的大空隙。也就是说，如果所填充区域不是完全封闭的，而且空隙尺寸比较大，则Flash会近似地将其判断为完全封闭而进行填充。

如果要填充的形状没有空隙，可以选择“不封闭空隙”选项，否则可以根据空隙的大小选择“封闭小空隙”、“封闭中等空隙”或“封闭大空隙”选项。如果空隙太大，用户可能需要手动封闭它们。

如右图所示的矩形有两个并不大的缺口，如果想要在矩形内填充颜色，此时选择“空隙大小”下拉列表中的“封闭小空隙”选项，然后对该图形使用“颜料桶工具”进行填充即可。

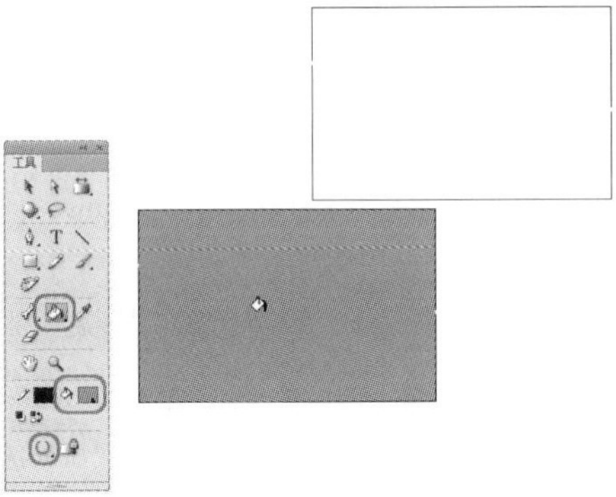

如右图所示的矩形有两个中等大小的缺口，如果想要在矩形内填充颜色，此时选择“空隙大小”下拉列表中的“封闭中等空隙”选项，然后对该图形使用“颜料桶工具”进行填充即可。

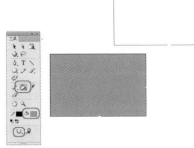

技巧提示

当使用渐变色作为填充色时，单击“锁定填充”按钮，可将上一次填充颜色的变化规律锁定，作为本次填充区域周围的色彩变化规范。

7.4.2 使用“墨水瓶工具”添加笔触

使用“墨水瓶工具” 可以在绘图时更改线条和轮廓线的颜色和样式。它不仅能够在选定图形的轮廓线上加上规定的线条，还可以改变一条线段的粗细、颜色和线型等，并且可以给打散后的文字和图形加上轮廓线。“墨水瓶工具” 本身不能在工作区中绘制线条，只能对已有线条进行修改。

下面介绍“墨水瓶工具” 的使用。

01 新建尺寸为450×510像素的文档。在舞台中导入一张素材图片，并调整它的大小。

02 打开“时间轴”面板，单击“新建图层”按钮，新建一个图层。

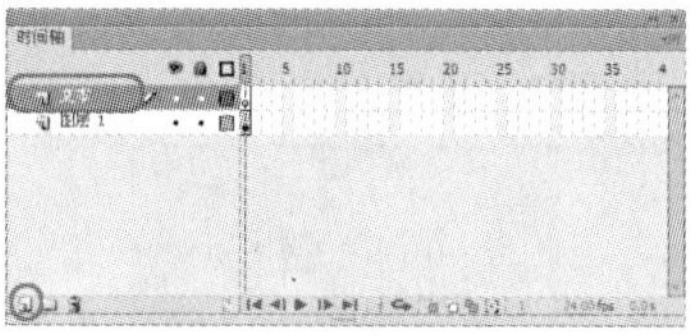

03 选择工具箱中的“文本工具” ，然后在舞台上单击，在出现的文本框中输入文本“Tea”。

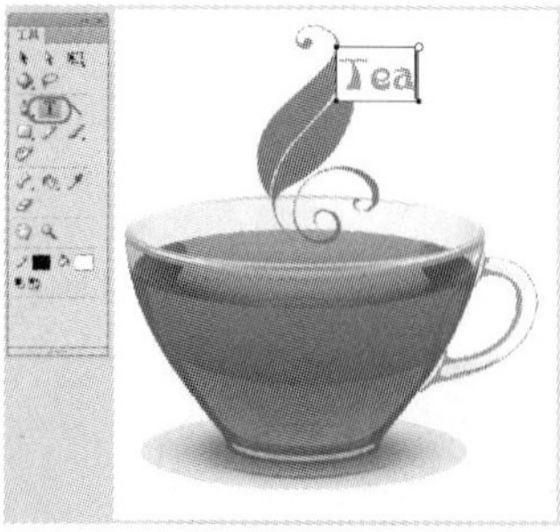

04 按下鼠标左键拖动，选中文本，单击“属性”按钮，打开“属性”面板，展开“字符”选项组，将“系列”设置为“汉仪花蝶体简”，将“大小”设置为65点。设置完文本后使用工具箱中的“选择工具” ，移动文本对象到适当的位置。

05 确定文本处于选择状态，选择“修改”→“分离”命令。即可将图像打散，这时完整的文本行变成了单个文本。

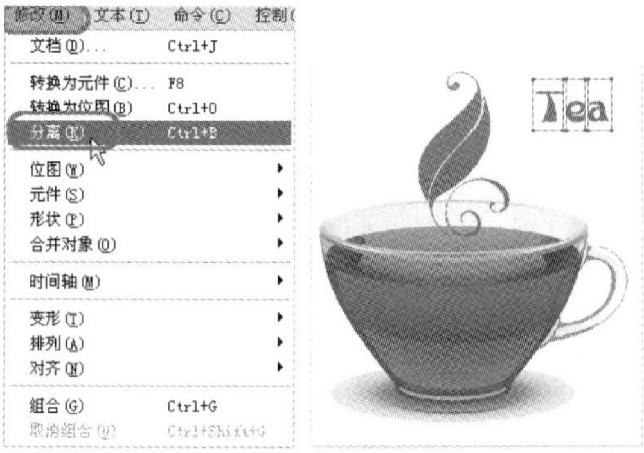

06 使用同样的命令再打散一次，这时文本变成了普通的矢量图形。

07 在舞台的空白处单击，取消文本的选择，然后单击工具箱中的“墨水瓶工具”按钮，这时“属性”面板变成了墨水瓶工具的“属性”面板，修改“笔触颜色”为“#CCCCCC”，“笔触”为3像素，将光标移动到文本边缘上单击，这时文本将被加上3像素宽的灰色边线。

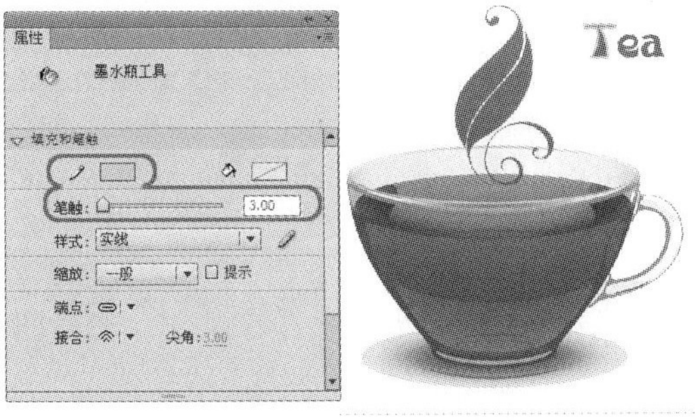

08 依次给所有的文本加上灰色的边框，最终得到下图所示的图形。

7.4.3 使用“滴管工具”复制属性

“滴管工具”就是吸取某种对象颜色的管状工具。在Flash中，“滴管工具”的作用是采集某一对象的色彩特征，以便应用到其他对象上。下面将圆形中的颜色拾取到星形中。

01 单击工具箱中的“滴管工具”按钮，一旦它被选中，鼠标指针就会变成一个滴管状，表明此时已经选中了滴管工具，在圆形中的填充色上单击，即可拾取该颜色。

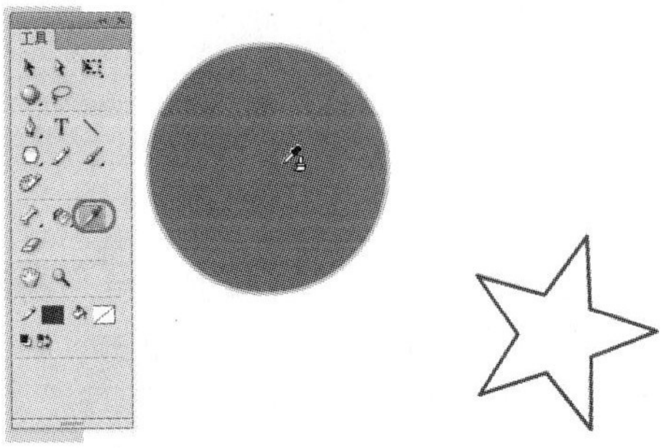

02 再将鼠标移动到星形上单击，即可将采集的颜色填充到星形上。

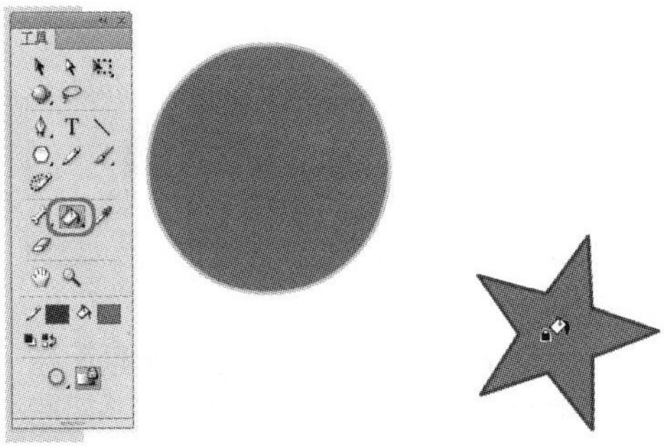

03 如果该区域是采集对象的轮廓线，“滴管工具”的光标附近就会出现铅笔标志，此时单击即可采集。

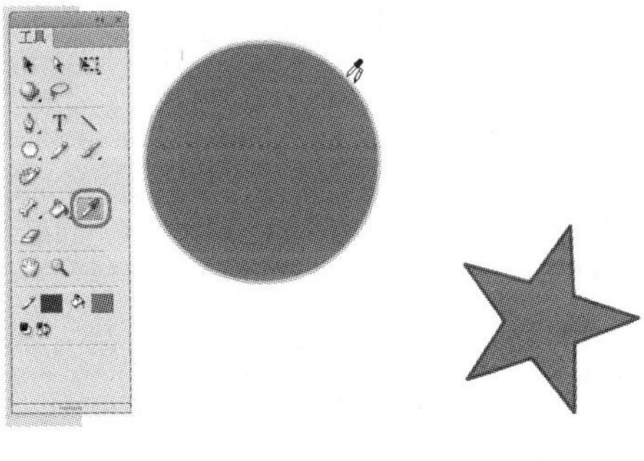

04 再移动鼠标到需要修改轮廓颜色的图形上单击，即可修改轮廓颜色。

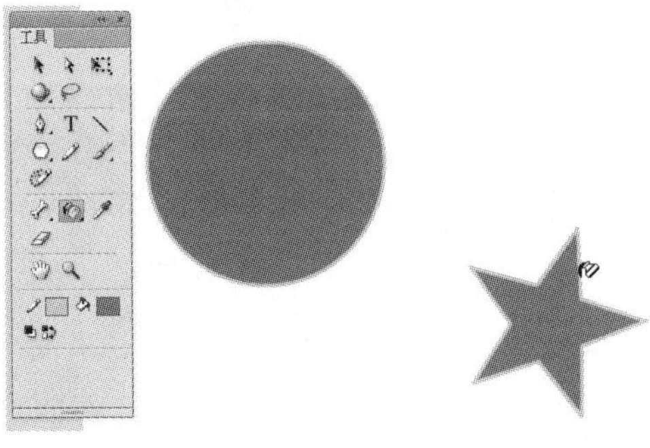

7.5 临摹图形并填充颜色

学习时间：50分钟

7.5.1 临摹效果图

本节将介绍临摹图形的制作，完成后的效果，如下图所示：

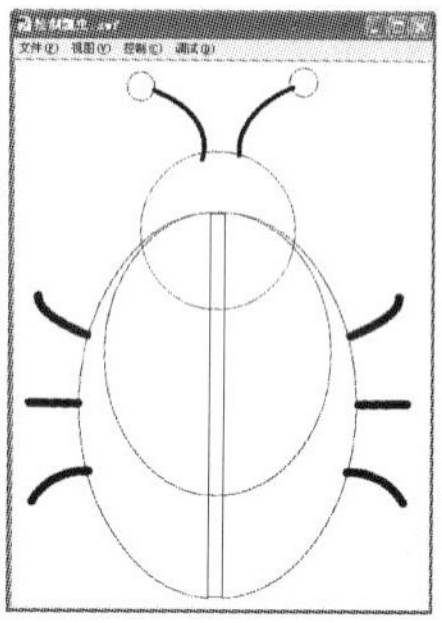

01 新建一个“宽”和“高”分别为430像素和550像素的新文档。

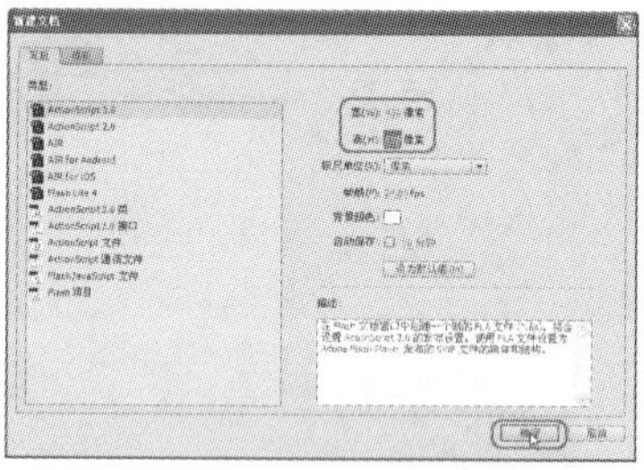

02 按【Ctrl+R】组合键打开“导入”对话框，选择第7章的“瓢虫.jpg”素材文件，选择导入的素材，单击工具箱中的“任意变形工具”，配合【Shift】键对素材图形进行缩放。

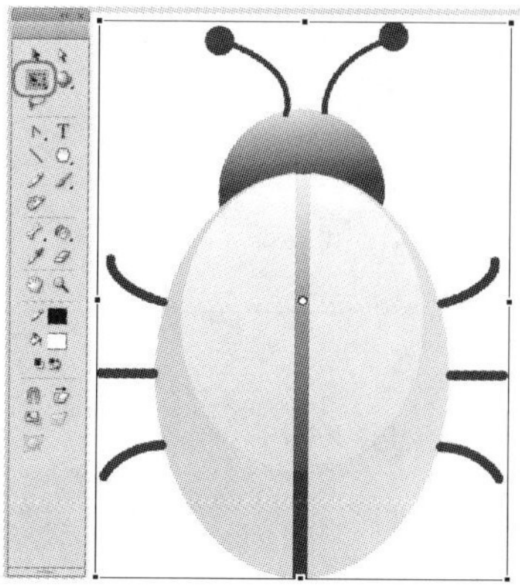

03 打开“时间轴”面板，将“图层1”图层锁定，单击“新建图层”按钮，新建一个图层，并将其命名为“头部”。

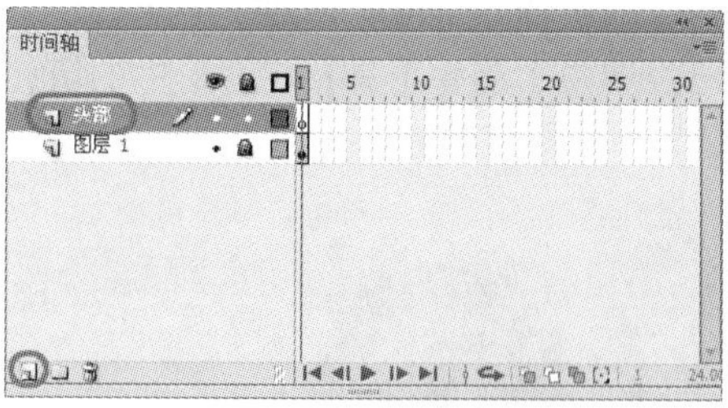

04 选择工具箱中的“椭圆工具”，将“笔触颜色”设置为黑色，将“填充颜色”设置为无，单击“对象绘制”按钮，单击“属性”按钮，打开“属性”面板，将“笔触”设置为0.1，配合【Shift】键在舞台中沿瓢虫的头部绘制正圆形。

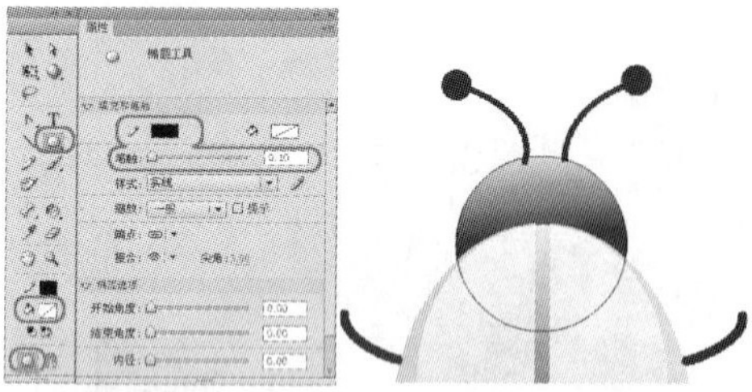

05 打开“时间轴”面板，单击“新建图层”按钮，新建一个图层，并将其命名为“翅膀”。

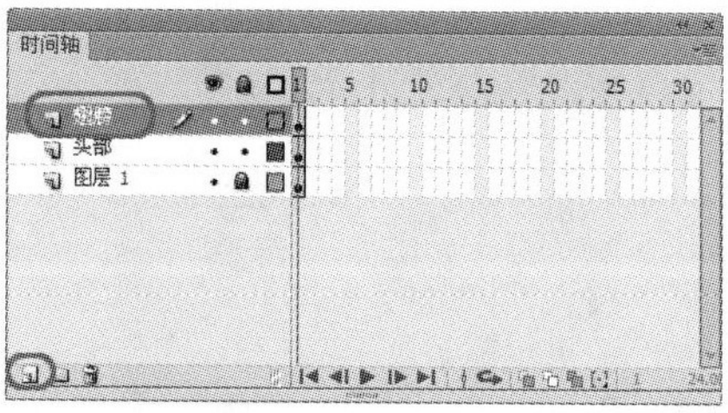

06 单击工具箱中的“椭圆工具”按钮，再单击“对象绘制”按钮，取消该按钮的选择状态，在舞台中沿瓢虫的翅膀绘制椭圆形。

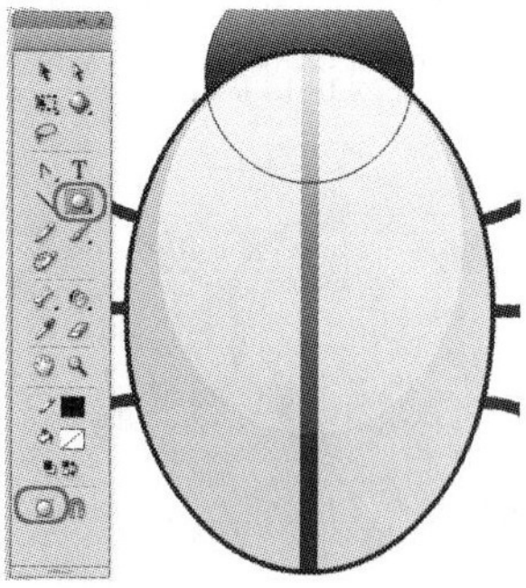

07 选择工具箱中的“矩形工具”，在舞台中绘制矩形。

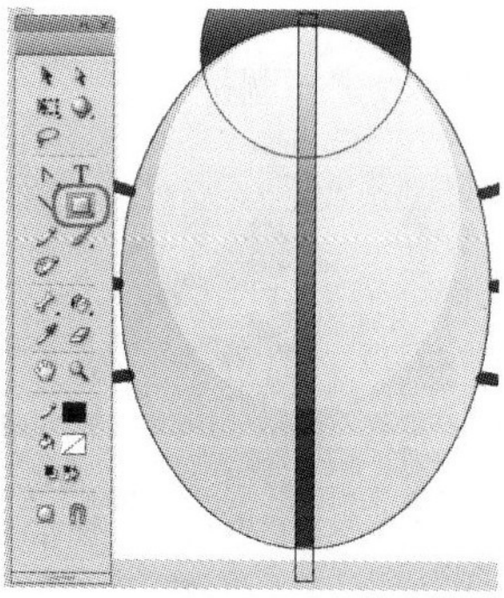

08 使用工具箱中的“选择工具”对舞台中的图形进行修剪，得到下图所示的的两个半圆形。

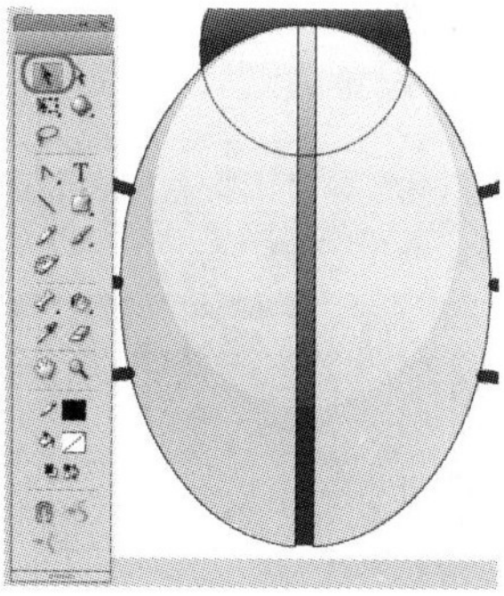

09 在舞台中双击右侧的半圆形，选择组成半圆的所有轮廓线。

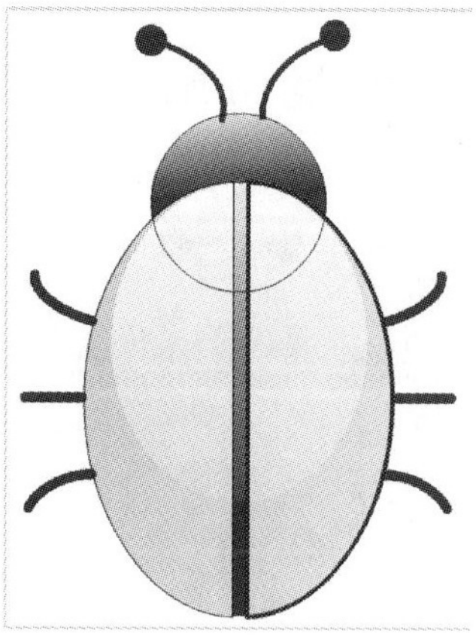

10 确定图形处于选择状态，选择菜单栏中的“修改”→“组合”命令，即可将选择的图形合并成组。

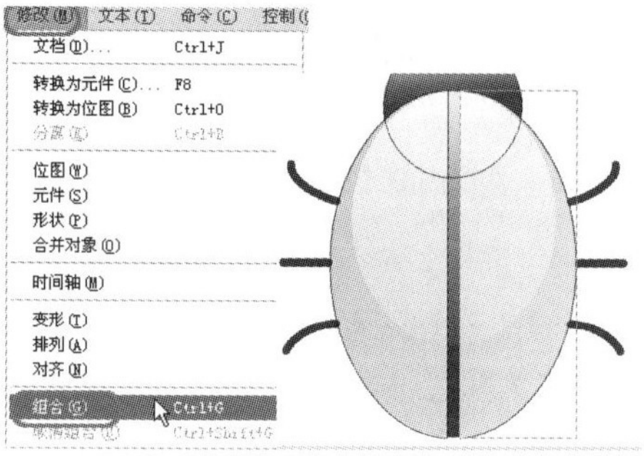

11 使用同样的方法将左侧的翅膀合并成组，完成后的效果如下图所示。

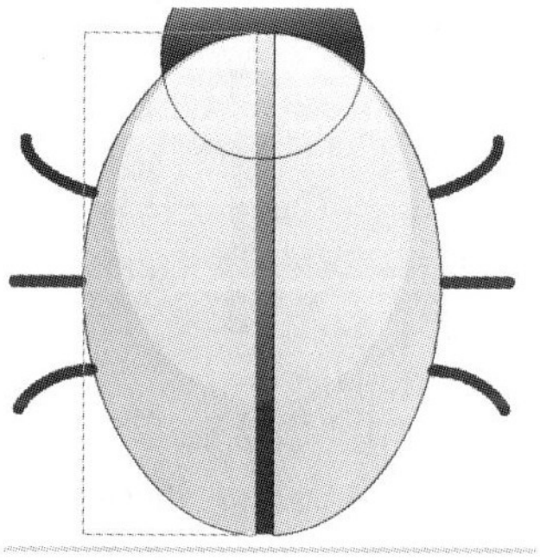

12 打开“时间轴”面板，单击“新建图层”按钮，新建一个图层，并将其命名为“背部”。

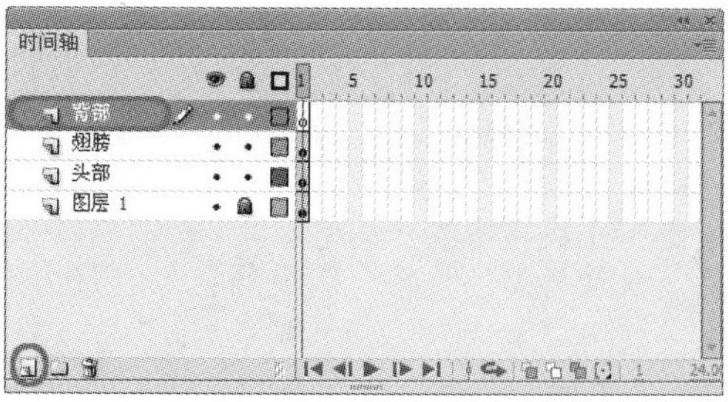

13 选择工具箱中的“矩形工具”，单击“对象绘制”按钮，在舞台中沿翅膀中间的渐变图形绘制矩形。

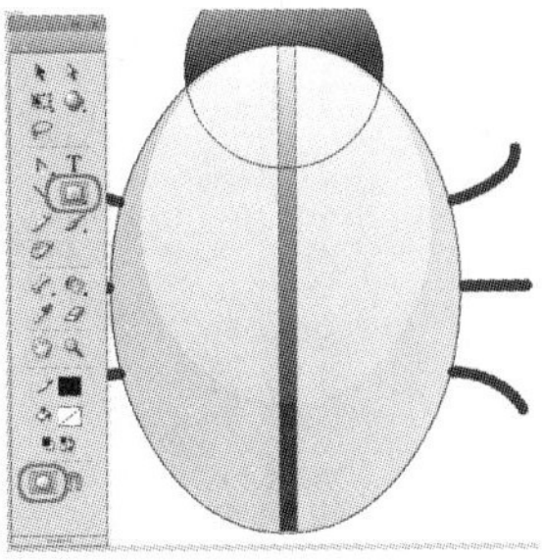

14 打开“时间轴”面板，单击“新建图层”按钮，新建一个图层，并将其命名为“高亮部分”。

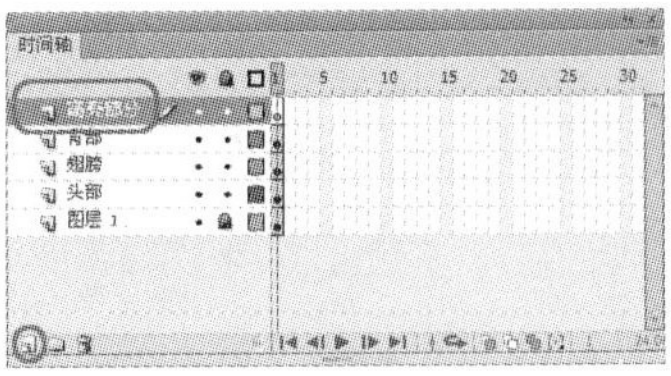

15 选择工具箱中的“椭圆工具”，将“笔触颜色”设置为黑色，将“填充颜色”设置为无，在舞台中沿白色的渐变图形绘制椭圆形。

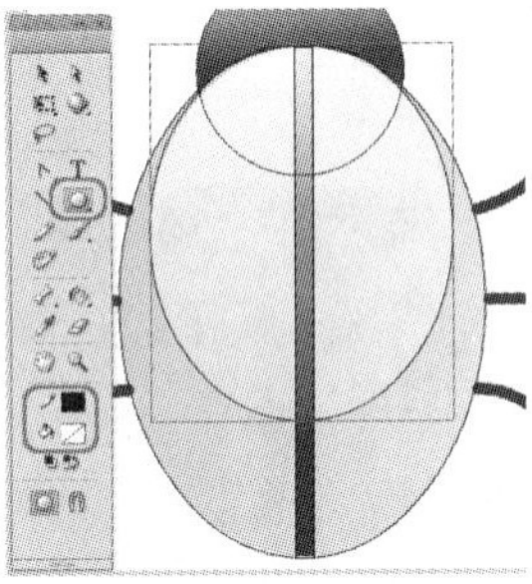

16 打开“时间轴”面板，单击“新建图层”按钮，新建一个图层，并将其命名为“触角”，并将除“触角”图层外的其他图层锁定。

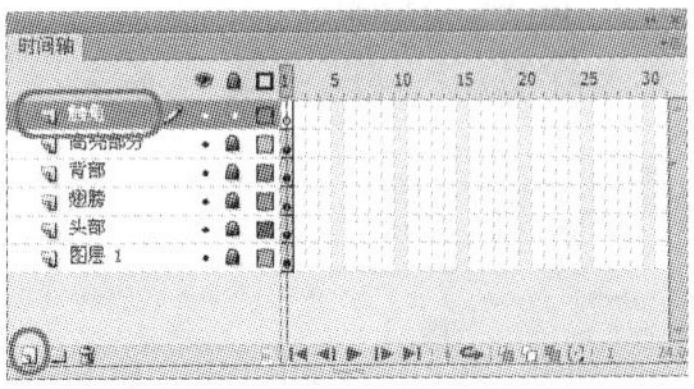

17 选择工具箱中的“钢笔工具”，将“笔触颜色”设置为黑色，将“填充颜色”设置为无，单击“属性”按钮，打开“属性”面板，将“笔触”设置为5。

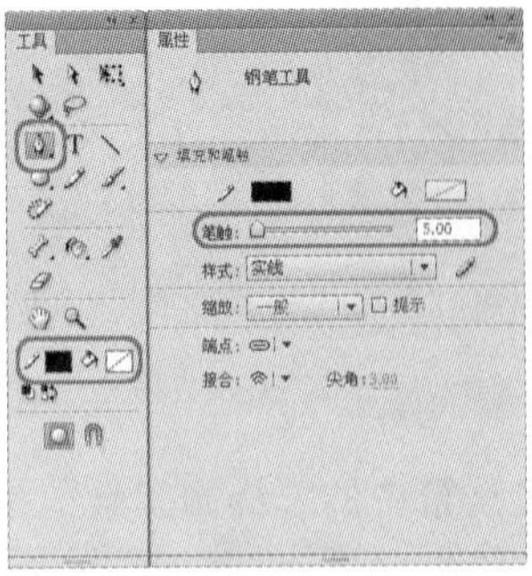

18 设置完笔触后在舞台中瓢虫的触角上绘制图形，并使用工具箱中的“转换锚点工具”和“部分选取工具”对线段进行调整。

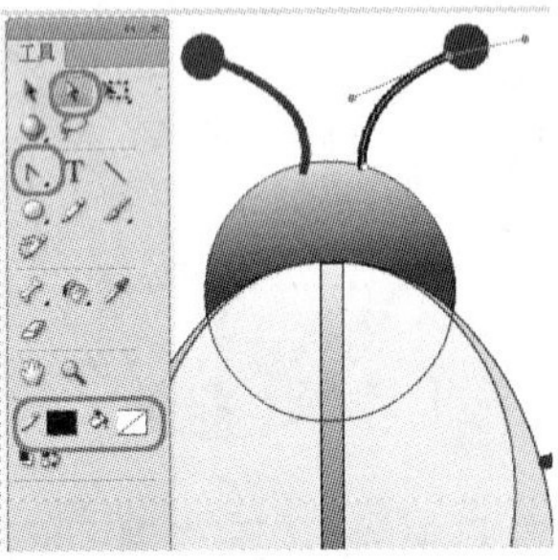

19 继续使用“钢笔工具”绘制线段作为触角，并使用工具箱中的“转换锚点工具”和“部分选取工具”对线段进行调整。

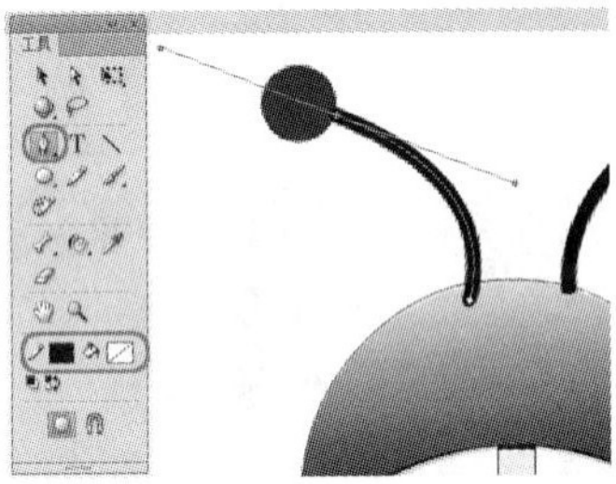

20 选择工具箱中的“椭圆工具”，将“笔触颜色”设置为黑色，将“填充颜色”设置为无，单击“属性”按钮，打开“属性”面板，将“笔触”设置为0.1。

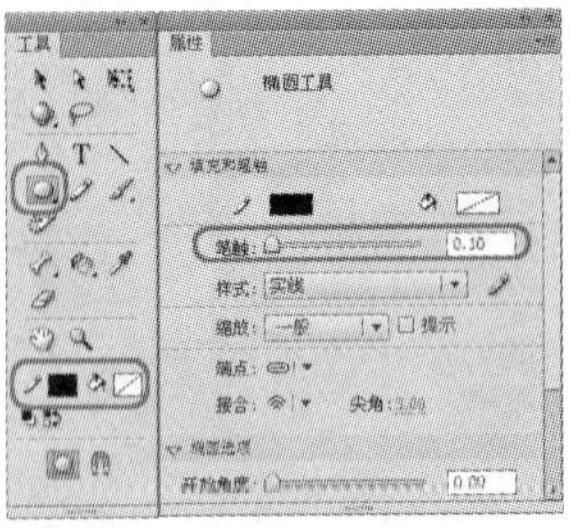

21 设置完笔触后，配合【Shift】键在舞台中瓢虫的触角处绘制正圆形。

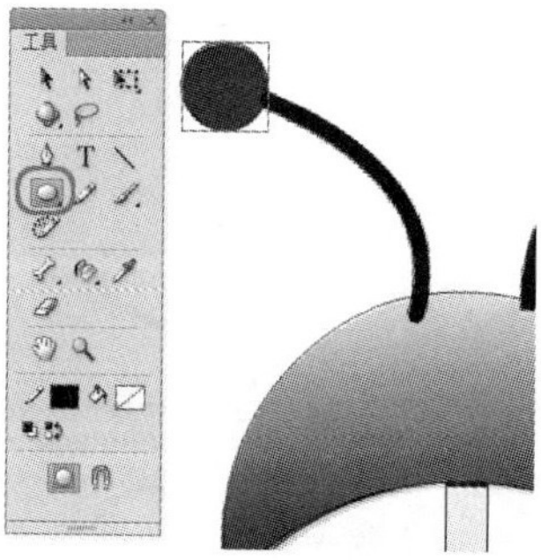

22 继续使用"椭圆工具"，在舞台中绘制正圆形。

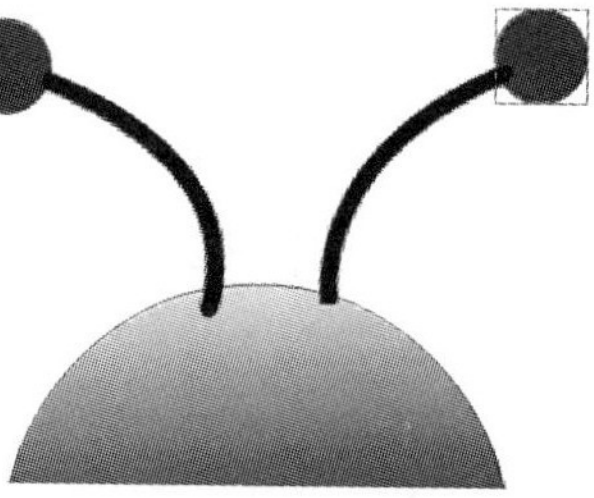

23 打开"时间轴"面板，锁定"触角"图层，单击"新建图层"按钮，新建一个图层，并将其命名为"脚"。

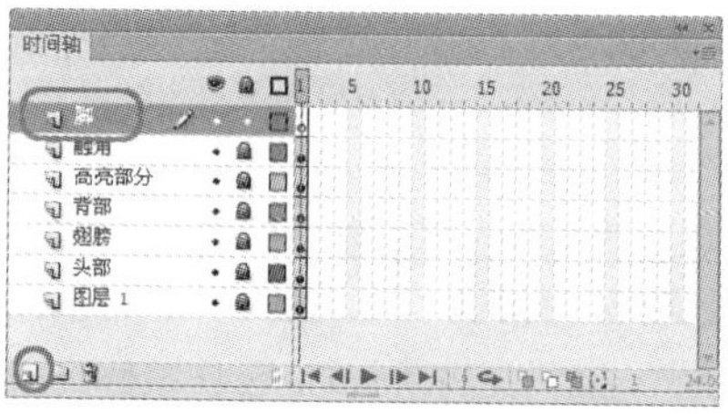

24 选择工具箱中的"钢笔工具"，将"笔触颜色"设置为黑色，将"填充颜色"设置为无，单击"属性"按钮，打开"属性"面板，将"笔触"设置为9。

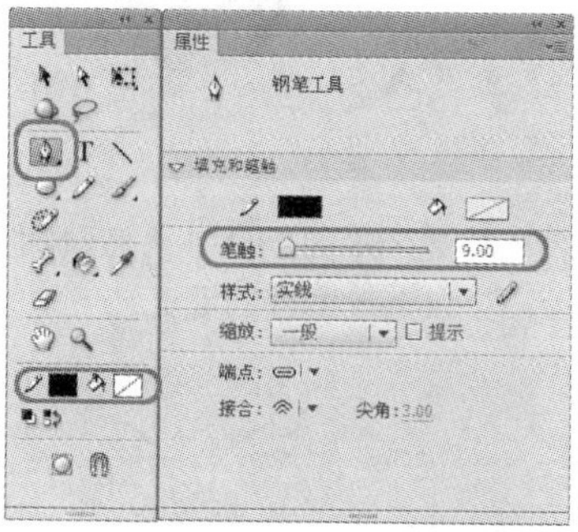

25 设置完笔触后，在舞台中瓢虫脚的位置绘制线段，并使用工具箱中的"转换锚点工具"和"部分选取工具"对线段进行调整。

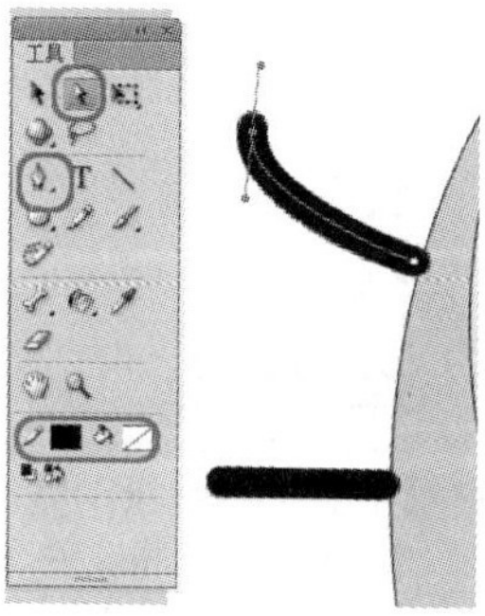

26 使用同样的方法绘制下图所示的图形作为脚，并使用工具箱中的"转换锚点工具"和"部分选取工具"对线段进行调整。

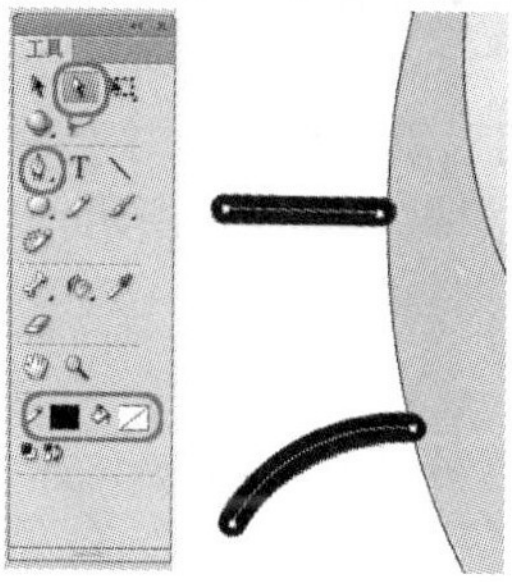

27 在舞台中选择作为脚的线段，按【Ctrl+C】组合键复制图形，按【Ctrl+V】组合键粘贴复制的图形。

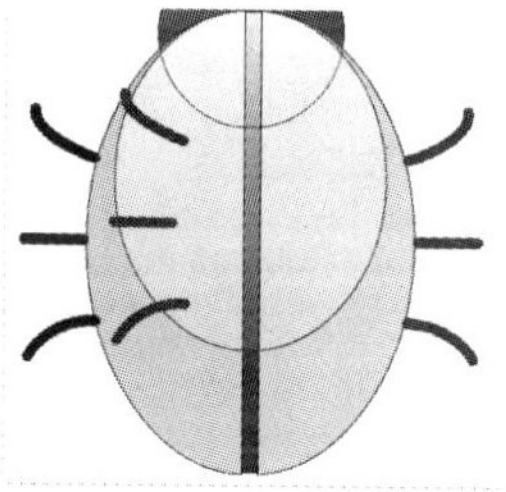

28 确定复制的图形处于选择状态，选择菜单栏中的"修改"→"变形"→"水平翻转"命令，并将翻转后的图形移动至下图所示的位置。

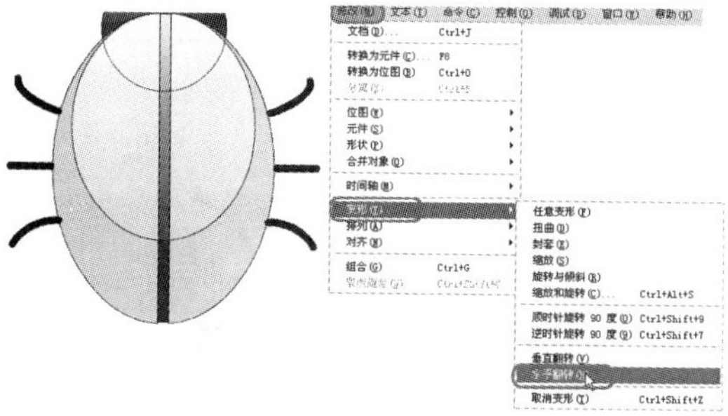

29 在"图层"面板中锁定所有的图层，选择"图层1"图层，单击"删除"按钮，将"图层1"图层删除。

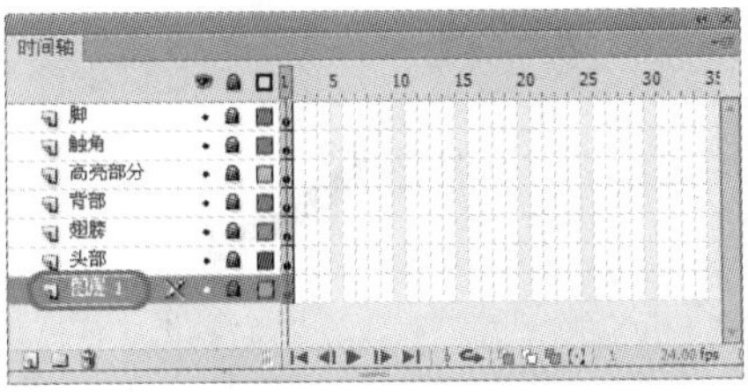

30 至此，临摹瓢虫的效果就绘制完成了。选择菜单栏中的“文件”→“保存”命令，将文件保存为“绘制瓢虫.fla”。

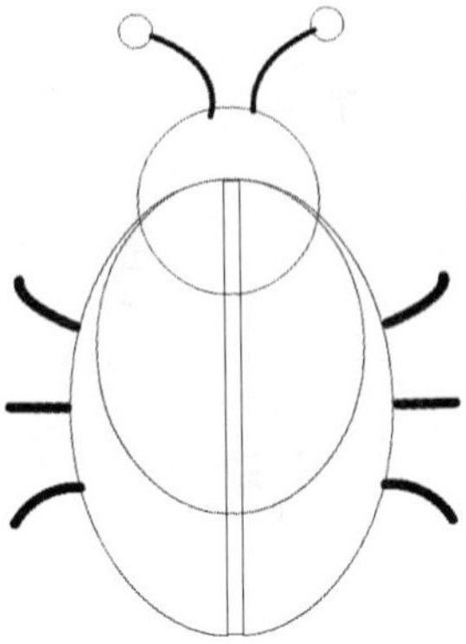

7.5.2 为瓢虫填充颜色

只有为图形填充颜色，才会看到更加丰富的图片效果。继续上节的场景文件，为图形添加颜色，完成后的效果如图7–76所示。

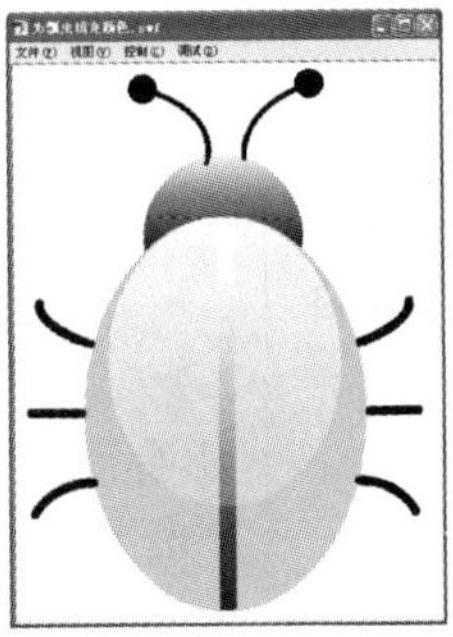

01 打开“时间轴”面板，选择“头部”图层，并取消该图层的锁定。

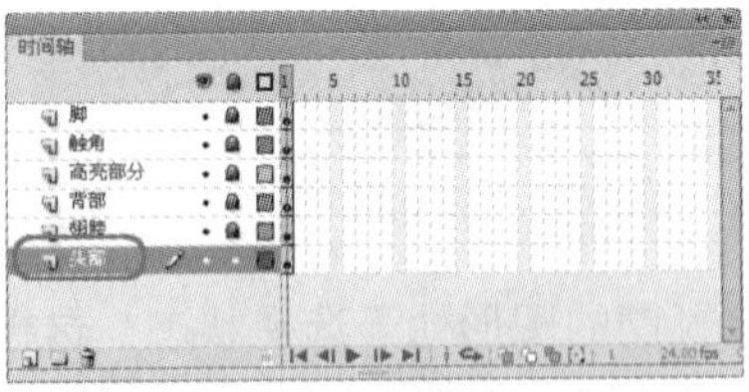

02 在舞台中选择作为头部的正圆形，单击工具箱中的“颜料桶工具”按钮，并将“填充颜色”设置为渐变色，然后在舞台中选择的图形上单击，将渐变颜色填充到选择的图形中。

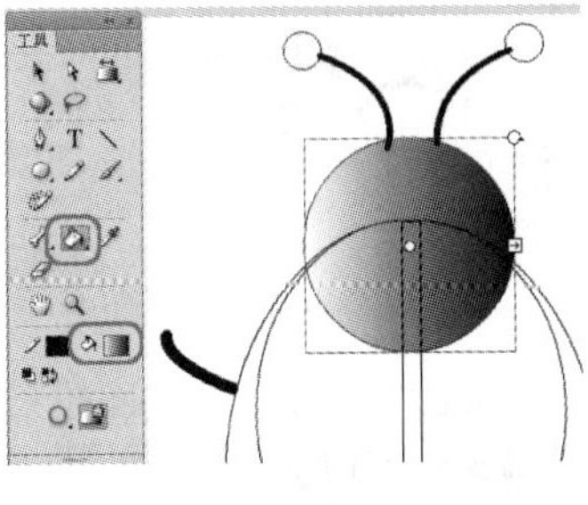

03 选择工具箱中的“渐变变形工具”，即可在选择的正圆形上出现渐变变形控制框，将鼠标移到旋转标记处，出现旋转箭头时，按住鼠标左键将渐变颜色进行90度旋转，并调整好渐变变形框的位置。

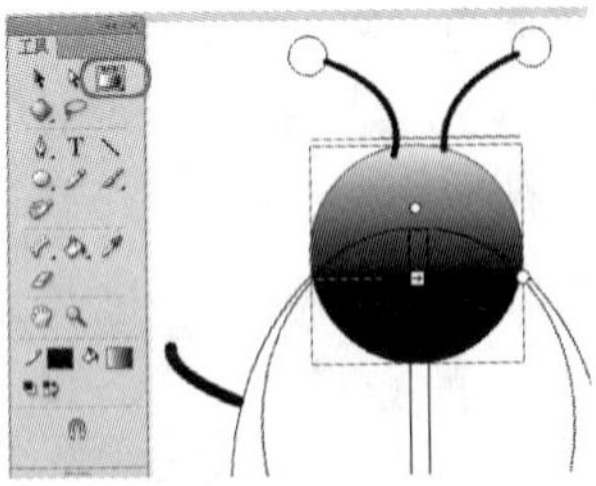

04 确定作为头部的正圆形处于选择状态，将“笔触颜色”设置为无，取消轮廓线的填充。

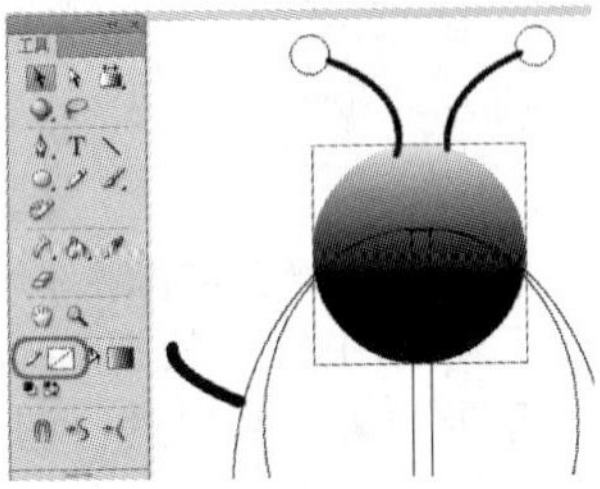

05 打开“时间轴”面板，锁定“头部”图层，选择“触角”图层，并取消该图层的锁定。

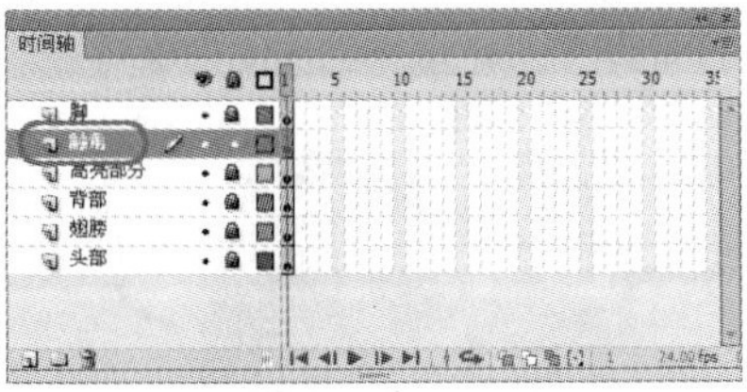

06 单击工具箱中的“颜料桶工具” ，将“笔触颜色”设置为无，将“填充颜色”设置为黑色，然后在舞台中触角图形上单击，将黑色填充到图形中。

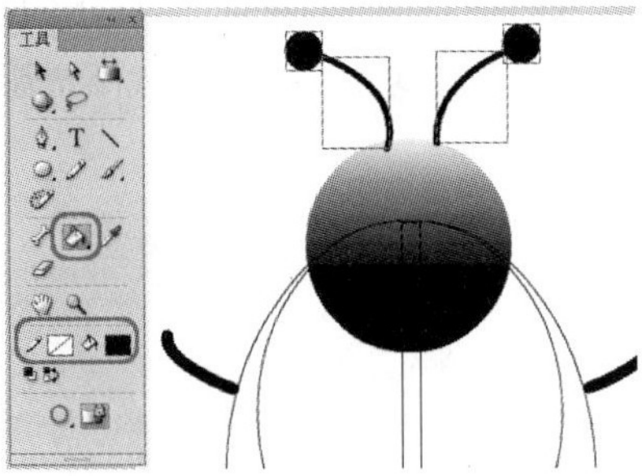

07 在“时间轴”面板中锁定“触角”图层，选择“翅膀”图层，并取消图层的锁定。

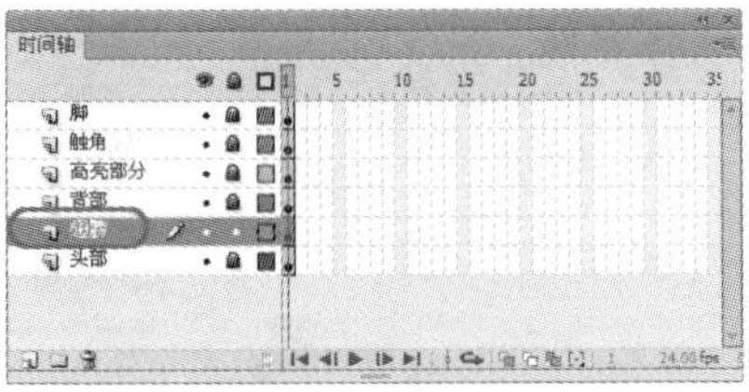

08 在舞台中双击左侧的翅膀图形，进入图形组编辑状态。

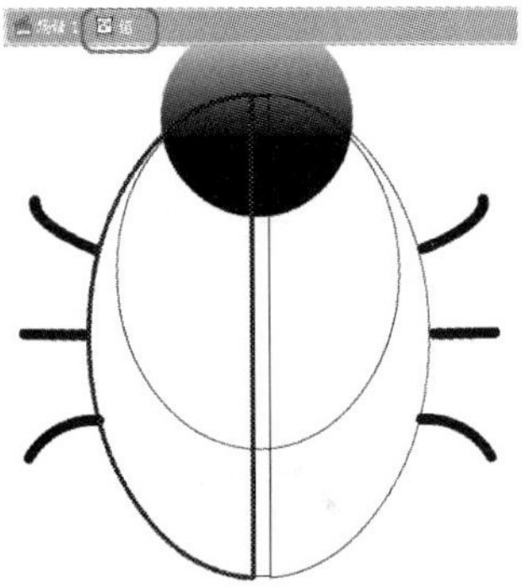

09 单击工具箱中的“颜料桶工具”按钮 ，将“笔触颜色”设置为无，将“填充颜色”设置为“#CCFF00”，然后在舞台中翅膀的图形上单击，将设置的颜色填充到图形中。

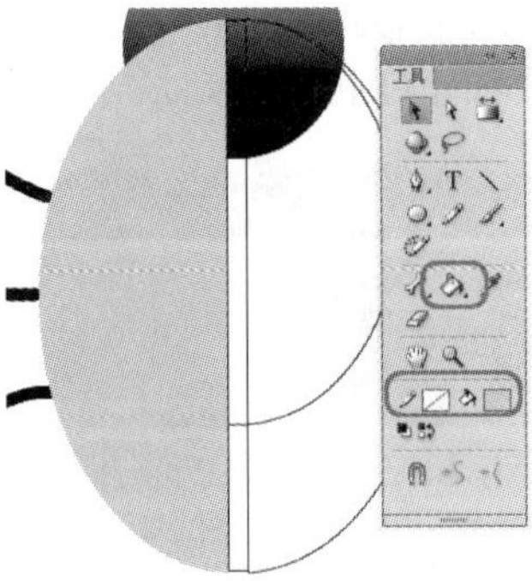

10 设置完成后单击“场景1”按钮 场景 1，返回场景1中。

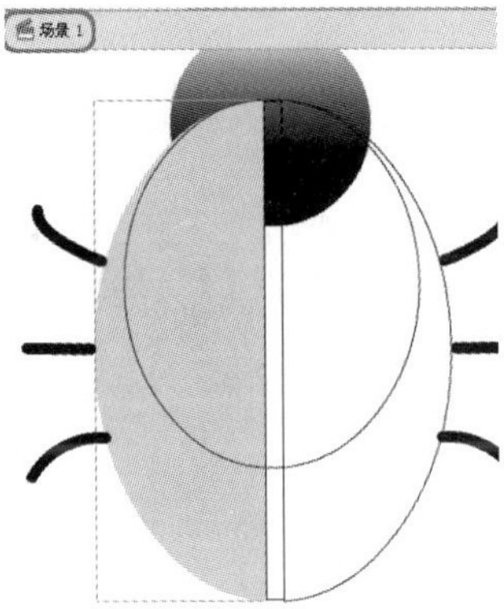

11 使用同样的方法双击右侧的翅膀图形，进入图形编辑状态，将其“填充颜色”设为“#CCFF00”，并取消轮廓线的填充。

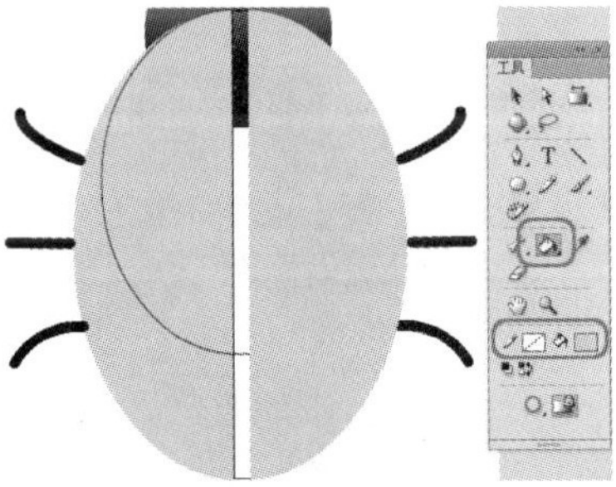

12 设置完成后单击“场景1”按钮 场景 1，返回场景中。

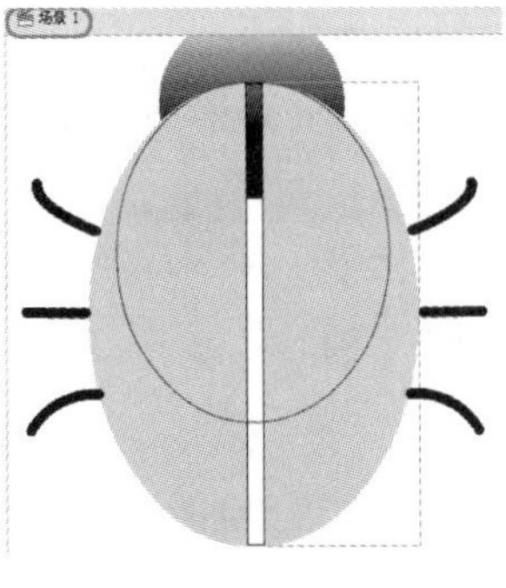

13 在“时间轴”面板中锁定“翅膀”图层，选择“背部”图层，并取消该图层的锁定。

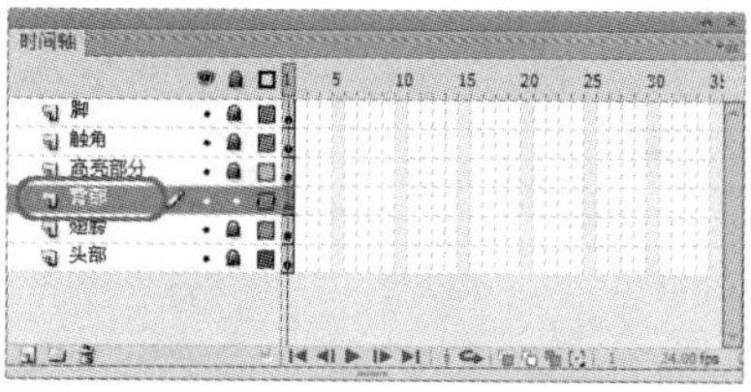

14 在舞台中选择作为背部的图形，单击工具箱中的“颜料桶工具”，将“笔触颜色”设置为无，将“填充颜色”设置为渐变色，然后在舞台中选择的图形上单击，将渐变颜色填充到选择的图形中。

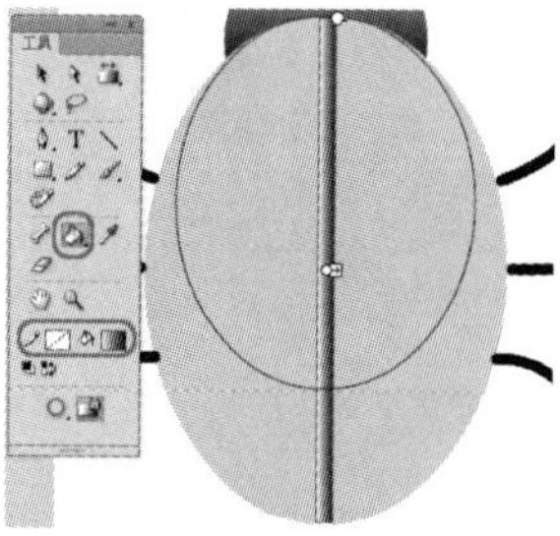

15 确定背部的矩形处于选择状态，选择工具箱中的“渐变变形工具”，即可在选择的图形上出现渐变变形控制框，将鼠标移到旋转标记处，出现旋转箭头时，按住鼠标左键将渐变颜色进行90度旋转，并调整好渐变变形框的位置。

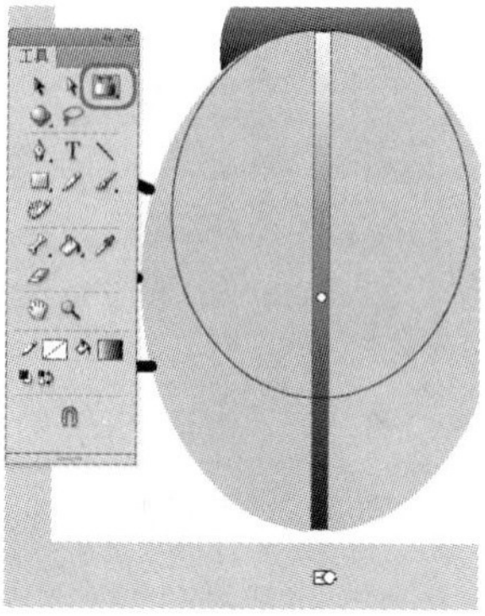

16 在“时间轴”面板中锁定“背部”图层，选择“高亮部分”图层，并取消该图层的锁定。

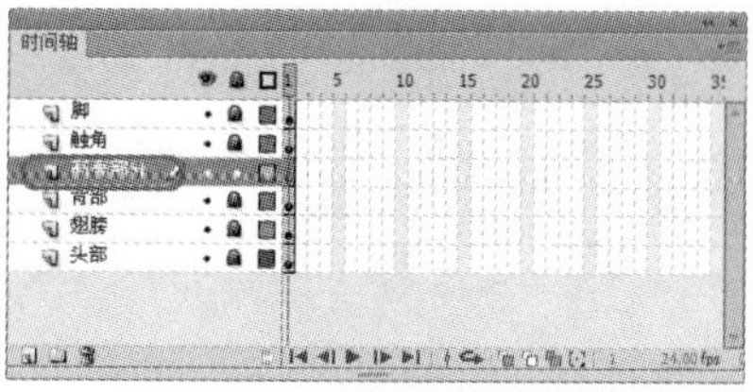

17 在舞台中选择作为背部的椭圆形，单击工具箱中的“颜料桶工具”，将“笔触颜色”设置为无，将“填充颜色”设置为渐变色，然后在舞台中选择的图形上单击，将渐变颜色填充到该图形中。

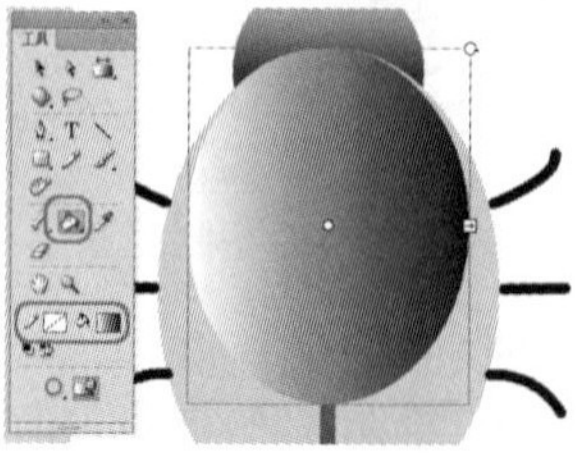

18 确定渐变图形处于选择状态，单击“颜色”按钮，打开“颜色”面板，调整渐变颜色，将背部的颜色设置为白色，并将其不透明度的值设置为25%。

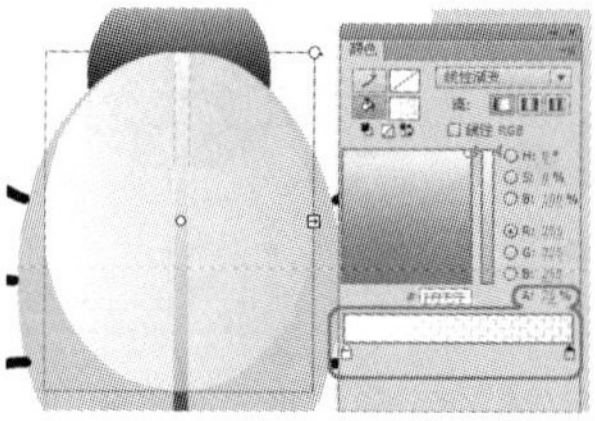

19 选择工具箱中的“渐变变形工具”，即可在椭圆上出现渐变变形控制框，将鼠标移到旋转标记处，出现旋转箭头时，按住鼠标左键将渐变颜色进行90度旋转，并调整好渐变变形框的位置。

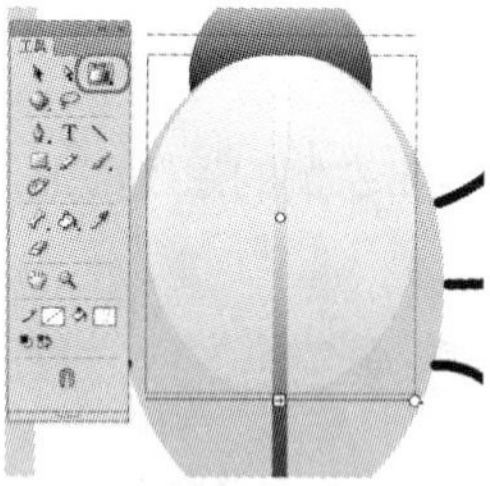

20 至此，瓢虫图形的颜色就填充完成了，最后将文件保存即可。

第8章

本章导读：

在Flash CS6中，图形对象是舞台上的项目。Flash允许对图形对象进行变形和修饰，本章将介绍使用“任意变形工具”对图形进行变形，并使用“将线条转换成填充”、“扩展填充”和“柔化填充边缘”对图形进行修饰。

图形的编辑

【基础知识：1小时10分钟】

任意变形工具	40分钟
将线条转换为填充	10分钟
扩展填充	10分钟
柔化填充边缘	10分钟

【演练：50分钟】

制作logo	20分钟
制作星形表情	30分钟

8.1 任意变形工具

学习时间：40分钟

下面通过小实例来认识“任意变形工具”的选项区域中几个按钮的使用。

8.1.1 旋转和倾斜对象

下面对“任意变形工具”下的“旋转与倾斜”按钮进行简单的介绍。

01 启动Flash CS6，新建一个空白文档。在舞台中导入一张玫瑰花素材文件，并将该图层锁定。

02 单击“时间轴”面板中的“新建图层”按钮，新建一个图层。

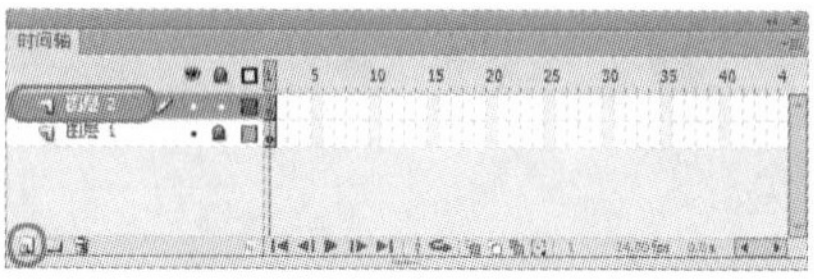

03 选择工具箱中的“文本工具”，单击“属性”按钮，打开“属性”面板，在“字符”选项组中将“系列”设置为“方正粗活意简体”，将“大小”设置为40，将“颜色”设置为红色，在舞台中创建“玫瑰人生”文本。

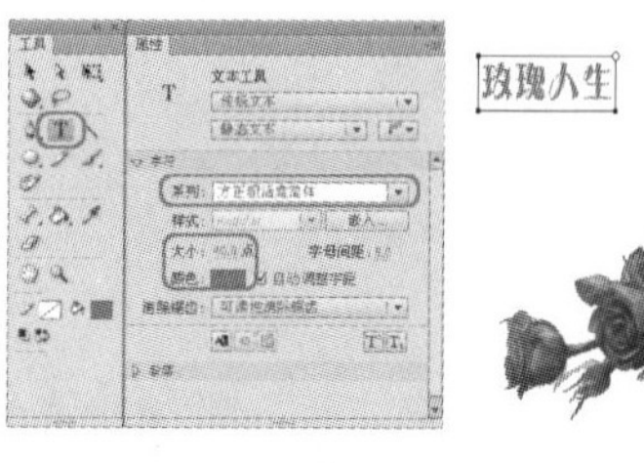

04 选择工具箱中的“任意变形工具”，单击“旋转与倾斜”按钮，将鼠标指向对象的边角部位，会发现鼠标指针的形态发生了变化。

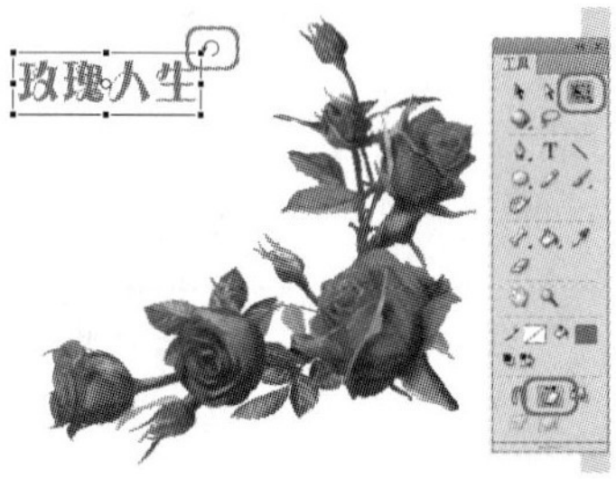

05 按下鼠标左键不放向上拖动进行旋转，旋转后将其拖曳至合适的位置。

06 将鼠标指向对象的边线部位，当鼠标指针变成下图所示的状态时，按下鼠标左键并向左下方拖动，便可实现对象的倾斜操作。

8.1.2 缩放对象

继续使用上面的实例对“任意变形工具”选项区域的“缩放”按钮进行简单的介绍。

01 选择工具箱中的“任意变形工具”，单击“缩放”按钮，将鼠标指向对象的控制点时，鼠标指针的形状会发生变化。

02 此时按下鼠标左键并拖动，将选择的对象进行放大，释放鼠标即可实现对象的放大操作。

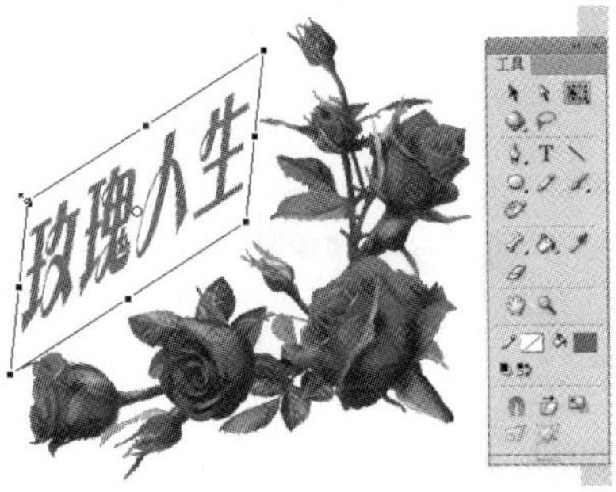

技巧提示

如果是在矩形对象的4个顶点位置对其进行缩放操作，则可以通过按住【Shift】键后再拖动鼠标的方式实现对矩形的等比例缩放。右图所示为等比例放大后的效果。

8.1.3 扭曲对象

继续使用上面的实例对“任意变形工具”选项区域的“扭曲”按钮进行简单的介绍。对文本使用“扭曲”按钮时首先要将文本分离。

01 在舞台中的文本上右击，在弹出的快捷菜单中选择“分离”命令。

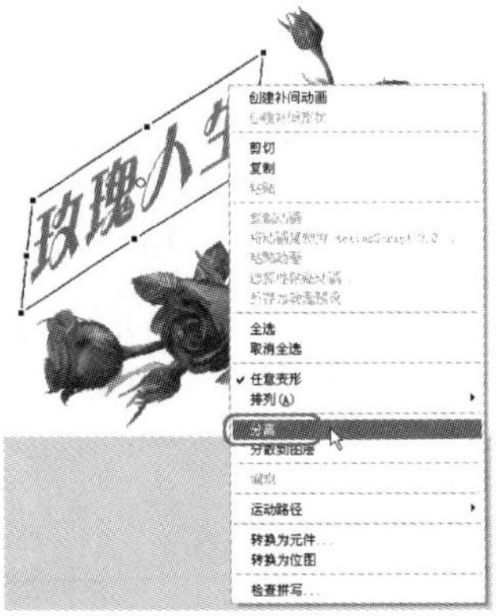

02 继续对文字进行分离，右击，在弹出的快捷菜单中选择“分离”命令，经过两次“分离”操作，文本已被图形化。

03 在舞台中选择“玫”字，选择工具箱中的“任意变形工具”，单击“扭曲”按钮，将鼠标指向对象的中间控制点，按住鼠标向左上方进行拖动，将选择的文本进行扭曲处理。

04 在舞台中选择“生”字，继续使用“扭曲”按钮，将鼠标指向对象边角中间的控制点，按下鼠标向右下方进行拖动，将选择的文本进行扭曲变形。

8.1.4 封套变形对象

“封套”按钮的功能是允许弯曲或者扭曲对象。封套是一个边框，其中包含一个或多个对象。更改封套的形状会影响该封套内对象的形状。可以通过调整封套的点和控制手柄来编辑封套形状。

01 在舞台中选择所有的文本对象，选择工具箱中的“任意变形工具”，单击“封套”按钮。

02 将鼠标指向对象的边角控制点，按下鼠标向右下方拖动，将选择的文本进行封套变形。

03 在舞台的空白处单击，观看封套变形后的效果，如果对封套变形的效果不满意，继续选择舞台中的文本对象。

04 选择工具箱中的“任意变形工具”，单击“封套”按钮，继续对选择的文本进行封套变形。

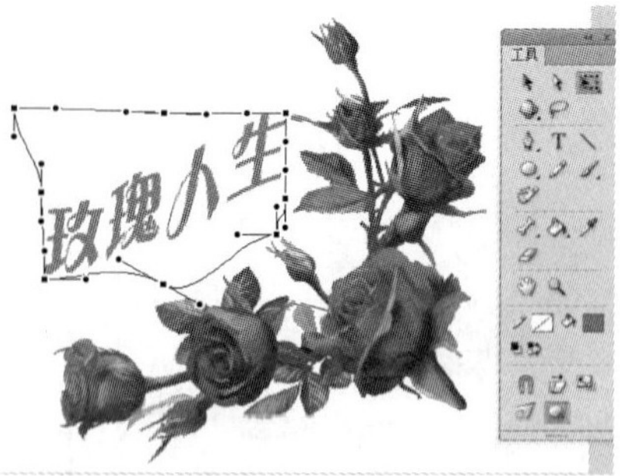

技巧提示

“封套”变形不能修改元件、位图、视频对象、声音、渐变、对象组或者文本、如果所选择的内容包含以上任意一个，则只能扭曲形状对象。要修改文本，首先要将文字转换成形状对象，然后才能使用“封套”按钮变形扭曲文字。

8.2 修饰图形

学习时间：30分钟

使用基本绘图工具创建图形后，接下来对图形进行修饰。Flash提供了几种修饰图形的方法，包括将线条转换成填充、扩展填充、优化曲线及柔化填充边缘等。

8.2.1 将线条转换为填充

在工作区中选中一条线段，然后选择“修改”→“形状”→“将线条转换为填充”命令，就可以把该线段转换为填充区域。使用这个命令可以产生一些特殊的效果，下面对其进行简单的介绍。

01 打开一个素材图片，在舞台中双击图形的边缘将其选中。在菜单栏中选择“修改”→“形状”→“将线条转换为填充”命令，即可将线条转换为填充。

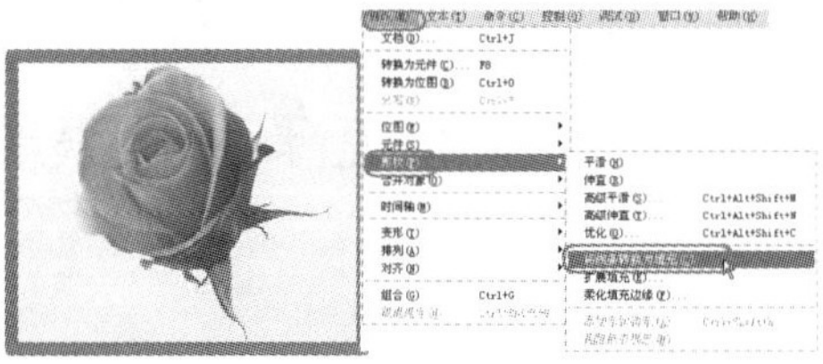

02 确定转换后的图形处于选择状态，在工具箱中将“填充颜色”设置为黄色，即可将选择的区域填充为黄色。

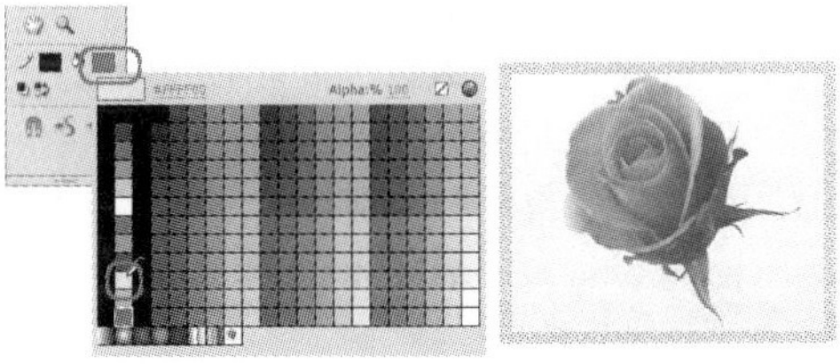

8.2.2 扩展填充

通过“扩展填充”命令，可以扩展填充形状。具体的操作步骤如下：

01 继续使用上面的实例进行操作，确定轮廓线处于选择状态，在菜单栏中选择“修改”→“形状”→“扩展填充”命令。

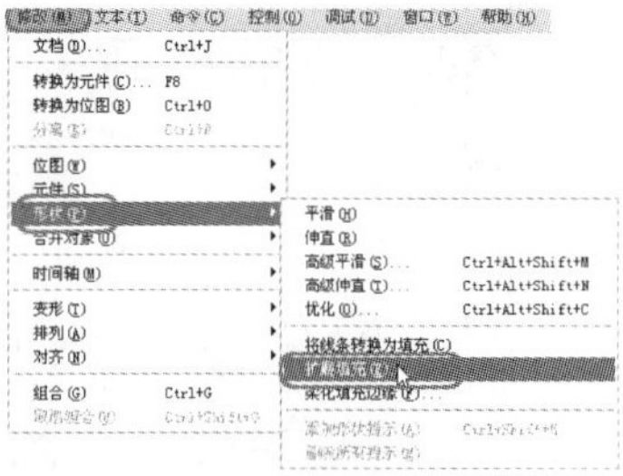

02 弹出“扩展填充”对话框，将“距离”设置为5像素，设置完参数后单击“确定”按钮，即可将轮廓线扩宽。

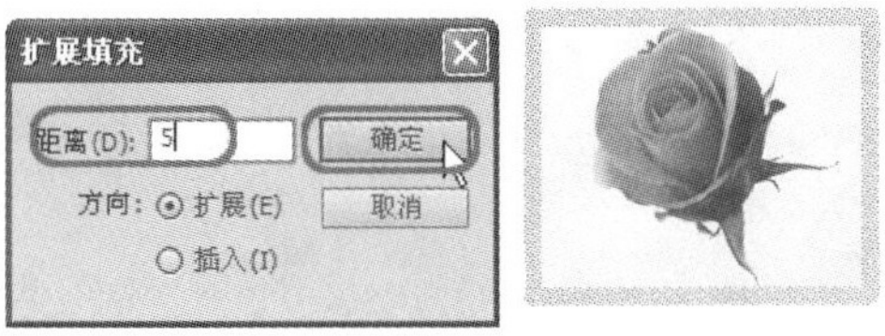

“扩展填充”对话框中各参数含义如下。

- **“距离”**：用于指定扩充、插入的尺寸。
- **“方向”**：如果希望扩充一个形状，请选择“扩展”单选按钮；如果希望缩小形状，那么选择“插入”单选按钮。

8.2.3 柔化填充边缘

“扩展填充”和“柔化填充边缘”命令允许扩展并模糊形状边缘。如果图形边缘太过尖锐，则可以使用“柔化填充边缘”命令。下面继续使用上面的实例进行操作。

01 在舞台中选择玫瑰花图形，在菜单栏中选择“修改”→“形状”→“柔化填充边缘”命令。

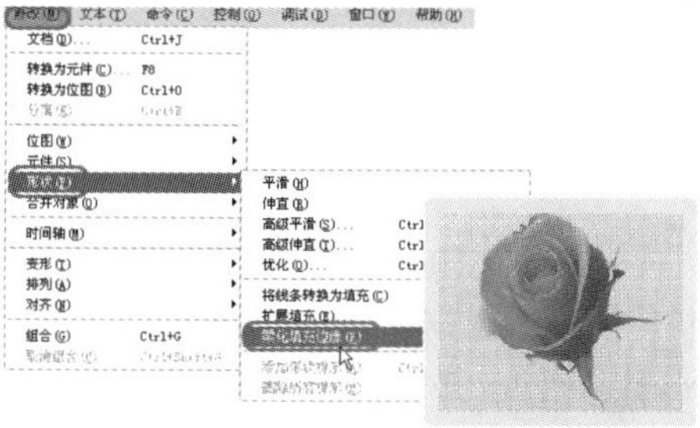

02 在弹出的“柔化填充边缘”对话框中，将“距离”设置为15像素，将“步长数”设置为15，设置完参数后单击“确定”按钮。

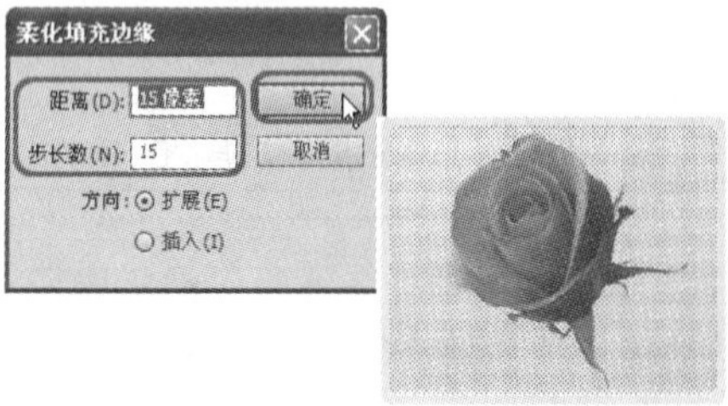

“柔化填充边缘”对话框中各参数含义如下。

- **距离**：用于指定扩充、插入的尺寸。
- **步长数**：步长数越大，形状边界的过渡越平滑，柔化效果越好。但是，这样会导致文件过大及减慢绘图速度。
- **方向**：如果希望向外柔化形状，那么选择“扩展”单选按钮；如果希望向内柔化形状，那么选择“插入”单选按钮。

8.3 案例制作

学习时间：50分钟

8.3.1 制作logo

本例来介绍logo的制作，完成后的效果如右图所示。

01 新建一个空白文档。选择工具箱中的“椭圆工具”，将“笔触颜色”设置为无，将“填充颜色”设置为“径向渐变”，配合【Shift】键在舞台中绘制正圆形。

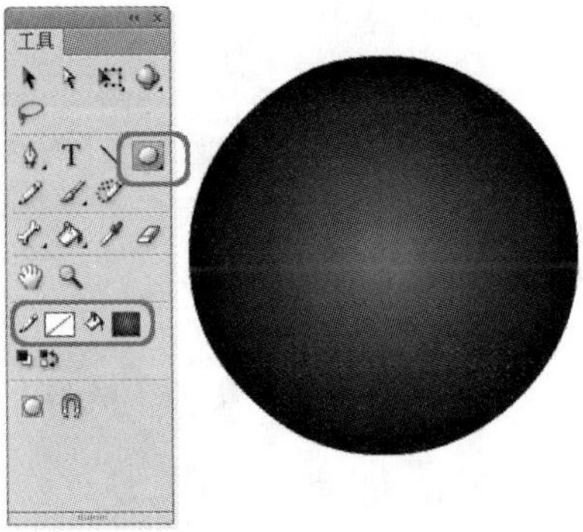

02 选择舞台中新绘制的圆形，单击“颜色”按钮，打开“颜色”面板，在下面的渐变条中将渐变颜色设置为从50%的白色到“#E50000”的渐变。

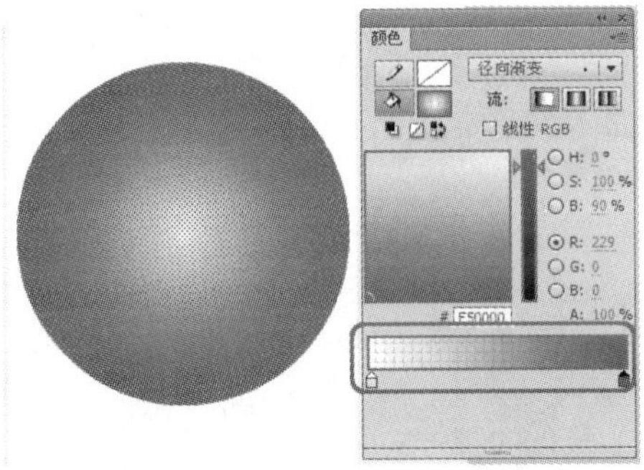

03 选择工具箱中的“渐变变形工具”，在舞台中调整渐变颜色。

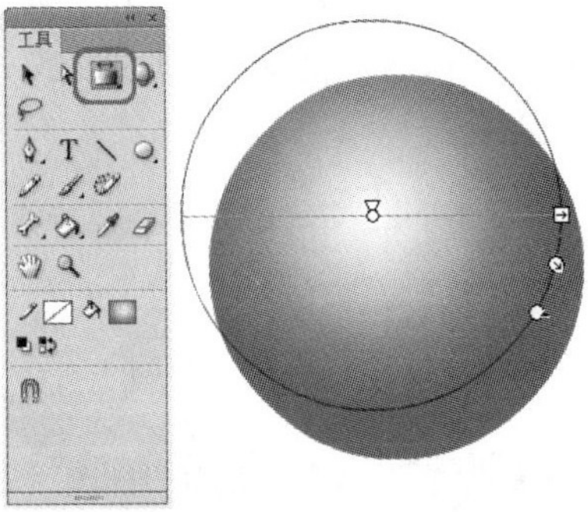

04 选择工具箱中的 钢笔工具”，单击“属性”按钮，打开“属性”面板，在“填充和笔触”选项组中将“笔触颜色”设置为黑色，将“笔触”设置为0.1。

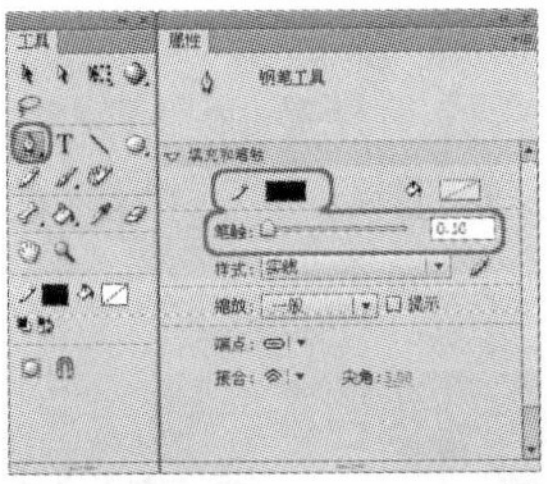

05 设置完笔触后在舞台中绘制形状，并使用工具箱中的“转换锚点工具”和“部分选取工具”对形状进行修改。

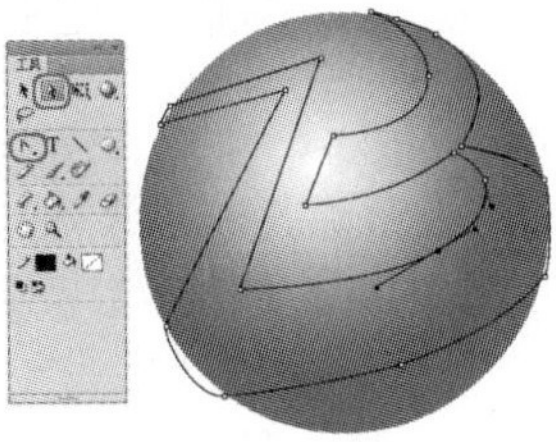

06 使用工具箱中的“选择工具”，选择形状中的区域，按【Delete】键将其删除。

07 在舞台中双击图形的轮廓线，将其选中，按【Delete】键将其删除。

08 在“时间轴”面板中将“图层1”图层锁定，单击“新建图层”按钮，创建一个新图层，并将其命名为“背景”，然后将“背景”图层移至“图层1”图层的下方。

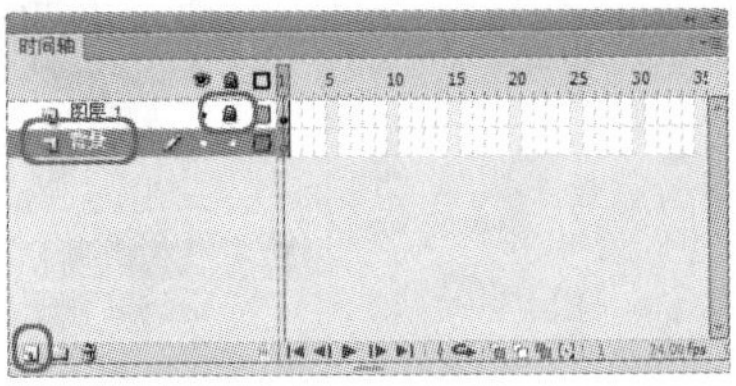

09 按【Ctrl+R】组合键，弹出“导入”对话框，导入第8章的“背景.jpg”素材。选择工具箱中的“任意变形工具”对导入的素材文件进行调整。

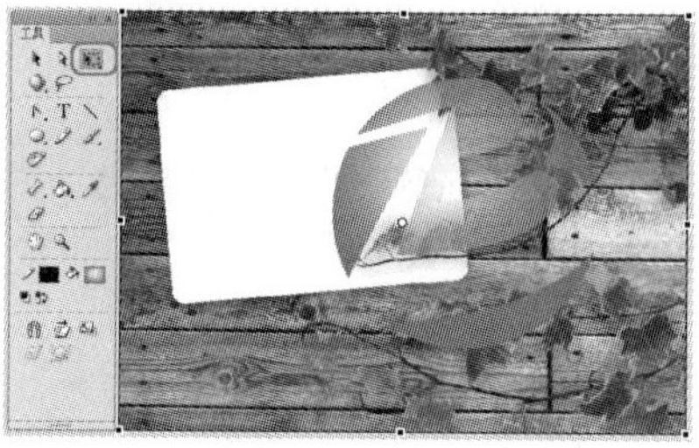

10 在“时间轴”面板中锁定“背景”图层，选择“图层1”图层并解除其锁定状态。

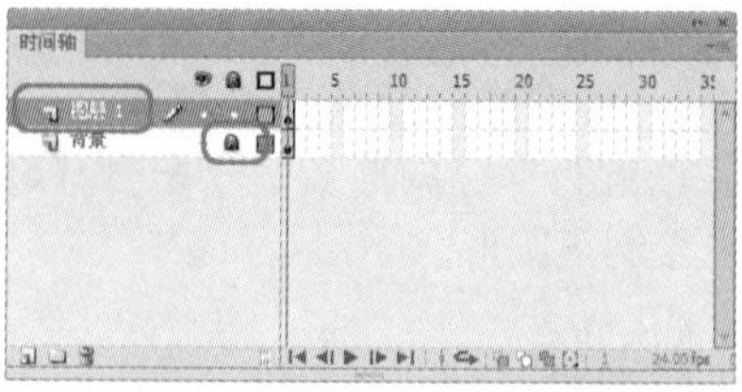

11 选择“图层1”图层中的logo图形，使用工具箱中的“任意变形工具”对其进行缩放变形。至此，logo绘制完成了，最后将文件存储为“制作logo.fla”。

8.3.2 制作星形表情

本节将介绍星形表情的制作，完成后的效果下图所示。

01 在工具箱中选择“多角星形工具”，将“笔触颜色”设置为无，将“填充颜色”设置为渐变色，单击“对象绘制”按钮，单击“属性”按钮，打开“属性”面板，在“工具设置”选项组中单击“选项”按钮，在“工具设置”对话框中将“样式”定义为“星形”，在舞台中绘制星形。

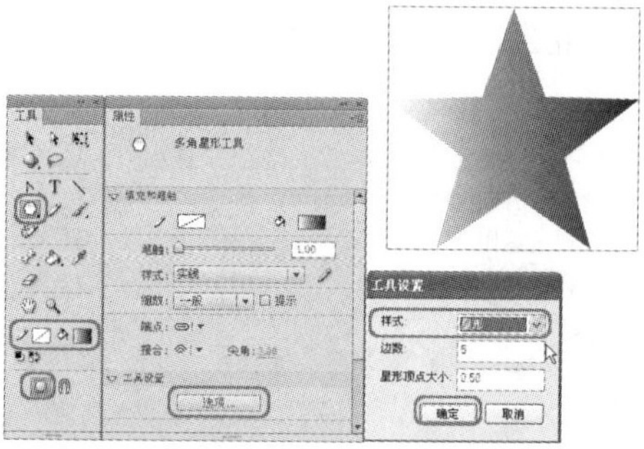

02 双击新绘制的星形对象，进入图形编辑模式，单击“颜色”按钮，打开“颜色”面板，将渐变条中的黑色更改为“#380000”，修改星形的渐变颜色。

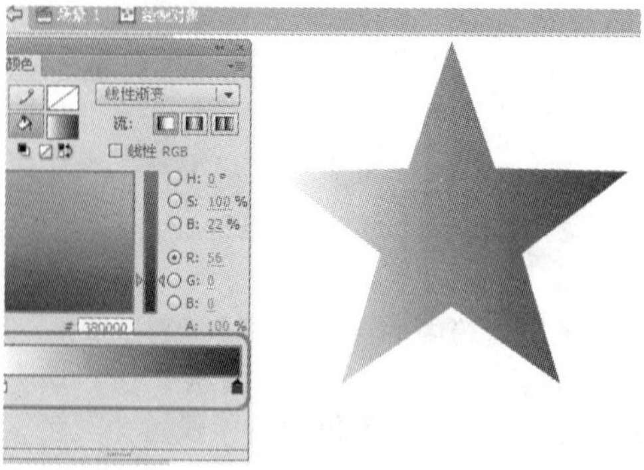

03 修改完颜色后，单击“场景1”按钮 场景 1，切换到场景1中，确定星形处于选择状态，按住【Alt】键拖动鼠标，复制星形。

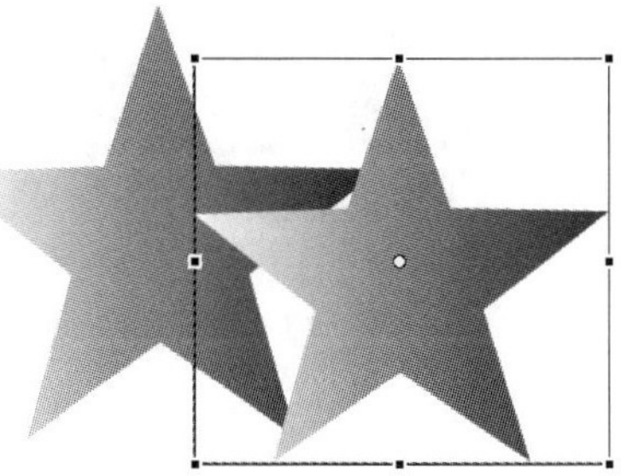

04 将复制后图形的渐变颜色更改为从白色到“#FF0025”的渐变，并将该图形进行缩放，然后将其与原图形居中对齐。

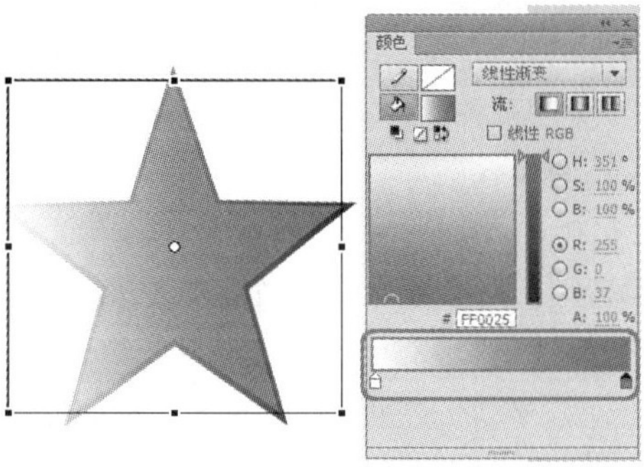

05 选择工具箱中的“椭圆工具”，将“笔触颜色”设置为无，将“填充颜色”设置为黑色，在舞台中绘制黑色椭圆形。

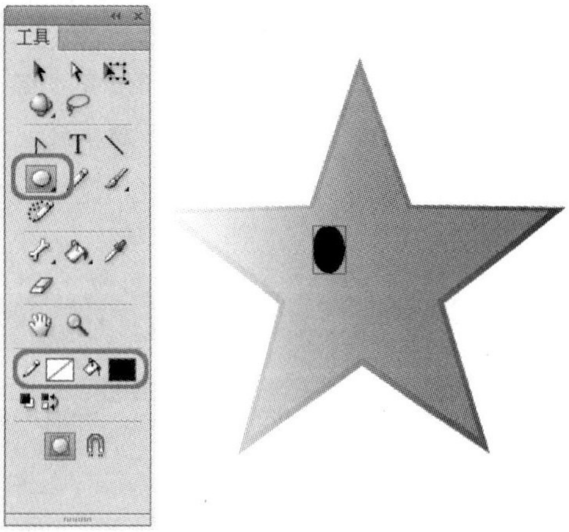

06 确定“椭圆工具”处于选择状态，将“填充颜色”设置为白色，在黑色图形上绘制白色椭圆形，作为眼球。

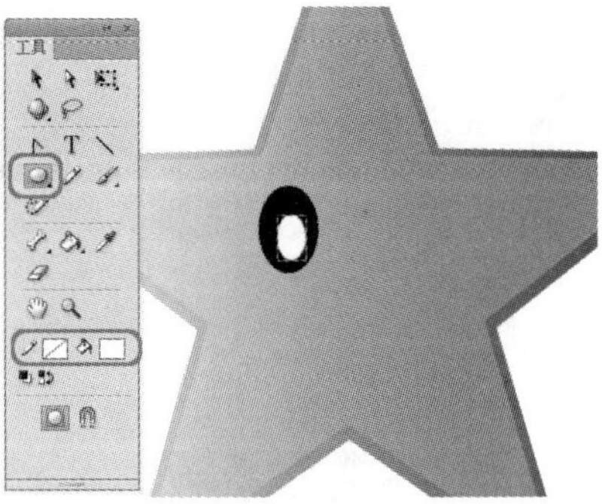

07 在舞台中选择作为眼睛的图形，按住【Alt】键拖动鼠标，将选择的图形进行复制。

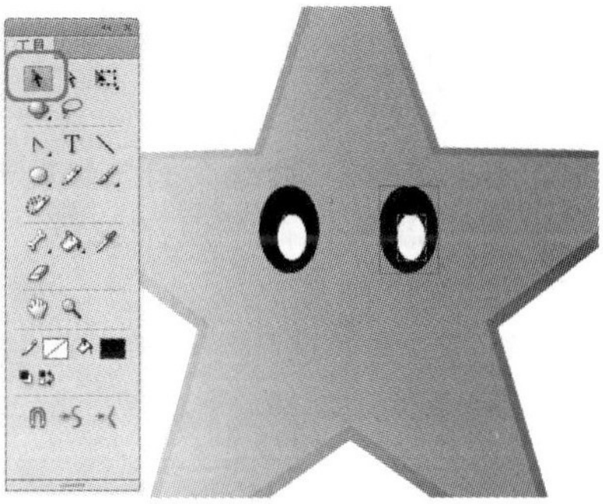

08 确定复制后的图形处于选择状态，在菜单栏中选择“修改”→“变形”→“水平翻转”命令，将复制后的图形进行水平翻转。

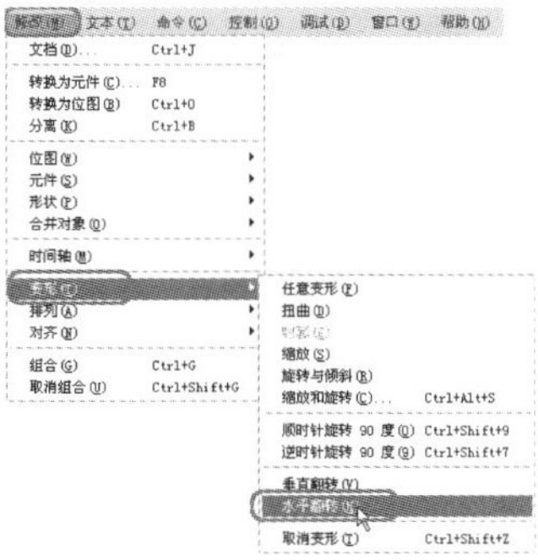

09 在舞台中选择作为眼睛的图形，选择菜单栏中的“修改”→“组合”命令，将舞台中的眼睛进行组合。

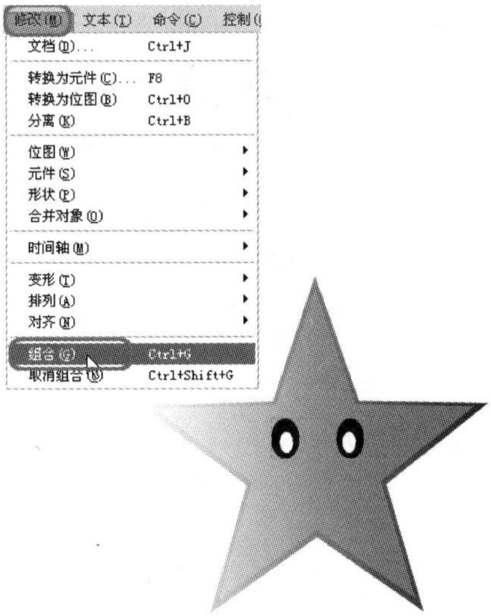

10 选择工具箱中的“钢笔工具”，将“笔触颜色”设置为黑色，将“填充颜色”设置为无，单击“属性”按钮，打开“属性”面板，在“填充和笔触”选项组中将“笔触”设置为3.5。

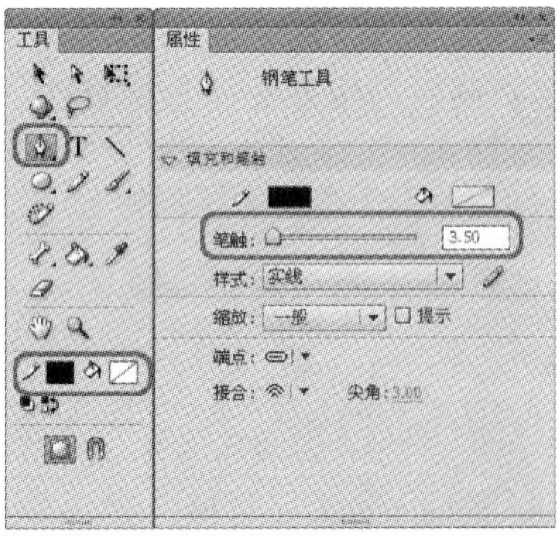

11 设置完笔触后在舞台中绘制一条线段作为星形表情的嘴巴。

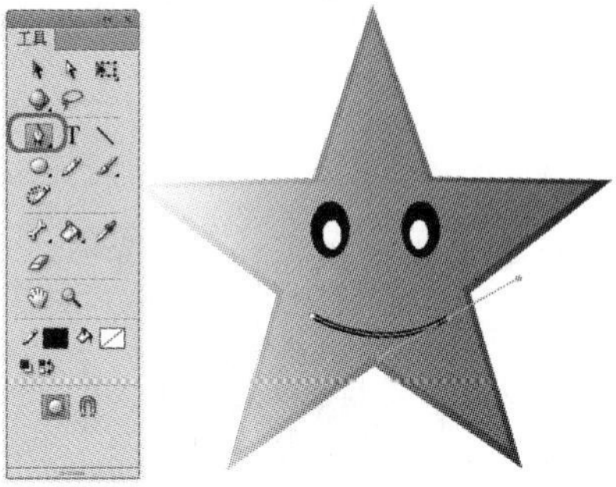

12 按【Ctrl+A】组合键选择舞台中的所有对象，单击“对齐”按钮，打开“对齐”面板，将选择的对象水平居中对齐。

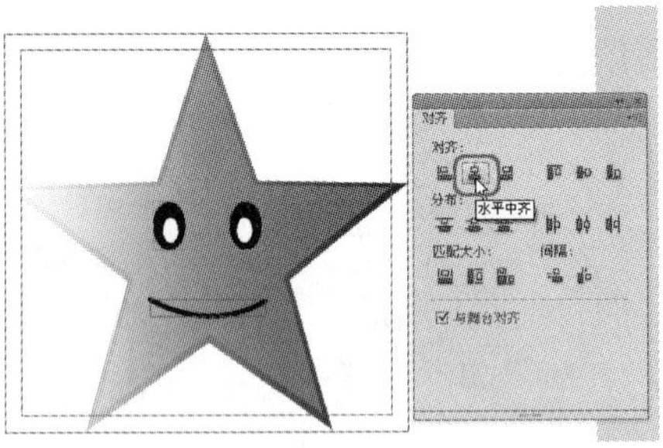

13 在舞台中选择两个星形，选择菜单栏中的“修改”→“分离”命令，将星形分离。

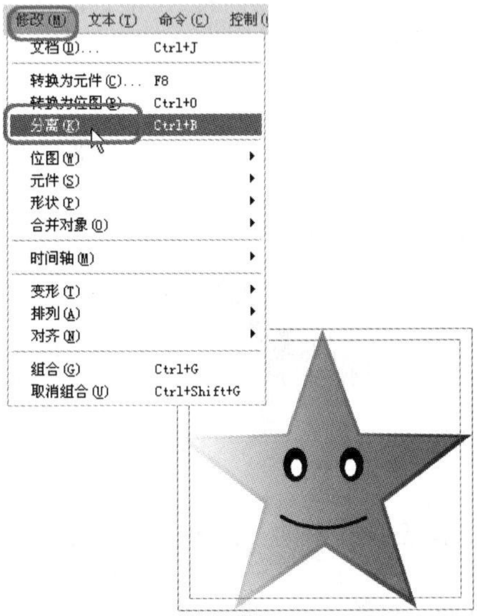

14 选择底部的星形，选择菜单栏中的“修改”→“形状”→“扩展填充”命令，弹出“扩展填充”对话框，将“距离”设置为3像素，将“方向”定义为“扩展”，将星形进行扩展填充。

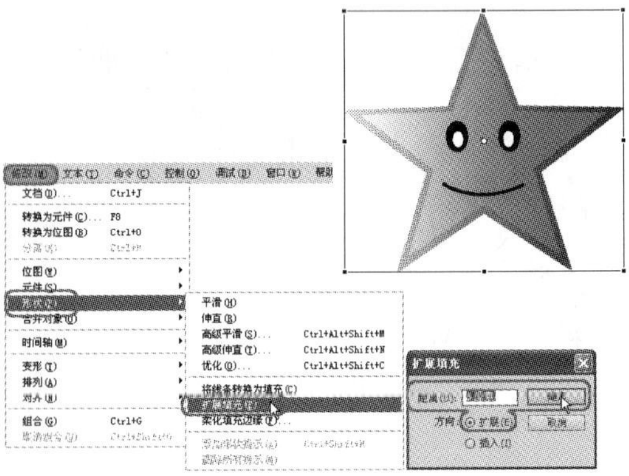

15 选中红色星形，选择菜单栏中的“修改”→“形状”→“柔化填充边缘”命令，弹出“柔化填充边缘”对话框，将“距离”设置为8像素，将“步长数”设置为10，为选择的图形填充柔化边缘。

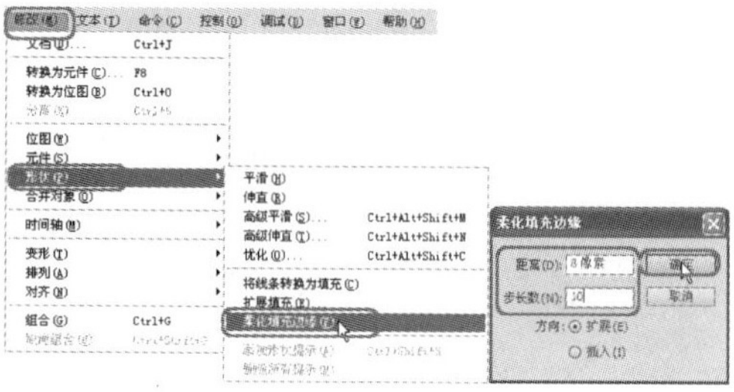

16 确定红色星形仍处于选择状态，选择工具箱中的“渐变变形工具”，出现渐变变形控制框，将鼠标移到旋转标记处，出现旋转箭头时，按下鼠标左键将渐变颜色进行旋转，并调整好渐变变形框的位置。

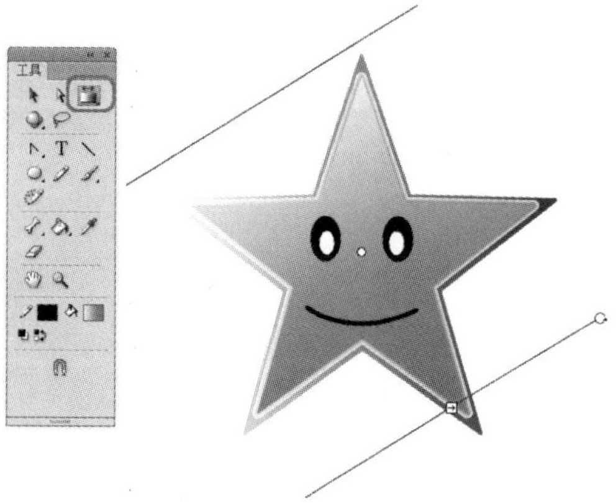

17 按【Ctrl+A】组合键选择场景中的所有对象，按【Ctrl+G】组合键将选择的对象进行组合。

18 在“时间轴”面板中，单击“新建图层”按钮，创建一个新图层，将其命名为“背景”，并将其调整至“图层1”图层的下方。

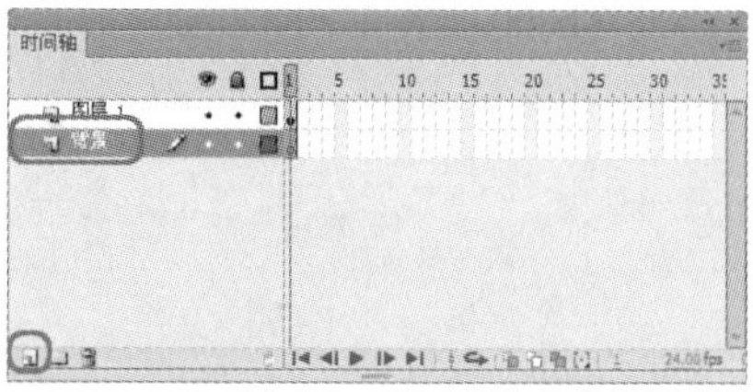

19 按【Ctrl+R】组合键打开“导入”对话框，导入第8章的“星形背景.jpg”素材文件。单击工具箱中的“任意变形工具”，按住【Shift】键对素材进行缩放，并将其居中到舞台的中央。

20 确定背景素材仍处于选择状态，按【Ctrl+B】组合键将背景素材分离。

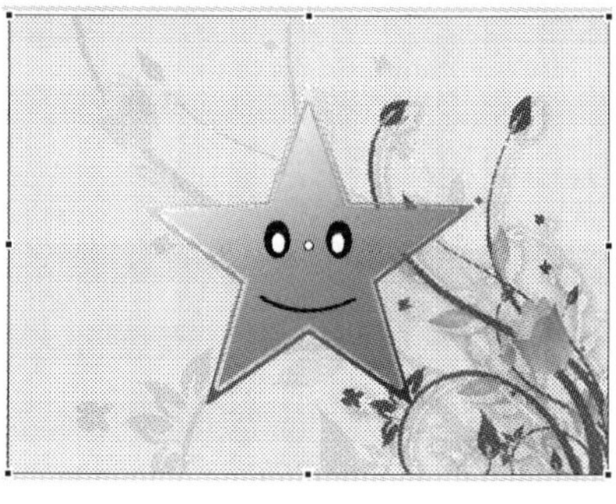

21 在“时间轴”面板中将“背景”图层锁定，选择“图层1”图层。

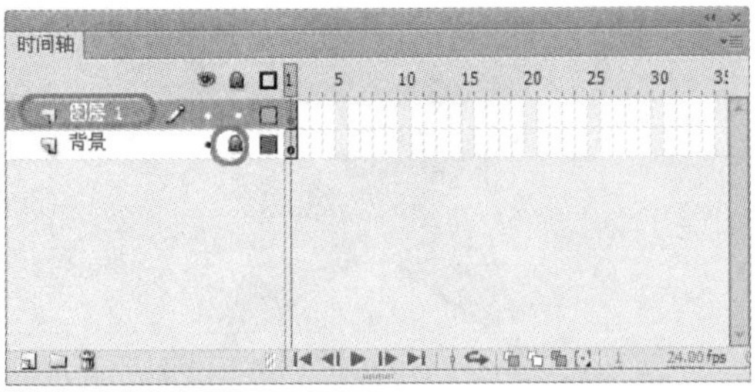

22 选择工具箱中的“任意变形工具”，将制作的星形表情进行缩放和旋转，并调整它的位置。

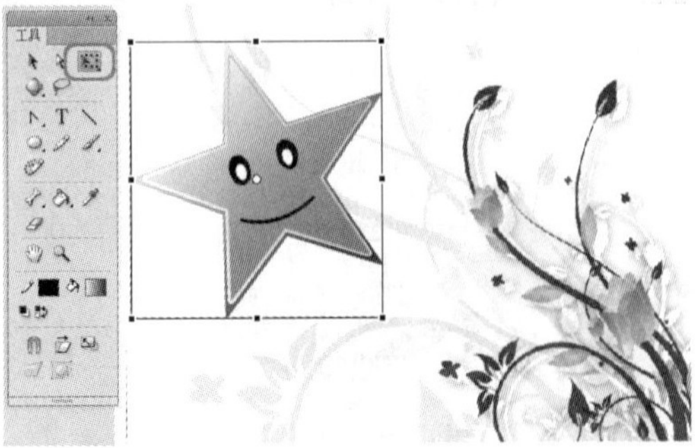

第9章

本章导读：

文字是Flash动画中重要的组成部分之一，无论是MTV、网页广告还是互动游戏，都会涉及文字的应用。Flash CS6在文本动画制作方面非常出色，其文本是用文字工具直接创建出来的对象，它是一种特殊的对象，具有图形组合和实例的某些属性。本章将介绍创建与编辑Flash文本的方法。

文本的编辑与应用

【基础知识：1小时10分钟】

“文本工具”的属性	10分钟
文本的类型	5分钟
文本的编辑	10分钟
文字的分离	10分钟
应用文本滤镜	20分钟
文本的其他应用	15分钟

【演练：50分钟】

制作渐变文字效果	25分钟
制作珍珠文字效果	25分钟

9.1 认识Flash CS6文本

学习时间：55分钟

使用“文本工具” T 可以在Flash影片中添加各种文字，文字是影片中很重要的组成部分，因此熟练使用“文本工具” T 也是掌握Flash动画制作的一个重要内容。合理使用“文本工具” T，可以使Flash动画更加丰富多彩。

9.1.1 文本工具的属性

使用工具箱中的“文本工具” T 的操作步骤如下：

01 选择工具箱中的“文本工具” T，鼠标光标将变为字母T，且左上方还有一个十字。

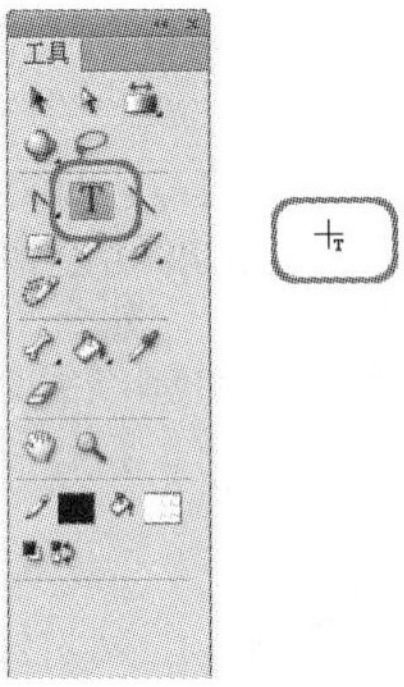

02 在舞台中单击，调出文本输入框，此时即可输入文字。

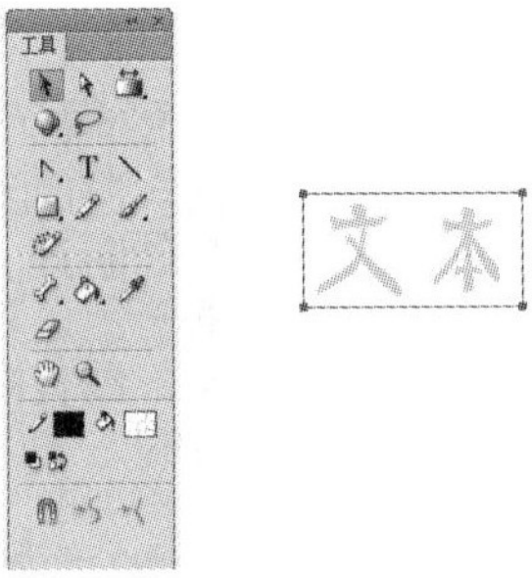

单击“属性”按钮，打开“属性”面板。其中的选项及参数说明如下。

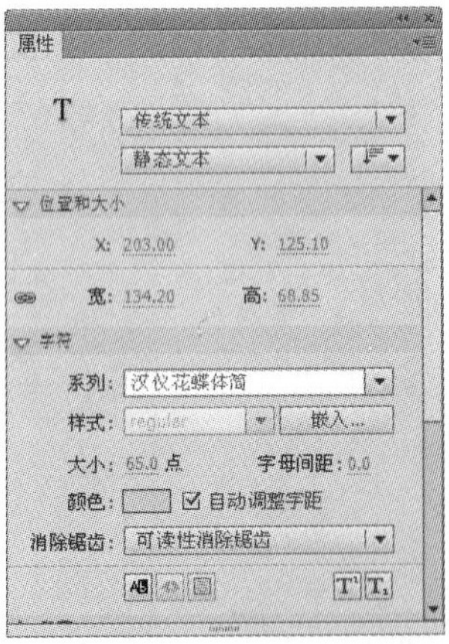

- **“文本引擎”**：在该下拉列表框中选择需要使用的文本引擎。“传统文本”是Flash中早期文本引擎的名称。传统文本引擎在Flash CS5和更高版本中可用。“传统文本”对于某类内容而言可能更好一些，例如用于移动设备的内容，其中SWF文件大小必须保持在最小限度。不过，在某些情况下，例如需要对文本布局进行精细控制时，则需要使用新的“TLF文本”。“TLF文本”支持更多丰富的文本布局功能，以及对文本属性的精细控制。与以前的文本引擎（现在称为“传统文本”）相比，“TLF文本”可加强对文本的控制。
- **文本类型**：用来设置所绘文本框的类型，有3个选项，分别为“静态文本”、“动态文本”和“输入文本”。在默认情况下，使用“文本工具” T 创建的文本框为静态文本框，使用静态文本框创建的文本在影片播放过程中是不会改变的；使用动态文本框创建的文本是可以变化的，动态文本框中的内容可以在影片制作过程中输入，也可以在影片播放过程中设置动态变化，通常的做法是使用ActionScript脚本语言对动态文本框中的文本进行控制，这样就大大增加了影片的灵活

性；“输入文本”也是应用比较广泛的一种文本类型，用户可以在影片播放过程中即时地输入文本，一些用Flash制作的留言簿和邮件收发程序都大量使用了输入文本。

◉ **“改变文本方向”按钮**：单击该按钮，通过在弹出的下拉列表中选择“水平”、“垂直”或者“垂直，从左向右”选项，可以改变当前文本的方向。

◉ **位置和大小**：X、Y用于指定文本在舞台中的X坐标和Y坐标（在静态文本类型下调整X、Y坐标无效），“宽度”用于设置文本块区域的宽度，“高度”用于设置文本块区域的高度（在静态文本状态下不可用）；“将宽度值和高度值锁定在一起”按钮为断开长宽比的锁定，单击按钮后将变成按钮，即将长宽比锁定按钮，这时若调整宽度或者高度，另一个参数相关联的高度或者宽度也随之改变。

◉ **字符**：设置字体属性。

- **系列**：在“系列”下拉列表框中可以选择字体。
- **样式**：从该下拉列表框中可以选择“Regular”（正常）、“Italic”（斜体）、“Bold”（粗体）、“Bold Italic”（粗体、斜体）选项，设置文本样式。
- **大小**：设置文字的大小。
- **字母间距**：可以使用它调整选定字符或整个文本块的间距。可以在其文本框中输入-60～+60之间的数字，单位为磅，也可以通过右边的滑块进行设置。
- **颜色**：设置字体的颜色。
- **自动调整字距**：要使用字体的内置字距微调信息来调整字符间距，可以选择“自动调整字距”复选框。对于水平文本，“自动调整字距”用于设置字符间的水平距离；对于垂直文本，“自动调整字距”用于设置字符间的垂直距离。
- **消除锯齿**：利用“属性”面板中的5种不同选项，来设置文本边缘的锯齿，以便更清楚地显示较小的文本。“使用设备字体”：选择此选项将生成一个较小的 SWF 文件。此选项使用最终用户计算机上当前安装的字体来呈现文本。“位图文本[无消除字体]”：选择此选项将生成明显的文本边缘，没有消除锯齿。因为此选项生成的 SWF 文件中包含字体轮廓，所以会生成一个较大的 SWF 文件。“动画消除锯齿”：选择此选项将生成可顺畅进行动画播放的消除锯齿文本。因为在文本动画播放时没有应用对齐和消除锯齿，所以在某些情况下，文本动画还可以更快地播放。在使用带有许多字母的大字体或者缩放字体时，可能看不到性能上的提高。因为此选项生成的 SWF 文件中包含字体轮廓，所以会生成一个较大的 SWF 文件。“可读性消除锯齿”：此选项使用高级消除锯齿引擎，提供了品质最高、最易读的文本。因为选择此选项后生成的文件中包含字体轮廓，以及特定的消除锯齿信息，所以会生成最大的 SWF文件。“自定义消除锯齿”：此选项与“可读性消除锯齿”选项相同，但是可以直观地操作消除锯齿参数，以生成特定外观。此选项在为新字体或者不常见的字体生成最佳的外观方面非常有用。
- **可选**：单击激活此按钮，能够在影片播放的时候选择动态文本或者静态文本，未单击此按钮将阻止用户选择文本。选取文本后，单击鼠标右键可弹出一个快捷菜单，从中可以选择“剪切”、“复制”、“粘贴”和“删除”等命令。
- **切换到上标**：将文字切换为上标显示。
- **切换到下标**：将文字切换为下标显示。

◉ **段落**：“段落”选项组中包括以下几种选项。

- **格式**：设置文字的对齐方式，包括左对齐、居中对齐、右对齐和两端对齐4种方式。

- 间距：“缩进”按钮确定了段落边界和首行开头之间的距离。对于水平文本，可将首行文本向右移动指定的距离；“行距”按钮确定了段落中相邻行之间的距离。
- **边距：**边距确定了文本块的边框和文本段落之间的间隔量。

◉ **选项：“选项”**选项组中包括两个选项。

- **链接：**将动态文本框和静态文本框中的文本设置为超链接，只需在URL文本框中输入要链接到的URL地址即可，还可以在“目标”下拉列表框中对超链接属性进行设置。

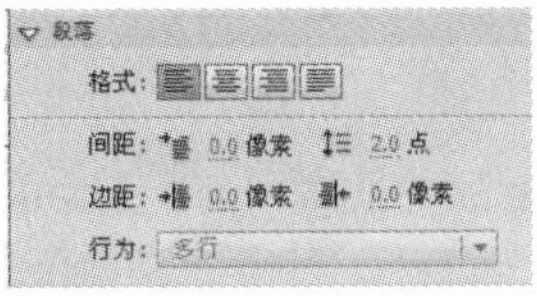

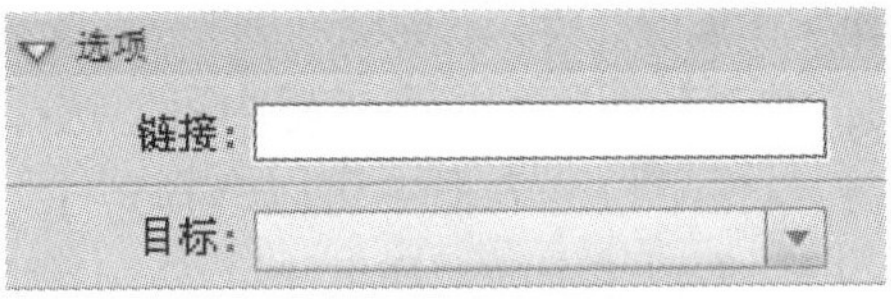

9.1.2 文本的类型

在Flash中可以创建3种不同类型的文本字段：静态文本字段、动态文本字段和输入文本字段，所有文本字段都支持Unicode编码。

（1）静态文本。

在默认情况下，使用“文本工具”T创建的文本框为静态文本框，使用静态文本框创建的文本在影片播放过程中是不会改变的。要创建静态文本框，首先选择“文本工具”，然后在舞台上拉出一个固定大小的文本框，或者在舞台上单击鼠标进行文本的输入。绘制好的静态文本框没有边框。

不同类型文本框的“属性”面板不太相同，这些属性的异同也体现了不同类型文本框之间的区别。

（2）动态文本。

使用动态文本框创建的文本是可以变化的。动态文本框中的内容可以在影片制作过程中输入，也可以在影片播放过程中设置动态变化，通常的做法是使用ActionScript对动态文本框中的文本进行控制，这样就大大增加了影片的灵活性。

要创建动态文本框，首先要在舞台上拉出一个固定大小的文本框，或者在舞台上单击鼠标进行文本的输入，接着从动态文本框“属性”面板中的“文本类型”下拉列表框中，选择“动态文本”选项。绘制好的动态文本框会有一个黑色的边界。

（3）输入文本。

输入文本也是应用比较广泛的一种文本类型，用户可以在影片播放过程中即时地输入文本，一些用Flash制作的留言簿和邮件收发程序都大量使用了输入文本。

要创建输入文本框，首先在舞台上拉出一个固定大小的文本框，或者在舞台上单击鼠标进行文本的输入。接着，从输入文本框的“属性”面板中的“文本类型”下拉列表框中，选择“输入文本”选项。

9.1.3 文本的编辑

下面通过一个实例来学习编辑文本的操作方法。

01 新建一个300×440像素的文档。按【Ctrl+R】组合键，弹出“导入”对话框，导入第9章中的“124.jpg”文件，选择工具箱中的“任意变形工具”，配合键盘上的【Shift】键将素材文件等比例缩放。

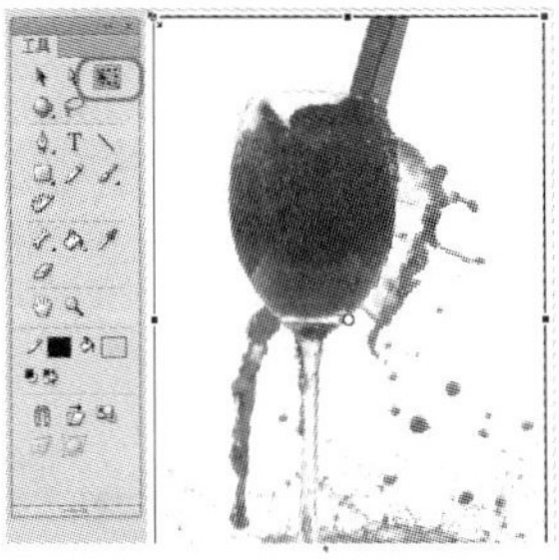

02 选择工具箱中的“文本工具”，在舞台中输入“红酒”文本。

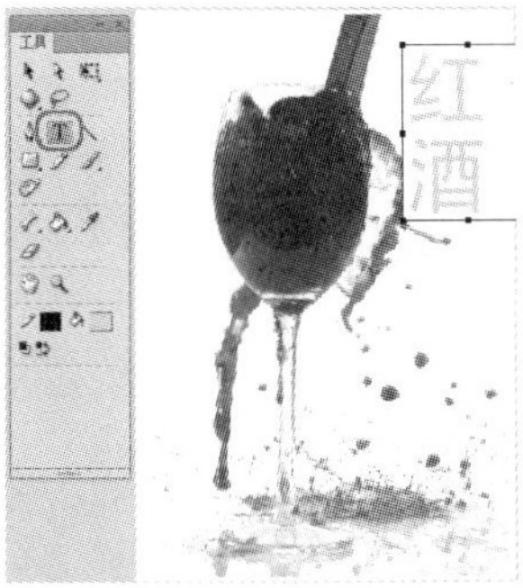

03 选择新创建的文本，单击“属性”按钮，打开“属性”面板，展开“字符”选项组，将“系列”设置为“汉仪篆书繁”，将“大小”设置为60点，将“颜色”设置为红色。

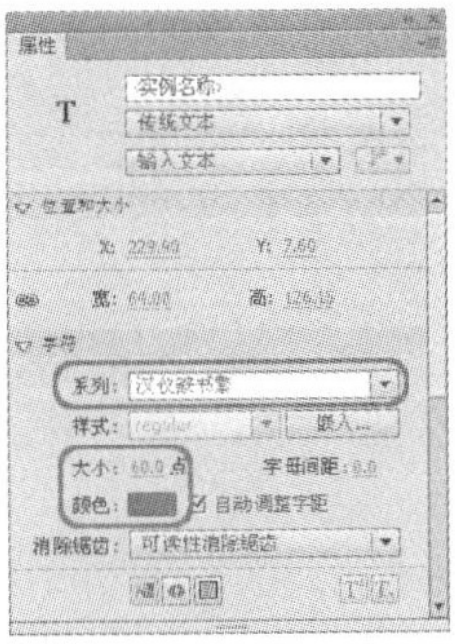

04 设置完文本的字体和颜色后，再调整文本的位置，选择工具箱中的“任意变形工具”，对文本进行变形。

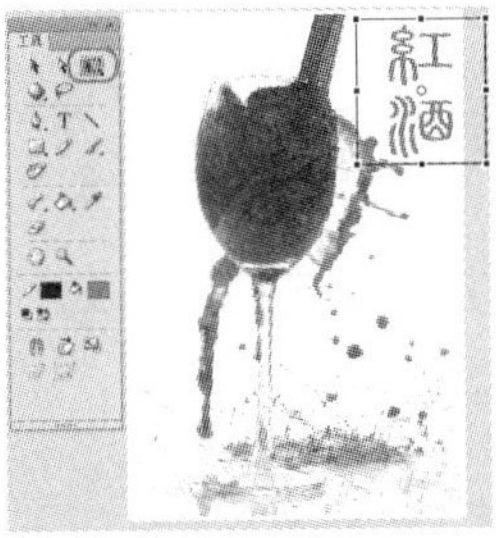

9.1.4 文本的分离

用户可以将文本分离为单独的文本块，还可以将文本分散到各个图层中。下面对文本的分离进行简单的介绍。

下面将文本分离成单独的文本块。

01 新建一个450×420像素的文档。按【Ctrl+R】组合键，弹出“导入”对话框，导入第9章中的“背景.jpg”文件。

02 打开“时间轴”面板，锁定“图层1”图层，单击“新建图层”按钮，新建一个图层，并将其命名为“文本”。

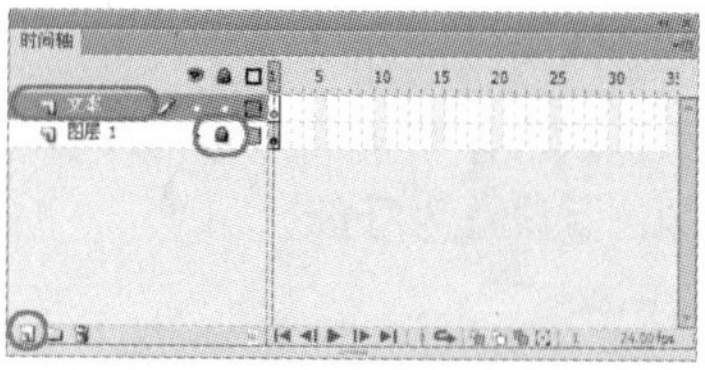

03 选择工具箱中的“文本工具”，在舞台中输入“beer”文本。

04 选择新创建的文本，单击“属性”按钮，打开“属性”面板，展开“字符”选项组，将“系列”设置为“汉仪书魂体简”，将“大小”设置为65点，将“颜色”设置为“#9900FF”设置文本的字体和颜色后，再调整文本的位置。

05 确定新创建的文本处于选择状态，在菜单栏中选择“修改”→“分离”命令。这样文本中的每个文本将分别位于一个单独的文本框中。

技巧注意

不能分离可滚动文本字段中的文本。而且“分离”命令只适用于轮廓字体，如TrueType字体。当分离位图字体时，它们会从屏幕上消失。只有在Macintosh系统上才能分离PostScript字体。

9.1.5 分散到图层

分离文本后可以迅速地将文本分散到各个层。

01 继续上节的文本进行操作。确定分离后的文本处于选择状态。选择菜单栏中的“修改”→“时间轴”→“分散到图层”命令。

02 即可把文本块分散到自动生成的图层中。

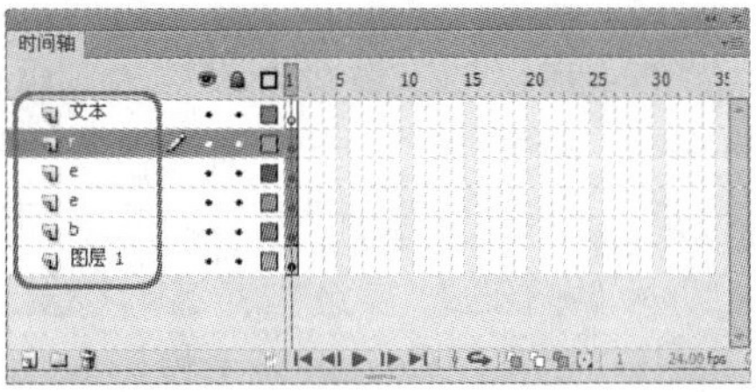

9.1.6 转换为图形

用户还可以将文本转换为组成它的线条和填充，以便对其进行改变形状、擦除和其他操作。

01 继续上节的文本进行操作。确定文本处于选择状态，选择菜单栏中的“修改”→“分离”命令。

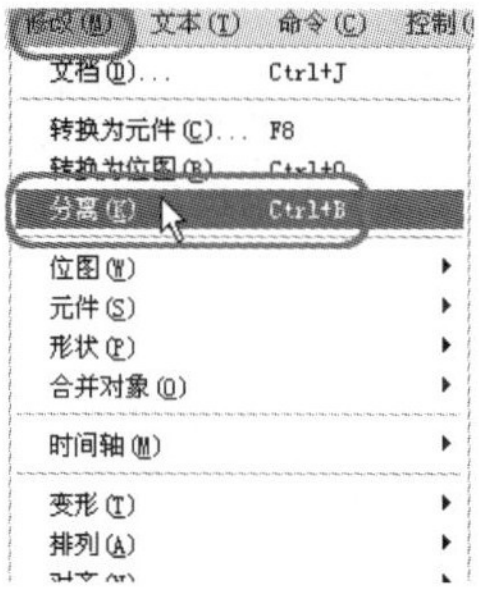

02 即可将舞台上的文本转换为图形。

9.1.7 应用文本滤镜

使用Flash中提供的滤镜可以为文本添加投影、模糊、发光、斜角、渐变发光、渐变斜角和调整颜色等多种效果。

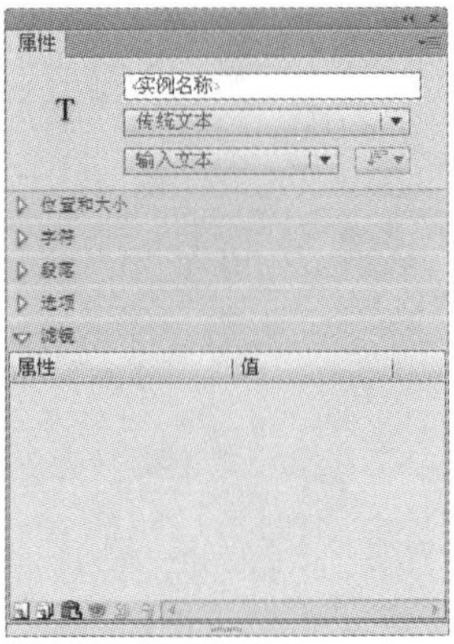

选择文本后，在“属性”面板中打开“滤镜”选项组，在该选项组中可以为选择的文本应用一个或者多个滤镜，每添加一个新的滤镜，都会显示在该文本所应用的滤镜列表中。

在“滤镜”选项组中可以启用、禁用或者删除滤镜。删除滤镜时，文本对象恢复原来的外观。通过选择文本对象，可以查看应用于该文本对象的滤镜

◉ 投影滤镜。

使用“投影”滤镜可以模拟对象向一个表面投影的效果。在舞台中创建文本，在“属性”面板中单击“滤镜”选项组中左下角的“添加滤镜”按钮，在弹出的下拉列表中选择“投影”选项，即可在列表框中显示出“投影”滤镜的参数。

- 模糊X、模糊Y：设置投影的宽度和高度。

- **强度**：设置阴影暗度。数值越大，阴影就越暗。
- **品质**：设置投影的质量级别。如果把质量级别设置为“高”就近似于高斯模糊。建议把质量级别设置为“低”，以实现最佳的回放性能。
- **角度**：输入一个值来设置阴影的角度。
- **距离**：设置阴影与对象之间的距离。
- **“挖空”复选框**：选择该复选框后，即可挖空（即从视觉上隐藏）原对象，并在挖空图像上只显示投影。
- **“内阴影”复选框**：选择该复选框后，在对象边界内应用阴影。
- **“隐藏对象”复选框**：选择该复选框后，隐藏对象，并只显示其阴影。
- **颜色**：单击右侧的色块，在弹出的调色板中设置阴影颜色。

用户可根据需要为文本对象添加“投影”滤镜。

◉ 模糊滤镜。

使用“模糊”滤镜可以柔化对象的边缘和细节。在“滤镜”选项组中单击左下角的“添加滤镜”按钮，在弹出的下拉列表中选择“模糊”选项，即可在列表框中显示“模糊”滤镜的参数。

- **模糊X、模糊Y**：设置模糊的宽度和高度。
- **品质**：设置模糊的质量级别。如果把质量级别设置为“高”就近似于高斯模糊。建议把质量级别设置为“低”，以实现最佳的回放性能。

用户可根据需要为文本对象添加“模糊”滤镜。

◉ 发光滤镜。

使用“发光”滤镜可以为对象的整个边缘应用颜色。在“滤镜”选项组中单击左下角的“添加滤镜”按钮，在弹出的下拉列表中选择“发光”选项，即可在列表框中显示“发光”滤镜的参数。

- **模糊X、模糊Y：**设置发光的宽度和高度。
- **强度：**设置发光的清晰度。
- **品质：**设置发光的质量级别。如果把质量级别设置为“高”就近似于高斯模糊。建议把质量级别设置为“低”，以实现最佳的回放性能。
- **颜色：**单击右侧的色块，在弹出的调色板中设置发光颜色。
- **“挖空”复选框：**选择该复选框后，即可挖空（即从视觉上隐藏）原对象，并在挖空图像上只显示发光。
- **“内发光”复选框：**选择该复选框后，在对象边界内应用发光。

用户可根据需要为文本对象添加“发光”滤镜。

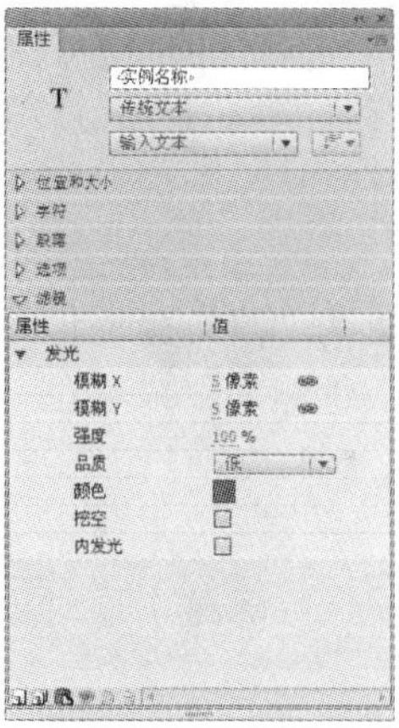

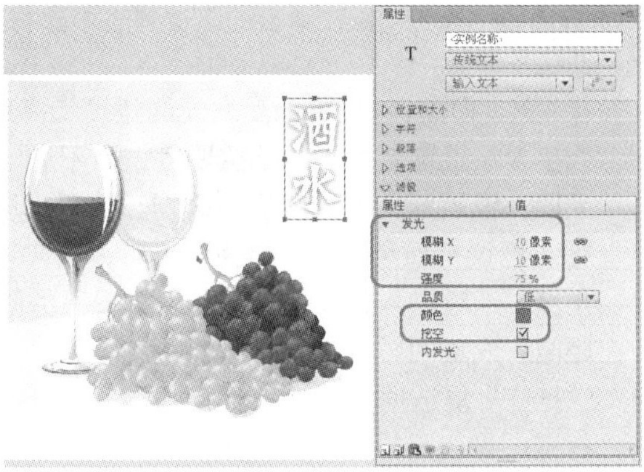

◉ **斜角滤镜。**

应用“斜角”滤镜就是为对象应用加亮效果，使其看起来凸出于背景表面。在“滤镜”选项组中单击左下角的“添加滤镜”按钮，在弹出的下拉列表中选择“斜角”选项，即可在列表框中显示出“斜角”滤镜的参数。

- **模糊X、模糊Y：**设置斜角的宽度和高度。
- **强度：**设置斜角的不透明度，而不影响其宽度。
- **品质：**设置斜角的质量级别。如果把质量级别设置为“高”就近似于高斯模糊。建议把质量级别设置为“低”，以实现最佳的回放性能。
- **阴影、加亮显示：**单击右侧的色块，在弹出的调色板中可以设置斜角的阴影和加亮颜色。
- **角度：**输入数值可以更改斜边投下的阴影角度。
- **距离：**设置斜角与对象之间的距离。
- **“挖空”复选框：**选择该复选框后，即可挖空（即从视觉上隐藏）原对象，并在挖空图像上只显示斜角。
- **类型：**选择要应用到对象的斜角类型。可以选择“内侧”、“外侧”或者“全部”选项。

用户可根据需要为文本对象添加“斜角”滤镜。

◉ **渐变发光滤镜。**

应用“渐变发光”滤镜可以在发光表面产生带渐变颜色的发光效果。在“滤镜”选项组中单击左下角的“添加滤镜”按钮，在弹出的下拉列表中选择“渐变发光”选项，即可在列表框中显示“渐变发光”滤镜的参数。

- 模糊X、模糊Y：设置渐变发光的宽度和高度。
- 强度：设置渐变发光的不透明度，而不影响其宽度。
- 品质：设置渐变发光的质量级别。如果把质量级别设置为“高”就近似于高斯模糊。建议把质量级别设置为“低”，以实现最佳的回放性能。
- 角度：通过输入数值可以更改发光投下的阴影角度。
- 距离：设置阴影与对象之间的距离。
- “挖空”复选框：选择该复选框后，即可挖空（即从视觉上隐藏）原对象，并在挖空图像上只显示渐变发光。
- 类型：在其下拉列表框中选择要为对象应用的发光类型。可以选择“内侧”、“外侧”或者“全部”选项。
- 渐变：渐变包含两种或者多种可以相互淡入或混合的颜色。单击右侧的渐变色块，可以在弹出的渐变条上设置渐变颜色。

用户可根据需要为文本对象添加“渐变发光”滤镜。

◉ **渐变斜角滤镜。**

应用“渐变斜角”滤镜后可以产生一种凸起效果，且斜角表面有渐变颜色。在“滤镜”选项组中单击左下角的“添加滤镜”按钮，在弹出的下拉列表中选择“渐变斜角”选项，即可在列表框中显示 “渐变斜角”滤镜的参数。

- 模糊 X、模糊 Y：设置斜角的宽度和高度。

- **强度**：输入数值可以影响其平滑度，但不影响斜角宽度。
- **品质**：设置渐变斜角的质量级别。如果把质量级别设置为“高”就近似于高斯模糊。建议把质量级别设置为“低”，以实现最佳的回放性能。
- **角度**：通过输入数值来设置光源的角度。
- **距离**：设置斜角与对象之间的距离。
- **“挖空”复选框**：选择该复选框后，即可挖空（即从视觉上隐藏）原对象，并在挖空图像上只显示渐变斜角。
- **类型**：在其下拉列表框中选择要应用到对象的斜角类型。可以选择“内侧”、“外侧”或者“全部”选项。
- **渐变**：渐变包含两种或者多种可相互淡入或混合的颜色。单击右侧的渐变色块，可以在弹出的渐变条上设置渐变颜色。

用户可根据需要为文本对象添加“渐变斜角”滤镜。

◉ **调整颜色。**

使用“调整颜色”滤镜可以调整对象的亮度、对比度、饱和度和色相。在“滤镜”选项组中单击左下角的“添加滤镜”按钮，在弹出的下拉列表中选择“调整颜色”选项，即可在列表框中显示“调整颜色”滤镜的参数。

- **亮度**：调整对象的亮度。
- **对比度**：调整对象的对比度。
- **饱和度**：调整对象的饱和度。
- **色相**：调整对象的色相。

用户可根据需要为文本对象添加“调整颜色”滤镜。

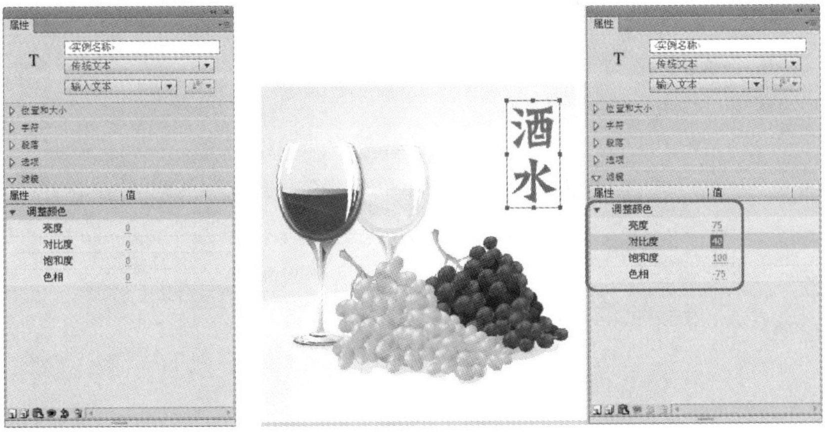

9.2 文本的其他应用

学习时间：15分钟

如果在Flash影片中使用系统中已安装的字体，Flash会将该字体信息嵌入Flash影片播放文件中，从而确保该字体能够在Flash Player中正常显示。并非所有显示在Flash中的可以显示的字体都能随影片导出，选择“视图”→“预览模式”→“消除文字锯齿”命令，预览该文本，可以检查字体最终是否可以导出。如果出现锯齿则表明Flash不能识别该字体轮廓，也就无法将该字体导出到播放文件中。

这时可以在Flash中使用一种被称为“设备字体”的特殊字体作为嵌入字体信息的一种替代方式（仅适用于横向文本）。设备字体并不嵌入Flash播放文件中，而是使用本地计算机上的与设备字体最相近的字体来替换设备字体。因为没有嵌入字体信息，所以使用设备字体生成的Flash影片文件会更小一些。

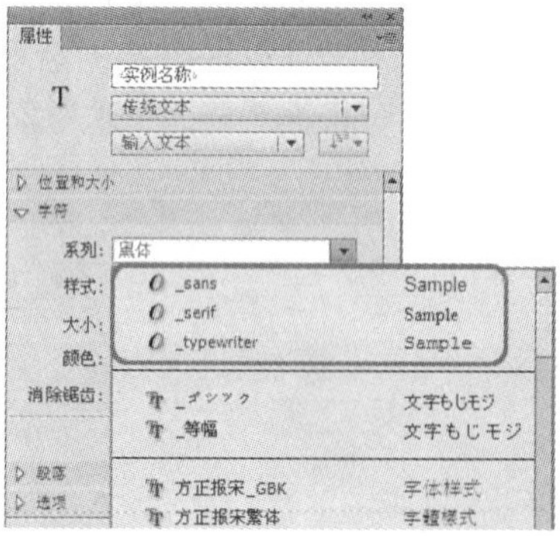

Flash中包括3种设备字体：_sans（类似于Helvetica或Arial字体）、_serif（类似于Times New Roman字体）和_typewriter（类似于Courier字体），这3种字体位于文本“属性”面板中的“字体”下拉列表框最前面。

要将影片中所用的字体指定为设备字体，可以在“属性”面板中选择上面任意一种Flash设备字体，在影片回放期间Flash会选择用户系统上的第一种设备字体。用户可以指定要选择的设备字体中的文本设置，以便复制和粘贴出现在影片中的文本。

9.2.1 字体元件的创建和使用

如果将字体作为共享库项目，就可以在“库”面板中创建字体元件，然后给该元件分配一个标识符字符串和一个包含该字体元件影片的URL文件。这样用户就可以在影片中链接该字体并使用它，而无须将字体嵌入到影片中，从而大大缩小了影片的大小。

创建字体元件的操作步骤如下：

01 选择“窗口”→“库”命令，打开“库”面板。

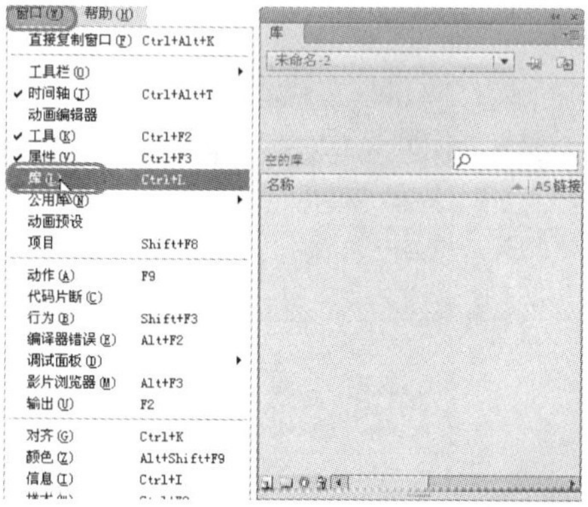

02 从“库”面板右上角的面板菜单中选择“新建字型”命令。

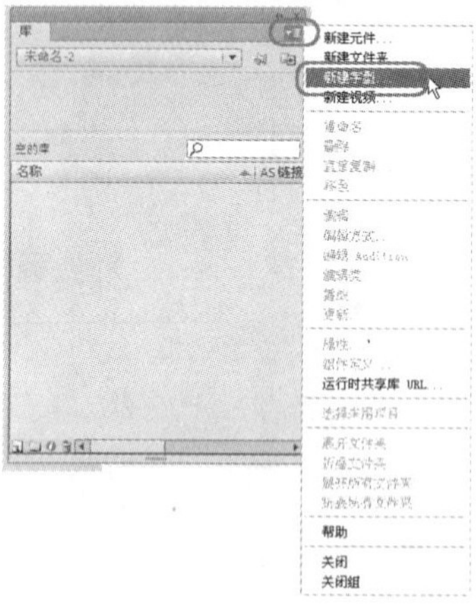

03 弹出“字体嵌入”对话框。在这里可以设置字体元件的名称，例如设置为“字体1”，在“系列”下拉列表框中选择一种字体，或者直接输入字体名称，这里选择的是黑体。

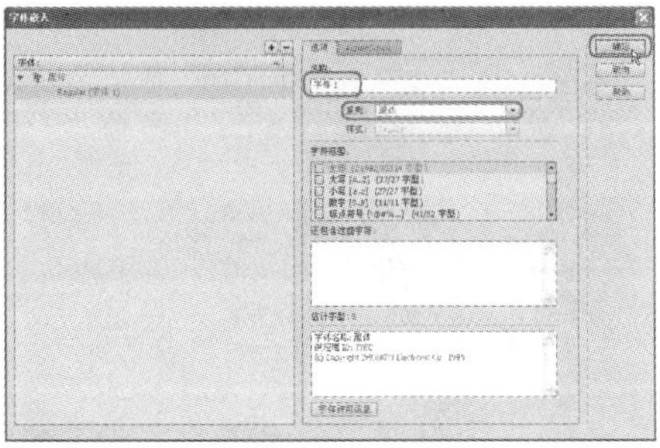

04 设置完毕后，单击“确定”按钮，即创建好了一个字体元件。

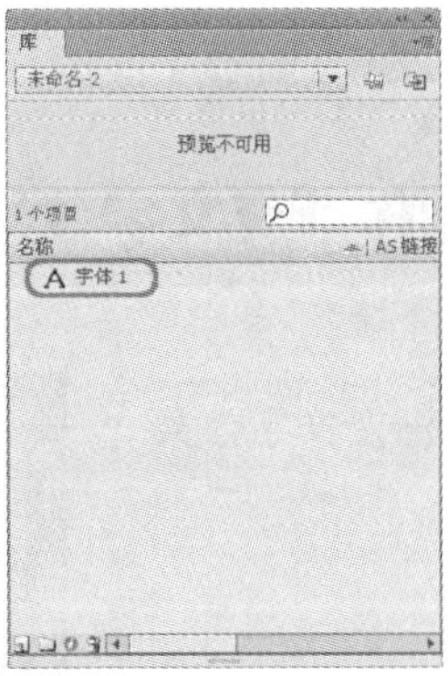

如果要为创建好的字体元件指定标识符字符串，具体步骤如下：

01 在“库”面板中双击字体元件前的字母A，弹出“字体嵌入”对话框，选择“ActionScript”选项卡。

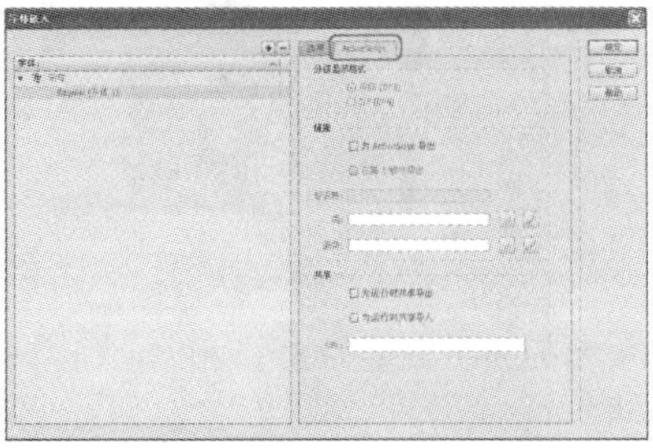

02 在“字体嵌入”对话框的“共享”选项组中，选择“为运行时共享导出”复选框，在“URL”文本框中，输入包含该字体元件的SWF影片文件将要发布到的URL即可。

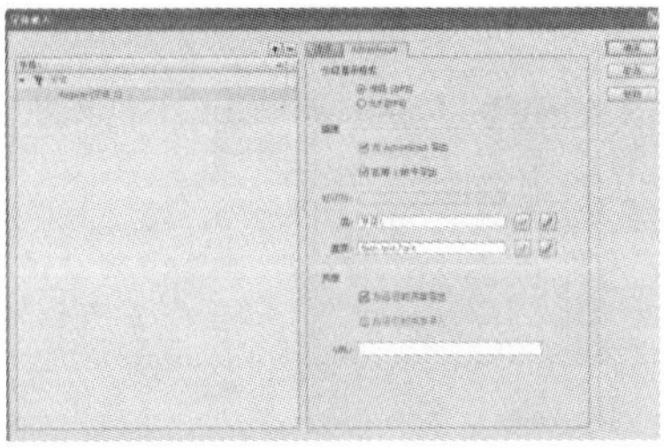

9.2.2 缺失字体的替换

如果用户的系统中没有安装Flash文件中包含的某些字体，Flash会以用户系统中可用的字体来替换缺少的字体。用户可以在系统中选择要替换的字体，或者用Flash系统默认的字体（在常规首选参数中指定的字体）替换缺少的字体。

替换指定字体的具体操作步骤如下：

01 按【Ctrl+O】组合键，在弹出的对话框中选择第9章中的“缺失字体替换.fla”文件，单击“打开”按钮，如果你的系统没有该文件所使用的字体，将弹出“字体映射”对话框。

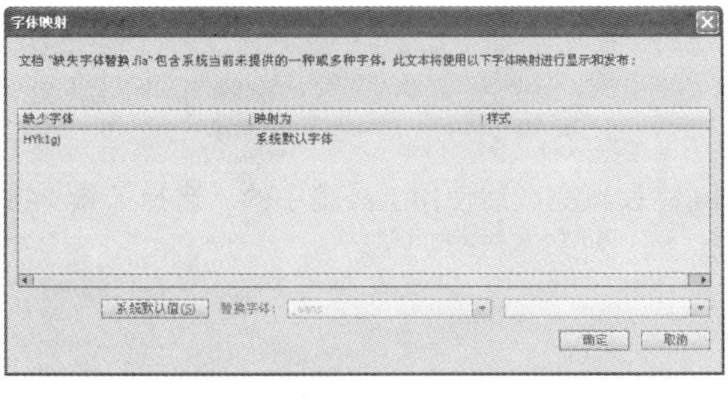

02 此时可以从计算机中选择系统已经安装的字体进行替换，在“字体映射”对话框中选择缺少的字体，在“替换字体”下拉列表中选择“方正大黑简体”选项，设置完成后单击“确定”按钮，即可将“方正大黑简体”替换到场景中缺失的字体中。

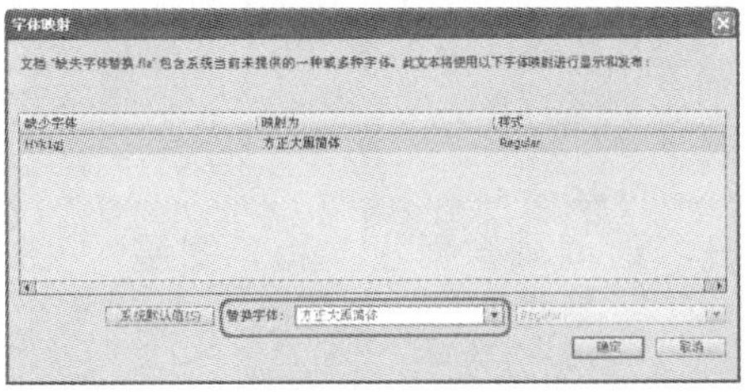

9.3 制作特殊文字效果

学习时间：50分钟

9.3.1 制作渐变文字效果

下面介绍渐变文字效果的制作。

01 启动Flash CS6，按【Ctrl+N】组合键，新建一个“宽”和“高”的分别为350像素和500像素的新文档。

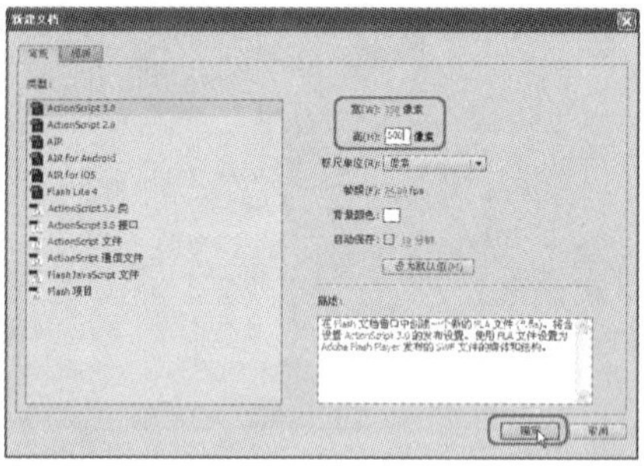

02 按【Ctrl+R】组合键打开“导入”对话框，导入第9章的“路牌.jpg”素材文件，单击工具箱中的“任意变形工具”按钮，配合【Shift】键对素材图形进行缩放。

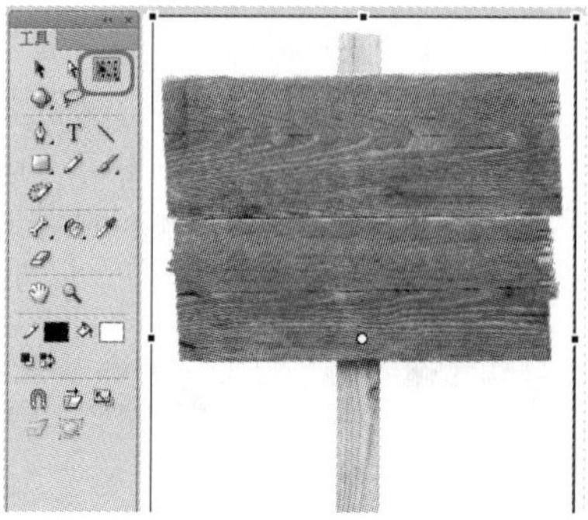

03 打开“时间轴”面板，将“图层1”图层锁定，单击“新建图层”按钮，新建一个图层，并将其命名为“文本”。

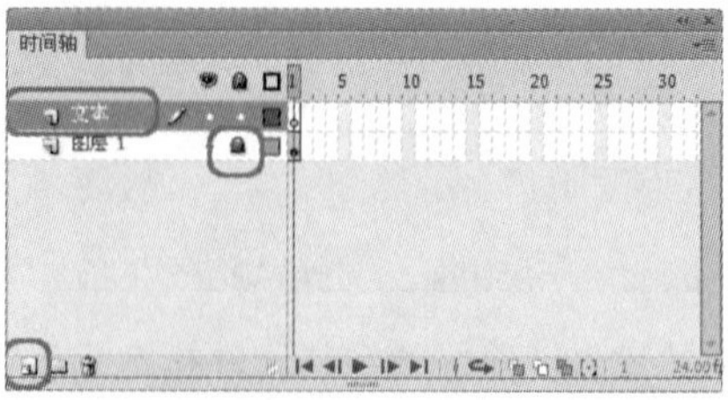

04 选择工具箱中的“文本工具”，在舞台中单击创建“前方学校”文本。

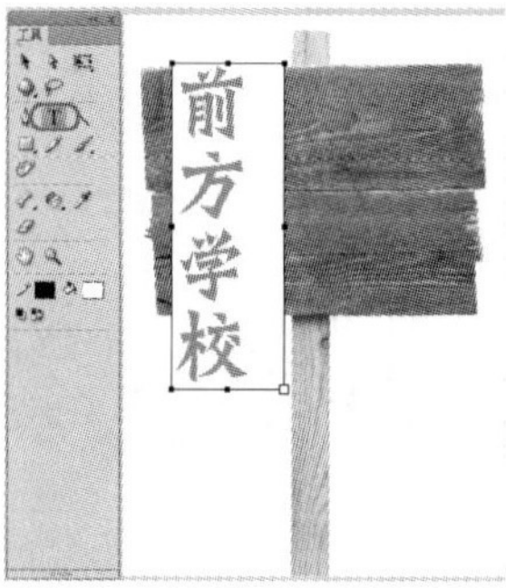

05 选择新创建的文本，单击“属性”按钮，打开“属性”面板，展开“字符”选项组，将“系列”设置为“汉仪书魂体简”，将“大小”设置为63点，将“字母间距”设置为10。

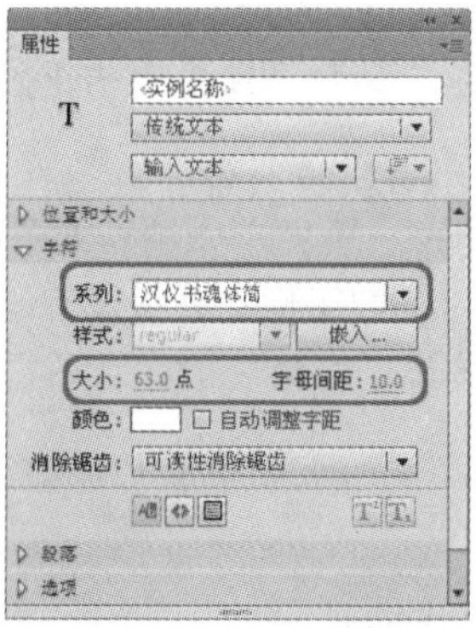

06 设置完成后使用工具箱中的“选择工具”按钮，对文本进行调整。

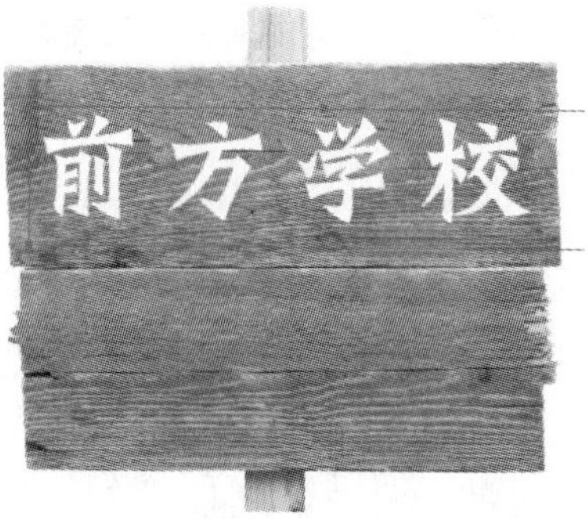

07 确定文本处于选择状态，选择菜单栏中的"修改"→"分离"命令，并重复一次此操作。将文本分离成图形。

08 单击"颜色"按钮，打开"颜色"面板，将"颜色类型"设置为"线性渐变"，在下面的渐变条中设置渐变颜色。

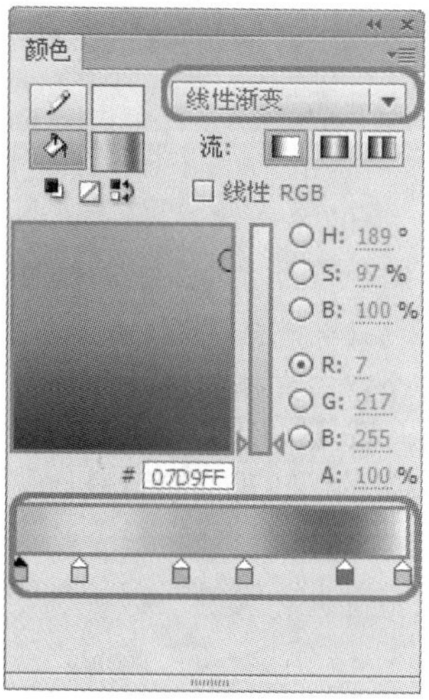

09 选择舞台中的文本图形，单击工具箱中的"颜料桶工具"，将设置的渐变颜色填充到文本图形中。

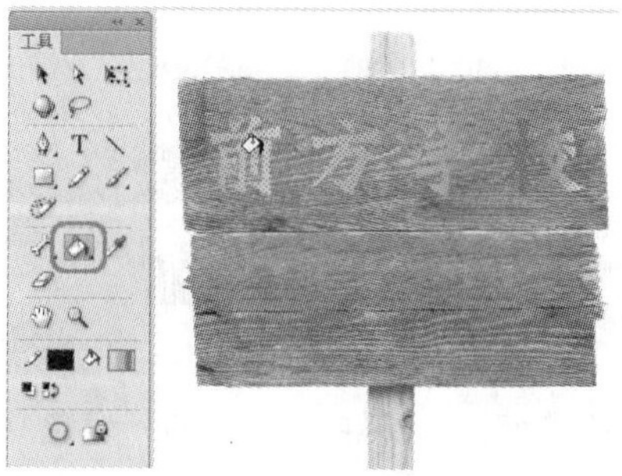

10 在工具箱中将"笔触颜色"设置为黄色，选择工具箱中的"墨水瓶工具"，为文本填充轮廓线。

11 同样使用工具箱中的"墨水瓶工具"，为其他文本填充轮廓线。

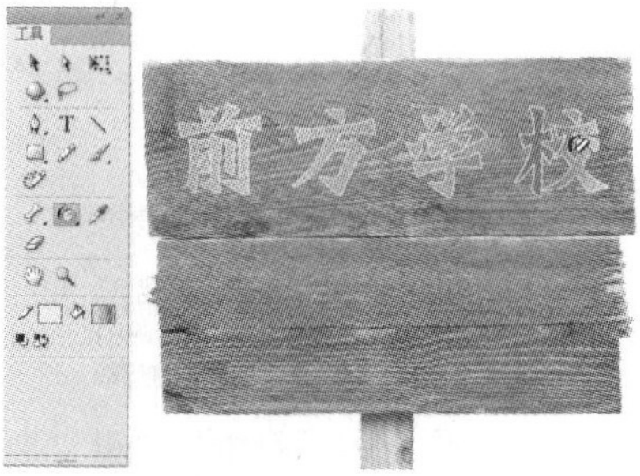

12 选择工具箱中的"文本工具"，在舞台中单击创建"减速慢行"文本，并调整文本的位置。

13 确定舞台中的文本处于选择状态，按【Ctrl+B】组合键两次，将文本分离成图形。

14 单击“颜色”按钮，打开“颜色”面板，将“颜色类型”设置为“线性渐变”，在下面的渐变条中设置渐变颜色。

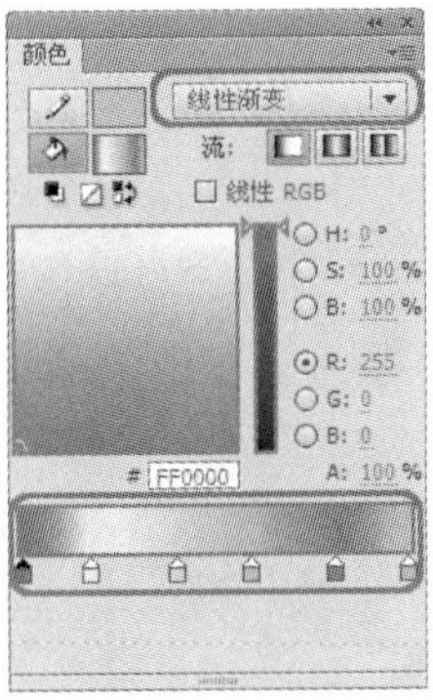

15 选择舞台中的文本图形，单击工具箱中的“颜料桶工具”，将设置的渐变颜色填充到文本图形中。

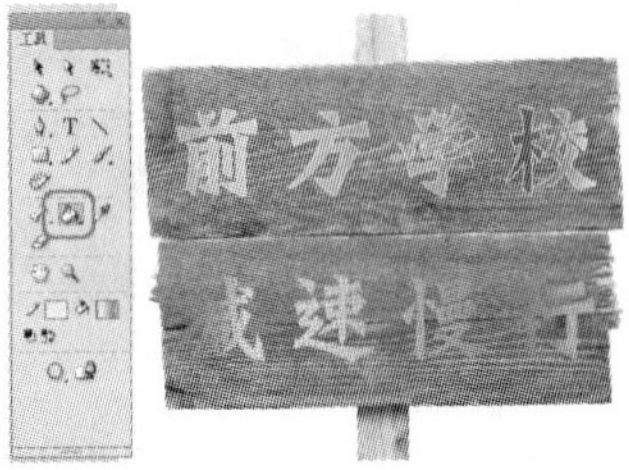

16 在工具箱中将“笔触颜色”设置为#99FF00，选择工具箱中的“墨水瓶工具”，为文本填充轮廓线。

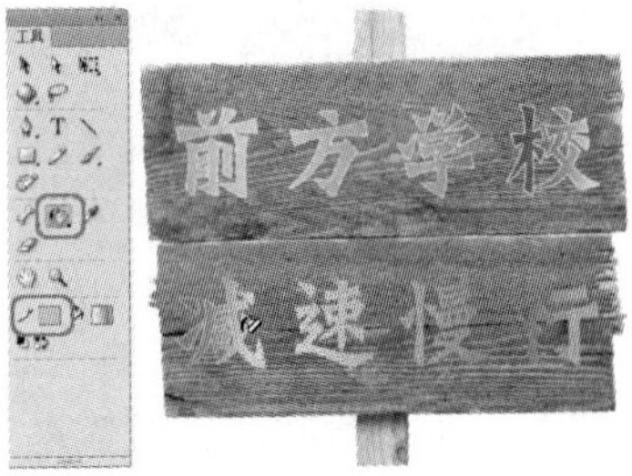

17 同样使用工具箱中的“墨水瓶工具”，为其他文本填充轮廓线。

18 选择舞台中的所有文本，选择菜单栏中的“修改”→“组合”命令，即可将选中的文本合并成组，完成本例效果，将文件保存即可。

9.3.2 制作珍珠文字效果

下面介绍珍珠文字效果的制作，完成后的效果如下图所示。

01 新建一个空白文档，按【Ctrl+N】组合键，新建一个文档，按【Ctrl+R】组合键打开“导入”对话框，将第9章的“珍珠文字背景.jpg”素材文件导入到舞台中。

02 打开“时间轴”面板，将“图层1”图层锁定，单击“新建图层”按钮，新建一个图层，并将其命名为“文本”。

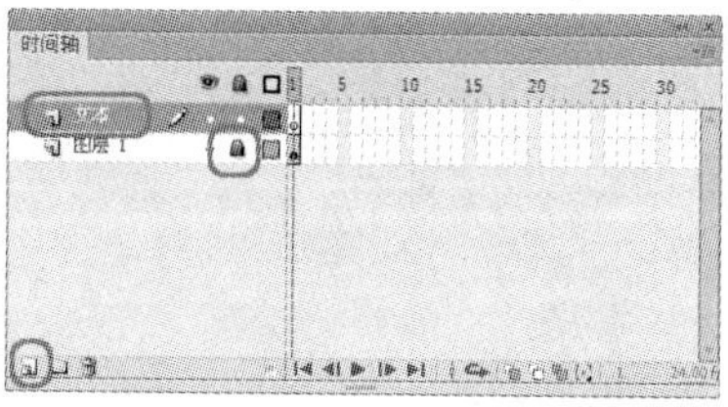

03 选择工具箱中的“文本工具”，在舞台中单击创建“珍珠文字”文本。

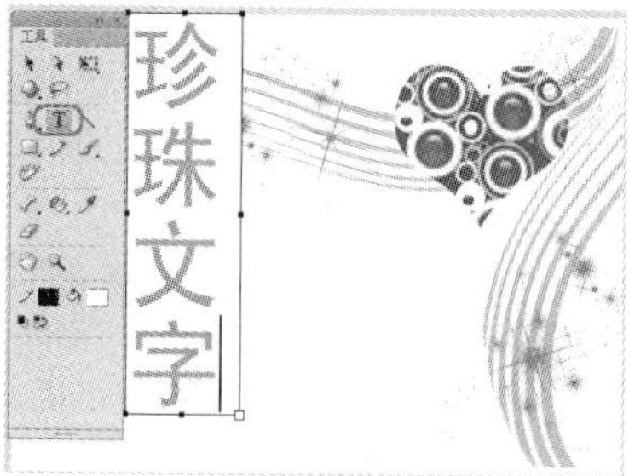

04 选择新创建的文本，单击“属性”按钮，打开“属性”面板，展开“字符”选项组，将“系列”设置为“汉仪综艺体繁”，将“大小”设置为85点，将“字母间距”设置为5，将“颜色”设置为黑色。

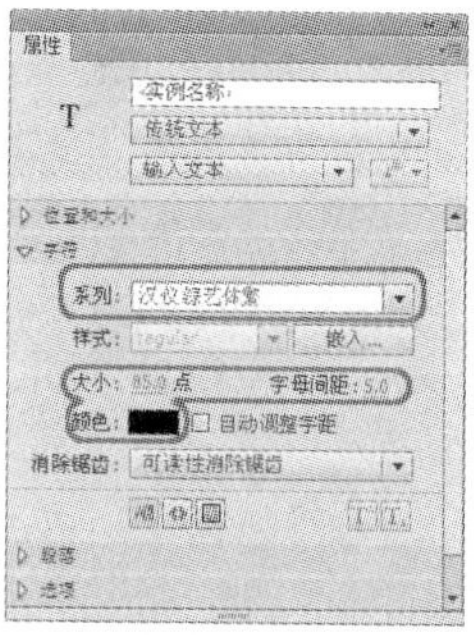

05 设置完成后使用工具箱中的“选择工具”对文本进行调整，完成后的效果如下图所示。

06 确定文本处于选择状态，选择菜单栏中的“修改”→“分离”命令。将舞台中的文本分离，并重复一次分离操作。

07 使用工具箱中的“选择工具”，将舞台中的“珍”和“珠”的王字旁向左移动，拉开一定的距离。

08 选择舞台中的所有文本，选择菜单栏中的“修改”→“形状”→“柔化填充边缘”命令，在弹出的对话框中将“距离”设置为5像素，将“步长数”设置为10。

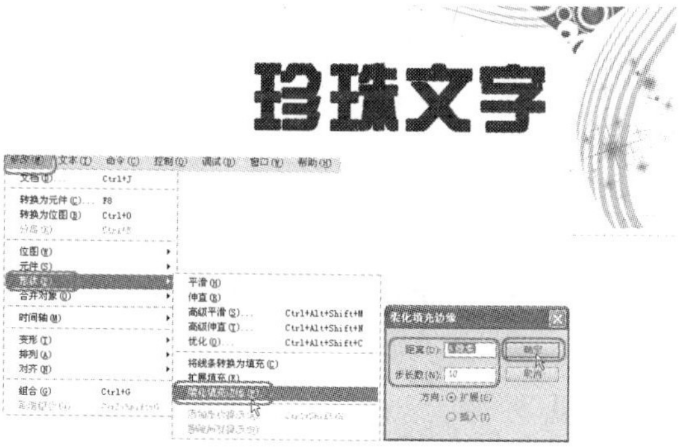

09 使用工具箱中的“选择工具”，将文字图形的内部黑色区域选中，按【Delete】键将它们删除，得到镂空柔化的文字效果。

10 接下来给文字的镂空部分添加颜色，单击“颜色”按钮，打开“颜色”面板，将“颜色类型”设置为“径向渐变”，在下面的渐变条中设置渐变颜色。

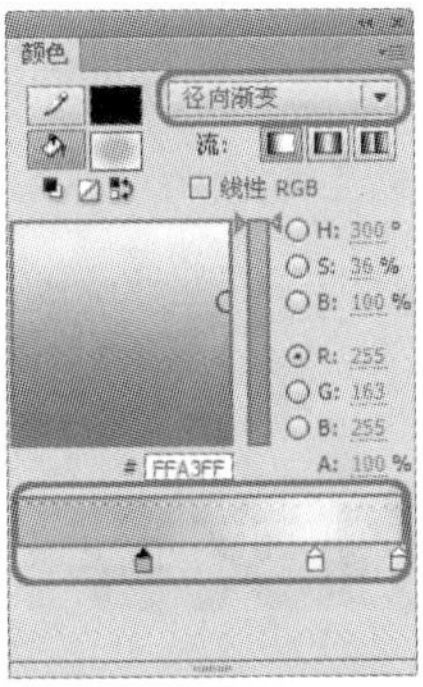

11 设置完渐变颜色后，选中工具箱中的“颜料桶工具”，将设置的渐变颜色填充到镂空文本中。

12 使用同样的方法为其他镂空文本填充渐变颜色。

13 选择工具箱中的“线条工具”，单击“属性”按钮，打开“属性”面板，在“填充和笔触”选项组中将“笔触颜色”设置为黄色，将“笔触”设置为3，将“样式”设置为点状线。

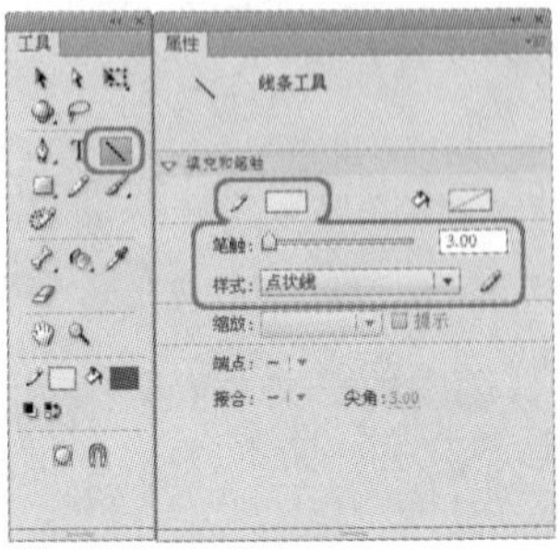

14 设置完成后选择工具箱中的“墨水瓶工具”，逐个为文字图形添加黄色圆点的描边。

15 选择舞台中的所有文本，在工具箱中将“笔触颜色”设置为渐变色，将描边设置为渐变颜色。

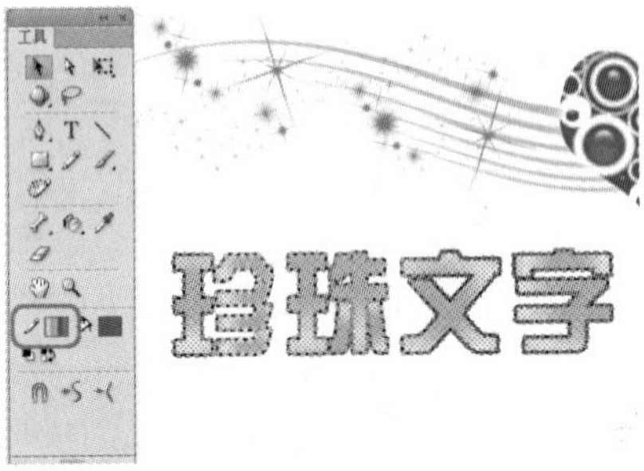

16 至此珍珠文字效果制作完成了。

第10章

本章导读：

元件是指在Flash创作环境中使用Button（Action Script 2.0）、Simplebutton（Action Script 3.0）和MovieClip类创建的图形、按钮或影片剪辑，用户可以在整个文档或其他文档中重复使用同一个元件。实例是指位于舞台上或嵌套在另一个元件内的元件副本。编辑元件的同时会更新它的所有实例，但对元件的一个实例应用效果则只更新该实例。本章将对元件和实例进行简单介绍。

应用元件和实例

【基础知识：1小时10分钟】

认识元件	10分钟
创建元件	30分钟
编辑元件	10分钟
应用与编辑实例	20分钟

【演练：50分钟】

制作苹果按钮元件	30分钟
制作变色花	20分钟

10.1 认识元件

学习时间：10分钟

10.1.1 元件的概述

元件是一些可以重复使用的图像、动画或者按钮，它们被保存在库中。实例是出现在舞台上或者嵌套在其他元件中的元件。使用元件可以使影片的编辑更容易。因为在需要对许多重复的元素进行修改时，只要对元件做出修改，程序就会自动根据修改的内容对所有该元件的实例进行更新。

如果把元件比喻成图纸，实例就是依照图纸生产出来的产品。依照一个图纸可以生产出多个产品。同样，一个元件可以在舞台上拥有多个实例。对某个产品的修改只会影响这个产品，而修改图纸则会影响到所有的产品。同样，修改一个元件时，舞台上所有的实例都会产生相应的变化。

在影片中，运用元件可以显著地减小文件的尺寸。保存一个元件比保存每一个出现在舞台上的元素要节省更多的空间。例如把静态图像（如背景图像）转换成元件，就可以减小影片文件的大小。利用元件还可以加快影片的播放，因为一个元件在浏览器上只下载一次即可。

10.1.2 元件类型

在Flash中可以制作的元件类型有3种：图形元件、按钮元件及影片剪辑元件，每种元件都有其在影片中所特有的作用和特性。

- **图形元件**。图形元件可以用来重复应用静态图片，并且图形元件也可以用到其他类型的元件当中，是3种Flash元件类型中最基本的类型。
- **按钮元件**。按钮元件一般用于响应影片中的鼠标事件，如鼠标的单击、移开等。按钮元件是用来控制相应的鼠标事件的交互性特殊元件。与在网页中出现的普通按钮一样，可以通过对它的设置来触发某些特殊效果，如控制影片的播放、停止等。按钮元件是一种具有4个帧的影片剪辑。按钮元件的时间轴无法播放，它只是根据鼠标事件的不同而做出简单的响应，并转到所指向的帧。
  - **弹起帧**：鼠标不在按钮上时的状态，即按钮的原始状态。
  - **指针经过帧**：鼠标移动到按钮上时的按钮状态。
  - **按下帧**：鼠标单击按钮时的按钮状态。
  - **点击帧**：用于设置对鼠标动作做出反应的区域，这个区域在Flash影片播放时是不会显示的。
- **影片剪辑**。影片剪辑元件是Flash中最具有交互性、用途最多及功能最强的部分。它基本上是一个小的独立电影，可以包含交互式控件、声音，甚至其他影片剪辑实例。可以将影片剪辑实例放在按钮元件的时间轴内，以创建动画按钮。不过，由于影片剪辑具有独立的时间轴，所以它们在Flash中是相互独立的。如果场景中存在影片剪辑，即使影片的时间轴已经停止，影片剪辑的时间轴仍可以继续播放，因此可以将影片剪辑设想为主电影中嵌套的小电影。

10.1.3 元件的优点

（1）可以简化影片的编辑，由同一个元件生成的所有实例都会随之更新，而不必逐一对所有实例进行更改，这样就大大节省了创作时间，提高了工作效率。

(2) 由于所有实例在文件中都只保存其完整的描述，其余只需保存参考指针，不必单独保存每一个实例，因此应用元件可以使影片文件大大缩小。

(3) 制作运动类型的过渡动画效果时，必须使用元件，如果直接使用矢量图将不起作用。

(4) 在使用元件时，由于一个实例在浏览时仅需下载一次，这样就可以加快影片的播放速度，避免了同一对象的重复下载。

每个影片剪辑在时间轴的层次结构树中都有相应的位置。使用loadMovie动作加载到Flash Player中的影片也有独立的时间轴。使用动作脚本可以在影片剪辑之间发送消息，以使它们相互控制。例如，一段影片剪辑的时间轴中最后一帧上的动作可以指示开始播放另一段影片剪辑。

使用电影剪辑对象的动作和方法可以对影片剪辑进行拖动、加载等控制。要控制影片剪辑，必须使用目标路径（该路径指示影片剪辑在显示列表中的唯一位置）来指明它的位置。

元件在Flash影片中是一种比较特殊的对象，它在Flash中创建一次，然后可以在整部动画影片中反复使用而不会显著增加文件的大小。元件可以是任何静态图像，也可以是连续动画。当创建元件后，元件都会自动成为影片库的一部分。例如如果创建跑步的场景，就可以从库中多次将跑步的元件拖进场景，创造许多跑步实例，每个实例都是对原有元件的一次引用，而不必重新创建元件。下图（左）所示为在舞台中重复创建多个同一元件的实例。

通常应将元件当做主控制对象保存于库中，将元件放入影片中使用的是主控对象的实例，而不是主控对象本身，所以修改元件的实倒并不会影响元件本身。下图（右）所示为修改实例填充色，库中的元件也随之发生变化。

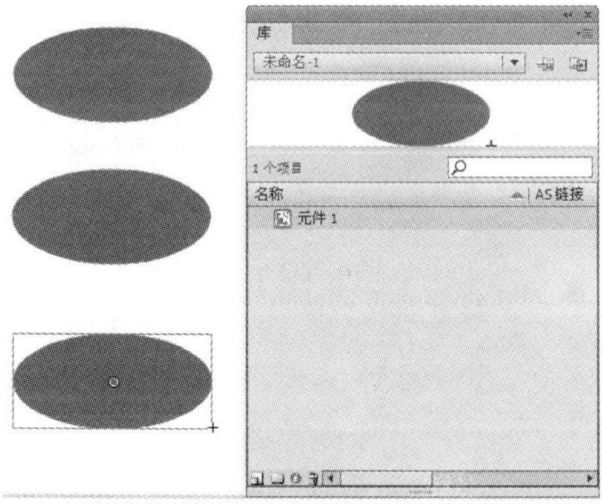

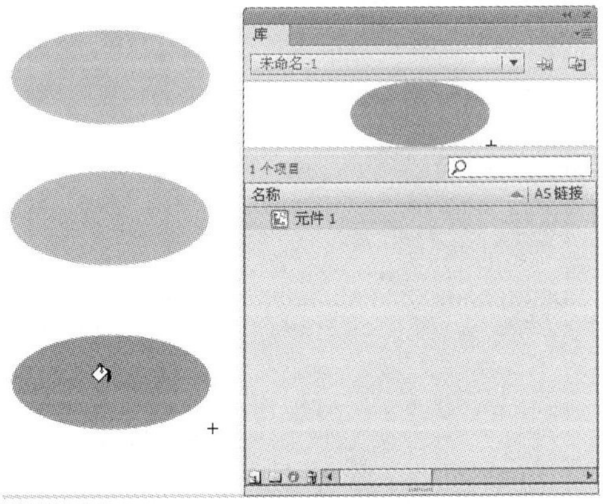

10.2 创建元件

学习时间：30分钟

下面介绍创建元件的方法。

10.2.1 创建图形元件

01 新建一个空白文档，选择菜单栏中的“插入”→“新建元件”命令，在弹出的“创建新元件”对话框中将元件“类型”设置为图形，然后在“名称”文本框中将其命名为“图形元件”。

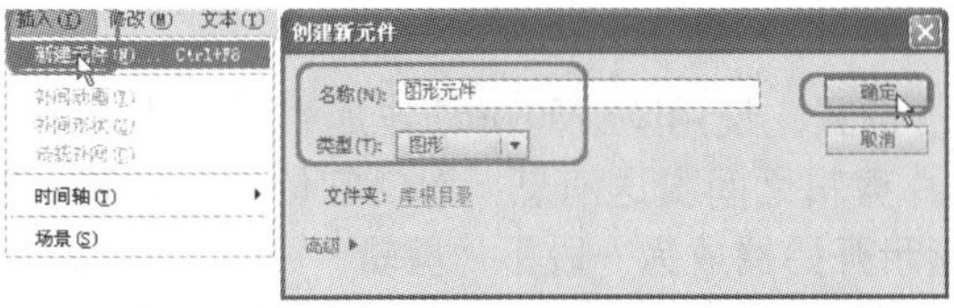

02 在“创建新元件”对话框中如果单击对话框下面的“高级”选项按钮 高级 ，将弹出扩展功能面板。扩展功能主要用来设置元件的共享属性，具体使用方法本节将不再阐述，在制作一般动画过程中很少使用。

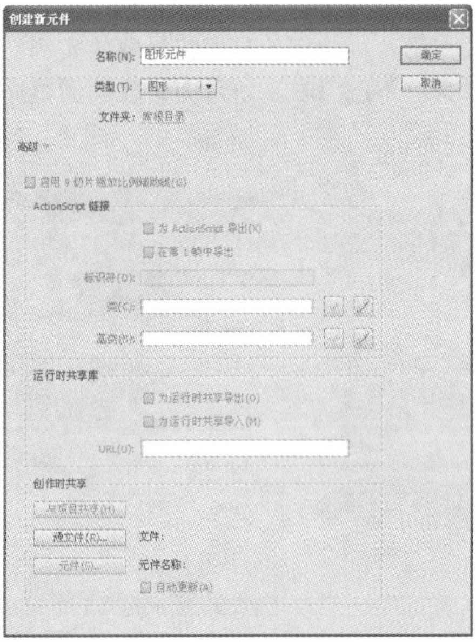

03 当设置好新建元件的类型和名称后，单击“确定”按钮，就进入了图形元件的编辑界面，选择工具箱中的“文本工具” T ，在舞台中创建一个静态文本框，并输入相应的文本，即可完成图形元件的创建。

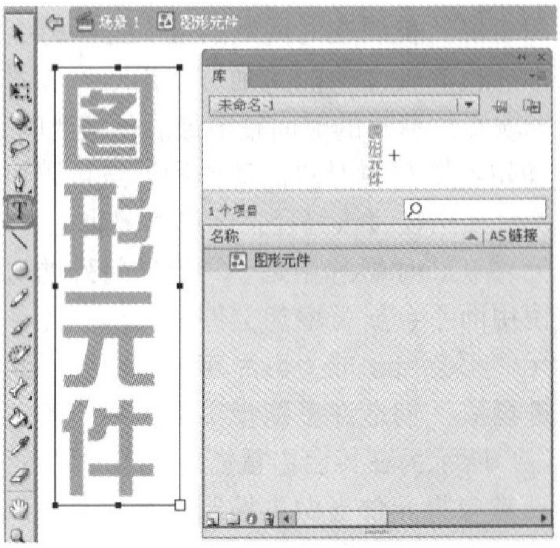

技巧提示

在元件编辑模式中，可以看到场景名称的右侧多了一个“图形元件”名称，并且舞台中心出现了一个“+”图形，表示元件的中心点。除了运用上述方法可以直接创建图形元件外，还有以下3种方法：

- 按【Ctrl+F8】组合键。
- 单击“库”面板左下角的“新建元件”按钮 。
- 将鼠标指针移至“库”面板中元件列表框内的空白位置，单击鼠标右键，在弹出的快捷菜单中选择“新建元件”命令。

10.2.2 创建按钮元件

下面介绍按钮元件的创建。

01 新建一个空白文档。选择菜单栏中的“插入”→“新建元件”命令，在弹出的“创建新元件”对话框中将“元件类型”设置为“按钮”，然后在“名称”文本框中将其命名为“按钮元件”。

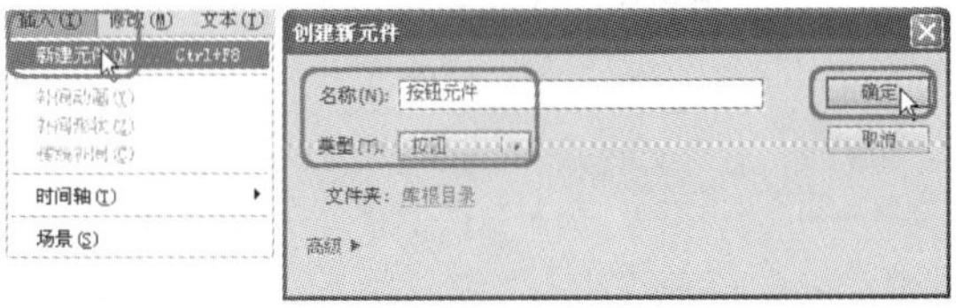

02 设置完类型和名称后单击“确定”按钮，Flash会自动切换到按钮元件的编辑模式。

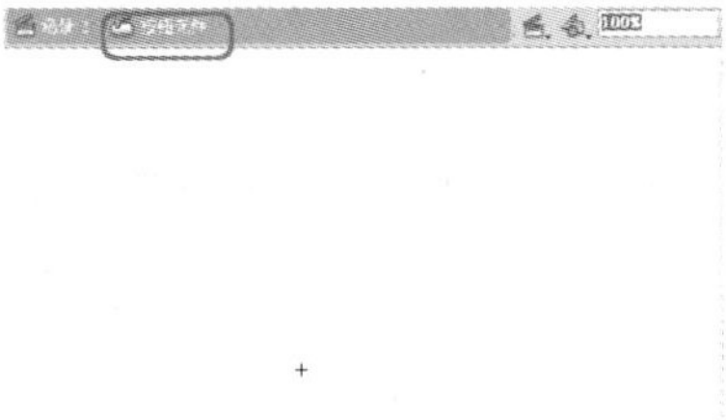

03 要创建弹起状态的按钮图像，可以使用绘图工具、导入一幅图像或者在舞台上放置另一个元件实例。下面在第1帧“弹起”帧的舞台中绘制一个渐变的矩形。

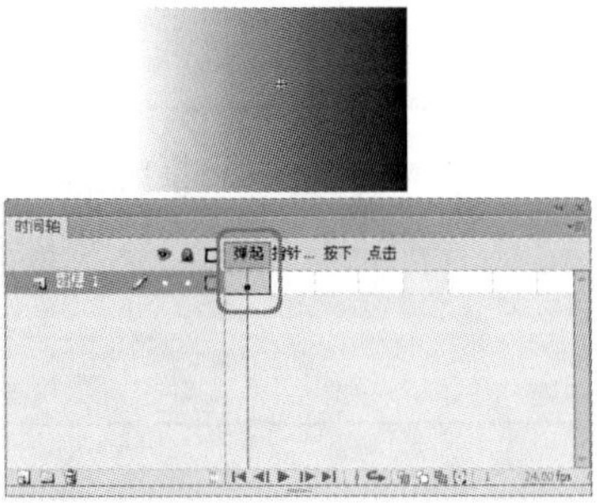

04 单击标题为“指针经过”的第2帧处，然后按【F6】键插入关键帧，Flash会自动复制“弹起”关键帧的内容。

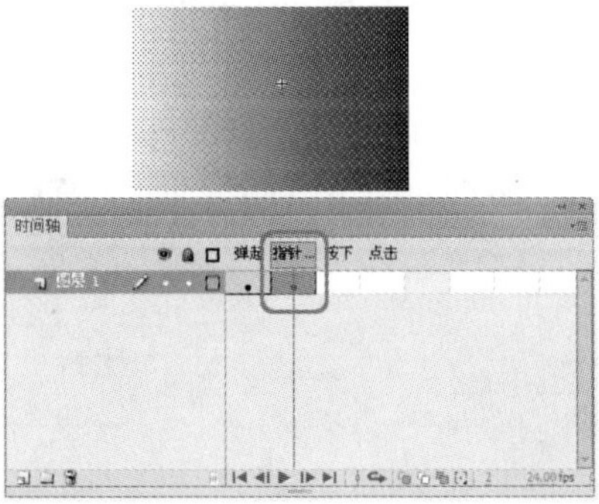

05 单击“颜色”按钮，打开“颜色”面板，将颜色设置为从“#FFE2FF”到“#FF00FF”的渐变。

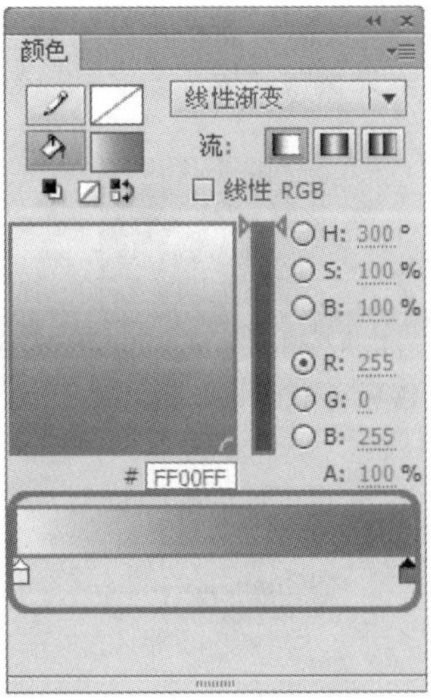

06 即可为此状态下的按钮设置另一种渐变颜色，作为鼠标指针经过按钮时的外观。

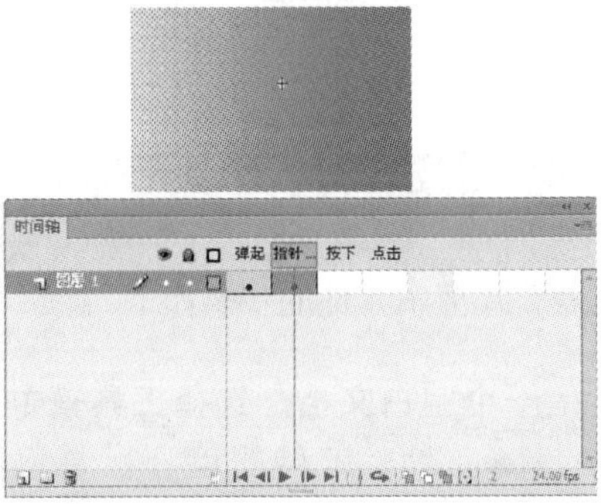

07 选择“时间轴”中的“按下”帧，按【F6】键插入关键帧，使用工具箱中的“任意变形工具”，将舞台中的按钮元件适当地缩小。

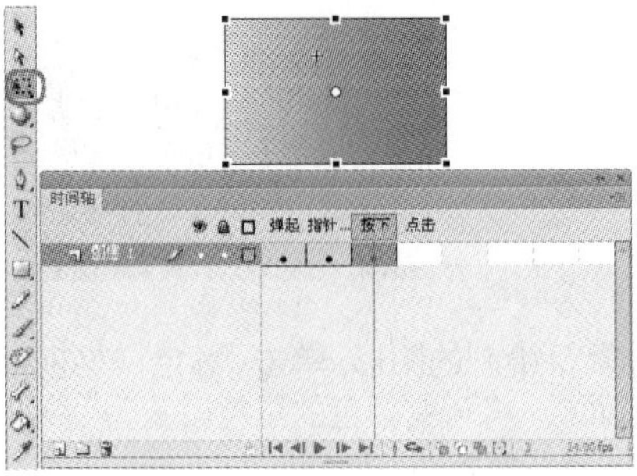

技巧提示

“点击”帧在舞台中是不可见的，但是它定义了鼠标按下后按钮响应鼠标事件的区域，确保“点击”帧的图像是一个固定区域，它应该足够大，可以包含“弹起”、“指针经过”和“按下”帧的所有图形元素。如果不指定“点击”帧，“弹起”帧状态中的对象将被应用于“点击”帧中。

08 选择“时间轴”面板中的“点击”帧，按【F6】键插入关键帧面板。

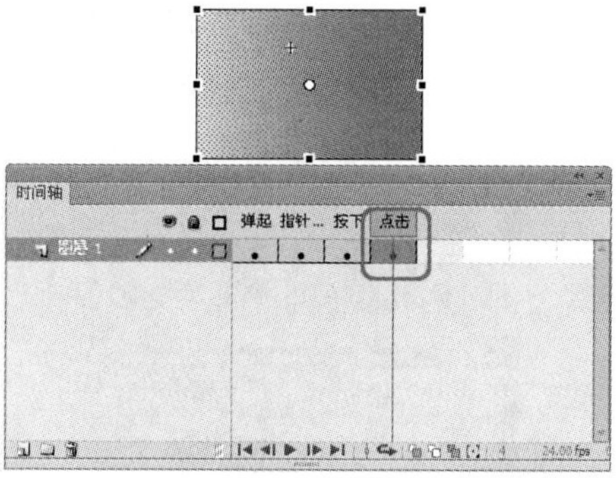

09 选择菜单栏中的“编辑”→“编辑文档”命令，返回场景编辑模式，将制作好的按钮元件添加到舞台中的适当位置，然后按【Ctrl+Enter】组合键测试创建的按钮元件。

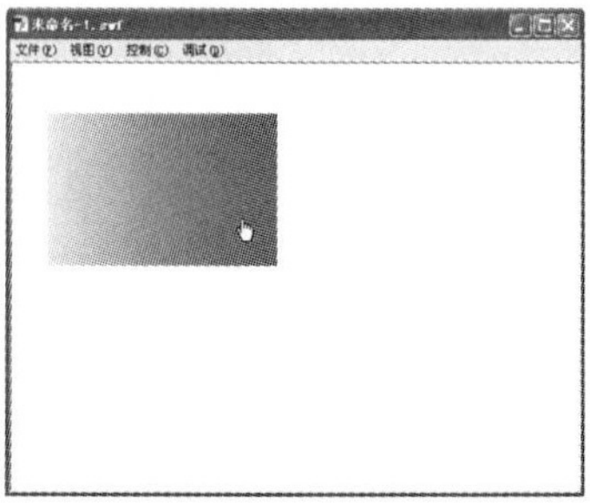

技巧提示

按钮元件能够根据按钮可能出现的每一种状态显示不同的图像，响应鼠标动作和执行指定的行为。

10.2.3 创建影片剪辑元件

创建影片剪辑元件的步骤如下：

01 新建一个空白文档。选择工具箱中的“矩形工具”，将“笔触颜色”设置为无，将“填充颜色”设置为渐变颜色，在舞台中绘制渐变矩形。

02 选择新绘制的图形，单击“颜色”按钮，打开“颜色”面板，将渐变颜色的黑色设置为“#0099FF”，更改图形的渐变颜色。

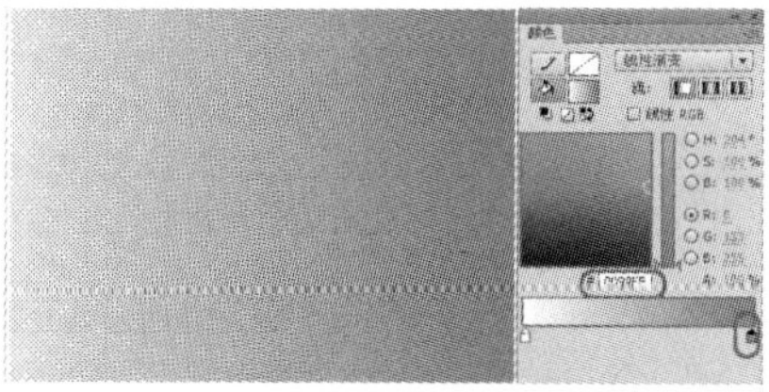

03 下面对渐变颜色进行调整，选择工具箱中的“渐变变形工具”，选择舞台上的矩形，出现渐变变形控制框，将鼠标移到旋转标记处，出现旋转箭头时，按住鼠标左键将渐变颜色进行旋转。

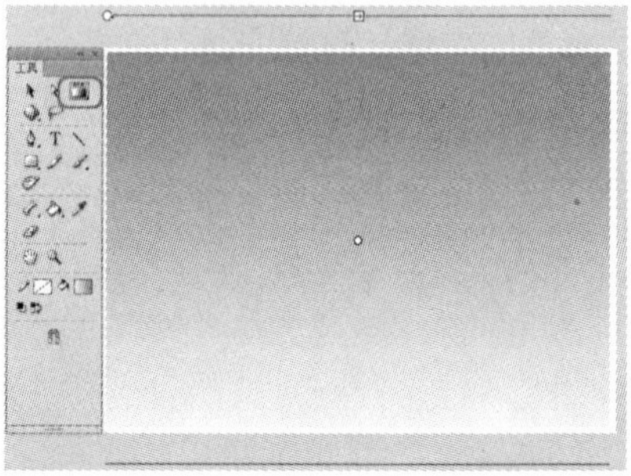

04 在菜单栏中选择“插入”→“新建元件”命令，在弹出的对话框中将“类型”设置为“影片剪辑”，设置完成后单击“确定”按钮。

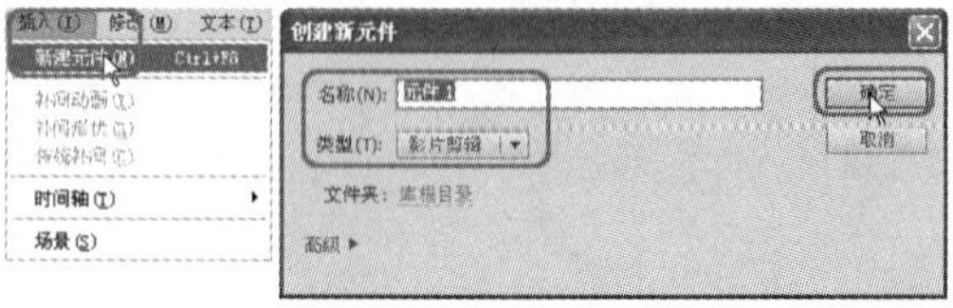

05 进入“元件1”的编辑状态，选择工具箱中的“椭圆工具”，将“笔触颜色”设置为无，将“填充颜色”设置为红色，配合【Shift】键在舞台中绘制正圆形。

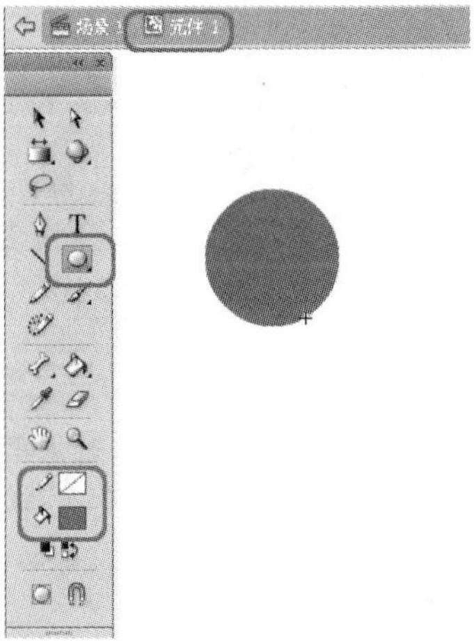

06 选择舞台中的圆形，按【Ctrl+C】组合键复制图形，再按【Ctrl+V】组合键将复制的图形粘贴到舞台中，并调整复制后的图形。

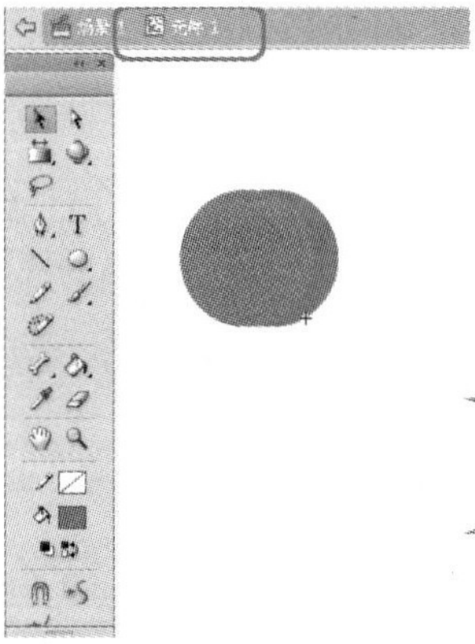

07 按【Ctrl+F8】组合键，新建一个影片剪辑元件，进入“元件2”的编辑状态，在舞台中绘制图形，并对舞台中的图形进行修改。

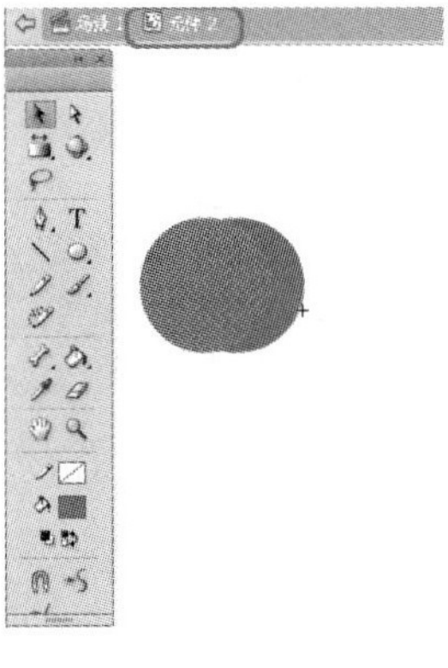

08 按【Ctrl+F8】组合键，新建一个影片剪辑元件，进入“元件3”的编辑状态，在舞台中绘制图形，并对图形进行调整。

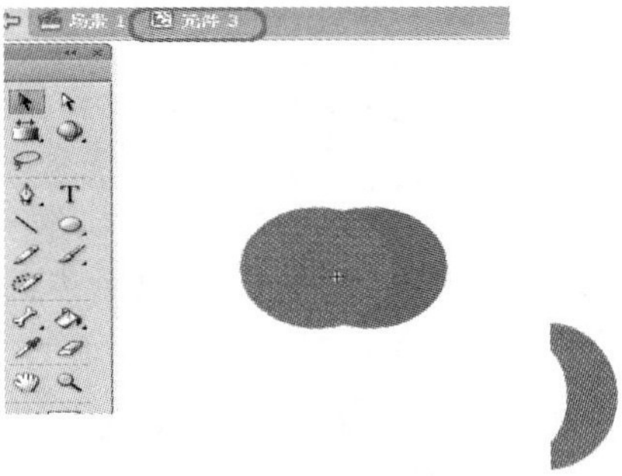

09 按【Ctrl+F8】组合键，新建一个影片剪辑元件，进入“元件4”的编辑状态，在舞台中绘制正圆形。

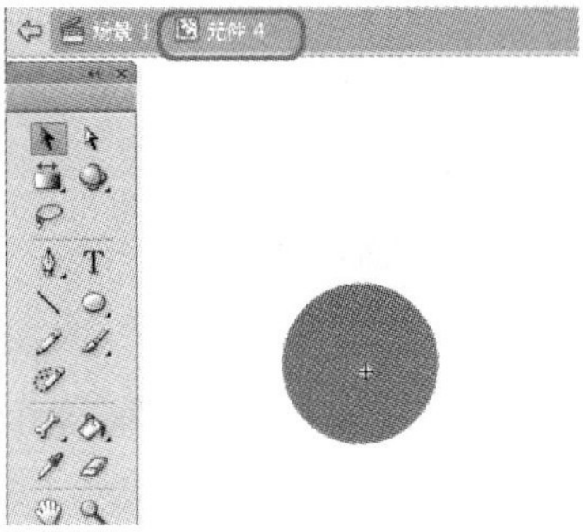

10 按【Ctrl+F8】组合键，在弹出的对话框中将“类型”设置为“影片剪辑”，设置完成后单击“确定”按钮。

11 进入“元件5”的编辑模式，打开“库”面板，将“元件1”影片剪辑拖曳至舞台中适当的位置。

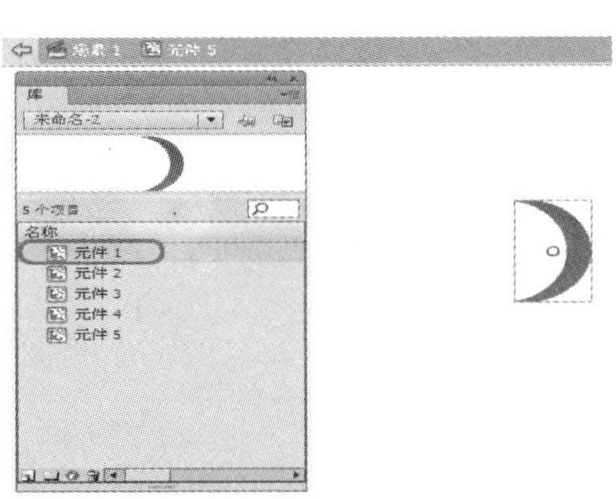

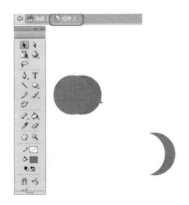

12 在“时间轴”面板中选择第5帧，按【F7】键插入空白关键帧。

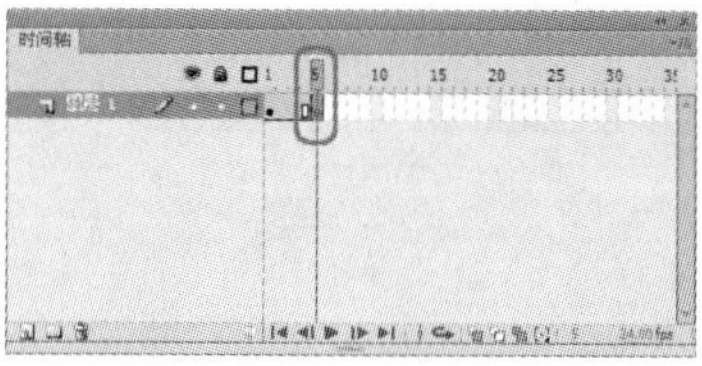

13 将“元件2”影片剪辑拖曳至舞台中适当的位置。

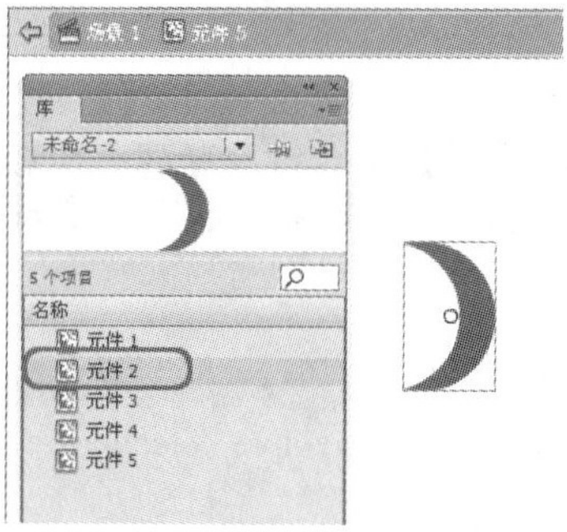

14 在“时间轴”面板中选择第10帧，按【F7】键插入空白关键帧。

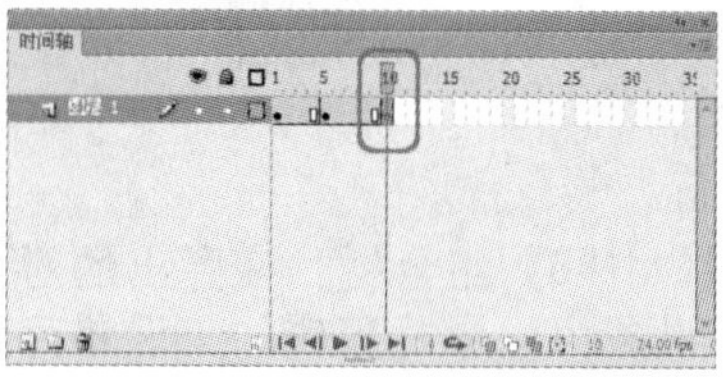

15 将“元件3”影片剪辑拖曳至舞台中适当的位置。

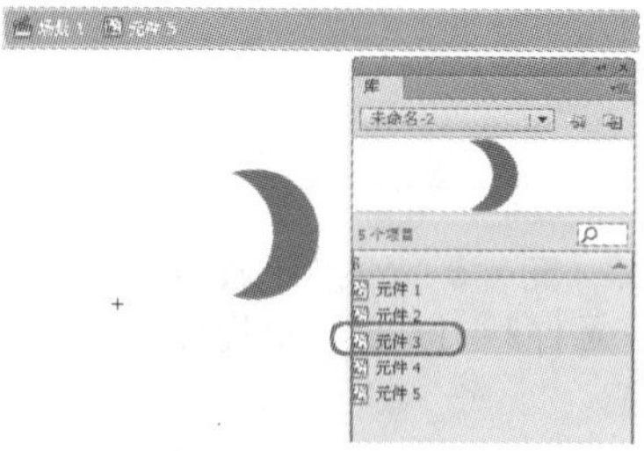

16 在“时间轴”面板中选择第15帧，按【F7】键插入空白关键帧。

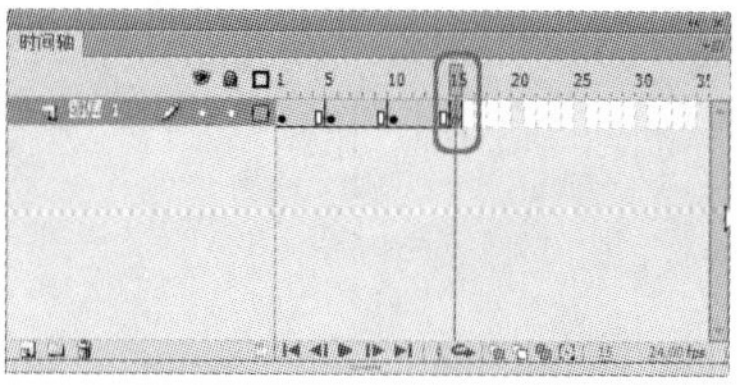

17 将“元件4”影片剪辑拖曳至舞台中适当的位置。

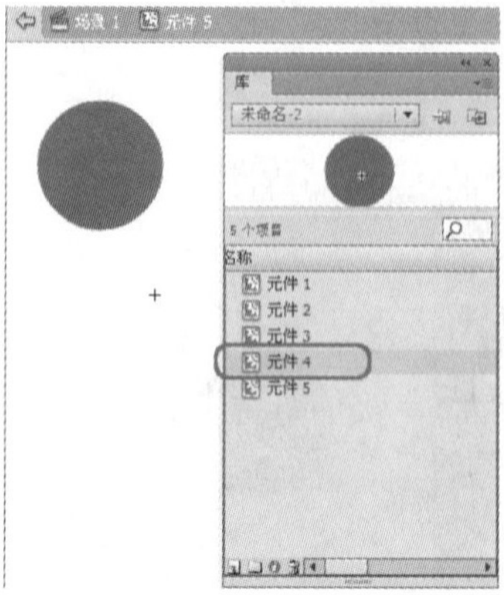

18 在“时间轴”面板中选择16帧，单击鼠标右键，在弹出的快速菜单中选择“插入关键帧”命令。

19 在“时间轴”面板中选择第1帧至第5帧之间的任意一帧，单击鼠标右键，在弹出的快捷菜单中选择“创建传统补间”命令，即可添加补间动画。

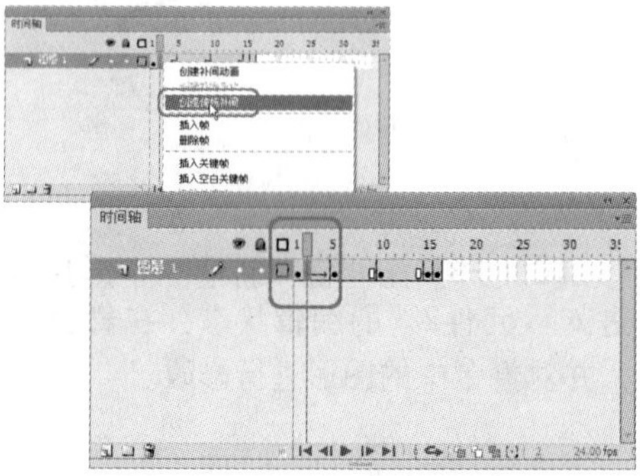

20 使用同样的方法继续添加补间动画，如图所示。

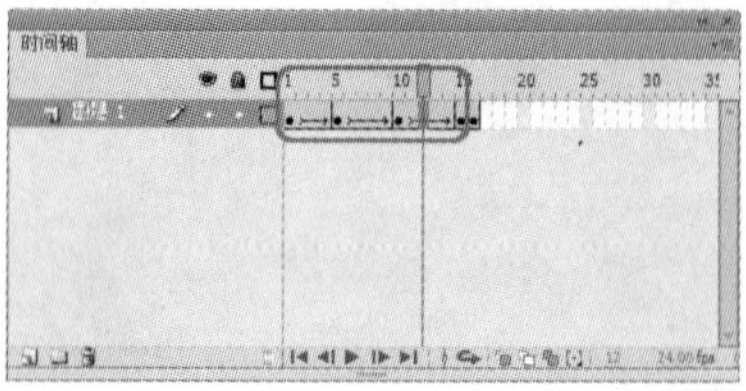

21 单击“场景1”按钮 场景 1，返回场景，将创建好的“元件5”影片剪辑从“库”面板中拖曳至舞台中的适当位置。

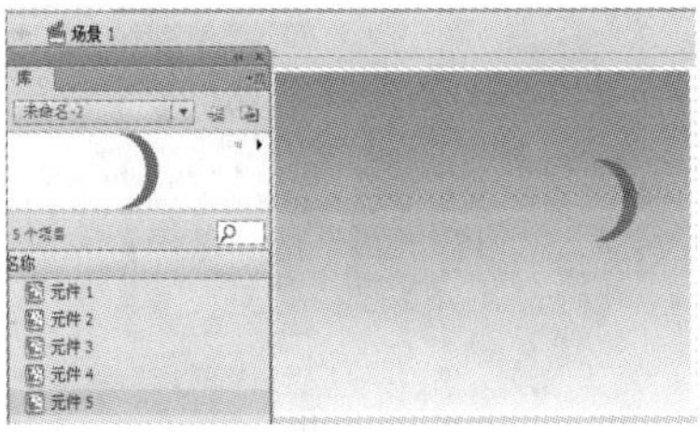

22 按【Ctrl+Enter】组合键，即可测试创建的影片剪辑元件效果。

技巧提示

影片剪辑元件是在主影片中嵌入的影片，用户可以为影片剪辑添加动画、动作、声音、其他元件及其他影片剪辑。影片剪辑元件可以独立于主时间轴运行，即当影片停下来时。影片剪辑动画还会继续播放。影片剪辑元件在主影片播放的时间轴上只需要有一个关键帧，即使一个60帧的影片剪辑放置在只有一帧的主时间轴上，它也会从开始播放到结束。除此之外，影片剪辑是Flash中一种最重要的元件，ActionScript是实现对影片剪辑元件控制的重要方法之一，可以说，Flash的许多复杂动画效果和交互功能都与影片剪辑密不可分。

10.3 编辑元件

学习时间：10分钟

10.3.1 在当前位置编辑元件

01 新建一个空白文档。选择菜单栏中的“插入”→“新建元件”命令，在弹出的“创建新元件”对话框中将元件“类型”设置为“图形”。

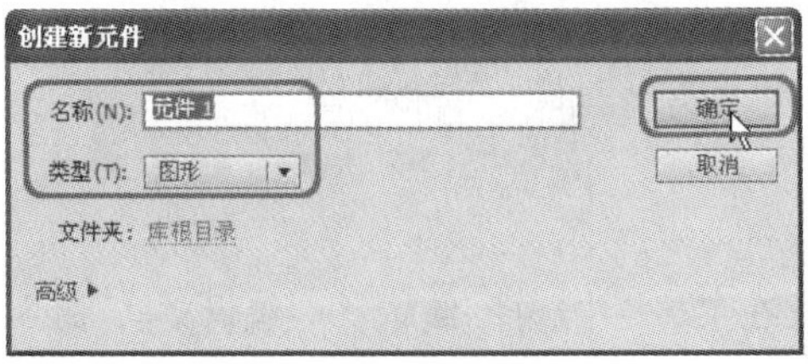

02 进入“元件1”编辑状态，选择工具箱中的“多角星形工具”，将“笔触颜色”设置为无，将“填充颜色”设置为径向渐变，在舞台中绘制多边形。

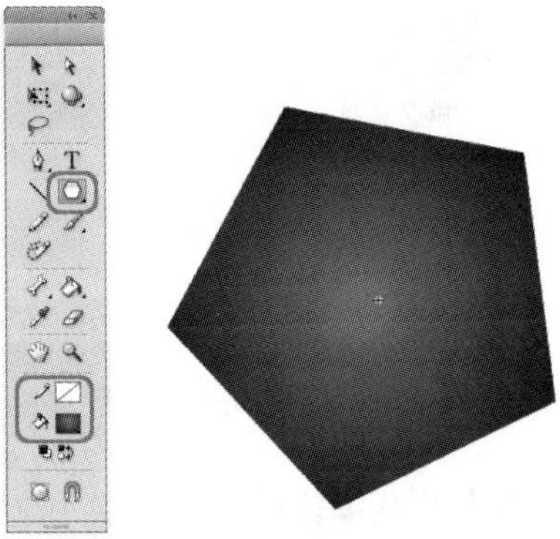

03 返回到场景1中，在“库”面板中将“元件1”拖至场景1的舞台中。

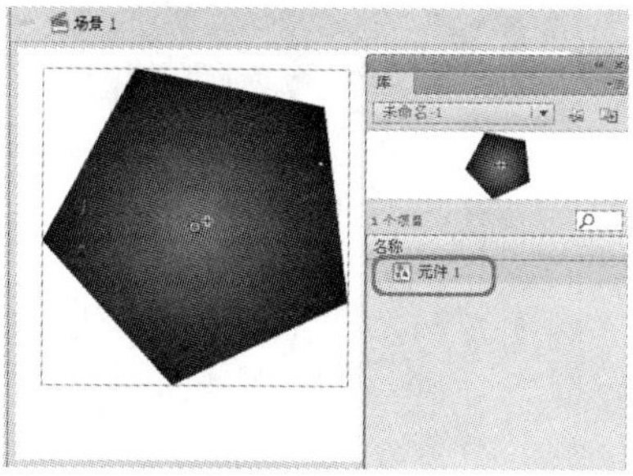

04 在舞台中的渐变图像上单击鼠标右键，在弹出的快捷菜单中选择“在当前位置编辑”命令，进入“元件1”的编辑界面。

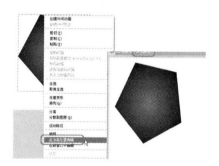

05 在舞台中选择渐变图形，单击“颜色”按钮，打开“颜色”面板，在下面的渐变条中设置渐变颜色。

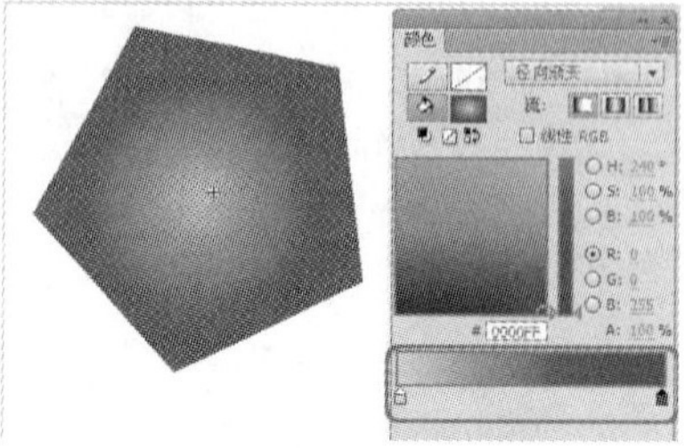

06 单击“场景1”按钮 场景 1，返回场景1，此时舞台中的图形元件将发生相应的变化。

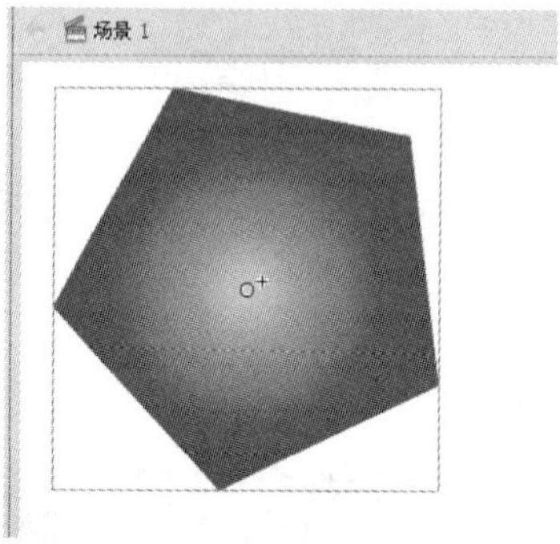

10.3.2 在新窗口中编辑元件

继续使用上面的元件进行操作。

01 在舞台中的渐变图像上单击鼠标右键，在弹出的快捷菜单中选择“在新窗口中编辑”命令。

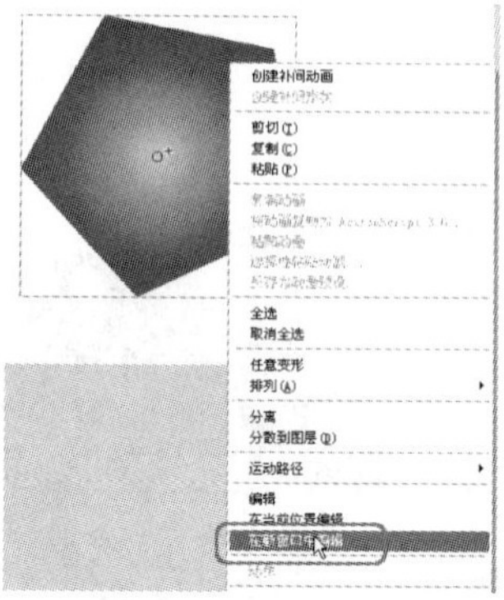

02 进入“元件1”的编辑界面，在舞台中选择渐变图形，单击“颜色”按钮，打开“颜色”面板，在下面的渐变条中设置渐变颜色。

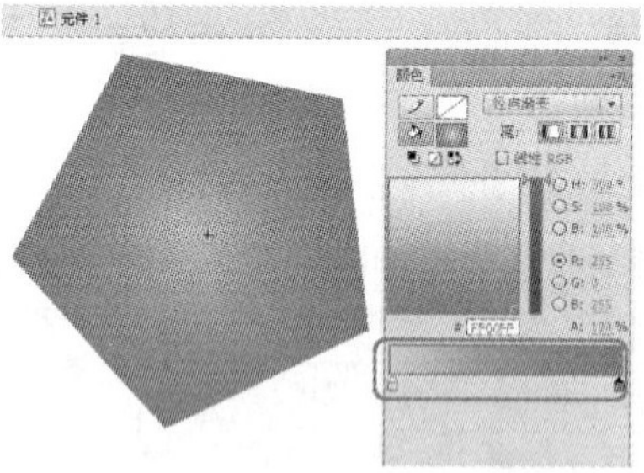

03 在菜单栏中选择“编辑”→“编辑文档”命令，返回场景1，效果如下图所示。

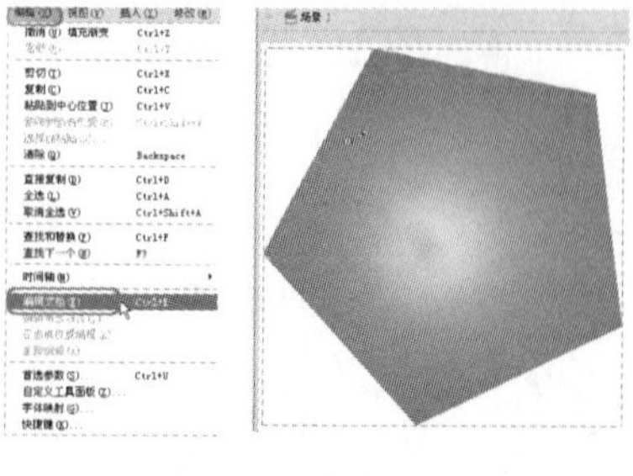

技巧提示

在“库”面板中双击元件图标，即可弹出一个新的窗口，同时相应的元件将被放置在这个新窗口中进行编辑，用户能够同时看到该元件和时间轴，正在编辑的元件名称将显示在舞台上方的信息栏内。

10.3.3 在元件编辑模式下编辑元件

继续使用上面的元件进行操作。

01 在菜单栏中选择“编辑”→“编辑元件”命令，即可进入元件编辑模式，在舞台中选择渐变图形，单击“颜色”按钮，打开“颜色”面板，在下面的渐变条中设置渐变颜色。

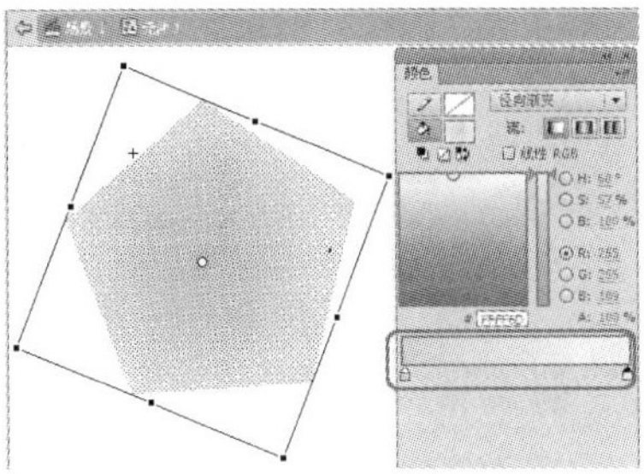

02 选择舞台中的渐变图形，选择工具箱中的“任意变形工具”，对舞台中的元件进行适当的缩放和旋转。

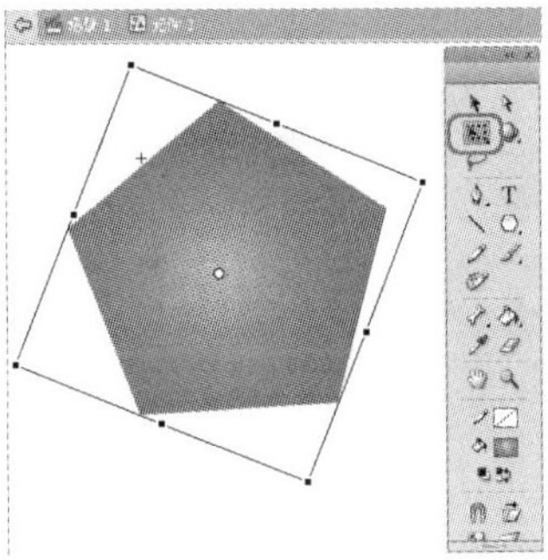

10.4 应用与编辑实例

学习时间：20分钟

下面介绍创建实例的方法。

10.4.1 创建实例

01 选择工具箱中的“矩形工具”，将“笔触颜色”设置为无，将“填充颜色”设置为渐变色，单击“颜色”按钮，打开“颜色”面板，设置渐变颜色，在舞台中绘制渐变图形。

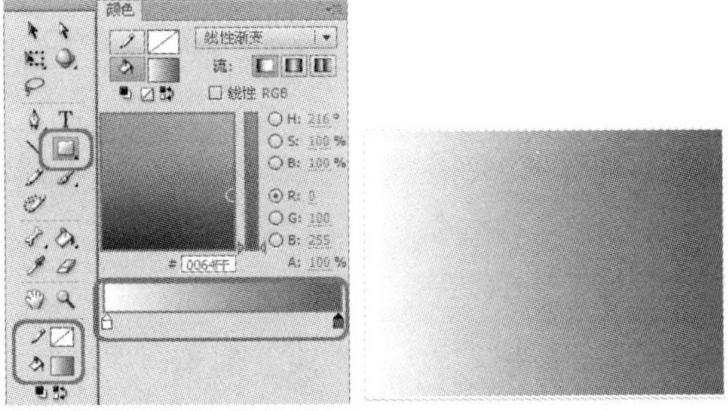

02 选择工具箱中的“渐变变形工具”，选择舞台上的矩形，出现渐变变形控制框，将鼠标移到旋转标记处，出现旋转箭头时，按住鼠标左键将渐变颜色进行旋转。

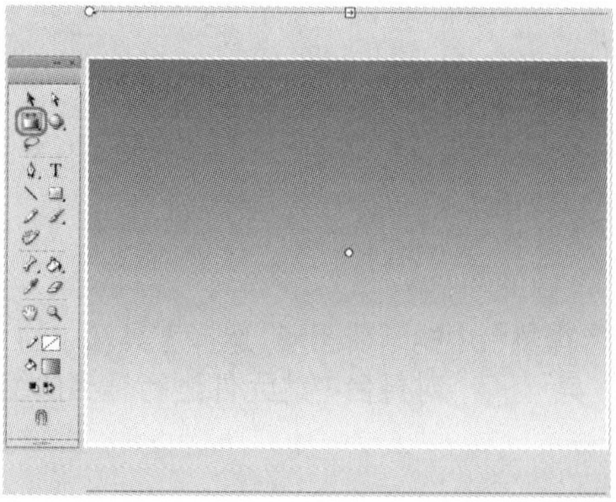

03 按【Ctrl+F8】组合键，打开“创建新元件”对话框，将“名称”命名为“月亮”，将“类型”设置为“图形”，单击“确定”按钮。

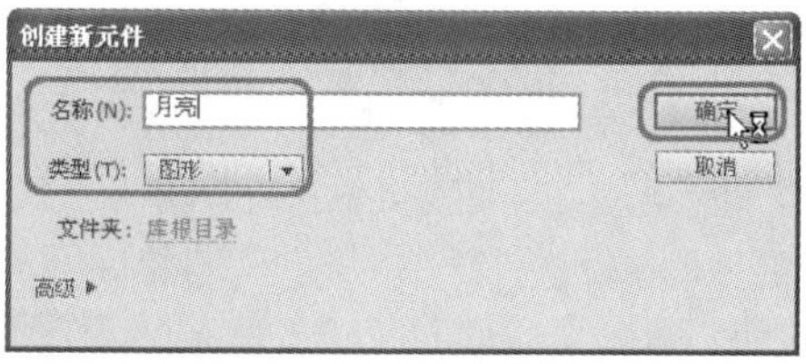

04 选择工具箱中的“椭圆工具”，将“笔触颜色”设置为无，将“填充颜色”设置为黄色，在月亮编辑模式中配合【Shift】键绘制正圆形。

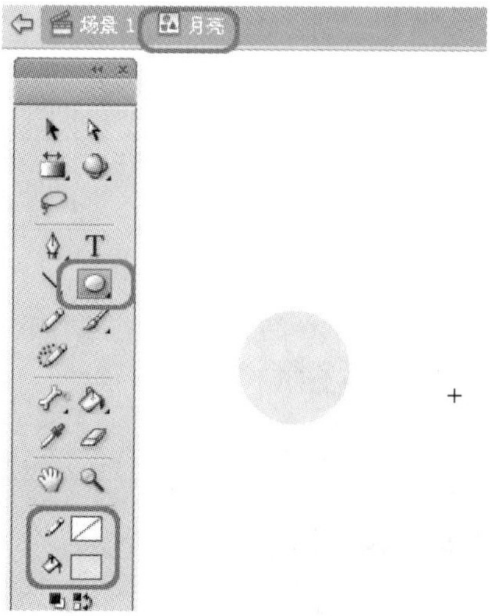

05 确定新绘制的图形处于选择状态，按【Ctrl+C】组合键复制图形，按【Ctrl+V】组合键粘贴图形，并调整复制后的图形。

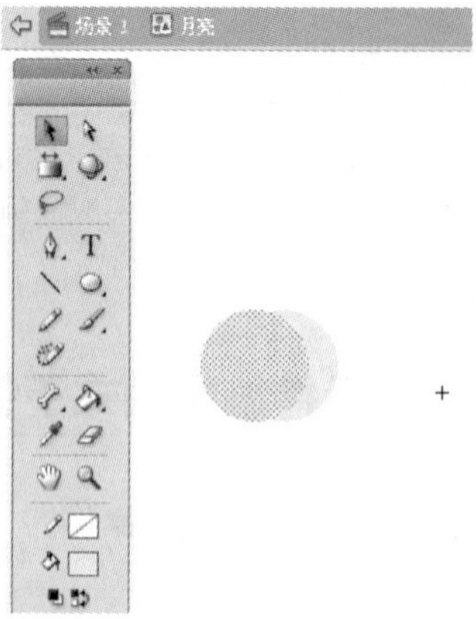

06 在舞台中选择右侧的月亮图形并将其拖到一旁，然后将舞台中的圆形删除，“月亮”元件创建完成了，在“库”面板中查看“月亮”元件。

07 按【Ctrl+F8】组合键，弹出“创建新元件”对话框，将“名称”命名为“星星”，将“类型”设置为“图形”，单击“确定”按钮。

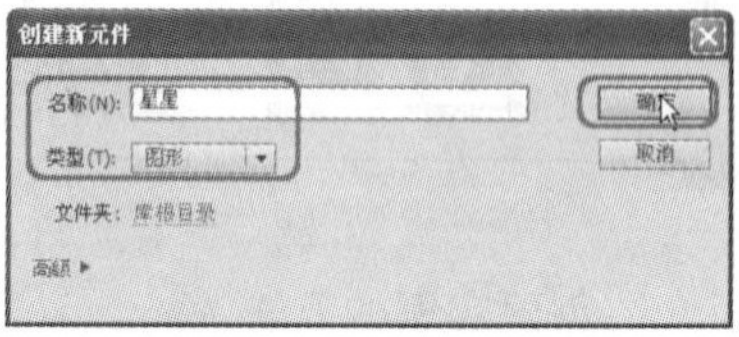

08 选择工具箱中的“多角星形工具”，将“笔触颜色”设置为无，将“填充颜色”设置为白色，单击“属性”按钮，打开“属性”面板，在“工具设置”选项组中单击“选项”按钮，弹出“工具设置”对话框，将“样式”设置为“星形”，单击“确定”按钮。

09 进入星星元件的编辑模式，在舞台中绘制星形图形，星星元件创建完成后，在"库"面板中查看星星元件。

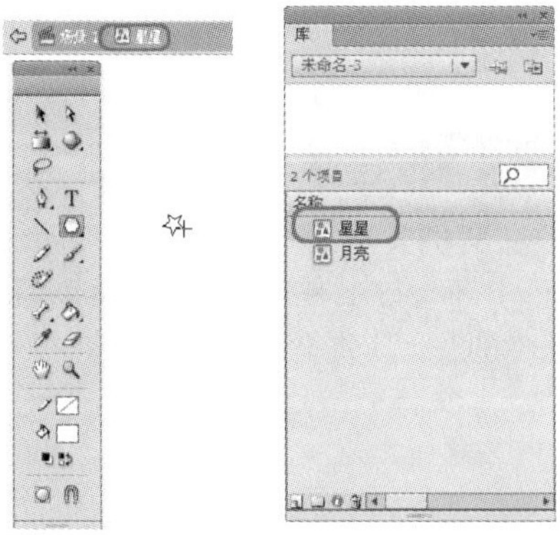

10 单击"场景1"按钮 场景 1，返回场景1，然后将月亮元件拖到场景1中，并使用工具箱中的"任意变形工具" 对月亮元件进行旋转。

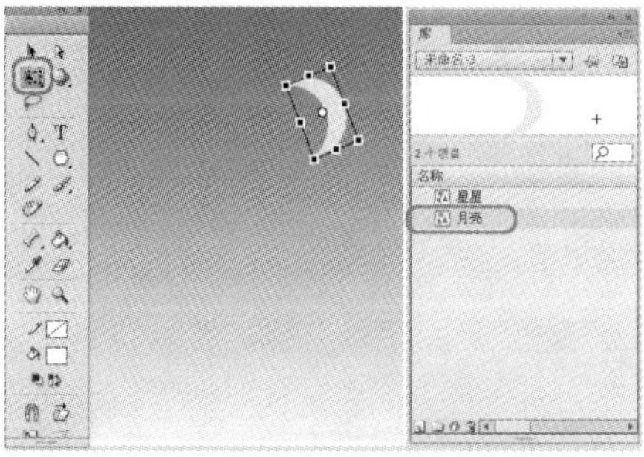

11 将星星元件拖曳至场景1中。

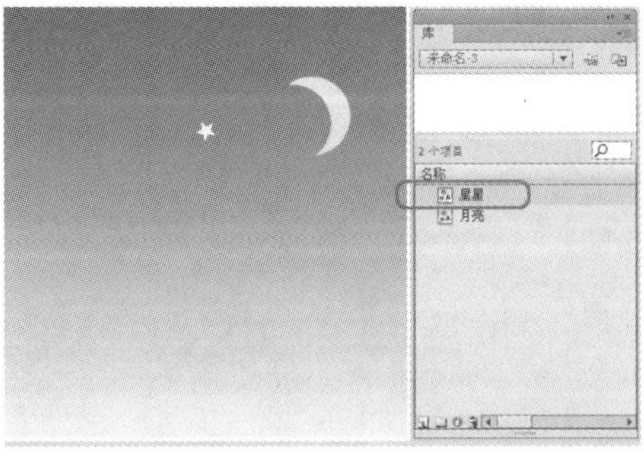

12 然后多次将星星元件拖曳至场景1中，并对星星图形进行缩放调整，完成后的效果如下图所示。

10.4.2 更改实例类型

下面对更改实例类型进行简单的介绍。继续使用上面的实例进行操作。

01 在舞台中选择星星元件。

02 选择菜单栏中的"修改"→"转换为元件"命令，弹出"转换为元件"对话框。

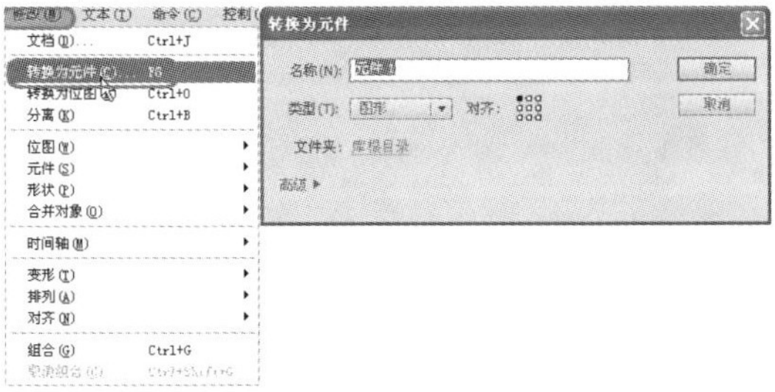

03 将“类型”设置为“影片剪辑”，然后单击“确定”按钮。即可将图形元件转换为影片剪辑元件。

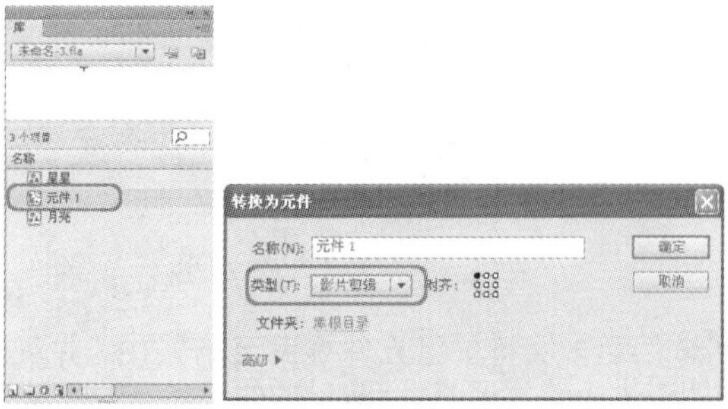

技巧提示

改变实例类型，只会改变舞台中所选实例的类型，并不会改变其对应的元件类型，也不会改变元件的其他实例类型。

10.4.3 交换实例

继续使用上面的实例进行操作。

01 选择上节更改后的影片剪辑实例。

02 确定影片剪辑实例处于选择状态，单击鼠标右键，在弹出的快捷菜单中选择“交换元件”命令。

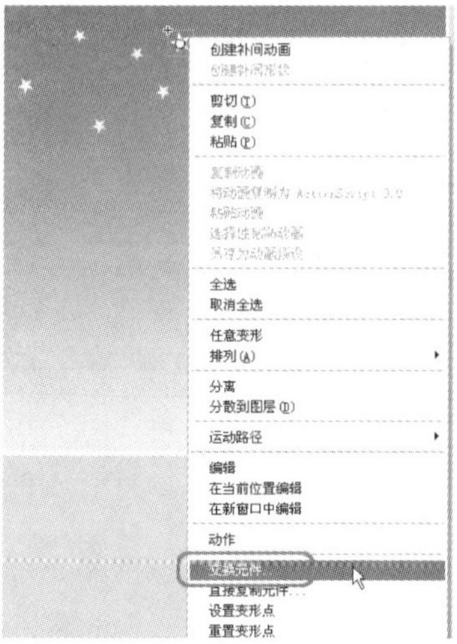

03 打开“交换元件”对话框，选择“月亮”元件，单击“确定”按钮。即可为实例指定其他元件。

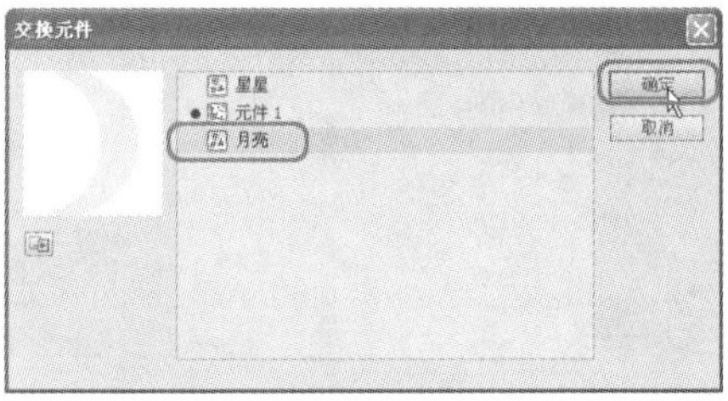

技巧提示

在“交换元件”对话框中，单击对话框底部的“直接复制元件”按钮，在弹出的“直接复制元件”对话框中，用户可以为复制的元件重新命名。

10.5 制作和编辑元件

学习时间：50分钟

10.5.1 制作苹果按钮元件

下面介绍苹果按钮元件制作的步骤，完成后的效果如下图所示。

01 新建一个300×300像素的文档，在菜单栏中选择“插入”→“新建元件”命令，在弹出的对话框中使用默认的名称“元件1”，选择“类型”为“按钮”，单击“确定”按钮。

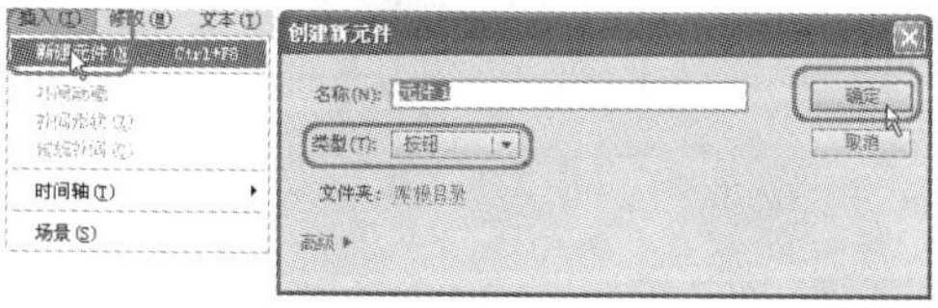

02 在菜单栏中选择“文件”→“导入”→“导入到舞台”命令，导入第10章中的“苹果.psd”文件，单击“打开”按钮。

03 在“将‘苹果.psd’导入到库”对话框中，取消选择“背景”复选框，选择“苹果”图层，在“‘苹果’的选项”选项组中选择“具有可编辑图层样式的位图图像”单选按钮，设置“实例名称”为“苹果”，设置“压缩”为“无损”，单击“确定”按钮。

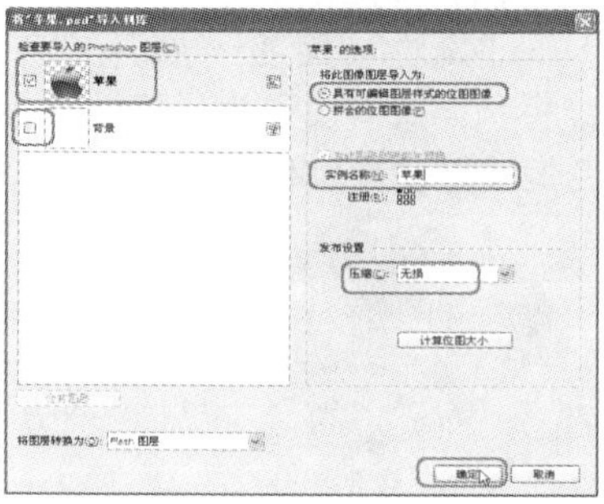

04 将选择的素材文件导入到元件场景中，并将其居中对齐。

05 打开“时间轴”面板，选择“指针经过”帧并单击鼠标右键，在弹出的快捷菜单中选择“插入关键帧”命令。

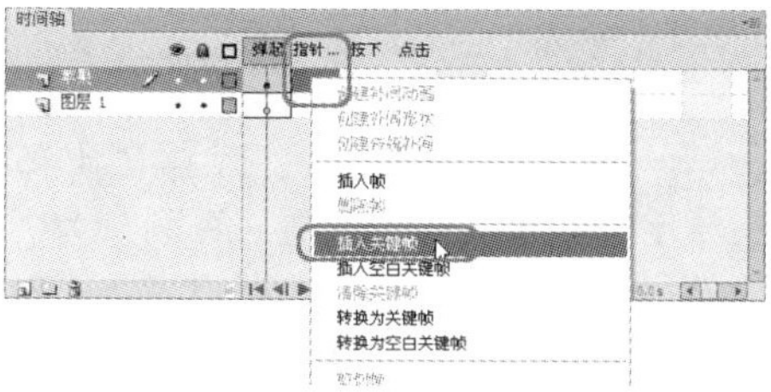

06 在舞台中选择苹果实例，按【Ctrl+T】组合键，打开“变形”面板，确定“约束”按钮处于选中状态，将“缩放宽度”的值设置为105%，按【Enter】键确定操作。

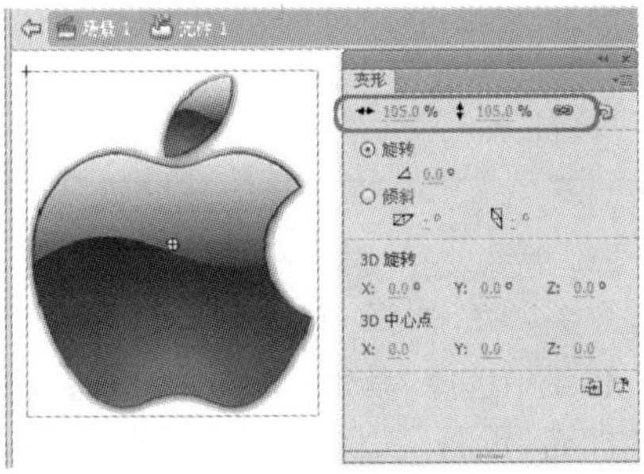

07 确定苹果实例处于选择状态，单击“属性”按钮，打开“属性”面板，展开“色彩效果”选项组，将“样式”设置为“高级”，将红色偏移和蓝色偏移均设置为255。

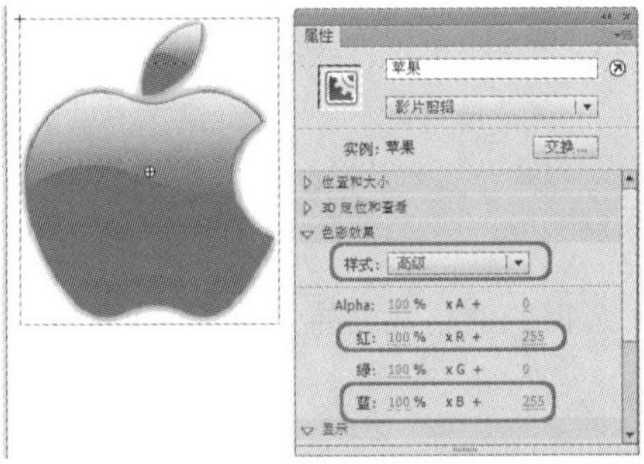

08 在工具箱中选择“文本工具”，在舞台中创建“Apple”文本。

09 单击“属性”按钮，打开“属性”面板，在“字符”选项组中设置“系列”为“方正综艺体简”，设置“大小”为45点，将“颜色”设置为黄色。

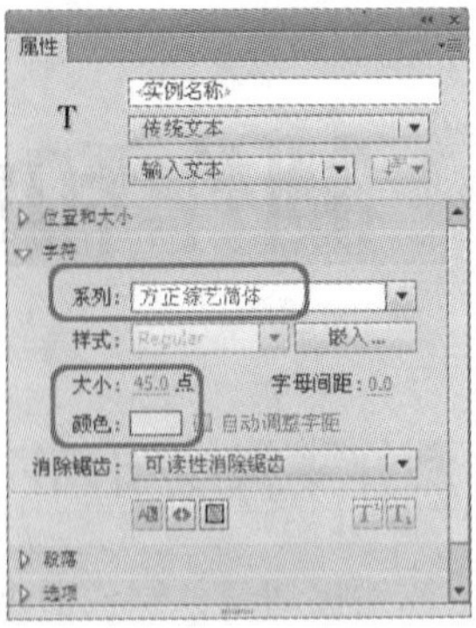

10 在工具箱中选择“选择工具”，将文本拖曳至舞台的空白处，按两次【Ctrl+B】组合键，将文本分离为图形。

11 设置填充颜色为渐变色，单击“颜色”按钮，打开“颜色”面板，将渐变颜色设置为从白色到“#CDFF00”的渐变，选择“颜料桶工具”，将设置好的渐变颜色填充到文本图形中。

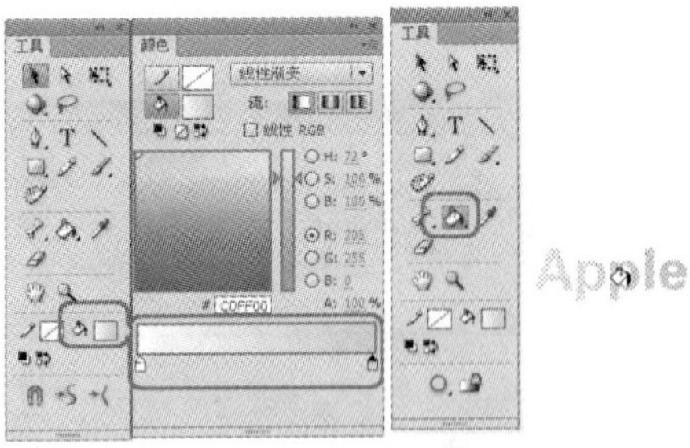

12 在舞台中选择所有的文本图形，选择菜单栏中的“修改”→“组合”命令，将选择的文本图形组合。

13 按【Ctrl+A】组合键选择舞台中的所有对象，单击“对齐”按钮，打开“对齐”面板，单击“水平中齐”按钮和“垂直中齐”按钮，将选择的对象居中对齐。

14 在“时间轴”面板中选择“按下”帧，单击鼠标右键，在弹出的快捷菜单中选择“插入关键帧”命令。

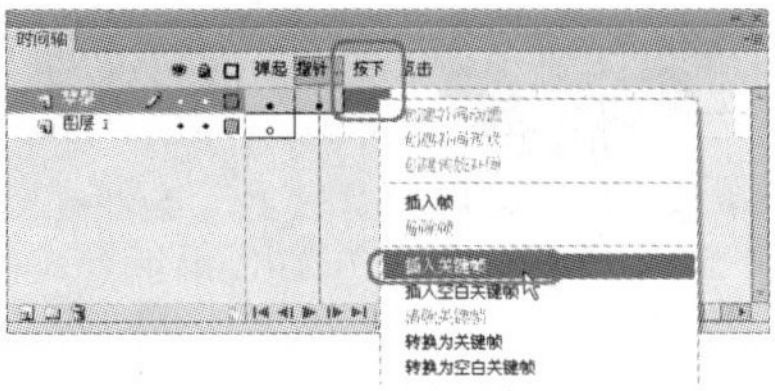

15 选择舞台中的所有对象，按【Ctrl+T】组合键，打开“变形”面板，确定“约束”按钮处于选中状态，将“缩放宽度”设置为90%，按【Enter】键确定操作，将舞台中的对象进行缩放。

16 在舞台中选择苹果实例，单击“属性”按钮，打开“属性”面板，展开“色彩效果”选项组，将“样式”设置为“高级”，将红色偏移和绿色偏移分别设置为255和10。

17 在舞台中双击文本，进入文本编辑状态，打开“颜色”面板，将渐变颜色设置为从白色到黄色的渐变。

18 在文档的左上角单击“场景1”按钮，进入场景1编辑模式，在“库”面板中，将“元件1”拖到舞台中居中对齐。苹果按钮元件制作完成后保存场景文件即可。

10.5.2 制作变色花

本例通过变色花的制作介绍如何建立和编辑元件，制作完成后的效果如右图所示。

01 新建一个空白文档。在菜单栏中选择“插入”→“新建元件”命令，弹出“创建新元件”对话框，将“名称”命名为“花瓣”，将“类型”定义为“图形”，单击“确定”按钮。

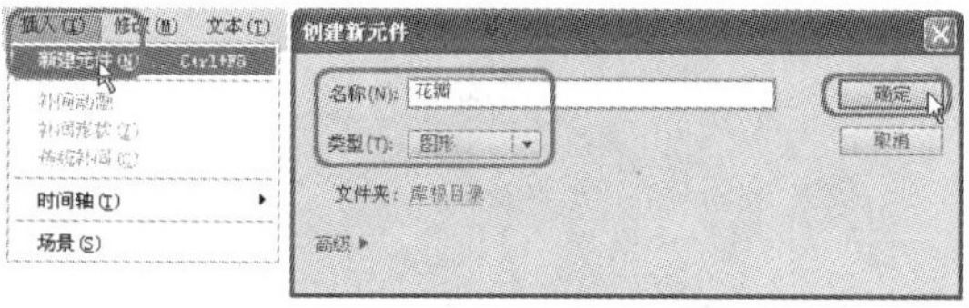

02 进入元件编辑状态，选择工具箱中的“椭圆工具”，将“笔触颜色”设置为无，将“填充颜色”设置为红色，在舞台中绘制椭圆形，。

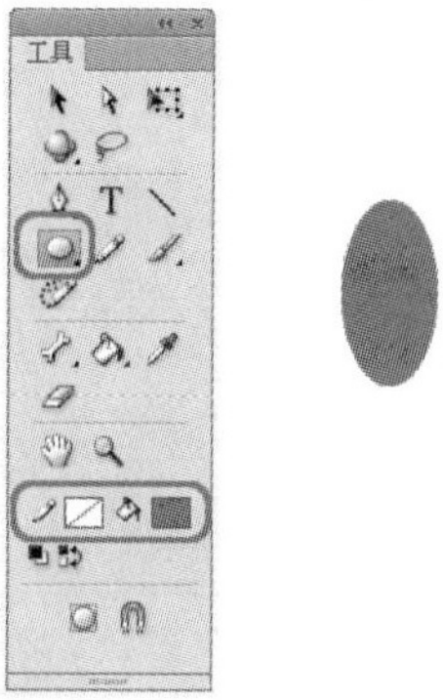

03 单击“场景1”按钮 场景 1，返回场景1编辑状态，在“库”面板中将“花瓣”图形元件拖曳至场景1中。

04 选择工具箱中的“任意变形工具”，在舞台中选择椭圆形，将椭圆的中心点调整至下图所示的位置。

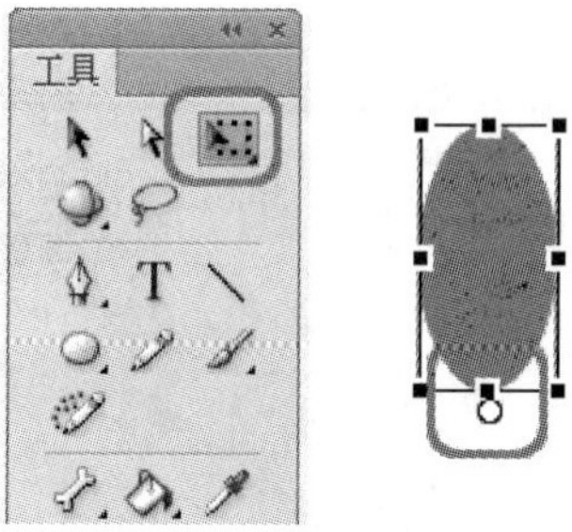

05 确定椭圆形处于选择状态，按【Ctrl+T】组合键打开“变形”面板，选择“旋转”单选按钮，在下方的文本框中输入60，然后单击右下方的“重制选区和变形”按钮。

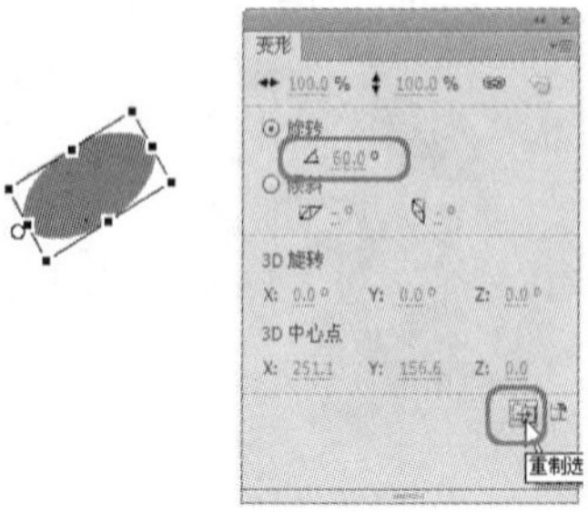

06 多次单击“重制选区和变形”按钮，直到出现下图所示的效果。

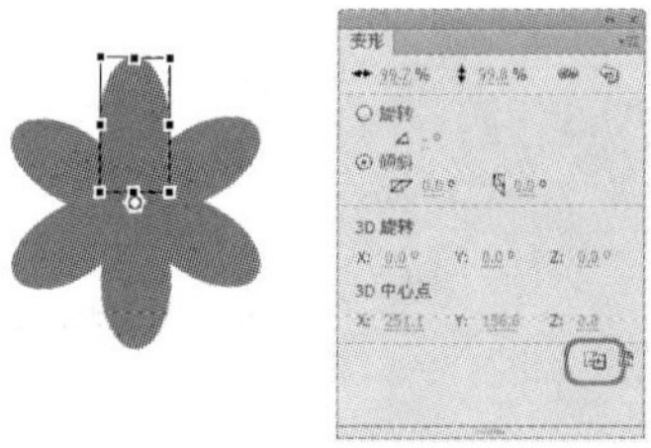

07 按【Ctrl+A】组合键选择舞台中的所有对象，按【F8】键打开“转换为元件”对话框，将“名称”命名为“变色花瓣”，将“类型”定义为“影片剪辑”，单击“确定”按钮。

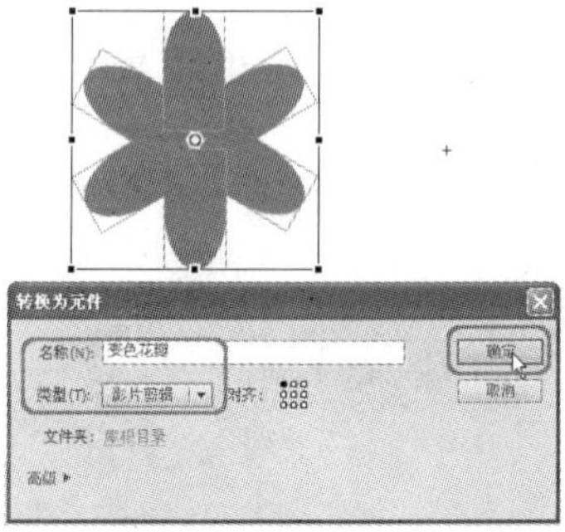

08 在“库”面板中双击“变色花瓣”元件，进入影片剪辑元件的编辑状态。

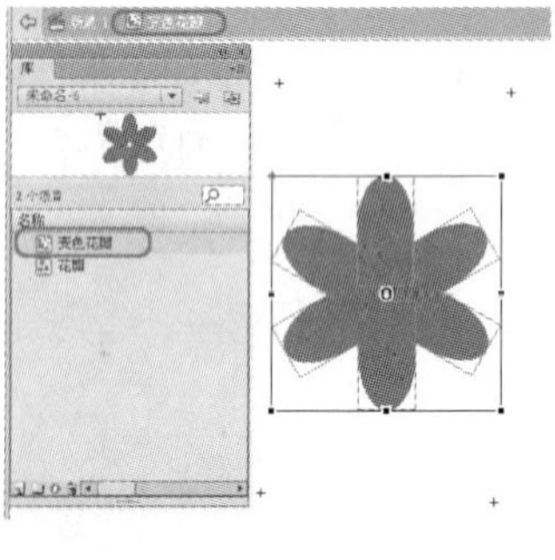

09 确定元件处于选择状态，选择菜单栏中的“修改”→“分离”命令，将元件分离成图形。

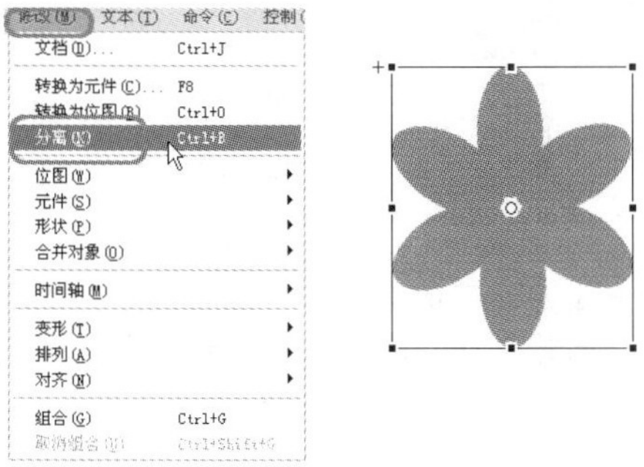

10 打开“时间轴”面板，在第3帧上单击鼠标右键，在弹出的快捷菜单中选择“插入关键帧”命令。

11 在舞台中选择花瓣图形，打开“颜色”面板，将花瓣颜色更改为黄色。

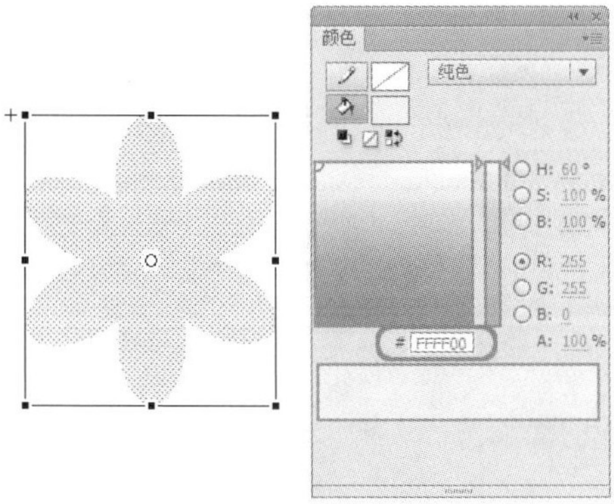

12 打开“时间轴”面板，在第5帧上单击鼠标右键，在弹出的快捷菜单中选择“插入关键帧”命令。

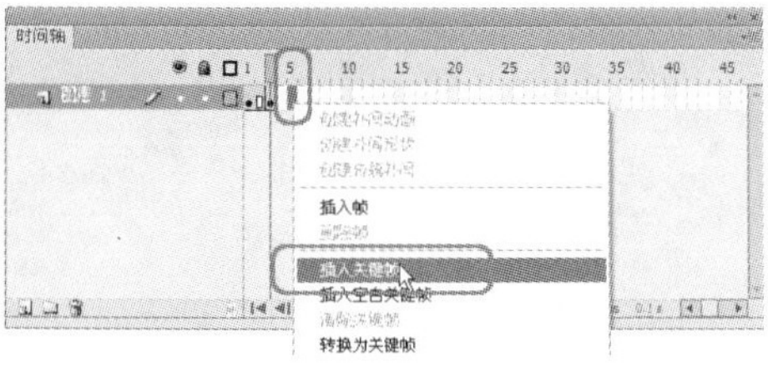

13 在舞台中选择花瓣图形，打开“颜色”面板，将花瓣颜色更改为“#FF00FF”。

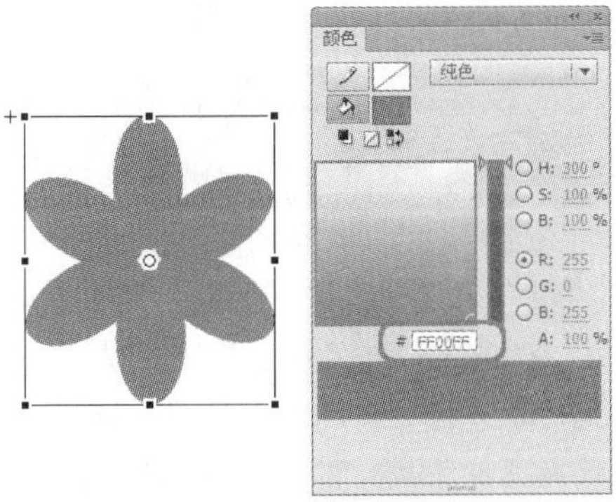

14 打开“时间轴”面板，在第7帧上单击鼠标右键，在弹出的快捷菜单中选择“插入关键帧”命令。

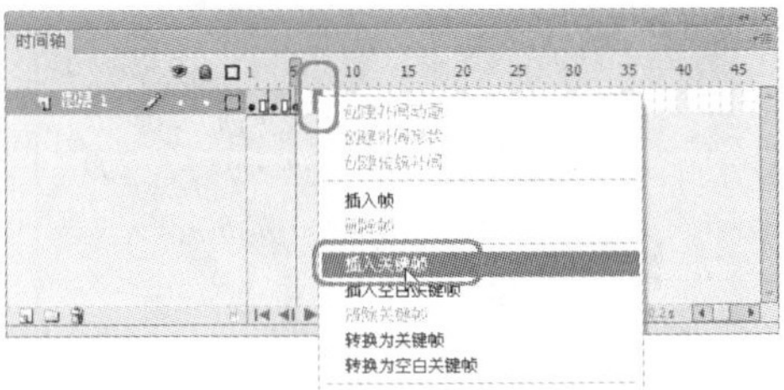

15 在舞台中选择花瓣图形，打开“颜色”面板，将花瓣颜色更改为“#79FFFF”。

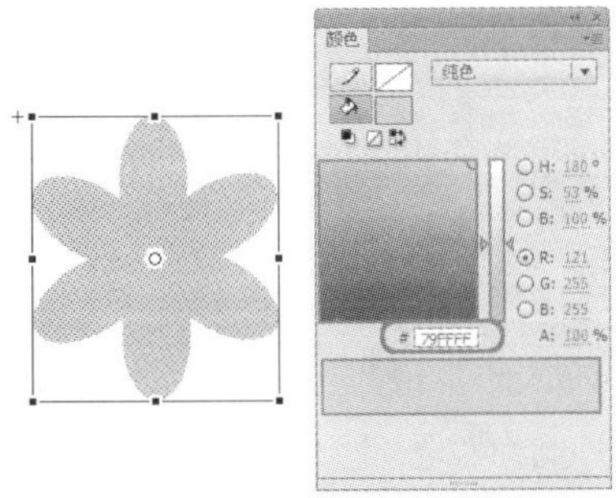

16 单击“场景1”按钮 场景1，返回场景1的编辑状态。

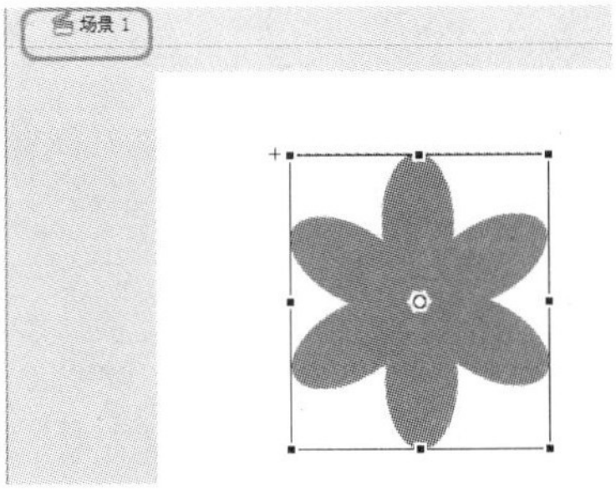

17 打开“时间轴”面板，单击“新建图层”按钮，新建一个图层并将其命名为“背景”，然后将其调整至“图层1”图层的下方。

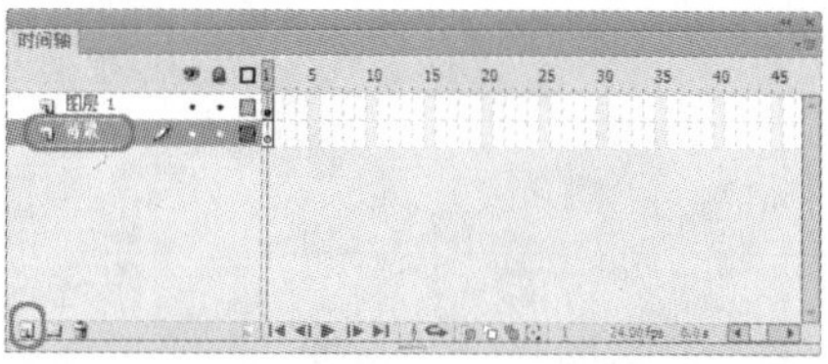

18 按【Ctrl+R】组合键打开“导入”对话框，导入第10章中的“背景.jpg”文件。选择工具箱中的“任意变形工具”，配合【Shift】键将素材图形进行缩放，并将其调整至舞台中央。

19 在“时间轴”面板中选择“图层1”图层。

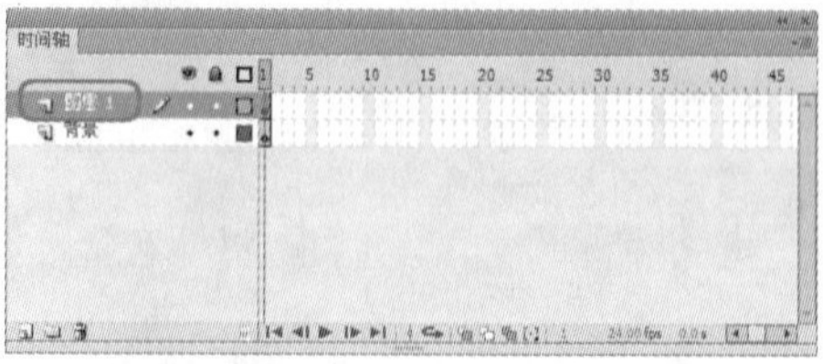

20 确定花瓣处于选择状态，在舞台中调整花瓣的位置，此时变色花制作完成了，最后存场景文件即可。

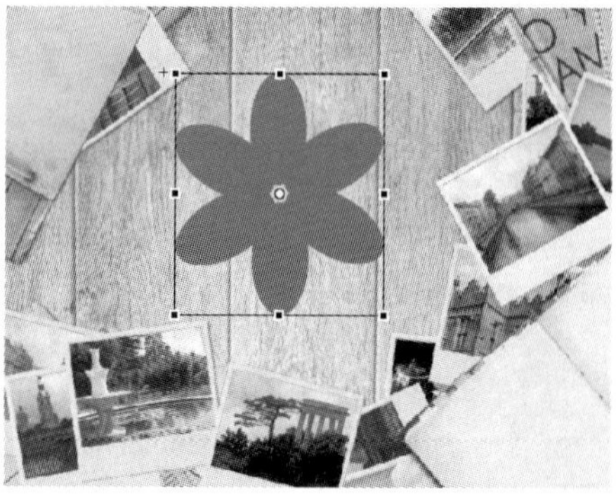

第11章

本章导读：

处理好静态图像是进行图形创作的基础。任何美观的图形和活泼的动画，其根本还是由一幅幅静态的图像所构成的。虽然Flash不是很优秀的图像创作软件，但是它能对其他优秀图像处理软件处理过的成品进行加工，本章将对素材的应用进行讲解。

素材的使用

【基础知识：1小时20分钟】

导入位图	10分钟
分离位图	10分钟
转换为矢量图形	10分钟
使用矢量图形	5分钟
导入其他素材文件	30分钟
导出文件	15分钟

【演练：40分钟】

转换矢量图形并替换背景	40分钟

11.1 导入图像文件

学习时间：35分钟

11.1.1 导入位图

在Flash中可以导入位图图像，操作步骤如下：

01 在菜单栏中选择“文件”→“导入”→“导入到舞台”命令。或者按【Ctrl+R】组合键，弹出“导入”对话框。

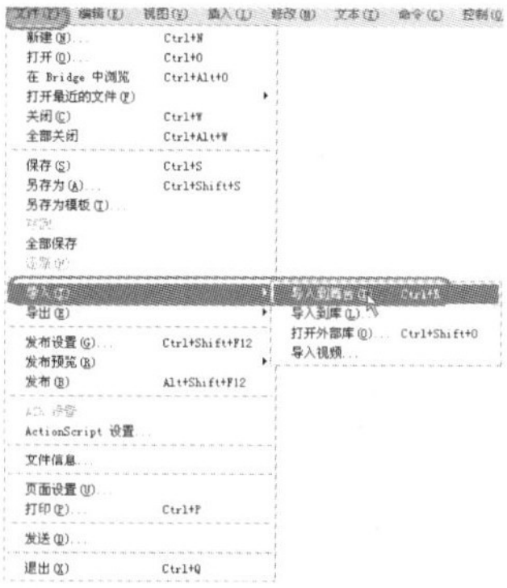

02 在打开的“导入”对话框中，选择第11章的“红酒.jpg”文件，然后单击“打开”按钮，即可将选择的图像导入到舞台中，并使用工具箱中的“任意变形工具”对素材文件进行缩放。

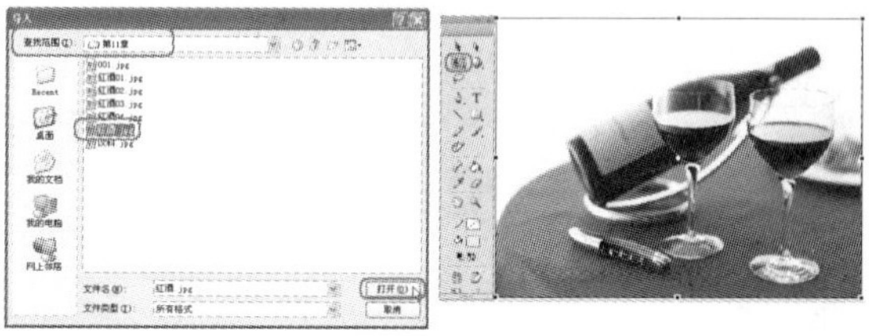

03 如果导入的是图像序列中的某一个文件，则Flash会自动将其识别为图像序列，并弹出对话框进行询问，如果导入序列中的图像，单击“是”按钮，如果不导入序列，则单击“否”按钮。

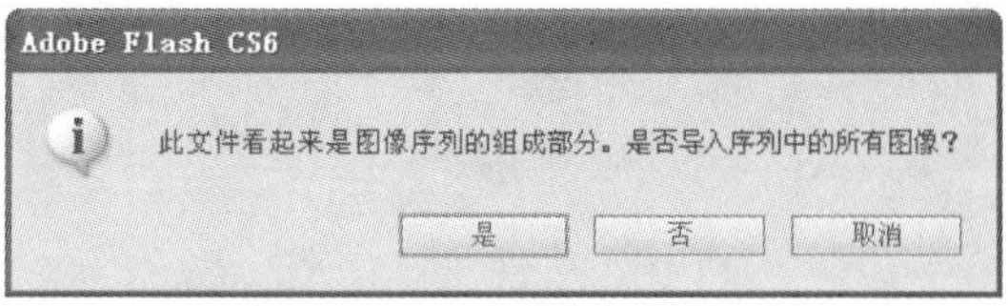

04 如果将一个图像序列导入Flash中，那么在场景中显示的只是选中的图像，其他图像则不会显示。

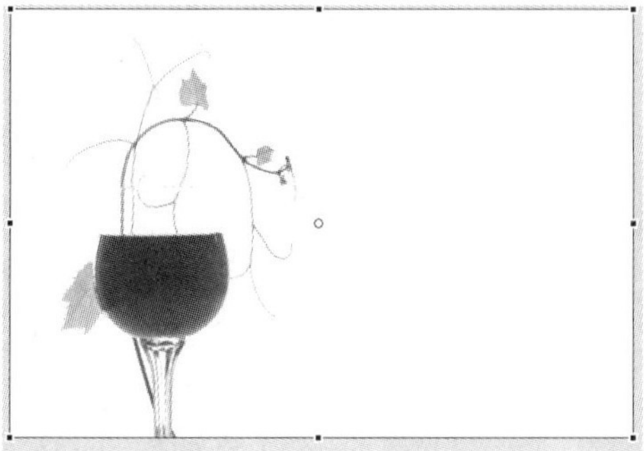

05 如果要使用序列中的其他图像，可以在菜单栏中选择“窗口”→“库”命令或者按【Ctrl+L】组合键，打开“库”面板，在其中选择需要的图像。

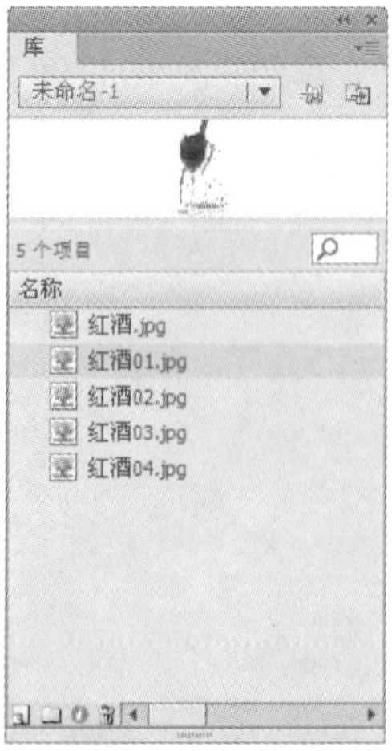

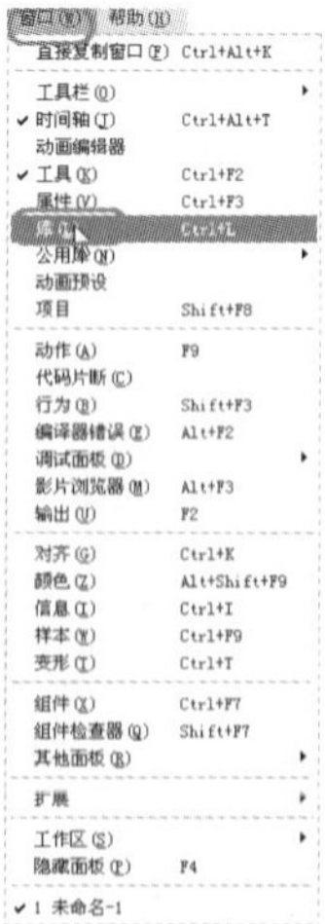

11.1.2 分离位图

分离位图会将图像中的像素分散到离散的区域中，可以分别选中这些区域并进行修改。当分离位图时，可以使用Flash的绘画和涂色工具修改位图。通过使用“套索工具”组中的“魔术棒”工具，可以选择已经分离的位图区域。其实分离位图就是前面讲到的将位图转换为矢量图的操作。

将位图导入到Flash中后，可以将不必要的背景去掉。给位图去掉背景的步骤如下：

01 在菜单栏中选择“文件”→“导入”→“导入到舞台”命令。或者按【Ctrl+R】组合键，在打开的“导入”对话框中，选择第11章的“果汁.jpg”文件。

02 然后单击“打开”按钮，即可将选择的图像导入到舞台中，选择工具箱中的“任意变形工具”并配合【Shift】键对素材文件进行缩放。

03 在舞台中选择刚导入的位图文件，选择菜单栏中的“修改”→“分离”命令。或按【Ctrl+B】组合键，将选择的位图进行分离。

04 选择工具箱中的“套索工具”，在选项工具栏中单击“魔术棒设置”按钮，弹出“魔术棒设置”对话框，将“阈值”设置为10，设置完成后单击“确定”按钮。

05 在工具箱中单击“魔术棒”按钮，在舞台中白色的背景处单击，选择舞台中的白色背景。

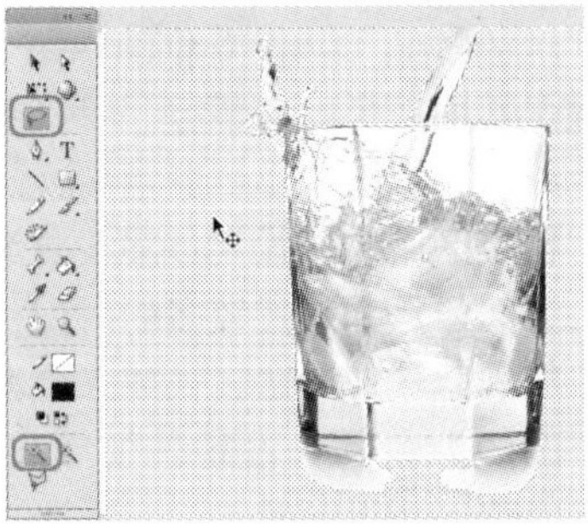

06 确定背景处于选择状态，按【Delete】键删除背景，完成后的效果如下图所示。

11.1.3 转换为矢量图形

在Flash中可以将位图转换为矢量图形，矢量化位图的方法是首先预审组成位图的像素，将近似的颜色划在一个区域，然后在这些颜色区域的基础上建立矢量图形，但是用户只能对没有分离的位图进行转换。尤其是对色彩少、没有色彩层次感的位图，即非照片的图像运用转换功能，会收到最好的效果。如果对照片进行转换，不但会增加计算机的负担，而且得到的矢量图形比原图还大，结果会得不偿失。

01 新建一个“宽”和“高”分别为400像素和530像素的新文档。在菜单栏中选择“文件”→“导入”→“导入到舞台”命令，弹出“导入”对话框，导入第11章中的“果汁.jpg”文件。

02 选择新导入的素材文件，在菜单栏中选择“修改”→“位图”→“转换位图为矢量图”命令，弹出“转换位图为矢量图”对话框，将“颜色阈值”设置为50，将“最小区域”设置为8像素，即可将位图转换为矢量图。

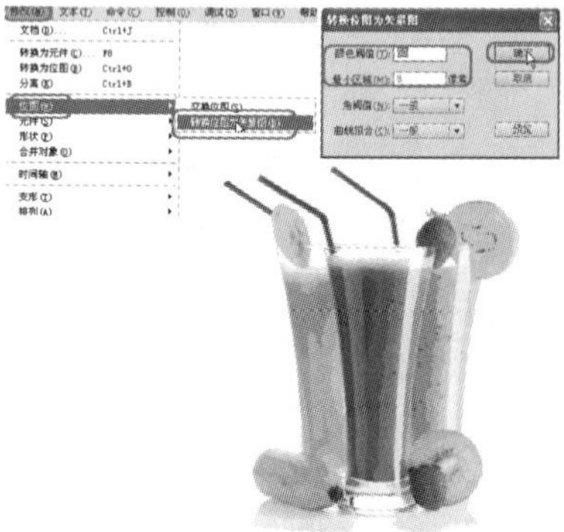

“转换位图为矢量图”对话框中各项参数的功能如下。

- **“颜色阈值”**：设置位图中每个像素的颜色与其他像素的颜色在多大程度上的不同可以被当做是不同颜色。范围是1～500的整数，数值越大，创建的矢量图形就越小，但与原图的差别也越大；数值越小，颜色转换越多，与原图的差别越小。
- **“最小区域”**：设定以多少像素为单位转换成一种色彩。数值越低，转换后的色彩与原图越接近，但是会浪费较多的时间，其范围为1～1000。
- **“角阈值”**：设定转换成矢量图形后，曲线的弯度要达到多大的范围才能转换为拐点。
- **“曲线拟合”**：设定转换成矢量图形后曲线的平滑程度，包括“像素”，“非常紧密”、“紧密”、“一般”、“平滑”和“非常平滑”等选项。

技巧提示

并不是所有的位图被转换成矢量图形后都能减小文件的大小。将位图转换成矢量图形后，有时会发现转换后的文件比原文件还要大，这是由于在转换过程中，要产生较多的矢量图形来匹配它。

11.1.4 使用矢量图形

Flash CS6的绘图功能虽然比较强大，但是并不是所有的图形都用Flash的绘图工具来绘制。不过可以在矢量素材库中找到各种格式的图案，然后将它们直接导入Flash文档中，这样不仅可以提高作品的质量，而且能够减少制作的时间。

◉ **导入矢量图形。**

应用Flash的导入功能，可以将在其他程序中创建的矢量图形直接导入，然后将它们编辑成为生成动画的元素。

大多数矢量软件（包括Adobe Illustrator、Photoshop、InDesign、CorelDRAW、FreeHand和Flash等）都可用于导入和导出矢量图形，这样就可以很轻松地将一个应用程序创建出来的图形应用于另一个应用程序。

◉ **优化图形。**

在创建或者导入对象时，有的时候可能需要对它进行优化，主要是删除一些不必要的矢量曲线，这个过程很重要，因为曲线越少文件也越小，文件越小也就意味着Flash影片越能以较快的速度从网上下载。另外，具有较多矢量曲线的图形会占用处理器的很多资源，这样也会降低动画的播放速度。

对导入的图形可以优化，对于使用Flash绘图工具创建出来的对象也可以优化。例如一条未经处理的手画线会有许多节点和曲线，对它进行优化可以使它变得光滑一些。

优化图形时，在舞台上选择需要修改的线条或者填充。选择“修改”→“形状”→“优化”命令，弹出“优化曲线”对话框。

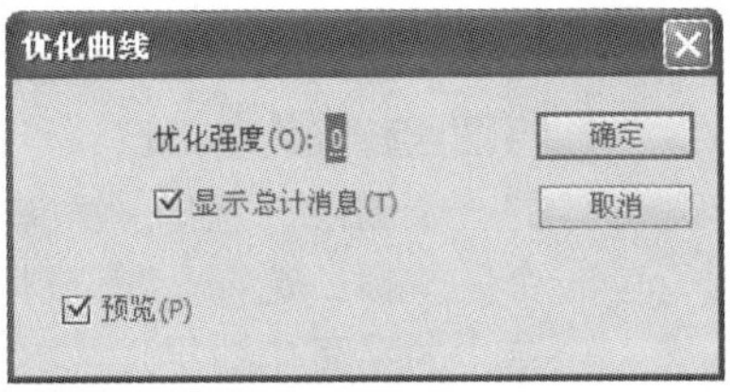

- **优化强度：**设置优化对象的程度。将鼠标放置在“优化强度”选项右侧，待鼠标指针变为形状时，可以直接拖动来改变数值（也可以单击后在文本框中输入数值）。
- **显示总计消息：**选择该复选框，优化后会弹出一个提示框，从中可以了解优化的程度。
- **预览：**选择“预览”复选框，可以直接在舞台上观看预览效果。

如果对优化的结果不满意，则可以选择“编辑”→“撤销”命令，然后重新进行设置。

11.2 导入其他素材文件

学习时间：30分钟

在Flash中可以按如下方式导入更多的矢量图形和图像序列。

◉ 当将在Illustrator中绘制的矢量图形导入Flash时，可以选择保留Illustrator图层。

◉ 在保留图层和结构的同时，导入和集成Photoshop（PSD）文件，然后在Flash中编辑它们，使用高级选项在导入过程中优化和自定义文件。

◉ 当从Fireworks中导入PNG图像时，可以将文件作为能够在Flash中修改的可编辑对象来导入，或者作为可以在Fireworks中编辑和更新的平面化文件来导入。可以选择保留图像、文本和辅助线。如果通过剪切和粘贴从Fireworks中导入PNG文件，该文件会被转换为位图。

◉ 将从FreeHand中制作的矢量图形导入Flash中时，可以选择保留层、页面和文本块。

11.2.1 导入AI文件

在Flash中可以导入和导出Illustrator软件生成的AI格式的文件。当将AI格式的文件导入Flash中后，可以像对其他Flash对象一样进行处理。

导入AI格式文件的操作方法如下：

01 启动Flash CS6，新建一个空白文档，按【Ctrl+R】组合键弹出“导入”对话框，选择第11章的“0011.ai”文件。

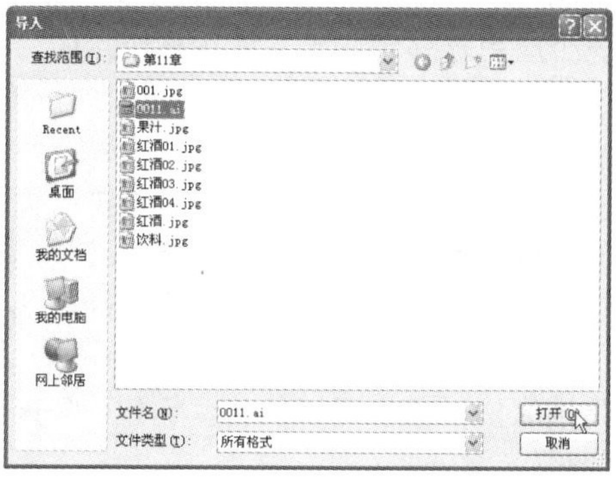

02 单击“打开”按钮，即可弹出“将0011.ai，导入到舞台”对话框，选择“将舞台大小设置为与Illustrator画板（595×842）相同”复选框，设置完成后，单击“确定”按钮，即可将AI格式的文件导入Flash中。

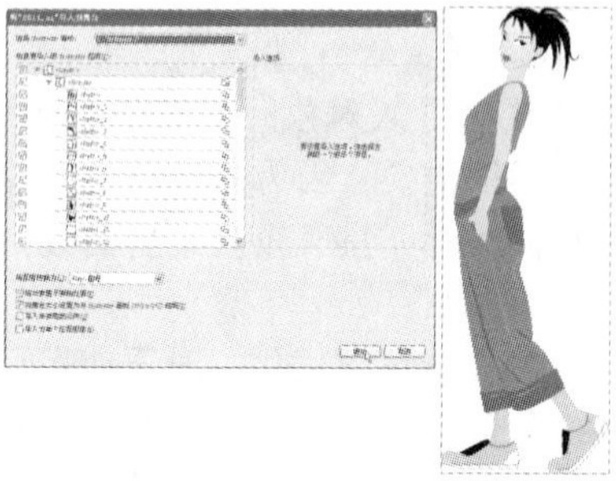

“将‘0011.ai’导入到舞台”对话框中的各项参数功能如下。

- **将图层转换为：** 选择“Flash图层”选项会将Illustrator文件中的每个图层都转换为Flash文件中的一个图层。选择“关键帧”选项会将Illustrator文件中的每个图层都转换为Flash文件中的一个关键帧。选择“单一Flash图层”选项会将Illustrator文件中的所有图层都转换为Flash文件中单个的平面化图层。
- **将对象置于原始位置：** 在Photoshop或者Illustrator文件中的原始位置放置导入的对象。
- **将舞台大小设置为与Illustrator画板（595×842）相同：** 导入对象后，将舞台尺寸和Illustrator的画板设置成相同的大小。
- **导入未使用的元件：** 导入时将未使用的元件一并导入。
- **导入为单个位图图像：** 导入为单一的位图图像。

11.2.2 导入PSD文件

Photoshop生成的PSD文件，也可以导入Flash中，并可以像对其他Flash对象一样进行处理。导入PSD格式文件的操作方法如下：

01 新建一个空白文档，按【Ctrl+R】组合键打开“导入”对话框，选择一个PSD格式的素材文件，单击“打开”按钮。

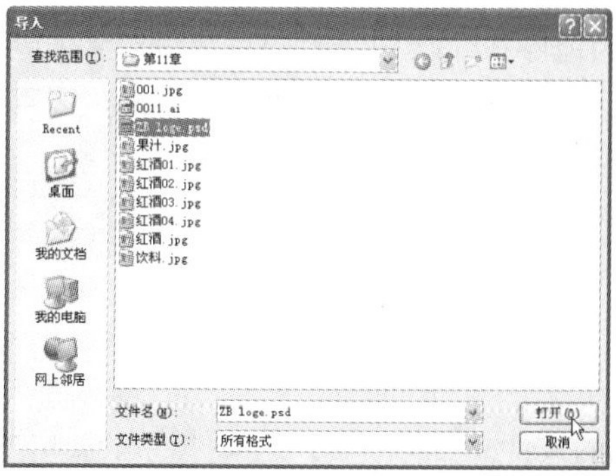

02 打开“将‘2B loge.psd’导入到舞台”对话框，即可将PSD文件导入到Flash中。并使用“任意变形工具”调整素材的大小。

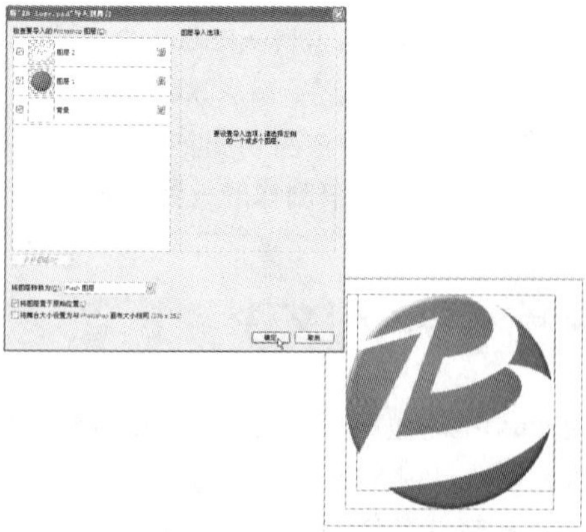

该对话框中的一些参数含义，与导入AI格式文件时打开的对话框中的参数是相同的，下面介绍几个不同的参数。

- **将图层转换为：** 选择“Flash图层”选项会将Photoshop文件中的每个层都转换为Flash文件中的一个图层。选择“关键帧”选项会将Photoshop文件中的每个图层都转换为Flash文件中的一个关键帧。
- **将图层置于原始位置：** 在Photoshop文件中的原始位置放置导入的对象。
- **将舞台大小设置为与Photoshop画布大小相同（376×351）：** 导入对象后，将舞台尺寸和Photoshop的画布设置成相同的大小。

11.2.3 导入PNG文件

Fireworks软件生成的PNG格式文件可以作为平面化图像或者可编辑对象导入Flash中。将PNG文件作为平面化图像导入时，整个文件（包括所有矢量图）会进行栅格化，或者转换为位图图像。将PNG文件作为可编辑对象导入时，该文件中的矢量图会保留为矢量格式。将PNG文件作为可编辑对象导入时，可以选择保留PNG文件中存在的位图、文本和辅助线。

如果将PNG文件作为平面化图像导入，则可以从Flash中启动Fireworks，并编辑原始的PNG文件（具有矢量数据）。当批量导入多个PNG文件时，只需选择一次导入设置，Flash对于一批中的所有文件使用同样的设置。可以在Flash中编辑位图图像，方法是将位图图像转换为矢量图或者将位图图像分离。

导入Fireworks PNG文件的操作步骤如下：

01 新建一个空白文档，按【Ctrl+R】组合键打开“导入”对话框，选择一个PNG格式的素材文件，单击“打开”按钮。

02 即可将Fireworks PNG文件导入Flash中。

11.2.4 导入FreeHand文件

用户可以将FreeHand文件（版本10或者更低版本）直接导入Flash中。FreeHand是导入到Flash中的矢量图形的最佳选择，因为这样可以保留FreeHand图层、文本块、库元件和页面，并且可以选择要导入的页面范围。如果导入的FreeHand文件为CMYK颜色模式，则Flash会将该文件转换为RGB模式。

向Flash中导入FreeHand文件时，需要遵循以下几项原则：

- 当要导入的文件有两个重叠的对象，而用户又想将这两个对象保留为单独的对象时，可以将这两个对象放置在FreeHand的不同图层中，然后在“FreeHand导入”对话框中选择“图层”选项（如果将一个图层上的多个重叠对象导入到Flash中，重叠的形状将在交集处分割，就像在Flash中创建的重叠对象一样）。
- 当导入具有渐变填充的文件时，Flash最多支持一个渐变填充中有8种颜色。如果FreeHand文件包含具有多于8种颜色的渐变填充时，Flash会创建剪辑路径来模拟渐变填充，剪辑路径会增大文件的大小。要想减小文件的大小，应在FreeHand中使用具有8种或者更少颜色的渐变填充。

- 当导入具有混合对象的文件时，Flash会将混合中的每个步骤导入为一个单独的路径。因此，FreeHand文件的混合中包含的步骤越多，导入Flash中的文件将变得越大。
- 如果导入的文件中包含具有方头的笔触，Flash会将其转换为圆头。
- 如果导入的文件中具有灰度图像，则Flash会将该灰度图像转换为RGB图像。这种转换会增大导入文件的大小。

导入FreeHand文件的操作步骤如下：

01 打开“导入”对话框后，选择要导入的**FreeHand**文件。

02 单击“打开”按钮，打开“**FreeHand**导入”对话框。

“FreeHand导入”对话框中的各项参数说明如下。

- **页面（“映射”选项组内）：**选择“场景”单选按钮，会将FreeHand文件中的每个页面都转换为Flash文件中的一个场景。选择“关键帧”单选按钮，会将FreeHand文件中的每个页面转换为Flash文件中的一个关键帧。
- **图层：**选择“图层”单选按钮，会将FreeHand文件中的每个图层都转换为Flash文件中的图层。选择“关键帧”单选按钮，会将FreeHand文件中的每个图层都转换为Flash文件中的一个关键帧。选择“平面化”单选按钮，会将FreeHand文件中的所有图层都转换为Flash文件中单个的平面化图层。
- **页面：**选择“全部”单选按钮，将导入FreeHand文件中的所有页面。在“自”和“至”文本框中输入页码，将导入页码范围内的FreeHand文件。
- **选项：**选择“包括不可见图层”复选框，将导入FreeHand文件中的所有图层（包括可见图层和隐藏层）。选择“包括背景图层”复选框，会随FreeHand文件一同导入背景图层。选择“维持文本块”复选框，会将FreeHand文件中的文本保持为可编辑文本。

03 设置完成后，单击“确定”按钮，即可将**FreeHand**文件导入**Flash**中。

11.3 导出文件

学习时间：15分钟

在Flash中可以将动画导出为其他格式的文件，其操作步骤如下：

01 选择工具箱中的“椭圆工具”，将“笔触颜色”定义为“无”，将“填充颜色”设置为径向渐变，然后在舞台中配合【Shift】键绘制一个正圆形。

02 确定绘制的正圆形处于选择状态，单击“颜色”按钮，打开“颜色”面板，在下面的渐变条中调整渐变颜色。

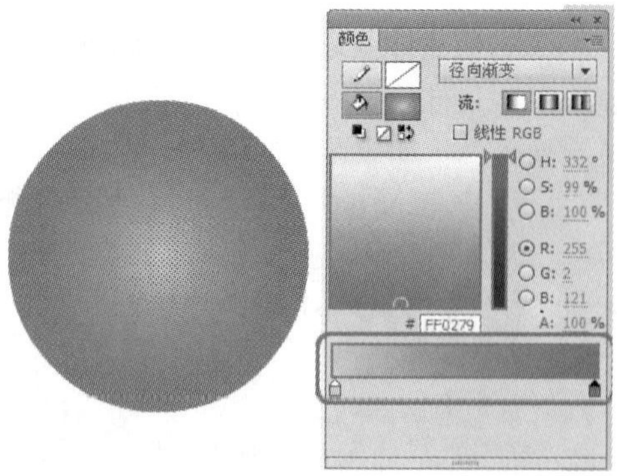

03 选择菜单栏中的“文件”→“导出”→“导出图像”命令。

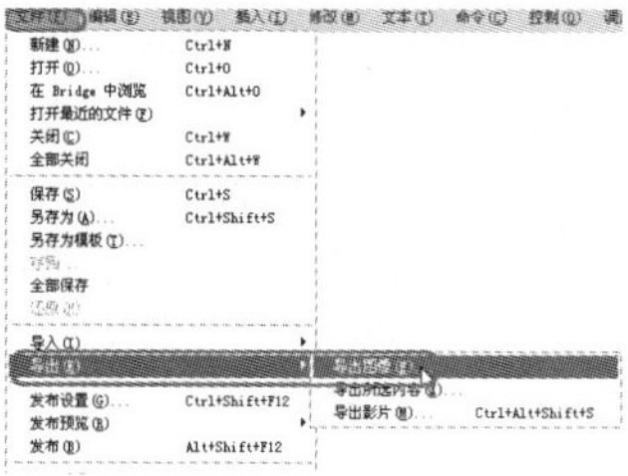

04 弹出“导出图像”对话框，在“文件名”文本框中输入要保存的文件名，在“保存类型”下拉列表框中选择要保存的格式，设置完成后单击“保存”按钮。

05 弹出【导出GIF】对话框，使用默认参数，单击【确定】按钮。

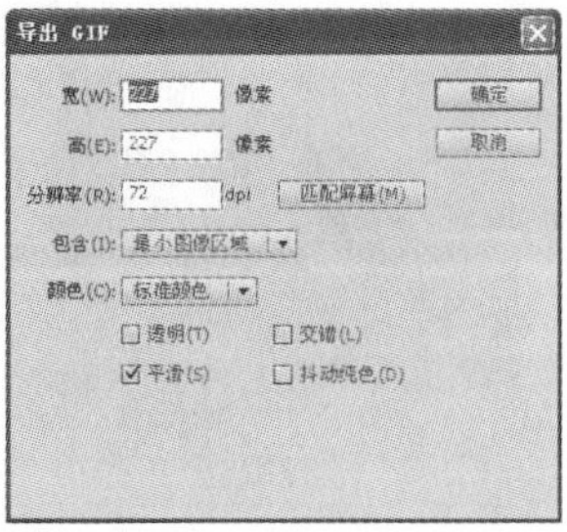

06 保存类型包括“SWF 影片”、“Adobe FXG”、“位图”、“JPEG图像”、“GIF图像”和“PNG”6种格式。存储时选择不同的格式，弹出的对话框也不同。用户可根据自己的需要进行选择。

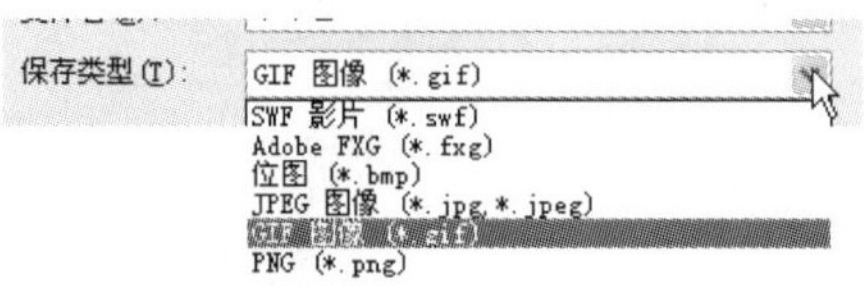

11.4 转换矢量图形并替换背景

学习时间：40分钟

下面通过“转换位图为矢量图”命令来将位图转换为矢量图形，并为其添加背景，然后介绍图像的输出。

01 在菜单栏中选择“文件”→“导入”→“导入到舞台”命令，导入第11章的“葡萄.jpg”素材。

02 选中素材，选择菜单栏中的“修改”→“位图”→“转换位图为矢量图”命令，弹出“转换位图为矢量图”对话框，将“颜色阈值”设置为25，将“最小区域”设置为5像素，即可将选择的位图转换为矢量图形。

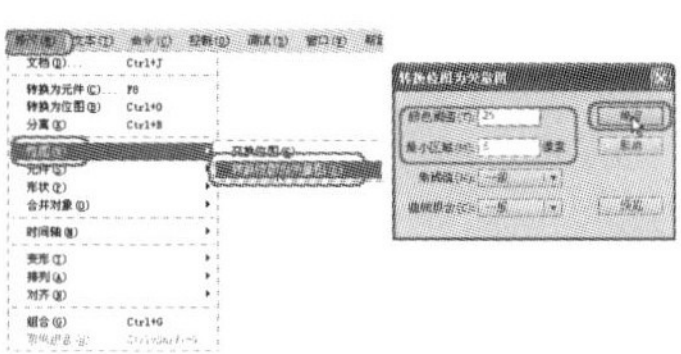

03 在舞台中选择白色的背景。确定背景处于选择状态，按【Delete】键将白色背景删除。

04 打开“时间轴”面板，将“图层1”锁定，单击“新建图层”按钮，新建一个图层，并将其命名为“背景”，然后将其拖曳至“图层1”的下方。

05 按【Ctrl+R】组合键，弹出“导入”对话框，选择第11章的“葡萄背景.jpg”素材，单击“打开”按钮，将其导入舞台中。打开“时间轴”面板，单击“图层1”处的眼睛按钮，将该图层隐藏，然后选择“背景”图层。

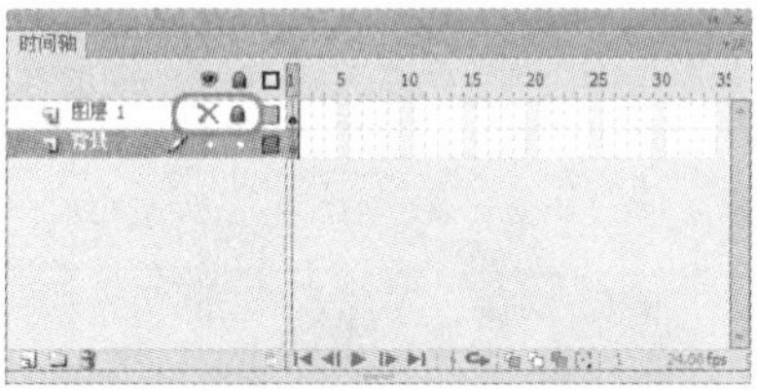

06 单击工具箱中的“任意变形工具”，配合【Shift】键对素材图形进行缩放，并将其居中到舞台的中央。

07 打开“时间轴”面板，锁定“背景”图层，选择“图层1”图层并取消该图层的隐藏。

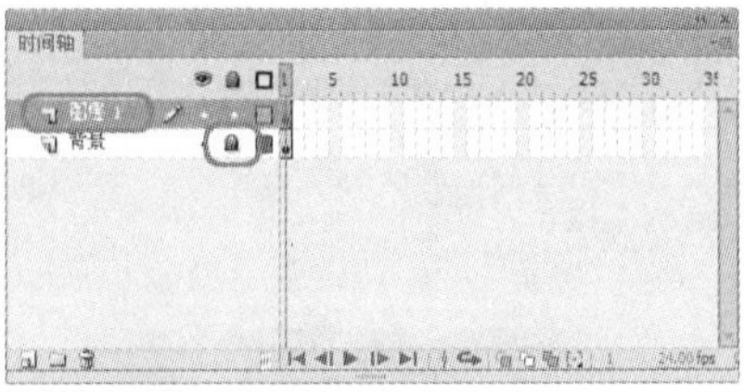

08 单击工具箱中的“任意变形工具”按钮，配合【Shift】键对矢量图形进行缩放，并调整葡萄的位置。

09 保存场景文件。在菜单栏中选择“文件”→“导出”→“导出图像”命令，在弹出的对话框中将“文件名”命名为“替换背景”，将“保存类型”定义为“GIF图像”，设置完成后单击“保存”按钮。

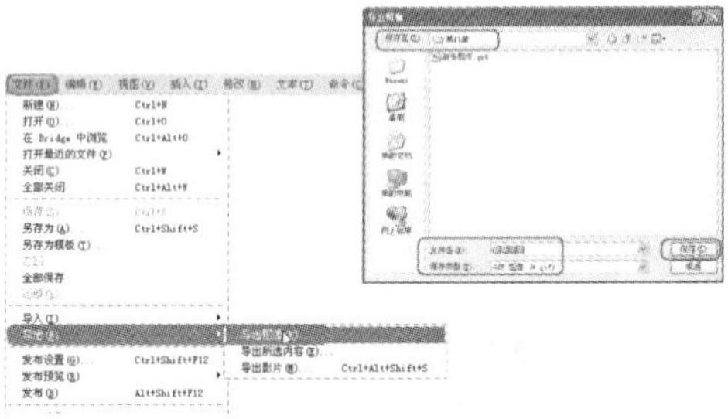

10 系统会自动弹出“导出 GIF”对话框，在弹出的对话框中保持默认设置，单击“确定”按钮。

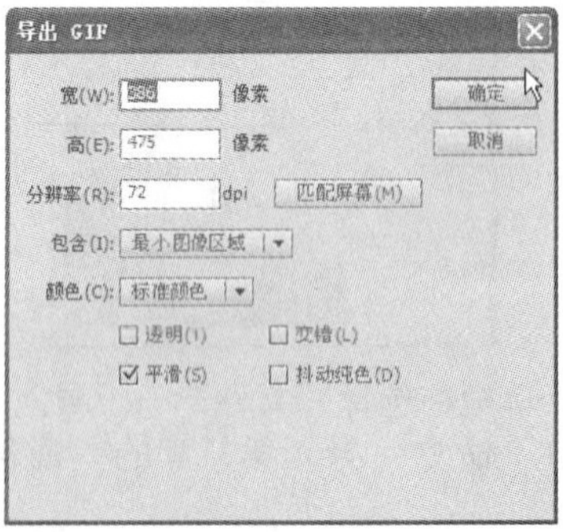

第12章

本章导读：

“库”面板是Flash影片中所有可以重复使用元素的存储仓库，各种元件存储在“库”面板中，使用时只需从该面板中调用即可。用户可以通过“库”面板预览动画，而无须打开此动画，也可以使用其他动画文件中的元件，因此其在Flash动画的编辑过程中占据着重要的地位。本章将对“库”面板和“时间轴”面板进行简单的介绍。

库和时间轴

12.1 库

学习时间：1小时10分钟

库是元件和实例的载体，是使用Flash制作动画时一个非常有力的工具，使用库可以省去很多重复操作和其他一些不必要的麻烦。另外，使用库对最大程度地减小动画文件体积也具有决定性的意义，充分利用库中包含的元素可以有效地控制文件的大小，便于文件的传输和下载。Flash包括两种库，一种是当前编辑文件的专用库，另一种是Flash中自带的公用库，这两种库有着相似的使用方法和特点，但也有很多不同点，所以要掌握Flash中库的使用，首先要对这两种不同类型的库有足够的认识。

12.1.1 认识“库”面板

在菜单栏中选择“窗口”→“库”命令，即可打开“库”面板。“库”面板中包括当前文件的标题、预览窗口、库文件列表及一些相关的库文件管理工具等。

- **库元素的名称：** 库元素的名称要与源文件的文件名称对应。
- **选项菜单：** 单击右上角的按钮，会弹出菜单，然后可以选择其中的命令。
- **搜索文本框：** 直接在搜索文本框中输入要查找的项目，便能很快找到，既方便又快捷。
- **元件排列顺序按钮：** 箭头朝上的按钮代表当前的排列是按升序排列，箭头朝下的按钮代表当前的排列是按降序排列。
- **“新建元件”：** 单击该按钮，会弹出“创建新元件”对话框，可以设置新建元件的名称及新建元件的类型。其功能和选择“插入”→“新建元件”菜单命令相同。
- **“新建文件夹”：** 在一些复杂的Flash文件中，库文件通常很多，管理起来非常不方便。因此需要使用创建新文件夹的功能，在“库”面板中创建一些文件夹，将同类文件放到相应的文件夹中，使今后元件的调用更加灵活、方便。
- **“属性”：** 用于查看和修改库元件的属性，单击此按钮，在弹出的对话框中将显示元件的名称、类型等一系列的信息。
- **“删除”：** 用来删除库中多余的文件和文件夹。

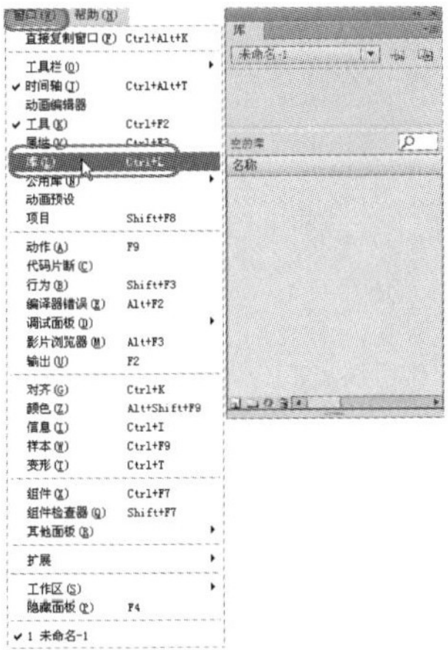

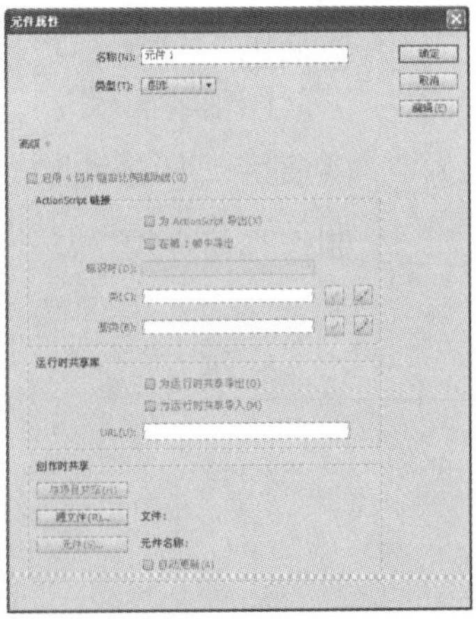

12.1.2 使用库及管理库

库文件可以反复地出现在影片的不同画面中，它们对整个影片的尺寸影响不大，因此被引用的元件就成为了实例。调用库中的元素非常简单，只需要将所需的文件拖入舞台中即可。既可以从预览窗口中拖入，也可以从文件列表中拖入。

◉ **重命名库元素。**

“库”面板是存储和组织在Flash中创建的各种元件的地方，它还用于存储和组织导入的文件。包括位图图像、声音文件和视频剪辑等。使用“库”面板可以组织文件夹中的库项目，查看项目在文档中使用的频率，并可按照类型对项目排序。

在“库”面板的元素列表中看到的文件类型包括图形、按钮、影片剪辑、媒体声音、视频、字体和位图等。前面3种是在Flash中生成的元件，后面两种是导入素材后生成的。

下面介绍创建元件的方法。

01 启动Flash CS6，新建一个空白文档。在菜单栏中选择“插入”→“新建元件”命令，弹出“创建新元件”对话框。

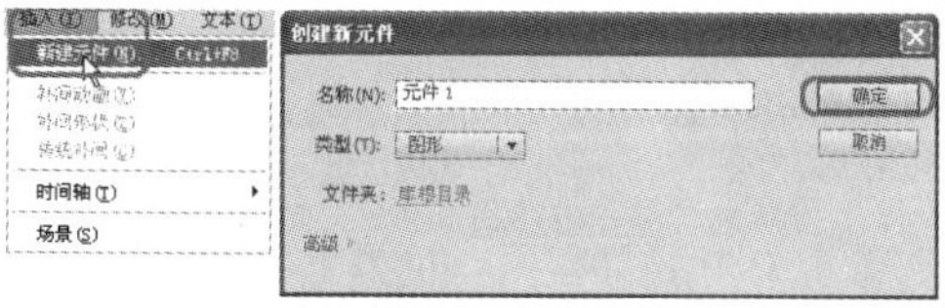

02 单击“确定”按钮，即可创建库元件。

技巧提示

除了运用上述方法可以创建库元件外，还有以下几种方法：

◉ 在“库”面板的选项菜单中选择“新建元件”命令。

◉ 在“库”面板中单击鼠标右键，在弹出的快捷菜单中选择“新建元件”命令。

◉ 单击“库”面板下方的“新建元件”按钮。

◉ 先在舞台上选中图像或者动画，然后选择“修改”→“转换为元件”命令。

另外，还可以通过选择“文件”→“导入到库”菜单命令，将外部的视频、声音和位图等素材导入影片中，它们会自动出现在库里。

◉ **重命名库元素。**

下面介绍重命名库元素的方法。

01 新建一个空白文档，并新建一个图形元件，绘制一个红色矩形。

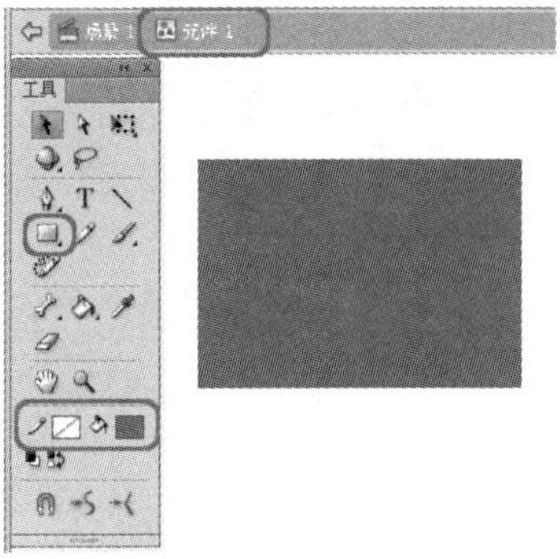

02 打开“库”面板，在“元件1”名称上双击，激活文本输入框，将其命名为“矩形元件”，按【Enter】键确认，即可重命名库元件。

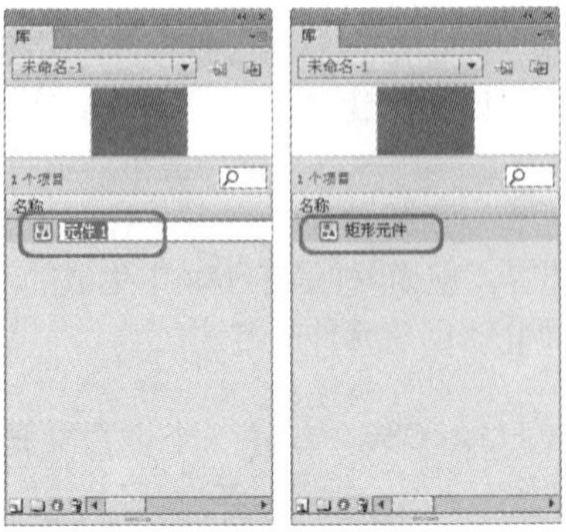

技巧提示

除了运用上述方法可以重命名库元件外，还有以下几种方法：

◉ 选择需要重新命名的元件，在“库”面板的选项菜单中选择“重命名”命令。

◉ 在“库”面板中要重新命名的元件上单击鼠标右键，在弹出的快捷菜单中选择“重命名”命令。

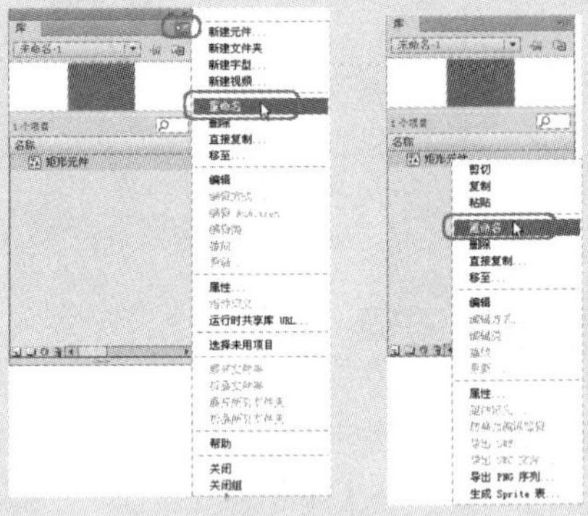

◉ **库文件夹。**

下面介绍在“库”面板中创建文件夹的方法。

01 按【Ctrl+O】组合键，在弹出的对话框中选择第12章中的“库文件夹.fla”文件，即可打开场景文件。

02 在菜单栏中选择“窗口”→“库”命令，打开“库”面板，单击右上角的选项菜单按钮，在弹出的下拉菜单中选择“新建文件夹”命令。

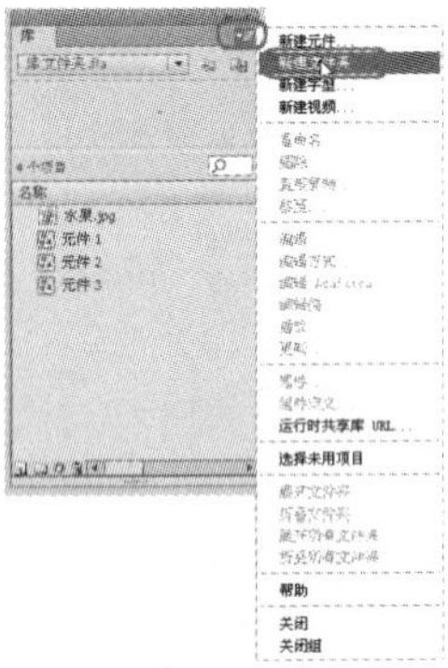

03 即可在“库”面板中创建一个新文件夹，并将其命名为“文字标语”。

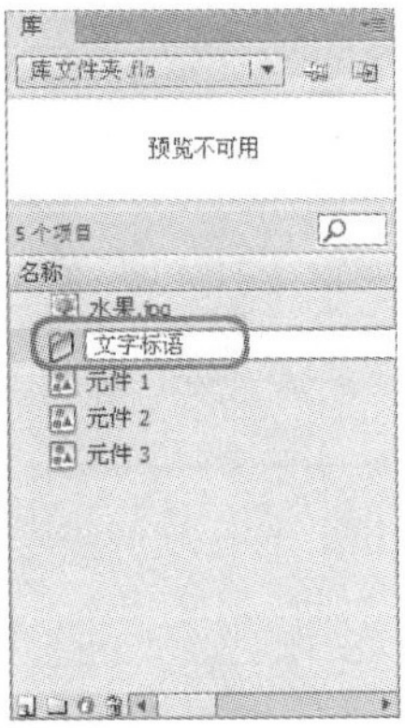

04 在“库”面板中选择“元件1”，然后在按住【Shift】键的同时选择“元件3”，将3个元件全部选择。

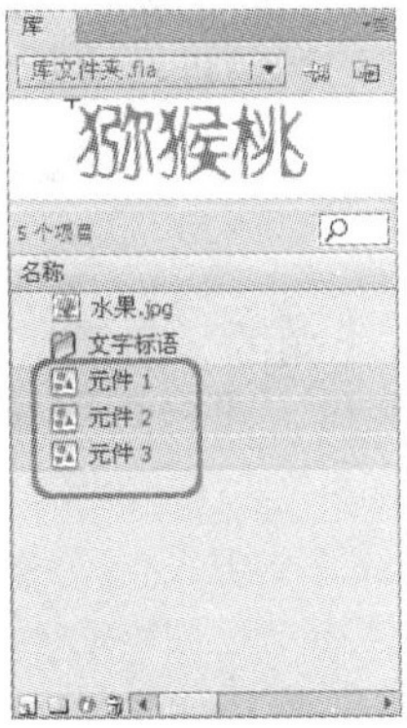

05 按下鼠标左键并拖动，将选择的3个元件移至“文字标语”文件夹中。

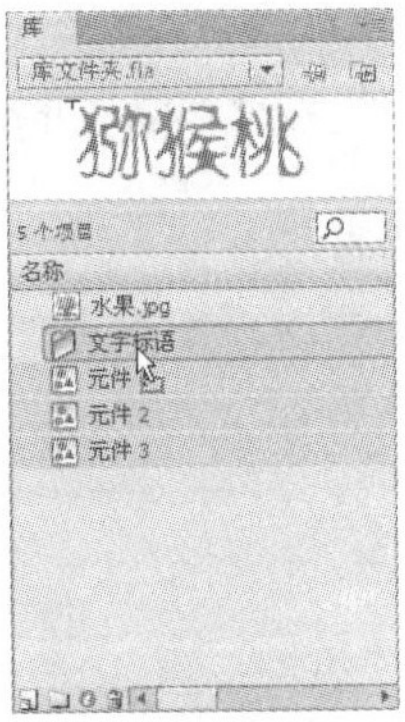

06 释放鼠标，即可将选择的元件移至新建的文件夹中，双击“文字标语”文件夹名称左侧的按钮，展开该选项，即可看到该文件夹中的库元件。

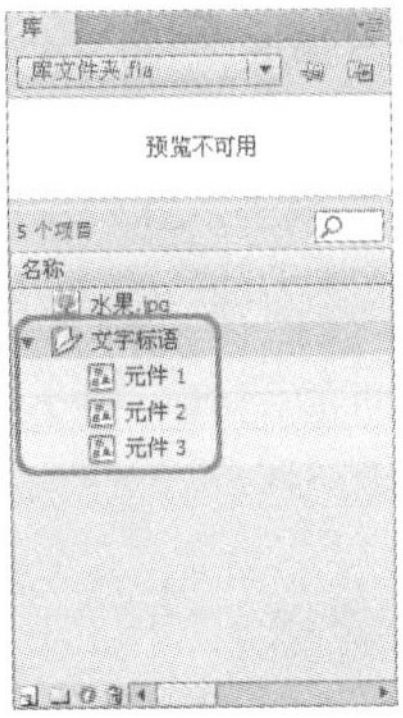

下面介绍另一种新建文件夹的方法。

01 单击“库”面板下方的“新建文件夹”按钮，新建一个文件夹，并将其命名为“文字标语”。

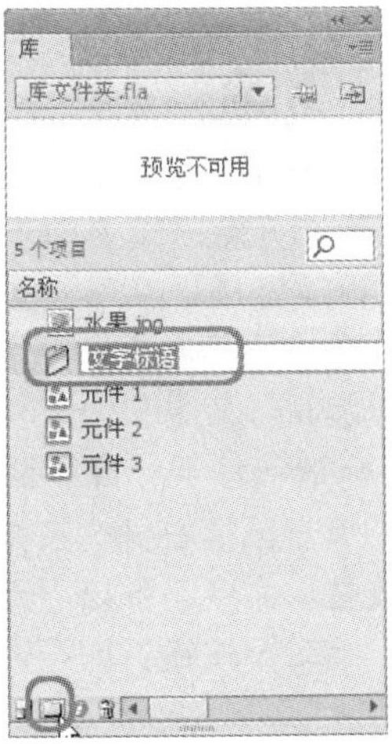

02 在“库”面板中选择“元件1”并单击鼠标右键，在弹出的快捷菜单中选择“移至”命令。

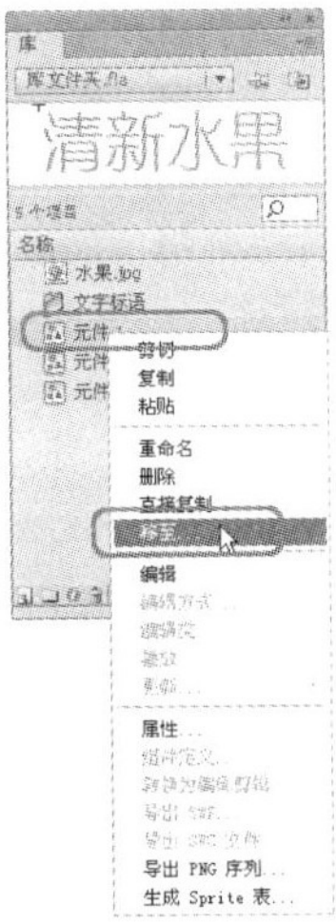

03 打开“移至文件夹”对话框，选择“现有文件夹”单选按钮，单击“文字标语”文件夹，然后单击“确定”按钮。

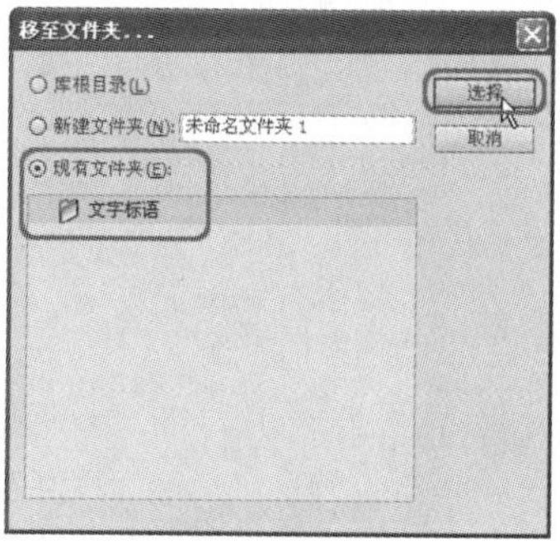

04 单击“文字标语”文件夹左侧的▶按钮，展开该选项，即可看到该文件夹中的库元件。

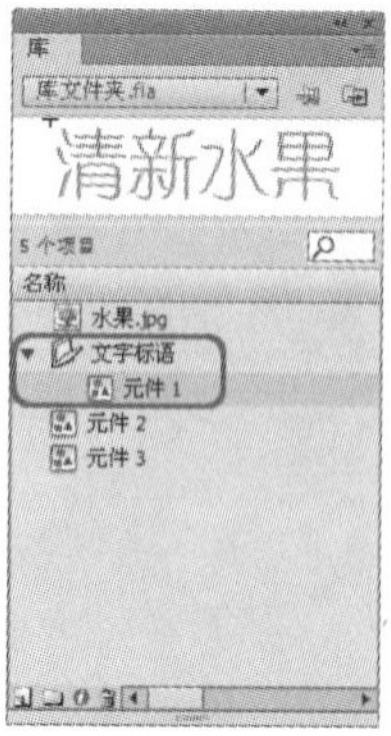

12.1.3 库文件的编辑

对库文件进行编辑，可以使影片的编辑更加容易。因为当需要对许多重复的元素进行修改时，只要对库文件做出修改，程序就会自动根据修改的内容对所有该元件的实例进行更新。

◉ **编辑元件。**

要从“库”面板进入元件编辑环境，可以按下面的步骤进行操作。

01 继续上一节的操作。打开“库”面板，双击“元件1”前面的图标，进入“元件1”的编辑模式。

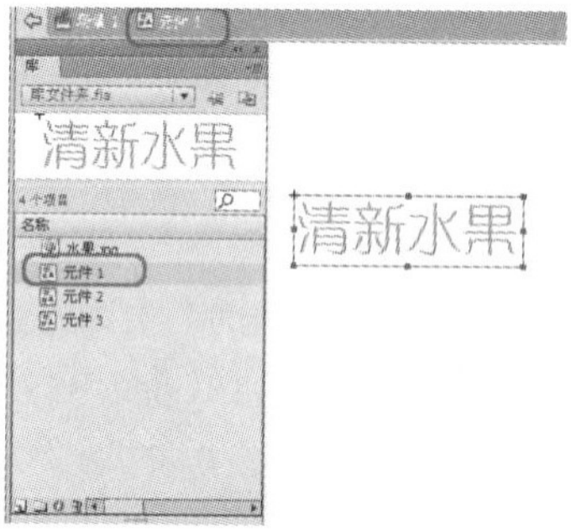

02 单击“属性”按钮，进入“属性”面板，展开“字符”选项组，将“系列”设置为“方正姚体”，此时“图形1”元件的字体被更改为方正姚体。

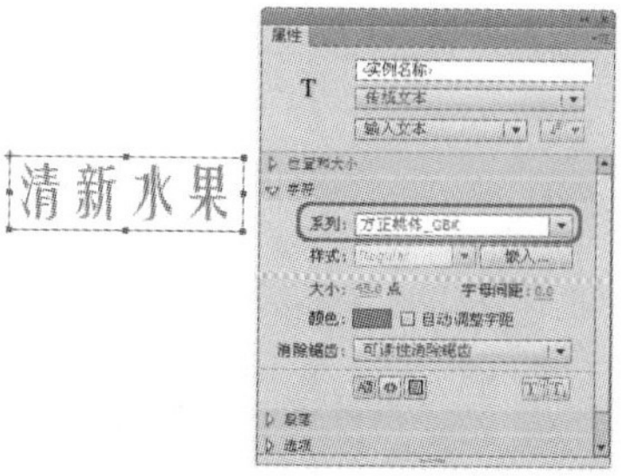

03 单击舞台左上角的“场景1”按钮，进入场景编辑模式，即可查看编辑后的元件实例。

技巧提示

除了运用上述方法可以进入元件编辑模式外，还有以下两种方法：

◉ 将鼠标指针移至“库”面板中需要编辑的元件上，单击鼠标右键，在弹出的快捷菜单栏中选择“编辑”命令。

◉ 将鼠标指针移至“库”面板中需要编辑的元件上，单击鼠标右键，在弹出的快捷菜单中选择“属性”命令。弹出“元件属性”对话框，单击“编辑”按钮，即可进入元件编辑模式。

◉ **编辑声音。**

由于舞台是用于显示图像的，编辑声音与舞台无关，所以需要在“声音属性”对话框中编辑场景中的声音。

01 在菜单栏中选择“文件”→“导入”→“导入到库”命令，在弹出的对话框中选择第12章中的“intro_fw.mp3”文件，将其导入。

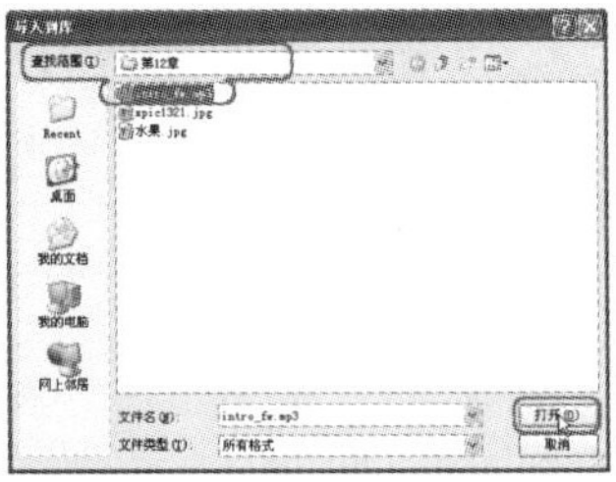

02 在菜单栏中选择“窗口”→“库”命令，打开“库”面板，即可看到新导入的声音文件。

03 在“库”面板中选择声音文件，单击鼠标右键，在弹出的快捷菜单中选择“属性”命令。

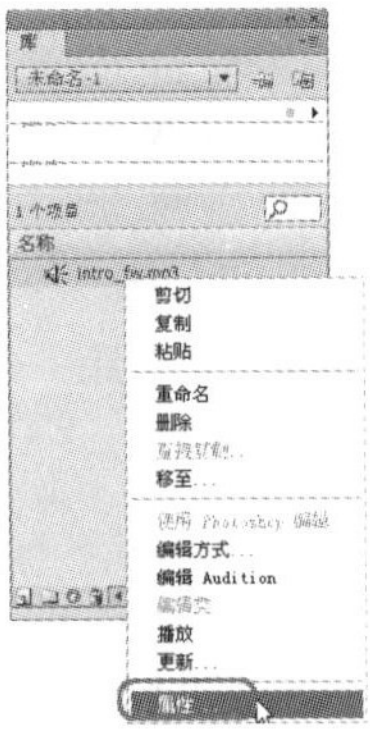

04 弹出“声音属性”对话框，将“压缩”设置为“默认”，设置完成后单击“确定”按钮，此时即可编辑声音。

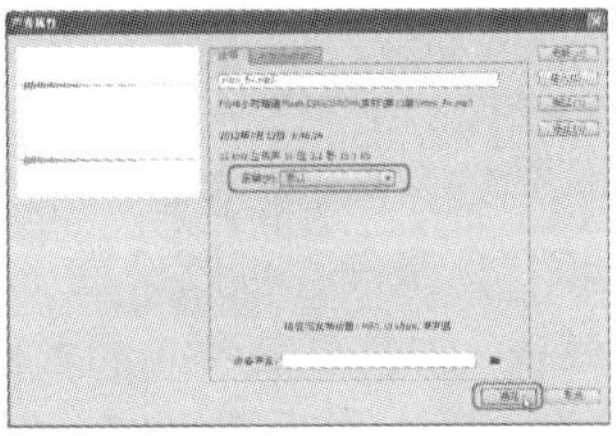

◉ **编辑位图。**

下面介绍位图的编辑。

01 启动Flash CS6，在菜单栏中选择“文件”→“导入”→“导入到舞台”命令，在弹出的对话框中选择第12章中的“足球.jpg”文件，将其导入。

02 将素材文件导入到舞台中，并使用工具箱中的“任意变形工具”，将导入的素材文件进行缩放。

03 打开“库”面板，在“足球.jpg”元件上单击鼠标右键，在弹出的快捷菜单中选择“属性”命令。

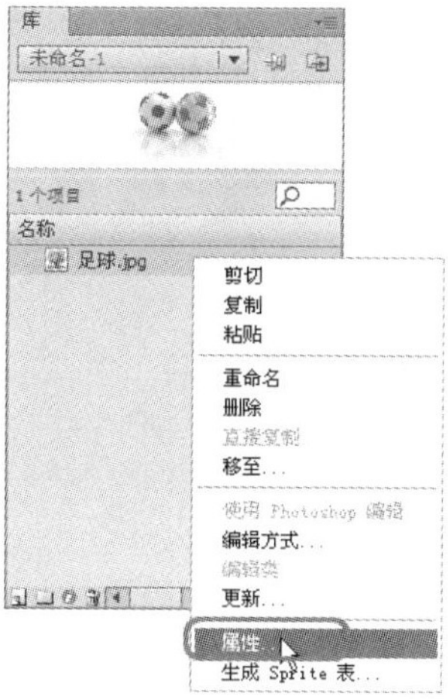

04 打开“位图属性”对话框，将“压缩”设置为“无损（PNG/GIF）”，设置完成后单击“确定”按钮。此时即可对位图进行编辑。

在“位图属性”对话框中，各主要按钮及选项的含义如下。

- **更新：** 如果已重新编辑位图原始文件，可以单击该按钮，以更新“库”面板中的位图文件。
- **“导入”：** 单击该按钮，可以导入新的位图文件替换原始文件，并把当前位图元件的所有实例替换为新导入的位图文件所生成的实例。
- **测试：** 单击该按钮，用户可以看到当前位图的源文件及压缩后的大小。
- **压缩：** 在该下拉列表框中包含“照片（JPEG）”和“无损（PNG/GIF）”两个选项，其中“照片（JPEG）”是一种可以设置压缩比例的格式，用户可在相关的品质文本框中输入数值，数值越小压缩得越多，品质就越差；“无损（PNG/GIF）”是一种无损图片格式，没有其他选项设置。

12.1.4 公用库

在菜单栏中选择“窗口”→“公用库”命令，在其子菜单中包含“Buttons”、“Classes”和“Sounds”三个命令。

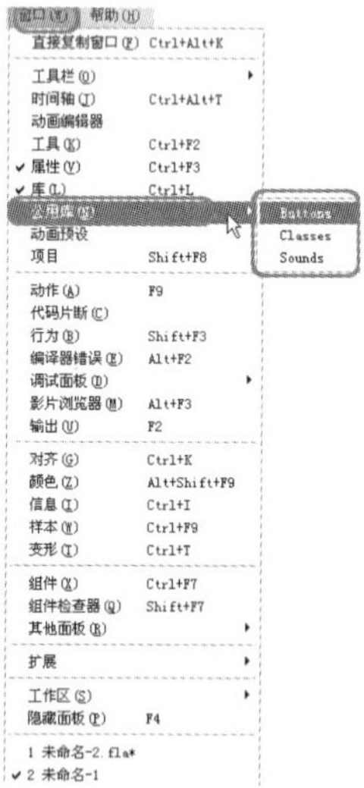

- Buttons：选择“Buttons”命令，可以打开“外部库”面板。其中包含多个文件夹，打开其中一个文件夹，即可看到该文件夹中包含的多个按钮元件，单击选定其中的一个按钮元件，便可以在预览窗口中预览。
- Classes：选择“Classes”命令，可以打开类“外部库”面板。其中包含3项。
- Sounds：选择“Sounds”命令，可以打开声音的“外部库”面板，其中包含很多的声音文件。选择一个声音文件，单击面板上方的▶（播放）按钮，可以试听该声音文件；单击■（停止）按钮，则停止播放。

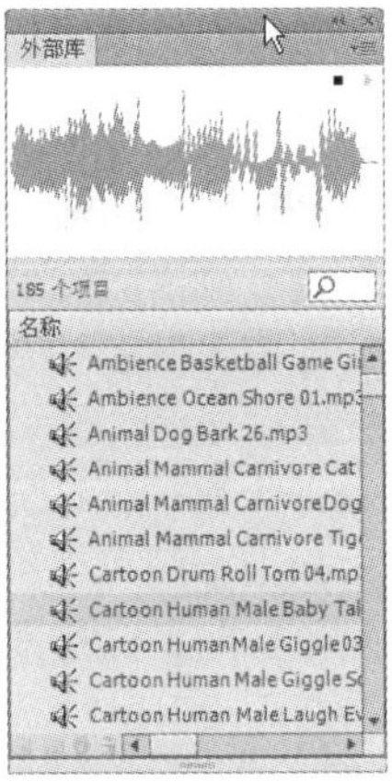

技巧提示

通过与专用库的对比，可看出在上面的3个库中，左下角的库管理工具都处于不能使用的状态，这是因为它们是固化在Flash CS6中的内置库，对这种库不能进行改变和相应的管理。对库中所带的各个文件有了详细的了解后，再进行动画制作时就可以得心应手、游刃有余了。

12.2 “时间轴”面板

学习时间：10分钟

12.2.1 认识“时间轴”面板

时间轴是整个Flash的核心，使用它可以组织和控制动画中的内容在特定的时间出现在画面上。

新建文档时，在工作窗口上方会自动出现“时间轴”面板，整个面板分为左右两个部分，左侧是“图层”面板，右侧是“帧”面板。左侧图层中包含的帧显示在“帧”面板中，正是这种结构使得Flash能巧妙地将时间和对象联系在一起。默认情况下，“时间轴”面板位于工作窗口的顶部，用户可以根据习惯调整其位置，也可以将其隐藏起来。

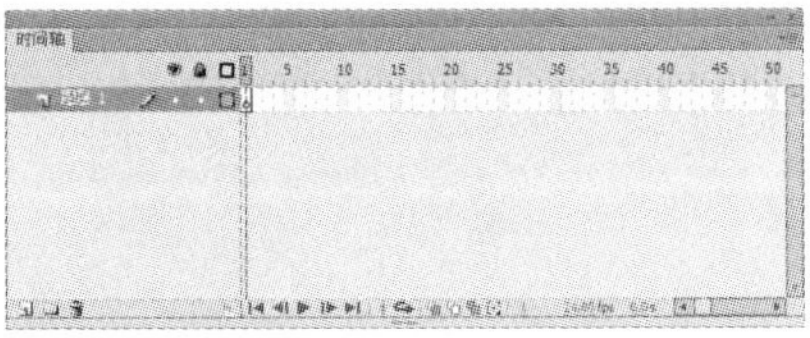

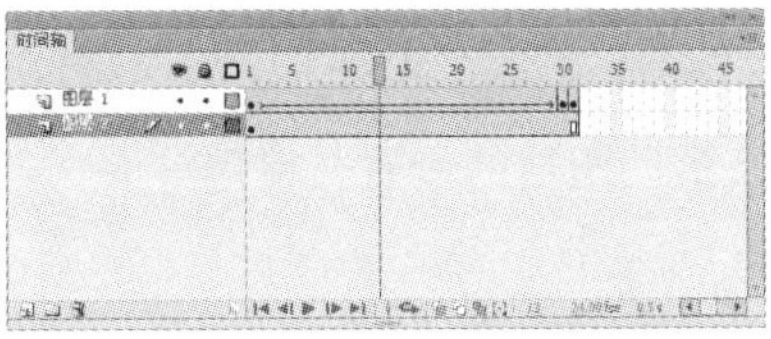

如果图层很多，无法在“时间轴”面板中全部显示出来，则可以通过使用“时间轴”面板右侧的滚动条来查看其他的图层。

如果“时间轴”面板位于应用程序窗口中，拖动“时间轴”面板和应用程序窗口之间的边框可以调整“时间轴”面板的大小。

如果“时间轴”面板处于浮动状态，拖动右下角的边框可以调整其窗口的大小。

12.2.2 播放头

播放头用来指示当前所在帧。如果在舞台中按下【Enter】键，则可以在编辑状态下运行影片，播放头也会随着影片的播放而向前移动，指示播放到的帧位置。

如果正在处理大量的帧，无法一次全部显示在“时间轴”面板上，则可以拖动播放头沿着时间轴移动，从而轻易地定位到目标帧。

技巧注意

播放头的移动是有一定范围的，最远只能移动到时间轴中定义过的最后一帧，不能将播放头移动到未定义过的帧范围。

12.2.3 帧

帧就像电影中的底片，基本上制作动画的大部分操作都是对帧的操作，不同帧的前后顺序将关系到这些帧中的内容在影片播放时的出现顺序。帧操作的好坏与否会直接影响影片的视觉效果和影片内容的流畅性。帧是一个广义概念，它包含3种类型，分别是普通帧（也可称为过渡帧）、关键帧和空白关键帧。

12.2.4 图层

在处理比较复杂的动画特别是制作拥有较多对象的动画效果时，因同时对多个对象进行编辑就会造成混乱，带来很多麻烦。针对这个问题，Flash提供了图层操作模式，每个图层都有自己的一系列帧，各图层可以独立地进行编辑操作。这样可以在不同的图层上设置不同对象的动画效果。另外，由于每个图层的帧在时间上也是互相对应的，所以在播放过程中，同时显示的各个图层是互相融合地协调播放，Flash还提供了专门的图层管理器，使用户在使用图层工具时有充分的自主性。

12.3 制作几何静物

学习时间：40分钟

本实例将充分利用Flash CS6提供的绘图功能，完成对各种基本形体、倒影、阴影及对这些形体颜色的填充设置。其中重点介绍如何绘制各种形体的技巧和方法、绘图工具的使用技巧和图层的衬托技巧，以及透明图层的设置与使用等。

12.3.1 布置“时间轴”面板

在本实例中主要用“时间轴”面板来布局各个图层，从而产生出一种特效。

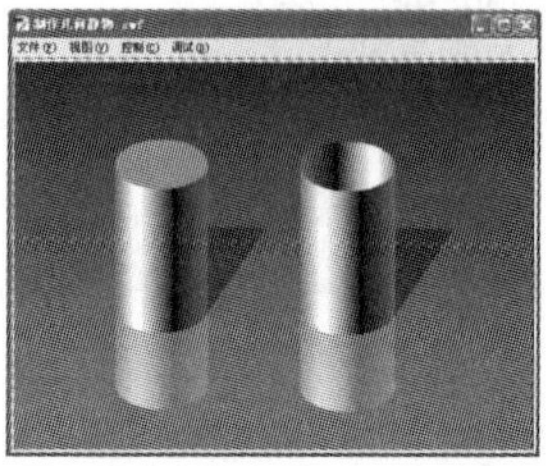

01 打开“时间轴”面板，将默认的“图层1”命名为“背景”图层，然后多次单击面板底端的“新建图层”按钮，创建6个图层，并分别对它们进行重命名。

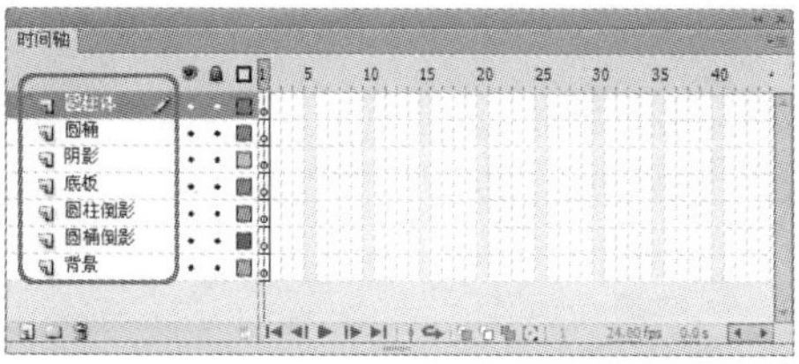

02 选择“背景”图层。

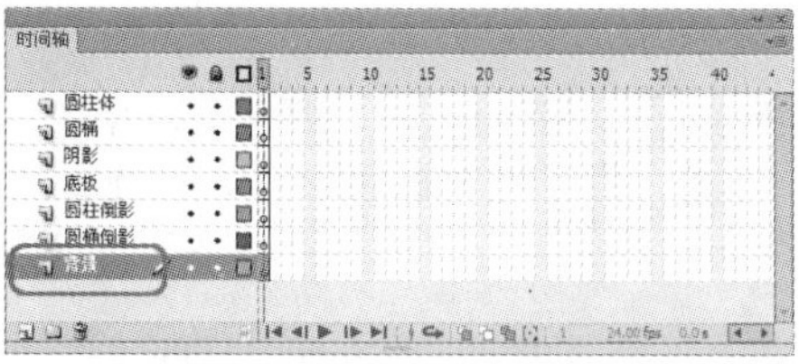

03 选择工具箱中的“矩形工具”，将“笔触颜色”设置为无，将“填充颜色”设置为黑色，在舞台中绘制黑色矩形。

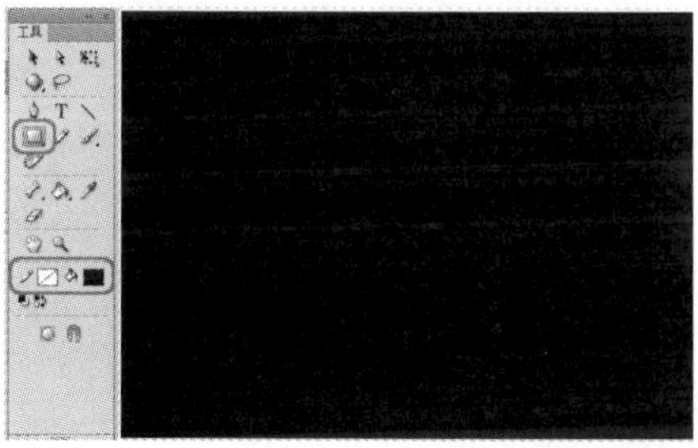

04 在“时间轴”面板中锁定“背景”图层，选择“底板”图层。

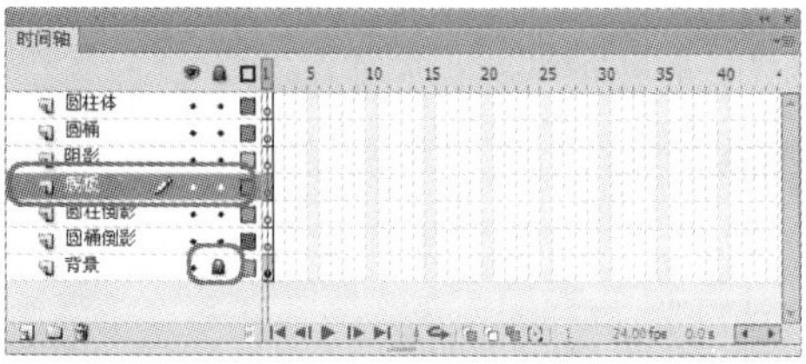

05 选择工具箱中的“矩形工具”，将“笔触颜色”设置为无，将“填充颜色”设置为渐变色，在舞台中绘制渐变矩形。

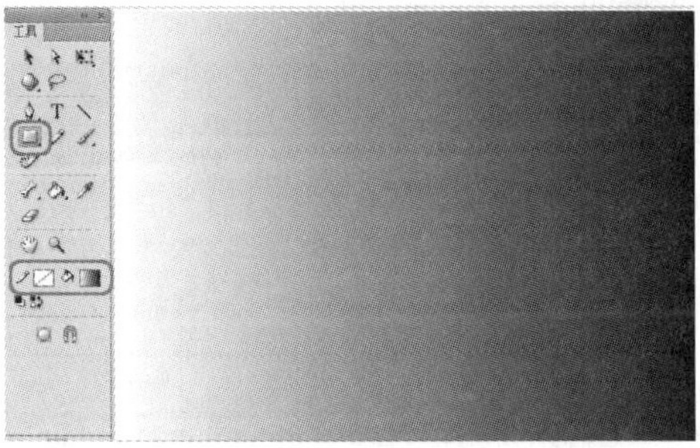

06 确定新绘制的渐变图形处于选择状态，选择工具箱中的“渐变变形工具”，出现渐变变形控制框，将鼠标移到旋转标记处，出现旋转箭头时，按住鼠标左键将渐变颜色进行旋转，并调整好渐变变形框的位置。

07 为了后面更好地体现倒影效果，这里将“底板”图层的“不透明度”设置为50%。

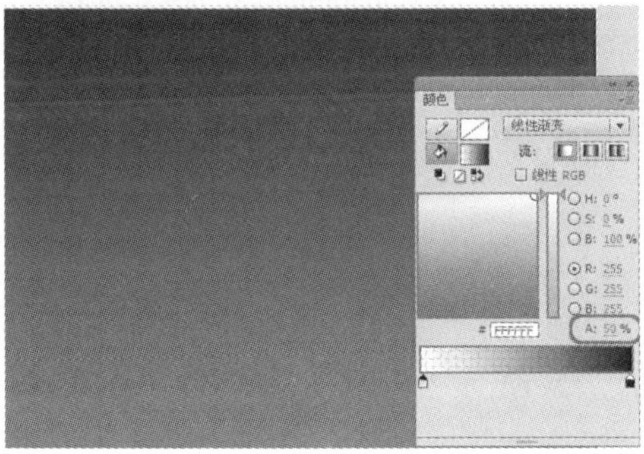

12.3.2 创建并设置元件

完成了图层的创建、命名和排序操作，下面开始制作元件。

01 在菜单栏中选择“插入”→“新建元件”命令，弹出“创建新元件”对话框，将“名称”命名为“圆桶”，将“类型”定义为“图形”，设置完成后单击“确定”按钮。

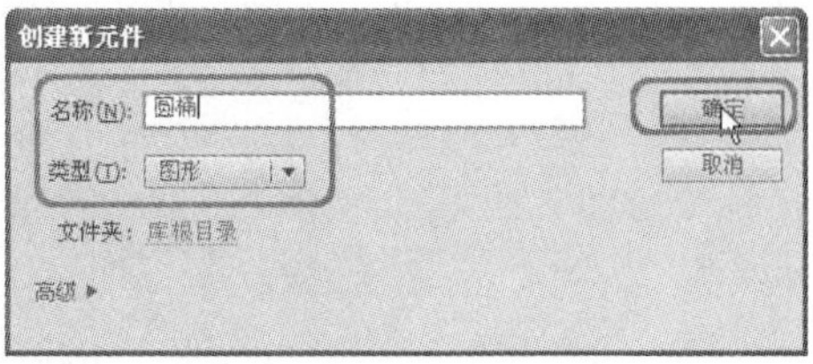

02 为了更准确地绘制图形，需要打开标尺，在菜单栏中选择“视图”→“标尺”命令。

03 进入“圆桶”元件的编辑状态，在舞台中拖出辅助线。

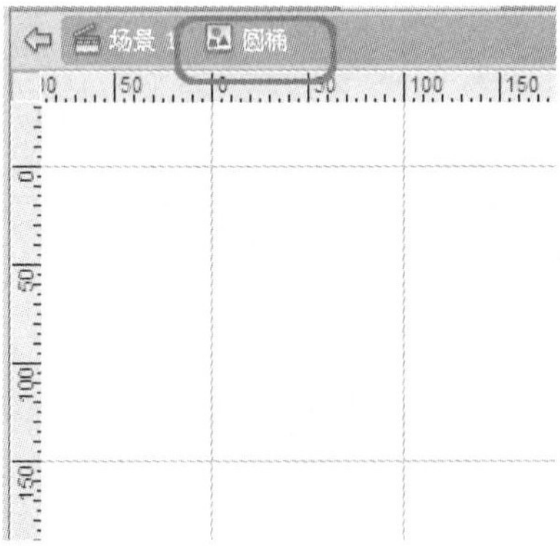

04 选择工具箱中的“矩形工具”，将“笔触颜色”设置为黑色，将“填充颜色”设置为无，在舞台中绘制一个“宽”为100、“高”为150的矩形。

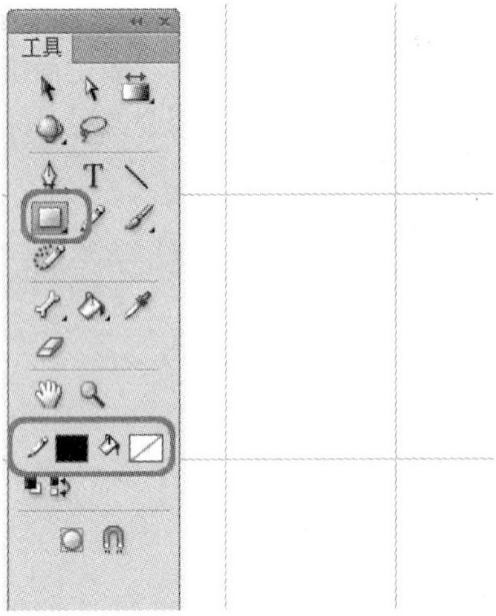

05 继续拖曳辅助线，并选择工具箱中的“椭圆工具”，将“填充颜色”设置为无，在舞台中绘制一个“宽”为100、“高”为50的椭圆形。

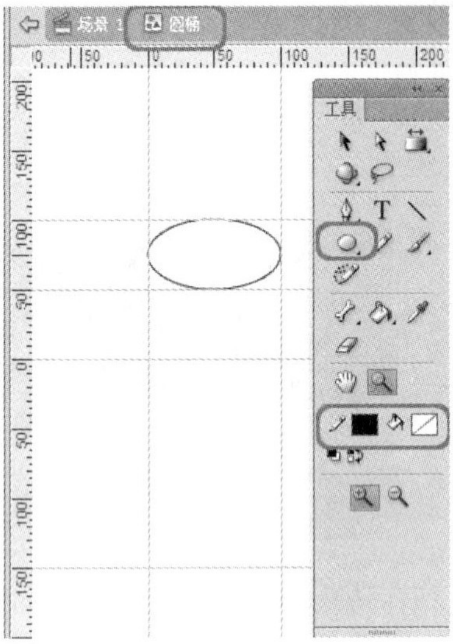

06 在菜单栏中选择“视图”→“辅助线”→“清除辅助线”命令。

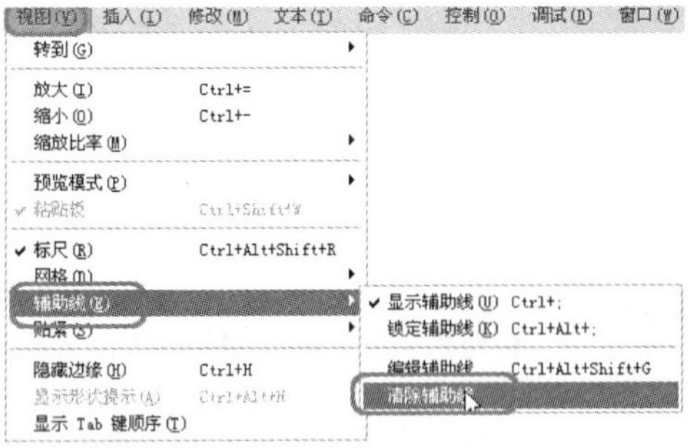

07 选择舞台中的椭圆形，将其移至合适的位置。然后在按住【Ctrl】键的同时向下拖动鼠标，将椭圆形进行复制，并将复制的图形调整至矩形的底部。

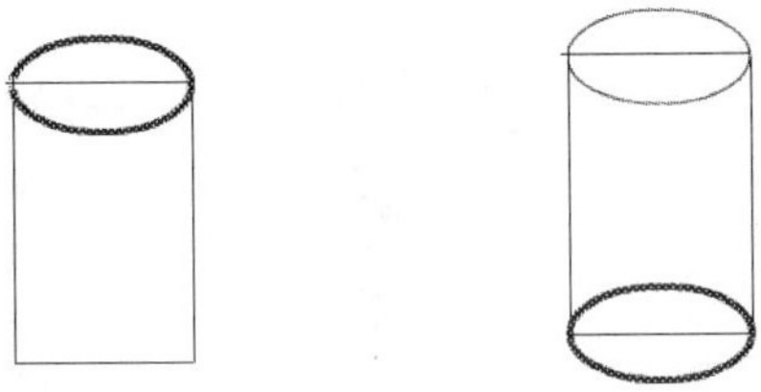

08 使用工具箱中的“选择工具” 将舞台中多余的边删除。

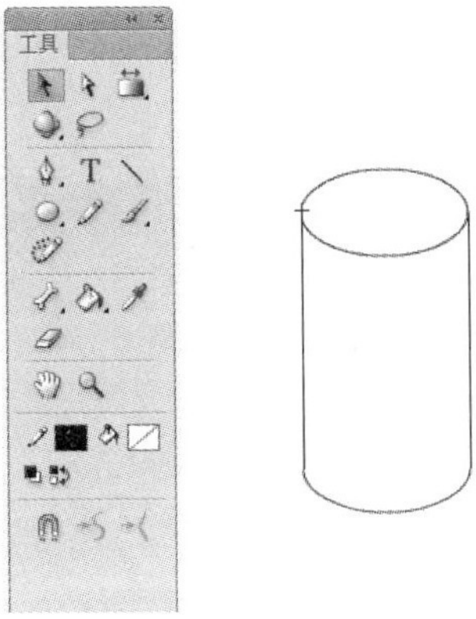

09 单击“颜色”按钮，打开“颜色”面板，将“颜色类型”定义为“线性渐变”，然后在下面的渐变条中添加色块，并设置渐变颜色，单击工具箱中的“颜料桶工具”按钮，将渐变颜色填充到绘制的图形中。

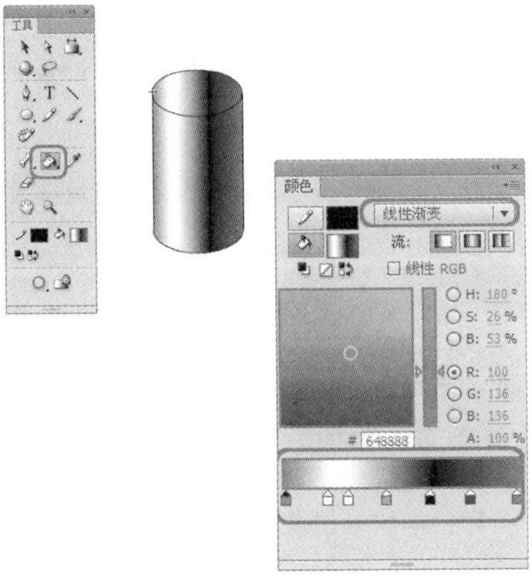

10 在舞台中选择上面的椭圆形，选择工具箱中的“渐变变形工具” ，出现渐变变形控制框，将鼠标移到旋转标记处，出现旋转箭头时，按住鼠标左键将渐变颜色进行旋转，并调整好渐变变形框的位置。

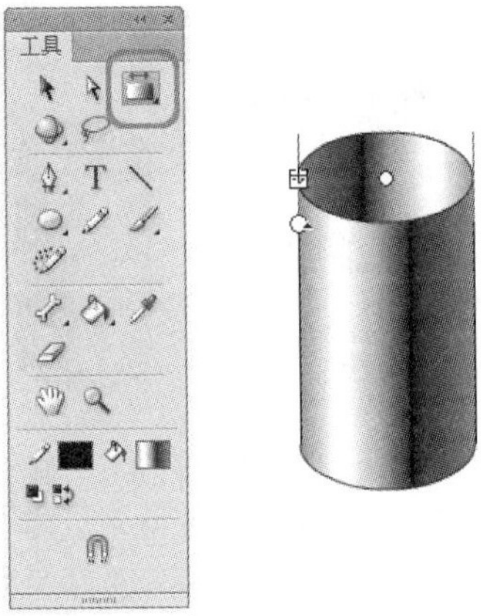

11 按【Ctrl+A】组合键，选择舞台中所有的对象，单击鼠标右键，在弹出的快捷菜单中选择“复制”命令。

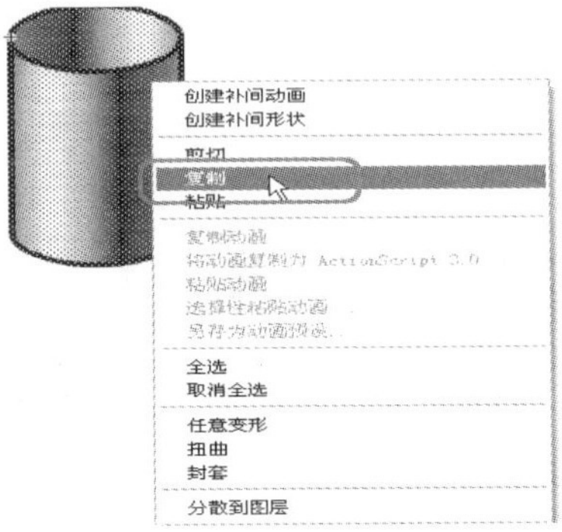

12 单击“场景1”按钮 场景 1，返回场景1，按【Ctrl+F8】组合键，打开“创建新元件”对话框，将“名称”命名为“圆柱”，将“类型”定义为“图形”，设置完成后单击“确定”按钮。

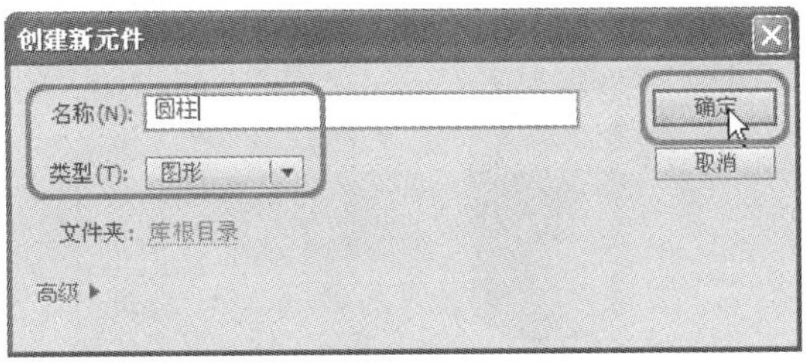

13 进入“圆柱”元件编辑状态，在编辑区内单击鼠标右键，在弹出的快捷菜单中选择“粘贴”命令，即可将复制的圆桶图形粘贴到编辑区内。

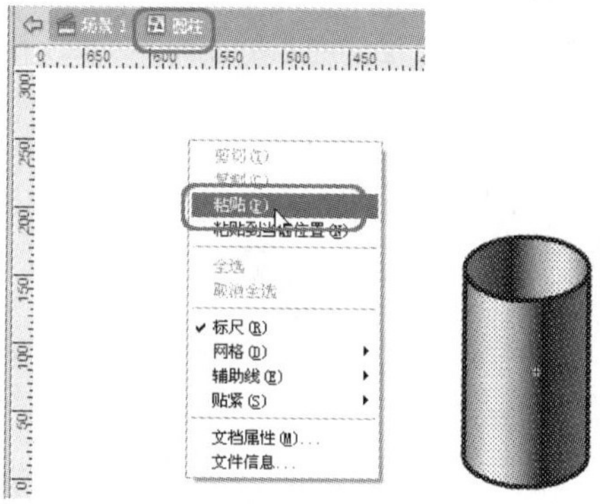

14 单击“颜色”按钮，打开“颜色”面板，在下面的渐变条中调整渐变颜色，单击工具箱中的“颜料桶工具”，将渐变颜色填充到绘制的图形中。

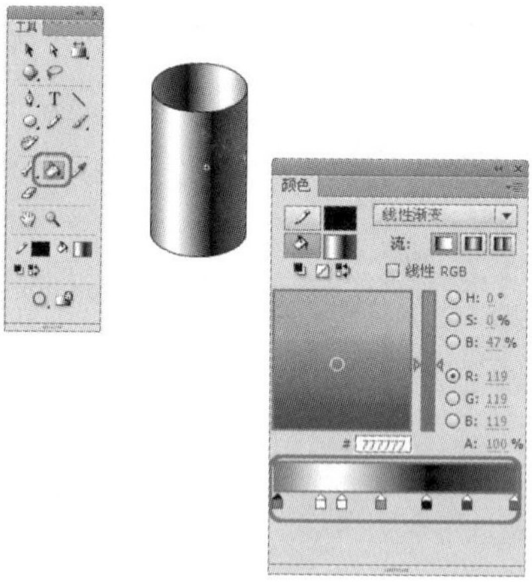

15 选择上面的椭圆形，单击“颜色”按钮，打开“颜色”面板，将“颜色类型”定义为“纯色”，将填充颜色设置为“#999999”。

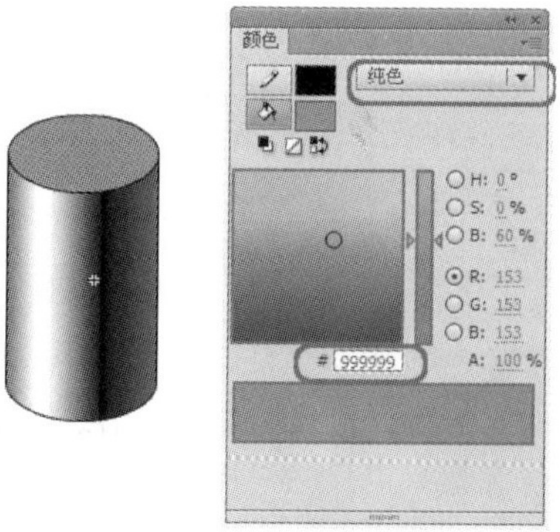

16 使用工具箱中的“选择工具”，双击圆柱体的边缘，选中边缘图形。按【Delete】键将其删除。

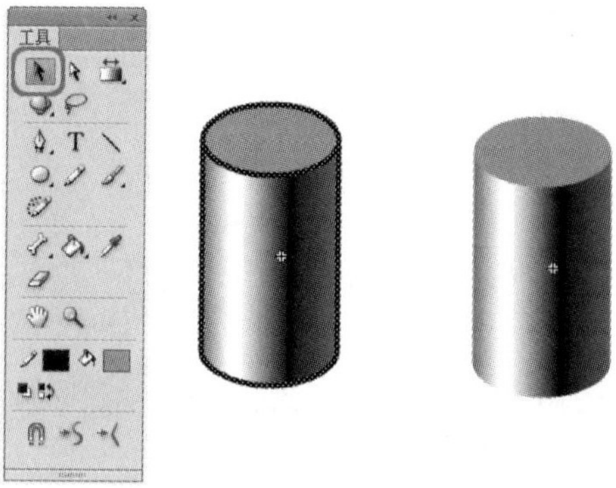

17 使用同样的方法将“圆桶”元件的边缘线删除。

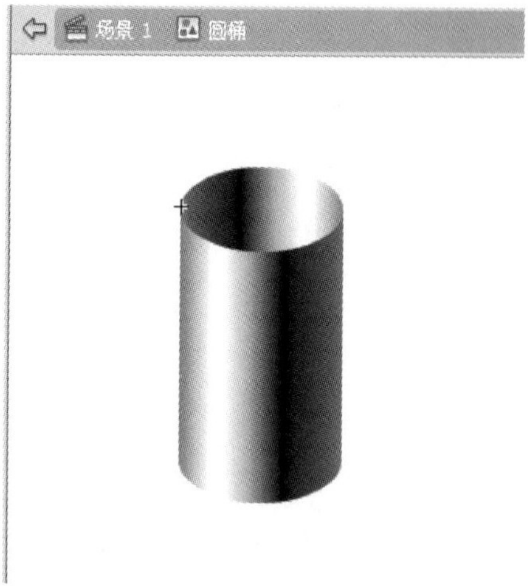

18 返回场景1中，按【Ctrl+F8】组合键，打开“创建新元件”对话框，将“名称”命名为“阴影”，将“类型”定义为“图形”，设置完成后单击“确定”按钮。

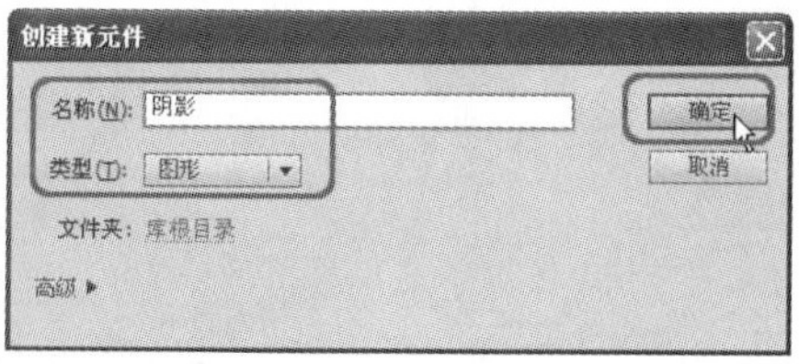

19 选择工具箱中的“矩形工具”，将“笔触颜色”设置为无，将“填充颜色”设置为黑色，在舞台中绘制黑色矩形。

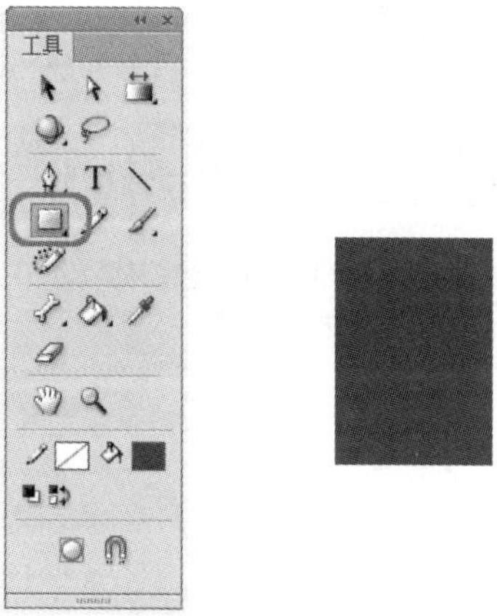

20 选择工具箱中的“任意变形工具”，对新绘制的图形进行变形处理。

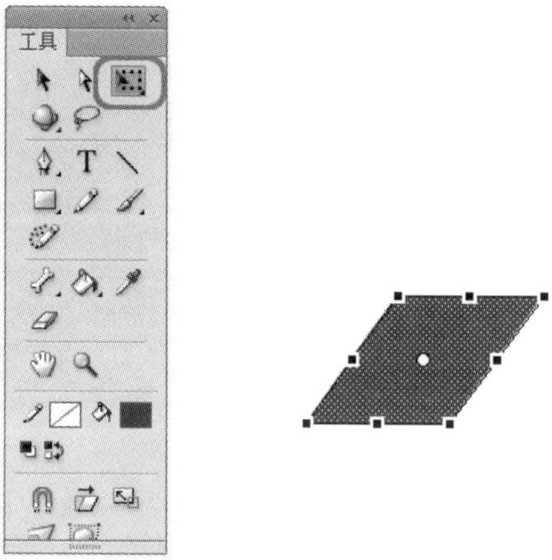

21 返回场景1中，打开“时间轴”面板，选择“圆柱体”图层，打开“库”面板，将“圆柱”元件拖曳到场景1中。

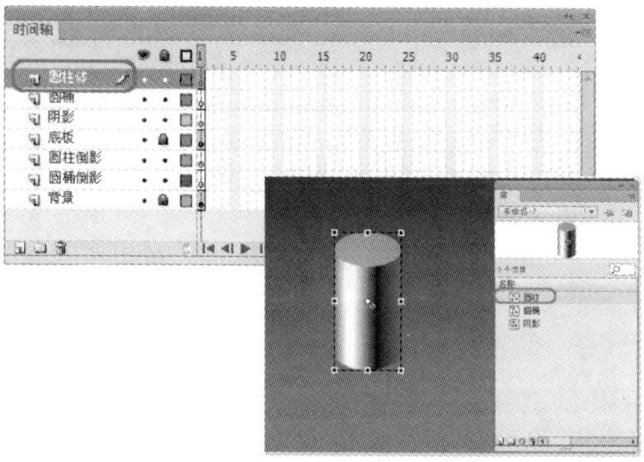

22 在“时间轴”面板中选择“圆桶”图层，打开“库”面板，将“圆桶”元件拖曳到场景1中。

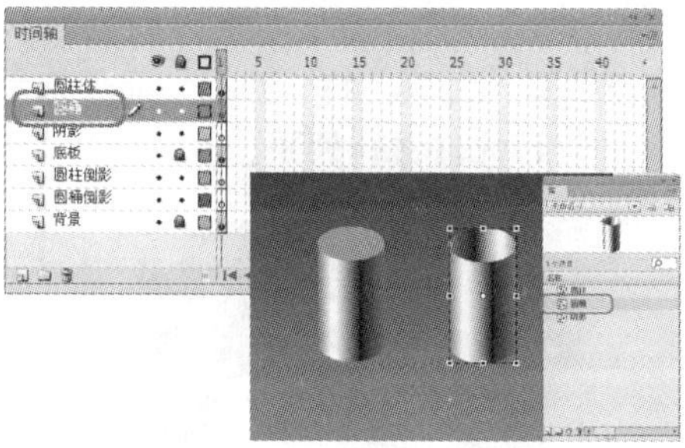

23 在“时间轴”面板中选择“阴影”图层，打开“库”面板，将“阴影”元件拖曳到场景1中，并配合工具箱中的“任意变形工具”，对阴影元件进行变形处理，

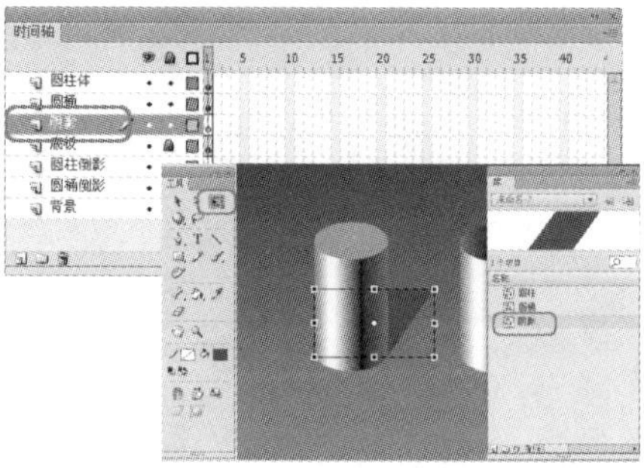

24 确定“阴影”元件处于选择状态，在按住【Ctrl】键的同时向右拖动鼠标，将阴影进行复制，并调整它的位置。

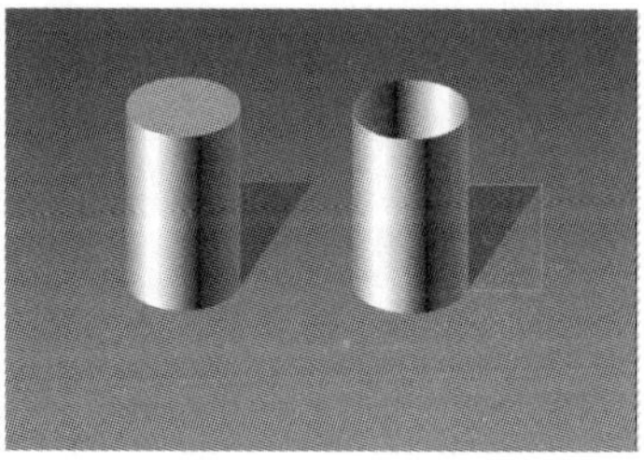

25 在“时间轴”面板中选择“圆柱倒影”图层，打开“库”面板，将“圆柱”元件拖到场景1中，并对该元件进行调整。

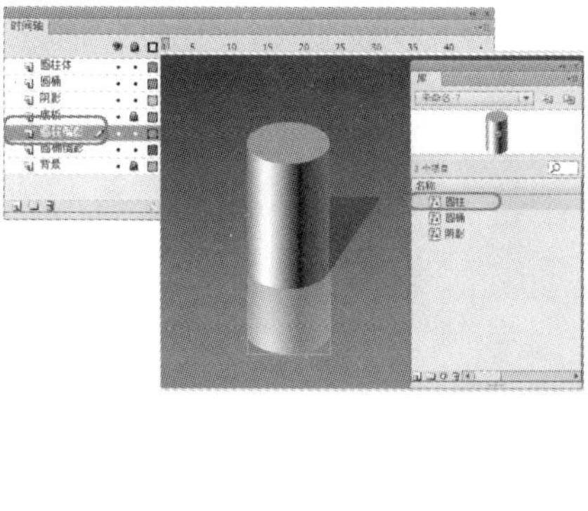

26 在“时间轴”面板中选择“圆桶倒影”图层，打开“库”面板，将“圆桶”元件拖曳到场景1中，并对该元件进行调整。

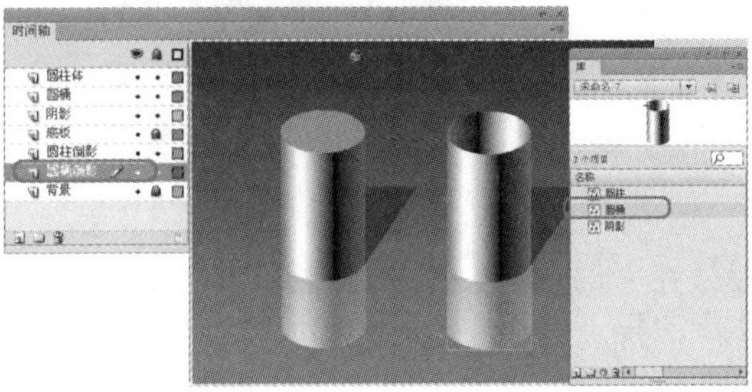

27 至此，几何静物制作完成了，选择菜单栏中的“文件”→“保存”命令，弹出“另存为”对话框，选择保存路径，将文件命名为“制作几何静物.fla”，单击“保存”按钮，保存场景文件。

第13章

本章导读：

前面讲解了怎样绘制素材，本章开始学习怎样制作简单的动画，动画中最基本的单位是帧，由于帧都是和时间轴及图层联系在一起的，因此本章主要介绍时间轴和图层的应用。包括图层的管理、属性和混合模式，以及对关键帧、空白关键帧、普通帧及多个帧的编辑。

动画制作基础

【基础知识：50分钟】

图层的使用	30分钟
处理关键帧	15分钟
处理普通帧	5分钟

【演练：1小时10分钟】

选择多个帧	5分钟
多个帧的移动	5分钟
倒计时效果	30分钟
打字效果	30分钟

13.1 图层的使用

图层就像透明的醋酸纤维薄片一样，在舞台上一层层地向上叠加。应用图层，用户可以组织文档中的插图。可以在图层上绘制和编辑对象，而不会影响其他图层上的对象。如果一个图层上没有内容，那么就可以透过它看到下面的图层。

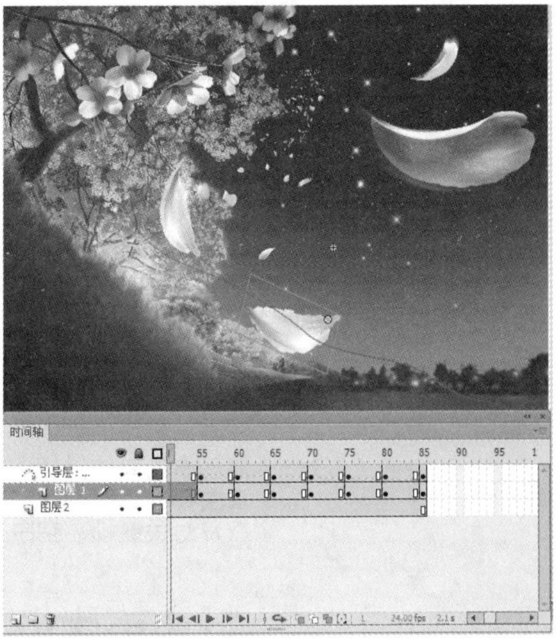

要绘制、上色或者对图层和文件夹进行修改，需要在“时间轴”面板中选择该图层以激活它。“时间轴”面板中图层或者文件夹名称旁边的铅笔图标表示该图层或者文件夹处于活动状态。

新建一个Flash文档之后，它仅包含一个图层。可以添加更多的图层，而且图层不会增加发布的SWF文件的大小。只有放入图层的对象才会增加文件的大小。

用户可以隐藏、锁定或者重新排列图层。还可以通过创建图层文件夹，然后将图层放入其中来组织和管理。可以在“时间轴”面板中展开或者折叠图层文件夹，而不会影响在舞台中看到的内容。对声音文件、ActionScript、帧标签和帧注释分别使用不同的图层或者文件夹，有助于在需要编辑这些项目时快速地找到它们。另外，使用特殊的引导层可以使绘画和编辑变得更加容易；而使用遮罩层则可创建复杂的效果。

13.1.1 图层的管理

我们可以在“时间轴”面板中对图层进行如下操作。

◉ 新增图层。

为了组织内容的方便，同时也为了方便制作动画，往往需要添加新的图层。下面介绍创建新图层的方法。

01 打开“时间轴”面板，选中“图层1”图层，然后单击“时间轴”面板底部的“新建图层”按钮。

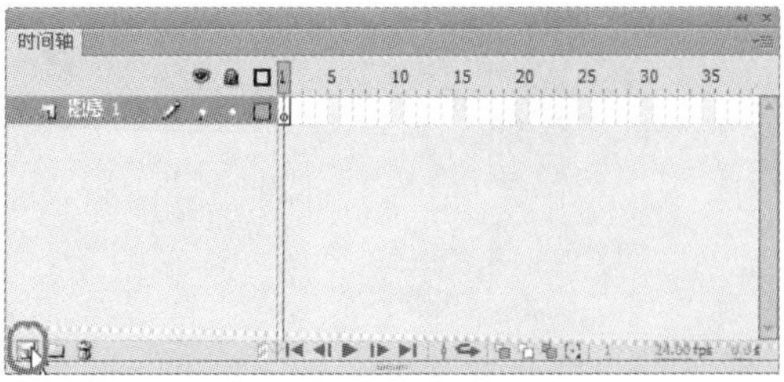

02 这时将在当前选中图层的上方创建出一个新图层。

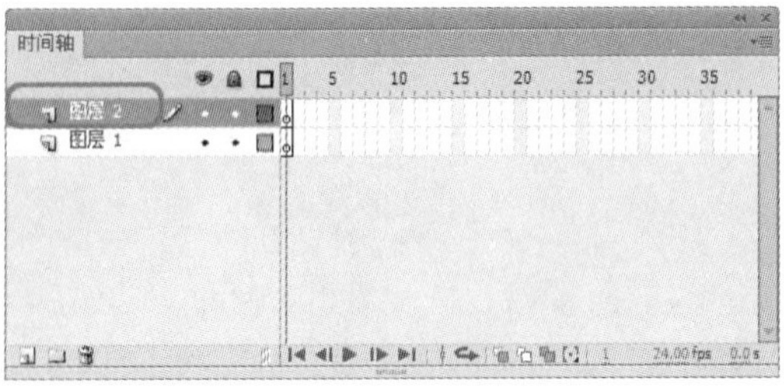

创建图层还可以通过以下两种方式：

- 选中一个图层，然后选择菜单栏中的“插入”→“时间轴”→“图层”命令。
- 选中一个图层，然后单击鼠标右键，在弹出的快捷菜单中选择“插入图层”命令。

◉ **重命名图层。**

默认情况下，新图层是按照创建它们的顺序命名的：图层1、图层2、图层3……以此类推。给图层重命名，可以更好地反映每个图层中的内容。下面介绍重命名图层的方法。

01 打开“时间轴”面板，选中“图层1”图层，双击该图层，将出现一个文本输入框。

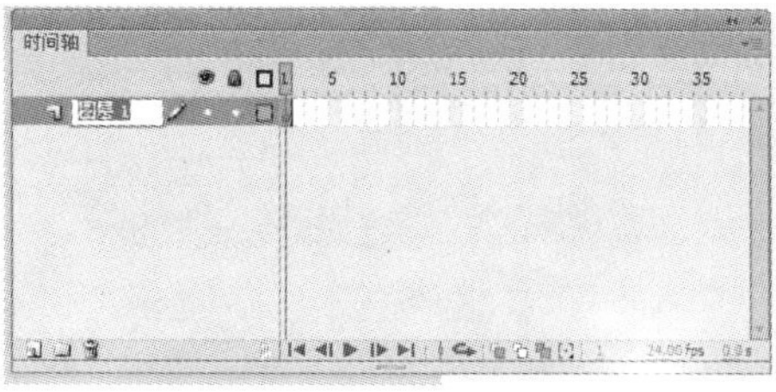

02 在文本框中输出图层的新名称，然后按【Enter】键确认，即完成了图层重命名操作。

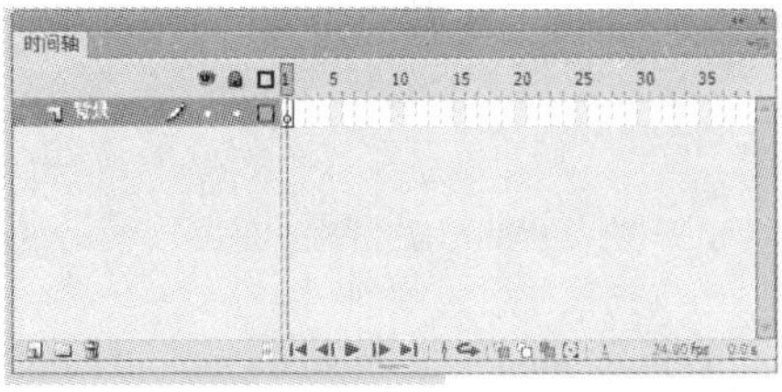

技巧提示

为图层重命名还可以通过下面的方法进行操作：

在需要重命名的图层上单击鼠标右键，在弹出的快捷菜单中选择“属性”命令，弹出“图层属性”对话框，将“名称”命名为“背景”。

设置完成后单击“确定”按钮，即可为选择的图层重命名。

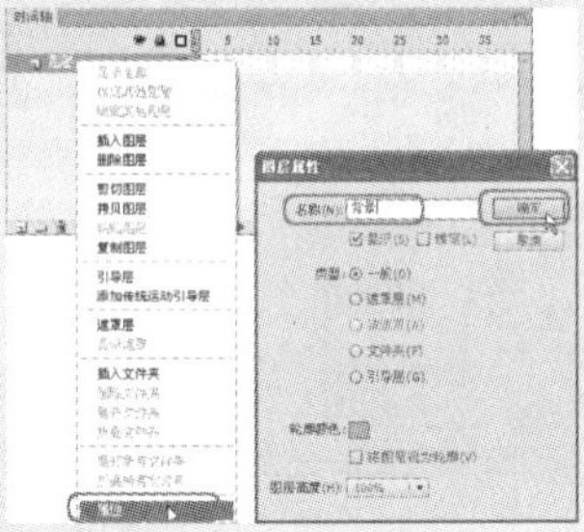

◉ **改变图层顺序。**

在编辑时，往往要改变图层之间的顺序，在“时间轴”面板中，选择要移动的图层；然后将图层向上或者向下拖动；当高亮线在想要的位置出现时，释放鼠标，图层即被成功地放置到新的位置。

◉ **指定图层。**

当一个文件具有多个图层时，往往需要在不同的图层之间来回选取，只有成为当前图层才能对其进行编辑。当前图层的名称旁边有一个铅笔的图标时，表示该图层为当前工作层。每次只能编辑一个工作层。

选择图层的方法有如下3种。

- 单击“时间轴”面板上该图层的任意一帧，即可选择该图层。

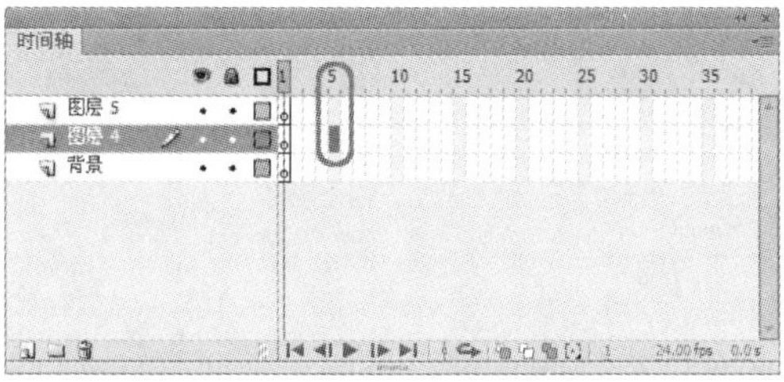

- 单击“时间轴”面板上图层的名称，也可选择图层。
- 选取工作区中的对象，则对象所在的图层被选中。

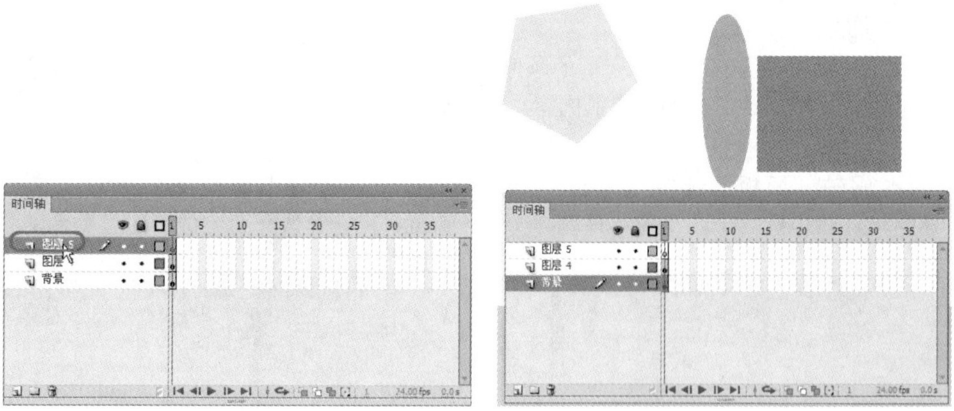

◉ **复制图层。**

用户可以将图层中的所有对象复制下来，粘贴到不同的图层中。

01 按【Ctrl+O】组合键，在弹出的对话框中选择第13章中的“复制图层.fla”文件，单击“打开”按钮，打开选择的场景文件。

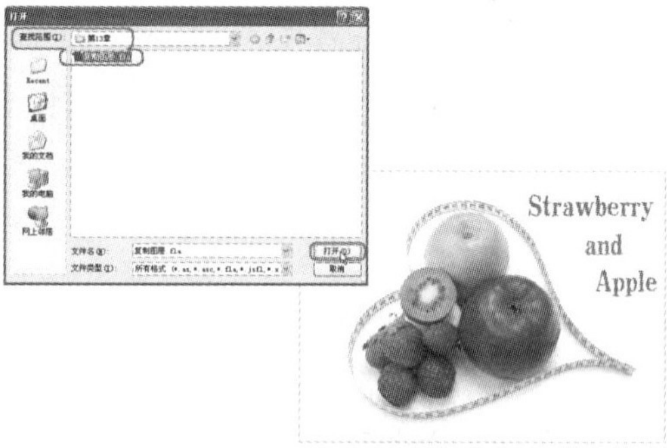

02 打开“时间轴”面板，选择“图层3”图层，单击鼠标右键，在弹出的快捷菜单中选择“复制图层”命令，即可在“时间轴”面板中创建一个图层副本。

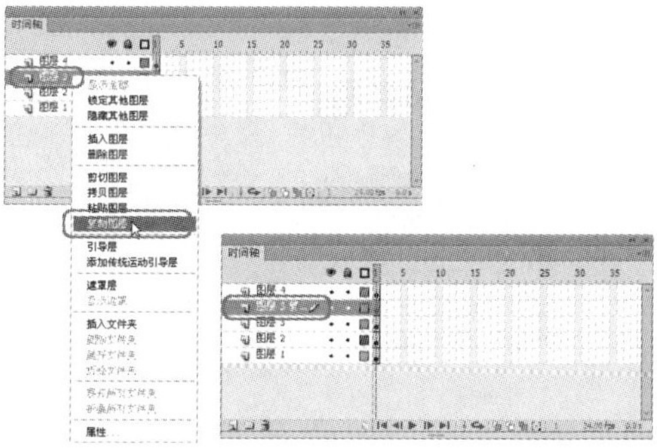

03 也可以在弹出的快捷菜单中选择“拷贝图层”命令。

04 完成操作后，继续在“图层3”上单击鼠标右键，在弹出的快捷菜单中选择“粘贴图层”命令，即可将复制的图层粘贴到该图层的上方。

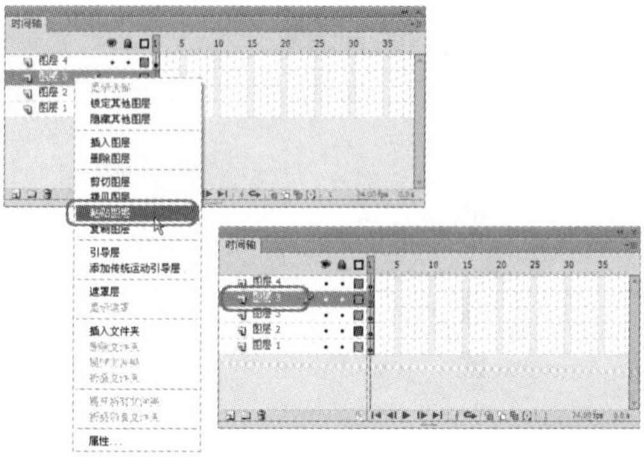

◉ 删除图层。

删除图层有3种方法：

- 单击“时间轴”面板下方的“删除”按钮，即可将选择的图层删除。
- 将需要删除的图层拖曳到“删除”按钮上。
- 在删除的图层上单击鼠标右键，在弹出的快捷菜单中选择“删除图层”命令。

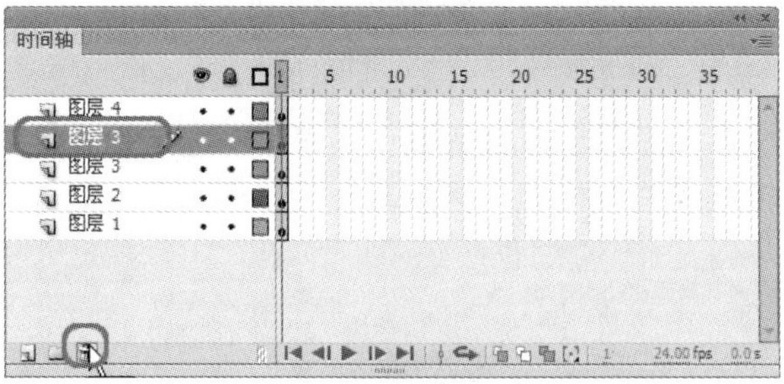

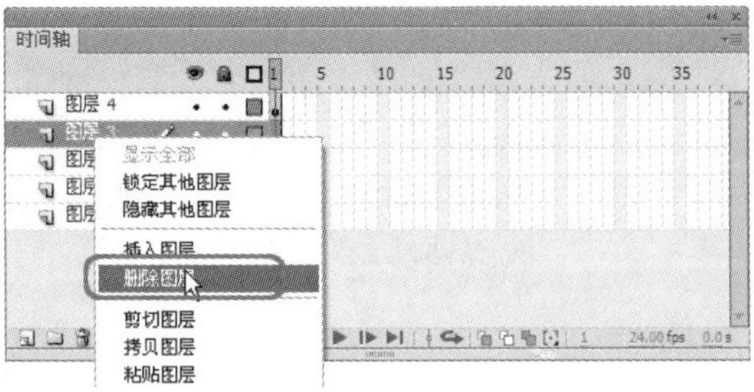

13.1.2 设置图层状态

在“时间轴”面板的图层编辑区中有代表图层状态的3个图标，它们可以隐藏某个图层以保持工作区域的整洁；可以将某个图层锁定以防止被意外修改；可以在任何图层查看对象的轮廓线。

◉ 隐藏图层。

隐藏图层可以使一些图像隐藏起来，从而减少不同图层之间的图像干扰，使整个工作区保持整洁。在隐藏图层以后，暂时不能对该层进行编辑。

◉ 锁定图层。

锁定图层可以将某些图层锁定，这样便可以防止一些已编辑好的图层被意外修改。在图层被锁定以后，暂时不能对该层进行各种编辑。与隐藏图层不同的是，锁定图层上的图像仍然可以显示。

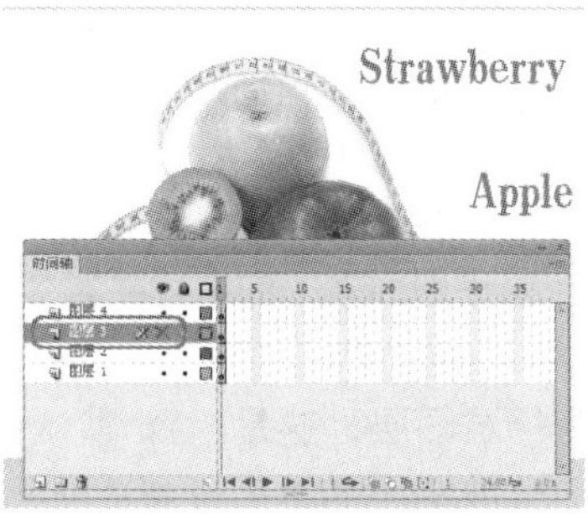

◉ 线框模式。

在编辑过程中，可能需要查看对象的轮廓线，这时可以通过线框显示模式去除填充区，从而方便地查看对象。在线框模式下，该图层的所有对象都以同一种颜色显示。

要调出线框模式显示的方法有以下3种。

- 单击图标（将所有图层显示为轮廓），可以使所有图层以线框模式显示。再次单击线框模式图标，则取消线框模式。

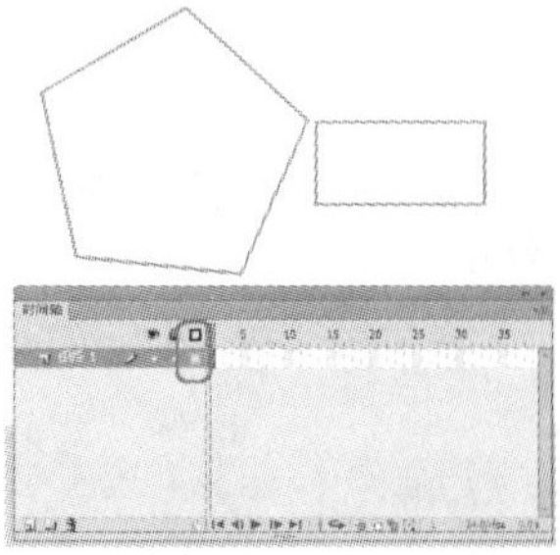

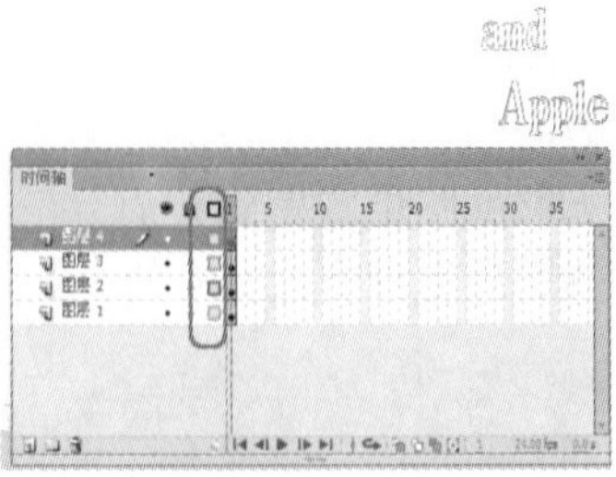

• 单击图层名称右边的显示模式栏□（不同图层显示栏的颜色不同），显示模式栏变成空心的正方形时，即将图层转换成了线框模式。再次单击显示模式栏，则可以取消线框模式。

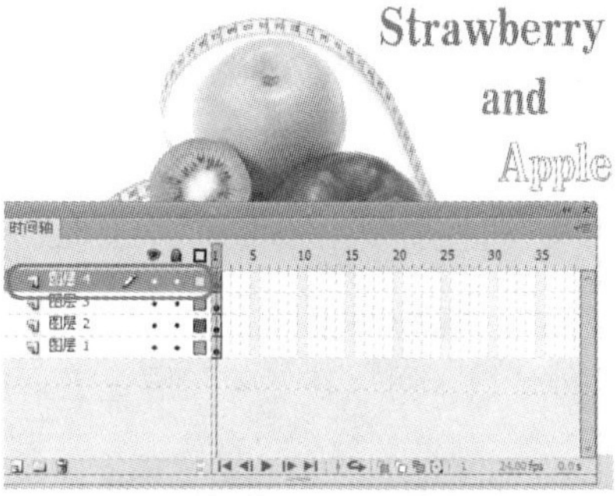

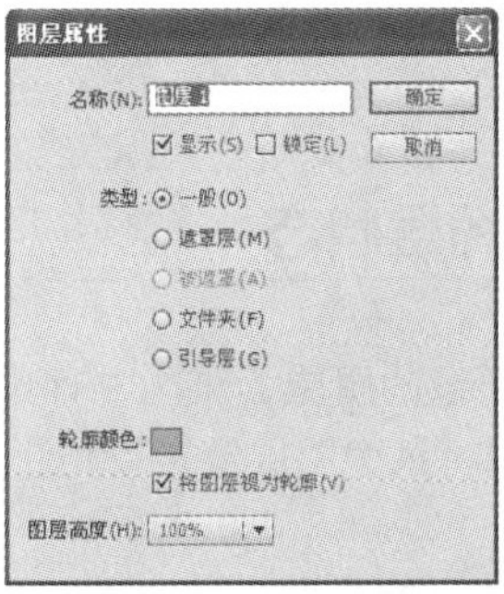

• 用鼠标在图层的显示模式栏中上下拖动，可以使多个图层以线框模式显示或者取消线框模式。

13.1.3 图层属性

Flash中的图层具有多种不同的属性，用户可以通过“图层属性”对话框对图层的属性进行设置。

◉ **名称**：在此文本框中设置图层的名称。

◉ **显示**：设置图层的内容是否显示在场景中。

◉ **锁定**：设置是否可以编辑图层里的内容，即图层是否处于锁定状态。

◉ **类型**：设置图层的种类。

  • **一般**：设置该图层为标准图层，这是Flash默认的图层类型。

  • **遮罩层**：允许用户把当前图层的类型设置成遮罩层，这种类型的图层将遮掩与其相连接的任意图层上的对象。

  • **被遮罩层**：设置当前图层为被遮罩层，这意味着它必须连接到一个遮罩层上。

  • **文件夹**：设置当前图层为图层文件夹形式，将消除该图层包含的全部内容。

  • **引导层**：设置该图层为引导图层，这种类型的图层可以引导与其相连的被引导层中的过渡动画。

◉ **轮廓颜色**：用于设置该图层上对象的轮廓颜色。为了帮助用户区分对象所属的图层，可以用彩色轮廓显示图层上的　所有对象，也可以更改每个图层使用的轮廓颜色。

◉ **图层高度**：可设置图层的高度，这在图层中处理波形文件（如声波）时很实用，有100%、200%和300%三种高度。

13.1.4 混合模式

使用图层混合模式，可以创建复合图像。复合是改变两个或者两个以上重叠对象的不透明度或者颜色相互关系的过程。使用混合模式，可以混合重叠影片剪辑中的颜色，从而创造独特的效果。

混合模式包含这些元素：混合颜色是应用于混合模式的颜色；不透明度是应用于混合模式的不透明度；基准颜色是混合颜色下像素的颜色；结果颜色是基准颜色的混合效果。

由于混合模式取决于将混合应用于的对象颜色和基础颜色，因此必须试验不同的颜色，以查看结果。

01 新建一个350×510像素、“背景色”为“#CCCCCC”的文档，导入一张素材图片，并调整素材的大小。

02 确定素材图片处于选择状态，按【F8】键打开“转换为元件”对话框，将“名称”命名为“葡萄”，将“类型”定义为“影片剪辑”。

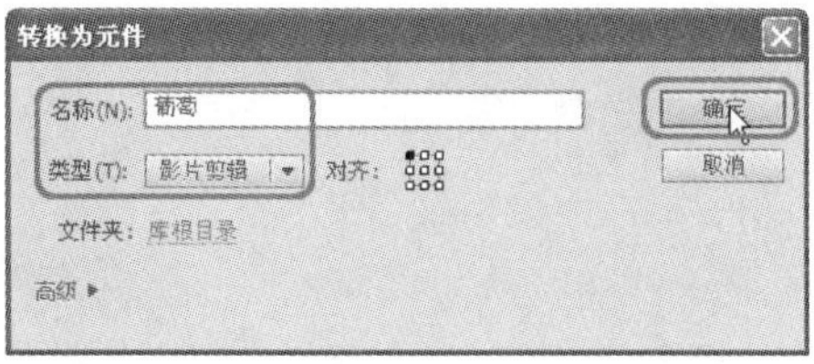

确定素材文件仍处于选择状态，单击“属性”按钮，打开“属性”面板，展开“显示”选项组，在“混合”下拉列表框中选择对象的混合模式。

混合模式包括以下几项。

- **一般：**不和其他图层发生任何混合，使用时用当前图层像素的颜色覆盖下层颜色。
- **图层：**可以层叠各个影片剪辑，而不影响其颜色。

- **变暗：**只替换比混合颜色亮的区域，比混合颜色暗的区域不变。
- **正片叠底：**查看每个通道中的颜色信息，并将基本色与混合色复合，从而产生较暗的颜色。

- **变亮：**只替换比混合颜色暗的像素，比混合颜色亮的区域不变。
- **滤色：**将混合颜色的反色与基准颜色复合，从而产生漂白效果。

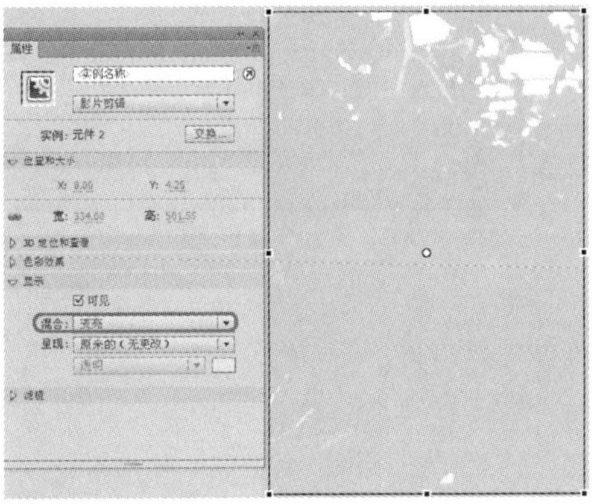

- **叠加：**进行色彩增殖或滤色，具体情况取决于基准颜色。
- **强光：**进行色彩增殖或滤色，具体情况取决于混合模式的颜色，该效果类似于用点光源照射对象。

- **增加：**从基准颜色增加混合颜色。
- **减去：**从基准颜色减去混合颜色。

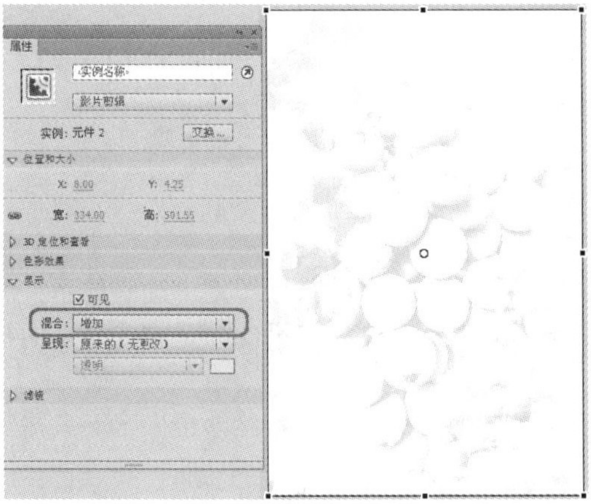

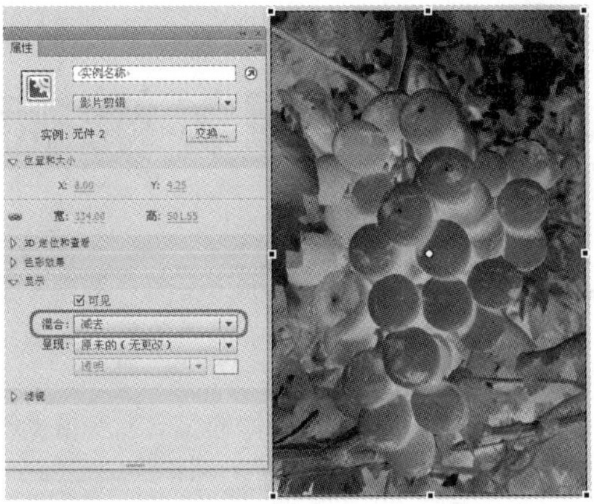

◉ **差值：**从基准颜色减去混合颜色，或者从混合颜色减去基准颜色，具体情况取决于哪个亮度值较大。该效果类似于彩色底片。
◉ **反相：**取基准颜色的反色。

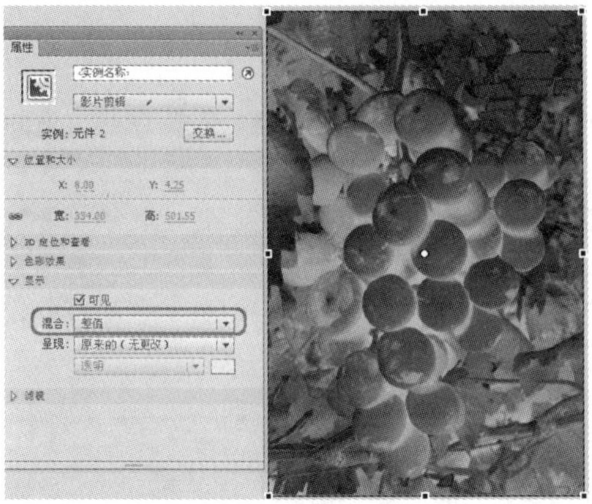

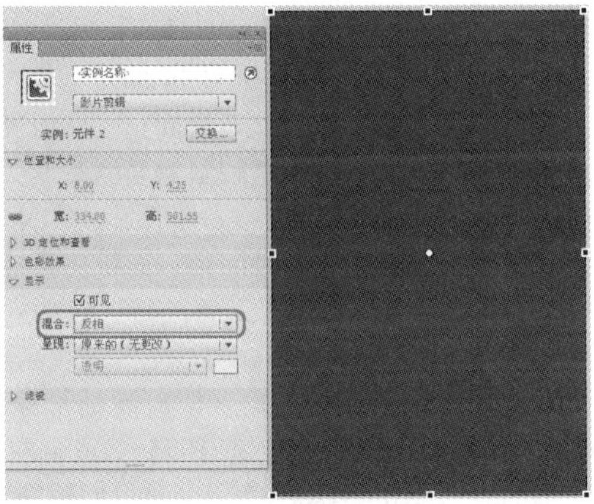

◉ **Alpha：**应用Alpha遮罩层。
◉ **擦除：**删除所有基准颜色像素，包括背景图像中的基准颜色像素。

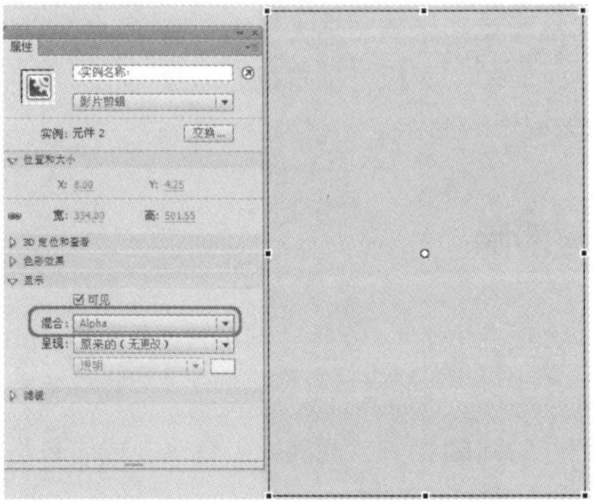

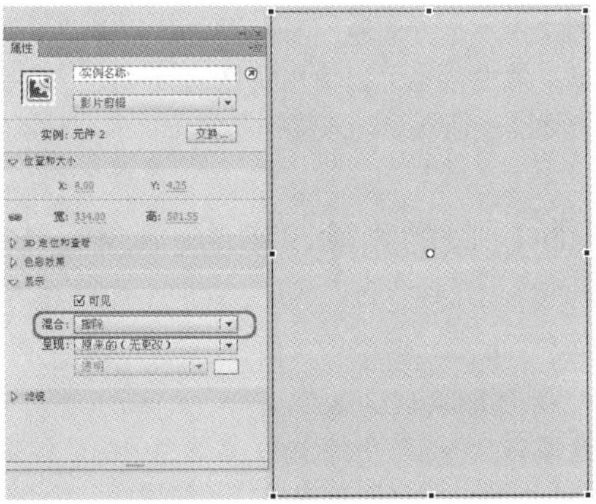

13.2 处理关键帧

学习时间：15分钟

在制作动画时，只需将很多张图片按照一定的顺序排列起来，然后按照一定的速率显示，就形成了动画。在Flash中，动画中需要的每一张图片就相当于其中的一个帧，因此帧是构成动画的核心元素。

Flash摆脱了传统动画制作的模式。在很多时候不需要将动画的每一帧都绘制出来，而只需绘制动画中起关键作用的帧，这样的帧称为关键帧。

13.2.1 插入帧和关键帧

有时在制作Flash影片的过程中，需要在“时间轴”面板中插入一些帧来满足影片长度的需要，下面就开始学习插入帧的一些相关操作。

◉ 插入帧。

如果需要将某些图像的显示时间延长，以满足Flash影片的需要，就要插入一些帧，使显示时间延长到需要的长度。要插入一个新的帧，可以选择菜单栏中的“插入”→“时间轴”→“帧”命令所示；也可以使用快捷键【F5】；或者在“时间轴”面板上要插入帧的地方单击鼠标右键，在弹出的快捷菜单中选择“插入帧”命令，完成插入帧的操作。

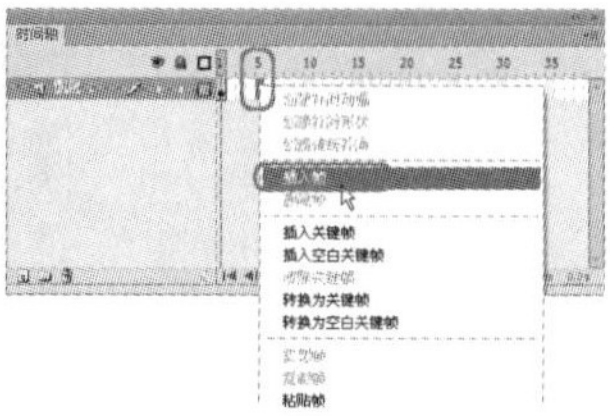

◉ 插入关键帧。

选择菜单栏中的“插入”→“时间轴”→“关键帧”命令，如图13-48所示；也可以使用快捷键【F6】；或者在“时间轴”面板上要插入关键帧的地方单击鼠标右键，在弹出的快捷菜单中选择“插入关键帧”命令，完成插入关键帧的操作。

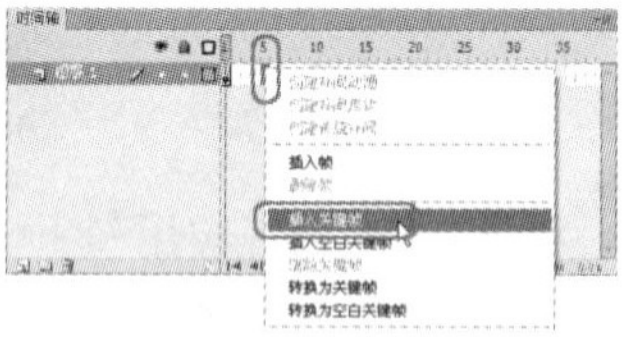

◉ 插入空白关键帧。

如果不想让新图层中的关键帧中出现前面的内容，就需要插入空白关键帧来解决这一问题。要插入空白关键帧，可以选择菜单栏中的“插入”→“时间轴”→“空白关键帧”命令；也可以使用快捷键【F7】；或者在“时间轴”面板上单击鼠标右键，在弹出的快捷菜单中选择“插入空白关键帧”命令，完成插入空白关键帧的操作。

13.2.2 帧的删除、移动、复制、转换与清除

用户可以在“时间轴”面板中对帧进行下面的操作。

◉ 帧的删除。

选取多余的帧，然后选择菜单栏中的“编辑”→“时间轴”→“删除帧”命令，或者单击鼠标右键，在弹出的快捷菜单中选择“删除帧”命令，都可以删除多余的帧。

◉ 帧的移动。

使用鼠标单击需要移动的帧或者关键帧，然后拖动鼠标到目标位置即可。

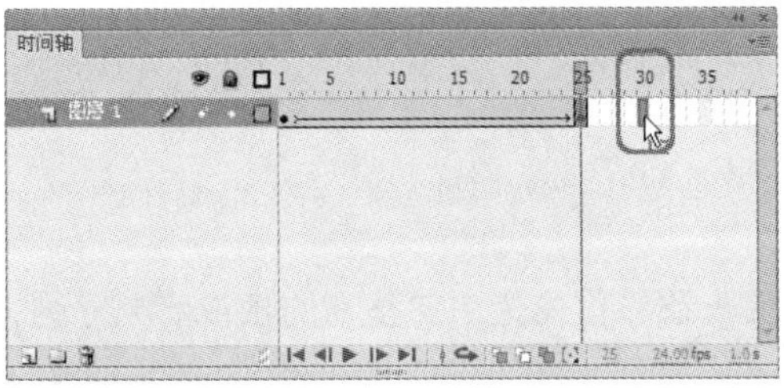

◉ 帧的复制。

单击要复制的关键帧，然后按住【Alt】键，将其拖曳到新的位置上，这时将产生一个新的关键帧。

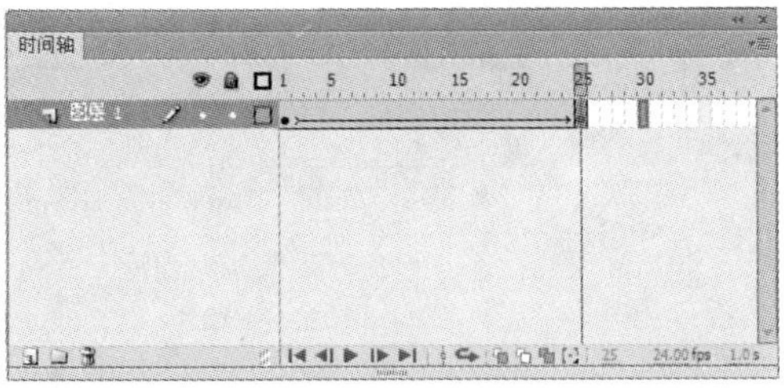

选中要复制的帧，选择“编辑”→“时间轴”→“复制帧”命令，或者单击鼠标右键，在弹出的快捷菜单中选择“复制帧”命令，选中目标位置，再选择“编辑”→“时间轴”→“粘贴帧”命令，或者单击鼠标右键，在弹出的快捷菜单中选择“粘贴帧”命令，也可以实现帧的复制。

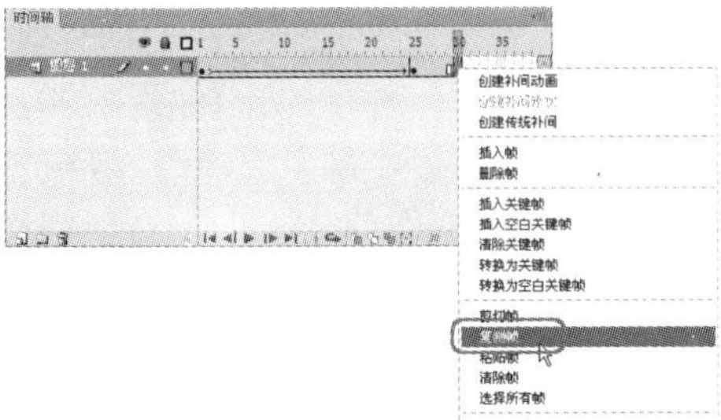

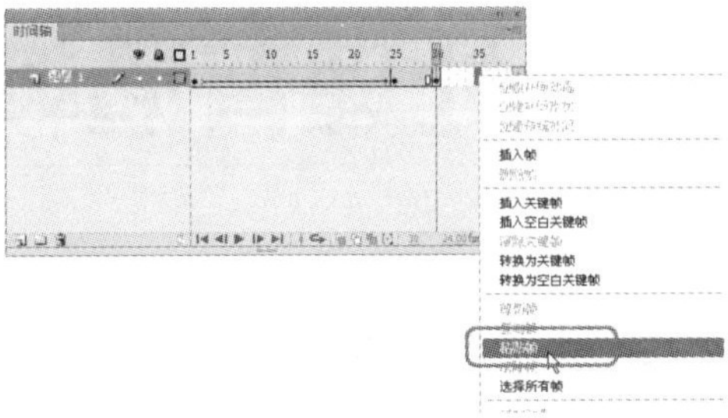

◉ 关键帧的转换。

如果要将普通帧转换为关键帧，可先选择需要转换的帧，然后选择菜单栏中的“修改”→“时间轴”→“转换为关键帧”命令；或者单击鼠标右键，在弹出的快捷菜单选择“转换为关键帧”命令，都可以将普通帧转换为关键帧。

◉ 帧的清除。

选择一个帧后，再选择菜单栏中的“编辑”→“时间轴”→“清除帧”命令进行清除操作。它的作用是清除帧内部的所有对象，这与“删除帧”命令有着本质区别，如下面两个图分别为清除帧和删除帧。

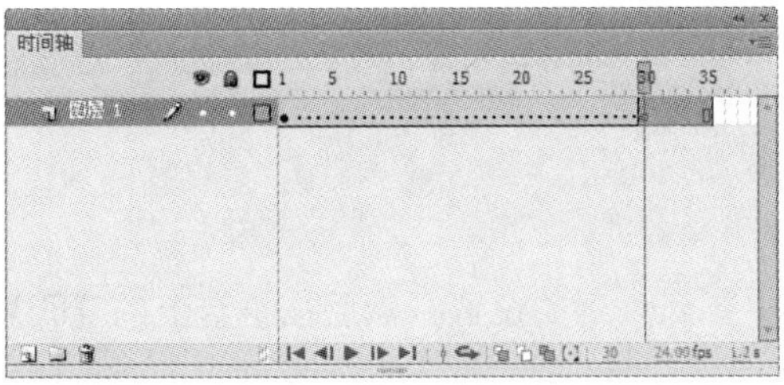

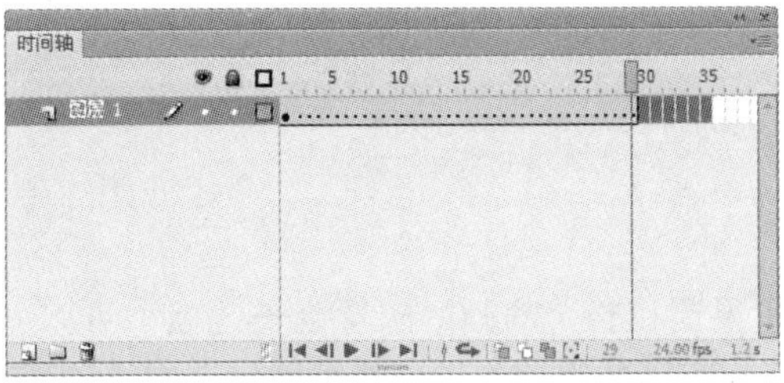

13.2.3 调整空白关键帧

下面具体介绍如何移动和删除空白关键帧。

◉ **移动空白关键帧。**

移动空白关键帧的方法和移动关键帧的方法完全一致，首先选中要移动的帧或者帧序列，然后将其拖曳到所需的位置即可。

◉ **删除空白关键帧。**

要删除空白关键帧，首先选中要删除的帧或者帧序列，然后单击鼠标右键，并从快捷菜单中选择“清除关键帧”命令。

这时选中的空白关键帧就被清除了。

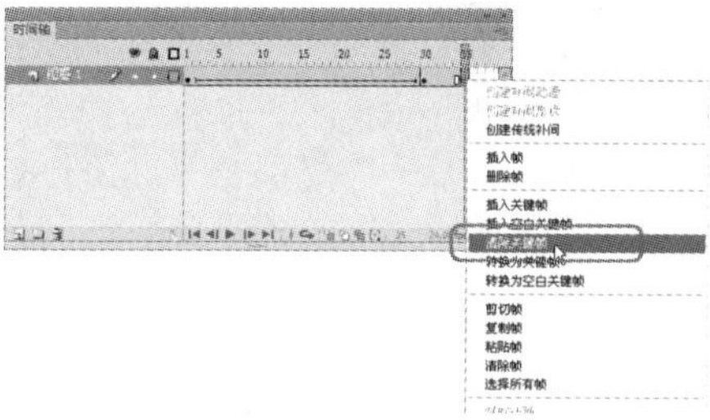

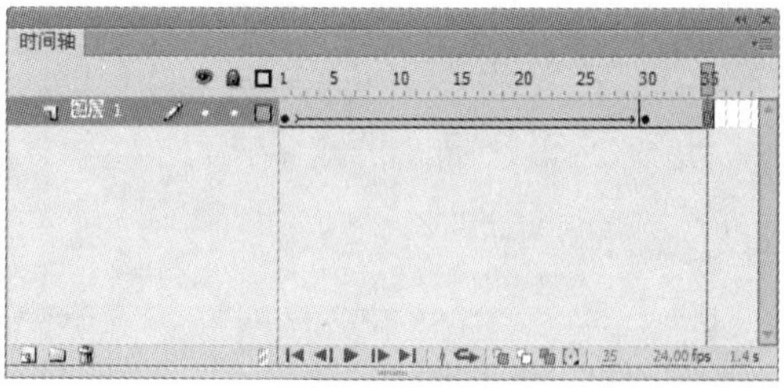

13.3 处理普通帧

学习时间：5分钟

13.3.1 插入普通帧

将鼠标光标放在要插入普通帧的位置上，单击鼠标右键，然后在弹出的快捷菜单中选择“插入帧”命令。

这时将在原来的位置上增加一个普通帧。

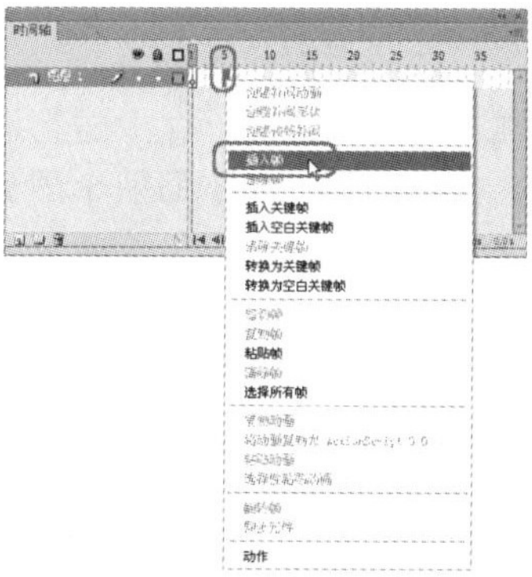

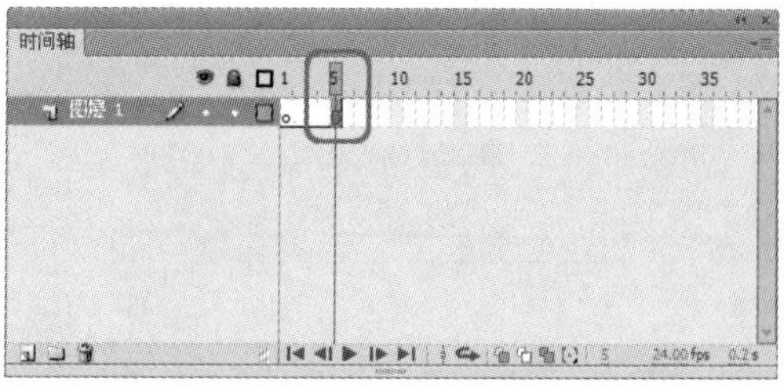

如果要在整个动画的末尾延长几帧，可以先选中要延长到的位置，然后按键盘上的【F5】键，这时将把前面关键帧中的内容延续到选中的位置上。

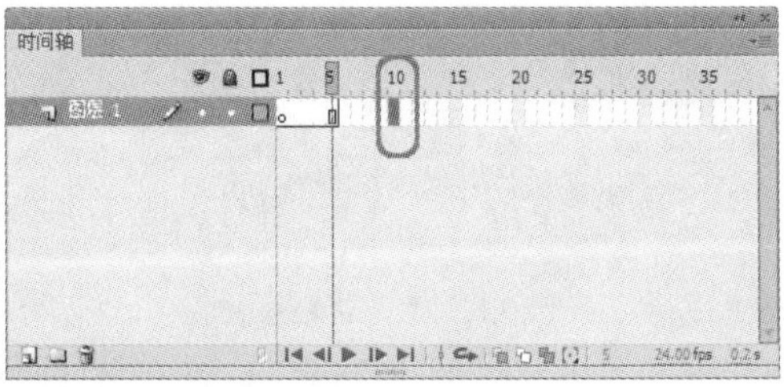

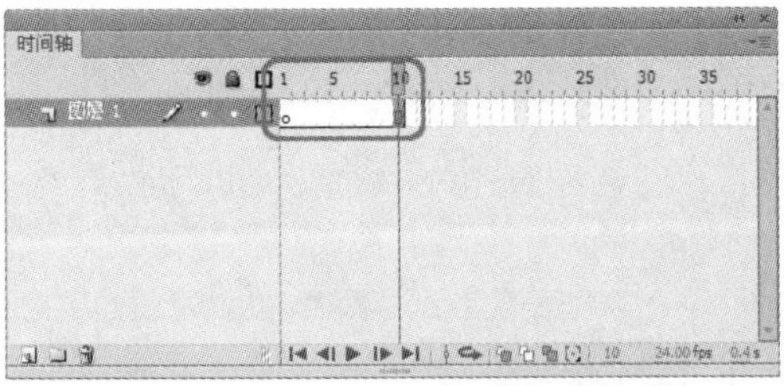

13.3.2 删除普通帧

将光标移到要删除的普通帧上，然后单击鼠标右键，从快捷菜单中选择“删除帧”命令，这时将删除选中的普通帧，删除后整个普通帧的长度减少一格。

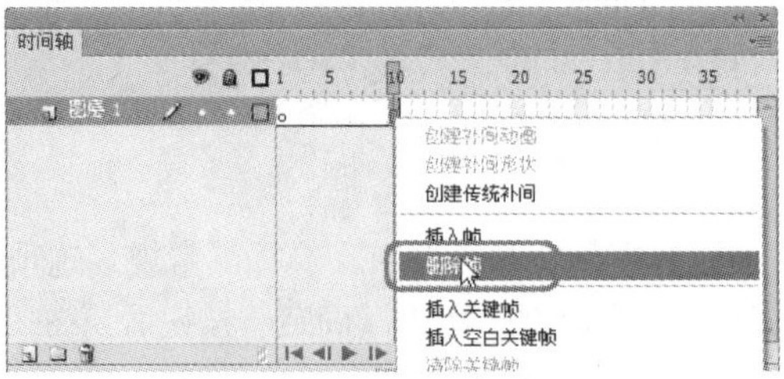

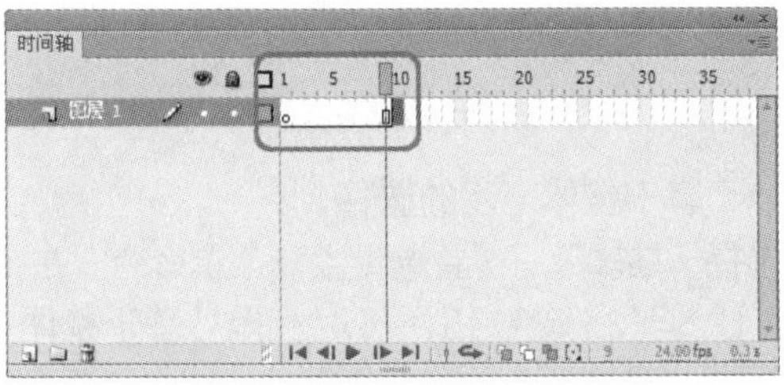

13.3.3 关键帧和普通帧的转换

要将关键帧转换为普通帧，首先选中要转换的关键帧，然后单击鼠标右键，在弹出的快捷菜单中选择“清除关键帧”命令。

另外，还有一个比较常用的方法可以实现这种转换：首先在“时间轴”面板中选中要转换的关键帧，然后按【Shift+F6】组合键即可。要将普通帧转换为关键帧，实际上就是要插入关键帧。因此选中要转换的普通帧后，按【F6】键也可实现此操作。

13.4 制作倒计时效果和打字效果

学习时间：1小时10分钟

13.4.1 选择多个帧

下面对如何选择多个帧进行详细介绍。

◉ 选择多个连续帧。

首先选中一个帧，然后在按住【Shift】键的同时单击最后一个要选中的帧，就可以将多个连续的帧选中。

◉ 选择多个不连续的帧。

在按住【Ctrl】键的同时，单击要选中的各个帧，就可以将这些帧选中。

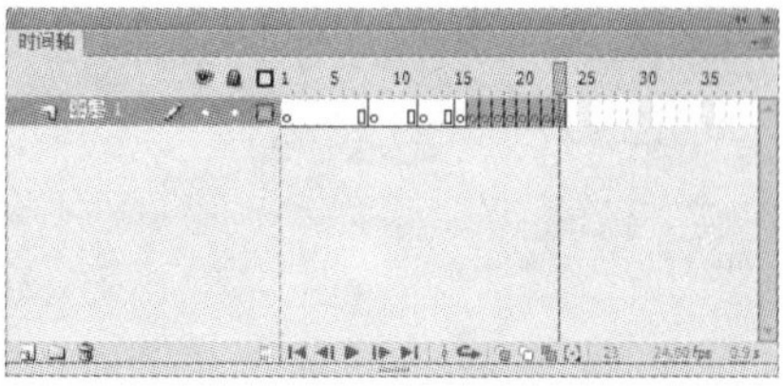

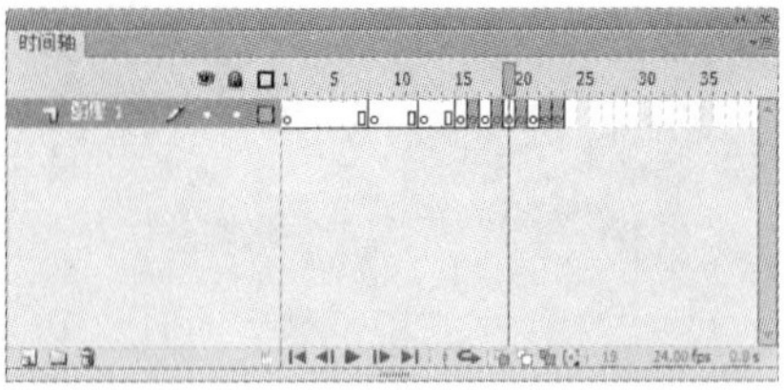

◉ **选择所有的帧。**

选中“时间轴”面板中的任意一帧，然后选择“编辑”→“时间轴”→“选择所有帧”菜单命令。就可以选择“时间轴”面板中的所有帧。

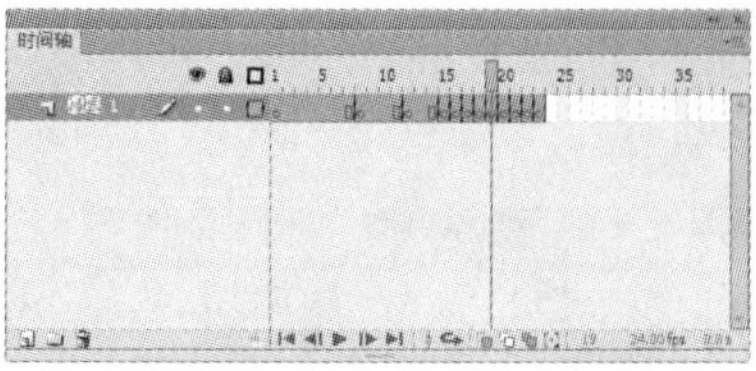

技巧提示

选择所有帧的快捷键是【Ctrl+Alt+A】。

◉ **基于整体范围的选择。**

选择“编辑”→“首选参数”菜单命令，在弹出的“首选参数”对话框中，选择“常规”选项卡，找到“时间轴”选项组，然后选择“基于整体范围的选择”复选框，单击“确定”按钮后，在“时间轴”面板中单击两个关键帧之间的区域，则两个关键帧之间的所有帧都被选中。

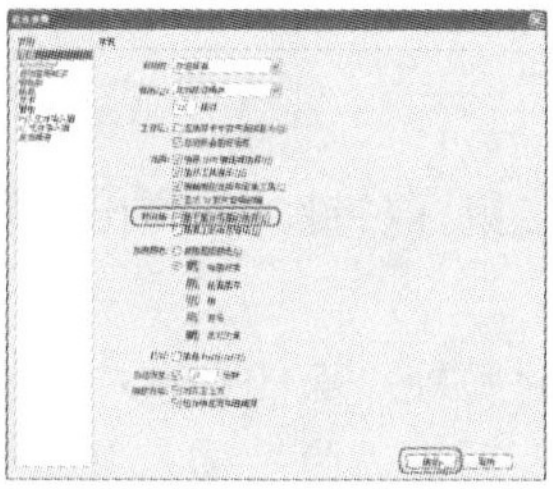

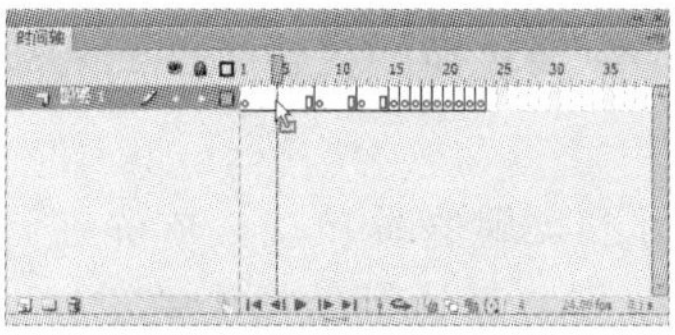

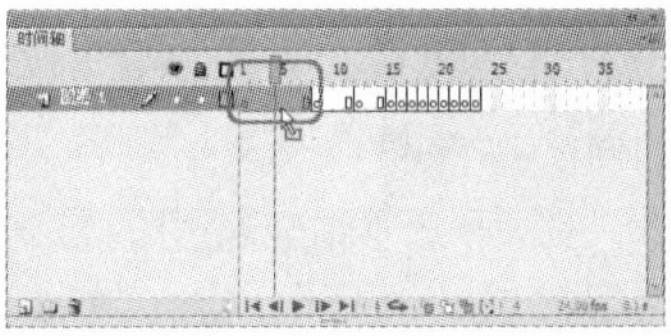

技巧提示

一般情况下，这一项保持默认设置即可，因为“基于整体范围的选择”功能并没有让操作简化多少，但却给复杂的帧操作造成了很多不便。

13.4.2 多帧的移动

移动多帧的方法和移动关键帧的方法类似，操作方法如下：

01 在“时间轴”面板中选中多个帧，按住鼠标左键向左或者向右拖动到目标位置。

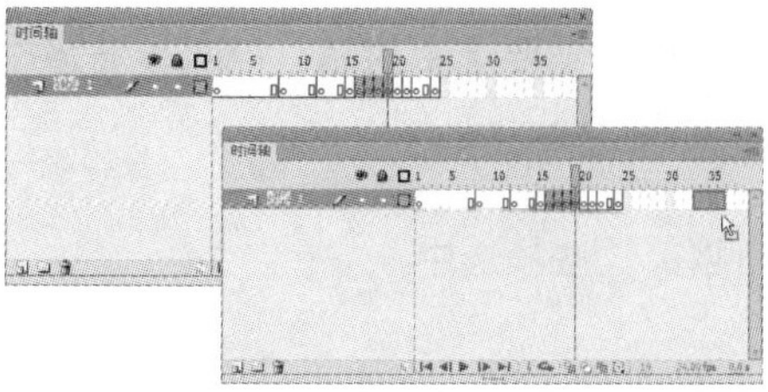

02 释放鼠标，这时关键帧移动到目标位置，同时原来的位置上用普通帧补足。

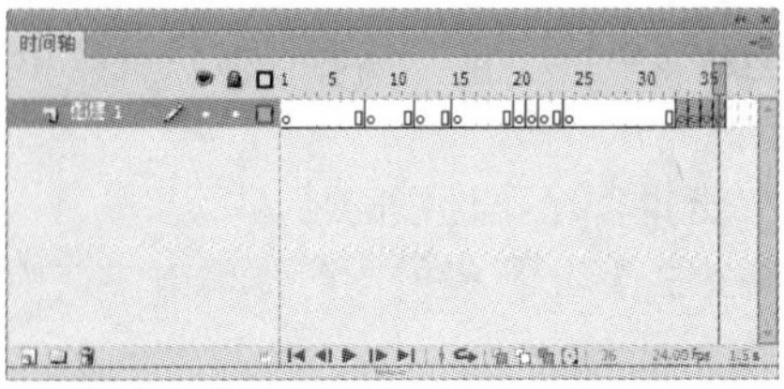

13.4.3 倒计时效果

本例介绍倒计时动画的制作，主要用到了关键帧的编辑，通过在不同的帧上设置不同的数字，最终得到倒计时动画效果。

01 新建一个“宽”和“高”均为400像素、“帧频”为1fps的新文档。

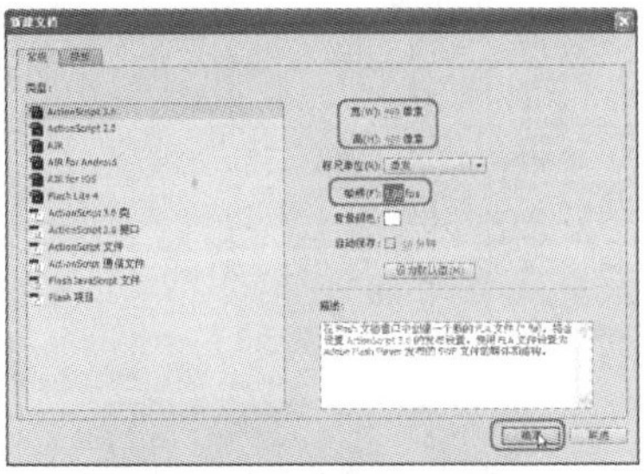

02 在菜单栏中选择“文件”→“导入”→“导入到舞台”命令，弹出“导入”对话框，导入第13章中的“倒计时背景.jpg”文件，并将其调整至舞台的中央。

03 在“时间轴”面板中，选择“图层1”的第5帧，单击鼠标右键，在弹出的菜单中选择“插入帧”命令，插入帧后的效果如下图所示。

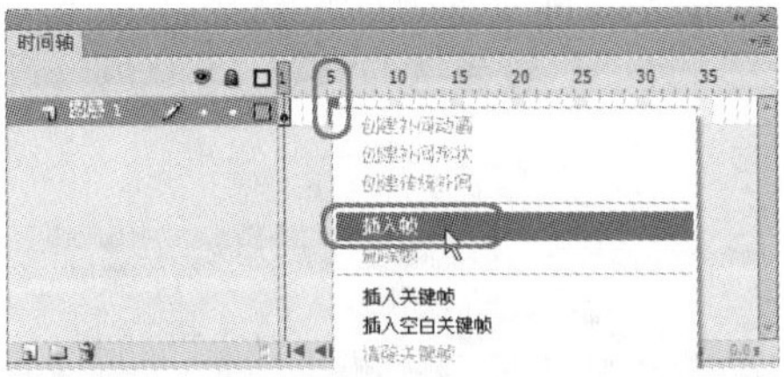

04 单击“时间轴”面板下方的“新建图层”按钮，新建一个图层，并将其命名为“数字”。

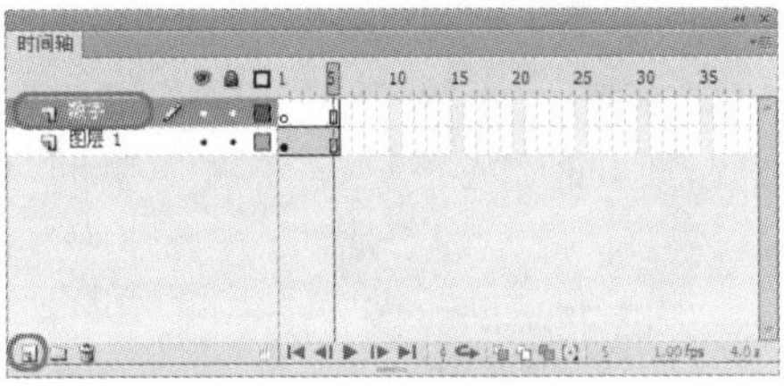

05 确定新创建的“数字”图层处于选择状态，选择第1个关键帧。

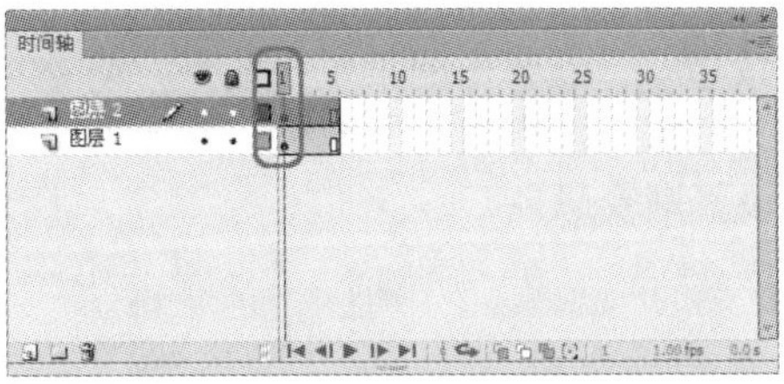

06 在工具箱中选择“文本工具”工具，在舞台中创建数字“5”。

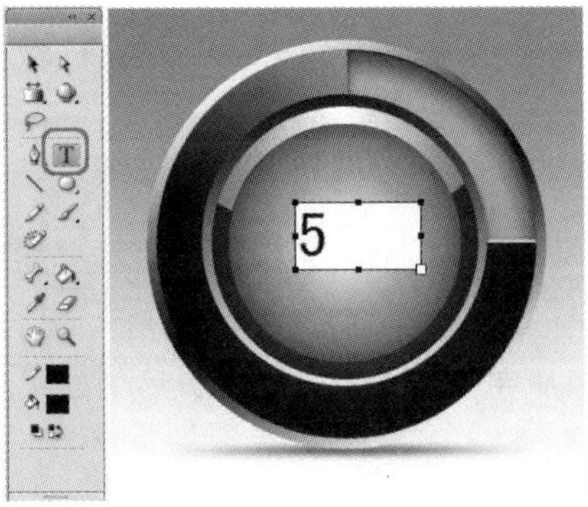

07 确定新创建的文本处于选择状态，单击“属性”按钮，打开“属性”面板，在“字符”选项组中将“系列”设置为“方正综艺简体”，“大小”设置为110点，“颜色”设置为“黄色”。

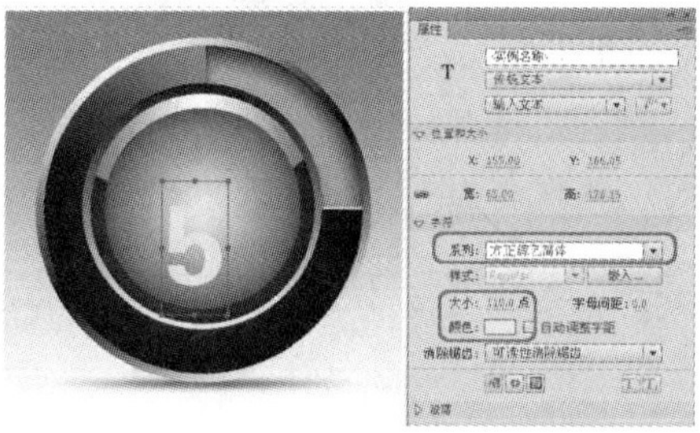

08 按【Ctrl+A】组合键，选择舞台中的所有对象，单击“对齐”按钮，打开“对齐”面板，单击“水平中齐”和“垂直中齐”按钮，将选择的对象居中对齐。

09 在舞台中选择数字“5”，在“属性”面板中打开“滤镜”选项组，单击下方的“添加滤镜”按钮，在弹出的菜单中选择“渐变发光”命令，添加“渐变发光”滤镜，并单击渐变颜色条，设置渐变颜色。

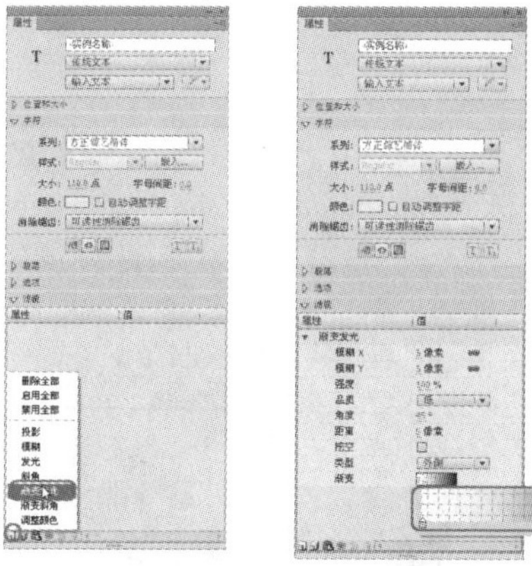

10 添加完“渐变发光”滤镜后的效果如下图所示。

11 再次单击“添加滤镜”按钮，在弹出的菜单中选择“投影”命令，将“投影”的“模糊X”和“模糊Y”都设置为20像素，其他参数使用默认值。

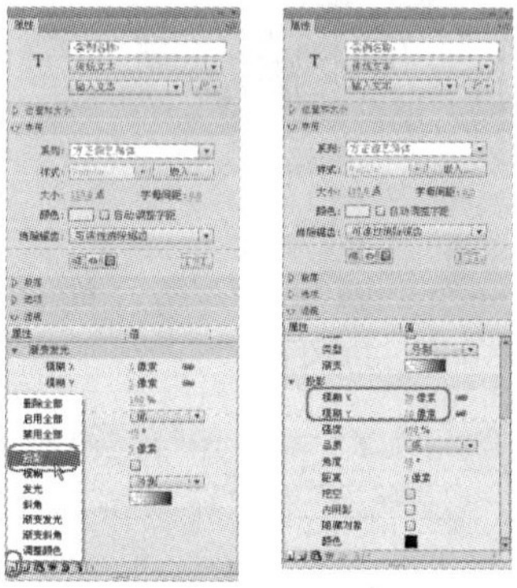

12 添加“投影”滤镜后，舞台中的效果如下图所示。

13 在“时间轴”面板中，选择“数字”图层的第2个关键帧，单击鼠标右键，在弹出的快捷菜单中选择“插入关键帧”命令，为第2帧添加关键帧。

14 使用“选择工具” 在舞台中双击数字“5”，使其处于编辑状态，然后将“5”改为“4”，更改完数字后将其调整至舞台的中央。

15 在“时间轴”面板中，选择“数字”图层的第3个关键帧，单击鼠标右键，在弹出的快捷菜单中选择“插入关键帧”命令，为选择的帧添加关键帧。

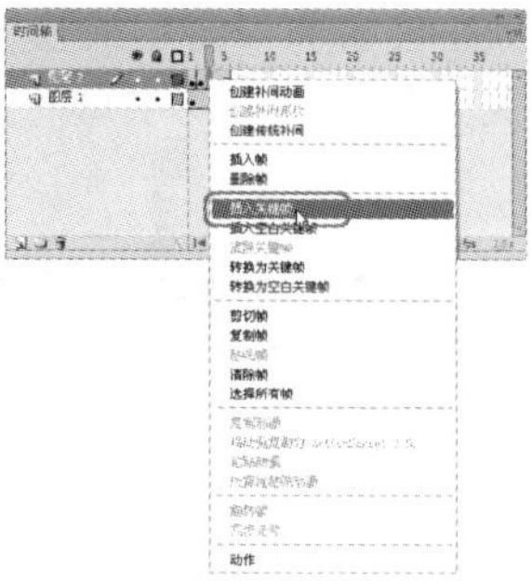

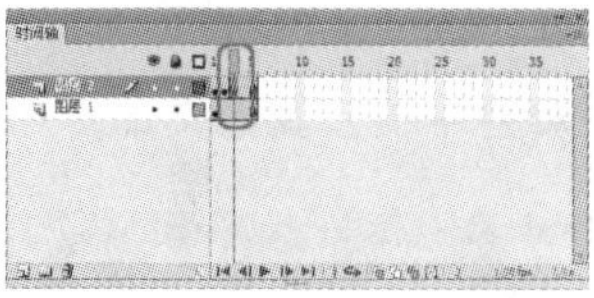

16 使用“选择工具” 在舞台中双击数字“4”，使其处于编辑状态，然后将“4”改为“3”。

17 在“时间轴”面板中，选择“数字”图层的第4个关键帧，单击鼠标右键，在弹出的快捷菜单中选择“插入关键帧”命令，为选择的帧添加关键帧。

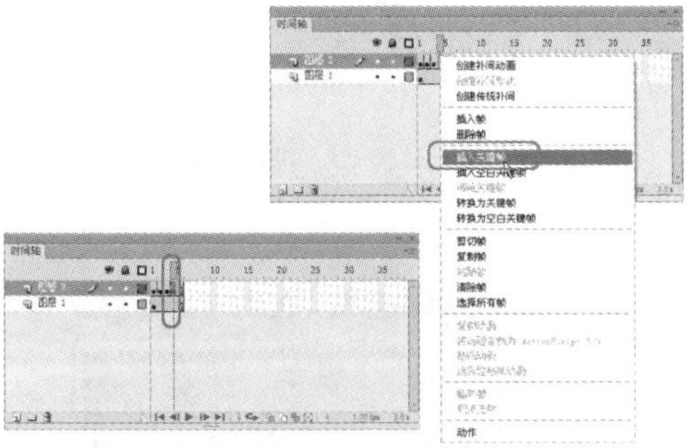

18 使用“选择工具” 在舞台中双击数字“3”，使其处于编辑状态，然后将“3”改为“2”。

19 在“时间轴”面板中，选择“数字”图层的第5个关键帧，单击鼠标右键，在弹出的快捷菜单中选择“插入关键帧”命令，为选择的帧添加关键帧。

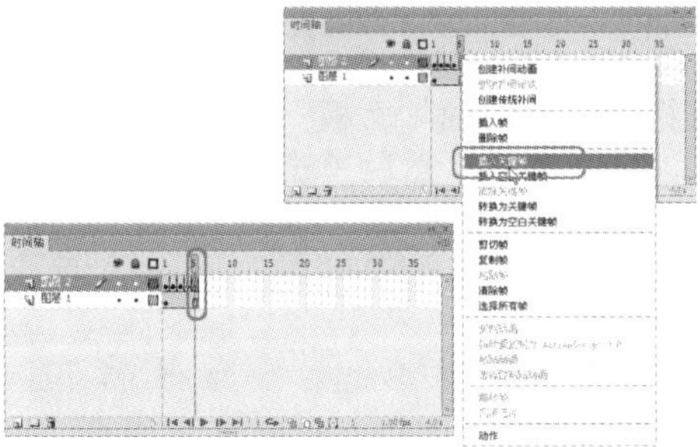

20 使用“选择工具” 在舞台中双击数字“2”，使其处于编辑状态，然后将“2”改为“1”，并将其调整至舞台的中央，此时倒计时效果即制作完成，最后保存场景文件。

13.4.4 打字效果

本例要制作打字效果，最终的打字效果如下图所示。

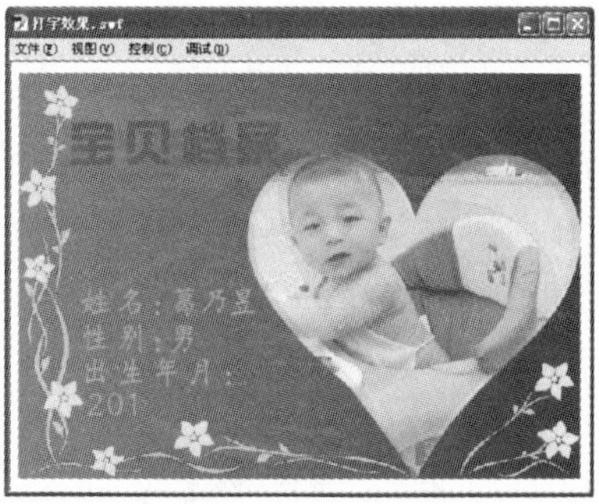

01 新建一个空白文档。在菜单栏中选择“文件”→“导入”→“导入到舞台”命令，导入第13章中的“打字背景.jpg”文件，调整素材的大小，并将其居中对齐。

02 打开“时间轴”面板，将“图层1”重命名为“背景”图层，然后单击面板下方的“新建图层”按钮，再新建一个图层，并将其命名为“文字”。

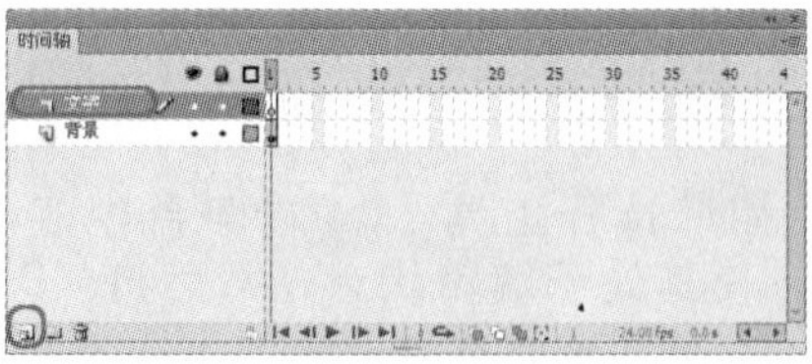

03 在工具箱中选择“文本工具”，在舞台中创建“宝贝档案”文本。

04 在舞台中选择新创建的文本，单击“属性”按钮，打开“属性”面板，在“字符”选项组中将“系列”设置为“方正综艺_GBK”，将“大小”设置为45点，将“字母间距”设置为3，将“颜色”设置为红色。

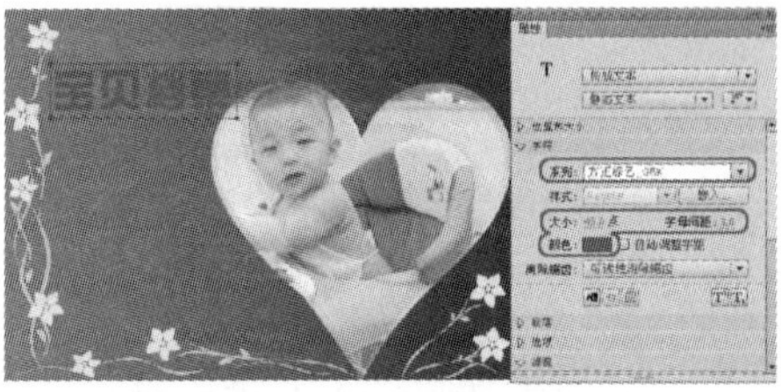

05 继续在舞台中输入其他文本。

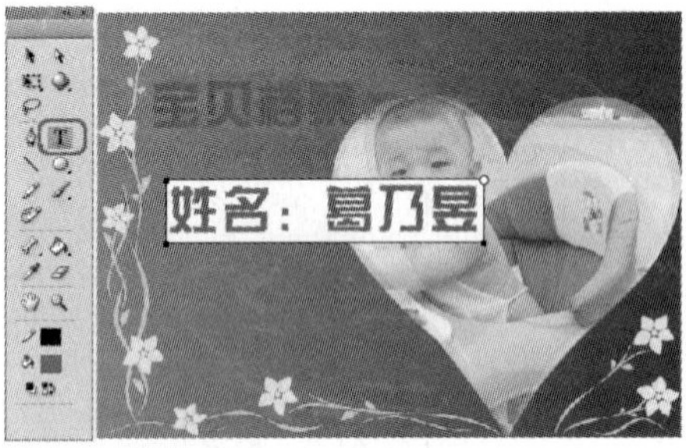

第14章

本章导读：
本章将介绍一些基本动画的制作，其中包括逐帧动画、传统补间动画和补间形状动画，这些动画是在Flash中最基本的，也是最经常用到的。

基本动画

【基础知识：60分钟】

逐帧动画	5分钟
传统补间动画	25分钟
补间形状动画	30分钟

【演练：60分钟】

制作超市宣传动画	40分钟
变形文字	20分钟

14.1 逐帧动画

学习时间：5分钟

逐帧动画也称“帧帧动画”，顾名思义，它需要定义每一帧的内容，以完成动画的创建。

逐帧动画需要用户更改每一帧中的舞台内容。简单的逐帧动画并不需要用户定义过多的参数，只需设置好每一帧，即可播放动画。

逐帧动画最适合每一帧中的图像都在改变，而不仅仅是简单地在舞台中移动的复杂动画。逐帧动画占用的计算机资源比补间动画大得多，所以逐帧动画的体积一般会比普通动画的体积大。在逐帧动画中，Flash会保存每个完整帧的值。下图所示为逐帧动画制作的原理。

14.2 传统补间动画

学习时间：25分钟

由于逐帧动画需要详细制作每一帧的内容，因此既费时又费力。在逐帧动画中，Flash需要保存每一帧的数据，但在补间动画中，Flash只需保存帧之间不同的数据，使用补间动画还能尽量减小文件。因此在制作动画时，应用最多的还是补间动画。补间动画是一种比较有效的产生动画效果的方式。

创建传统补间（动作补间动画）的制作流程一般是：先在一个关键帧中定义实例的大小、颜色、位置和不透明度等参数，然后创建出另一个关键帧并修改这些参数，最后创建补间，让Flash自动生成过渡状态。

14.2.1 创建传统补间的基础

传统补间动画又称中间帧动画、渐变动画，只要建立起始和结束画面，中间部分由软件自动生成，省去了中间动画制作的复杂过程，这正是Flash的迷人之处，补间动画是Flash中最常用的动画制作方式。

利用传统补间可以制作出多种类型的动画效果，如位置移动、大小变化、旋转移动、逐渐消失等。只要能够熟练地掌握这些简单的动作补间效果，就能将它们相互组合制作出样式更加丰富、效果更加吸引人的复杂动画。

使用传统补间，需要具备以下两个前提条件：

- ◎ 起始关键帧与结束关键帧缺一不可。
- ◎ 应用于传统补间的对象必须具有元件或者群组的属性。

为时间轴设置了补间效果后，“属性”面板将有所变化。

◉ “标签”选项区域。

- 名称：设置补间的名称。
- 类型：设置名称以什么类型出现，这里可以选择“名称”、“锚记”和“注释”。

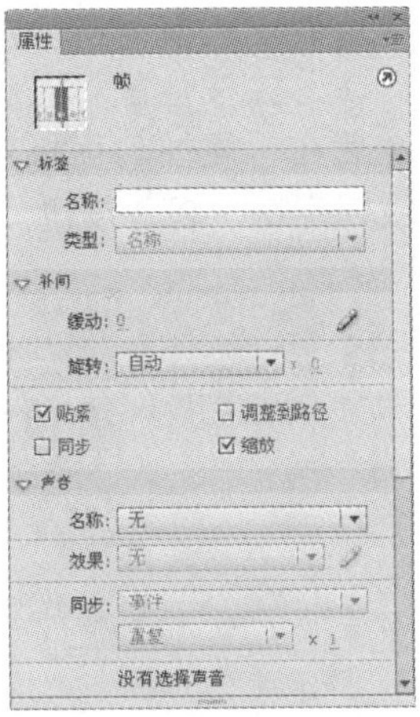

◉ “补间”选项区域。

- 缓动：应用于有速度变化的动画效果。当移动滑块在0值以上时，实现的是由快到慢的效果；当移动滑块在0值以下时，实现的是由慢到快的效果。
- 旋转：设置对象的旋转效果，包括“自动”、“顺时针”、“逆时针”和“无”4个选项。
- 贴紧：使物体可以附着在引导线上。
- 同步：设置元件动画的同步性。
- 调整到路径：在路径动画效果中，使对象能够沿着引导线的路径移动。
- 缩放：应用于有大小变化的动画效果。

◉ “声音”选项区域。

- 名称：如果在该补间中添加了声音，则在这里显示声音的名称。
- 效果：从中可以选择声音的效果，如“左声道”、“右声道”、“向左淡出”、“向右淡出”、“淡入”和“淡出”等。
- 同步：同步声音。

14.2.2 制作传统补间动画

下面通过一个简单的实例来介绍传统补间动画的制作。

01 在菜单栏中选择“文件”→“新建”命令，新建一个“类型”为“ActionScript 3.0”、“宽”为540像素、“高”为410像素的新文档。

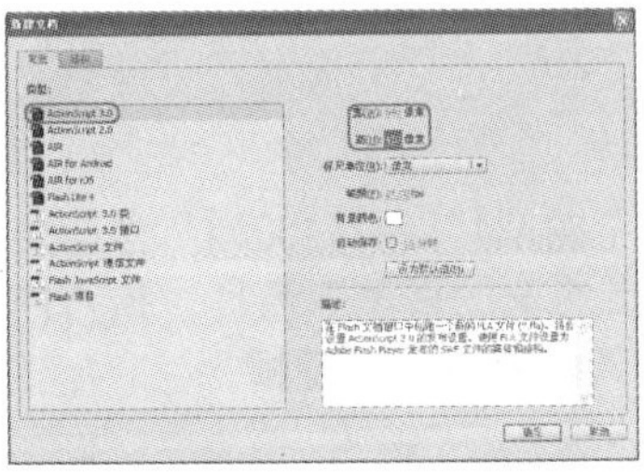

02 在菜单栏中选择“文件”→“导入”→“导入到库”命令，将“卡通背景.jpg”和“卡通云彩.png”素材文件导入到“库”面板中。

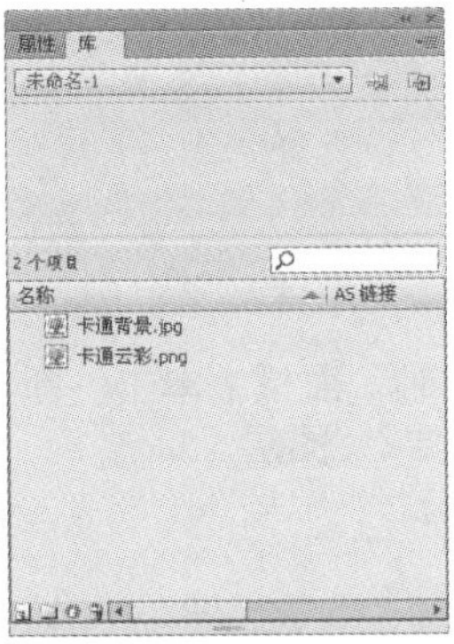

03 在“库”面板中选择“卡通背景.jpg”素材文件，并按住鼠标左键将其拖曳到舞台中央，然后在“属性”面板中单击“将宽度值和高度值锁定在一起”按钮，并将“宽”设置为540。

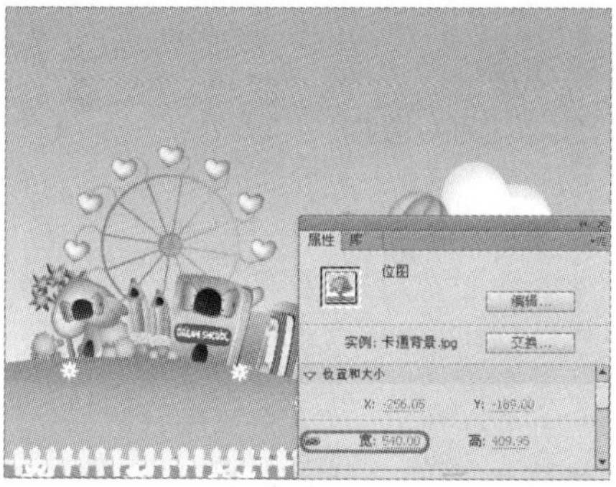

04 按【Ctrl+K】组合键打开“对齐”面板，在该面板中选择“与舞台对齐”复选框，然后单击“水平中齐”按钮和“垂直中齐”按钮。

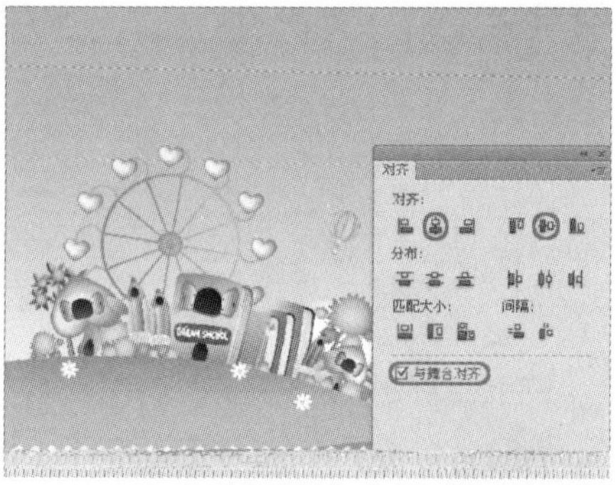

05 选择“图层1”的第100帧，然后单击鼠标右键，在弹出的快捷菜单中选择“插入关键帧”命令，在第100帧处插入关键帧。

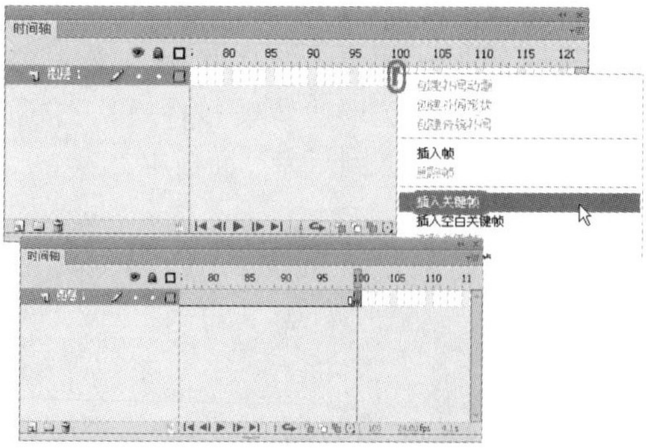

06 在“时间轴”面板中单击“新建图层”按钮，新建“图层2”图层。

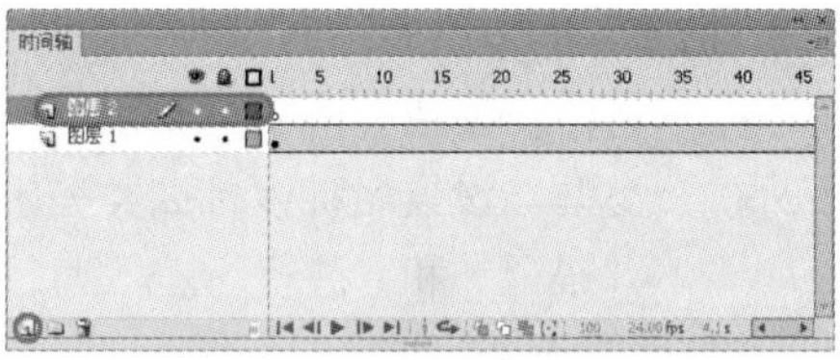

07 选择“图层2”图层的第1帧，然后在“库”面板中将“卡通云彩.png”素材文件拖曳至舞台中，并在舞台中调整素材文件的大小和位置。

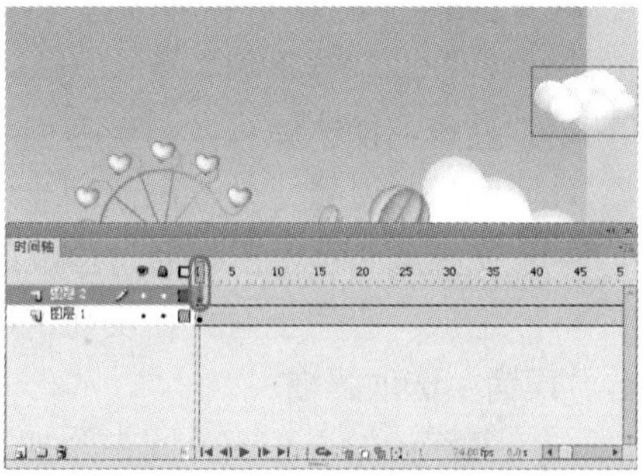

08 选择“图层2”图层的第100帧，然后按【F6】键插入关键帧，并将云彩拖曳至合适的位置。

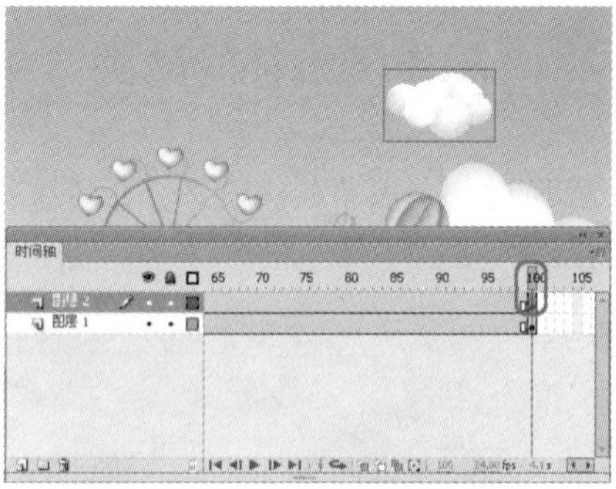

09 在“图层2”图层中选择第50帧，然后单击鼠标右键，在弹出的快捷菜单中选择“创建传统补间”命令，创建传统补间。

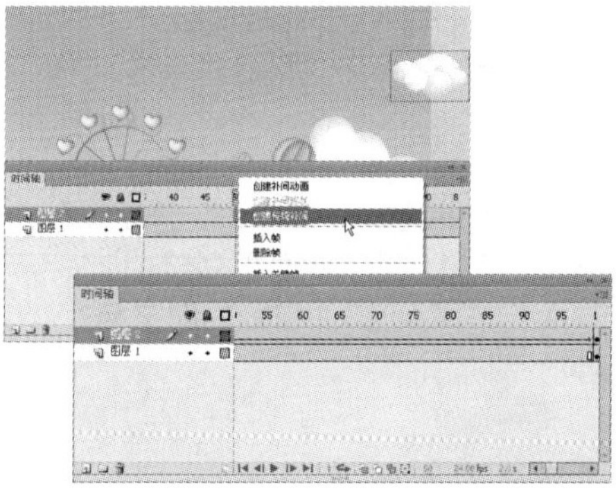

10 使用同样的方法，新建其他图层，并创建传统补间动画。

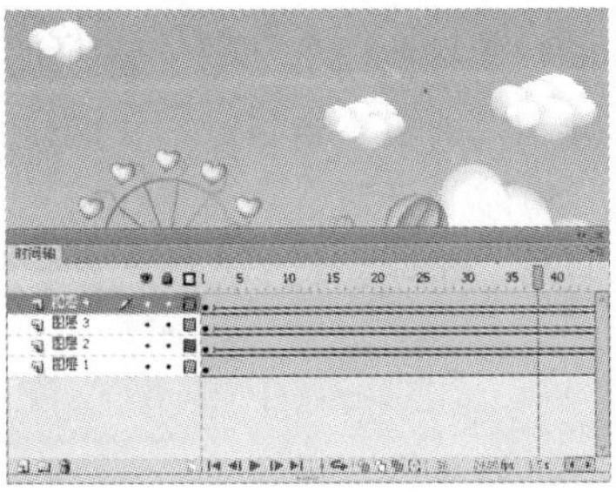

11 至此，传统补间动画就制作完成了，按【Ctrl+Enter】组合键测试影片。

12 保存场景文件后，在菜单栏中选择“文件”→“导出”→“导出影片”命令。

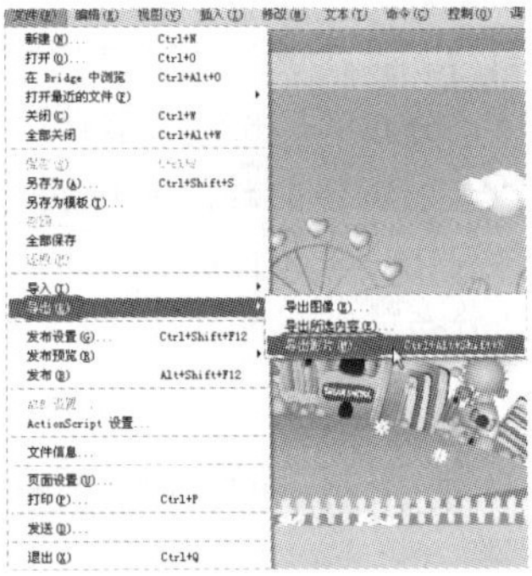

13 弹出“导出影片”对话框，在该对话框中选择一个导出路径，并将“保存类型”设置为“SWF影片（*.swf）”，即可将场景文件输出为SWF文件。

14.3 补间形状动画

学习时间：30分钟

通过补间形状可以实现将一幅图像变为另一幅图像的效果。形状补间和动作补间的主要区别在于形状补间不能应用到实例上，必须是被打散的形状图形之间才能产生形状补间。所谓形状图形，由无数个点堆积而成的，而并非一个整体。选中该对象时外部没有蓝色边框，而是显示成掺杂白色小点的图形。

14.3.1 补间形状动画基础

补间形状动画是在某一帧中绘制对象，再在另一帧中修改对象或者重新绘制其他对象，然后由Flash计算两个帧之间的差异，插入变形帧，这样当连续播放时会出现形状补间的动画效果，对于补间形状动画，要为一个关键帧中的形状指定属性，然后在后续关键帧中修改形状或者绘制另一个形状。

如果想取得一些特殊的效果，需要在“属性”面板中进行相应的设置。当将某一帧设置为形状补间后，“属性”面板中的部分选项参数说明如下。

- **“缓动”**：输入一个−100～100的数，或者通过右边的滑块来调整。如果要慢慢地开始补间形状动画，并朝着动画的结束方向加速补间过程，可以向下拖动滑块或者输入一个−1～−100的负值。如果要快速地开始补间形状动画，并朝着动画的结束方向减速补间过程，可以向上拖动

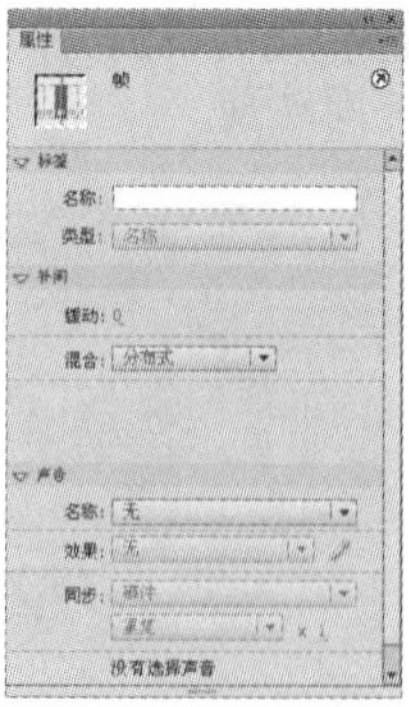

滑块或者输入一个1～100的正值。默认情况下，补间帧之间的变化速率是不变的，通过调节此项可以调整变化速率，从而创建更加自然的变形效果。

- **“混合”**：在该下拉列表框中包含“分布式”和“角形”两个选项。选择“分布式”选项创建的动画，形状比较平滑和不规则。选择“角形”选项创建的动画，形状会保留明显的角和直线。“角形”只适合具有锐化转角和直线的混合形状。如果选择的形状没有角，Flash会还原到分布式补间形状。

14.3.2 制作补间形状动画

下面通过一个简单的实例来介绍补间形状动画的制作。

01 在菜单栏中选择“文件”→“新建”命令，弹出“新建文档”对话框，新建“类型”为“ActionScript 2.0”、“宽”为550像素、“高”为413像素的新文档。

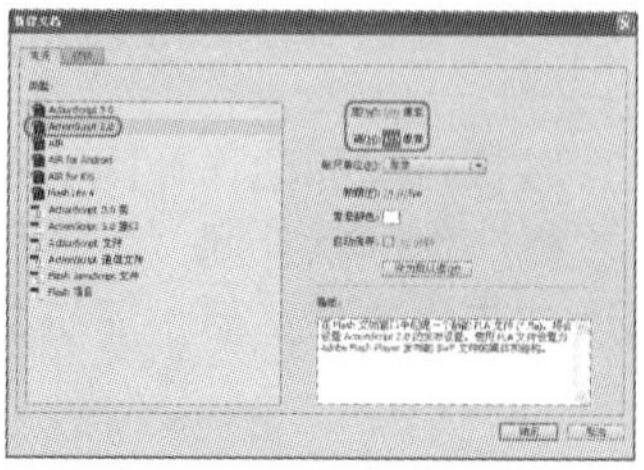

02 在菜单栏中选择“文件”→“导入”→“导入到舞台”命令，将“风车.jpg”素材文件导入到舞台中。

03 在“时间轴”面板中单击“新建图层”按钮，新建“图层2”图层。

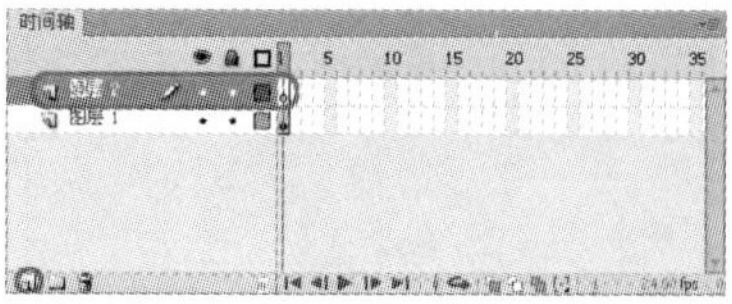

04 在工具箱中选择“文本工具”，在舞台中输入文字“褪色的回忆”。在“属性”面板中将字体设置为“汉仪雁翎体简”，将“大小”设置为60点，将字体颜色设置为“#006600”。

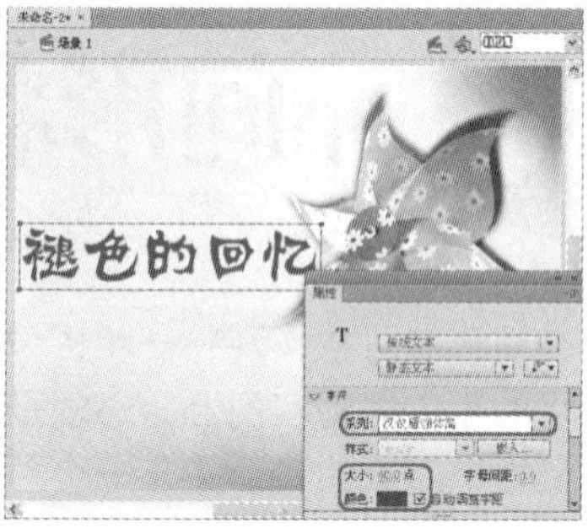

05 然后按两次【Ctrl+B】组合键，打散输入的文字。

06 选择“图层1”图层的第55帧，按【F6】键插入关键帧。

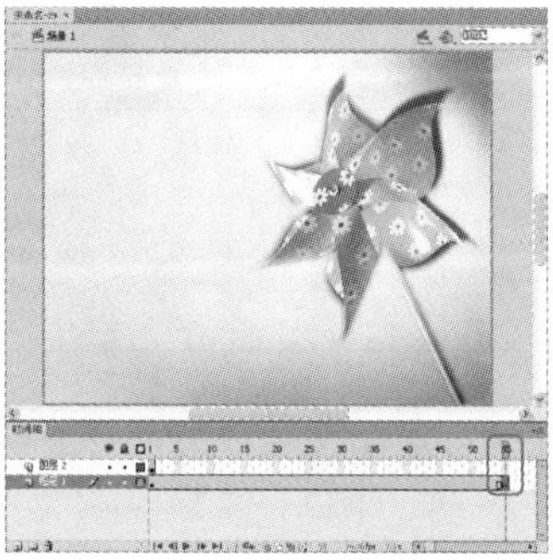

07 然后选择“图层2”图层的第55帧，按【F6】键插入关键帧。

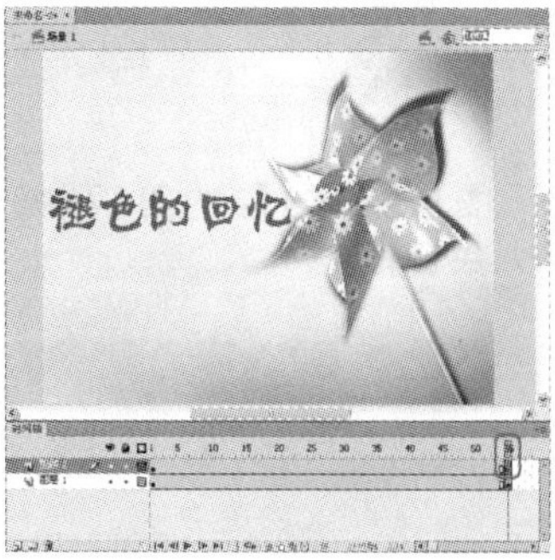

08 使用“选择工具” 在舞台中随意排放文字。

09 选择所有的文字对象，在“属性”面板中将“填充颜色”的Alpha值设置为0。

10 在“图层2”图层中选择第10帧，然后单击鼠标右键，在弹出的快捷菜单中选择“创建补间形状”命令，创建形状补间。

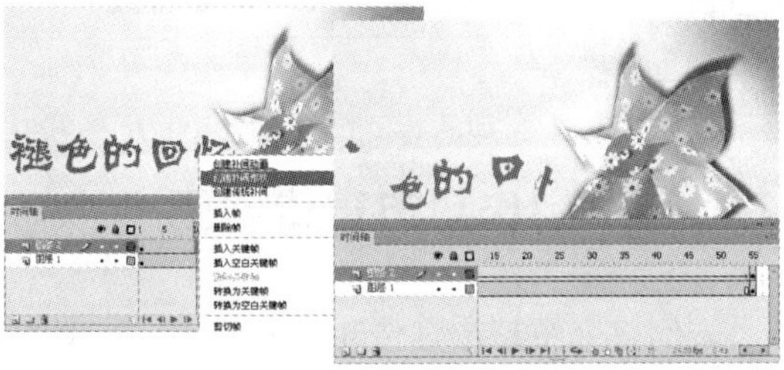

11 至此，补间形状动画就制作完成了，按【Ctrl+Enter】组合键测试影片。

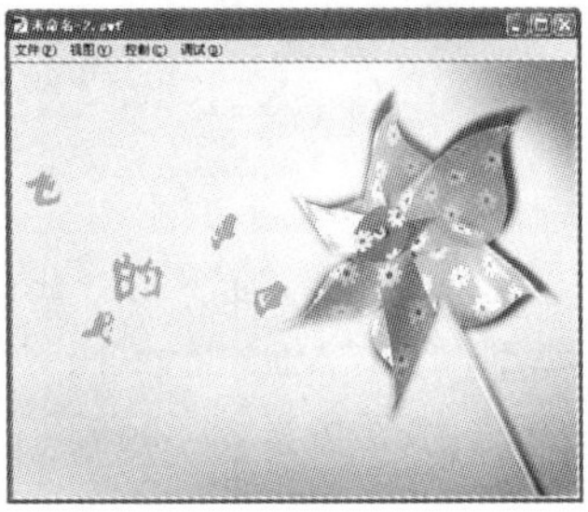

12 保存场景文件后，在菜单栏中选择“文件”→“导出”→“导出影片”命令。

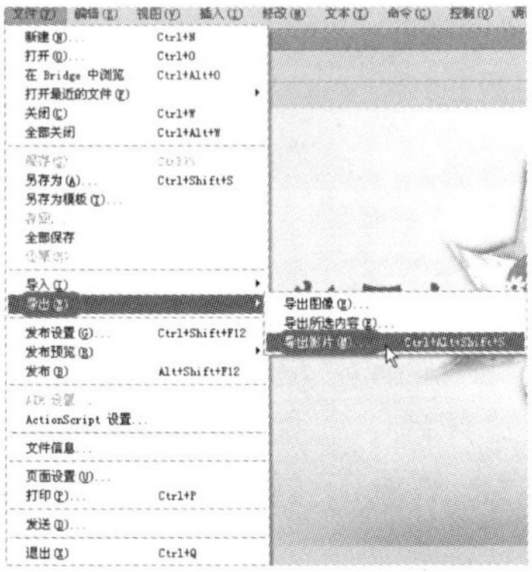

13 弹出“导出影片”对话框，在该对话框中选择一个导出路径，并将“保存类型”设置为“SWF影片（*.swf）”，然后单击“保存”按钮。

14.4 案例制作

学习时间：60分钟

14.4.1 制作超市宣传动画

本例将介绍超市宣传动画的制作，该例主要是在不同的帧上设置图形元件的属性，然后插入传统补间。

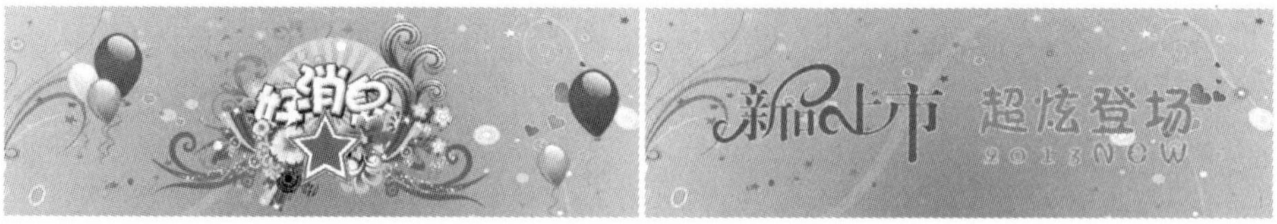

01 在菜单栏中选择“文件”→“新建”命令，新建一个“类型”为“ActionScript 2.0”、“宽”为710像素、“高”为230像素、“帧频”为30fps的新文档。

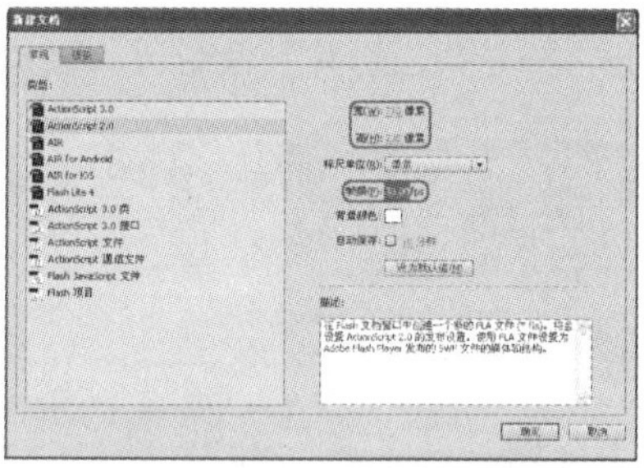

02 在菜单栏中选择“文件”→“导入”→“导入到舞台”命令，将“背景.jpg”素材文件导入舞台。然后按【Ctrl+K】组合键打开“对齐”面板，在该面板中选择“与舞台对齐”复选框，然后单击“水平中齐”按钮和“垂直中齐”按钮，对齐素材。

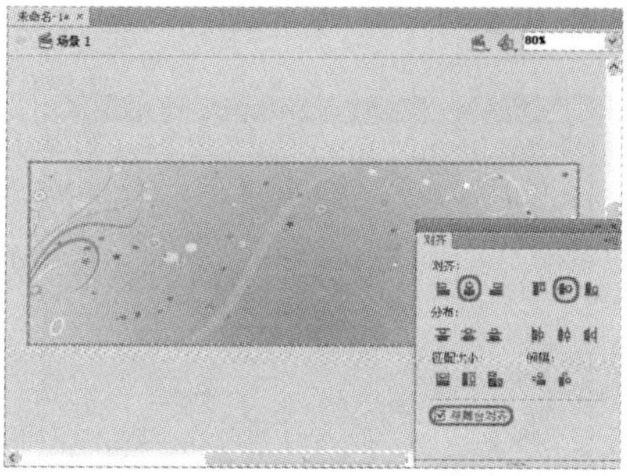

03 选择“图层1”图层的第175帧，然后按【F6】键插入关键帧。

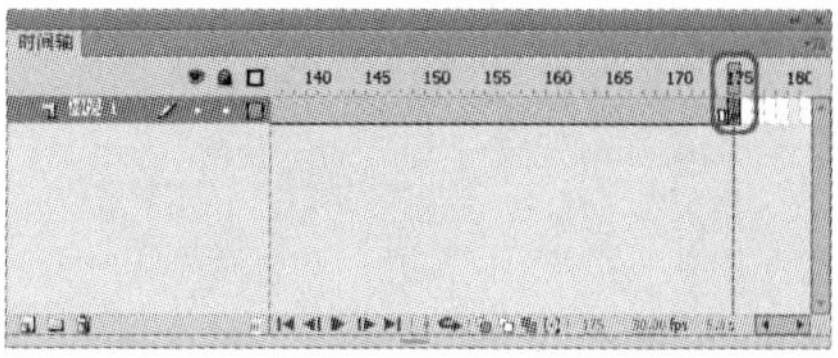

04 在“时间轴”面板中单击“新建图层”按钮，新建“图层2”图层。

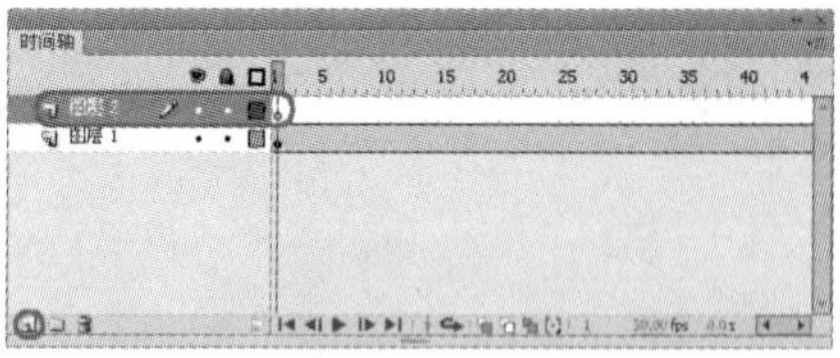

05 选择“图层2”图层的第1帧，然后按【Ctrl+R】组合键，在弹出的“导入”对话框中选择素材文件“好消息.png”，将选择的素材文件导入到舞台中。

06 在菜单栏中选择“修改”→“转换为元件”命令，弹出“转换为元件”对话框，在该对话框中输入“名称”为“好消息”，将“类型”设置为“图形”，将素材文件转换为元件，并调整其位置。

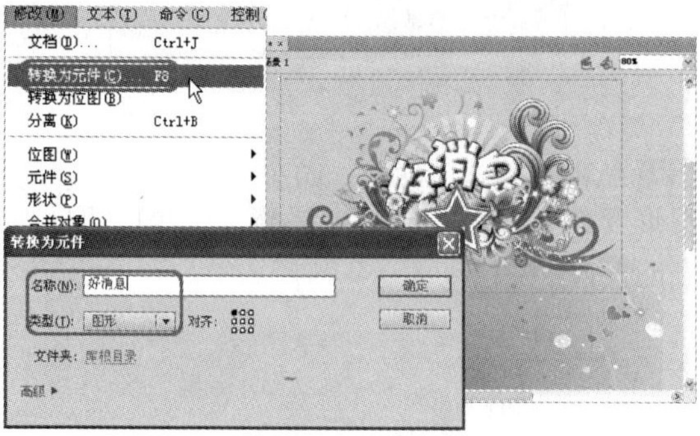

07 选择“图层2”的第15帧，按【F6】键插入关键帧，然后在舞台中调整图形元件的位置。

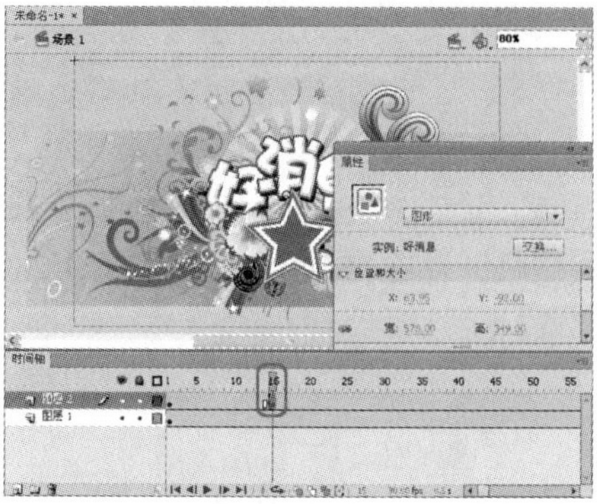

08 选择“图层2”图层的第5帧，并单击鼠标右键，在弹出的快捷菜单中选择“创建传统补间”命令，创建传统补间。

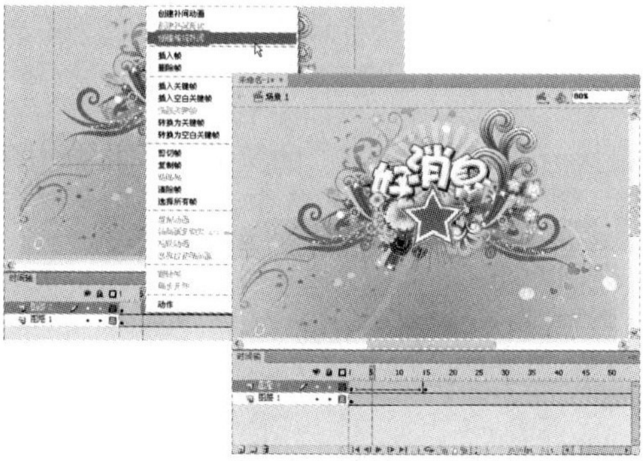

09 选择“图层2”图层的第35帧，按【F6】键插入关键帧，并在舞台中调整“好消息”图形元件的大小和位置。

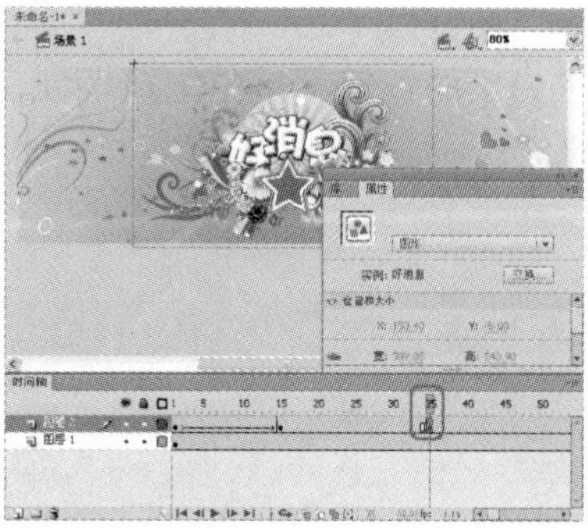

10 然后选择“图层2”图层的第20帧，并单击鼠标右键，在弹出的快捷菜单中选择“创建传统补间”命令，即可创建传统补间。

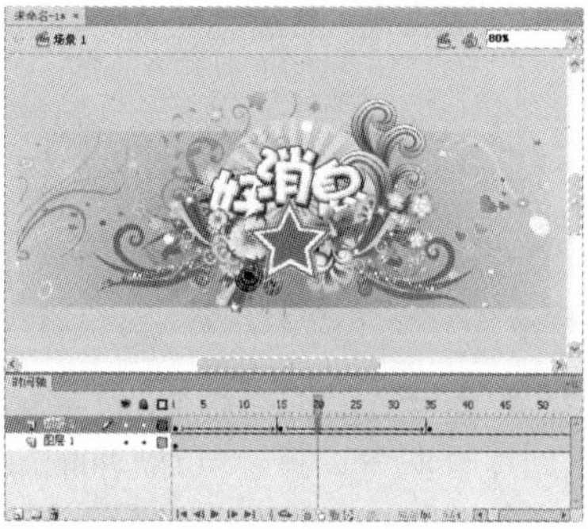

11 选择“图层2”图层的第60帧，并按【F6】键插入关键帧。

12 选择“图层2”图层的第90帧，按【F6】键插入关键帧，并在舞台中调整图形元件的位置。

13 选择“图层2”图层的第70帧，并单击鼠标右键，在弹出的快捷菜单中选择“创建传统补间”命令，创建传统补间。

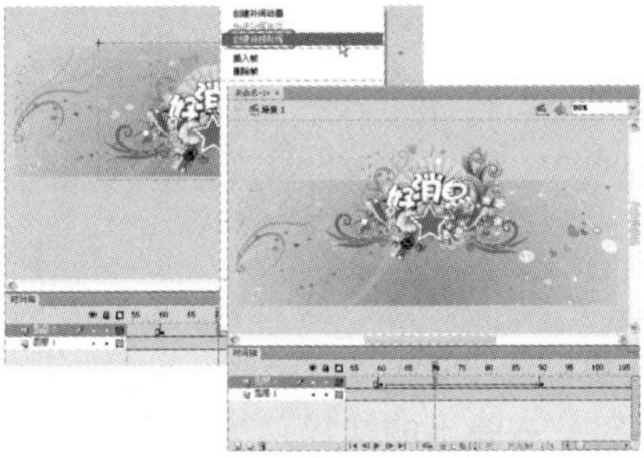

14 在“时间轴”面板中单击“新建图层”按钮，新建“图层3”图层。

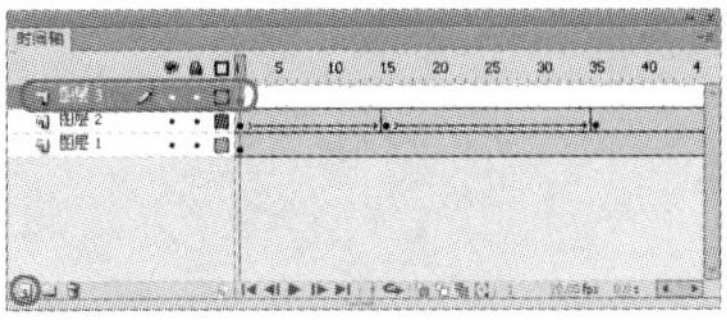

15 在菜单栏中选择“文件”→“导入”→“导入到库”命令，将“气球1.png”、“气球2.png”和“气球3.png”素材文件导入到库中。

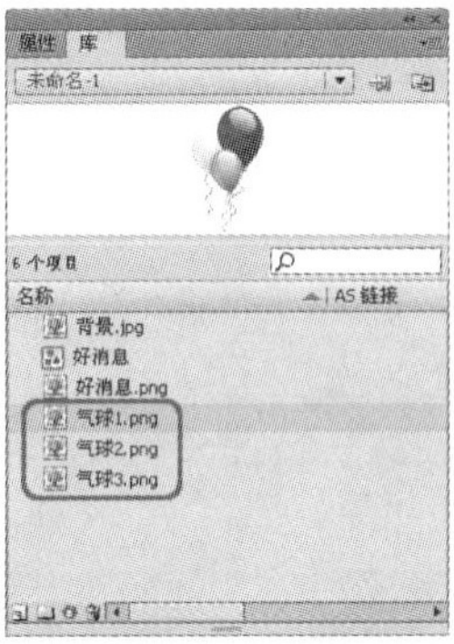

16 选择“图层3”图层的第35帧，并按【F6】键插入关键帧，然后在“库”面板中选择“气球1.png”素材文件，并按住鼠标左键将其拖曳到舞台中。

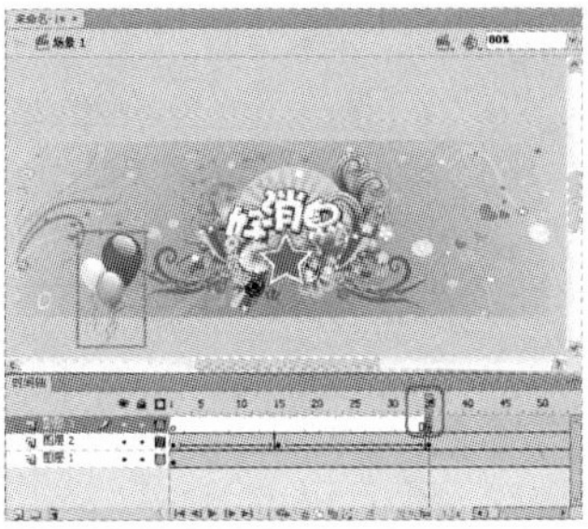

17 然后按【F8】键弹出“转换为元件”对话框，在该对话框中将“名称”命名为“气球1”，将“类型”设置为“图形”。

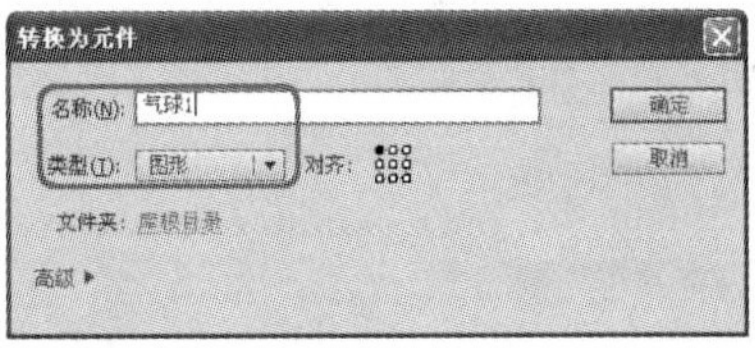

18 单击“确定”按钮，即可将素材文件转换为图形元件，然后在舞台中调整“气球1”图形元件的位置。

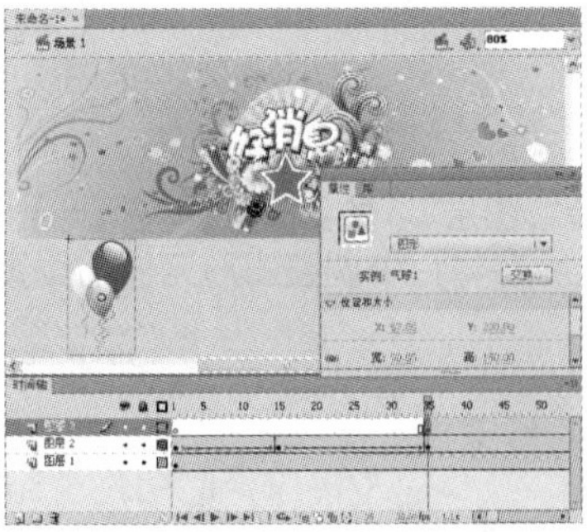

19 选择“图层3”图层的第80帧，按【F6】键插入关键帧，并在舞台中调整“气球1”图形元件的位置。

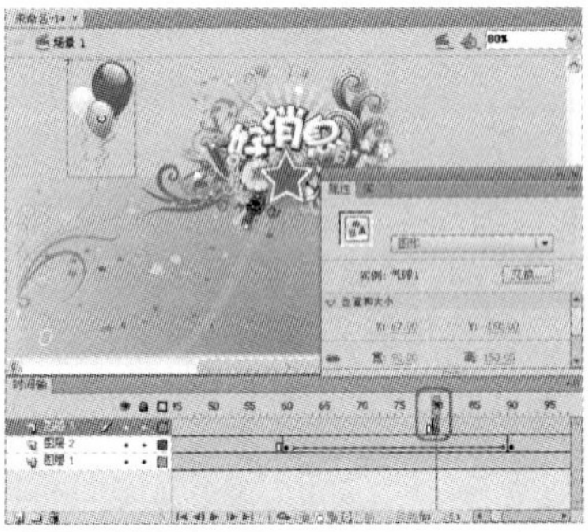

20 然后选择“图层3”的第55帧，并单击鼠标右键，在弹出的快捷菜单中选择“创建传统补间”命令，即可创建传统补间。

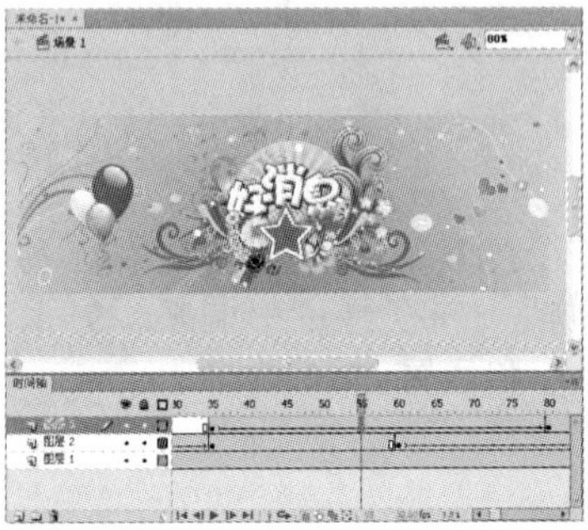

21 使用同样的方法，新建“图层4”和“图层5”，并将“气球2.png”和“气球3.png”素材文件转换为图形元件，然后为图形元件创建传统补间动画。

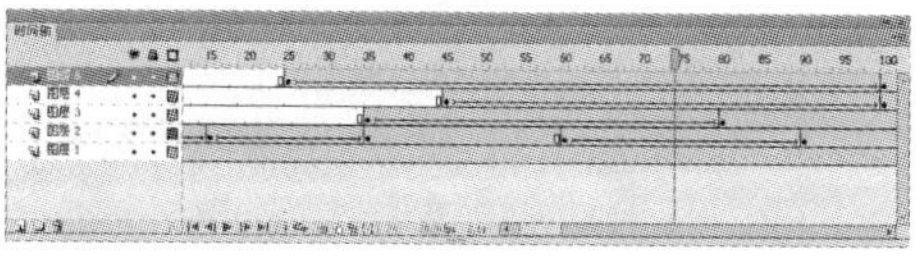

22 在“时间轴”面板中单击“新建图层”按钮，新建“图层6”图层，并选择“图层6”的第102帧，然后按【F6】键插入关键帧。

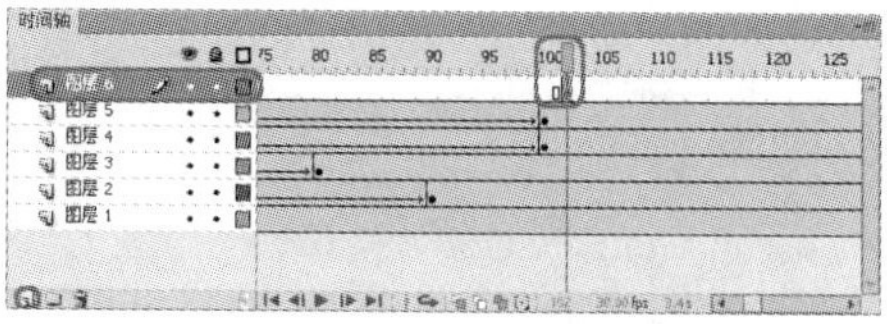

23 按【Ctrl+R】组合键，弹出“导入”对话框，在该对话框中选择素材文件“新品上市.png”。

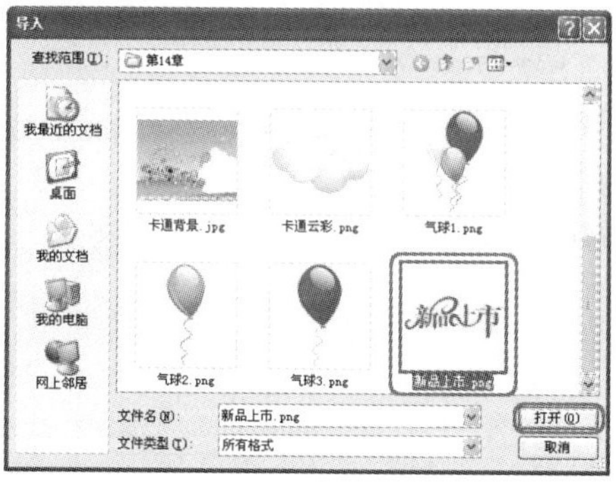

24 单击“打开”按钮，即可将选择的素材文件导入到舞台中，然后按【F8】键弹出“转换为元件”对话框，在该对话框中将“名称”命名为“新品上市”，将“类型”设置为“图形”。

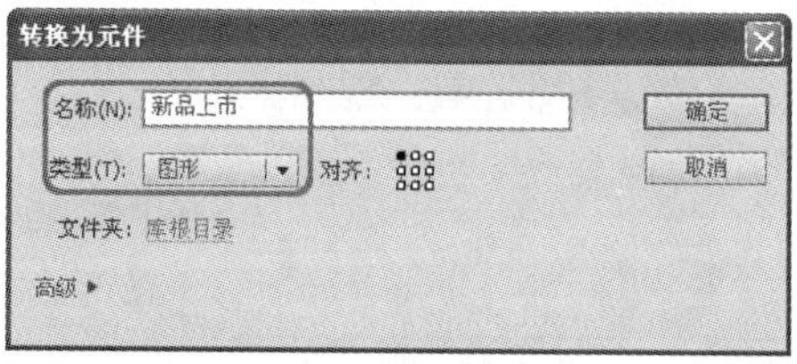

25 单击“确定”按钮，即可将素材文件转换为图形元件，并在舞台中调整“新品上市”图形元件的位置，然后在“属性”面板中将“样式”设置为“Alpha”，并将“Alpha”值设置为0%。

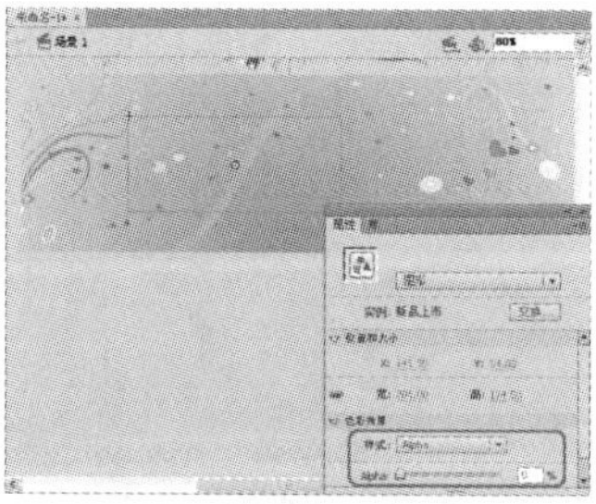

26 选择“图层6”的第112帧，按【F6】键插入关键帧，在舞台中向右适当调整“新品上市”图形元件的位置，然后在“属性”面板中将“样式”设置为“Alpha”，并将“Alpha”值设置为30%。

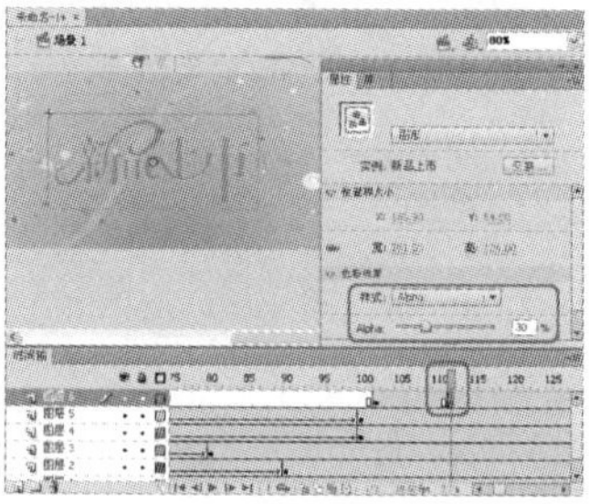

27 然后选择“图层6”图层的第105帧，并单击鼠标右键，在弹出的快捷菜单中选择“创建传统补间”命令，即可创建传统补间。

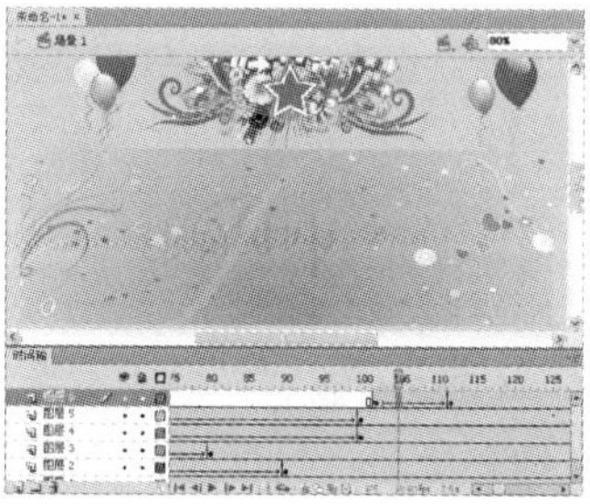

28 选择“图层6”图层的第132帧，按【F6】键插入关键帧，在舞台中向左调整“新品上市”图形元件的位置，然后在“属性”面板中将“样式”设置为“无”。

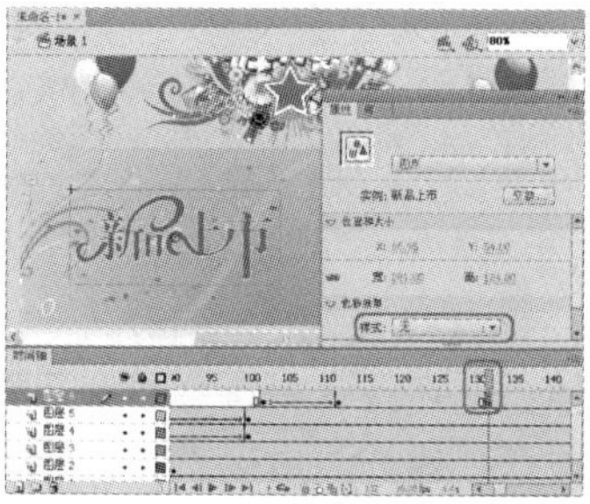

29 然后选择“图层6”图层的第120帧，并单击鼠标右键，在弹出的快捷菜单中选择“创建传统补间”命令，即可创建传统补间。

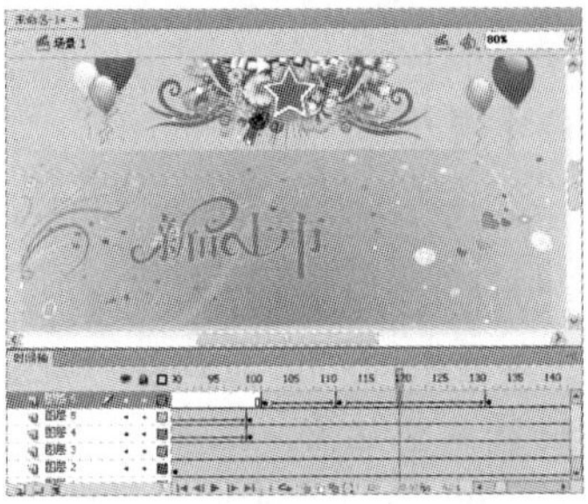

30 在“时间轴”面板中单击“新建图层”按钮，新建“图层7”图层，并选择“图层7”的第132帧，然后按【F6】键插入关键帧。

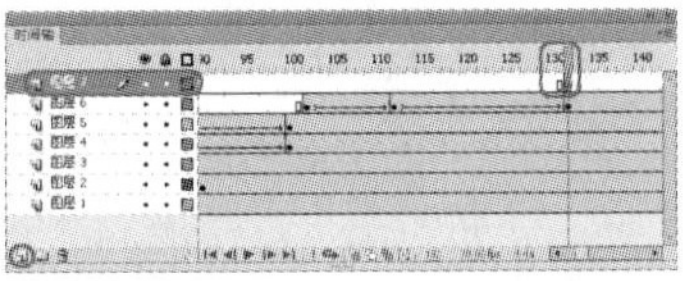

31 按【Ctrl+R】组合键，将素材文件“超炫登场.png”导入到舞台中。按【F8】键弹出“转换为元件”对话框，在该对话框中将“名称”命名为“超炫登场”，将“类型”设置为“图形”，将选择的素材文件转换为图形元件。

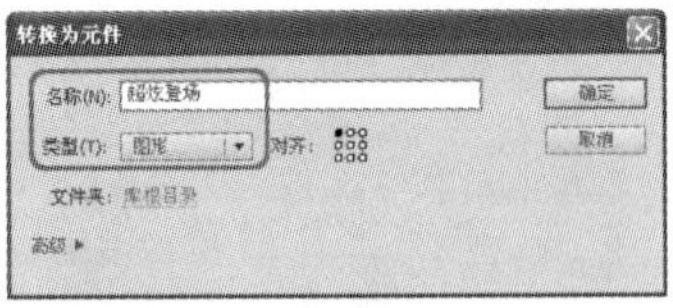

32 在舞台中调整图形元件的大小和位置，然后在“属性”面板中将“样式”设置为“Alpha”，并将“Alpha”值设置为0%。

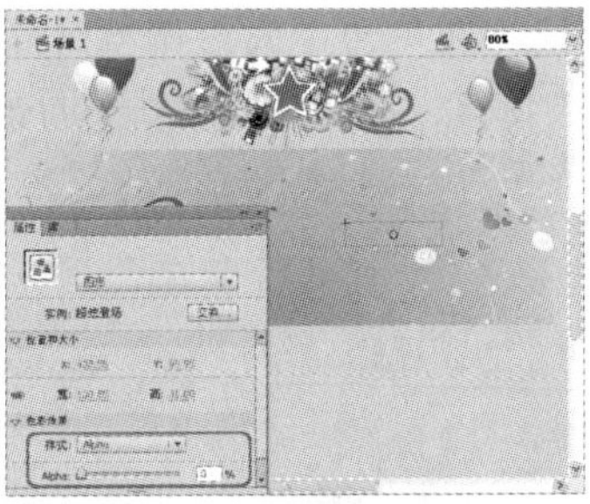

33 选择“图层7”图层的第147帧，按【F6】键插入关键帧，并在舞台中调整图形元件的大小和位置，然后在“属性”面板中将“样式”设置为“无”。

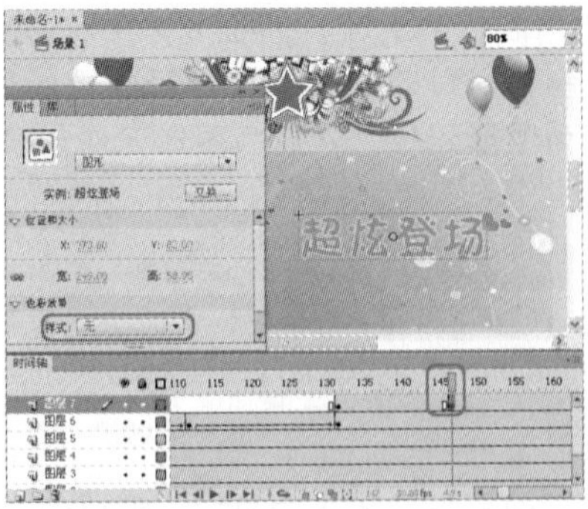

34 然后选择“图层7”的第140帧，并单击鼠标右键，在弹出的快捷菜单中选择“创建传统补间”命令，即可创建传统补间。

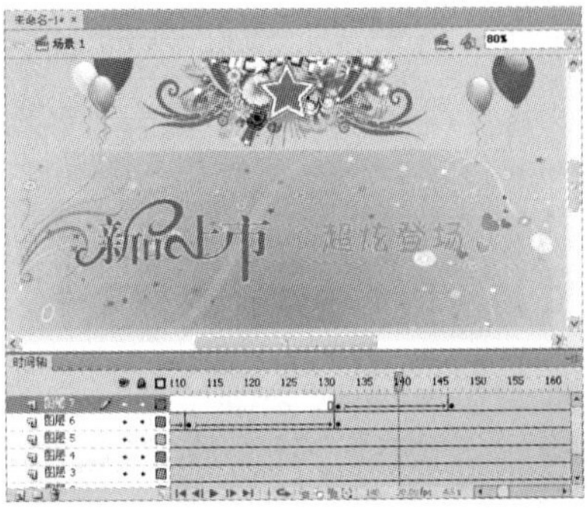

35 在“时间轴”面板中单击“新建图层”按钮，新建“图层8”图层，并选择“图层8”图层的第147帧，然后按【F6】键插入关键帧。

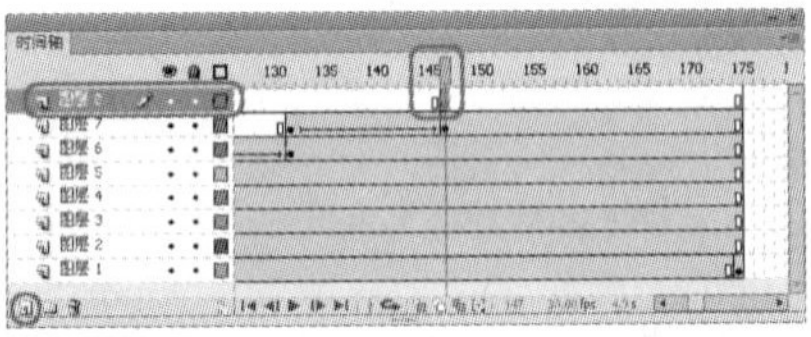

36 按【Ctrl+R】组合键，将素材文件“2013.png”导入到舞台中。然后按【F8】键弹出“转换为元件”对话框，在该对话框中将“名称”命名为“2013”，将“类型”设置为“图形”。

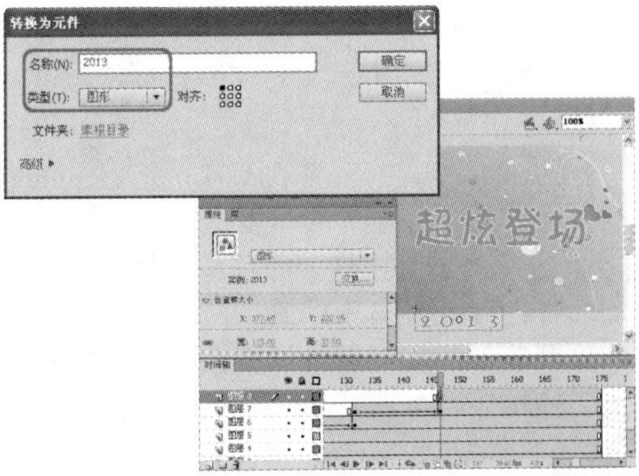

37 选择“图层8”图层第157帧，按【F6】键插入关键帧，然后在舞台中调整图形元件的位置。

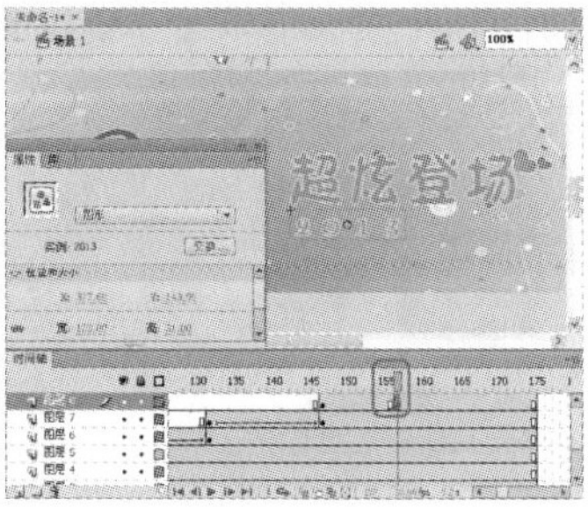

38 然后选择“图层8”图层的第150帧，并单击鼠标右键，在弹出的快捷菜单中选择“创建传统补间”命令，即可创建传统补间。

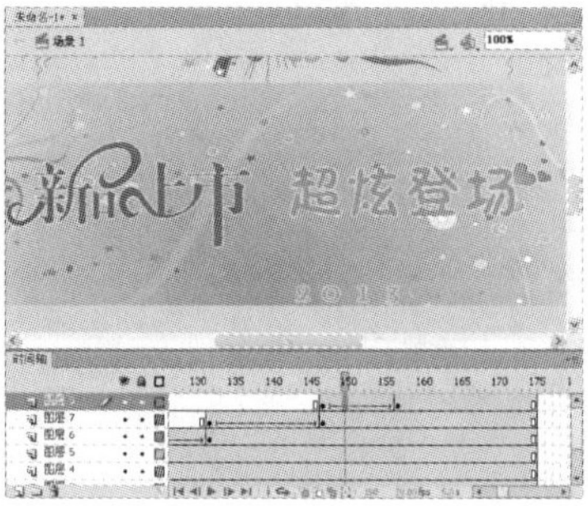

39 在“时间轴”面板中单击“新建图层”按钮，新建“图层9”图层，并选择“图层9”图层的第157帧，然后按【F6】键插入关键帧。

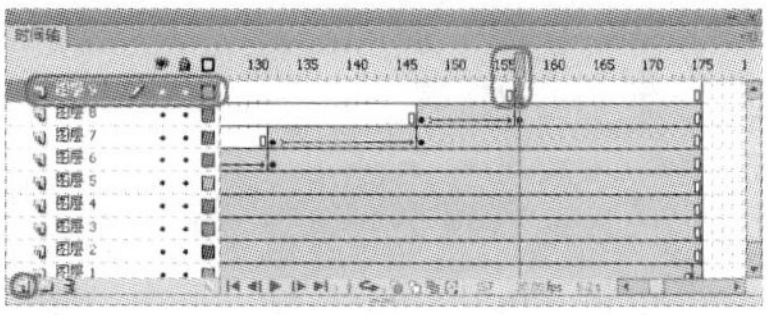

40 按【Ctrl+R】组合键，将素材文件“new.png”导入到舞台中按【F8】键弹出“转换为元件”对话框，在该对话框中将素材文件的“名称”命名为“超炫登场”，将“类型”设置为“图形”，将选择的素材文件转换为图形元件。

41 选择“图层9”图层的第167帧，按【F6】键插入关键帧，然后在舞台中调整图形元件的位置。

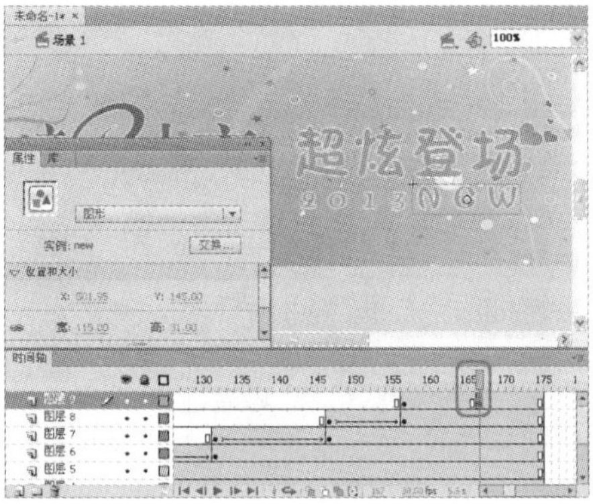

42 然后选择“图层9”图层的第160帧，并单击鼠标右键，在弹出的快捷菜单中选择“创建传统补间”命令，即可创建传统补间。

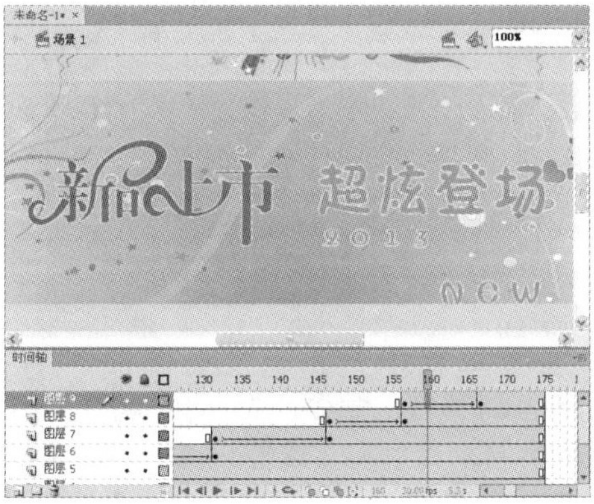

43 至此，超市宣传动画就制作完成了，按【Ctrl+Enter】组合键测试影片。最后保存场景文件，并输出SWF影片即可。

14.4.2 变形文字

本例将介绍变形文字的制作，该例主要是通过为文字设置传统补间和形状补间未完成的。

01 新建一个“类型”为“ActionScript 2.0”、“宽”为582像素、“高”为460像素的新文档。

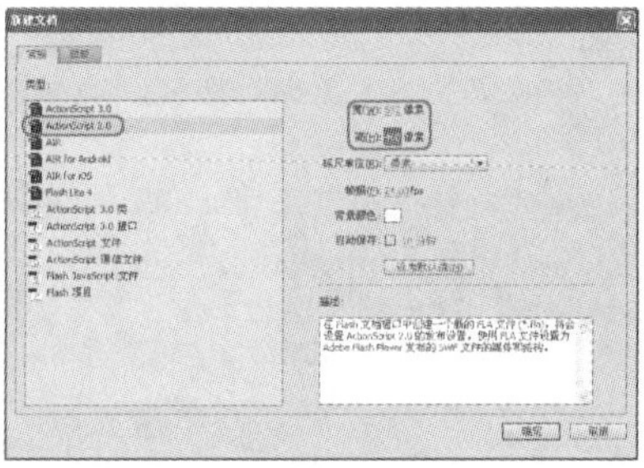

02 在菜单栏中选择“文件”→“导入”→“导入到舞台”命令，将“树.jpg”素材文件导入到舞台。然后在“属性”面板中将素材文件的“宽”设置为582，将“高”设置为460。

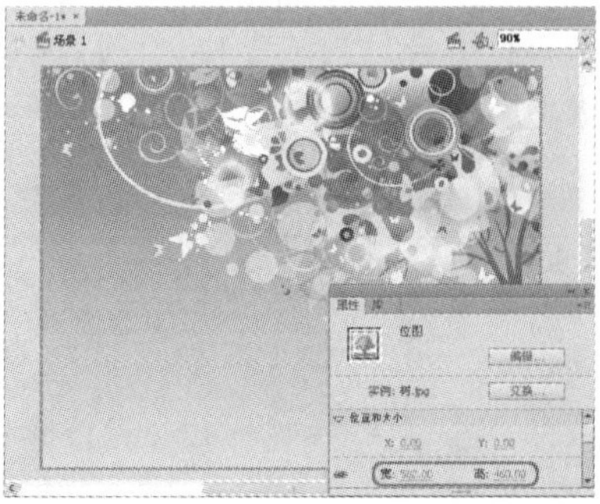

03 选择“图层1”图层的第110帧，然后按【F6】键插入关键帧。

04 在“时间轴”面板中单击“新建图层”按钮，新建“图层2”图层。

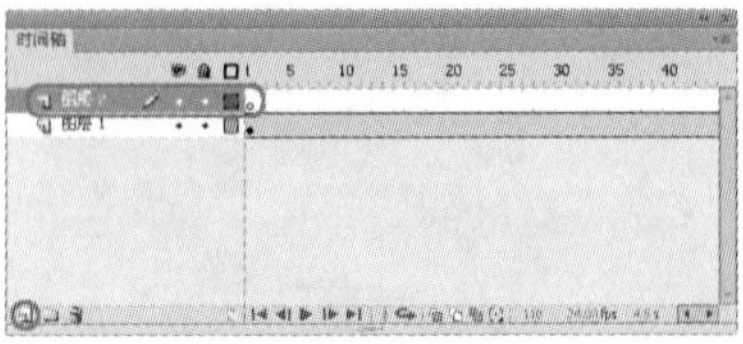

05 选择“图层2”图层的第1帧，在工具箱中选择“文本工具”，然后在舞台中输入文本，并在“属性”面板中将“系列”设置为“汉仪雁翎体简”，将“大小”设置为80点，将字体颜色设置为“#FF0066”。

06 然后按【F8】键弹出“转换为元件”对话框，在该对话框中将“名称”命名为“绚”，将“类型”设置为“图形”，并在舞台中调整“绚”图形元件的位置。

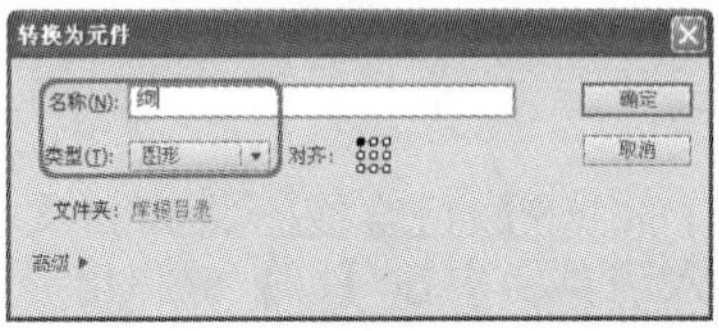

07 选择“图层2”图层的第25帧，按【F6】键插入关键帧，然后在舞台中调整“绚”图形元件的位置。

08 选择“图层2”图层的第5帧，并单击鼠标右键，在弹出的快捷菜单中选择“创建传统补间”命令。

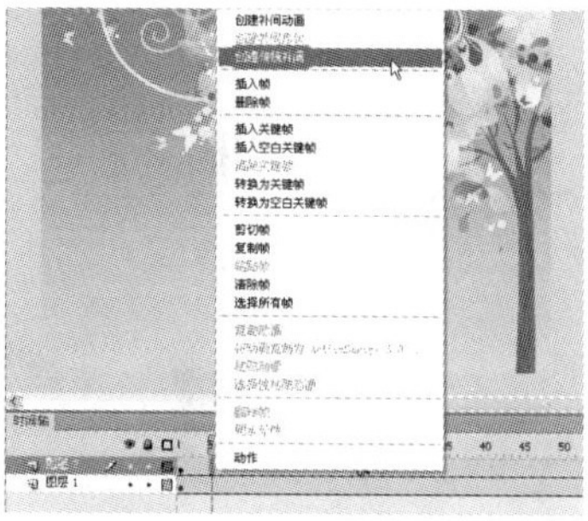

09 即可创建传统补间，然后在“属性”面板中将“旋转”设置为“顺时针”。

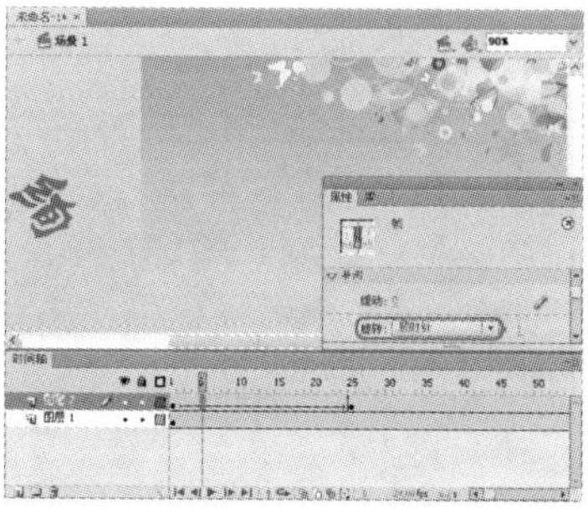

10 在“时间轴”图层面板中单击“新建图层”按钮，新建“图层3”图层。

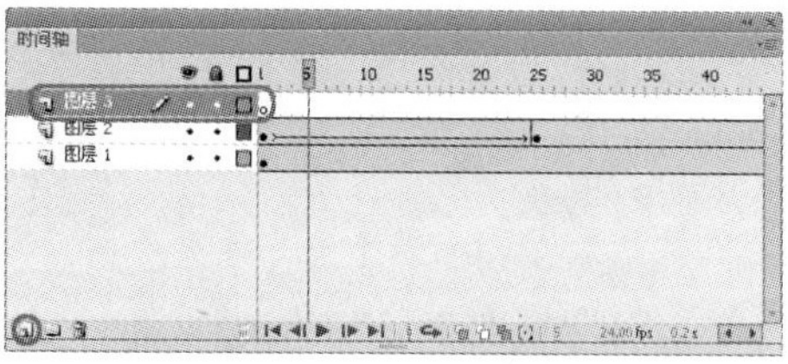

11 选择“图层3”图层的第1帧，在工具箱中选择“椭圆工具”，在“属性”面板中将“填充颜色”设置为“#FFFF00”，将“笔触颜色”设置为无，然后在舞台中按住【Shift】键绘制正圆。

12 使用同样的方法，绘制其他正圆，并为绘制的正圆填充不同的颜色。

13 选择“图层3”图层的第25帧，按【F6】键插入关键帧。

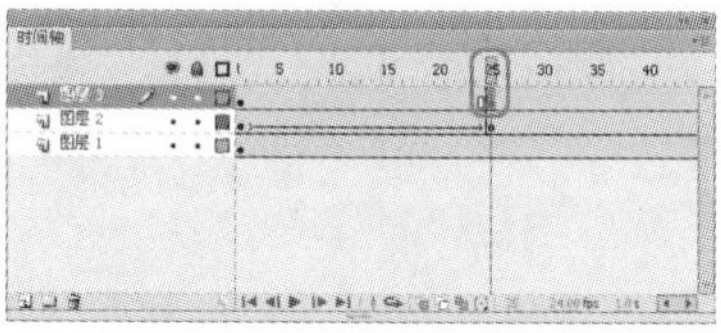

14 然后选择“图层3”图层的第50帧，并单击鼠标右键，在弹出的快捷菜单中选择“插入空白关键帧”命令，在第50帧插入空白关键帧。

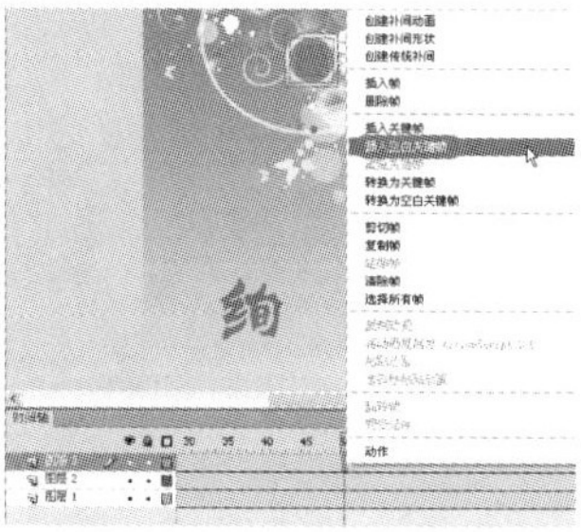

15 选择第50帧，在工具箱中选择“文本工具” T，然后在舞台中输入文字，并在“属性”面板中将“系列”设置为“汉仪雁翎体简”，将“大小”设置为80点，将字体颜色设置为“#FFFF00”。

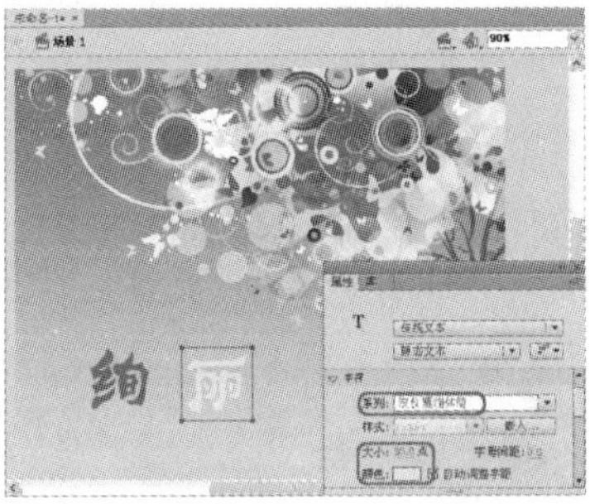

16 然后按【Ctrl+B】组合键打散输入的文字，并在舞台中适当调整打散后的文字的位置。

17 选择“图层3”图层的第30帧，并单击鼠标右键，在弹出的快捷菜单中选择“创建补间形状”命令，创建形状补间。

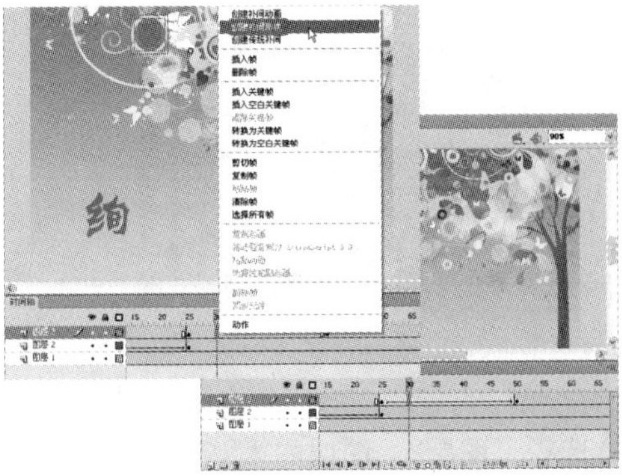

18 使用同样的方法，新建图层并输入文字，然后为文字制作传统补间动画和形状补间动画。

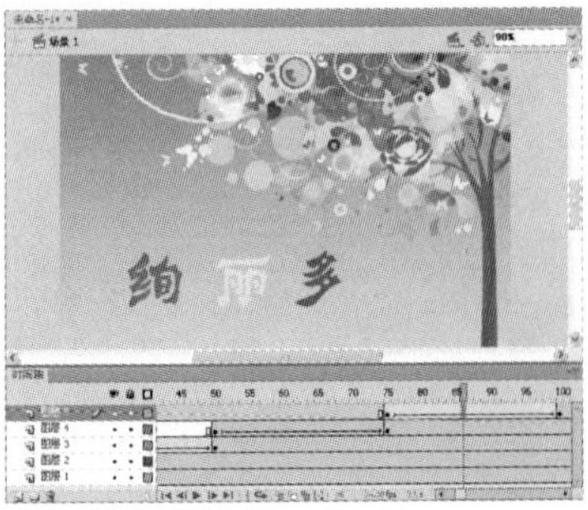

19 至此，变形文字动画就制作完成了，按【Ctrl+Enter】组合键测试影片。最后保存场景文件，并输出SWF影片即可。

第15章

本章导读：
在Flash中的任何物体都可以精确地沿着轨迹进行移动。本章主要通过制作复杂的动画，介绍引导层动画和遮罩层动画的制作方法。

复合动画

【基础知识：60分钟】

关于遮罩层	5分钟
制作遮罩层动画	20分钟
引导层动画	15分钟
制作引导层动画	20分钟

【演练：60分钟】

添加引导层动画	30分钟
添加遮罩层动画	30分钟

15.1 关于遮罩层

学习时间：5分钟

若要获得聚光灯效果和过渡效果，可以使用遮罩层创建一个孔，通过这个孔可以看到下面图层的内容。遮罩项目可以是填充的形状、文字对象、图形元件的实例或者影片剪辑元件实例。将多个图层组织在一个遮罩层下可以创建复杂的动画效果。

若要创建动态效果，可以让遮罩层动起来。对于用做遮罩的填充形状，可以使用补间形状；对于类型对象、图形元件实例或者影片剪辑元件实例，可以使用补间动画。当使用影片剪辑元件实例作为遮罩时，可以让遮罩沿着运动路径运动。

若要创建遮罩层，请将遮罩项目放在要用做遮罩的图层上。与填充或者笔触不同，遮罩项目就像一个窗口一样，通过它可以看到位于它下面的链接层区域。除了通过遮罩项目显示内容之外，其余的所有内容都被遮罩层的其余部分隐藏起来。一个遮罩层只能包含一个遮罩项目。遮罩层不能在按钮内部，也不能将一个遮罩应用于另一个遮罩。

15.2 制作遮罩层动画

学习时间：20分钟

在Flash CS6中，用户可以根据需要使用遮罩层来显示下方图层中图片或者图形的部分区域。如果需要创建遮罩，可以将图层指定为遮罩层，然后在该图层上绘制或者放置一个填充形状。用户可以将任意填充形状用做遮罩，包括组、文本和元件。下面介绍如何创建遮罩层动画，其具体操作步骤如下：

01 新建一个空白文档，按【Ctrl+F3】组合键打开“属性”面板，在该面板中将“FPS”设置为30，将“大小”设置为550×414像素。

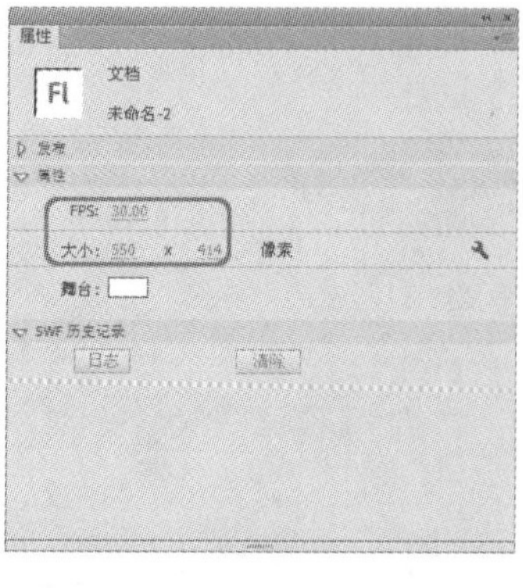

02 在“时间轴”面板中选择“图层1”图层的第15帧，并单击鼠标右键，在弹出的快捷菜单中选择“插入关键帧”命令。

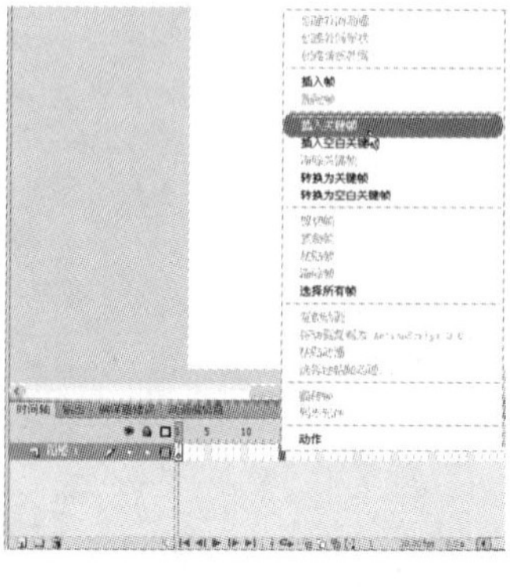

03 在菜单栏中选择“文件”→“导入”→“导入到舞台”命令，选择第15章的“13756.jpg”素材文件。

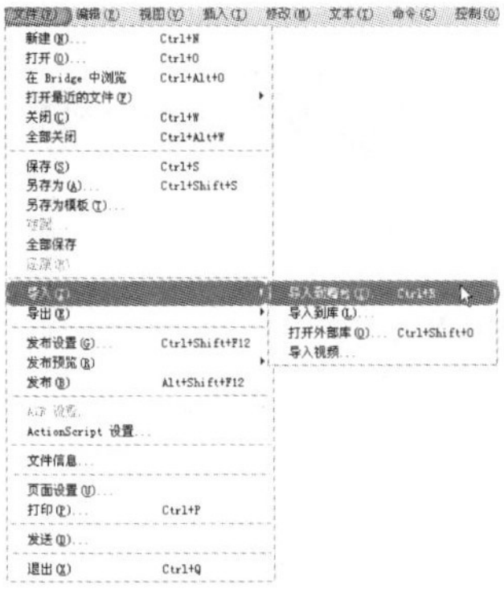

04 单击“打开”按钮，即可将选中的素材文件导入到舞台中，按【Ctrl+F3】组合键打开“属性”面板，在该面板中单击“将宽度值和高度值锁定在一起”按钮，将宽度和高度锁定在一起，将“宽度”设置为550，按【Enter】键确认。

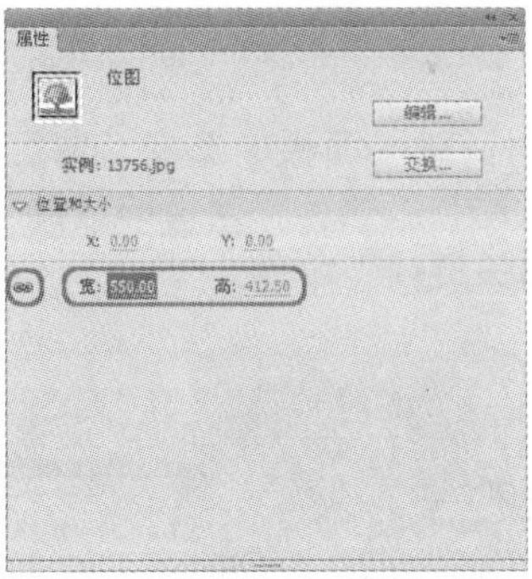

05 按【Ctrl+K】组合键打开“对齐”面板，在该面板中单击“垂直中齐”按钮，将选中的对象与物体进行对齐。

06 再在“时间轴”面板中选择“图层1”图层的第195帧，单击鼠标右键，在弹出的快捷菜单中选择“插入帧”命令。

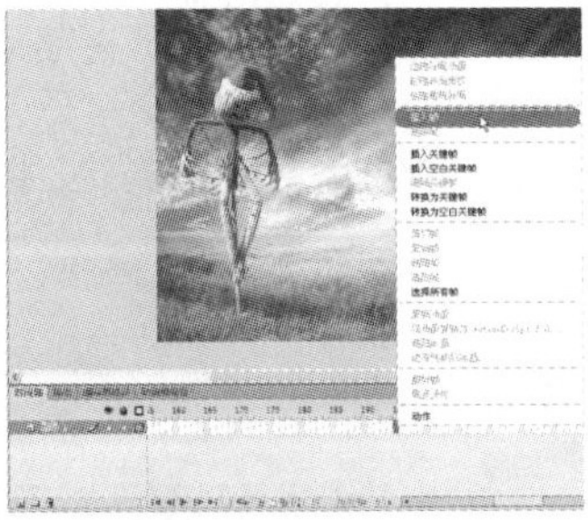

07 在“时间轴”面板中单击“新建图层”按钮，新建“图层2”图层。

08 在“时间轴”面板中选择“图层2”图层的第15帧，并单击鼠标右键，在弹出的快捷菜单中选择“插入关键帧”命令。

09 在工具箱中选择“矩形工具”工具，按【Ctrl+F3】组合键打开“属性”面板，在该面板中将“笔触颜色”设置为无，将“填充颜色”设置为“#574442”，在舞台中按住鼠标绘制一个如下图所示的矩形。

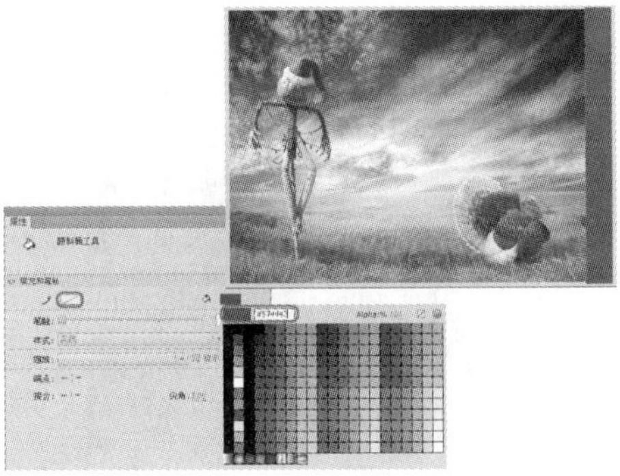

10 确认该图形处于选中状态，在菜单栏中选择“修改”→“转换为元件”命令，在弹出的对话框中将“名称”命名为“矩形1”，将“类型”设置为“图形”。

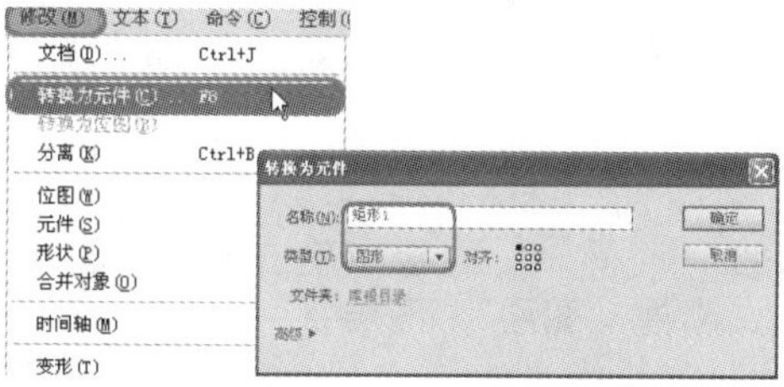

11 设置完成后，单击“确定”按钮，确认该图形处于选中状态，在工具箱中单击“任意变形工具”按钮，在舞台中调整该矩形中心点的位置。

12 在“时间轴”面板中选择“图层2”图层的第30帧，并单击鼠标右键，在弹出的快捷菜单栏中选择“插入关键帧”命令。

13 在舞台中使用“任意变形工具”调整该矩形的大小。

14 在“时间轴”面板中选择“图层2”图层的第15帧，并单击鼠标右键，在弹出的快捷菜单中选择“创建传统补间”命令，为其创建传统补间动画。

15 在“时间轴”面板中选择“图层2”的第31帧，并单击鼠标右键，在弹出的快捷菜单中选择“插入空白关键帧”命令。

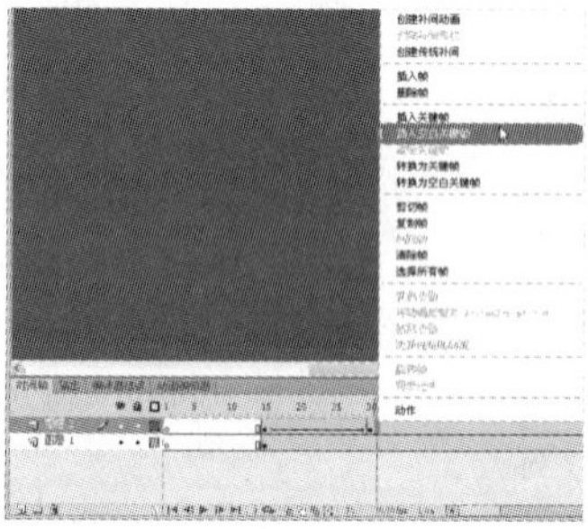

16 在“时间轴”面板中选择“图层2”图层，并单击鼠标右键，在弹出的快捷菜单中选择“遮罩层”命令。

17 执行该操作后，即可将该图层设置为遮罩层。

18 在“时间轴”面板中单击“新建图层”按钮，新建“图层3”图层。

19 按【Ctrl+L】组合键打开“库”面板，在该面板中选择“13756.jpg”素材文件，按住鼠标将其拖曳至舞台中，并调整其大小和位置。

20 在“时间轴”面板中选择“图层3”图层的第31帧，并单击鼠标右键，在弹出的快捷菜单中选择“插入空白关键帧”命令。

21 在“时间轴”面板中单击“新建图层”按钮，新建“图层4”图层。

22 在工具箱中选择“矩形工具”，在舞台中按住鼠标绘制多个矩形。

23 使用“选择工具”选择多个矩形，按【F8】键，在弹出的对话框中将“名称”命名为“矩形2”，将“类型”设置为“图形”。

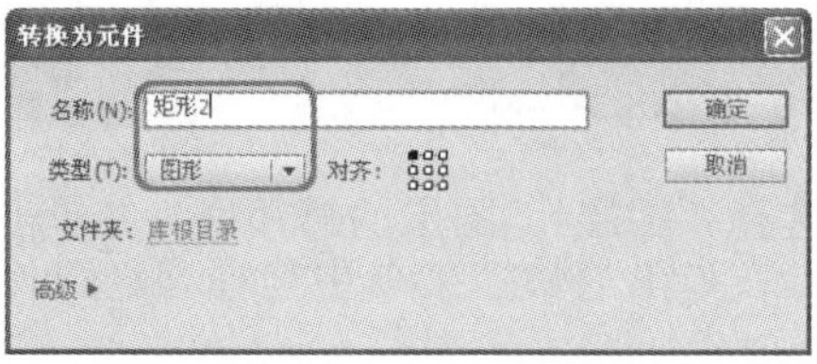

24 设置完成后，单击“确定”按钮，在“时间轴”面板中选择“图层4”图层的第30帧，并单击鼠标右键，在弹出的快捷菜单中选择“插入关键帧”命令。

25 在“时间轴”面板中选择“图层4”图层的第15帧，并单击鼠标右键，在弹出的快捷菜单中选择“插入关键帧”命令。

26 插入关键帧后，按住鼠标左键将矩形元件拖曳至舞台的右侧。

27 选择“图层4”图层的第15帧，并单击鼠标右键，在弹出的快捷菜单中选择“创建传统补间”命令。

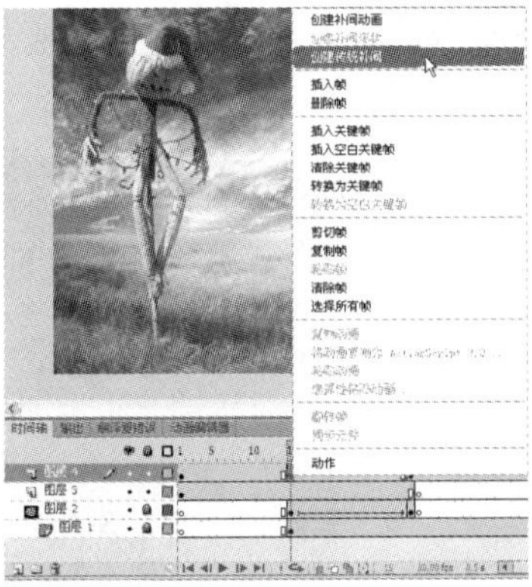

28 使用同样方法在“图层4”图层的第1帧至15帧之间创建传统补间，选择“图层4”图层的第31帧，并单击鼠标右键，在弹出的快捷菜单中选择“插入空白关键帧”命令。

29 在“时间轴”面板中选择“图层4”图层，并单击鼠标右键，在弹出的快捷菜单中选择“遮罩层”命令。

30 使用同样的方法创建其他动画效果，完成后保存场景文件，并输出SWF文件即可。

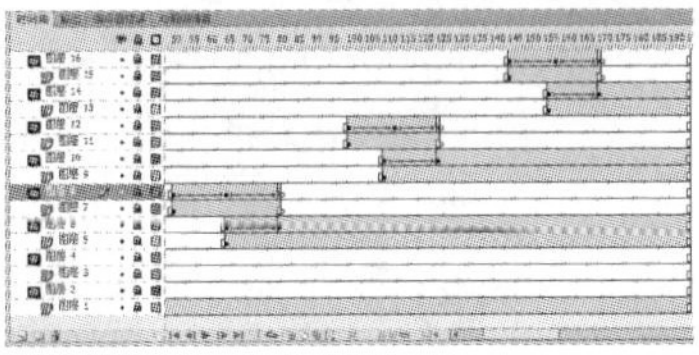

15.3 引导层动画

学习时间：15分钟

使用运动引导层可以创建特定路径的补间动画效果，实例、组或者文本块均可沿着这些路径运动。在影片中也可以将多个图层链接到一个运动引导层，从而使多个对象沿同一条路径运动，链接到运动引导层的常规层相应地就成为了引导层。

引导层是不显示的，主要起能辅助图层的作用，它可以分为普通引导层和运动引导层两种，下面将介绍普通引导层和运动引导层的功能。

15.3.1 普通引导层

普通引导层以图标表示，起到辅助静态对象定位的作用，它无须使用被引导层，可以单独使用。创建普通引导层的操作步骤很简单，只需选中要作为引导层的图层，并击鼠标右键，并在弹出的快捷菜单中选择“引导层”命令即可。

若想要将普通引导层更改为普通图层，只需要再次在引导图层上单击鼠标右键，从弹出的快捷菜单中选择“引导层”命令即可。引导层有着与普通图层相似的图层属性，因此，可以在普通引导层上进行图层锁定、隐藏等操作。

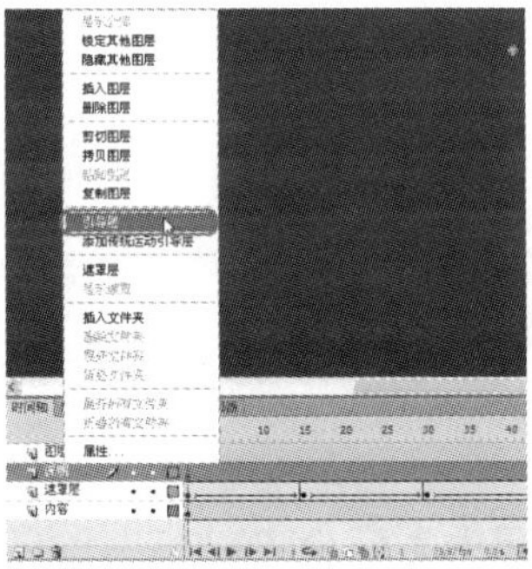

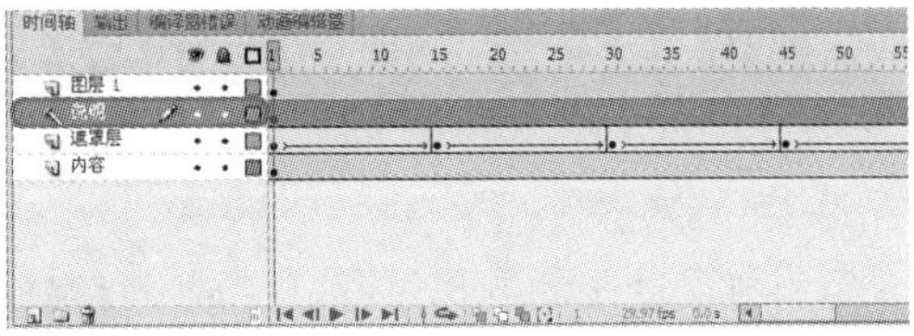

15.3.2 运动引导层

在Flash中建立直线运动既方便又简单，但建立曲线运动或者沿一条特定路径运动的动画却不能直接完成，需要运动引导层的帮助。引导层起到引导的作用之前，首先应将被引导的图层添加到引导图层的下方，其操作步骤很简单，首先选中需要被引导的图层，然后将其拖曳到普通引导层的下方，待引导层的下方出现一条黑色的线后释放鼠标，即可将选择的层添加到引导层的下方。

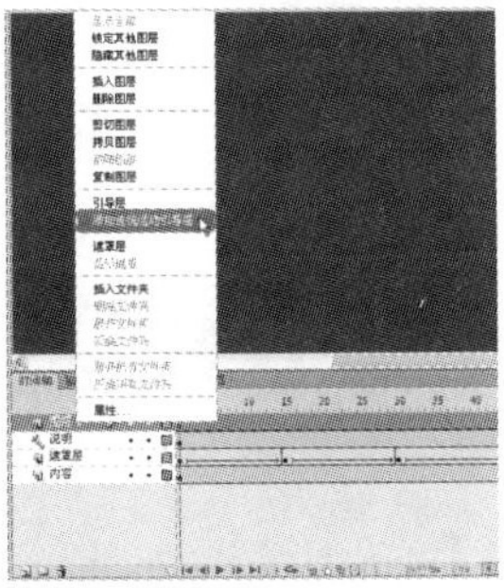

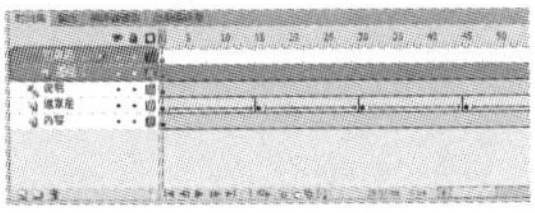

创建运动引导层的过程也很简单，选中被引导层，单击鼠标右键，并在弹出的菜单中选择“添加传统运动引导层”命令。

运动引导层的默认命名规则为“引导层：被引导图层名”。建立运动引导层的同时也建立了两者之间的关联，从右图所示的“图层1”的标签向内缩进可以看出两者之间的关系，缩进的图层为被引导层，上方无缩进的图层为运动引导层。如果在运动引导层上绘制一条路径，任何同该图层建立关联的图层上的过渡元件都将沿这条路径运动。以后可以将任意多的标准图层关联到运动引导层，这样，所有被关联的图层上的过渡元件都共享同一条运动路径。要使更多的图层同运动引导层建立关联，只需将其拖曳到引导层下即可。

设置引导层和引导路径以后，与之相连的下一层中的对象就会按照引导层里面的引导路径来运动。在运动引导层的名称旁边有一个图标，表示当前图层是运动引导层。运动引导层总是与至少一个图层相关联（如果需要，它可以与任意多个图层相关联，也就是说一个引导层可以引导多个普通图层），这些被关联的图层被称为被引导层。将普通图层与运动引导层关联起来，可以使被引导图层上的任意对象沿着运动引导层上的路径运动。创建运动引导层时，已被选择的层都会自动与该运动引导层建立关联。也可以在创建运动引导层之后，将其他任意多的标准层与运动层相关联或者取消它们之间的关联。任何被引导层的名称栏都将被嵌在运动引导层的名称栏下面，表明一种层次关系。

技巧提示

在默认情况下，任何一个新生成的运动引导层都会自动放置在用来创建该运动引导层的普通层的上面。用户可以像操作标准图层一样重新安排它的位置，不过所有同它连接的图层都将随之移动，以保持它们之间引导与被引导的关系。

引导层就是起到引导作用的图层，分为普通引导层和运动引导层两种，普通引导层在绘制图形时起到辅助作用，用于帮助对象定位；运动引导层中绘制的图形均被视为路径，使其他图层中的对象可以按照特定的路径运动。

15.4 制作引导层动画

学习时间：20分钟

本例主要介绍引导层动画的制作过程，完成后的效果如下图所示。

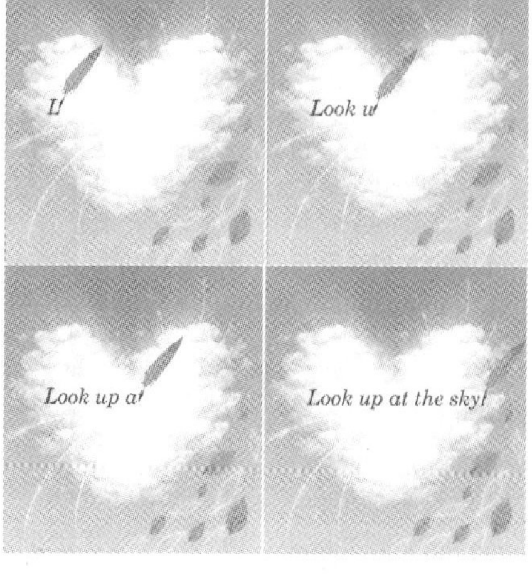

01 新建一个类型为“ActionScript 2.0”新文档，按【Ctrl+F3】组合键，在弹出的面板中将“FPS”设置为10，将“大小”设置为591×640像素。

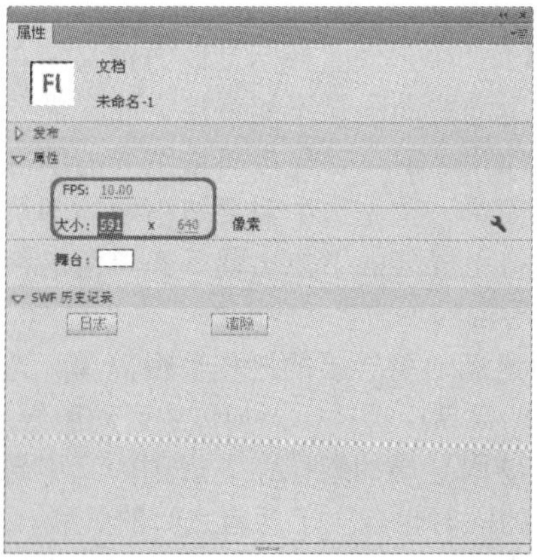

02 在菜单栏中选择“文件”→“导入”→“导入到舞台”命令，导入“心形云彩.jpg”素材文件。

03 在“时间轴”面板中选择“图层1”图层的第115帧，并单击鼠标右键，在弹出的快捷菜单中选择“插入关键帧”命令。

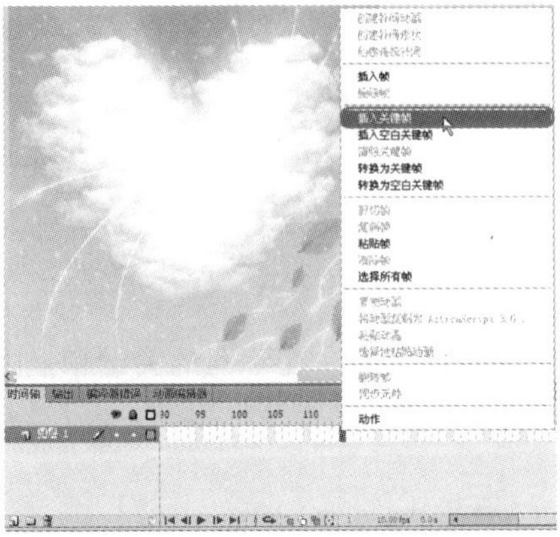

04 在“时间轴”面板中单击“新建图层”按钮 ，新建“图层2”图层。

05 在工具箱中选择“文本工具” T，在舞台中单击鼠标并输入文字。

06 选中输入的文字，按【Ctrl+F3】组合键，在弹出的“属性”面板中将“系列”设置为“Century Schoolbook”，将“大小”设置为47点。

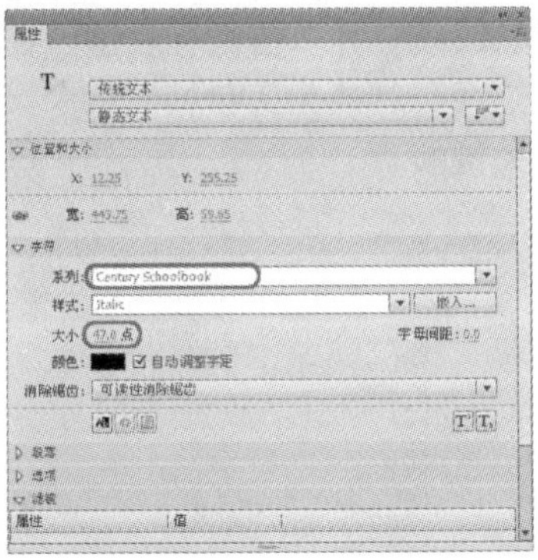

07 再在“属性”面板中单击“颜色”右侧的色块，在弹出的面板中将颜色值设置为“#574442”，使用“选择工具”在舞台中调整该文字的位置。

08 在舞台中选中输入的文字，在菜单栏中选择“修改”→“分离”命令，将文字进行分离，确认该文字处于选中状态，按【Ctrl+B】组合键再次进行分离。

09 在“时间轴”面板中选择“图层2”图层的第2帧至第100帧，并单击鼠标右键，在弹出的快捷菜单中选择“转换为关键帧”命令，将选中的帧转换为关键帧。

10 再在“时间轴”面板中选择“图层2”图层的第1帧，在工具箱中选择“橡皮擦工具”，在舞台中进行擦除。

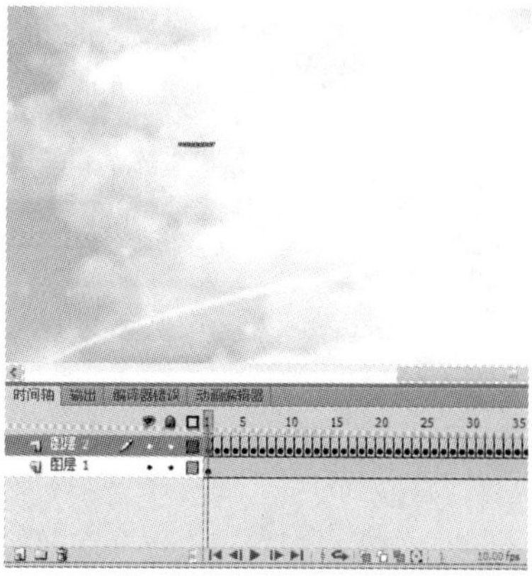

11 在“时间轴”面板中选择“图层2”图层的第2帧，使用“橡皮擦工具”再次进行擦除。

12 在“时间轴”面板中选择“图层2”图层的第3帧，使用“橡皮擦工具”进行擦除。

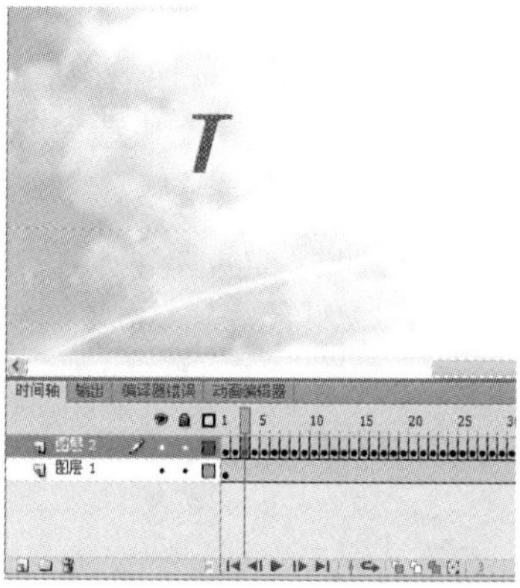

13 使用同样的方法在不同的关键帧上进行擦除，擦除后的效果如下图所示。

14 在“时间轴”面板中选择第100帧，在菜单栏中选择“编辑”→“复制”命令。

15 在“时间轴”面板中单击“新建图层”按钮，新建“图层3”图层。

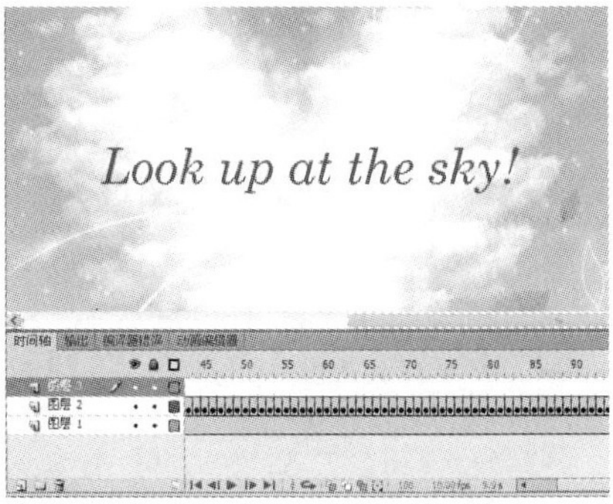

16 在“时间轴”面板中选择“图层3”图层，并单击鼠标右键，在弹出的快捷菜单中选择“添加传统运动引导层”命令。

17 在时间轴面板中选中引导层，在菜单栏中选择“编辑”→“粘贴到当前位置”命令。

18 在“时间轴”面板中选择引导层的第101帧，并单击鼠标右键，在弹出的快捷菜单中选择“插入空白关键帧”命令。

19 在“时间轴”面板中将“图层1”与“图层2”隐藏，使用“选择工具”在舞台中选择如图所示的对象。

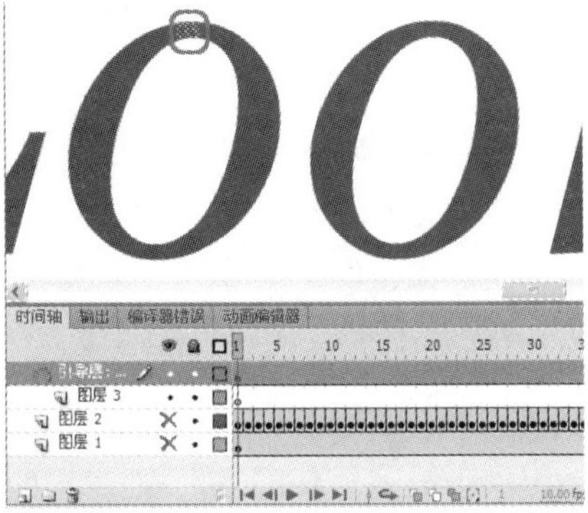

20 在菜单栏中选择“编辑”→“清除”命令，执行该操作后，即可将选中的对象进行删除，删除后的效果如下图所示。

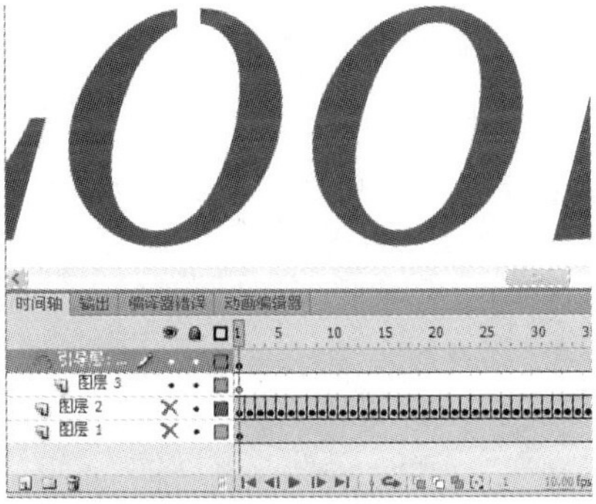

21 使用同样的方法将另一个字母“O”进行调整，调整后的效果如下图所示。

22 在“时间轴”面板中，取消隐藏“图层1”与“图层2”图层，选择“图层3”图层，在菜单栏中选择“文件”→“导入”→“导入到舞台”命令，导入“羽毛.png”素材文件。

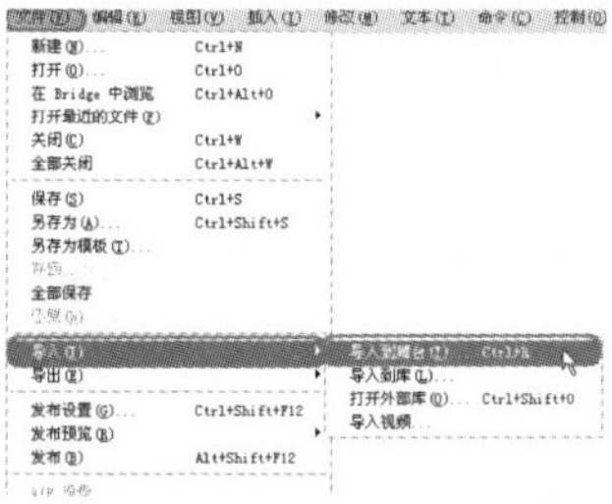

23 单击“打开”按钮，即可将选中的素材文件导入到舞台中，选中导入的素材文件，按【Ctrl+F3】组合键，在弹出的面板中将“宽”和“高”分别设置为100、147.85。

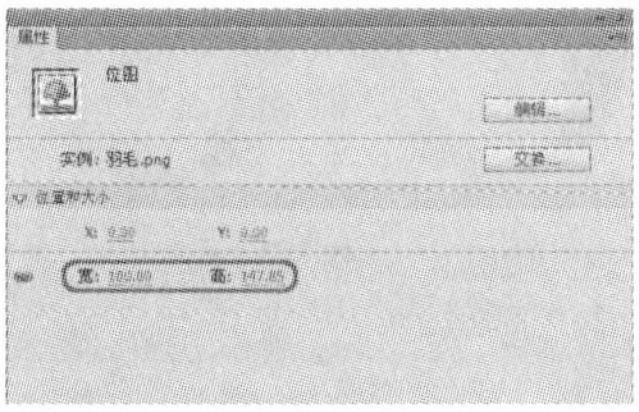

24 选中该图像，按【F8】键，在弹出的对话框中将“名称”命名为“羽毛”，将“类型”设置为“图形”。

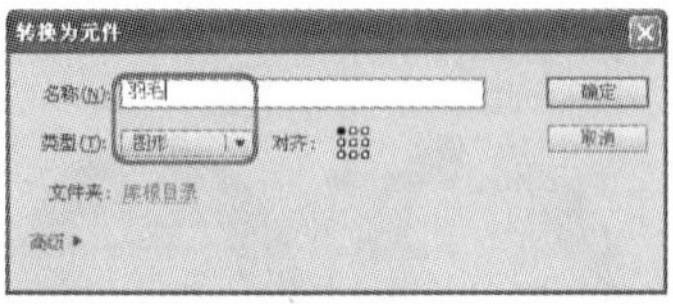

25 设置完成后，单击“确定”按钮，在工具箱中选择“任意变形工具”，并在“时间轴”面板中选择“图层3”图层的第1帧，调整中心点位置。

26 在“时间轴”面板中选择“图层3”图层的第6帧，并单击鼠标右键，在弹出的快捷菜单中选择“插入关键帧”命令。

27 将“羽毛”元件调整至字母“L”的结尾处。

28 在“图层3”图层的第1帧单击鼠标右键，在弹出的快捷菜单中选择“创建传统补间”命令。

29 选择“图层3”图层的第7帧，按【F6】键，插入一个关键帧，将“羽毛”元件调整至下图所示的位置。

30 选择第11帧，按【F6】键插入一个关键帧，将“羽毛”元件调整至下图所示的位置。

31 选择“图层3”图层的第7帧，并单击鼠标右键，在弹出的快捷菜单中选择“创建传统补间”命令。

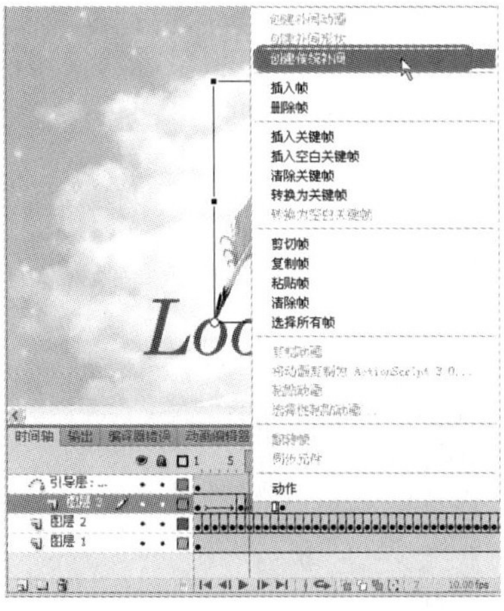

32 使用同样的方法创建其他动画效果。

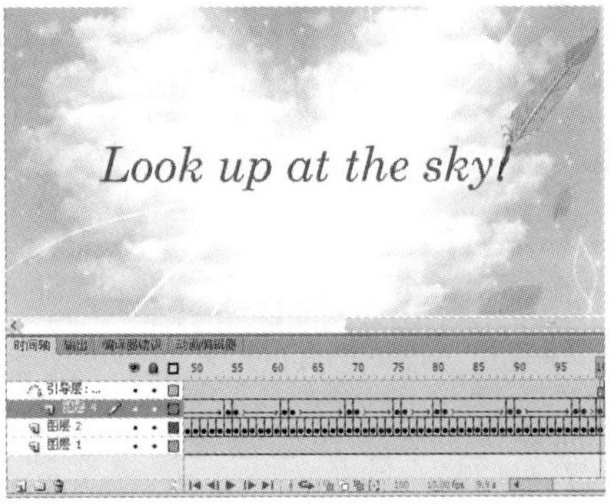

33 按住【Shift】键在“时间轴”面板中选择“图层3”图层的第101帧至第115帧，并单击鼠标右键，在弹出的快捷菜单中选择“删除帧”命令。

34 执行该操作后，即可将选中的帧删除，最后保存场景文件，并输出SWF文件即可。

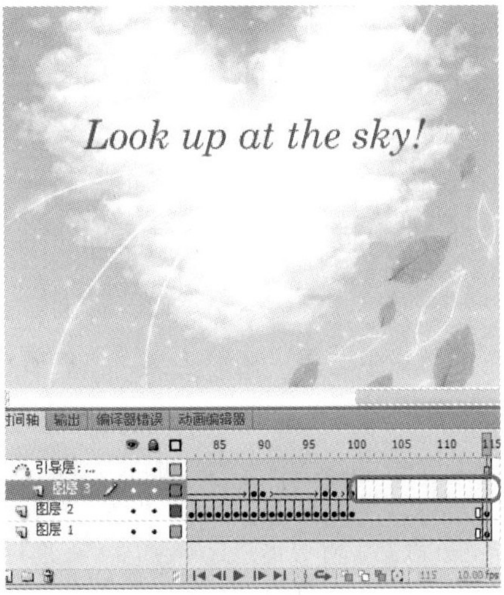

15.5 制作服装宣传动画

学习时间：60分钟

15.5.1 添加引导层动画

下面介绍如何制作服装宣传动画，在本例中，主要用到的是本章所介绍的引导层与遮罩层。

01 创建一个新的FLA文件，按【Ctrl+F3】组合键，在弹出的面板中将“FPS”设置为45，将“大小”设置为807×305像素。

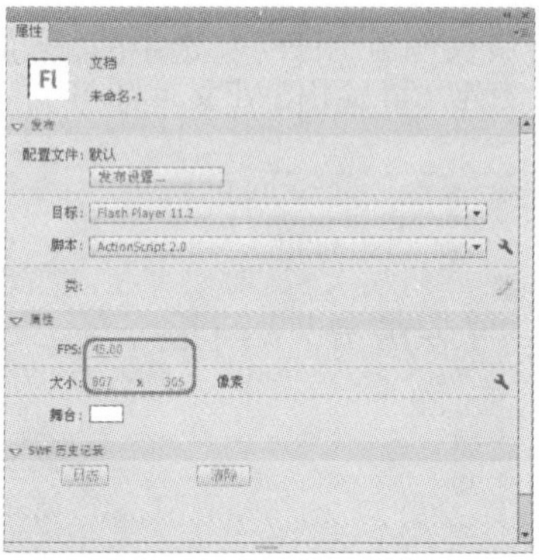

02 在工具箱中选择“矩形工具”，在舞台中按下鼠标并拖动绘制一个矩形。

03 使用“选择工具”选中该矩形，然后按【Alt+Shift+F9】组合键，打开“颜色”面板，在该面板中将“笔触颜色”设置为无，将“填充颜色”的“颜色类型”设置为“线性渐变”，选择左侧的色标，在其下方的文本框中输入094699，再选择右侧的色标，在其下方的文本框中输入1A6BBB。

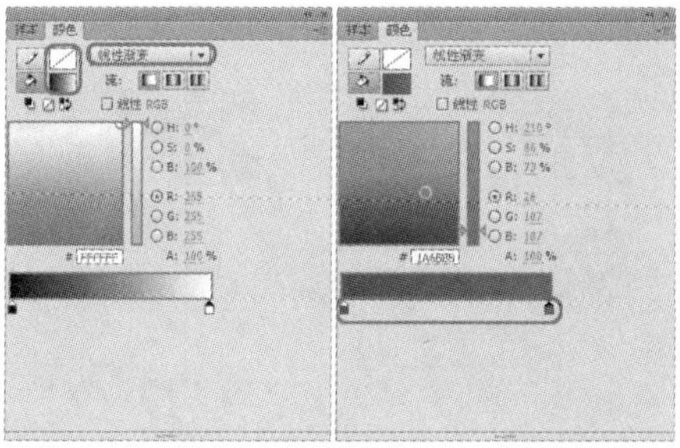

04 设置完成后，即可为该矩形填充所设置的渐变颜色，填充渐变颜色后的效果如下图所示。

05 在工具箱中选择“渐变变形工具”，在舞台中选择绘制的矩形，将鼠标移至下图所示的位置，按住鼠标顺时针旋转90°。

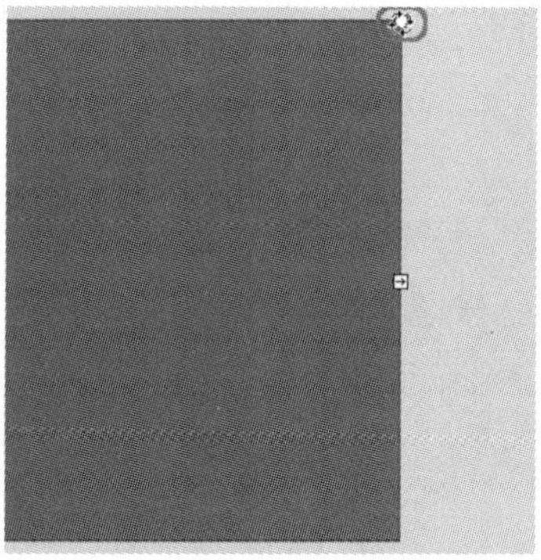

06 再将鼠标移至⇥上，按住鼠标左键调整其大小。

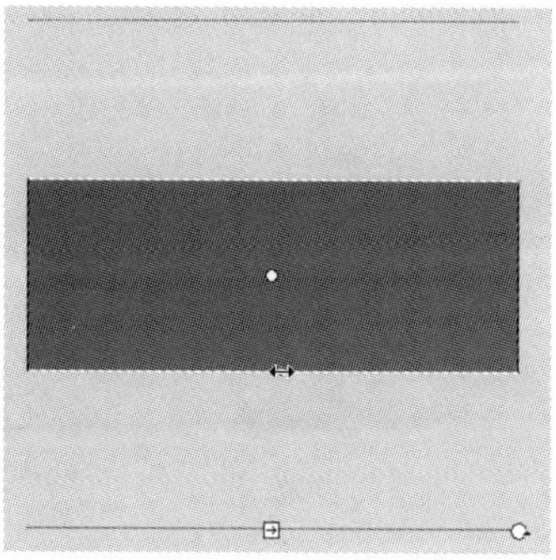

07 在“时间轴”面板中选择“图层1”图层的第200帧，并单击鼠标右键，在弹出的快捷菜单中选择“插入帧”命令。

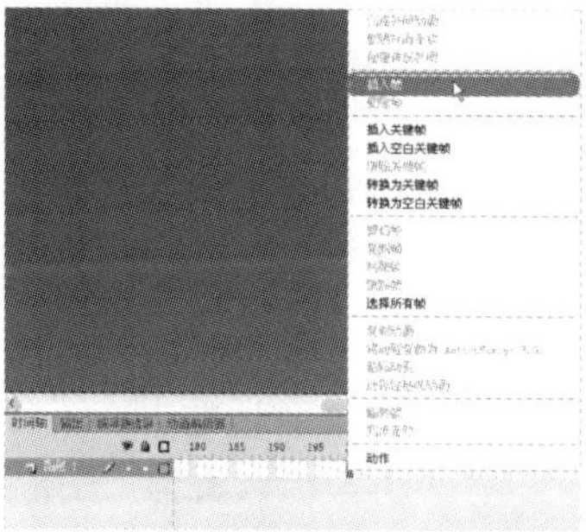

08 在“时间轴”面板中单击“新建图层”按钮，新建“图层2”图层。

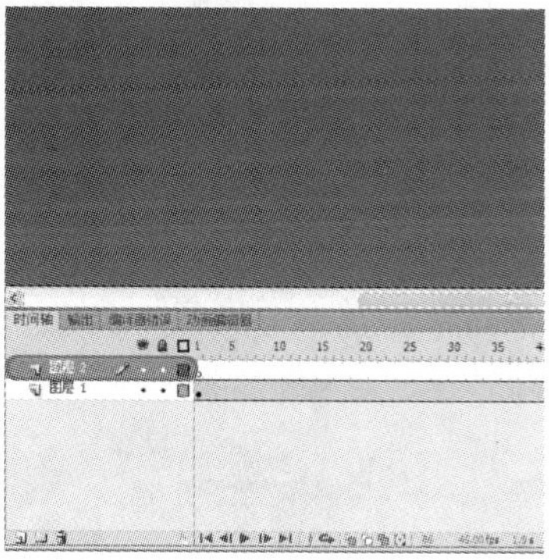

09 在菜单栏中选择“文件”→“导入”→“导入到舞台”命令，导入“01.png”素材文件，并适当调整其大小和位置。

10 在菜单栏中选择“修改”→“转换为元件”命令，在弹出的对话框中将“名称”命名为“云”，将“类型”设置为“图形”。

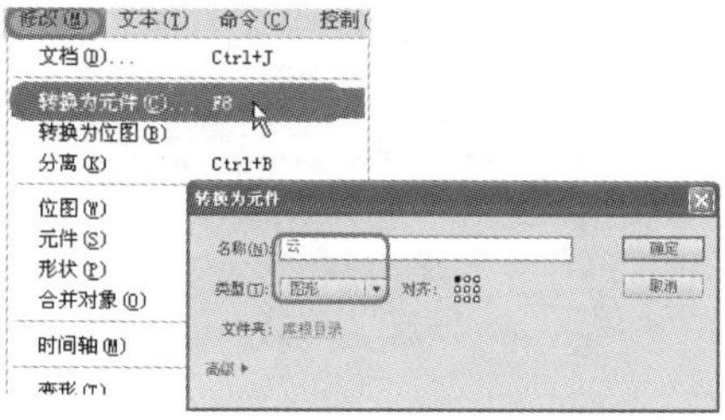

11 设置完成后，单击“确定”按钮，在“时间轴”面板中选择“图层2”图层的第170帧，并单击鼠标右键，在弹出的快捷菜单中选择“插入关键帧”命令。

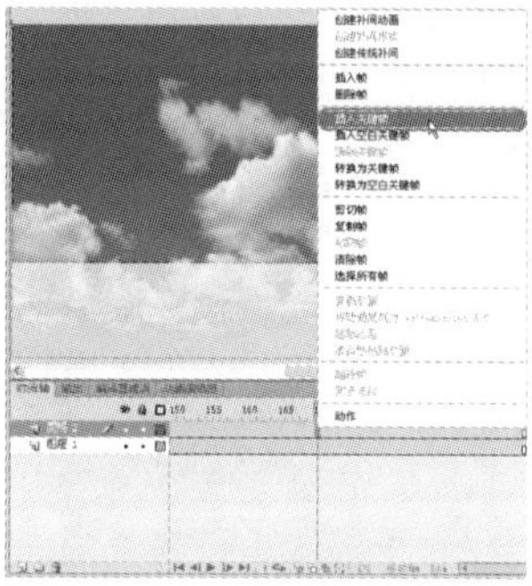

12 在“时间轴”面板中选择“图层2”图层的第171帧至第200帧，并单击鼠标右键，在弹出的快捷菜单中选择“删除帧”命令。

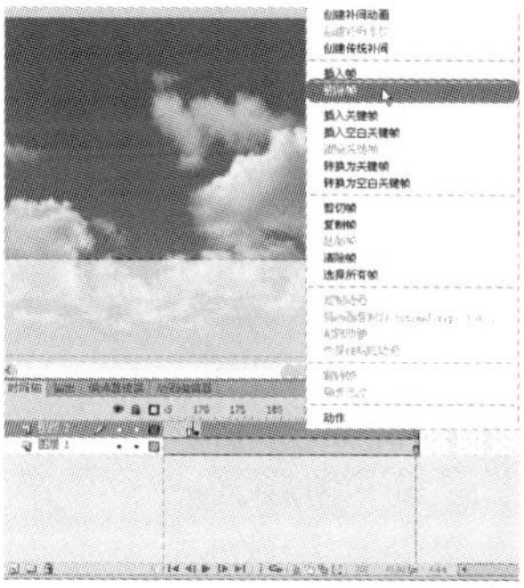

13 在“时间轴”面板中选择“图层2”图层的第170帧，使用“选择工具”在舞台中选择创建的“云”元件，调整其位置。

14 按【Ctrl+F3】组合键，在弹出的“属性”面板中将“样式”设置为“Alpha”，并将“Alpha”值设置为13%。

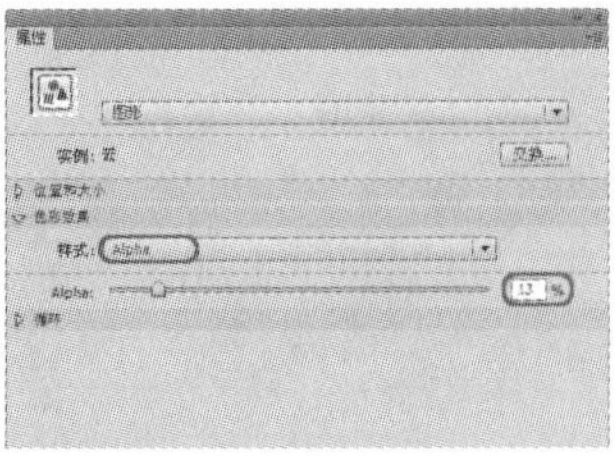

15 在“时间轴”面板中选择“图层2”图层的第1帧，并单击鼠标右键，在弹出的快捷菜单中选择“创建传统补间”命令。

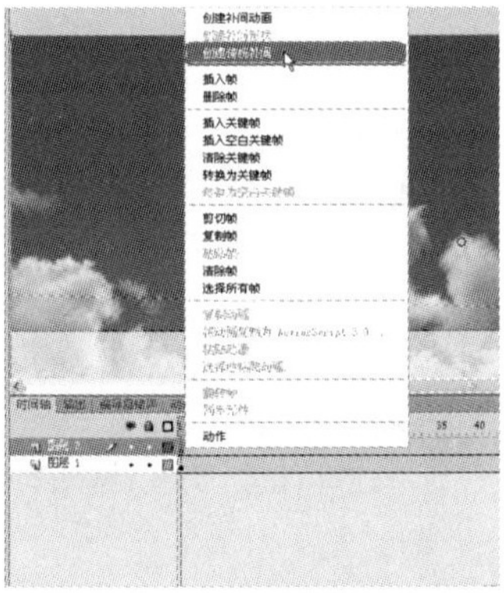

16 使用同样的方法创建其他云彩和气球的飘动效果。

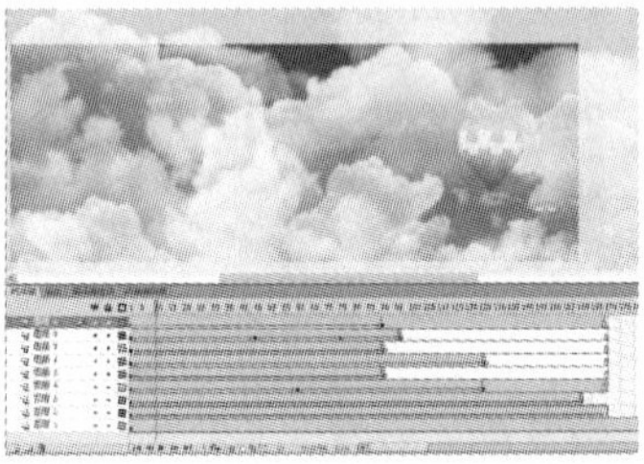

17 在“时间轴”面板中单击“新建图层”按钮，新建“图层10”图层。

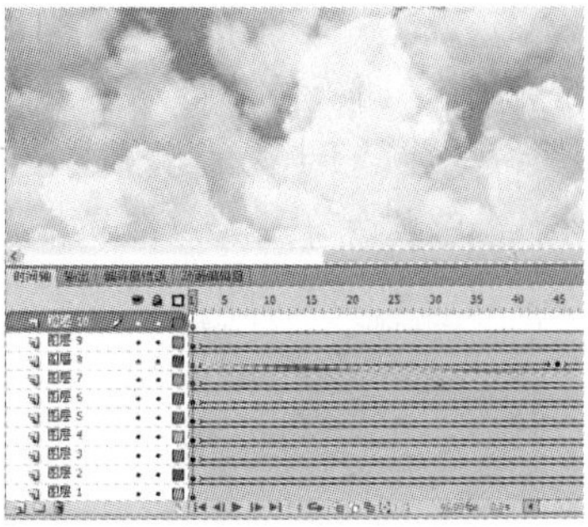

18 在“时间轴”面板中选择“图层10”图层，并单击鼠标右键，在弹出的快捷菜单中选择“添加传统运动引导层”命令，为选中的图层添加引导层。

19 选择“图层10”图层，在菜单栏中选择“文件”→“导入”→“导入到舞台”命令。将“06.png”素材文件导入到舞台中，按【F8】键，打开“转换为元件”对话框，在该对话框中将“名称”命名为“飞机”，将“类型”设置为“图形”。

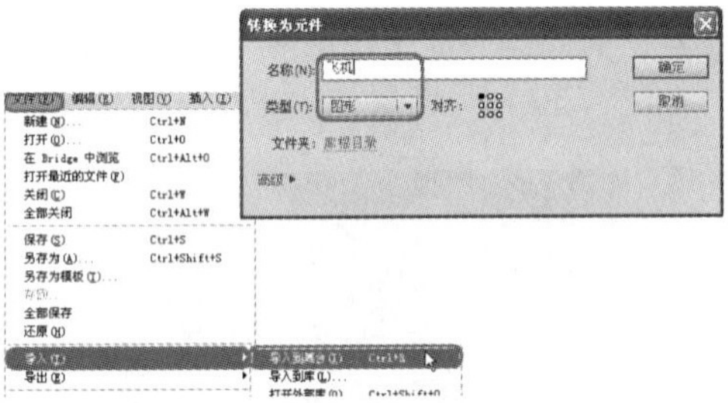

20 设置完成后，单击“确定”按钮，在舞台中调整其位置。

21 在“时间轴”面板中选择“图层10”图层的第90帧，按【F6】键插入一个关键帧，将该元件调整至下图所示的位置。

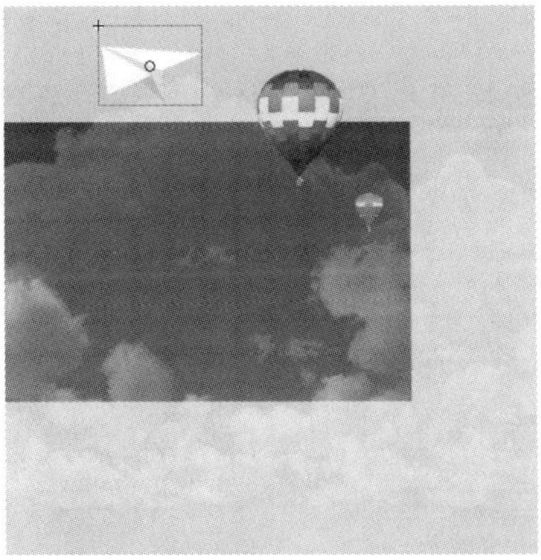

22 按【Ctrl+F3】组合键，在弹出的对话框中将“样式”设置为“Alpha”，并将“Alpha”值设置为0%。

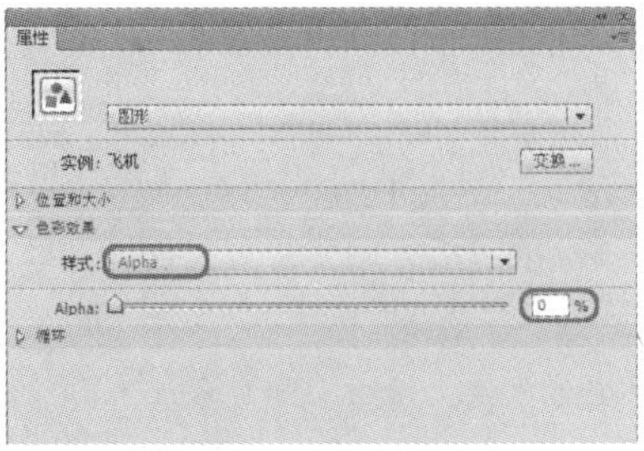

23 选择“图层10”图层的第1帧，并单击鼠标右键，在弹出的快捷菜单中选择“创建传统补间”命令。

24 选择“图层10”图层的第91帧至第200帧，并单击鼠标右键，在弹出的快捷菜单中选择“删除帧”命令。

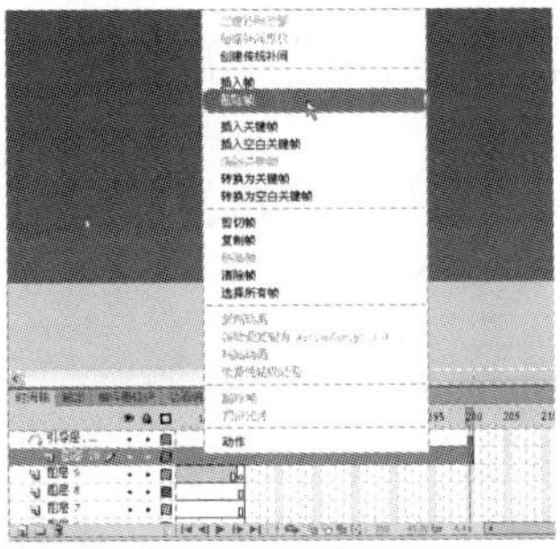

25 使用同样的方法删除引导层的第91帧至第200帧，选择引导层，在工具箱中选择“钢笔工具”，在舞台中绘制下图所示的图形。

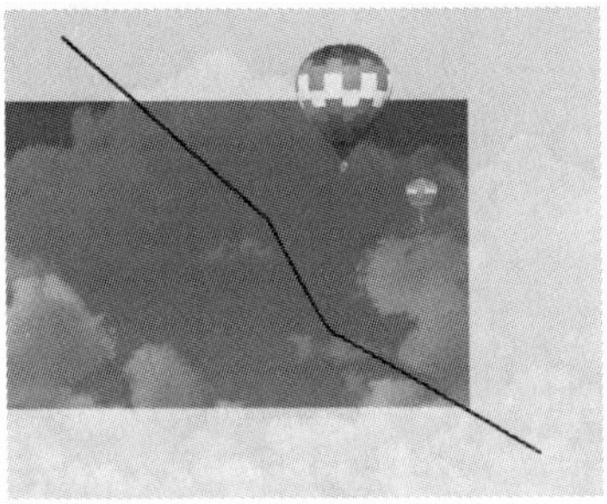

26 选择引导层的第1帧，再选择“图层10”图层，将“飞机”元件拖曳至路径的开始位置。

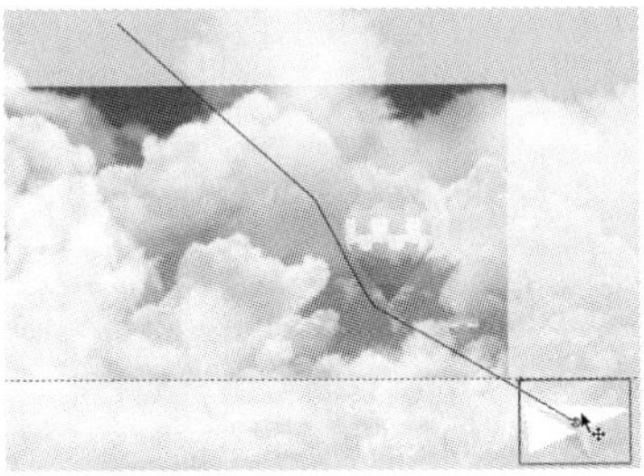

27 再选择引导层的第90帧，选择“图层10”图层，将“飞机”元件拖曳至路径的结尾处。

28 按【Ctrl+Enter】组合键进行测试，即可发现飞机会跟随路径进行运动，至此引导层动画就制作完成了。

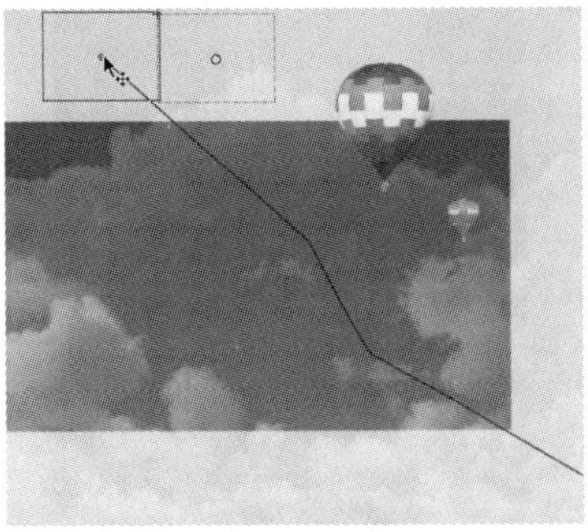

15.5.2 添加遮罩层动画

制作完引导层动画后，下面将介绍如何为服装宣传动画添加遮罩层动画，其具体操作步骤如下：

01 继续上面的操作，在“时间轴”面板中单击“新建图层”按钮，新建“图层11”。

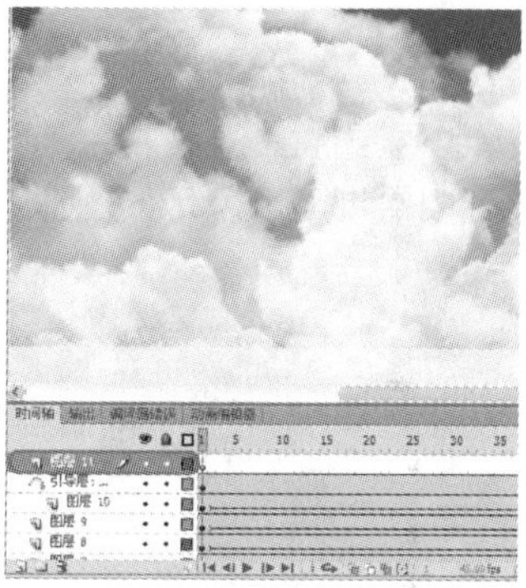

02 按【Ctrl+O】组合键，在弹出的“打开”对话框中选择第15章的“阳光.fla”文件。

03 选择完成后，单击“打开”按钮，按【Ctrl+L】组合键，在弹出的面板中选择“阳光动画”影片剪辑元件，单击鼠标右键，在弹出的快捷菜单中选择“复制”命令。

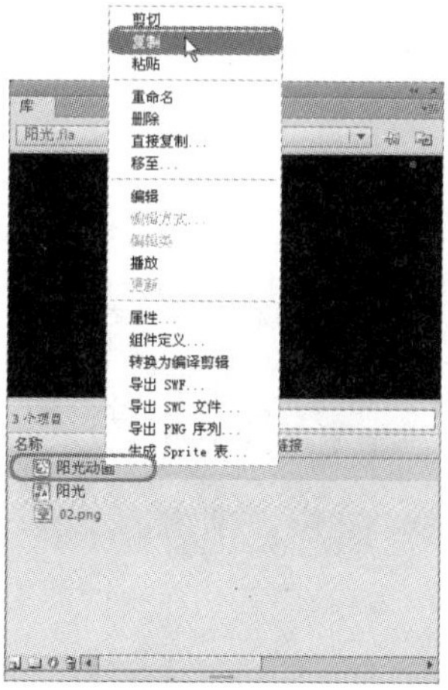

04 切换至“服装宣传动画”的场景中，选择“图层11”图层，在菜单栏中选择“编辑”→“粘贴到当前位置”命令，即可将该元件粘贴到当前位置。

05 在工具箱中选择“任意变形工具”，在舞台中调整其角度及位置。

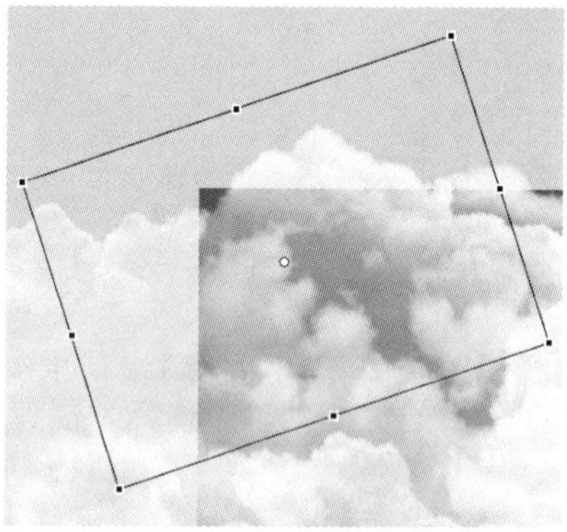

06 在“时间轴”面板中选择“图层11”图层的第118帧，按【F7】键插入一个空白关键帧。

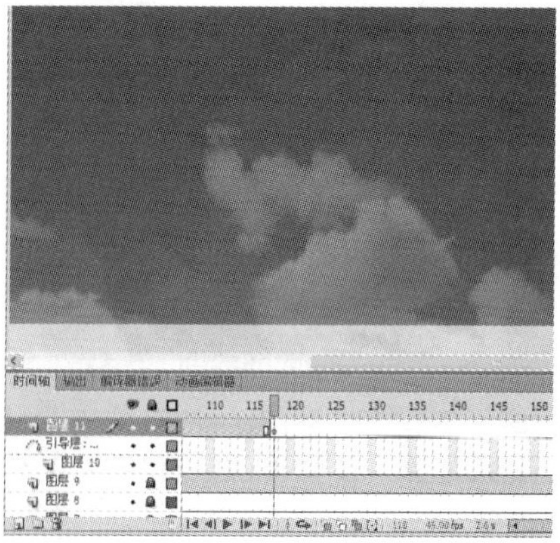

07 在“时间轴”面板中单击“新建图层”按钮，新建“图层12”图层。

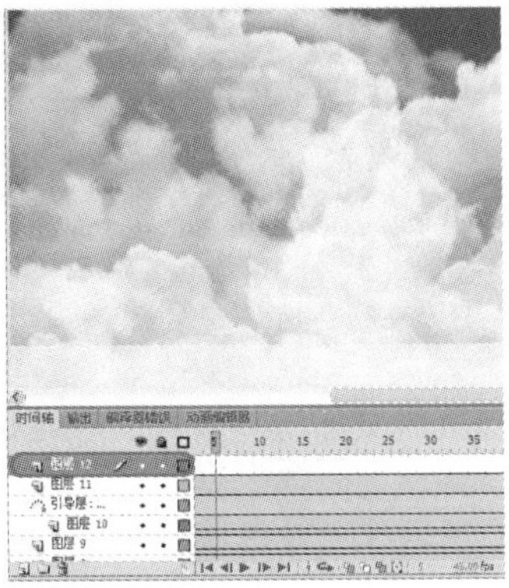

08 按【Ctrl+O】组合键，在弹出的“打开”对话框中选择第15章的“飘动的小球.fla”文件。

09 选择完成后，单击“打开”按钮，按【Ctrl+L】组合键，在弹出的面板中选择“引导动画集”影片剪辑元件，单击鼠标右键，在弹出的快捷菜单中选择“复制”命令。

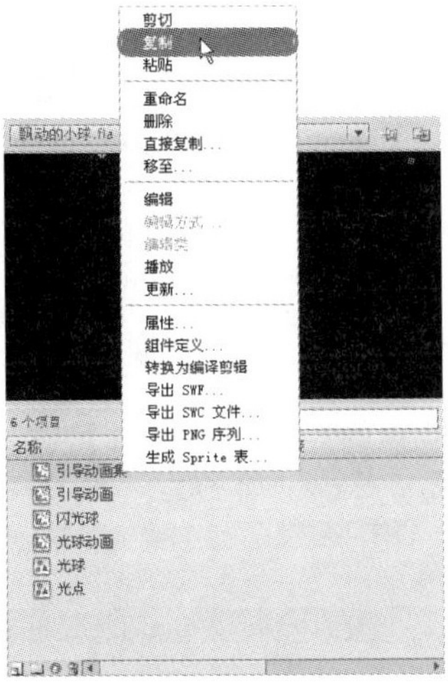

10 切换至“服装宣传动画”的场景中，选择“图层12”图层，在菜单栏中选择“编辑”→“粘贴到当前位置”命令，使用选择工具调整该元件的位置。

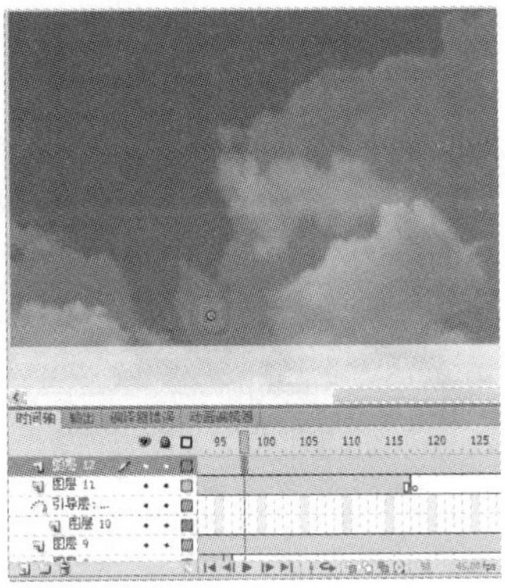

11 在“时间轴”面板中选择“图层12”图层，单击鼠标右键，在弹出的快捷菜单中选择“复制图层”命令。

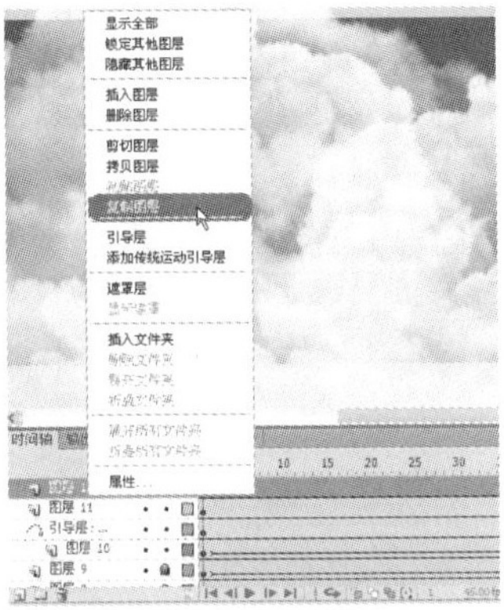

12 执行该命令后，即可对该图层进行复制，使用“选择工具”调整复制元件的位置，调整后的效果如下图所示。

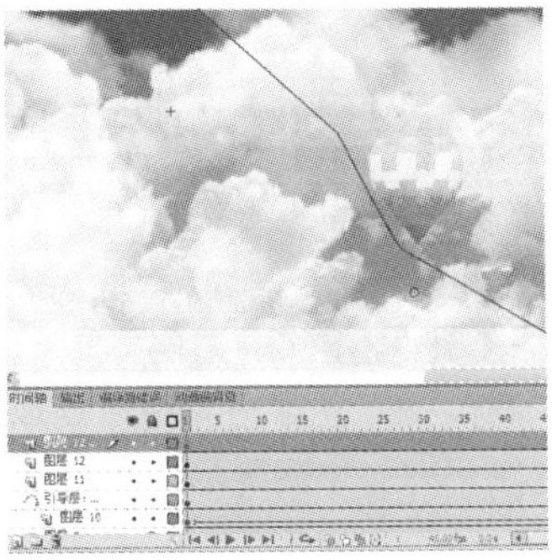

13 按【Ctrl+F8】组合键，在弹出的对话框中将“名称”命名为“logo”，将“类型”设置为“图形”。

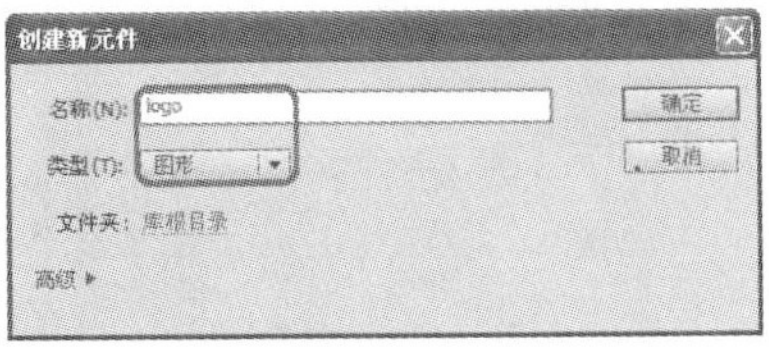

14 按【Ctrl+R】组合键，导入第15章的“1.png”素材文件，按【Ctrl+F3】组合键，打开“属性”面板，在该面板中将“宽”和“高”分别设置为93.35、89.05，将“X”、“Y”都设置为0。

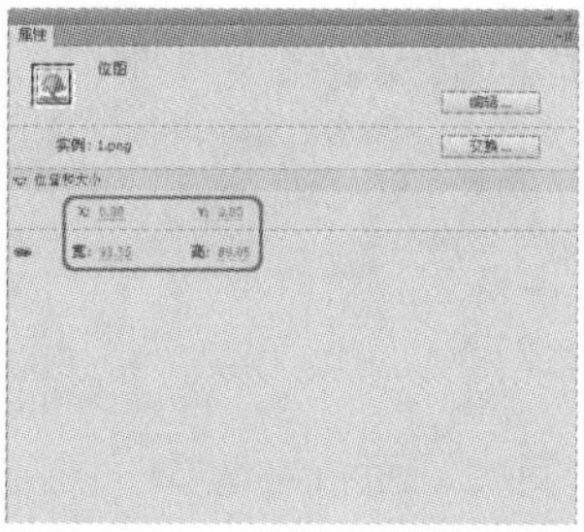

15 在工具箱中选择“文本工具”，在舞台中单击鼠标，并输入文字，选中输入的文字，按【Ctrl+F3】组合键，打开“属性”面板，在该面板中将“系列”设置为“方正大黑简体”，将“大小”设置为34。

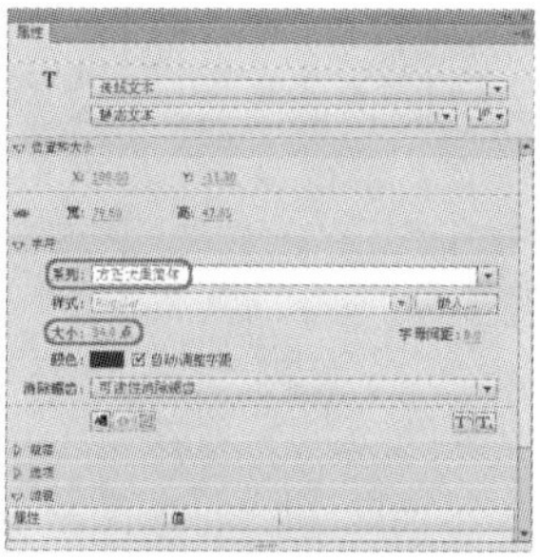

16 使用同样的方法输入其他文字，并进行相应的设置，文本效果如下图所示。

17 返回至场景1中，在“时间轴”面板中单击“新建图层”按钮，新建“图层13”图层，选择该图层的第89帧，单击鼠标右键，在弹出的快捷菜单中选择“插入空白关键帧”命令，如图所示。

18 按【Ctrl+L】组合键，在该面板中选择“logo”元件，按下鼠标左键将其拖曳至舞台中。

19 确认该元件处于选中状态，按【Ctrl+F3】组合键，在“属性”面板中将“样式”设置为“高级”，将红色偏移、绿色偏移、蓝色偏移分别设置为255、255、255。

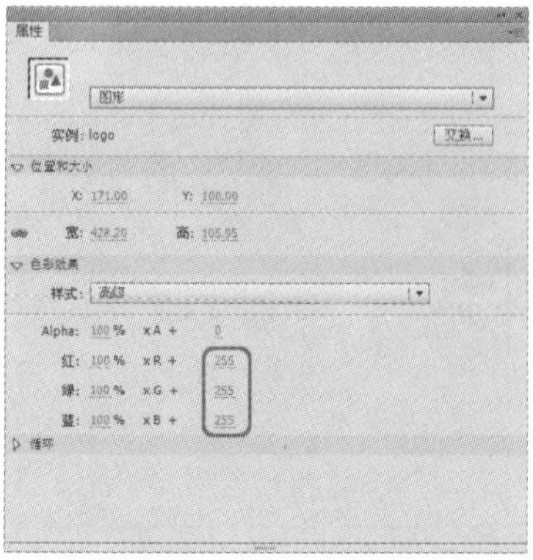

20 在“时间轴”面板中单击“新建图层”按钮，新建“图层14”图层，选择该图层的第89帧，按【F7】键插入一个空白关键帧，在工具箱中选择“矩形工具”，在舞台中绘制一个矩形。

21 选中绘制的矩形，按【F8】键，在弹出的对话框中将“名称”命名为“矩形1”，将“类型”设置为“图形”。

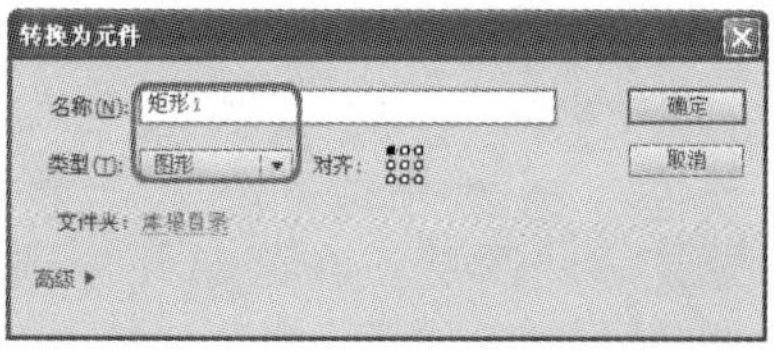

22 设置完成后，单击“确定”按钮，将其转换为图形文件。在工具箱中选择“任意变形工具”，调整该矩形中心点的位置。

23 在“时间轴”面板中选择“图层14”图层的第200帧，按【F6】键插入关键帧，使用“任意变形工具”调整矩形元件的大小。

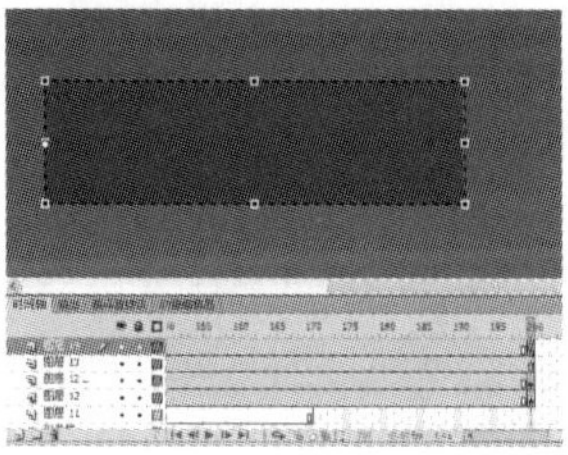

24 在“图层14”图层的第95帧单击鼠标右键，在弹出的快捷菜单中选择“创建传统补间”命令。

25 在“时间轴”面板中选择“图层14”图层，单击鼠标右键，在弹出的快捷菜单中选择“遮罩层”命令。

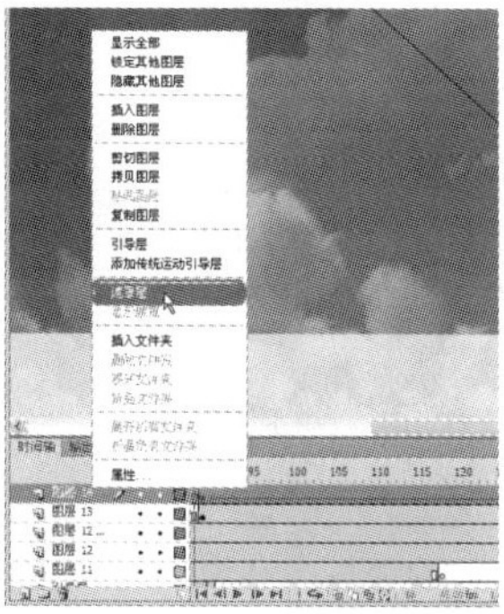

26 在“时间轴”面板中单击“新建图层”按钮，新建“图层15”图层，按【Ctrl+L】组合键打开“库”面板，在该面板中选择“logo”元件，按下鼠标左键将其拖曳至舞台中。

27 在舞台中选择该元件，按【Ctrl+F3】组合键，在弹出的面板中将“样式”设置为“高级”，将红色偏移、绿色偏移、蓝色偏移分别设置为255、255、255。

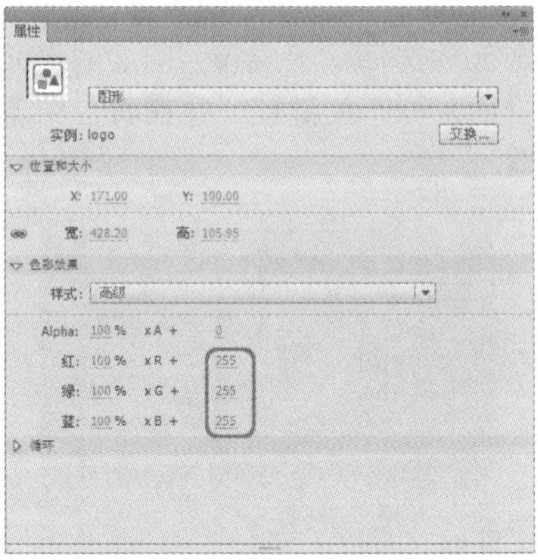

28 设置完成后，在“时间轴”面板中“图层15”图层的第88帧插入一个关键帧，选择该图层的第89帧至第200帧，单击鼠标右键，在弹出的快捷菜单中选择“删除帧”命令。

29 在“时间轴”面板中单击“新建图层”按钮 ，新建“图层16”图层，在工具箱中选择“矩形工具”，在舞台中绘制3个矩形。

30 选中所绘制的矩形，按【F8】键，在弹出的对话框中将“名称”命名为“矩形2”，将“类型”设置“图形”。

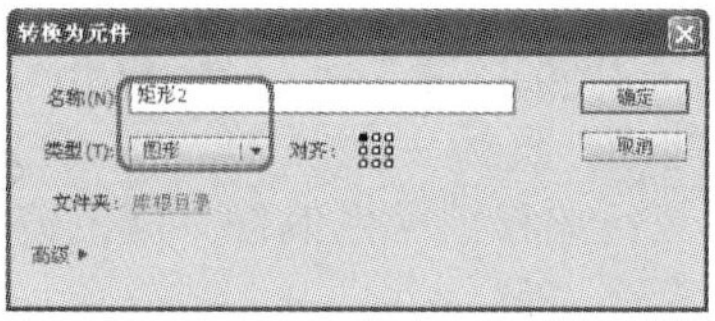

31 设置完成后，单击“确定”按钮，将其转换为图形元件选择“图层16”图层的第88帧，按【F6】键插入一个关键帧，并在舞台中调整该元件的位置。

32 选择“图层16”图层的第1帧，单击鼠标右键，在弹出的快捷菜单中选择“创建传统补间”命令。

33 选择“图层16”图层的第89帧至第200帧，单击鼠标右键，在弹出的快捷菜单中选择“删除帧”命令。

34 在“时间轴”面板中选择“图层16”图层，单击鼠标右键，在弹出的快捷菜单中选择“遮罩层”命令。

35 新建“图层17”图层，选择第200帧，按【F6】键插入一个关键帧，按【F9】键打开“动作”面板，在该面板中输入“stop();”，输入完成后，将该面板关闭即可。最后保存场景文件，并输出SWF影片即可。

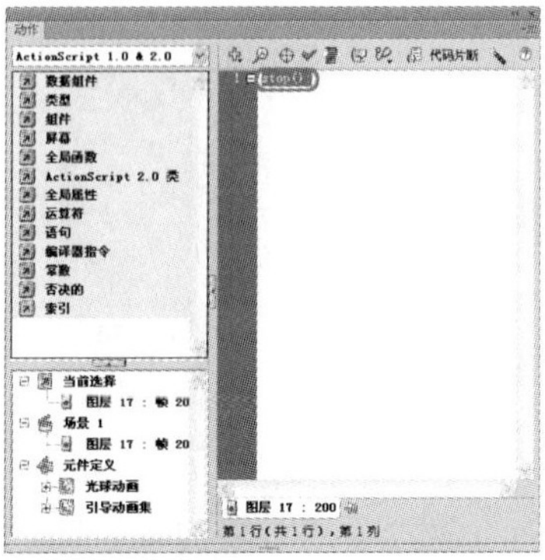

第16章

本章导读：
在制作一些Flash动画时，用户可以根据需要将音频文件或者视频文件导入到Flash中，从而使制作出的动画效果更加美观。

音频和视频的编辑

【基础知识：60分钟】

音频文件	30分钟
视频文件	30分钟

【演练：60分钟】

制作“家具欣赏”动画	30分钟
制作菜单动画	30分钟

16.1 音频文件

学习时间：30分钟

在Flash CS6中提供了多种使用声音的方式。用户可以根据需要使声音独立于时间轴连续播放，或者使用时间轴将动画与音轨保持同步。向按钮添加声音可以使按钮具有更强的互动性，通过声音淡入淡出还可以使音轨更加优美。

在Flash CS6中有两种声音类型：事件声音和音频流。事件声音必须完全下载后才能开始播放，除非明确停止，否则它将一直连续播放。音频流在前几帧下载了足够的数据后就开始播放。音频流要与时间轴同步以便在网站上播放。

在Flash CS6中，当导入的音频文件过大时，该音频文件会对Flash影片的播放有很大的影响，因此Flash还专门提供了音频压缩功能，有效地控制了最后导出的SWF文件中的声音品质和容量大小。

16.1.1 导入音频文件

在Flash中，用户可以将音频文件导入到舞台或者导入到库中，下面介绍导入音频文件的方法，具体操作步骤如下：

01 启动Flash CS6后，在菜单栏中选择“文件”→“导入”→“导入到库”命令。

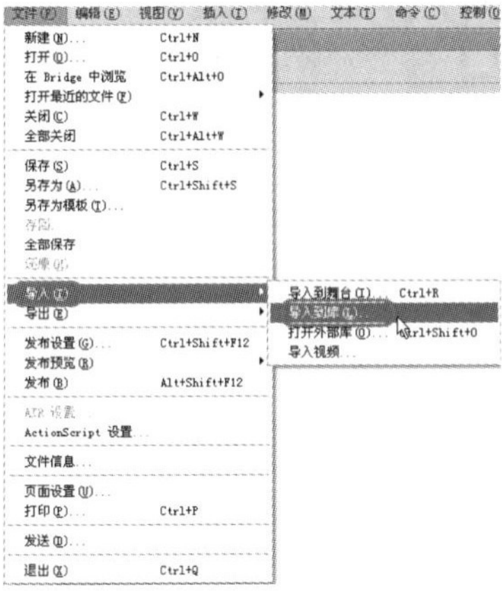

02 弹出“导入到库”对话框，在该对话框中选择要导入的音频文件。

03 单击“打开”按钮，即可将选中的音频文件导入到“库”面板中，然后在“库”面板中选择导入的音频文件，可以在“预览”窗口中观察到音频的波形。

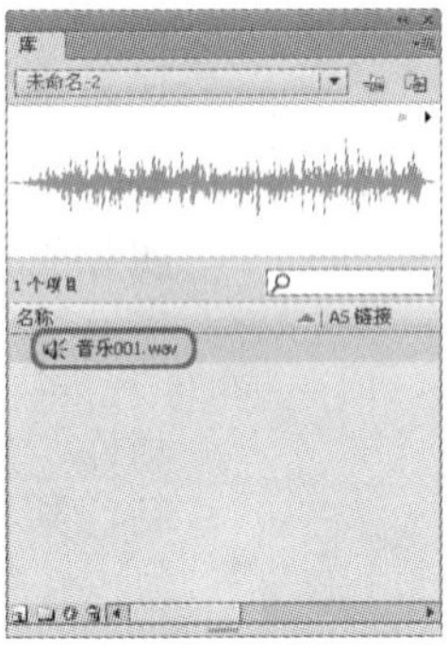

04 然后单击“预览”窗口中的“播放”按钮▶，即可试听导入的音频效果。

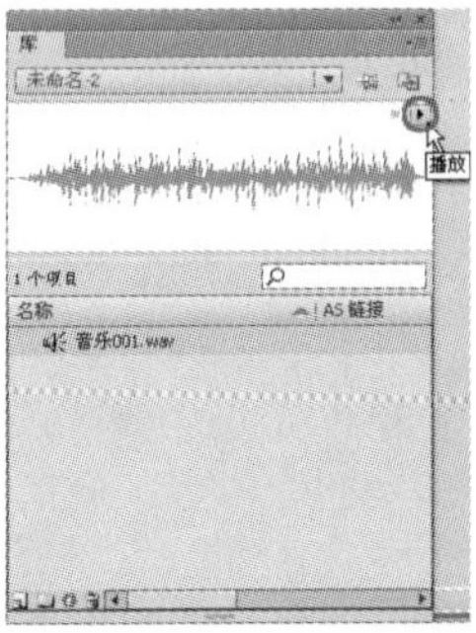

05 试听完后，在“时间轴”面板中选择“图层1”图层，在第30帧处单击鼠标右键，在弹出的快捷菜单中选择“插入帧”命令。

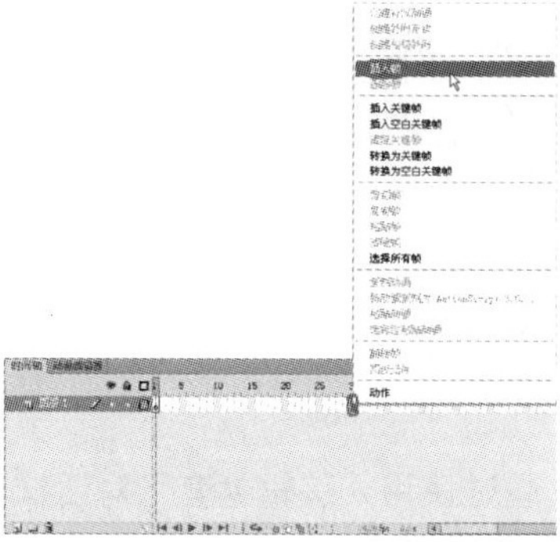

06 然后在“库”面板中选择导入的音频文件，按下鼠标左键将其拖曳至舞台中，即可将其添加到“图层1”图层中。

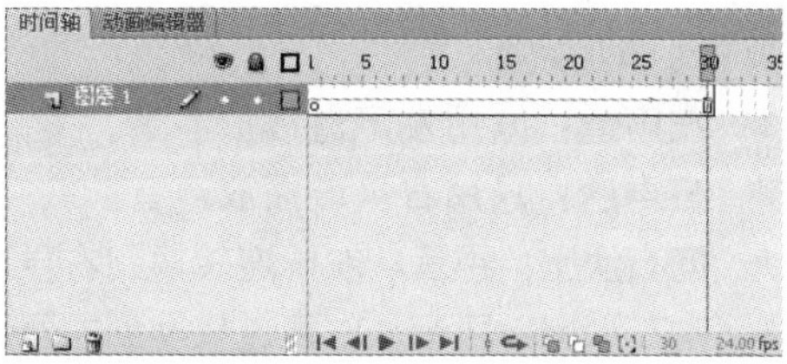

16.1.2 设置音频效果

在Flash中还可以对音频效果进行设置，具体操作步骤如下：

01 按【Ctrl+O】组合键，在弹出的对话框中选择第16章中的“蝴蝶.fla”文件，单击“打开”按钮，即可打开素材文件。

02 在菜单栏中选择“文件”→“导入”→“导入到库”命令，在弹出的对话框中选择所需的音频文件。

03 单击“打开”按钮，即可将选中的素材文件导入到“库”面板中，然后在“时间轴”面板中单击“新建图层”按钮，新建“图层4”图层，并将其移至“图层3”图层的上面。

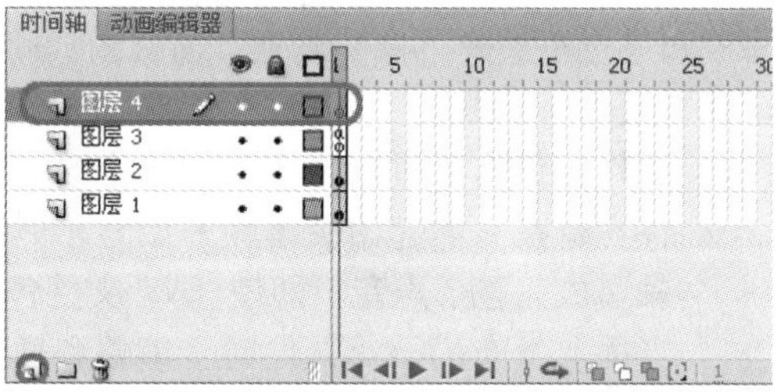

04 选择该图层，按【Ctrl+L】组合键打开“库”面板，在该面板中选择导入的音频文件，按下鼠标左键将其拖曳至舞台中，即可将其添加到“图层4”图层中。

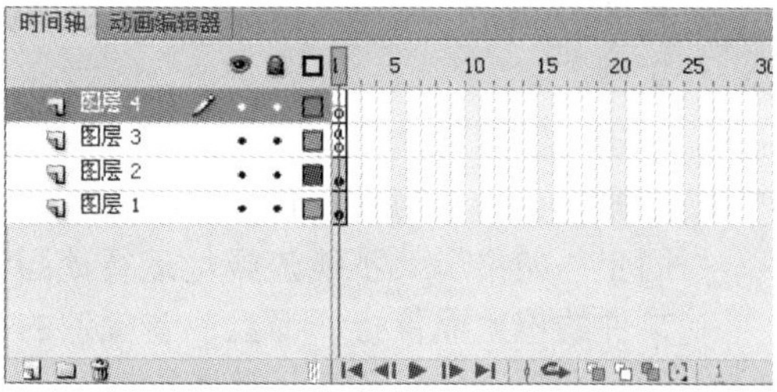

选择“图层4”图层的第一帧，按【Ctrl+F3】组合键打开“属性”面板，单击“效果”右侧的下三角按钮，在弹出的下拉列表框中选择一种效果，在这里选择“淡出”选项。执行该操作后，即可为该音频文件添加效果。

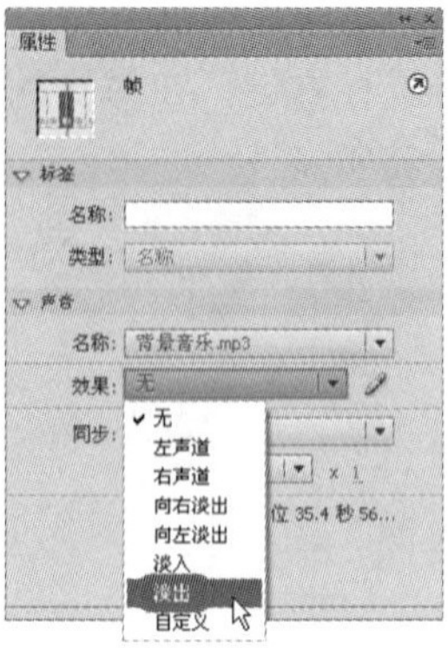

- ◉ **左声道：** 只用左声道播放声音。
- ◉ **右声道：** 只用右声道播放声音。
- ◉ **向右淡出：** 声音从左声道转换到右声道。
- ◉ **向左淡出：** 声音从右声道转换到左声道。
- ◉ **淡入：** 音量从无逐渐增加到正常。
- ◉ **淡出：** 音量从正常逐渐减少到无。
- ◉ **自定义：** 选择该选项后，弹出“编辑封套”对话框，通过使用“编辑封套”对话框可以自定义声音效果。

技巧提示

除此之外，用户还可以在“属性”面板中单击“编辑声音封套”按钮，同样也可以打开“编辑封套”对话框。

16.1.3 音频同步设置

如果要将声音与动画同步，用户可以在关键帧中设置音频开始播放和停止播放等，在“属性”面板的“同步”下拉列表框中可以选择音频的同步类型。

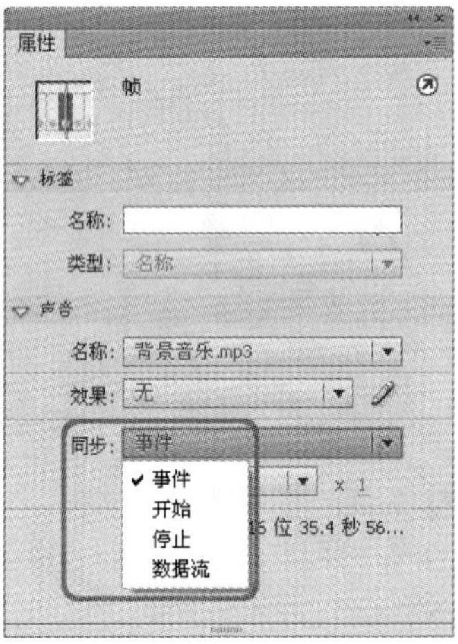

- ◉ **事件：** 该选项可以将声音和一个事件的发生过程同步。事件声音在它的起始关键帧开始显示时播放，并独立于时间轴播放完整个声音，即使 SWF文件停止声音也继续播放。当播放发布的SWF文件时，事件和声音也同步进行播放。事件声音的一个实例就是当用户单击一个按钮时播放的声音。如果事件声音正在播放，而声音再次被实例化（例如，用户再次单击按钮），则第一个声音实例继续播放，而另一个声音实例也开始播放。
- ◉ **开始：** 与“事件”选项的功能相近，但是如果原有的声音正在播放，使用“开始”选项后则不会播放新的声音实例。
- ◉ **停止：** 使指定的声音静音。
- ◉ **数据流：** 用于同步声音，以便在Web站点上播放。选择该选项后，Flash将强制动画和音频流同步。如果Flash不能流畅地运行动画帧，就跳过该帧。与事件声音不同，音频流会随着SWF文件的停止而停止。而且，音频流的播放时间绝对不会比帧的播放时间长。当发布SWF文件时，音频流会混合在一起播放。

16.1.4 音频循环设置

一般情况下，如果在一个较长的动画中引用很多音频文件，就会造成文件过大。为了避免这种情况发生，可以使用音频重复播放的方法，在动画中重复播放一个音频文件。

在“属性”面板中，通过拖动“循环次数”滑块或者在文本框中输入一个数值，可以指定音频循环播放的次数，如果要连续播放音频，可以选择“循环”选项，以便在一段持续时间内一直播放音频。

16.1.5 压缩音频

在“库”面板中选择一个音频文件，并单击鼠标右键，在弹出的快捷菜单中选择“属性”命令，即可弹出“声音属性”对话框，单击“压缩”右侧的下三角按钮，在弹出的下拉列表框中可以选择压缩选项，其中各选项功能介绍如下。

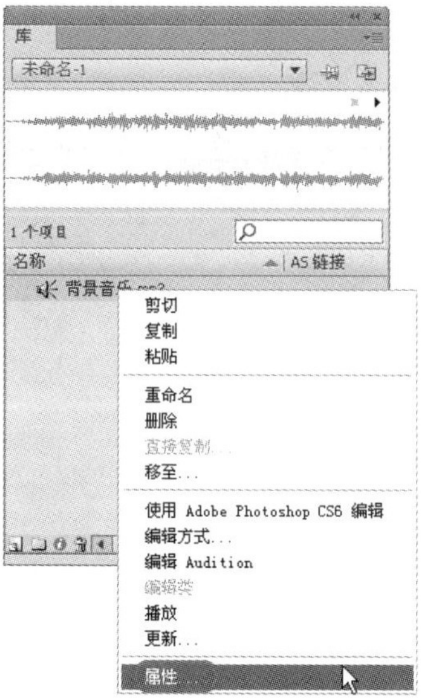

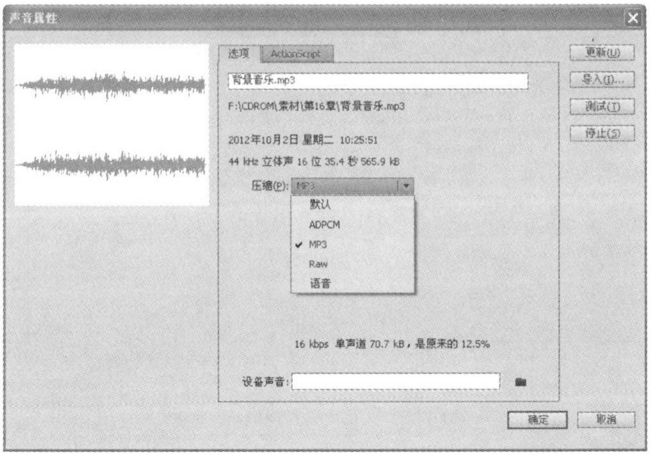

- **默认**：这是Flash CS6提供的一个通用的压缩方式，可以对整个文件中的声音用同一个压缩比例进行压缩，而不用分别对文件中不同的声音进行单独的属性设置，从而避免了不必要的麻烦。
- **ADPCM**：常用于压缩诸如按钮音效、事件声音等比较简短的声音，选择该选项后，其下方将出现新的设置选项。
  - **预处理**：如果选择“将立体声转换为单声道”复选框，就可以自动将混合立体声（非立体声）转化为单声道的声音，文件大小相应减小。
  - **采样率**：可在此下拉表框中选择一个选项，以控制声音的保真度和文件大小。较低的采样率可以减小文件大小，但同时也会降低声音的品质。5kHz的采样率只能达到人们说话声音的质量；11kHz的采样率是播放一小段音乐所要求的最低标准，同时11kHz的采样率所能达到的声音质量为1/4的CD（Compact Disc）音质；22kHz采样率的声音质量可达到一般的CD音质，也是目前众多网站所选择的播放声音的采样率，鉴于目前的网络速度，建议读者采用该采样率作为Flash动画中的声音标准；44kHz的采样率是标准的CD音质，可以达到很好的听觉效果。

- ADPCM位：设置编码时的比特率。数值越大，生成声音的音质越好，但声音文件的容量也就大。

- MP3：使用该方式压缩声音文件可使文件体积变成原来的1/10，而且基本不损害音质。这是一种高效的压缩方式，常用于压缩较长且不用循环播放的声音，这种方式在网络传输中很常用。选择这种压缩方式后，其下方会出现相应选项。

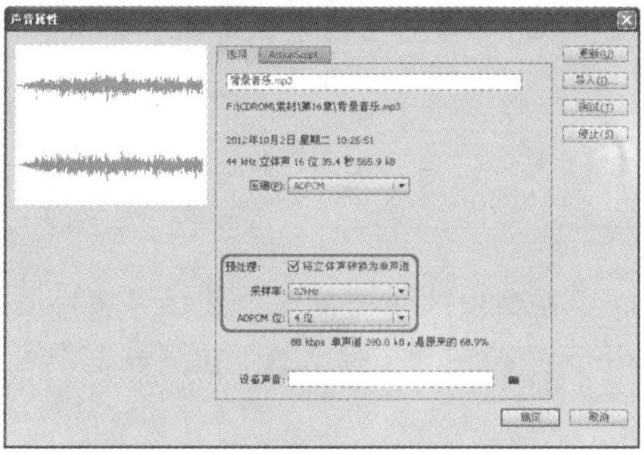

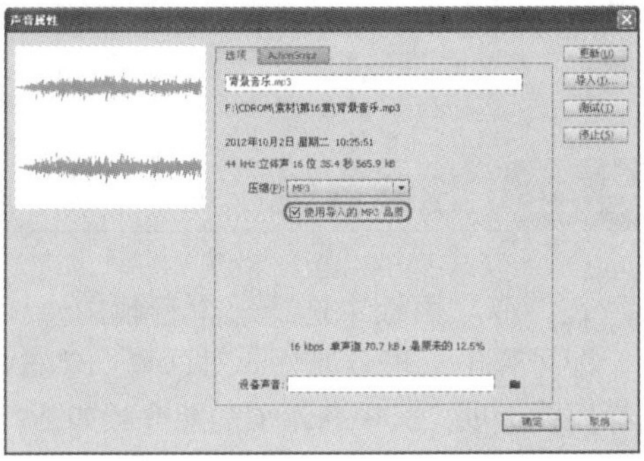

- Raw：选择这种压缩方式后，其下方会出现相应选项。
- 语音：选择该选项后，则会选择一个适合于语音的压缩方式导出声音。

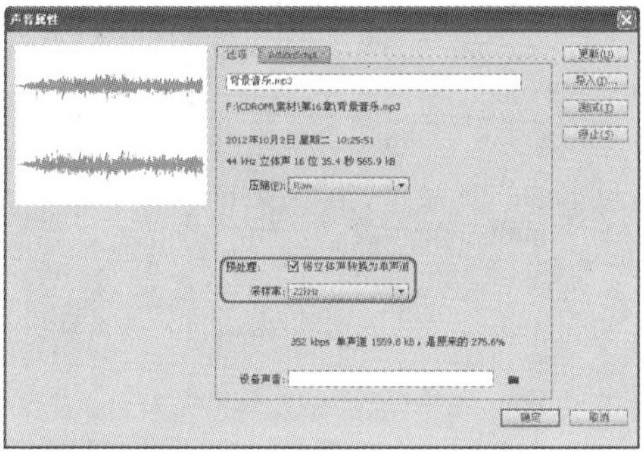

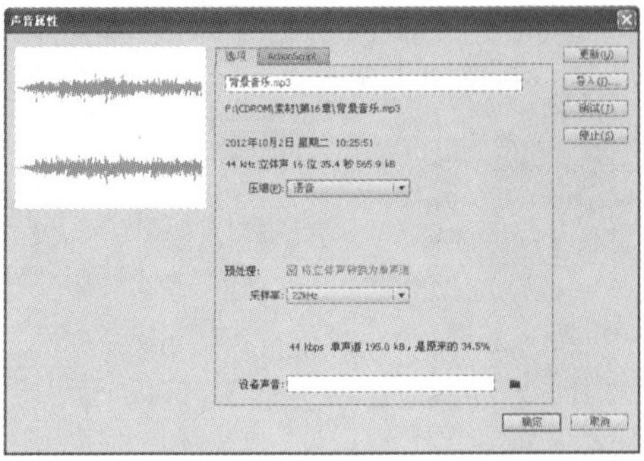

16.2 视频文件

学习时间：30分钟

Flash支持动态影像的导入功能，根据导入视频文件格式和方法的不同，开始在Flash中使用视频之前，了解以下信息很重要：

- Flash仅可以播放特定格式的视频文件。其中包括 FLV、F4V 和 MPEG 视频等视频格式。
- 使用单独的Adobe Media Encoder 应用程序（Flash Professional 附带程序）将其他视频格式转换为FLV和F4V。

16.2.1 导入视频文件

下面介绍如何向Flash中导入视频文件，其具体操作步骤如下：

01 在菜单栏中选择“文件”→“导入”→“导入视频”命令。

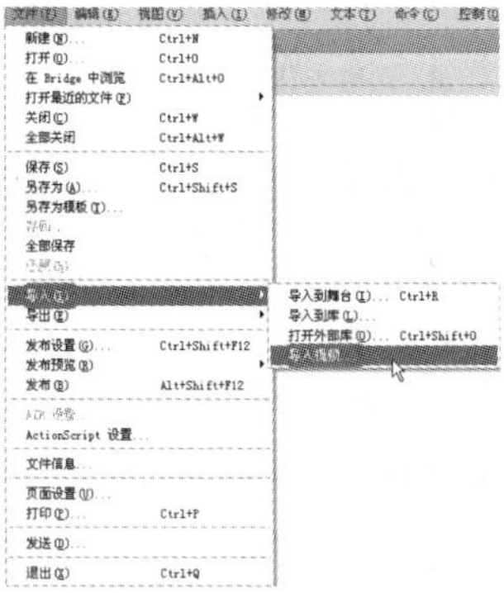

02 执行该命令后，即可弹出“导入视频”对话框，在该对话框中单击“文件路径”右侧的“浏览”按钮。

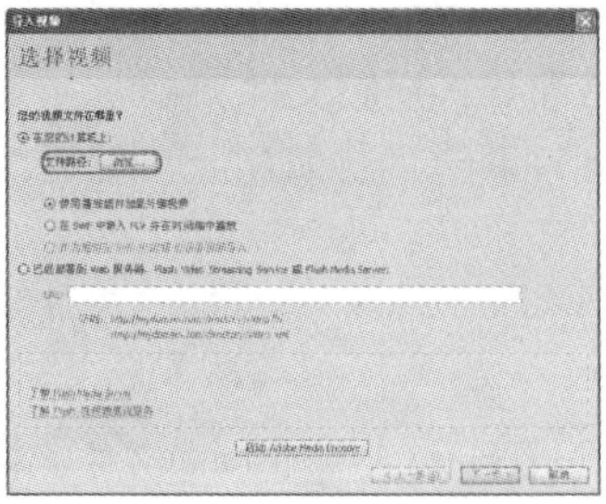

03 此时即可弹出“打开”对话框，在弹出的对话框中选择要导入的视频文件。

04 选择完成后，单击“打开”按钮，返回“导入视频”对话框中，在该对话框中单击“下一步”按钮，即可进入“设定外观”界面，在“外观”下拉列表框中选择所需的视频外观，用户还可以通过其右侧的“颜色”色块设置视频外观的颜色。

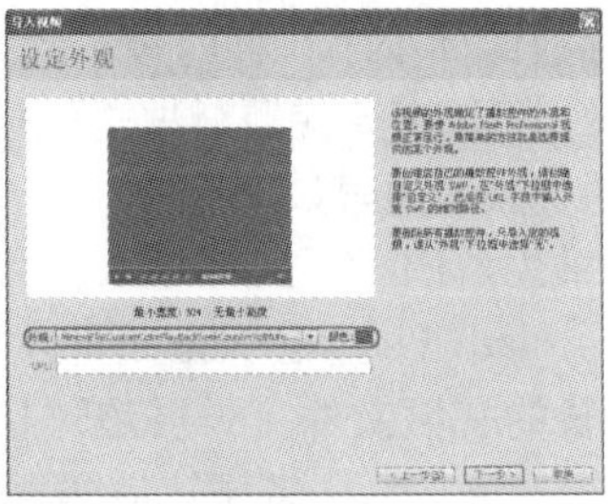

05 在“导入视频”对话框中单击“下一步”按钮，并在弹出的“完成视频导入”界面中单击“完成”按钮即可。

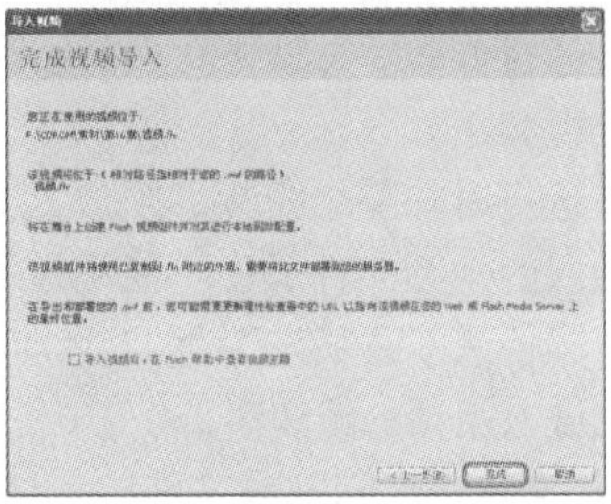

06 执行该操作后，即可将选中的视频文件导入到舞台中。

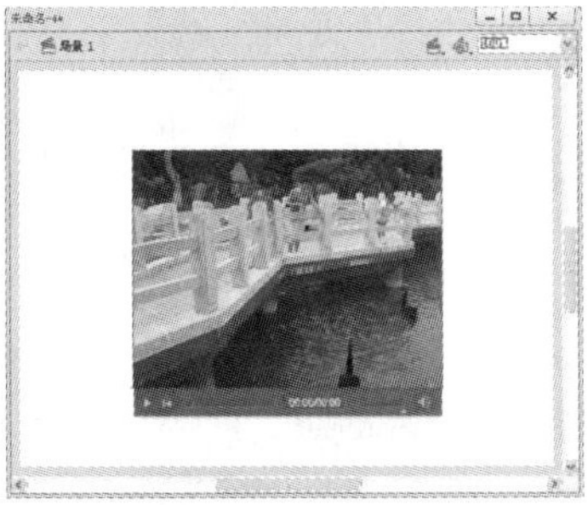

16.2.2 在Flash文件内嵌入视频文件

当用户嵌入视频文件时，所有视频文件数据都将添加到Flash文件中。这导致Flash文件及随后生成的 SWF 文件比较大。视频被放置在时间轴中，可以在此查看在“时间轴”面板的帧中显示的单独视频帧。由于每个视频帧都由“时间轴”面板中的一个帧表示，因此视频剪辑和 SWF 文件的帧速率必须相同。如果对 SWF 文件和嵌入的视频剪辑使用不同的帧速率，视频播放将不一致。

技巧注意

若要使用可变的帧速率，请使用渐进式下载或者Flash Media Server 流式加载视频。在使用这些方法中的任意一种导入视频文件时，FLV或者F4V 文件都是自包含文件，它的运行帧频与该 SWF 文件中包含的所有其他时间轴帧频都不同。

对于播放时间少于10秒的较小的视频剪辑，嵌入视频的效果最好。如果正在使用播放时间较长的视频剪辑，可以考虑使用渐进式下载的视频，或者使用 Flash Media Server 传送视频流。

嵌入的视频的局限如下：

- 如果生成的SWF文件过大，可能会遇到问题。下载和尝试播放包含嵌入视频的大SWF文件时，Flash Player会保留大量内存，这可能会导致 Flash Player播放失败。
- 较长的视频文件（长度超过10秒）通常在视频剪辑的视频和音频部分之间存在同步问题。一段时间以后，音频轨道的播放与视频的播放之间开始出现差异，导致不能达到预期的收看效果。
- 若要播放嵌入在SWF文件中的视频，必须先下载整个视频文件，然后开始播放该视频。如果嵌入的视频文件过大，则可能需要很长时间才能下载完整个SWF文件，然后才能开始播放。
- 导入视频剪辑后，便无法对其进行编辑。必须重新编辑和导入视频文件。
- 在通过Web发布SWF文件时，必须将整个视频都下载到观看者的计算机上，然后才能开始播放视频。
- 在运行时，整个视频必须放入播放计算机的本地内存中。
- 导入的视频文件长度不能超过16000 帧。
- 视频帧速率必须与Flash Professional时间轴帧速率相同。设置Flash Professional文件的帧速率以匹配嵌入视频的帧速率。

在Flash文件中嵌入视频文件的具体操作步骤如下：

01 启动Flash CS6，在菜单栏中选择“文件”→“导入”→“导入视频”命令。

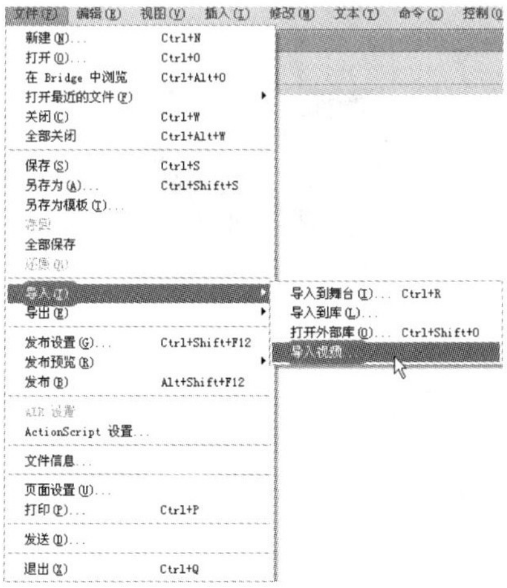

02 执行该命令后，即可弹出“导入视频”对话框，在该对话框中单击“文件路径”右侧的“浏览”按钮，在弹出的对话框中选择要嵌入的视频文件。

03 单击“打开”按钮，然后在“导入视频”对话框中选择“在SWF中嵌入FLV并在时间轴中播放”单选按钮。

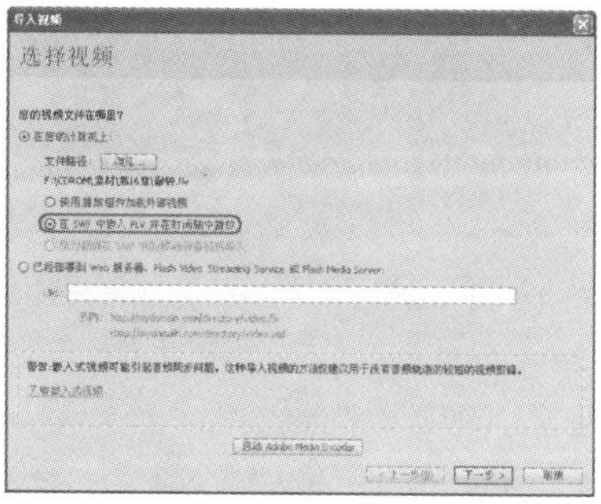

04 单击“下一步”按钮，在弹出的“嵌入”界面中将“符号类型”设置为“嵌入的视频”，并选择其下方的3个复选框。

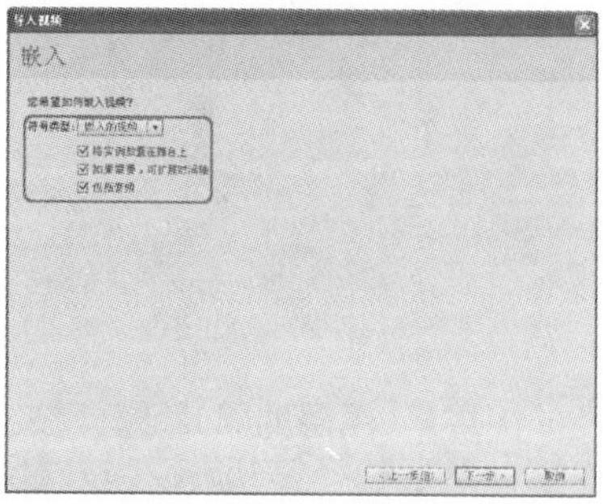

05 设置完成后，单击“下一步”按钮，即可弹出“完成视频导入”界面，在该界面中单击“完成”按钮。

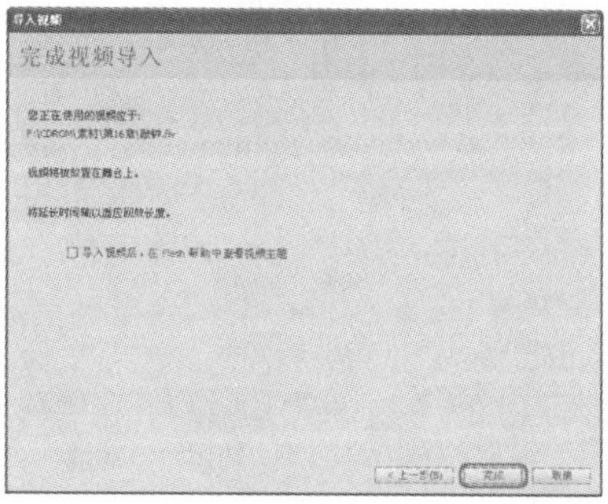

06 执行该操作后，即可将选中的视频嵌入至Flash文件中，在“时间轴”面板中拖动时间线即可查看效果，或按【Enter】键预览效果。

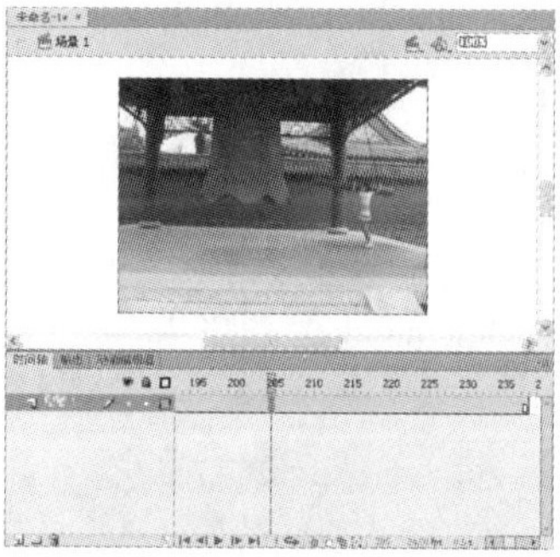

16.3 案例制作

学习时间：60分钟

16.3.1 制作“家具欣赏”动画

本例介绍“家具欣赏”动画的制作，该例主要通过为素材图片添加传统补间，然后导入音频文件来完成。

01 在菜单栏中选择“文件”→“新建”命令，弹出“新建文档”对话框，在“类型”列表框中选择“ActionScript 2.0”选项，然后在右侧的设置区域将“宽”设置为800像素，将“高”设置为400像素。

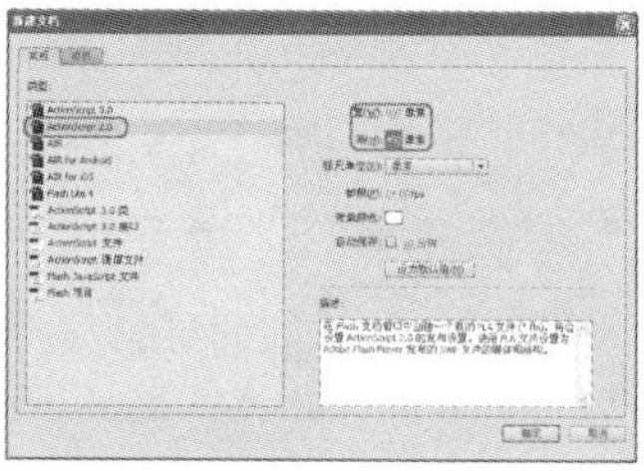

02 单击“确定”按钮，即可新建一个空白文档，然后在菜单栏中选择“文件”→“导入”→“导入到舞台”命令，导入“家具欣赏.jpg”素材文件。

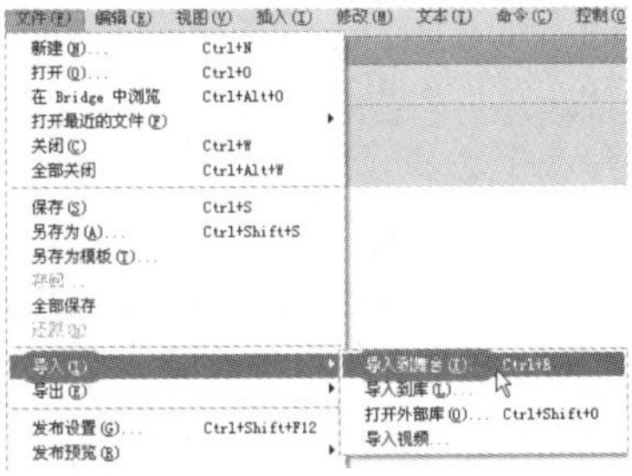

03 单击“打开”按钮，即可将选择的素材打开文件导入到舞台中，然后按【Ctrl+K】组合键打开“对齐”面板，在该面板中选择“与舞台对齐”复选框，然后单击“水平中齐”按钮和“垂直中齐”按钮。

04 选中素材文件，按【F8】键弹出“转换为元件”对话框，在该对话框中将“名称”命名为“家具欣赏”，将“类型”设置为“图形”。

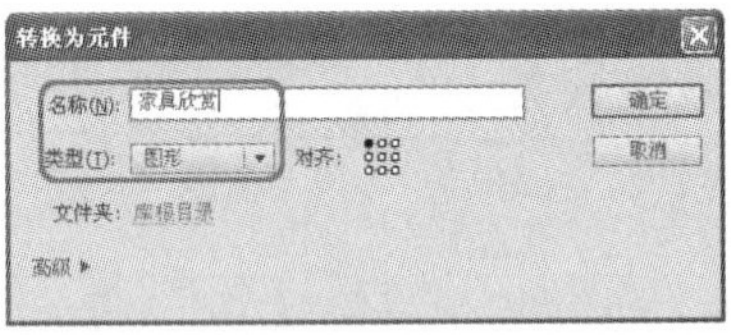

05 单击“确定”按钮，即可将素材文件转换为图形元件，然后在“属性”面板中将“样式”设置为“Alpha”，并将“Alpha”值设置为10%。

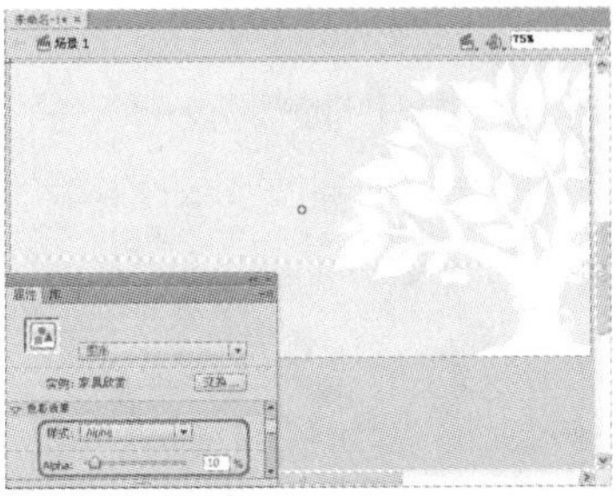

06 然后选择“图层1”图层的第70帧，按【F6】键插入关键帧，并在“属性”面板中将“样式”设置为“无”。

07 选择“图层1”图层的第10帧，并单击鼠标右键，在弹出的快捷菜单中选择“创建传统补间”命令，创建传统补间。

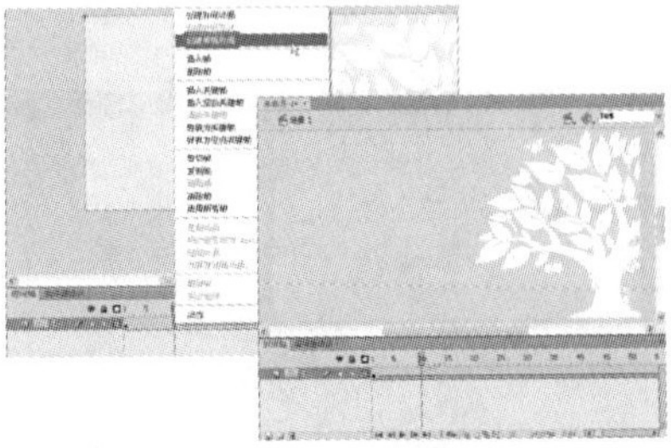

08 选择“图层1”图层的第125帧，按【F6】键插入关键帧，然后选择第155帧，按【F6】键插入关键帧。

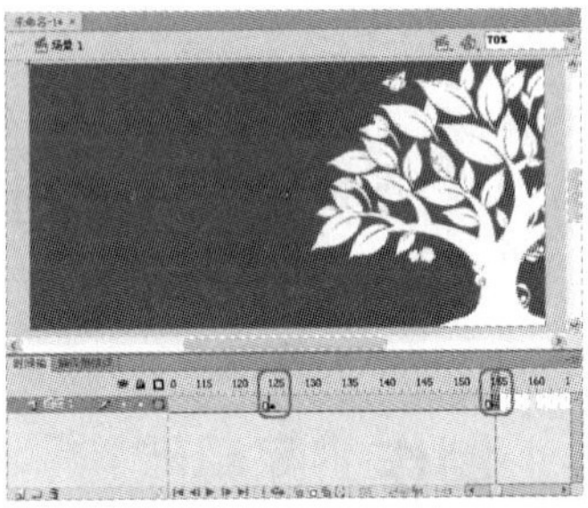

09 选择第155帧，然后在“属性”面板中将图形元件的“样式”设置为“Alpha”，将“Alpha”值设置为0%。

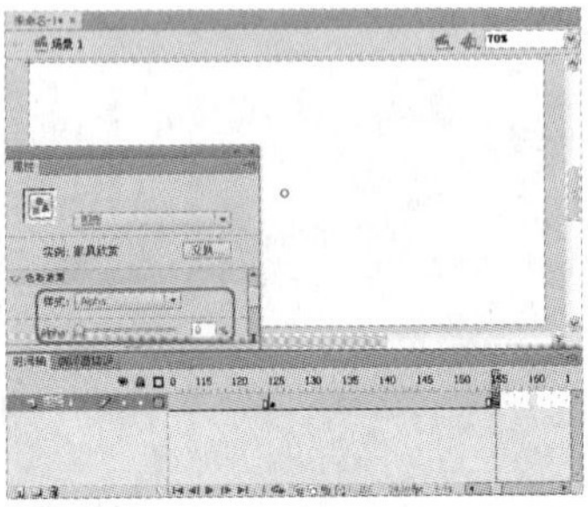

10 选择“图层1”图层的第140帧，并单击鼠标右键，在弹出的快捷菜单中选择“创建传统补间”命令，即可创建传统补间。

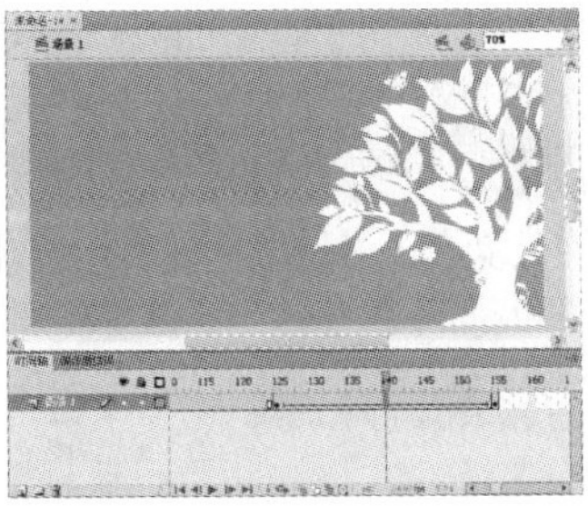

11 然后选择“图层1”图层的第365帧，并按【F6】键插入关键帧。

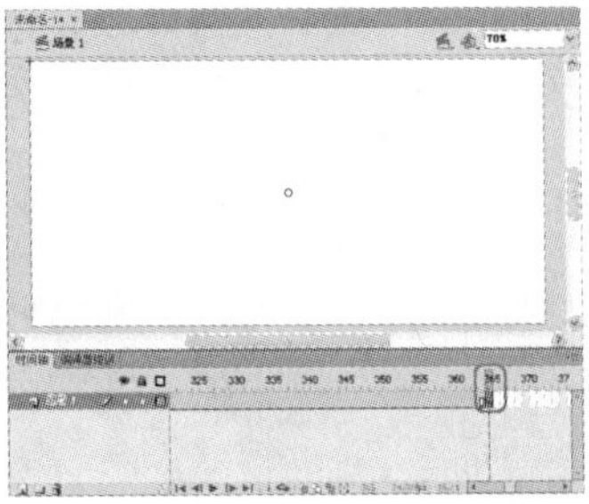

12 在“时间轴”面板中单击“新建图层”图层按钮，新建“图层2”图层，并在“图层2”图层的第35帧，按【F6】键插入关键帧。

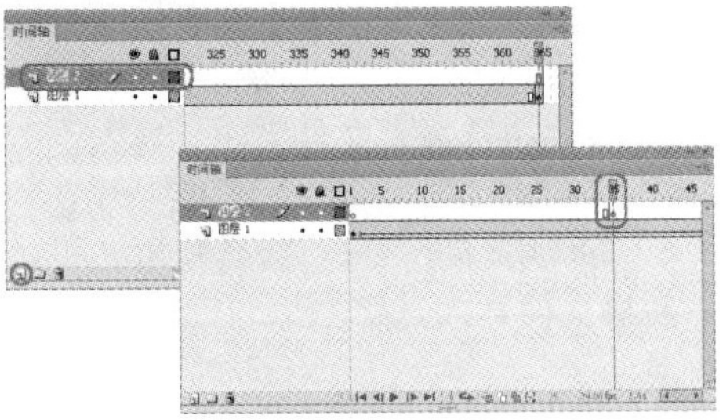

13 在工具箱中选择“文本工具” T，然后在舞台中输入文字，并在“属性”面板中将“系列”设置为“汉仪雁翎体简”，将“大小”设置为80点，将字体颜色设置为白色。

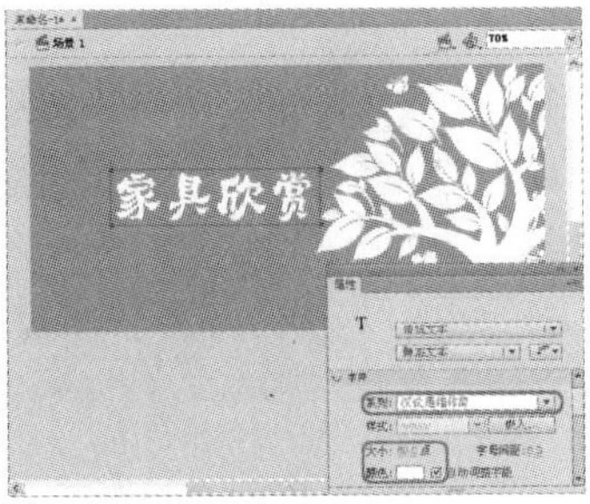

14 按【F8】键弹出“转换为元件”对话框，在该对话框中将“名称”命名为“文字1”，将“类型”设置为“图形”。

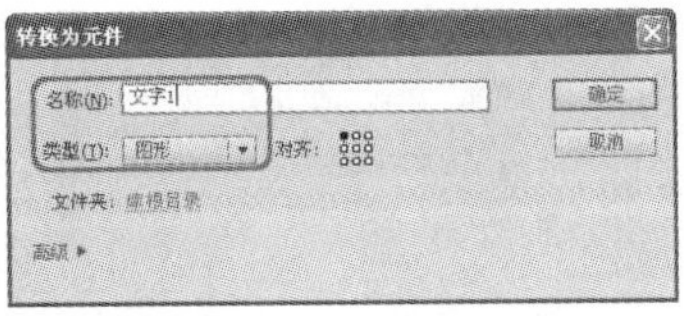

15 然后在舞台中调整图形元件的位置，并在“属性”面板中将“样式”设置为“Alpha”，将“Alpha”值设置为0%。

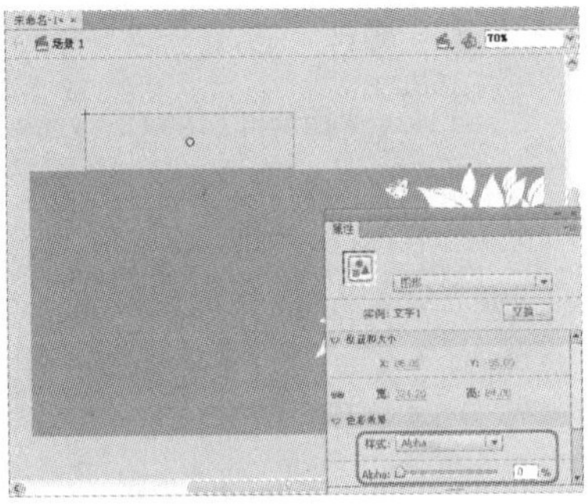

16 选择“图层2”的第100帧，按【F6】键插入关键帧，并在舞台中调整图形元件的位置，然后在“属性”面板中将“样式”设置为“无”。

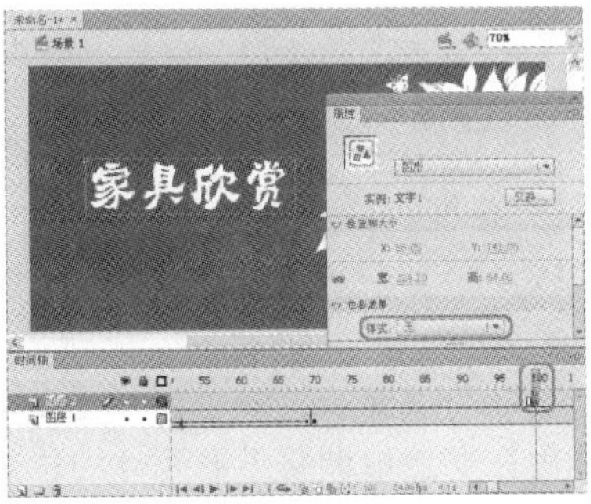

17 选择“图层2”图层的第60帧，并单击鼠标右键，在弹出的快捷菜单中选择“创建传统补间”命令，即可创建传统补间。

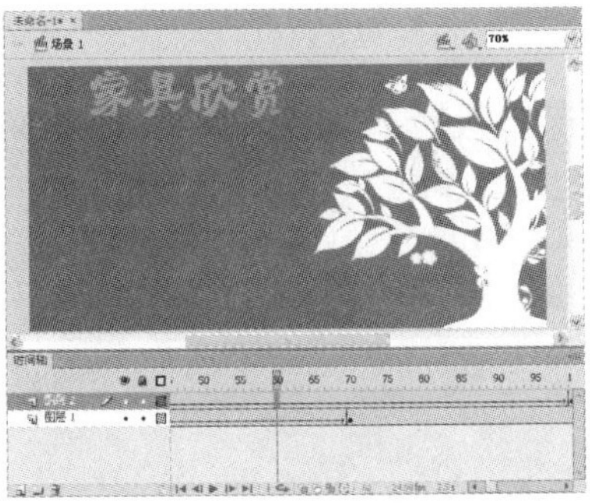

18 在“时间轴”面板中单击“新建图层”按钮，新建“图层3”图层，然后选择第35帧，按【F6】键插入关键帧。

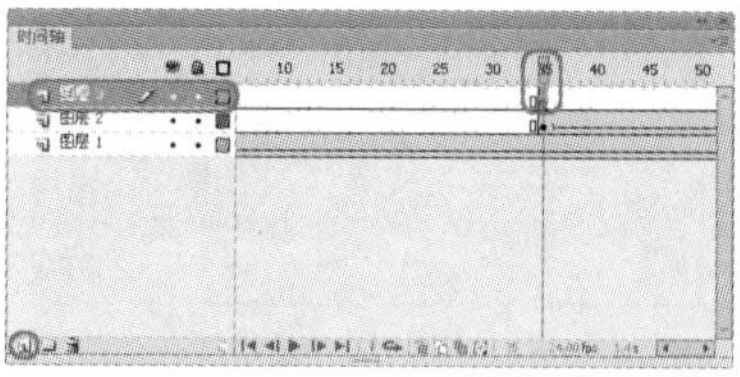

19 在工具箱中选择“文本工具” T，然后在舞台中输入文字，并在“属性”面板中将“系列”设置为“汉仪雁翎体简”，将“大小”设置为32点，将字体“颜色“设置为白色。

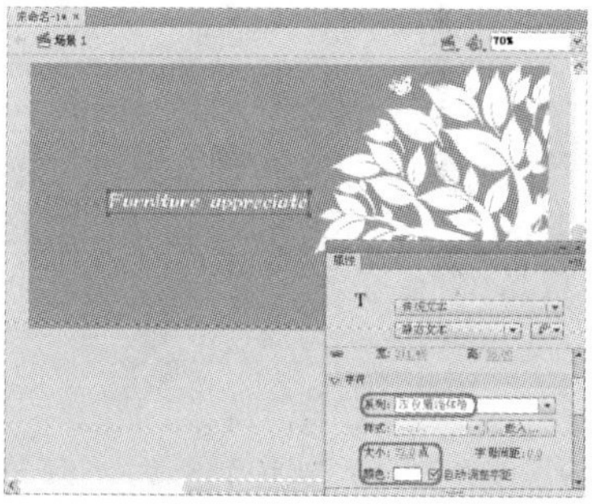

20 按【F8】键弹出“转换为元件”对话框，在该对话框中将“名称”命名为“文字2”，将“类型”设置为“图形”。

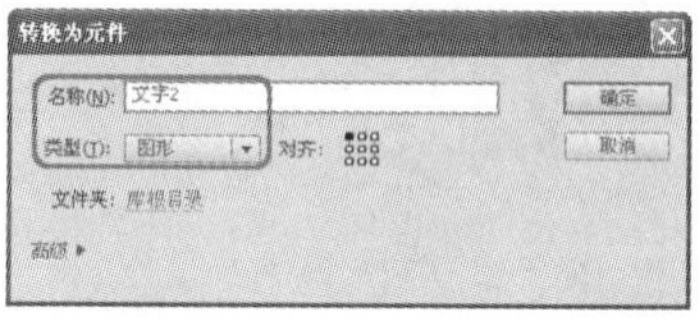

21 单击“确定”按钮，即可将文字转换为图形元件，然后在舞台中调整图形元件的位置，并在“属性”面板中将“样式”设置为“Alpha”，将“Alpha”值设置为0%。

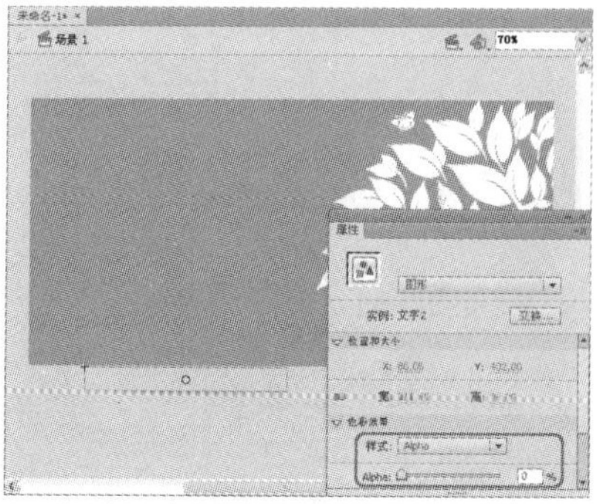

22 选择“图层3”图层的第100帧，按【F6】键插入关键帧，并在舞台中调整图形元件的位置，然后在“属性”面板中将“样式”设置为“无”。

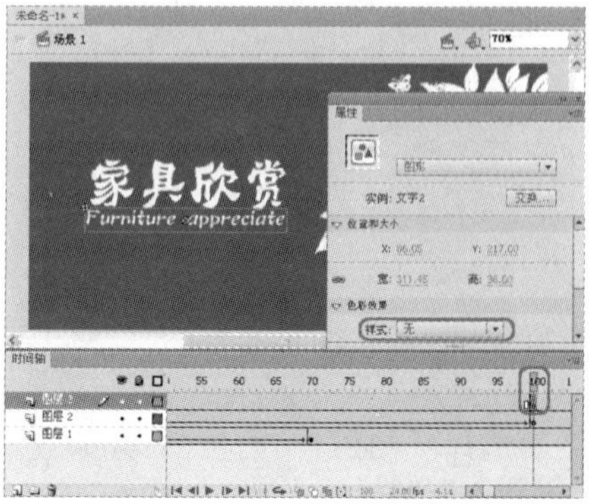

23 选择“图层3”图层的第60帧，并单击鼠标右键，在弹出的快捷菜单中选择“创建传统补间”命令，即可创建传统补间。

24 在菜单栏中选择“文件”→“导入”→“导入到库”命令，将“家具1.jpg”、“家具2.jpg”、“家具3.jpg”、“家具4.jpg”和“家具5.jpg”素材文件导入到库。

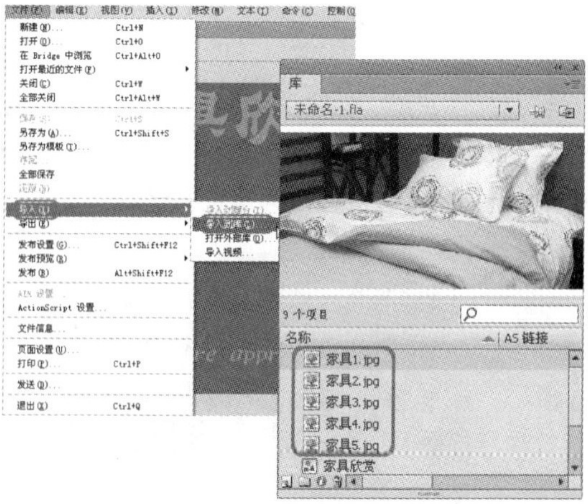

25 在“时间轴”面板中单击“新建图层”按钮，新建“图层4”图层，然后选择第125帧，按【F6】键插入关键帧，并在“库”面板中将素材文件“家具1.jpg”拖至舞台中。

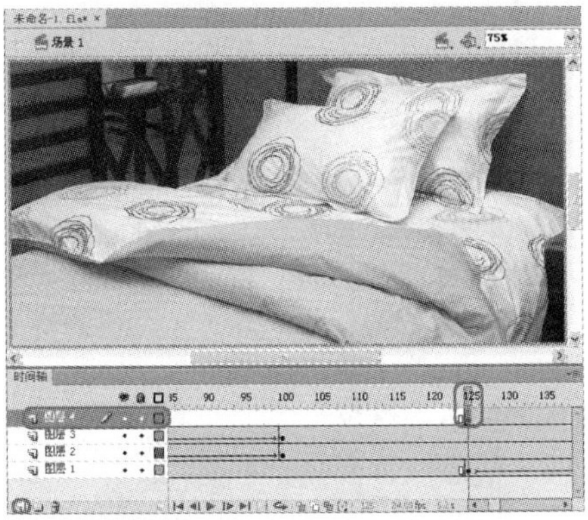

26 然后按【F8】键弹出“转换为元件”对话框，在该对话框中将“名称”命令为“家具1”，将“类型”设置为“图形”。

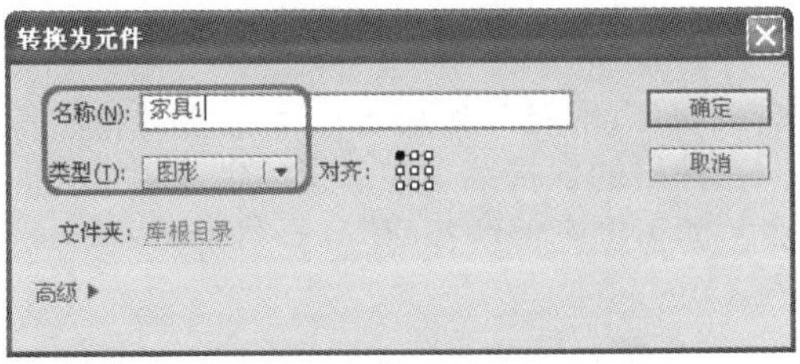

27 单击“确定”按钮，即可将素材文件转换为图形元件，然后在“属性”面板中将“样式”设置为“Alpha”，并将“Alpha”值设置为0%。

28 选择“图层4”图层的第155帧，按【F6】键插入关键帧，然后在“属性”面板中将“样式”设置为“无”。

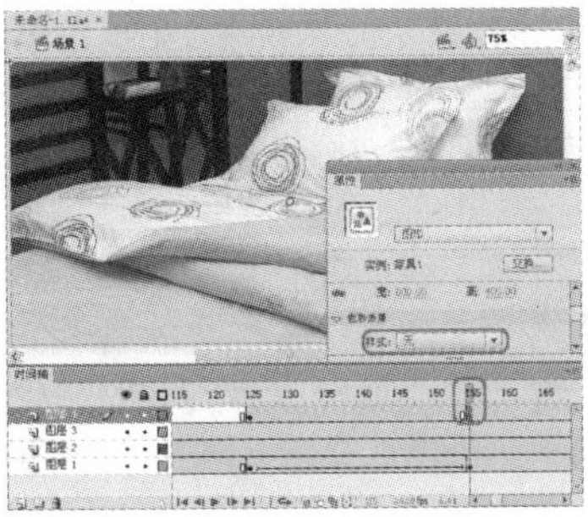

29 选择“图层4”图层的第135帧，并单击鼠标右键，在弹出的快捷菜单中选择“创建传统补间”命令，即可创建传统补间。

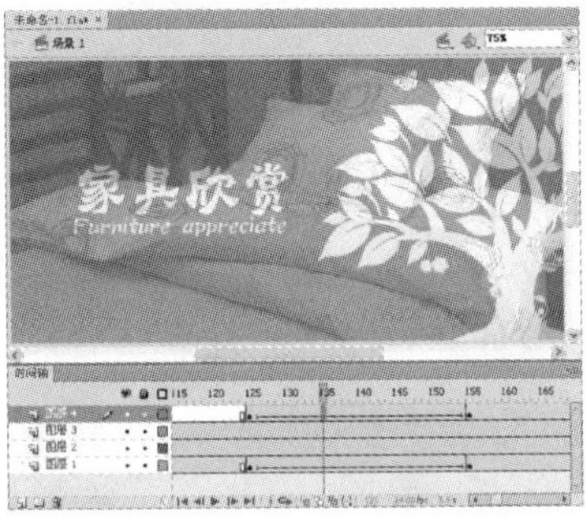

30 选择“图层4”图层的第175帧，按【F6】键插入关键帧。

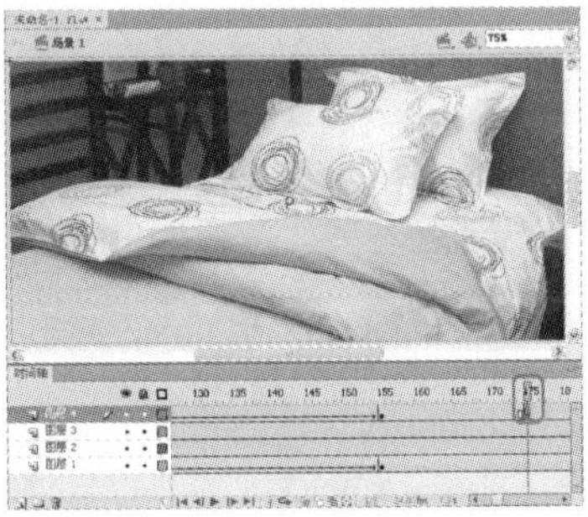

31 然后选择“图层4”图层的第205帧，按【F6】键插入关键帧，并在“属性”面板中将“样式”设置为“Alpha”，将“Alpha”值设置为0%。

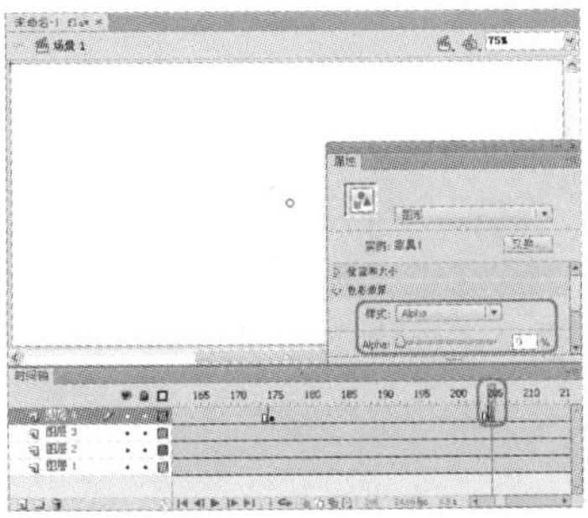

32 选择“图层4”图层的第190帧，并单击鼠标右键，在弹出的快捷菜单中选择“创建传统补间”命令，即可创建传统补间。

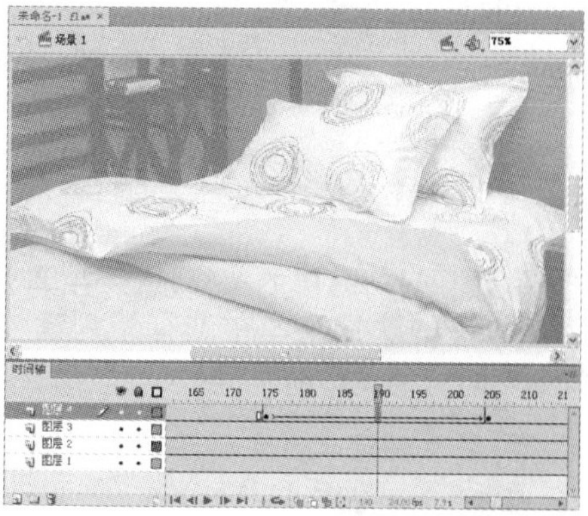

33 在“时间轴”面板中单击“新建图层”按钮，新建“图层5”图层，然后选择第175帧，按【F6】键插入关键帧，并在“库”面板中将素材文件“家具2.jpg”拖曳至舞台中。

34 按【F8】键弹出“转换为元件”对话框，在该对话框中将“名称”命名为“家具2”，将“类型”设置为“图形”。

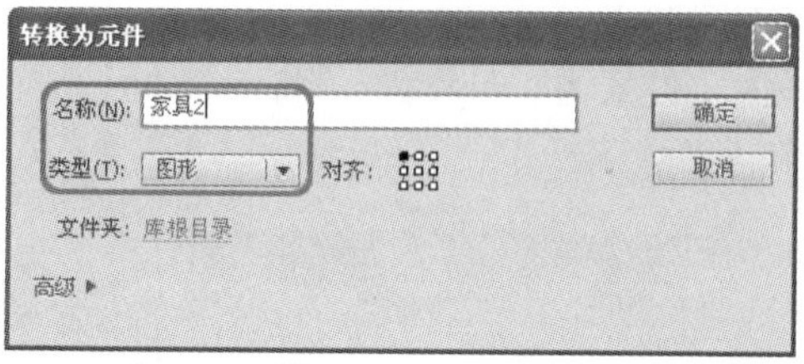

35 单击“确定”按钮，即可将素材文件转换为图形元件，然后在“属性”面板中将“样式”设置为“Alpha”，并将“Alpha”值设置为0%。

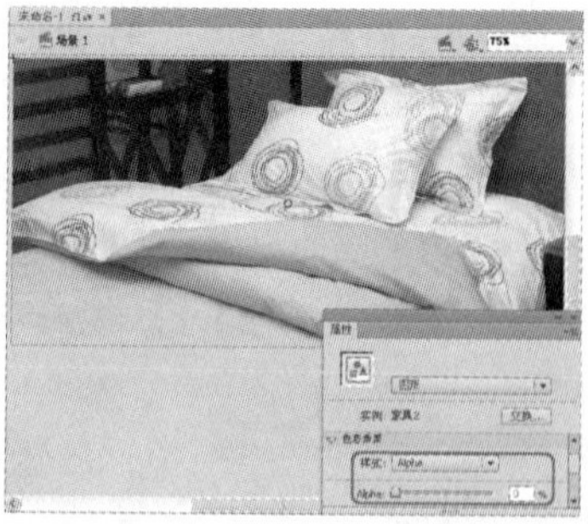

36 选择“图层5”图层的第205帧，按【F6】键插入关键帧，然后在“属性”面板中将“样式”设置为“无”。

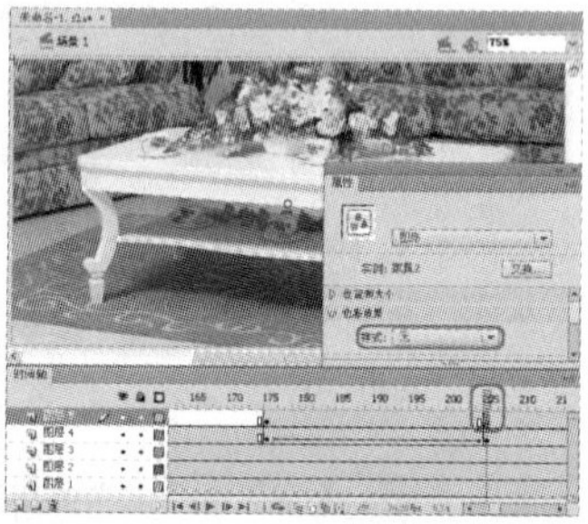

37 选择“图层5”图层第185帧，并单击鼠标右键，在弹出的快捷菜单中选择“创建传统补间”命令，即可创建传统补间。

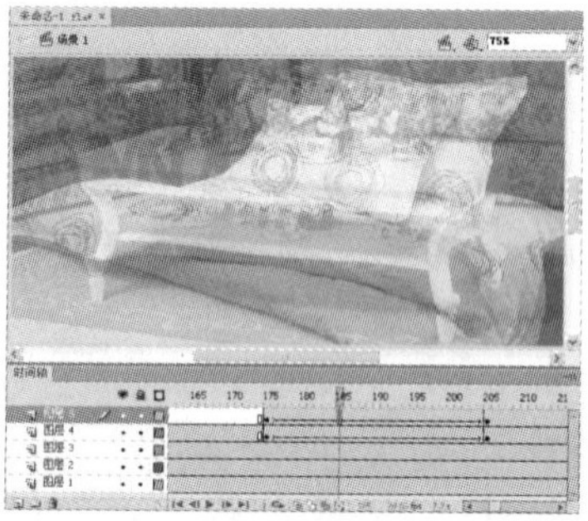

38 选择“图层5”图层的第225帧，按【F6】键插入关键帧。

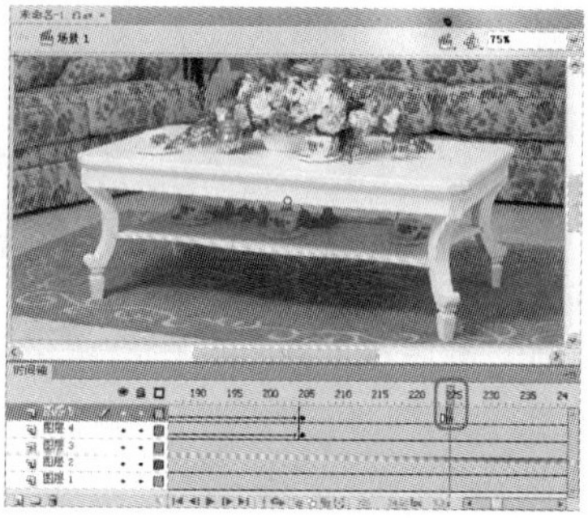

39 然后选择“图层5”图层的第255帧，按【F6】键插入关键帧，并在“属性”面板中将“样式”设置为“Alpha”，将“Alpha”值设置为0%。

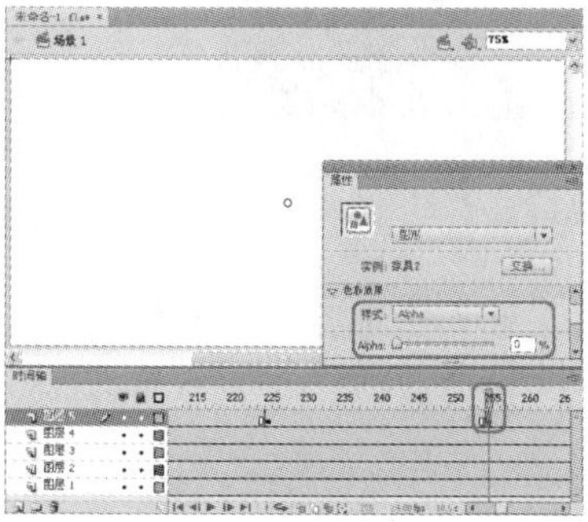

40 选择“图层5”的第240帧，并单击鼠标右键，在弹出的快捷菜单中选择“创建传统补间”命令，即可创建传统补间。

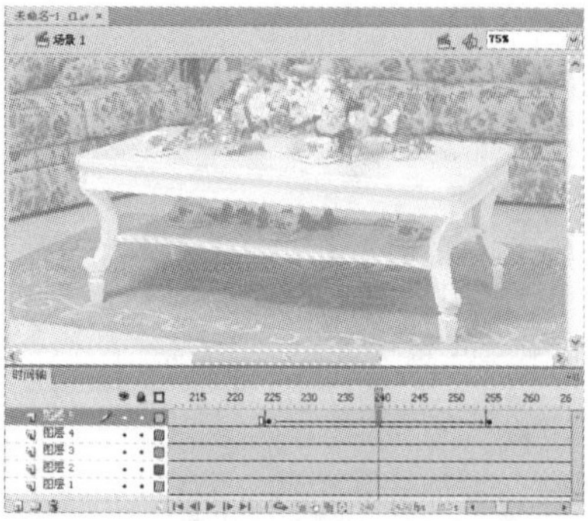

41 使用同样的方法，将其他素材文件转换为图形元件，然后制作传统补间动画，“时间轴”面板如下图所示。

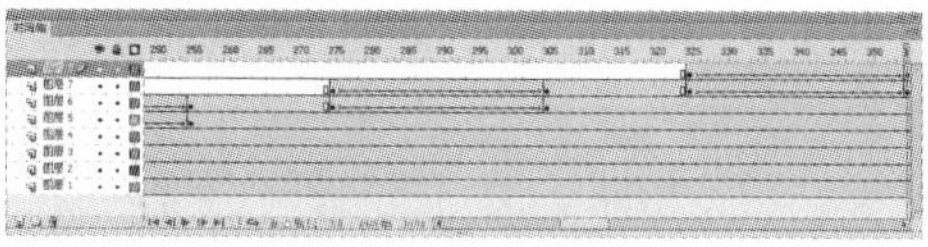

42 在“时间轴”面板中单击“新建图层”按钮，新建“图层9”图层，然后选择第70帧，按【F6】键插入关键帧。

43 在菜单栏中选择“文件”→“打开”命令，在弹出的“打开”对话框中选择素材文件“飘动的小球.fla”，打开选择的素材文件，然后按【Ctrl+A】组合键选择所有的对象。

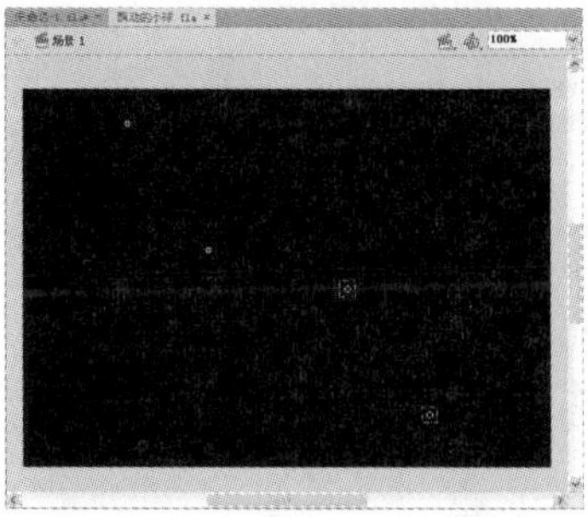

44 在菜单栏中选择“编辑”→“复制”命令，返回到当前制作的场景中，然后在菜单栏中选择“编辑”→“粘贴到当前位置”命令。

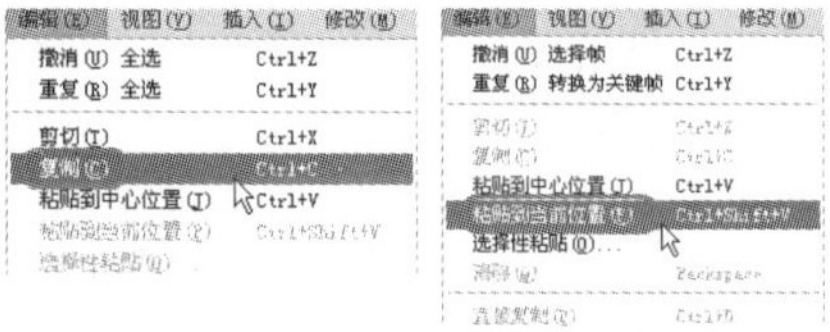

45 即可将选择的对象粘贴到当前制作的场景中，然后在舞台中调整对象的位置。

46 在菜单栏中选择“文件”→“导入”→“导入到库”命令，将音频文件“yinyue.mp3”导入到库。

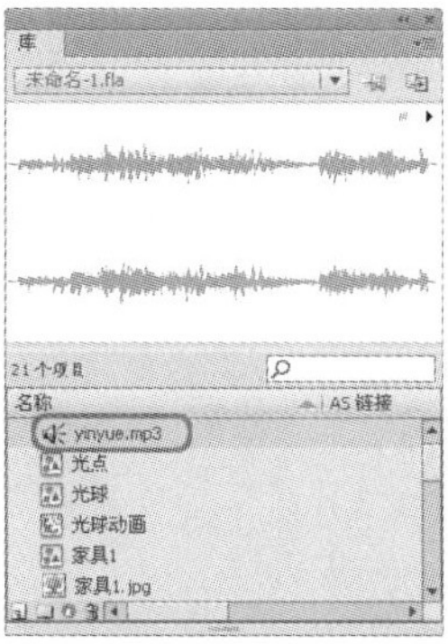

47 在“时间轴”面板中单击“新建图层”按钮，新建“图层10”图层，然后在“库”面板中选择导入的音频文件，按下鼠标左键将其拖曳至舞台中，即可将其添加到图层10中。

48 在“时间轴”面板中单击“新建图层”按钮，新建“图层11”图层，然后选择“图层11”的第365帧，按【F6】键插入关键帧。

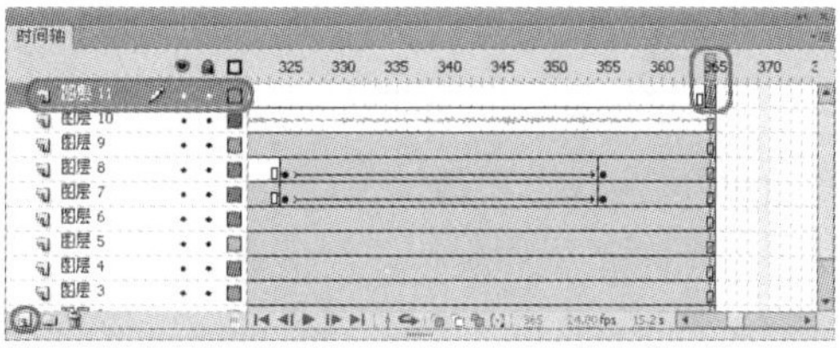

49 并在第365帧上单击鼠标右键，在弹出的快捷菜单中选择“动作”命令。

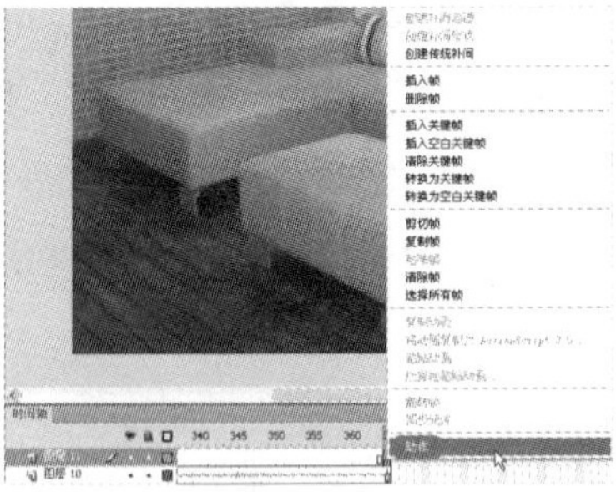

50 打开“动作”面板，在该面板中输入动作语句“stop();”。

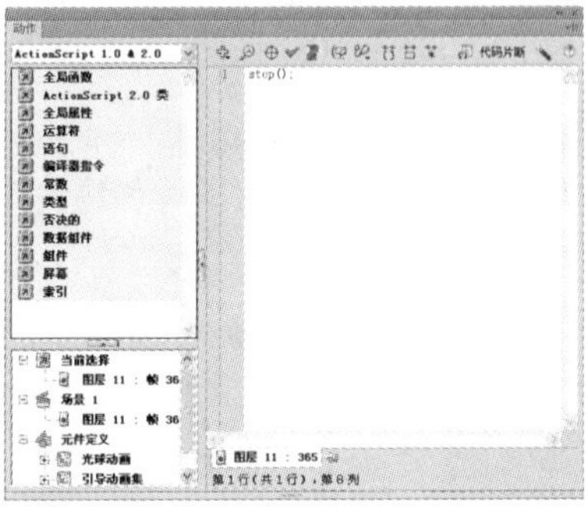

51 至此，“家具欣赏”动画就制作完成了，按【Ctrl+Enter】组合键测试影片。最后保存场景文件，并输出SWF影片即可。

16.3.2 制作菜单动画

本例介绍一下菜单动画的制作，该例主要是通过将素材文件转换为影片剪辑元件，然后输入代码，最后导入音频文件来完成的。

01 在菜单栏中选择“文件”→“新建”命令，弹出“新建文档”对话框，在“类型”列表框中选择“ActionScript 2.0”选项，然后在右侧的设置区域中将“宽”设置为800像素，将“高”设置为500像素，将“帧频”设置为40fps。

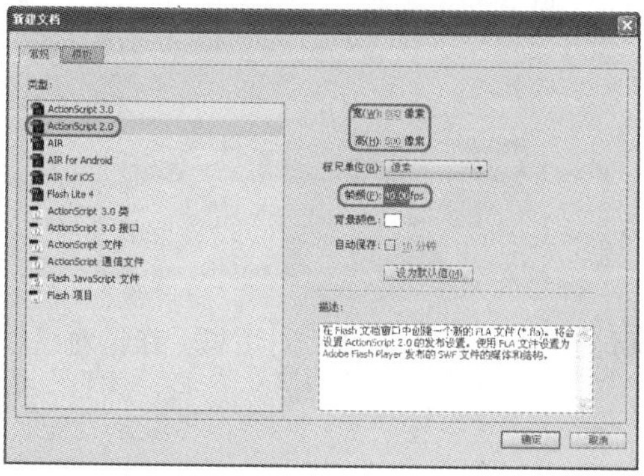

02 单击“确定”按钮，即可新建一个空白文档，在工具箱中选择“矩形工具”，在“属性”面板中将“笔触颜色”设置为无，将“填充颜色”设置为“#A4A4A4”，然后在舞台中绘制3个矩形。

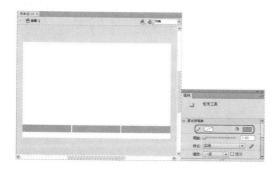

03 选择绘制的所有矩形，按【F8】键弹出“转换为元件”对话框，在该对话框中将“名称”命名为“长方形”，将“类型”设置为“影片剪辑”。

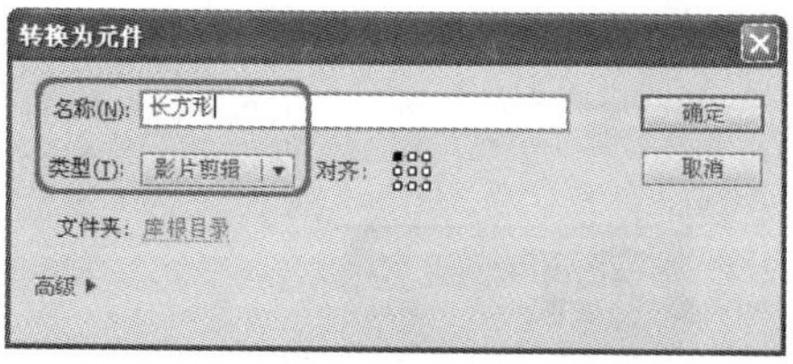

04 单击“确定”按钮，即可将选择的矩形转换为影片剪辑元件，然后打开“属性”面板，在该面板中将“实例名称”设置为“btnBgs”。

05 在菜单栏中选择“编辑”→“复制”命令，复制该元件。

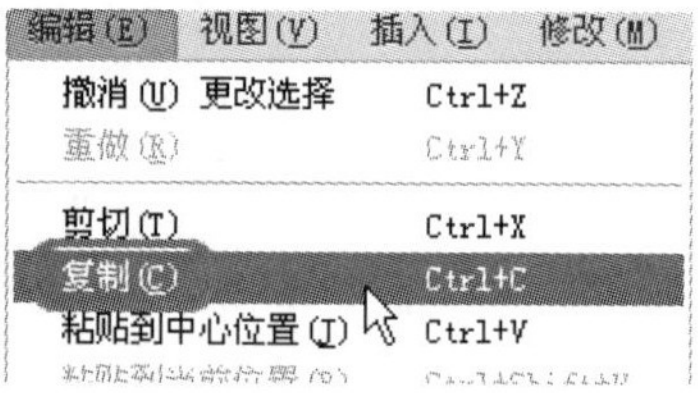

06 在“时间轴”面板中单击“新建图层”按钮，新建“图层2”图层。

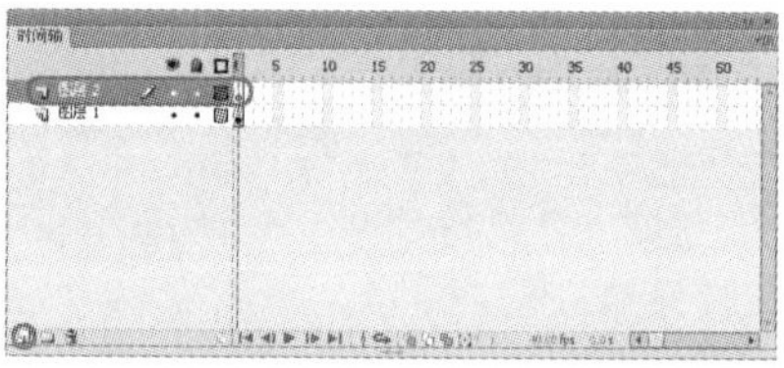

07 在工具箱中选择“矩形工具”，在“属性”面板中将“填充颜色”设置为“#006600”，然后在舞台中绘制矩形。

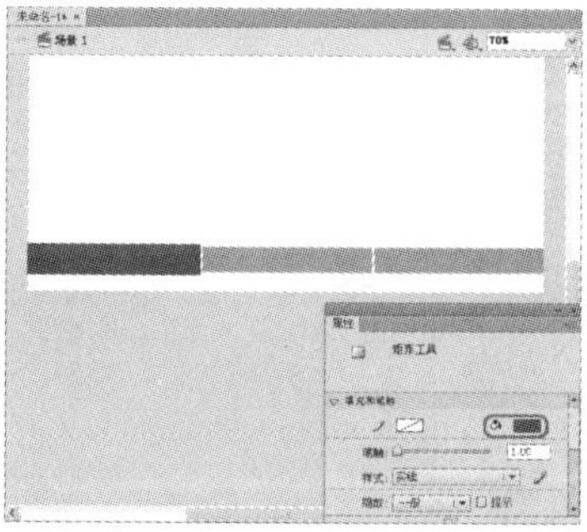

08 按【F8】键弹出“转换为元件”对话框，在该对话框中将“名称”命名为“绿长方形”，将“类型”设置为“影片剪辑”。

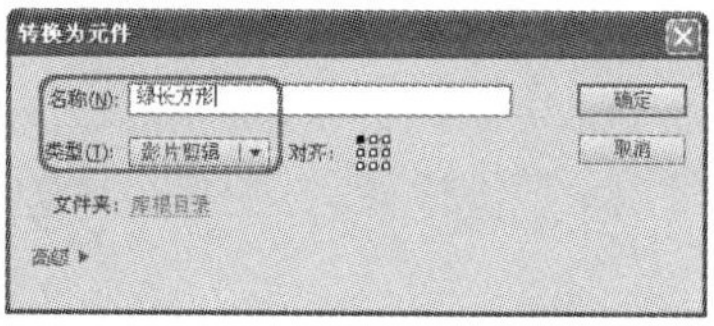

09 单击“确定”按钮，即可将绘制的绿色矩形转换为元件，然后打开“属性”面板，在该面板中将“实例名称”设置为“overs”。

10 在“时间轴”面板中单击“新建图层”按钮，新建“图层3”图层，然后在菜单栏中选择“编辑”→“粘贴到当前位置”命令。

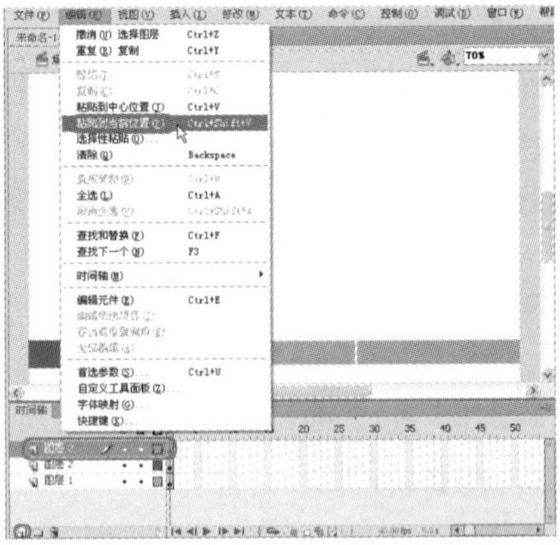

11 即可将复制的元件粘贴到“图层3”图层中，然后在该图层上单击鼠标右键，在弹出的快捷菜单中选择“遮罩层”命令。

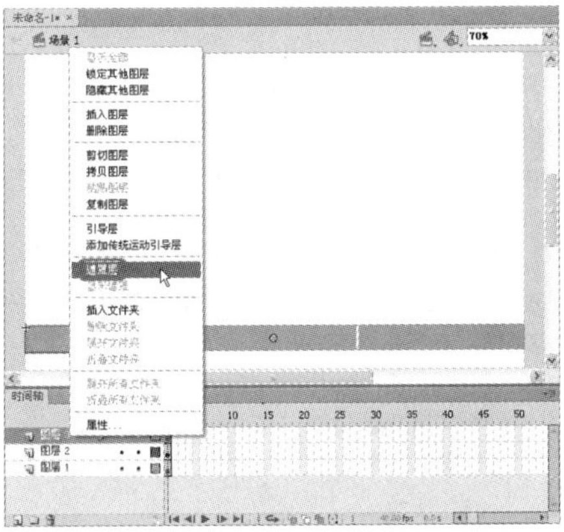

12 即可将“图层3”设置为遮罩层，然后在菜单栏中选择“插入”→“新建元件”命令。

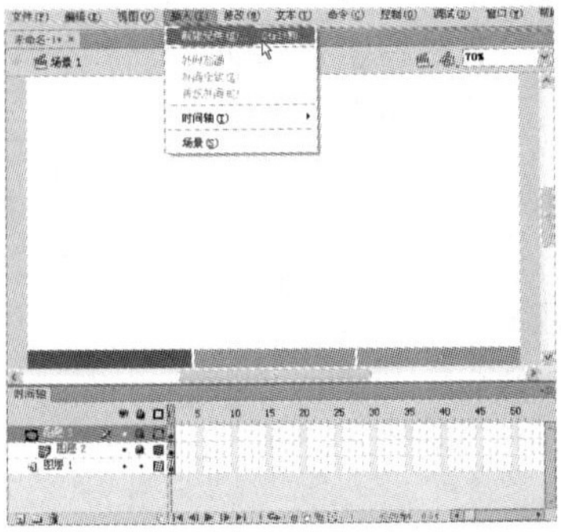

13 弹出“创建新元件”对话框，在该对话框中将“名称”设置为“反应区”，将“类型”设置为“按钮”。

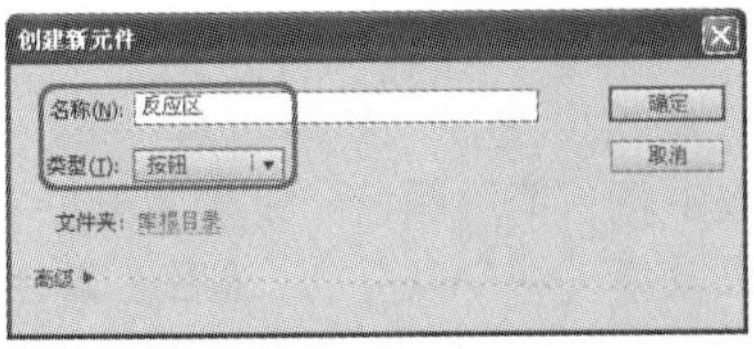

14 单击“确定”按钮，即可新建元件，然后在“点击”帧位置按【F6】键插入关键帧。

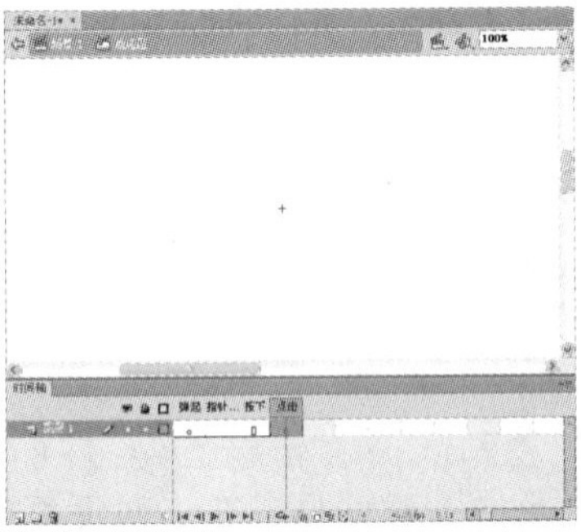

15 在工具箱中选择“矩形工具”，在“属性”面板中将“笔触颜色”和“填充颜色”设置为黑色，然后在舞台中绘制矩形。

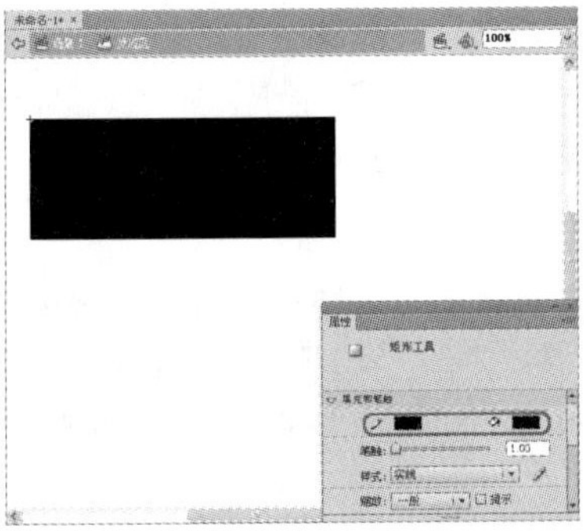

16 按【Ctrl+F8】组合键弹出“创建新元件”对话框，在该对话框中将“名称”设置为“展示动画”，将“类型”设置为“影片剪辑”。

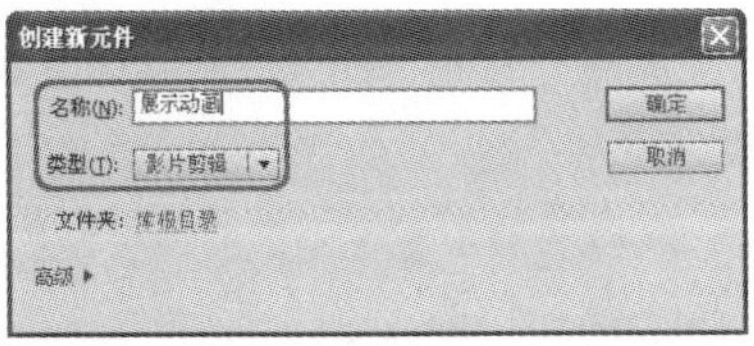

17 单击“确定”按钮，即可新建元件，按【Ctrl+R】组合键弹出“导入”对话框，导入素材文件“故宫.jpg”，并调整素材文件的位置和大小。

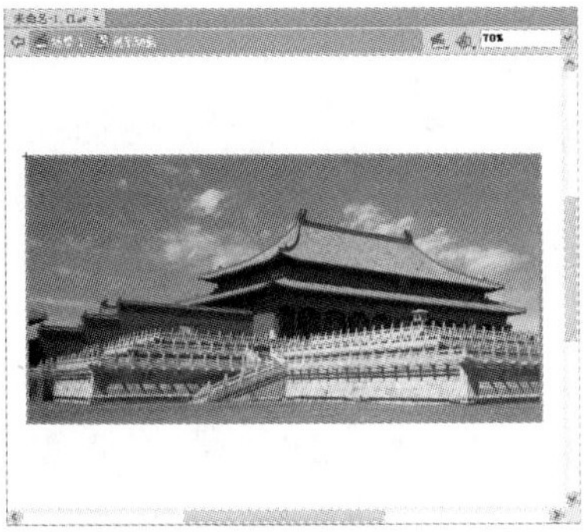

18 按【F8】键弹出“转换为元件”对话框，在该对话框中将“名称”设置为“展示图像1”，将“类型”设置为“影片剪辑”。

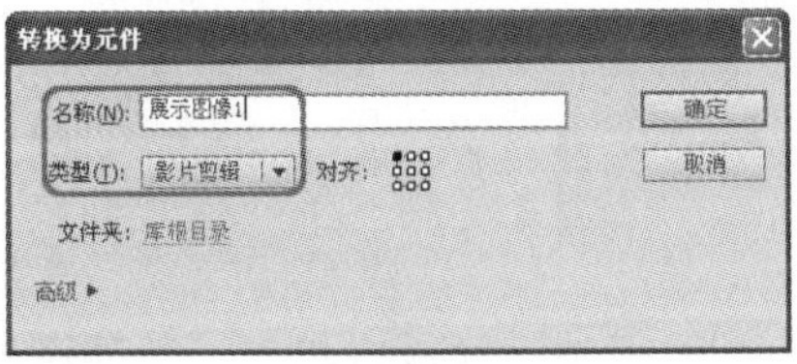

19 单击“确定”按钮，即可将其转换为元件，然后打开“属性”面板，在该面板中将“实例名称”设置为“p1”。

20 使用同样的方法，新建“图层2”和“图层3”图层，然后导入素材文件，并将素材文件转换为影片剪辑元件，并设置实例名称。

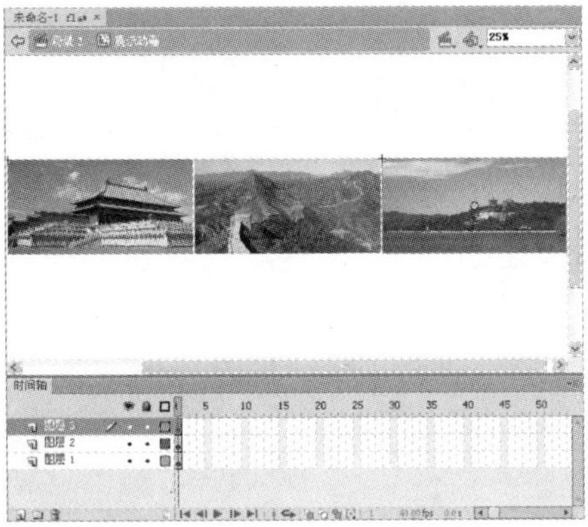

21 在“时间轴”面板中单击“新建图层”按钮，新建“图层4”图层，在“库”面板中将“反应区”元件拖曳到舞台中，并调整“反应区”元件的大小和位置。

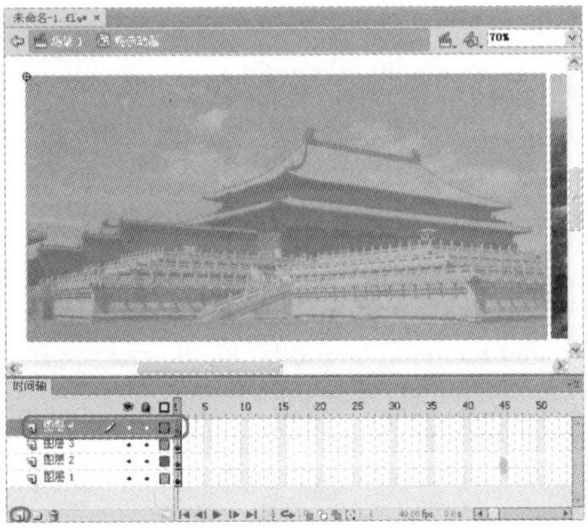

22 然后打开“属性”面板，在该面板中将“反应区”元件的实例名称设置为“b1”。

23 使用同样的方法，新建“图层5”和“图层6”图层，然后拖入“反应区”元件，并调整元件的大小和位置，最后设置实例名称。

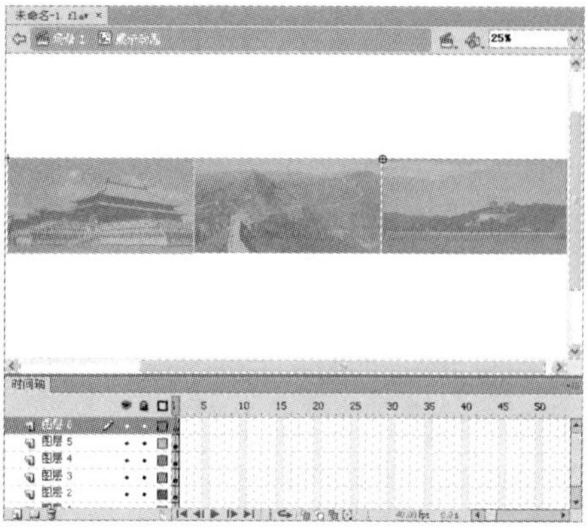

24 返回到“场景1”中，在“时间轴”面板中单击“新建图层”按钮，新建“图层4”图层，然后在“库”面板中将“展示动画”元件拖曳至舞台中，并调整元件的位置。

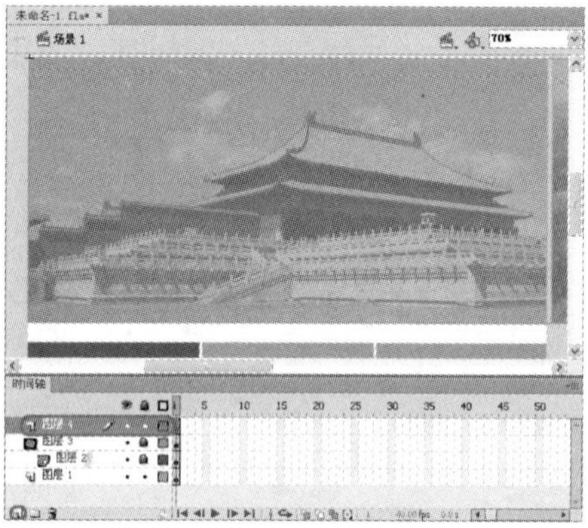

25 然后打开“属性”面板，将“实例名称”设置为“McPro”。

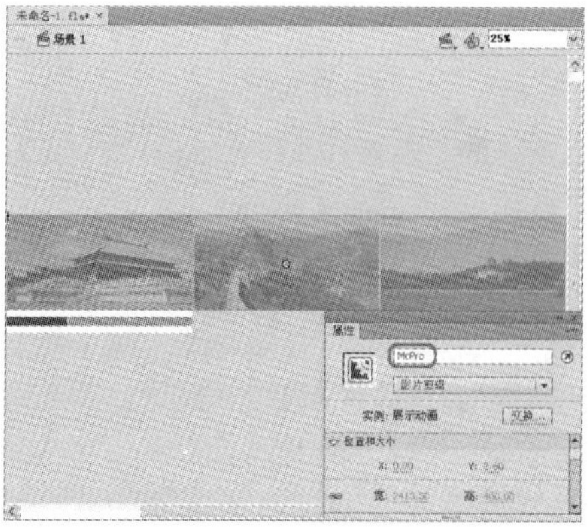

26 在“时间轴”面板中单击“新建图层”按钮，新建“图层5”图层，在工具箱中选择“文本工具”，然后在舞台中输入文字，并在“属性”面板中将“系列”设置为“汉仪小隶书简”，将“大小”设置为25点，将字体”颜色“设置为白色。

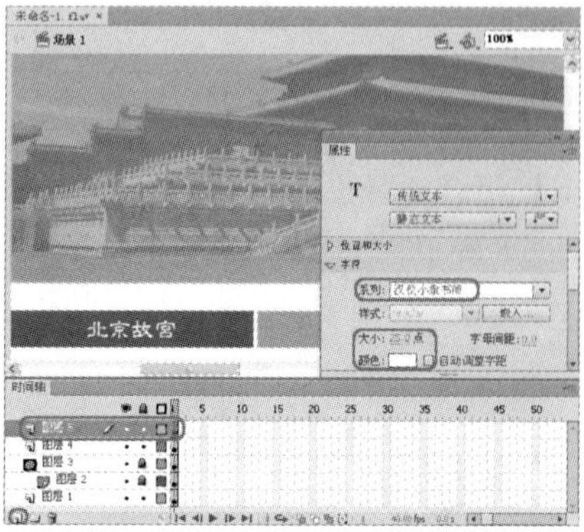

27 使用同样的方法，新建“图层6”和“图层7”图层，然后输入相应的文字。

28 在“时间轴”面板中单击“新建图层”按钮，新建“图层8”图层，然后按【Ctrl+R】组合键弹出“导入”对话框，导入素材文件“箭头.png”。

29 单击“打开”按钮，即可将选择的素材文件导入到舞台中，然后按【F8】键弹出“转换为元件”对话框，在该对话框中将“名称”命名为“绿箭头”，将“类型”设置为“影片剪辑”。

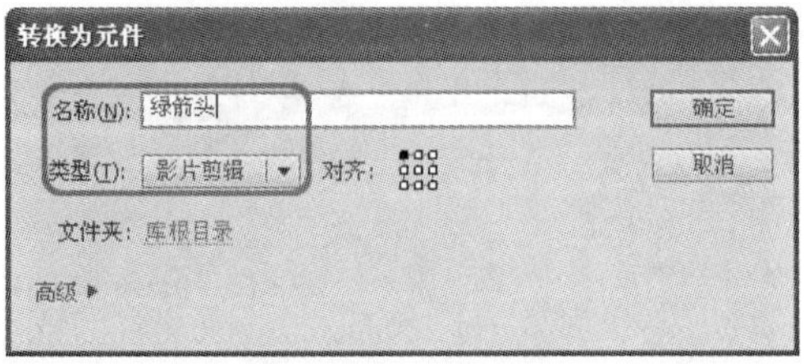

30 单击“确定”按钮，即可将素材文件转换为元件，然后在“属性”面板中设置“实例名称”为“McArr”，并在舞台中调整其位置。

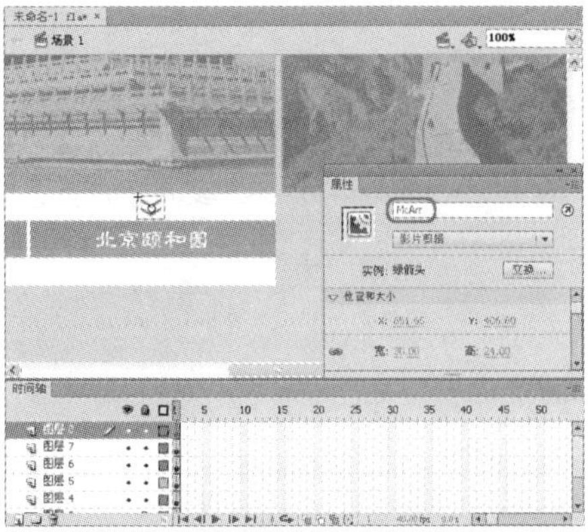

31 在“时间轴”面板中单击“新建图层”按钮，新建“图层9”图层，在“库”面板中将“反应区”元件拖到舞台中，并调整其大小和位置。

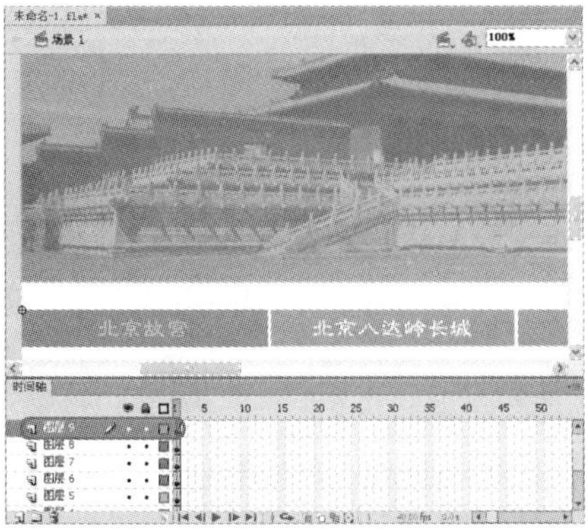

32 然后打开“属性”面板，在该面板中将“反应区”元件的实例名称设置为“b1”。

33 使用同样的方法，新建“图层10”和“图层11”图层，然后拖入“反应区”元件，并调整元件的大小和位置，最后设置实例名称。

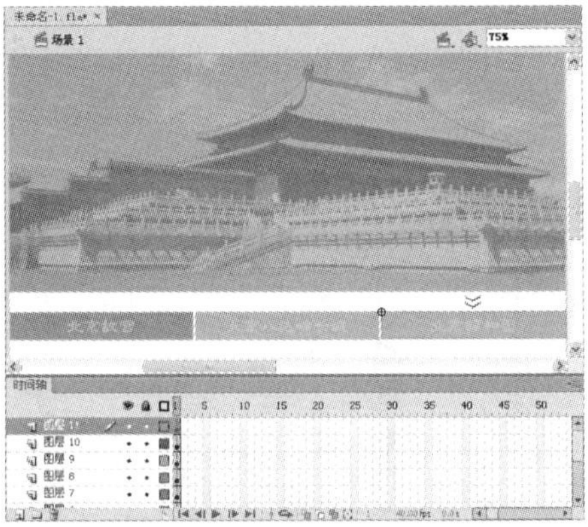

34 在菜单栏中选择“文件”→“导入”→“导入到库”命令，将音频文件“001.mp3”导入到库。

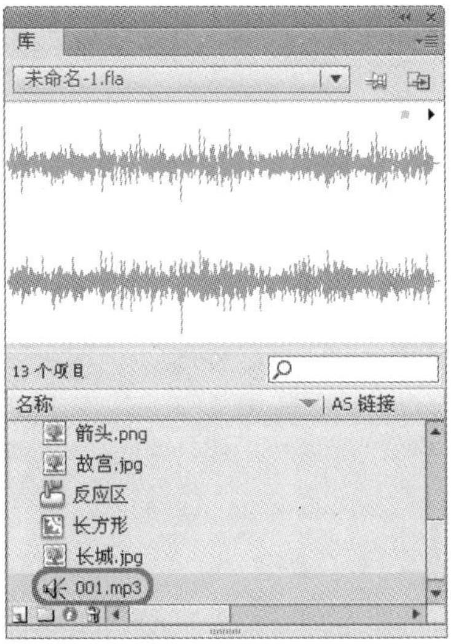

35 在“时间轴”面板中单击“新建图层”按钮，新建“图层12”图层，然后在“库”面板中选择导入的音频文件，按下鼠标左键将其拖曳至舞台中，即可将其添加到“图层12”中。

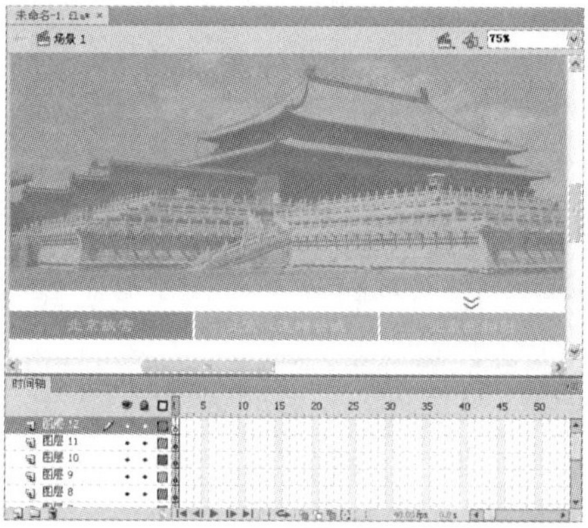

36 在“时间轴”面板中单击“新建图层”按钮，新建“图层13”图层，然后按【F9】键打开“动作”面板，并在该面板中输入代码。

37 至此，菜单动画就制作完成了，按【Ctrl+Enter】组合键测试影片。最后保存场景文件，并输出SWF影片即可。

第17章

本章导读：
ActionScript脚本语言是特有的一种非常强大的网络动画编程语言，用于使Flash的各元素间互相传递信息。要学好Flash，不仅要掌握动画的基础知识，而且更重要的是学好ActionScript脚本语言。

ActionScript基础与基本语句

【基础知识：1小时30分钟】

ActionScript概述	5分钟
Flash CS6的编程环境	5分钟
命令讲解	20分钟
数据类型	10分钟
变量	10分钟
函数	5分钟
运算符	5分钟
ActionScript的语法	10分钟
基本语句	10分钟

【演练：30分钟】

制作鼠标跟随动画	15分钟
制作交互式动画	15分钟

17.1 ActionScript概述

学习时间：5分钟

ActionScript（动作脚本）是一种专用的Flash程序语言，是Flash的一个重要组成部分，它的出现给设计和开发人员带来了很大的便利。通过使用ActionScript脚本编程，可以实现根据运行时间和加载数据等事件来控制Flash文档播放的效果同时为Flash文档添加交互性，使之能够响应按键、单击等用户操作；还可以将内置对象（如按钮对象）与内置的相关方法、属性和事件结合使用；并且允许用户创建自定义类和对象；创建更加短小精悍的应用程序（相对于使用用户界面工具创建的应用程序），所有这些都可以通过可重复利用的脚本代码来完成。并且，ActionScript是一种面向对象的脚本语言，可用于控制Flash内容的播放方式。因此，在使用ActionScript的时候，只要有一个清晰的思路，通过简单的ActionScript代码语言的组合，就可以实现很多相当精彩的动画效果。

ActionScript是Flash的脚本撰写语言，使用户可以向影片添加交互性。动作脚本提供了一些元素，如动作、运算符及对象，可将这些元素组织到脚本中，指示影片要执行什么操作；用户可以对影片进行设置，从而使单击按钮和按下键盘键之类的事件可触发这些脚本。例如，可用动作脚本为影片创建导航按钮等。

在ActionScript中，所谓面向对象，就是指将所有同类物品的相关信息组织起来，放在一个被称为类（Class）的集合中，这些相关信息被称为属性（Property）和方法（Method），然后为这个类创建对象（Object）。这样，这个对象就拥有了它所属类的所有属性和方法。

Flash中的对象不仅可以是一般自定义的用来装载各种数据的类及Flash自带的一系列对象，还可以是每一个定义在场景中的电影剪辑，对象MC是属于Flash预定义的一个名叫“电影剪辑”的类。这个预定义的类有_totalframe、_height、_visible等一系列属性，同时也有gotoAndPlay()、nestframe()、geturl()等方法，所以每一个单独的对象MC也拥有这些属性和方法。

在Flash中可以自己创建类，也可使用Flash预定义的类，下面来看看怎样在Flash中创建一个类。要创建一个类，必须事先定义一个特殊函数——构造函数（Constructor Function），所有Flash预定义的对象都有一个自己构建好的构造函数。

现在假设已经定义了一个叫做car的类，这个类有两个属性，一个是distance，描述行走的距离；一个是time，描述行走的时间。有一个speed方法用来计算car的速度。可以这样定义这个类。

```
function car(t,d){
    this.time=t;
    this.distance=d;
}
function cspeed()
{
    return(this.time/this.distance);
}
car.prototype.speed=cspeed;
```

然后可以给这个类创建两个对象。

```
car1=new car(10,2);
car2=new car(10,4);
```

这样car1和car2就有了time、distance的属性并且被赋值，同时也拥有了speed方法。

对象和方法之间可以相互传输信息，其实现的方法是借助函数参数。例如，上面的car这个类，可以给它创建一个名叫collision的函数，用于设置car1和car2的距离。collision有一个参数who和另一个参数far，下面的例子表示设置car1和car2的距离为100像素。

car1.collision(car2, 100)

在Flash面向对象的脚本程序中，对象是可以按一定顺序继承的。所谓继承，就是指一个类从另一个类中获得属性和方法。简单地说，就是在一个类的下级创建另一个类，这个类拥有与上一个类相同的属性和方法。传递属性和参数的类称为父类（superclass），继承的类称为子类（subclass），用这种特性可以扩充已定义好的类。

17.2 Flash CS6的编程环境

学习时间：5分钟

ActionScript是针对Flash的编程语言，它在Flash内容和应用程序中体现了交互性、数据管理及其他许多功能。

17.2.1 “动作”面板的使用

“动作”面板是ActionScript编程中所必需的，它是专门用来进行ActionScript编写工作的，使用“动作”面板可以选择拖曳、重新安排及删除动作，并且有普通模式和脚本助手两种模式供选择。在脚本助手模式下，通过填充参数文本框来撰写动作；在普通模式下，可以直接在脚本窗格中撰写和编辑动作，这和用文本编辑器撰写脚本很相似。在菜单栏中选择“窗口”→“动作”命令，或者按【F9】键可以打开“动作”面板。

◉ **动作工具箱。**

动作工具箱是用于浏览ActionScript语言元素（函数、类、类型等）的分类列表。其中图标表示针对不同类型的命令进行了分类；图标表示带有这个标签的命令是一个可使用命令、语法或者相关的工具，双击或者拖动都可以使该命令自动加载到编辑区中。

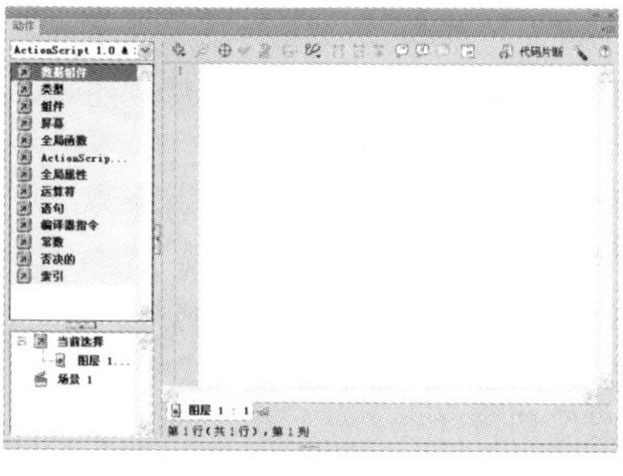

◉ **程序添加对象区。**

程序添加对象区位于动作工具箱的下方，是专门用来显示已添加的ActionScript程序的对象的列表区。

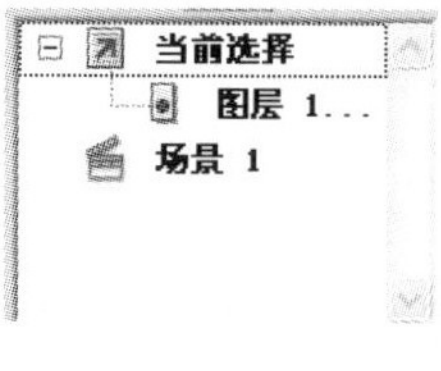

◉ 工具栏

工具栏中的按钮是在ActionScript命令编辑时经常用到的。

各按钮功能介绍如下：

（将新项目添加到脚本中）：用于添加代码，单击该按钮后会弹出一个下拉菜单，其中放置着所有的代码。

（查找）：单击该按钮可以打开“查找和替换”对话框。在“查找内容”文本框中输入要查找的名称，单击“查找下一个”按钮即可；在“替换为”文本框中输入要替换的内容，然后单击右侧的“替换”按钮或者“全部替换”按钮即可。

（插入目标路径）：动作的名称和地址被指定以后，才能用它来控制一个影片剪辑或者下载一个动画，这个名称和地址就被称为目标路径。单击该按钮，可以打开“插入目标路径”对话框。

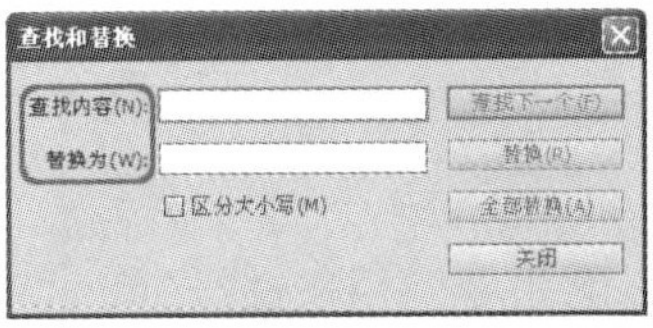

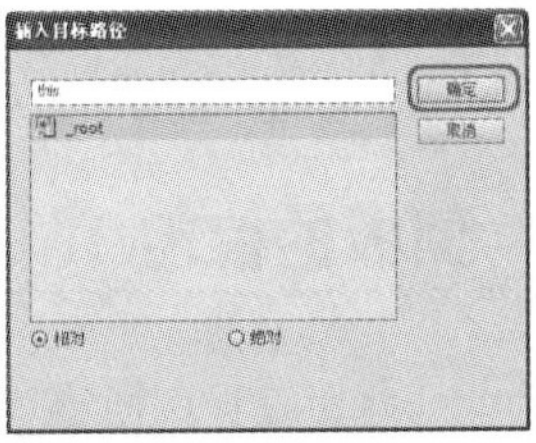

（语法检查）：在制作动画的过程中，要经常检查ActionScript语句的编写情况，通过单击（语法检查）按钮，系统会自动检查其中的语法错误。语法正确或者错误时，在“编译器错误”面板中会有不同的提示。

（自动套用格式）：单击该按钮，Flash CS6将自动编排写好的程序。

（显示代码提示）：单击该按钮，可以在脚本窗格中显示代码提示。

（调试选项）：根据命令的不同可以显示不同的出错信息。

（折叠成对大括号）：在代码的大括号间收缩。

（折叠所选）：在选择的代码间收缩。

（展开全部）：展开所有收缩的代码。

（应用块注释）：单击该按钮，可以应用块注释。

（应用行注释）：单击该按钮，可以应用行注释。

（删除注释）：单击该按钮，可以删除注释。

（显示/隐藏工具箱）：单击该按钮，将隐藏动作工具箱，再次单击则显示动作工具箱。

（帮助）：由于动作语言太多，不管是初学者还是资深的动画制作人员都会有忘记代码功能的时候，因此，Flash CS6专门为此提供了帮助工具，帮助用户在开发过程中避免麻烦。

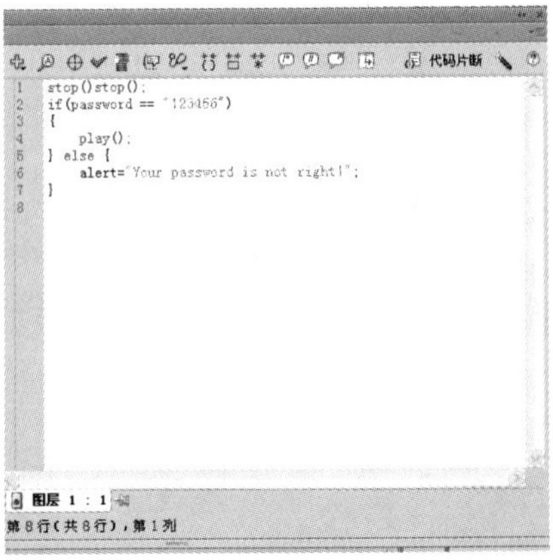

◉ **动作脚本编辑窗口。**

动作脚本编辑窗口是ActionScript编程的主区域。当前对象的所有脚本程序都会在该编辑窗口中显示，程序内容也需要在这里进行编辑。

17.2.2 动作脚本的添加与执行

“动作”面板依据添加动作对象的不同，分为帧动作面板和对象动作面板。如果选中了帧，“动作”面板会变成帧动作面板；如果选中了按钮或者影片剪辑，“动作”面板将会变成对象动作面板。

给按钮实例指定动作可以使用户在按下鼠标或者使鼠标上滚按钮时执行动作。给一个按钮实例指定动作不会影响其他按钮实例。

当给按钮指定动作时，应指定触发动作的鼠标事件，也可以指定一个触发动作的键盘中的某一键。

给按钮指定动作的具体步骤如下：

01 选中一个按钮实例并单击鼠标右键，在弹出的快捷菜单中选择“动作”命令。

02 单击 （将新项目添加到脚本中）按钮，在弹出的下拉菜单中选择一个声明，在这里选择“全局函数”→“影片剪辑控制”→“on”命令。

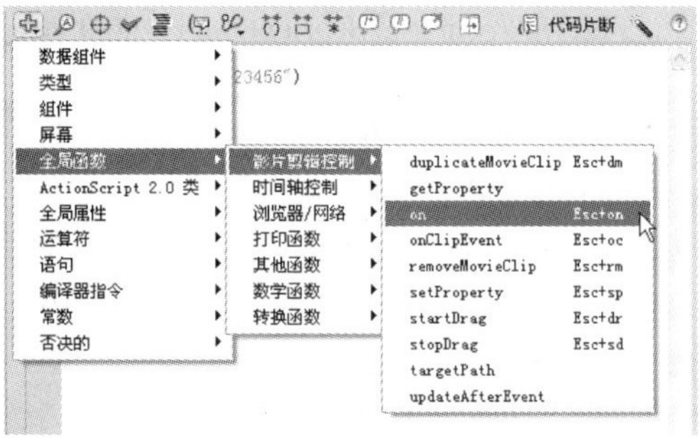

03 此时会弹出一个列表框，在该列表框中选择一个动作，然后按【Enter】键确认即可。

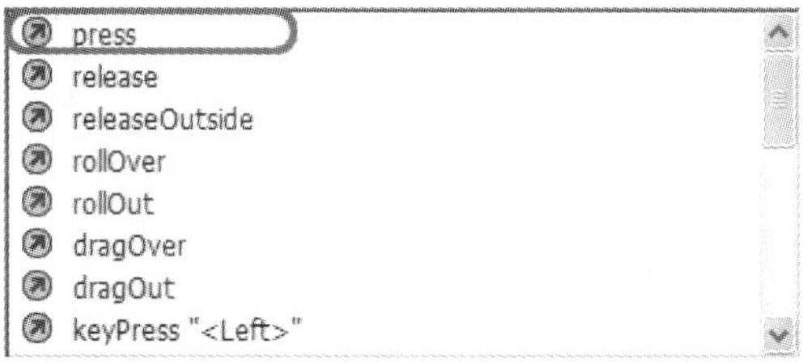

17.3 命令讲解

学习时间：20分钟

在Flash中的命令分为很多类，包括媒体控制命令、外部文件交互命令、影片剪辑相关命令、控制影片播放器命令等。这些命令担负了不同的职能，下面对它们进行介绍。

17.3.1 常用的媒体控制命令

媒体控制命令是最基本的动作命令，包括goto、play、stop和stopAllSounds等。

◉ stop和play命令。

stop（停止）动作用于停止影片。如果没有说明，影片开始后将播放时间轴中的每一帧。可以通过这个动作按照特定的间隔停止影片，也可以借助按钮来停止影片的播放。

play是一个播放命令，用于控制时间轴上指针的播放。运行后，开始在当前时间轴上连续显示场景中每一帧的内容。该语句比较简单，无任何参数选择，一般与stop命令及goto命令配合使用。

下面的代码使用if语句检查用户输入的名称值。如果用户输入123456，则调用play动作，而且播放头在时间轴中向前移动。如果用户输入123456以外的任何其他内容，则不播放影片，而显示带有变量名alert的文本字段。

```
stop（）；
if（password == "123456")
{
    play ( );
} else {
    alert="Your password is not right!";
}
```

- stopAllSounds命令
- goto命令

goto是一个跳转命令，主要用于控制动画的跳转。根据跳转后的执行命令可以分为gotoAndStop和gotoAndPlay两种。goto语法参数主要包括以下各项。

场景：可以设置跳转到某一场景，有“当前场景”、“下一场景”和“前一场景”等选项，默认情况下还有“场景1”。但随着场景的增加，可以直接准确地设定要跳转的某一场景。

类型：可以选择目标帧在时间轴上的位置或者名称，“类型”下拉列表框中各选项的功能如下。

- **帧编号：目标帧在时间轴上的位置。**
- 帧标签：目标帧的名称。

表达式：可以用表达式进行帧的定位，这样可以是动态的帧跳转。

下一帧：跳转到下一帧。

前一帧：跳转到上一帧。

使用stopAllSounds动作可以停止所有音轨的播放而不中断电影的播放。指定给按钮的stopAllSounds动作可以让观众在电影播放时停止声音。

这是一个非常简单而且常用的控制命令，执行该命令后，会停止播放所有正在播放的声音文件。但stopAllSounds并不永久禁止播放声音文件，只是在不停止播放头的情况下停止影片中当前正在播放的所有声音文件。设置到流媒体的声音在播放头移过它们所在的帧时将恢复播放。

下面的代码可以应用到一个按钮上，这样当单击此按钮时，将停止影片中所有的声音。

```
on（release)
{
    stopAllSounds（）；
}
```

17.3.2 外部文件交互命令

外部文件交互命令包括getURL、loadMovie和unloadMovie及loadVariables命令，下面来我们介绍一下它们。

- getURL命令。

使用getURL动作可以从指定的URL将文档载入到指定的窗口中，或者将定义的URL传输变量到另一个程序中。

getURL用于建立Web页面链接，该命令不但可以完成超文本链接，而且还可以链接FTTP地址、CGI脚本和其他Flash影片的内容。在URL中输入要链接的URL地址，可以是任意的，但是只有URL无误的时候，链接的内容才会正确显示出来，其书写方法与网页链接的书写方法类似，如http://www.baidu.com。在设置URL链接的时候，可以选择相对路径或者绝对路径，建议用户选择绝对路径。。

getURL控制命令的语法参数说明如下。

- URL：可从该处获取文档的URL。
- **窗口**：是一个可选参数，设置所要链接的资源在网页中的打开方式，可指定文档应加载到其中的窗口或者HTML框架。可输入特定窗口的名称，或者从下面的保留目标名称中选择。

_self：指定在当前窗口中的当前框架打开链接。

_blank：指定在一个新窗口打开链接。

_parent：指定在当前框架的父级窗口中打开链接。如果有多个嵌套框架，并且希望所链接的URL只替换影片所在的页面，可以选择该选项。

_top：指定在当前窗口中的顶级框架中打开链接。

- **变量**：用于发送变量的GET或POST方法。如果没有变量，则省略此参数。GET方法将变量追加到URL的末尾，该方法用于发送少量变量。POST方法在单独的HTTP标头中发送变量，该方法用于发送长的变量字符串，这些选项可以在“变量”下拉列表框中进行选择。

◉ loadMovie和unloadMovie命令

使用loadMovie和unloadMovie动作可以播放附加的电影而不关闭Flash播放器。通常情况下，Flash播放器仅显示一个Flash电影（.swf）文件，loadMovie让用户一次显示几个电影，或者不用载入其他HTML文档就在电影中随意切换。unloadMovie可以移除前面在loadMovie中载入的电影。

loadMovie命令用于载入电影或者卸载电影。

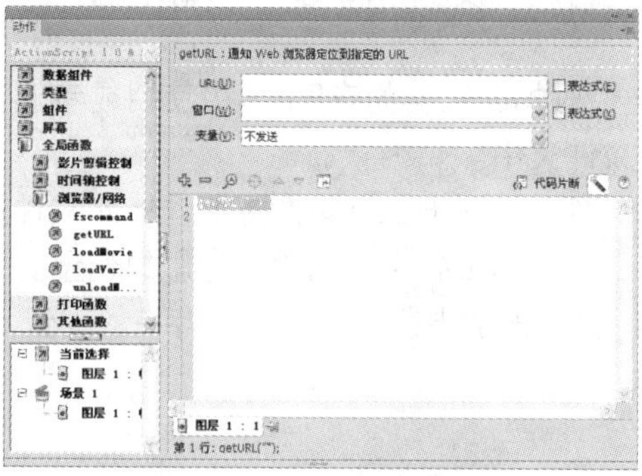

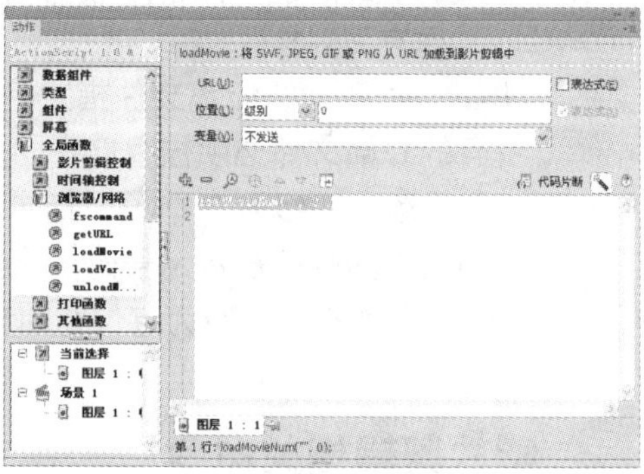

载入电影和卸载电影的语句格式如下：

（un）loadMovie（"url",level/target[, variables]）

- URL：表示要加载或者卸载的SWF文件或JPEG文件的绝对或相对URL。相对路径必须相对于级别0处的SWF文件。该URL必须与影片当前驻留的URL在同一子域。为了在Flash Player 中使用SWF文件或在Flash创作应用程序的测试模式下测试SWF文件，必须将所有的SWF文件存储在同一文件夹中，而且其文件名不能包含文件夹或磁盘驱动器说明。
- **位置**：选择“目标”选项，用于指向目标电影剪辑的路径。目标电影剪辑将替换为加载的影片或图像，它只能指定target电影剪辑或目标影片level的其中一个，而不能同时指定。选择“级别”选项，这是一个整数，用来指定Flash Player中影片将被加载到的级别。在将影片或图像加载到某级别时，标准模式下“动作”面板中的loadMovie动作将切换为loadMovieNum。

- 变量：为一个可选参数，用来指定发送变量所使用的HTTP方法。该参数必需是字符串GET或POST。如没有要发送的变量，则省略此参数。GET方法将变量追加到URL的末尾，该方法用于发送少量变量。POST方法在单独的HTTP标头中发送变量，该方法用于发送长的变量字符串。

在播放原始影片的同时将SWF或JPEG文件加载到Flash Player中后，loadMovie动作可以同时显示几个影片，并且无须加载另一个HTML文档就可在影片之间切换。如果不使用loadMovie动作，则Flash Player将显示单个影片（SWF文件），然后关闭。

在使用loadMovie动作时，必须指定Flash Player中影片将加载到的级别或目标电影剪辑。如果指定级别，则该动作变成loadMovieNum，如果影片加载到目标电影剪辑，则可使用该电影剪辑的目标路径来定位加载的影片。

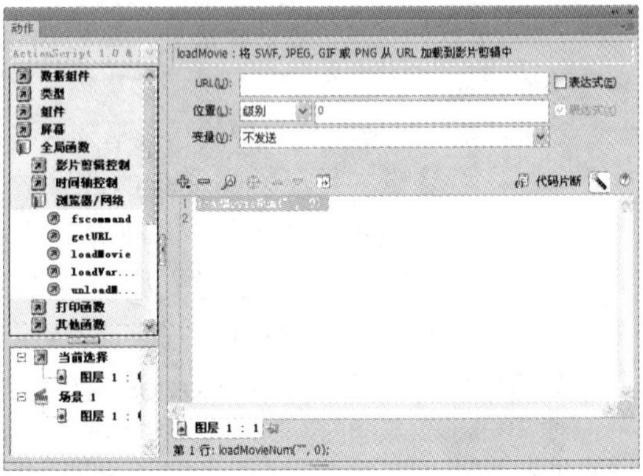

加载到目标电影剪辑的影片或图像会继承目标电影剪辑的位置、旋转和缩放属性。加载的图像或影片的左上角与目标电影剪辑的注册点对齐。另一种情况是，如果目标为_root时间轴，则该图像或影片的左上角与舞台的左上角对齐。

◉ loadVariables命令。

loadVariables载入变量动作用于从外部文件（如文本文件，或由CGI脚本、Active Server Page（ASP）、PHP或Perl脚本生成的文本）读取数据，并设置Flash Player级别中变量的值。此动作还可用于使用新值更新活动影片中的变量。比如，如果一个用户提交了一个订货表格，可能想看到一个屏幕，显示从远端服务器收集文件得来的订货号信息，这时就可以使用loadVariables动作。

loadVariables动作有下列参数。

- URL：为载入的外部文件指定绝对或相对的URL。为在Flash中使用或者测试，所有的外部文件必须被存储在同一个文件夹中。
- 位置：选择“级别”选项，指定动作的级别。在Flash播放器中，外部文件通过它们载入的顺序被指定号码。选择“目标”选项，定义已载入电影的变量。
- 变量：允许指定是否为定位在URL域中已载入的电影发送一系列存在的变量。

17.3.3 影片剪辑相关命令

影片剪辑相关命令包括duplicateMovieClip和removeMovieClip命令、setProperty命令、startDrag和stopDrag命令，下面分别介绍。

◉ duplicateMovieClip和removeMovieClip命令。

可以在电影播放的时候使用duplicateMovieClip语句来动态地创建影片剪辑的对象。如果一个影片剪辑是在动画播放的过程中创建的，无论原影片剪辑处于哪一帧，新对象都从第一帧开始播放。

- 目标：指定要被复制的影片剪辑，需要注意的是，要先给被复制的影片剪辑实例命名。
- 新名称：为新复制生成的影片剪辑实体起个名字。
- 深度：确定创建的对象与其他对象重叠时的层次。

使用removeMovieClip语句可以删除duplicateMovieClip语句创建的影片剪辑对象。removeMovieClip的动作控制面板，其中的“目标”参数用于输入复制产生的影片剪辑实例的名字。

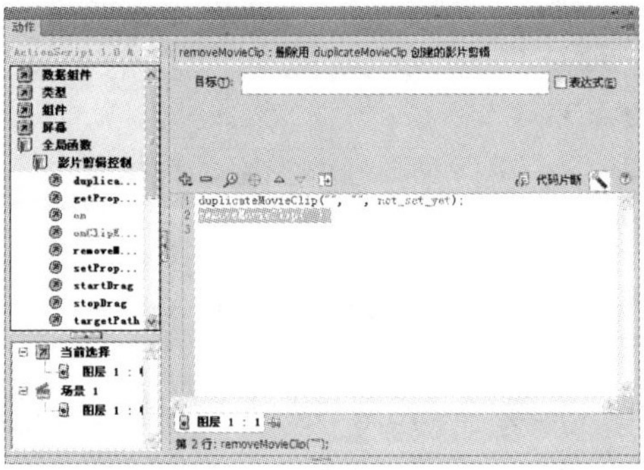

◉ setProperty命令。

使用setProperty语句可以在播放电影的时候，改变影片剪辑的位置、缩放比例、不透明度、可见性、旋转角度等属性。

- **属性：**在该下拉列表框中可以选择需要改变的属性类型。其中常用的属性如下。

_alpha：改变不透明度属性，取值范围为0～100。

_visible：设置电影剪辑是否可见，值为“0”时不可见。

_rotation：设置电影剪辑的旋转角度。

_name：给电影剪辑命名。

_x、_y：分别设置电影剪辑相对于上一级电影剪辑坐标的水平位置和垂直位置。

_xscale、_yscale：分别设置电影剪辑水平方向和垂直方向的缩放比例。比例设置以百分比为单位。

_rotation：设置电影剪辑的旋转角度。

- **目标：**选择改变属性的目标。
- **值：**指定改变后的属性值。

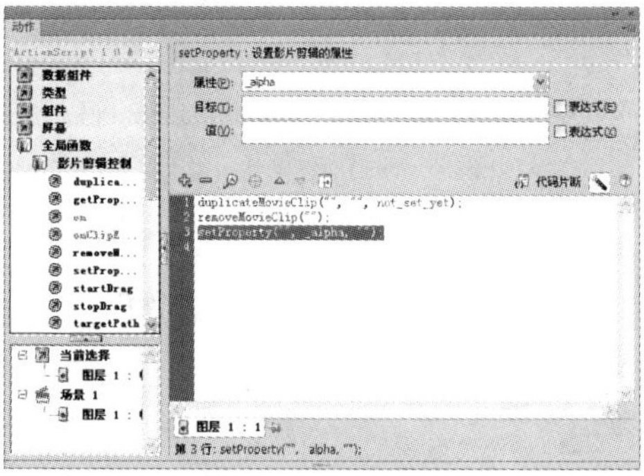

◉ startDrag和stopDrag命令。

使用startDrag动作可以在播放电影时拖动电影剪辑。这个动作可以被设置为开始或者停止拖动的操作。startDrag命令相关参数含义介绍如下。

- **目标：**指定拖动的电影剪辑。
- **限制为矩形：**指定一个矩形区域，电影剪辑不能被拖动到这个区域的外面。左、右两个值是相对于电影剪辑的父坐标。
- **锁定鼠标到中央：**使电影剪辑的中心出现在用户移动的鼠标指针下。如果不选择此复选框，当拖动操作开始时，电影剪辑保持同指针的相对位置。

一个电影剪辑在明确地被stopDrag停止前，或者在另一个电影剪辑可拖动前，一直保持着它本身的拖动动作。stopDrag用于停止被startDrag拖动的影片剪辑，没有参数需要设置。

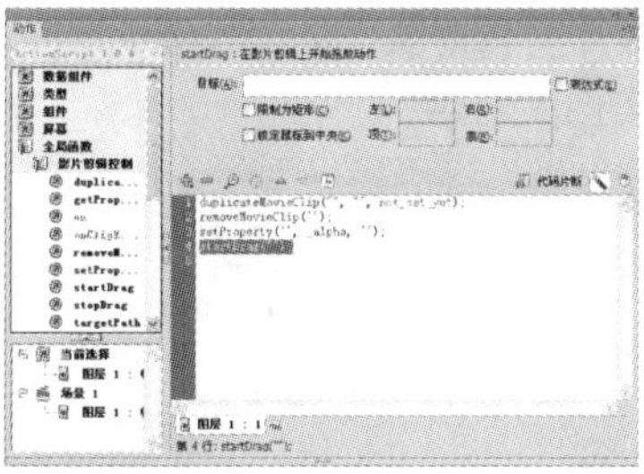

17.3.4 控制影片播放器命令

fscommand是Flash用来与支持它的其他应用程序（指那些可以播放Flash电影的应用程序，如独立播放器或安装了插件的浏览器）互相传达命令的工具。当用户把包含有fscommand动作的Flash文件输出成HTML文件时，必须与JavaScript配合使用。在网络中，fscommand将参数、命令直接传递到脚本语言，或者反过来，脚本语言通过fscommand传递命令到Flash中，从而达到了交互的目的。

使用fscommand动作可将消息发送到承载Flash Player的程序。fscommand动作包含两个参数，即命令和参量。要把消息发送到独立的Flash Player，必须使用预定义的命令和参量（参数）。例如，下面的语句可以设置独立播放器在按钮释放时将影片缩放至整个显示器屏幕大小。

```
on（release）
{
    fscommand（"fullscreen", "true"）;
}
```

17.4 数据类型

学习时间：10分钟

数据类型描述了一个变量或者元素能够存放何种类型的数据信息。Flash的数据类型分为字符串数据类型、数字数据类型和电影剪辑数据类型等。下面将对这些数据类型进行详细的介绍。

17.4.1 字符串数据类型

字符串是诸如字母、数字和标点符号等字符的序列。将字符串放在单引号或者双引号之间，可以在动作脚本语句中输入它们。字符串被当做字符，而不是变量进行处理。例如，在下面的语句中，L7是一个字符串。

```
favoriteBand = "L7";
```

可以使用加法（+）运算符连接或合并两个字符串。动作脚本将字符串前面或者后面的空格作为该字符串的文本部分。下面的表达式在逗号后包含一个空格。

greeting = "Welcome, " + firstName;

虽然动作脚本在引用变量、实例名称和帧标签时不区分大小写，但是文本字符串是区分大小写的。例如，下面的两个语句会在指定的文本字段变量中放置不同的文本，这是因为Hello和HELLO是文本字符串。

invoice.display = “Hello”；

invoice.display = “HELLO”；

要在字符串中包含引号，可以在它前面放置一个反斜杠字符（\），此字符称为转义字符。在动作脚本中，还有一些必须用特殊的转义序列才能表示的字符。

17.4.2 数字数据类型

数字类型是很常见的类型，其中包含的都是数字。在Flash中，所有的数字类型都是双精度浮点类，可以用数学运算来得到或者修改这种类型的变量，如＋、－、*、／、%等。Flash提供了一个数学函数库，其中有很多有用的数学函数，这些函数都放在Math这个Object里面，可以被调用。例如：

result=Math.sqrt（100）；

在这里调用的是一个求平方根的函数，先求出100的平方根，然后赋值给result这个变量，这样result就是一个数字变量了。

17.4.3 布尔值数据类型

布尔值是true或false中的一个。动作脚本也会在需要时将值true和false转换为1或0。布尔值通过进行比较来控制脚本流的动作脚本语句，经常与逻辑运算符一起使用。例如，在下面的脚本中，如果变量password为true，则会播放影片。

```
onClipEvent (enterFrame)
{
        if(userName == true && password == true)
        {
                play()；
        }
}
```

17.4.4 对象数据类型

对象是属性的集合，每个属性都有名称和值。属性的值可以是任何Flash数据类型，甚至可以是对象数据类型。这使得用户可以将对象相互包含，或者“嵌套”它们。要指定对象和它们的属性，可以使用点（.）运算符。例如，在下面的代码中，hoursWorked是weeklyStats的属性，而后者是employee的属性。

employee.weeklyStats.hoursWorked

可以使用内置动作脚本对象访问和处理特定种类的信息。例如，Math对象具有一些方法，这些方法可以对传递给它们的数字执行数学运算。此示例使用sqrt方法。

squareRoot = Math.sqrt（100）；

动作脚本MovieClip对象具有一些方法，可以使用这些方法控制舞台上的电影剪辑元件实例。此示例使用play和nextFrame方法。

```
mcInstanceName.play（）;
mcInstanceName.nextFrame（）;
```

也可以创建自己的对象来组织影片中的信息。要使用动作脚本向影片添加交互操作，需要许多不同的信息。例如，可能需要用户的姓名、球的速度、购物车中的项目名称、加载的帧的数量、用户的邮编或者上次按下的键。创建对象可以将信息分组，简化脚本撰写过程，并且能重新使用脚本。

17.4.5 电影剪辑数据类型

其实这个类型是对象类型中的一种，但是因为它在Flash中处于极其重要的地位，而且使用频率很高，所以在这里特别加以介绍。在整个Flash中，只有MC真正指向了场景中的一个电影剪辑。通过这个对象和它的方法及对其属性的操作，就可以控制动画的播放和MC状态，也就是说可以用脚本程序来书写和控制动画。例如：

```
onClipEvent（mouseUp）
{
        myMC.prevFrame（）;
}
//松开鼠标左键时,电影片断myMC就会跳到前一帧
```


17.4.6 空值数据类型

空值数据类型只有一个值，即null。此值意味着“没有值”，即缺少数据。null值可以用于各种情况，下面是一些示例。

- 表明变量还没有接收到值。
- 表明变量不再包含值。
- 作为函数的返回值，表明函数没有可以返回的值。
- 作为函数的一个参数，表明省略了一个参数。

17.5 变量

学习时间：10分钟

在任何一种脚本或者编程中，都需要记录数值和对象的属性或者重要数据的“存储”设备，也就是变量。变量是具有名字的可以用来存储变化数据（数字或字母）的存储空间。在电影播放的时候，通过这些数据就可以进行判断、记录和存储信息等操作。

17.5.1 变量的命名

变量的命名主要遵循以下3条规则。

- 变量必须是以字母或者下画线开头，其中可以包括$、数字、字母或者下画线。如_myMC、

e3game、worl$dcup都是有效的变量名，但是!go、2cup、$food就不是有效的变量名了。

- 变量不能与关键字同名（注意Flash是不区分大小写的），并且不能是true或者false。
- 变量在自己的有效区域中必须唯一。

17.5.2 变量的声明

全局变量的声明，可以使用set variables动作或者赋值操作符，这两种方法可以达到同样的目的；局部变量的声明，则可以在函数体内部使用var语句来实现，局部变量的作用域被限定在所处的代码块中，并在块结束处终结。没有在块的内部被声明的局部变量将在它们的脚本结束处终结。

17.5.3 变量的赋值

在Flash中，不强迫定义变量的数据类型，也就是说当把一个数据赋给一个变量时，这个变量的数据类型就确定下来了。例如：

s=100;

将100赋给了s这个变量，那么Flash就认定s是Number类型的变量。如果在后面的程序中出现写了如下语句：

s="this is a string"

那么从现在开始，s的变量类型就变成了String类型，这其中并不需要进行类型转换。而如果声明一个变量，又没有被赋值的话，这个变量不属于任何类型，在Flash中称它为未定义类型Undefined。

在脚本编写过程中，Flash会自动将一种类型的数据转换成另一种类型。如”this is the”+7+”day”。

上面这个语句中有一个“7”是属于Number类型的，但是前后用运算符号“+”连接的都是String类型，这时Flash应把“7”自动转换成字符，也就是说，这个语句的值是“this is the 7 day”。原因是使用了“+”操作符，而“+”操作符在用于字符串变量时，其左右两边的内容都是字符串类型，这时候Flash就会自动做出转换。

这种自动转换在一定程度上可以省去编写程序时的不少麻烦，但是也会给程序带来不稳定因素。因为这种操作是自动执行的，有时候可能就会对一个变量在执行中的类型变化感到疑惑，到底这个时候那个变量是什么类型的变量呢？

Flash提供了一个trace（）函数进行变量跟踪，可以使用这个语句得到变量的类型，使用形式如下：

Trace（typeof（variable Name））；

这样就可以在输出窗口中看到需要确定的变量类型。

同时读者也可以自己手动转换变量的类型，使用number和string两个函数就可以把一个变量的类型在Number和String之间切换，例如：

s="123";

number（s）；

这样，就把s的值转换成了Number类型，它的值是123。同理，String也是一样的用法。

q=123;

string（q）；

这样，就把q转换成为String型变量，它的值是123。

17.5.4 变量的作用域

变量的范围是指一个区域，在该区域内变量是已知的并且是可以引用的。在动作脚本中有以下3种类型的变量范围。

- **本地变量**：是在它们自己的代码块（由大括号界定）中可用的变量。
- **时间轴变量**：是可以用于任何时间轴的变量，条件是使用目标路径。
- **全局变量**：是可以用于任何时间轴的变量（即使不使用目标路径）。

可以使用var语句在脚本内声明一个本地变量。例如，变量i和j经常用做循环计数器。在下面的示例中，i用做本地变量，它只存在于函数makeDays的内部。

```
function makeDays ()
{
        var i;
          for ( i = 0; i < monthArray[month]; i++ )
         {
                _root.Days.attachMovie ( "DayDisplay", i, i + 2000 ) ;
                _root.Days[i].num = i + 1;
                _root.Days[i]._x = column * _root.Days[i]._width;
                _root.Days[i]._y = row * _root.Days[i]._height;
                column = column + 1;
                if (column == 7 )
                {
                    column = 0;
                    row = row + 1;
                }
         }
}
```

本地变量也可防止出现名称冲突，名称冲突会导致影片出现错误。例如，如果使用name作为本地变量，可以用它在一个环境中存储用户名，而在其他环境中存储电影剪辑实例，因为这些变量是在不同的范围中运行的，它们不会有冲突。

在函数体中使用本地变量是一个很好的习惯，这样该函数可以充当独立的代码。本地变量只有在它自己的代码块中是可更改的。如果函数中的表达式使用全局变量，则在该函数以外也可以更改它的值，这样也更改了该函数。

17.5.5 变量的使用

要想在脚本中使用变量，首先必须在脚本中声明这个变量，如果使用了未做声明的变量，则会出现错误。

另外，还可以在一个脚本中多次改变变量的值。变量包含的数据类型将对变量何时及怎样改变产生影响。原始数据类型，如字符串和数字等，将以值的方式进行传递，也就是说变量的实际内容将被传递给变量。

例如，变量ting包含一个基本数据类型的数字4，因此这个实际的值数字4被传递给了函数sqr，返回值为16。

```
function sqr (x)
{
```

```
return x*x;
}
var ting=4;
var out=sqr（ting）;
```

其中，变量ting中的值仍然是4，并没有改变。

又例如，在下面的程序中，x的值被设置为1，然后这个值被赋给y，随后x的值被重新改变为10，但此时y仍然是1，因为y并不跟踪x的值，它在此只是存储x曾经传递给它的值。

```
var x=1;
var y=x;
var x=10;
```

17.6 函数

学习时间：5分钟

函数是指在不同的场合可重复使用，而且可以定义参数，并返回结果的程序体。函数分为自定义函数和预定义函数。

◉ **自定义函数：** 自定义的函数语句有function和return。其中function用于定义执行特定任务的一组语句；return用于将函数中的值返回给调用单元。

◉ **预定义函数：** 预定义函数是Flash本身自带的函数，用于接受参数并返回结果，这些预定义函数在Flash中完成一些专门的功能。

17.7 运算符

学习时间：5分钟

运算符是一种特殊的函数，可以实现表达式连接、数学等式和数值比较等运算。

17.7.1 数值运算符

数值运算符可以执行加法、减法、乘法、除法运算，也可以执行其他算术运算。增量运算符最常见的用法是i++，而不是比较烦琐的i=i+1，可以在操作数前面或者后面使用增量运算符。在下面的示例中，age首先递增，然后再与数字30进行比较：

```
if（++age >= 30）
```

下面的示例age在执行比较之后递增：

```
if（age++ >= 30）
```

表17-1中，列出了动作脚本数值运算符。

表17-1 数值运算符

运算符	执行的运算
+	加法
*	乘法
/	除法
%	求模（除后的余数）
−	减法
++	递增
−−	递减

17.7.2 比较运算符

比较运算符用于比较表达式的值，然后返回一个布尔值（true或false）。这些运算符最常用于循环语句和条件语句中。在下面的示例中，如果变量score为100，则载入winner影片，否则，载入loser影片：

```
if (score > 100)
{
    loadMovieNum ("winner.swf", 5) ;
} else
{
            loadMovieNum ("loser.swf", 5) ;
}
```

表17-2中，列出了动作脚本比较运算符。

表17-2 比较运算符

运算符	执行的运算
<	小于
>	大于
<=	小于或等于
>=	大于或等于

17.7.3 逻辑运算符

逻辑运算符用于比较布尔值（true 和 false），然后返回第3个布尔值。例如，如果两个操作数都为true，则逻辑“与”运算符（&&）将返回true。如果其中一个或者两个操作数为true，则逻辑“或”运算符（→→）将返回true。逻辑运算符通常与比较运算符配合使用，以确定if动作的条件。例如，在下面的脚本中，如果两个表达式都为true，则会执行if动作。

```
if (i > 10 && _framesloaded > 50)
{
    play () ;
```

}

表17–3中，列出了动作脚本逻辑运算符。

表17–3 逻辑运算符

运算符	执行的运算
&&	逻辑“与”
→→	逻辑“或”
!	逻辑“非”

17.7.4 赋值运算符

可以使用赋值运算符（=）给变量指定值，例如：

password = "Sk8tEr"

还可以使用赋值运算符在一个表达式中给多个参数赋值。在下面的语句中，a 的值会被赋予变量 b、c和d。

a = b = c = d

也可以使用复合赋值运算符联合多个运算。复合赋值运算符可以对两个操作数都进行运算，然后将新值赋予第一个操作数。例如，下面两条语句是等效的：

```
x += 15;
x = x + 15;
```

赋值运算符也可以用在表达式的中间，如下所示：

```
// 如果flavor不等于vanilla,输出信息
if （（flavor = getIceCreamFlavor（））!= "vanilla")
{
        trace（"Flavor was " + flavor + ", not vanilla."）;
}
```

此代码与下面的稍显烦琐的代码是等效的：

```
flavor = getIceCreamFlavor（）;
if（flavor != "vanilla")
{
        trace（"Flavor was " + flavor + ", not vanilla."）;
}
```

表17–4中列出了动作脚本赋值运算符。

表17–4 赋值运算符

运算符	执行的运算
=	赋值
+=	相加并赋值
−=	相减并赋值
*=	相乘并赋值
%=	求模并赋值

表17-4 赋值运算符

运算符	执行的运算
/=	相除并赋值
<<=	按位左移位并赋值
>>=	按位右移位并赋值
>>>=	右移位填零并赋值
^=	按位“异或”并赋值
→=	按位“或”并赋值
&=	按位“与”并赋值

17.7.5 运算符的优先级和结合性

当两个或者两个以上的操作符在同一个表达式中被使用时，一些操作符与其他操作符相比具有更高的优先级。例如，带“*”的运算要在“+”运算之前执行，因为乘法运算优先级高于加法运算。ActionScript就是严格遵循这个优先等级来决定先执行哪个操作，后执行哪个操作的。

例如，在下面的程序中，括号里面的内容先执行，结果是12：

```
number=（10-4）*2;
```

而在下面的程序中，先执行乘法运算，结果是2：

```
number=10-4*2;
```

如果两个或者两个以上的操作符拥有同样的优先级时，此时决定它们执行顺序的就是操作符的结合性了，结合性可以从左到右，也可以是从右到左。

例如，乘法操作符的结合性是从左向右，所以下面的两条语句是等价的：

```
number=3*4*5;
number=（3*4）*5;
```

17.8 ActionScript的语法

学习时间：10分钟

ActionScript的语法是ActionScript编程的重要一环，对语法有了充分的了解才能在编程中游刃有余，不至于出现一些莫名其妙的错误。ActionScript的语法相对于其他的一些专业程序语言来说较为简单，下面将就其中的详细内容进行介绍。

17.8.1 点语法

如果读者有C语言的编程经历，可能对“.”不会陌生，它用于指向一个对象的某一个属性或者方法，在Flash中同样也沿用了这种使用惯例，只不过在这里它的具体对象大多数情况下是Flash中的MC，也就是说这个点指向了每个MC所拥有的属性和方法。

例如，有一个MC的Instance Name是desk，_x和_y表示这个MC在主场景中的*x*坐标和*y*坐标。可以用如下语句得到它的x位置和y位置。

trace（desk._x）；

trace（desk._y）；

这样，就可以在输出窗口中看到这个MC的位置了，也就是说desk._x、desk._y就指明了desk这个MC在主场景中的x位置和y位置。

再来看一个例子，假设有一个MC的实例名为cup，在cup这个MC中定义了一个变量height，那么可以通过如下代码访问height这个变量并对它赋值。

cup.height=100;

如果这个叫cup的MC又是放在一个叫做tools的MC中，那么，可以使用如下代码对cup的height变量进行访问：

tools.cup.height=100;

对于方法（Method）的调用也是一样的，下面的代码调用了cup这个MC的一个内置函数play：

cup.play（）；

这里有两个特殊的表达方式，一个是_root.，一个是_parent.。

◉ _root.：表示主场景的绝对路径，也就是说_root.play（）表示开始播放主场景，_root.count表示在主场景中的变量count。

◉ _parent.：表示父场景，也就是上一级MC，就如前面那个cup的例子，如果在cup这个MC中写入parent.stop（），表示停止播放tool这个MC。

17.8.2 斜杠语法

在Flash的早期版本中，“/”被用来表示路径，通常与“：”搭配用来表示一个MC的属性和方法。Flash仍然支持这种表达，但是它已经不是标准的语法了，例如如下的代码完全可以用“.”来表达，而且“.”更符合习惯，也更科学。所以建议用户在今后的编程中尽量少用或者不用“/”表达方式。例如：

myMovieClip/childMovieClip：myVariable

可以替换为如下代码：

myMovieClip.childMovieClip.myVariable

17.8.3 界定符

在Flash中，很多语法规则都沿用了C语言的规范，最典型的就是“{}”语法。在Flash和C语言中，都是用“{}”把程序分成一个一个的模块，可以把括号中的代码看做一句表达。而“()”则多用来放置参数，如果括号里面是空的就表示没有任何参数传递。

◉ **大括号。**

ActionScript的程序语句被一对大括号“{}”结合在一起，形成一个语句块，如下面的语句：

```
onClipEvent（load）
{
    top=_y;
    left=_x;
    right=_x;
```

```
    bottom=_y+100;
}
```

◉ 括号。

括号用于定义函数中的相关参数，例如：

function Line（x1,y1,x2,y2）{…}

另外，还可以通过使用括号来改变ActionScript操作符的优先级顺序，对一个表达式求值，以及提高脚本程序的可读性。

◉ 分号。

在ActionScript中，任何一条语句都是以分号来结束的，但是即使省略了作为语句结束标志的分号，Flash同样可以成功地编译这个脚本。

例如，下列两条语句有一条采用分号作为结束标记，另一条则没有，但它们都可以由Flash CS6编译。

html=true;

html=true

17.8.4 关键字

ActionScript中的关键字是在ActionScript程序语言中有特殊含义的保留字符，如表17-5所示，不能将它们作为函数名、变量名或者标号名来使用。

表17-5 关键字

关键字	关键字	关键字	关键字
break	continue	delete	else
for	function	if	in
new	return	this	typeof
var	void	while	with

17.8.5 注释

可以使用注释语句对程序添加注释信息，这有利于帮助设计者或者程序阅读者理解这些程序代码的意义，例如：

function Line（x1,y1,x2,y2）{…}

//定义Line函数

在动作编辑区，注释在窗口中以灰色显示。

17.9 基本语句

学习时间：10分钟

与其他高级语言相似，ActionScript的控制语句也可以分为条件语句和循环语句两类。下面对这两类语句进行介绍。

17.9.1 条件语句

条件语句，即一个以if开始的语句，用于检查一个条件的值是true还是false。如果条件值为true，则ActionScript按顺序执行后面的语句；如果条件值为false，则ActionScript将跳过这个代码段，执行下面的语句。if经常与else结合使用，用于多重条件的判断和跳转执行。

◉ if条件语句。

作为控制语句之一的条件语句，通常用来判断所给定的条件是否满足，根据判断结果（真或假）决定执行所给出两种操作的其中一条语句。其中的条件一般是以关系表达式或者逻辑表达式的形式进行描述的。

单独使用if语句的语法如下：

```
if（condition）
{
        statement（s）;
}
```

当ActionScript执行至此处时，将会先判断给定的条件是否为真，若条件式（condition）的值为真，则执行if语句的内容（statement（s）），然后再继续后面的流程。若条件（condition）为假，则跳过if语句，直接执行后面的流程语句，如下列语句：

```
input="film"
if（input==Flash&&passward==123）
{
 gotoAndPlay（play）;
}
 gotoAndPlay（wrong）;
```

在这个简单的示例中，ActionScript执行到if语句时，先判断，若括号内的逻辑表达式的值为真，则先执行gotoAndPlay（play），然后再执行后面的gotoAndPlay（wrong），若为假则跳过if语句，直接执行后面的gotoAndPlay（wrong）。

◉ if与else语句联用。

if和else的联用语法如下：

```
if（condition）{ statement（a）; }
else{ statement（b）; }
```

当if语句的条件式（condition）的值为真时，执行if语句的内容，跳过else语句。反之，将跳过if语句，直接执行else语句的内容。例如：

```
input="film"
if（input==Flash&&passward==123）{ gotoAndPlay（play）;}
  else{gotoAndPlay（wrong）;}
```

这个例子看起来和上一个例子很相似，只是多了一个else，但第一种if语句和第二种if语句（if...else）在控制程序流程上是有区别的。在第一个例子中，若条件式值为真，将执行gotoAndPlay（play），然后再执行gotoAndPlay（wrong）。而在第二个例子中，若条件式的值为真，将只执行gotoAndPlay（play），而不执行gotoAndPlay（wrong）语句。

◉ if与else if语句联用。

if和else if联用的语法格式如下：

```
if（condition1）{statement（a）;}
    else if（condition2）{statement（b）;}
else if（condition3）{statement（c）;}
…
```

这种形式if语句的原理是：当if语句的条件式condition1的值为假时，判断紧接着的一个else if的条件式，若仍为假则继续判断下一个else if的条件式，直到某一个语句的条件式值为真，则跳过紧接着的一系列else if语句。else if语句的控制流程和if语句大体一样，这里不再赘述。

使用if条件语句，需注意以下几点：

- else语句和else if语句均不能单独使用，只能在if语句之后伴随存在。
- if语句中的条件式不一定只是关系式和逻辑表达式，其实作为判断的条件式也可是任何类型的数值。例如下面的语句也是正确的：

```
if（8）{
 fscommand（“fullscreen”,” true”）;
}
```

如果上面代码中的8是第8帧的标签，则当影片播放到第8帧时将全屏播放，这样就可以随意控制影片的显示模式了。

◉ Switch、continue和break语句。

break语句通常出现在一个循环（for、for...in、do...while或while循环）中，或者出现在与switch语句内特定case语句相关联的语句块中。break语句可命令Flash跳过循环体的其余部分，停止循环动作，并执行循环语句之后的语句。当使用break语句时，Flash解释程序会跳过该case块中的其余语句，转到包含它的switch语句后的第1个语句。使用break语句可跳出一系列嵌套的循环。例如：

```
switch（number）
{
        case 1：
                trace（"A"）;
        case 2：
                trace（"B"）;
                break;
        default
                trace（"D"）
}
```

因为第一个case组中没有break，并且若number为1，则A和B都被发送到输出窗口。如果number为2则只输出B。

continue语句主要出现在以下几种类型的循环语句中，它在每种类型的循环中的行为方式各不相同。

如果continue语句在while循环中，可使Flash解释程序跳过循环体的其余部分，并转到循环的顶端（在该处进行条件测试）。

如果continue语句在do...while循环中，可使Flash解释程序跳过循环体的其余部分，并转到循环的底端（在该处进行条件测试）。

如果continue语句在for循环中，可使Flash解释程序跳过循环体的其余部分，并转而计算for循环后的表达式（post-expression）。

如果continue语句在for...in循环中，可使Flash解释程序跳过循环体的其余部分，并跳回循环的顶端（在该处处理下一个枚举值）。

例如：

```
i=4;
while（i>0）
{
   if（i==3）
   {
        i--;
```

```
            //跳过i==3的情况
            continue;
    }
    i--;
    trace（i）;
}
i++;
trace（i）;
```

17.9.2 循环语句

在ActionScript中，可以按照指定的次数重复执行一系列的动作，或者在一个特定的条件，执行某些动作。在使用ActionScript编程时，可以使用while、do...while、for及for...in动作来创建一个循环语句。

◉ for循环语句。

for循环语句是Flash中运用相对较灵活的循环语句，用while语句或者do...while语句写的ActionScript脚本，完全可以用for语句替代，而且for循环语句的运行效率更高。for循环语句的语法形式如下：

```
for（init; condition; next）
{
        statement（s）;
}
```

参数init是一个在开始循环序列前要计算的表达式，通常为赋值表达式。此参数还允许使用var语句。

条件condition是计算结果为true或false时的表达式。在每次循环迭代前计算该条件，当条件的计算结果为false时退出循环。

参数next是一个在每次循环迭代后要计算的表达式，通常为使用++（递增）或--（递减）运算符的赋值表达式。

语句statement（s）表示在循环体内要执行的指令。

在执行for循环语句时，首先计算一次init（已初始化）表达式，只要条件condition的计算结果为true，则按照顺序开始循环序列，并执行statement，然后计算next表达式。

要注意的是，一些属性无法用for或for...in循环进行枚举。例如，Array对象的内置方法（Array.sort和 Array.reverse）就不包括在Array对象的枚举中，另外，电影剪辑属性，如_x 和_y也不能枚举。

◉ while循环语句。

while语句用来实现“当”循环，表示当条件满足时就执行循环，否则跳出循环体，其语法如下：

```
while（condition）{statement（s）;}
```

当ActionScript脚本执行到循环语句时，都会先判断condition表达式的值，如果该语句的计算结果为true，则运行statement（s）。statement（s）条件的计算结果为true时要执行代码。每次执行while动作时都要重新计算condition表达式。

例如：

```
i=10;
while（i>=0）
{
 duplicateMovieClip（"pictures",pictures&i,i）;
 //复制对象pictures
```

```
setProperty ("pictures",_alpha,i*10);
//动态改变pictures的透明度值
i=i-1;}
//循环变量减1
}
```

在该示例中变量*i*相当于一个计数器。while语句先判断开始循环的条件*i*>=0，如果为真，则执行其中的语句块。可以看到循环体中有语句"*i*=*i*−1;"，这是用来动态地为i赋新值，直到*i*<0为止。

◉ do...while循环语句。

与while语句不同，do...while语句用来实现"直到"循环，其语法形式如下：

```
do {statement (s) }
while (condition)
```

在执行do...while语句时，程序首先执行do...while语句中的循环体，然后再判断while条件表达式condition的值是否为真，若为真则执行循环体，如此反复直到条件表达式的值为假，才跳出循环。

例如：

```
i=10;
do{duplicateMovieClip ("pictures",pictures&i,i);
//复制对象pictures
setProperty ("pictures",_alpha,i*10);
//动态改变pictures的透明度值
i=i-1; }
while (i>=0);
```

此例和前面while语句中的例子所实现的功能是一样的，这两种语句几乎可以相互替代，但它们却存在着内在的区别。while语句是在每一次执行循环体之前要先判断条件表达式的值，而do...while语句在第一次执行循环体之前不必判断条件表达式的值。如果上两例的循环条件均为while（i=10），则while语句不执行循环体，而do...while语句要执行一次循环体，这点值得重视。

◉ for...in循环语句

for...in循环语句是一个非常特殊的循环语句，因为for...in循环语句是通过判断某一对象的属性或者某一数组的元素来进行循环的，它可以实现对对象属性或者数组元素的引用，通常for...in循环语句的内嵌语句主要对所引用的属性或元素进行操作。for...in循环语句的语法形式如下：

```
for (variableIterant in object)
{
    statement (s);
}
```

其中，variableIterant作为迭代变量的变量名，会引用数组中对象或者元素的每个属性。object是要重复的变量名。statement（s）为循环体，表示每次要迭代执行的指令。循环的次数是由所定义的对象的属性个数或者数组元素的个数决定的，因为它是对对象或者数组的枚举。

如下面的示例使用for...in循环迭代某对象的属性：

```
myObject = { name: 'Flash', age: 23, city: 'San Francisco' };
for (name in myObject)
{
     trace ("myObject." + name + " = " + myObject[name]);
}
```

17.10 案例制作

学习时间：40分钟

17.10.1 制作鼠标跟随动画

下面介绍鼠标指针跟随动画的制作，当鼠标指针在画面中移动时，会出现一组旋转的心形，心形以鼠标的指针为中心旋转，一个周期后逐渐变小并消失，同时添加一个控制按钮，当按下该按钮时，心形将围绕按钮旋转，不再跟随指针移动。

01 新建一个“类型”为“ActionScript 2.0”的新文档，“宽”为553像素、“高”为288像素。

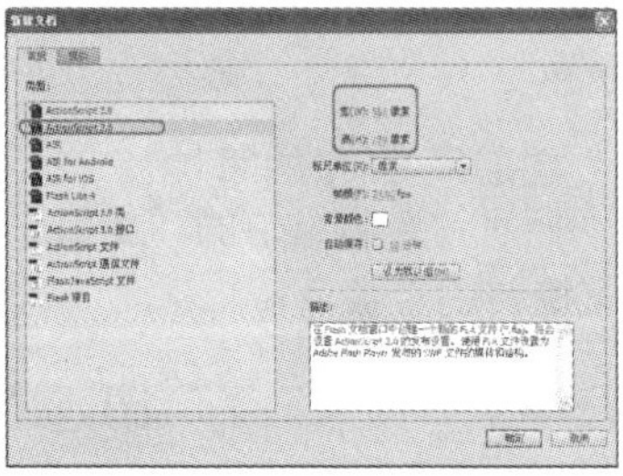

02 按【Ctrl+R】组合键，将素材文件“鼠标跟随动画.jpg”导入舞台中，并在“属性”面板中将素材的“宽”和“高”分别设置为553像素和288.25像素。在“对齐”面板中选则“与舞台对齐”复选框，并单击“水平中齐”按钮和“垂直中齐”按钮。

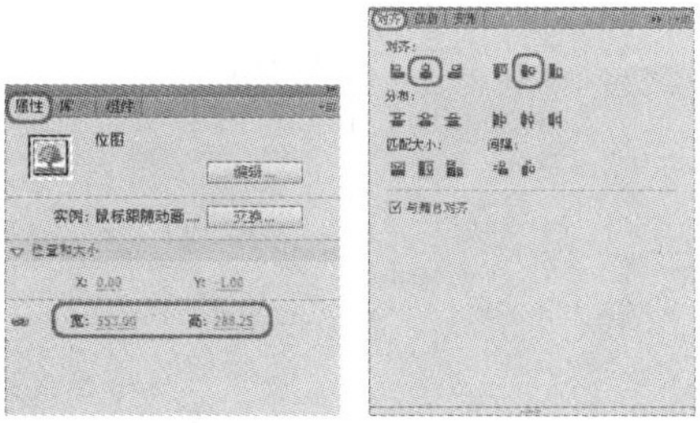

03 按【Ctrl+F8】组合键，弹出“创建新元件”对话框，在“名称”文本框中输入“shuye”，设置“类型”为“图形”，单击“确定”按钮。

04 在工具箱中选择“钢笔工具”，并单击“对象绘制”按钮，在舞台绘制图形，然后选择绘制的图形，将填充颜色设置为“#CC00FF”，将笔触颜色设置为“无”。

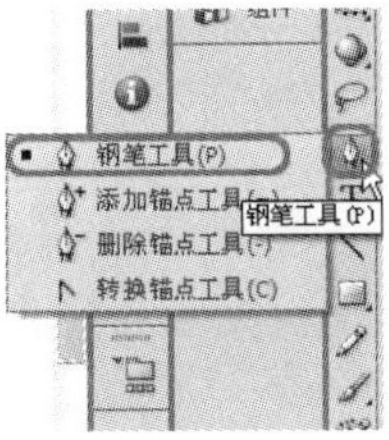

05 按【Ctrl+F8】组合键，弹出“创建新元件”对话框中，在“名称”文本框中输入“shuye02”，将“类型”设置为“图形”，单击“确定”按钮。

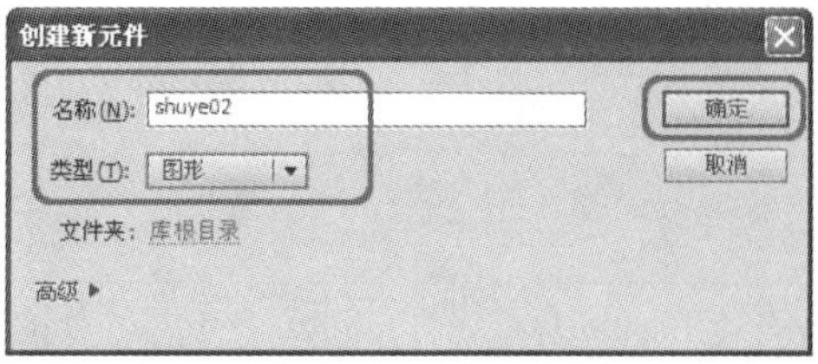

06 新建元件后，在“时间轴”面板中选择“图层1”图层，并单击鼠标右键，在弹出的快捷菜单中选择“添加传统运动引导层”命令，创建引导层，然后选择两个图层的第15帧，插入帧。

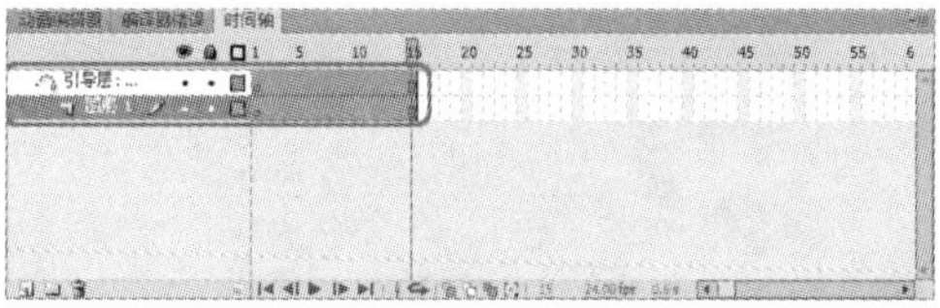

07 选择引导层，在工具箱中选择“椭圆工具”，设置一种画笔笔触颜色，设置“填充颜色”为“无”，然后在舞台中绘制圆，选择“图层1”图层，在“库”面板中将“shuye”元件拖曳至舞台中。

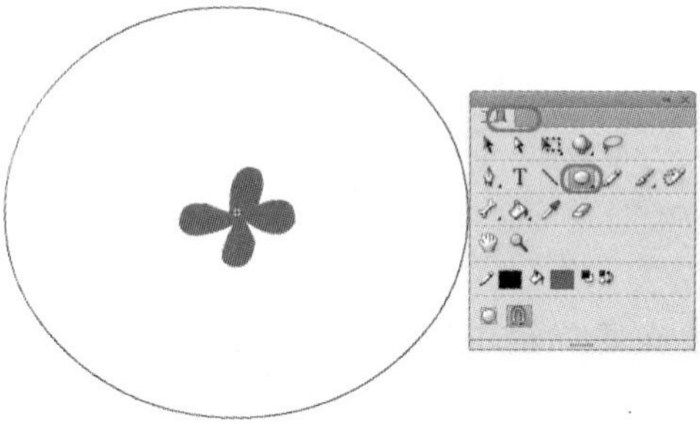

08 在工具箱中选择“橡皮擦工具”，设置合适的画笔大小，在舞台中为圆擦出一个缺口。

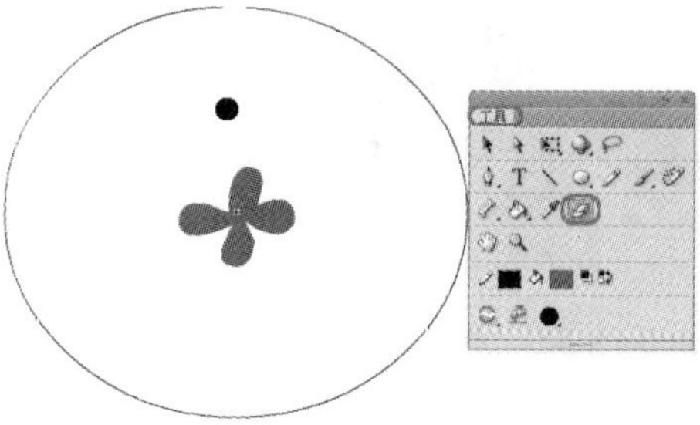

09 选择“图层1”图层，在第15帧按【F6】键插入关键帧，并在关键帧之间创建传统补间，选择第1帧，在舞台中将“shuye”元件的中心点放置到圆缺口的一端。

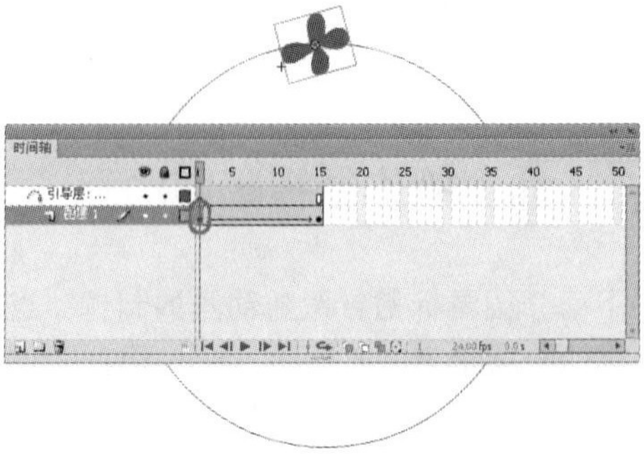

10 选择“图层1”图层的第15帧，在舞台中将“shuye”元件的中心点放置到圆缺口的另一端。

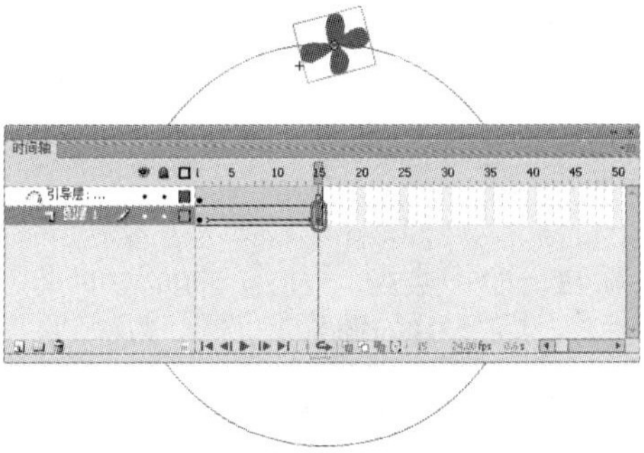

11 选择“图层1”图层的第1帧，在“属性”面板中设置“补间”选项组中的“旋转”为“顺时针”，设置旋转的次数为1。

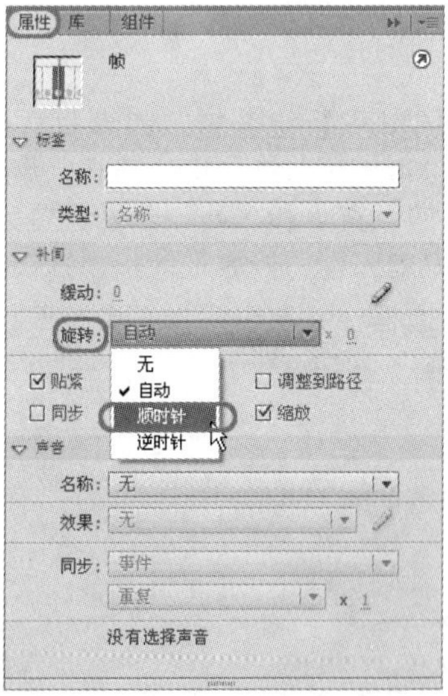

12 选择“图层1”图层的第1帧，在舞台中选择“shuye”元件，在“属性”面板中设置“色彩效果”选项组中的“样式”为Alpha，设置“Alpha”的参数值为70%。

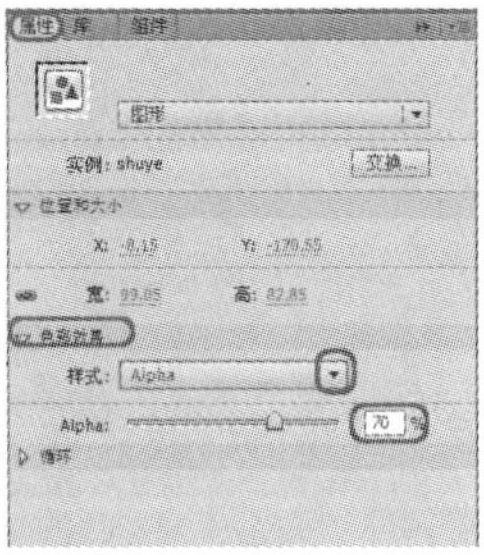

13 选择“图层1”图层的第15帧，在舞台中选择“shuye”元件，在“属性”面板中设置“色彩效果”选项组中的“样式”为Alpha，设置“Alpha”的参数值为20%。

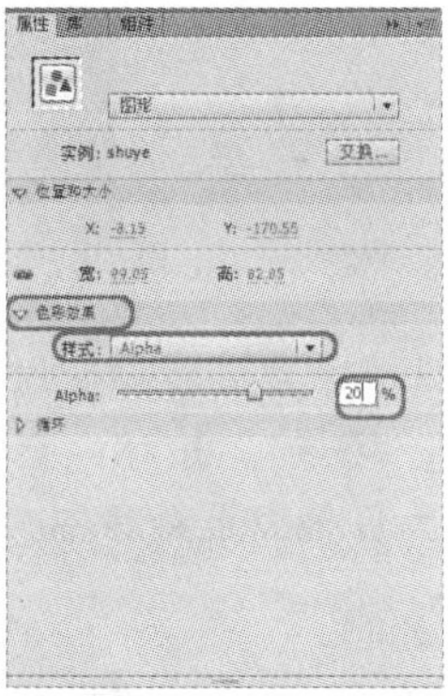

14 按【Ctrl+F8】组合键，弹出“创建新元件”对话框，在“名称”文本框中输入“shuye03”，设置“类型”为“影片剪辑”，单击“确定”按钮。

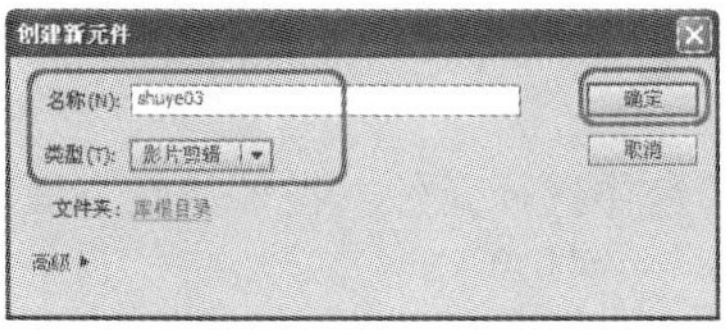

15 在“库”面板中将“shuye 02”元件拖曳至舞台中。

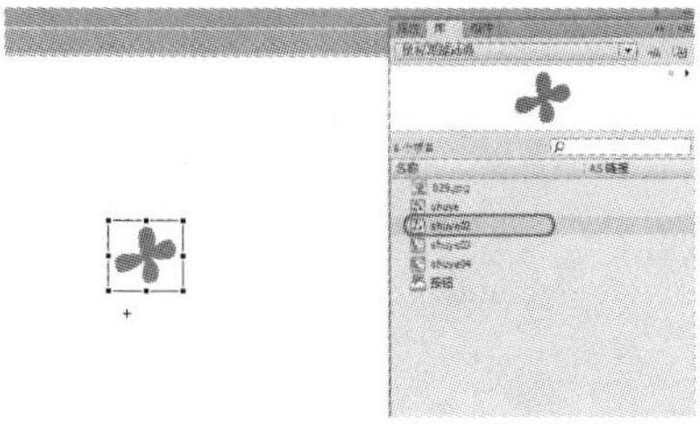

16 在“时间轴”面板中将“图层1”图层扩展到15帧（在第15帧插入帧），单击4次“新建图层”按钮，新建图层。

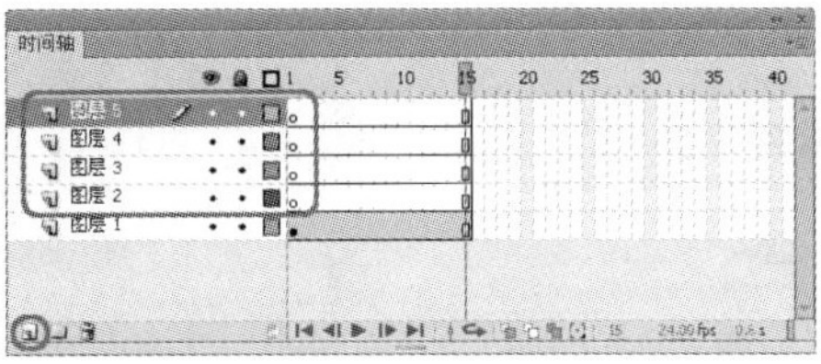

17 选择“图层1”图层中的元件，按【Ctrl+C】组合键复制元件，选择“图层2”，在舞台中按【Ctrl+Shift+V】组合键，将元件粘贴到舞台中的原位置，然后使用同样的方法将元件粘贴到其他图层中。

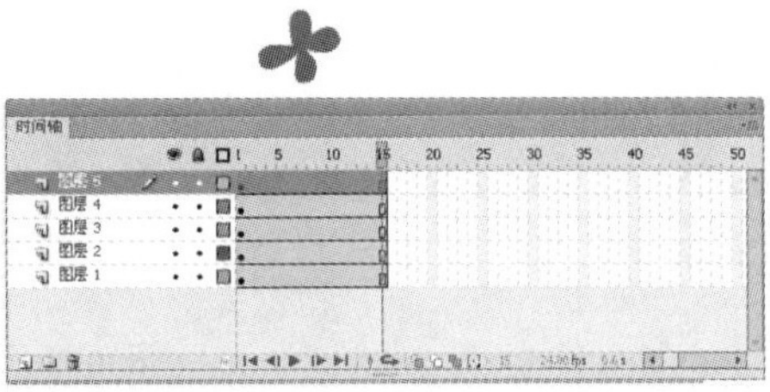

18 在“时间轴”面板中选择“图层2”图层，在“变形”面板中设置元件的缩放比例为80%。

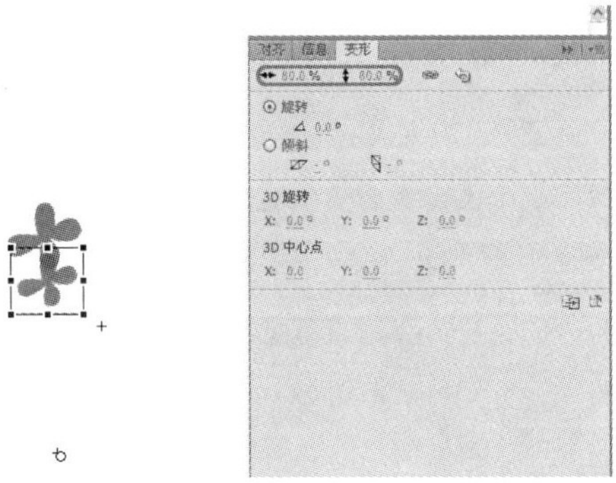

19 选择“图层3”图层，在“变形”面板中设置元件的缩放比例为60%。

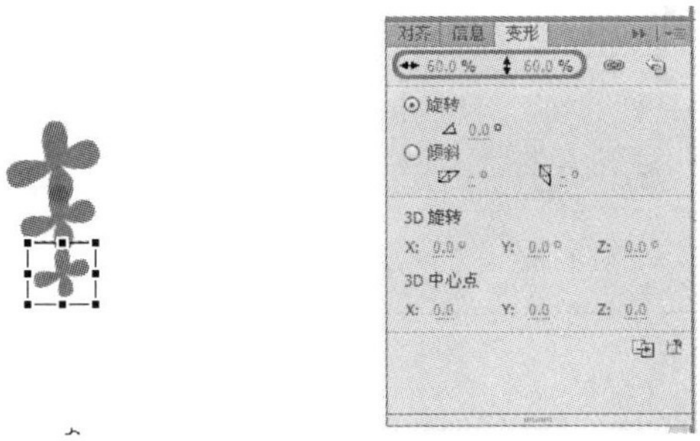

20 选择“图层4”图层，在“变形”面板中设置元件的缩放比例为40%。

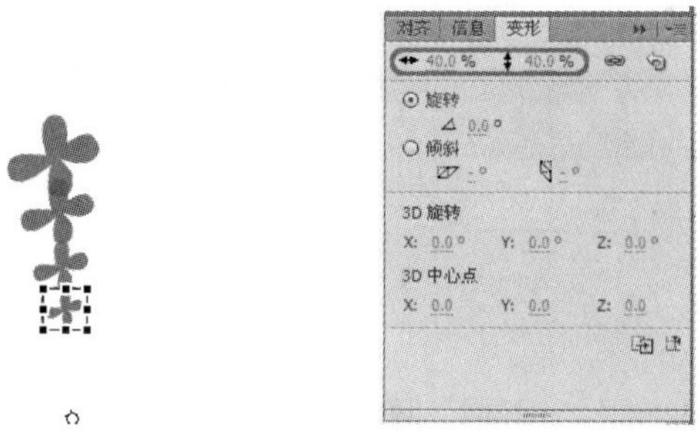

21 选择“图层5”图层，在“变形”面板中设置元件的缩放比例为20%。

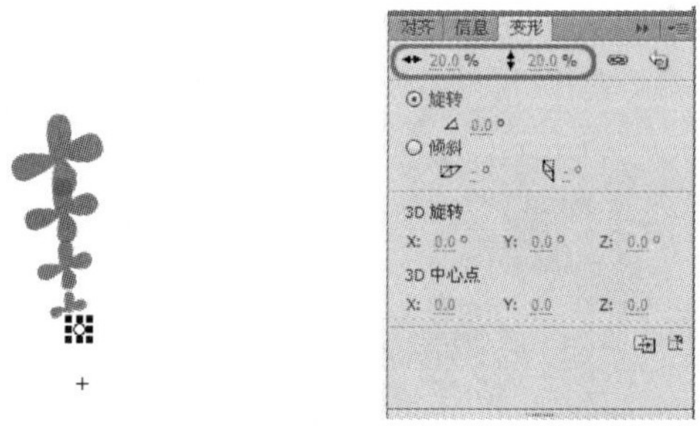

22 选择各层中的所有帧，使每一层依次后移一帧。

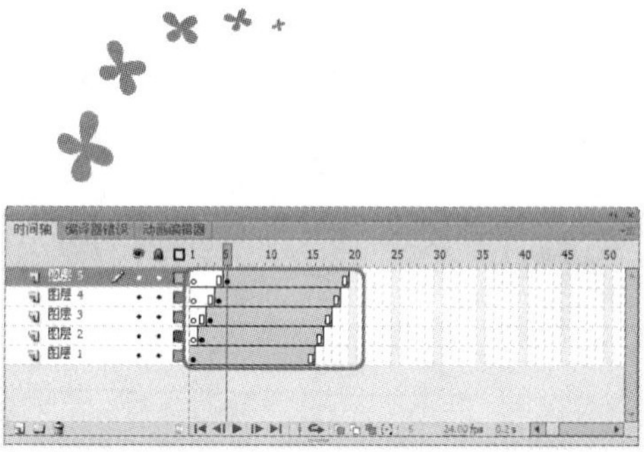

23 按【Ctrl+F8】组合键，弹出“创建新元件”对话框，在“名称”文本框中输入“shuye04”，设置“类型”为“影片剪辑”，单击“确定”按钮。

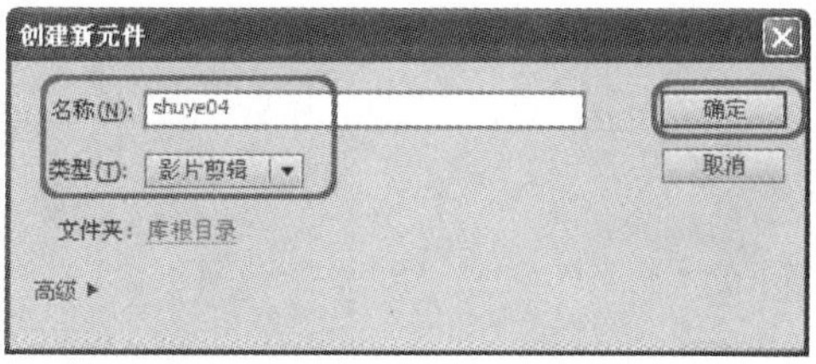

24 在“库”面板中将“shuye03”元件拖至舞台中，使用“任意变形工具”将元件的中心点放置到引导层的中心位置。

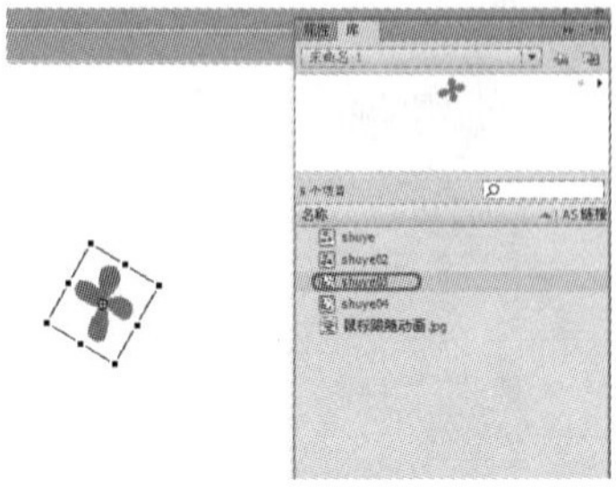

25 打开“变形”面板，设置旋转的角度为60°，多次单击“重置选区和变形”按钮，复制元件。

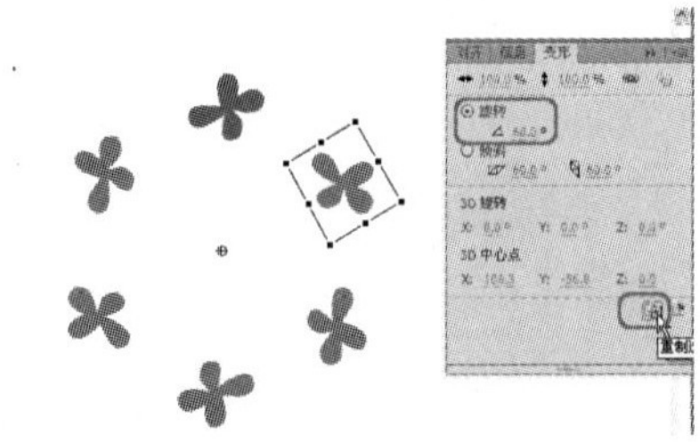

26 在“图层1”图层的第19帧插入帧，在舞台的左上角单击“场景1”按钮，在“库”面板中将“shuye04”元件拖曳至舞台中，并在舞台中调整元件的大小。

27 在舞台中选择元件，在“属性”面板中设置实例名称为“shuye”。

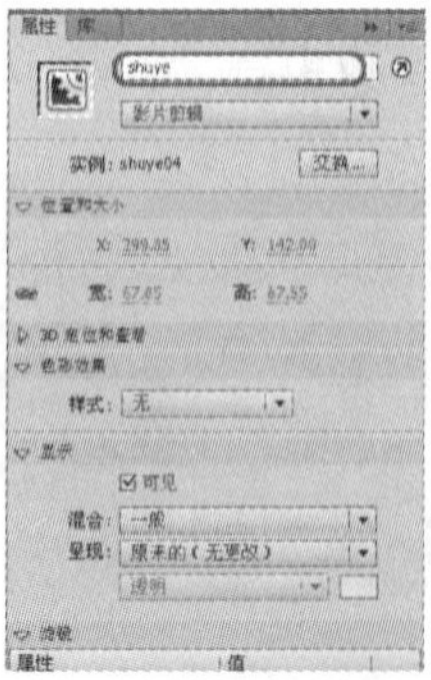

28 在“时间轴”面板中单击“新建图形”按钮，新建图层。

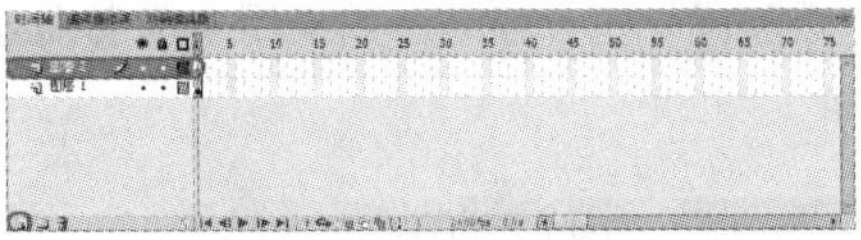

29 打开素材文件中的“鼠标跟随代码01.txt”文件，并复制该文件中的代码。

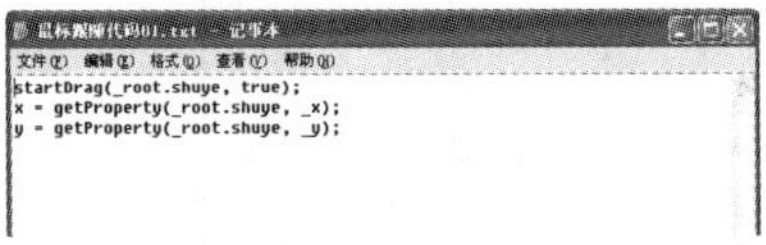

30 返回到场景中，选择“图层2”图层的第1帧，按【F9】键打开“动作”面板，然后在该面板中粘贴复制的代码。

31 按【Ctrl+F8】组合键，弹出“创建新元件”对话框，在“名称”文本框中输入“anniu”，设置“类型”为“按钮”，单击“确定”按钮。

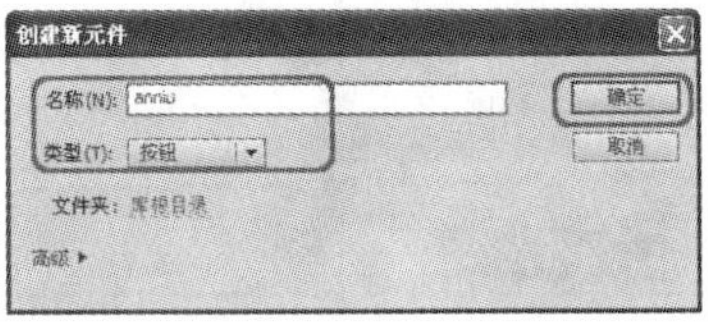

32 在“库”面板中将“shuye”元件拖曳到舞台中。然后返回到“场景1”中，选择“图层1”图层，在“库”面板中将“anniu”元件拖曳至舞台的右上角，并调整元件的大小。

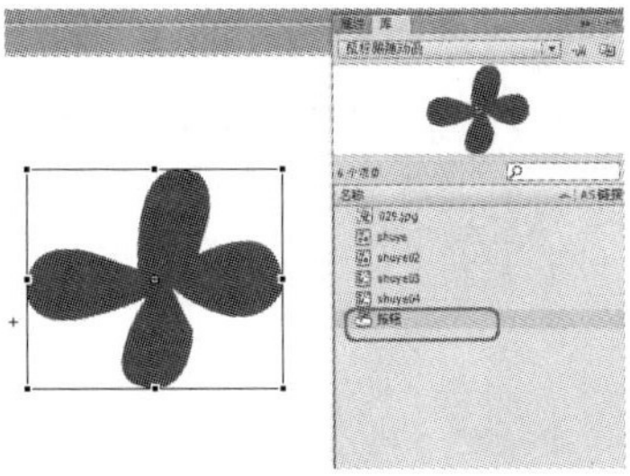

33 选择舞台中的“anniu”元件，然后打开素材文件中的“鼠标跟随代码02.txt”文件，并复制该文件中的代码。

34 返回到场景中，按【F9】键打开“动作”面板，然后在该面板中粘贴复制的代码。

35 按【Ctrl+Enter】组合键测试影片。

36 如果单击按钮元件所在的位置，则图形动画就停止在按钮元件的位置。制作完成后，保存场景文件，并输出SWF文件即可。

17.10.2 制作交互式动画

本例制作一个图像浏览器，并利用动作语句使跳转按钮跟随鼠标指针移动，如果用户单击相应的缩略图就可以调出较大的图像。

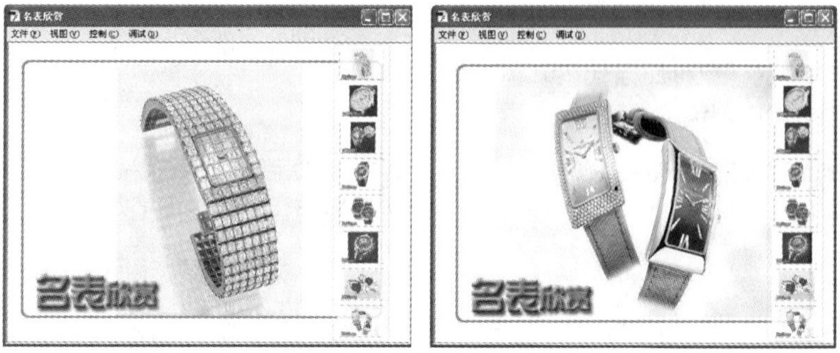

01 新建一个“ActionScript 2.0”类型的空白文档，打开“属性”面板，单击“属性”选项组中的“编辑文档属性”按钮，将“尺寸”设置为550像素（宽度）×400像素（高度），将“背景颜色”设置为红色，

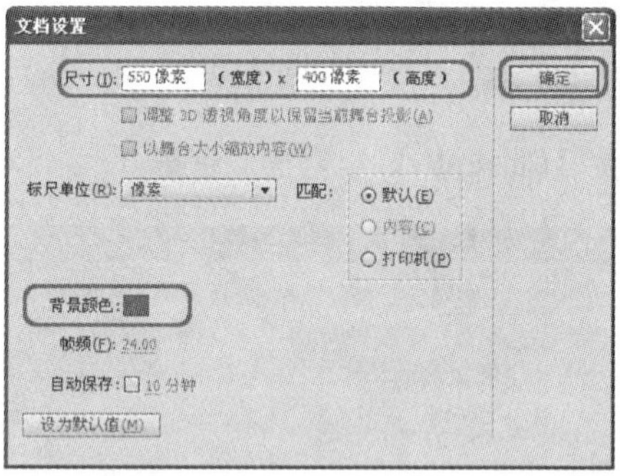

02 在菜单栏中选择“插入”→“新建元件”命令，弹出“创建新元件”对话框，在“名称”文本框中输入“biao”，将“类型”设置为“影片剪辑”，单击“确定”按钮。

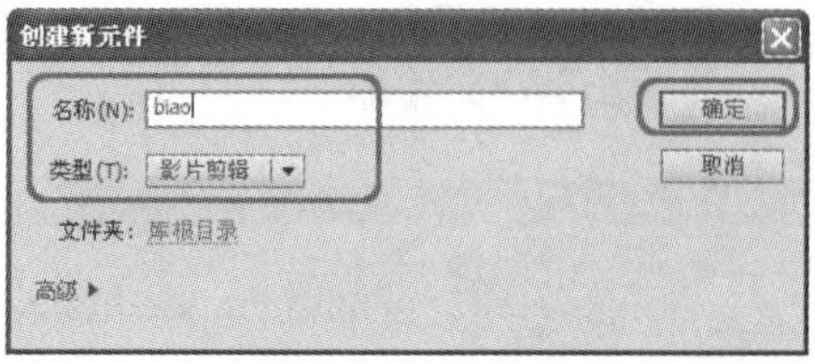

03 在菜单栏中选择“文件”→“导入”→“导入到舞台”命令，导入素材文件“名表欣赏001.jpg”。

04 导入素材后的舞台和“时间轴”面板分别如下面两幅图所示。

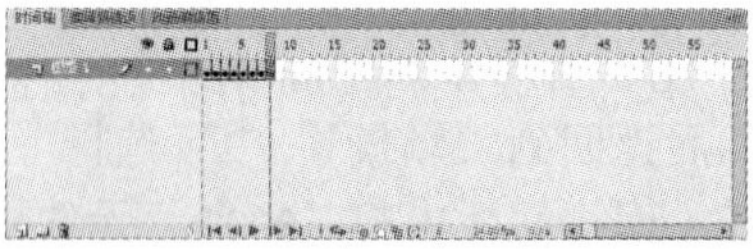

05 在“时间轴”面板中单击“新建图层”按钮，新建“图层2”图层。

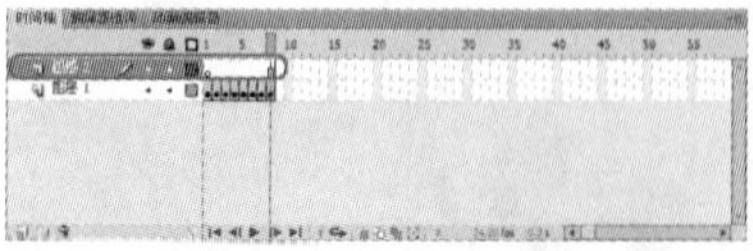

06 选择“图层2”图层的第1个关键帧，按【F9】键打开“动作”面板，并输入动作语句“stop();”。

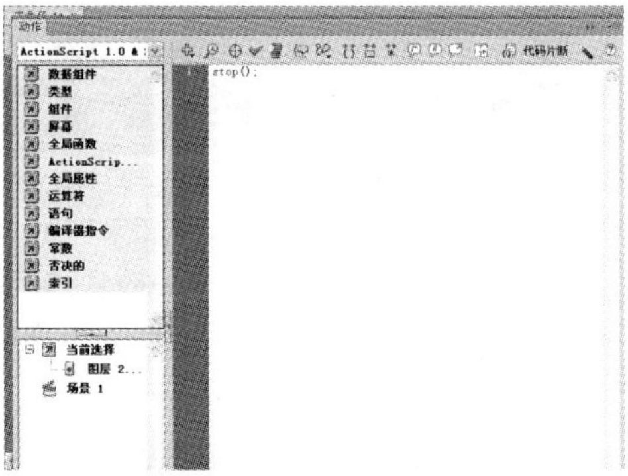

07 在第1帧上单击鼠标右键，在弹出的快捷菜单中选择“复制帧”命令，然后选择第2帧并单击鼠标右键，在弹出的快捷菜单中选择“粘贴帧”命令。使用同样的方法，为后面的每一帧都粘贴帧，设置完成后，“时间轴”面板中的关键帧会变为下图所示的状态。

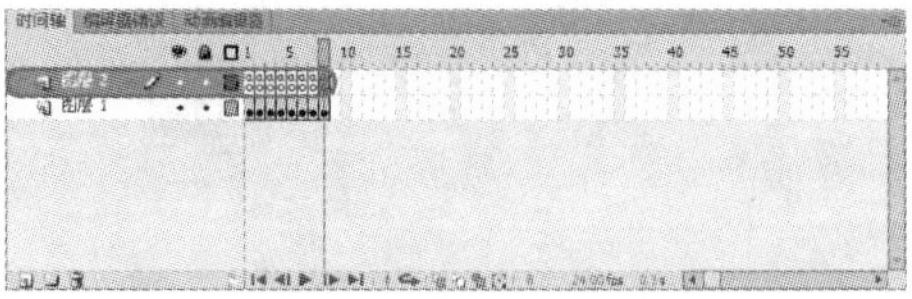

08 在菜单栏中选择“插入”→“新建元件”命令，弹出“创建新元件”对话框，将其命名为“mingbiao”，将“类型”设置为“影片剪辑”，单击“确定”按钮。

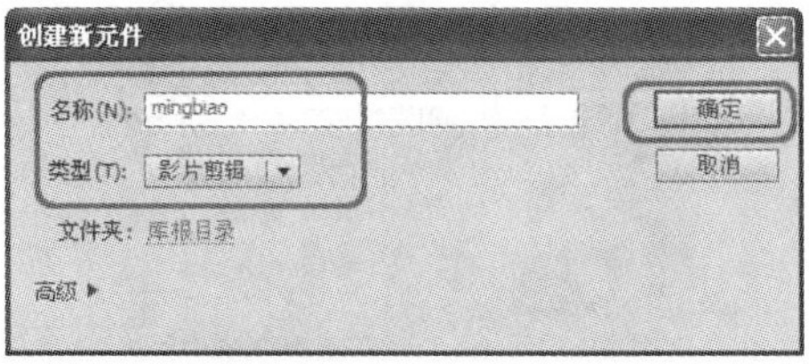

09 在“库”面板中选择“biao”元件，将其拖曳至舞台中，并在“属性”面板中将“实例名称”设置为“auto”。

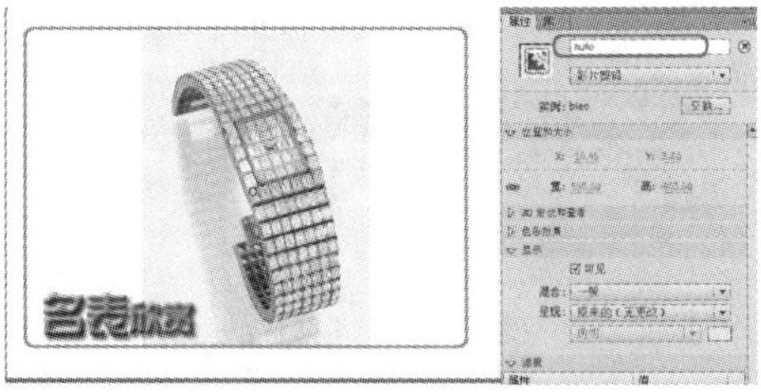

10 在“时间轴”面板中单击“新建图层”按钮，新建“图层2”图层。

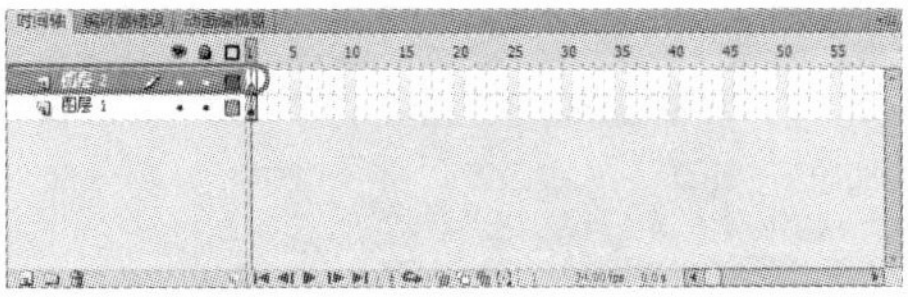

11 在工具箱中选择“矩形工具”，将“笔触颜色”设为无，将“填充颜色”设置为“#CCCCCC”，然后在舞台中绘制一个矩形，大小与实例相同，并覆盖实例。

12 在“时间轴”面板中，按住【Shift】键的同时选择“图层1”与“图层2”图层的第15帧，按【F5】键插入帧。

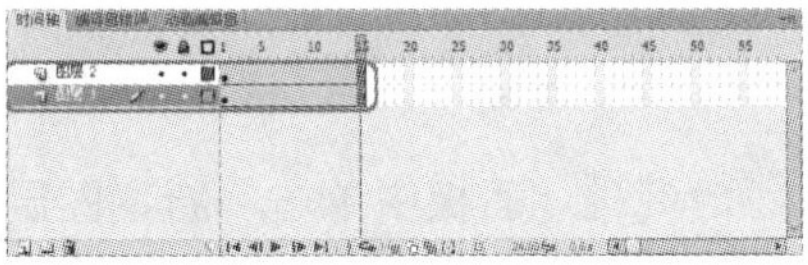

13 在舞台中选择矩形，按【F8】键，在弹出的“转换为元件”对话框中，将其命名为“juxing”，将“类型”设置为“图形”，单击“确定”按钮。

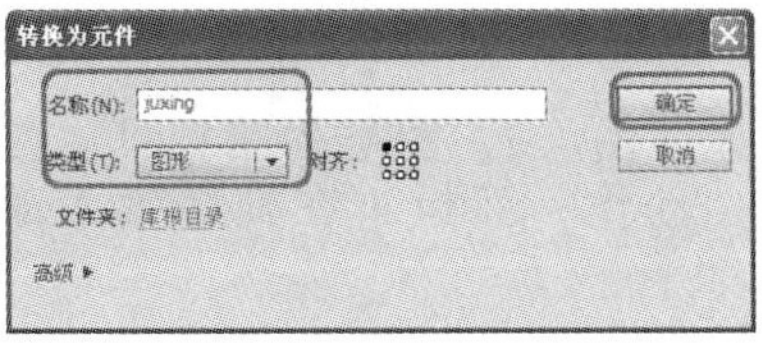

14 选择“图层2”图层的第15帧，按【F6】键插入关键帧。

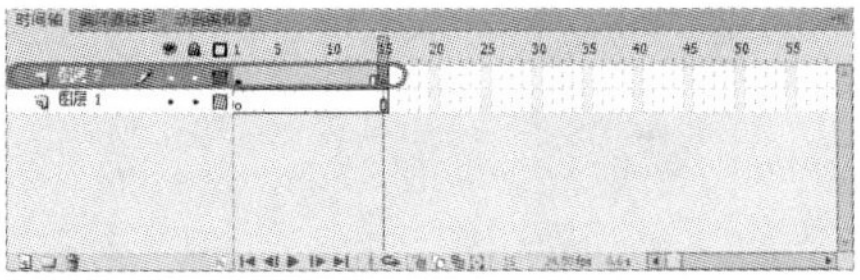

15 在舞台中选择矩形，在“属性”面板的“色彩效果”选项组中，将“样式”设置为“Alpha”，将“Alpha”值设置为0%。

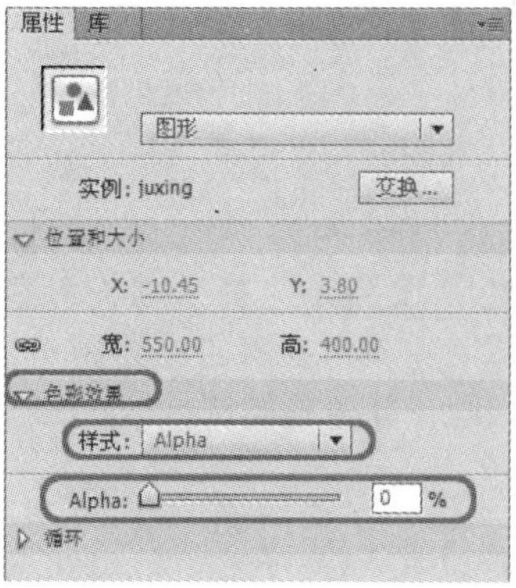

16 选择“图层2”图层的第1帧并单击鼠标右键，在弹出的快捷菜单中选择“创建传统补间”命令，即可创建传统补间。

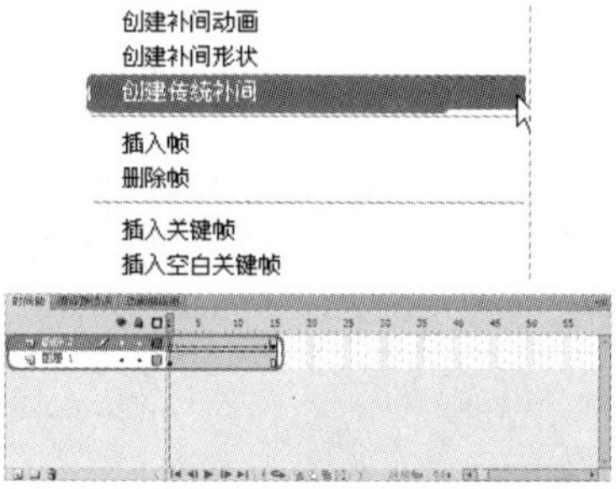

17 在“时间轴”面板中单击“新建图层”按钮，新建“图层3”图层。选择“图层3”图层的第15帧，按【F6】键插入关键帧。

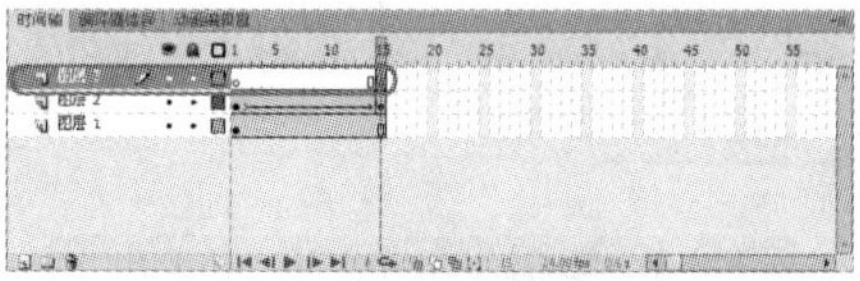

18 选择“图层3”图层的第15帧，按【F9】键打开“动作”面板，在其中输入动作语句“stop();”。

19 按【Ctrl+F8】组合键，打开“创建新元件”对话框，将其命名为“a1”，将“类型”设置为“按钮”，单击“确定”按钮。

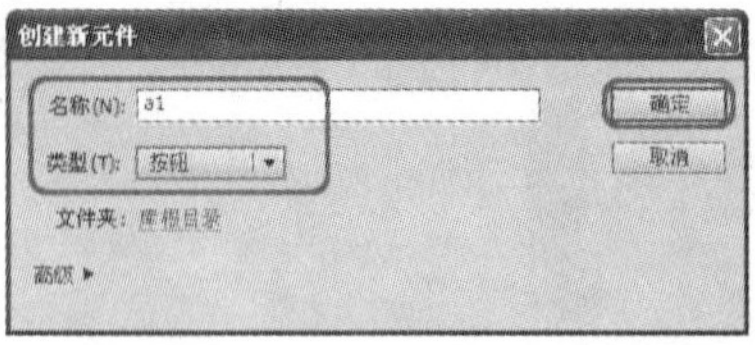

20 在“库”面板中，选择“名表欣赏001.jpg”文件并拖曳至舞台中。打开“变形”面板，将“缩放”设置为18%。

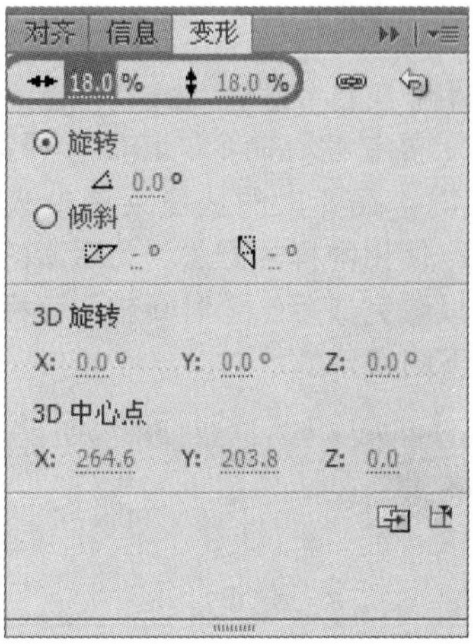

21 打开“对齐”面板，单击“垂直中齐”按钮和“水平中齐”按钮，使元件在舞台中处于居中状态。

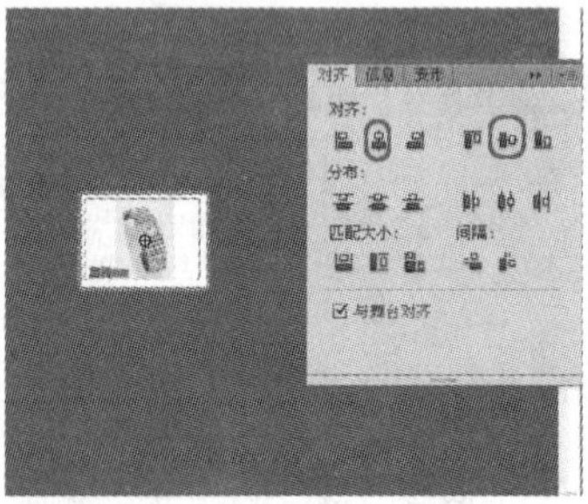

22 按【Ctrl+F8】组合键打开“创建新元件”对话框，在“名称”文本框中输入“a2”，将“类型”设置为“按钮”，单击“确定”按钮。

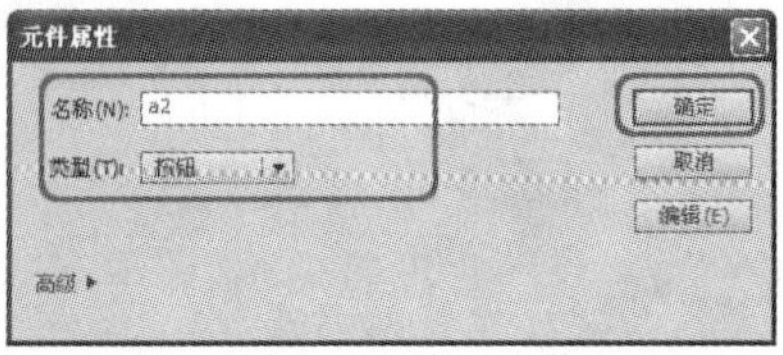

23 在“库”面板中，将“名表欣赏002.jpg”文件拖曳至舞台中。在“变形”面板中，将“缩放”设置为18%；在“对齐”面板中单击“垂直中齐”按钮和“水平中齐”按钮。

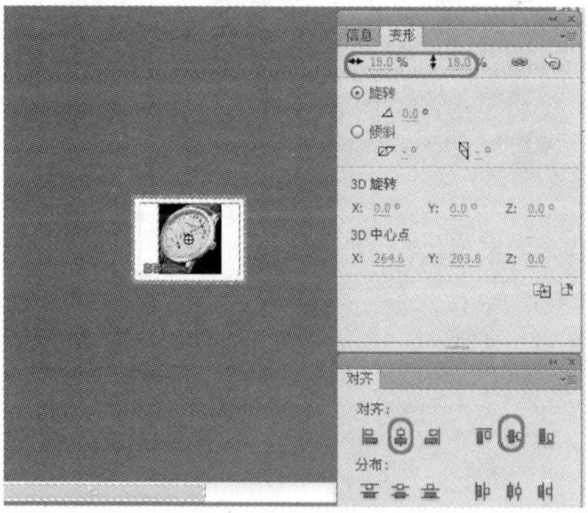

24 使用同样的方法，创建出其他的按钮元件，并分别按照顺序添加素材图片。制作完成后的按钮元件如下图所示。

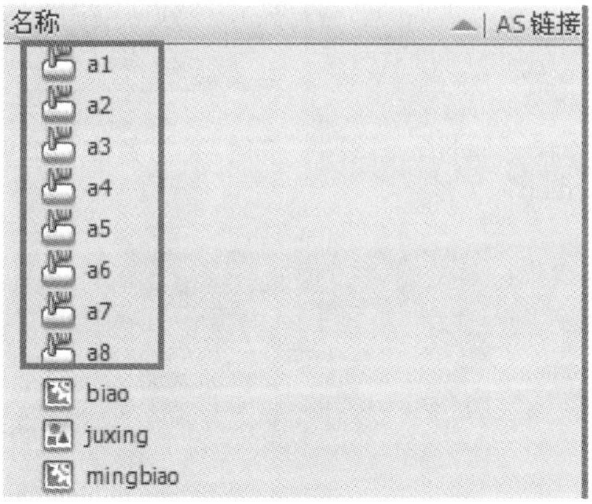

25 按【Ctrl+F8】组合键打开“创建新元件”对话框，在“名称”文本框中输入“zh”，将“类型”设置为“影片剪辑”，单击“确定”按钮。

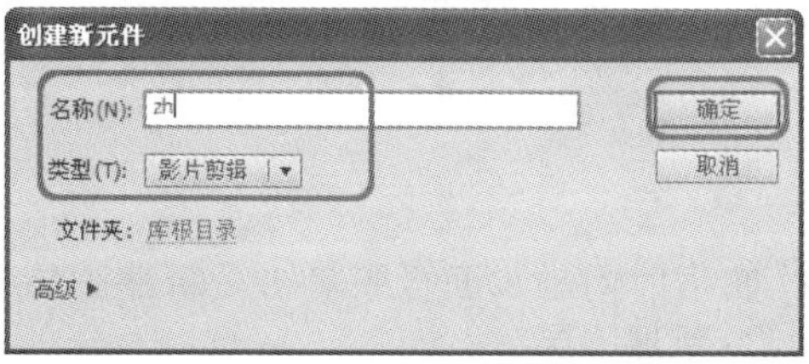

26 在工具箱中选择“矩形工具”，在“属性”面板中将“笔触颜色”设置为“#999999”，将“填充颜色”设置为白色，将“笔触”设置为3。

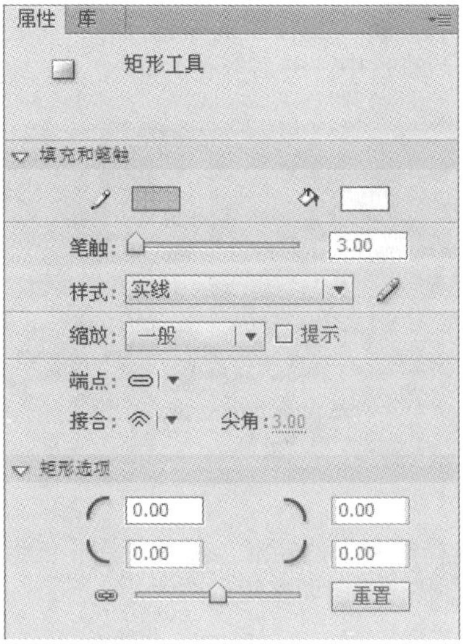

27 使用“矩形工具”在舞台中绘制矩形。

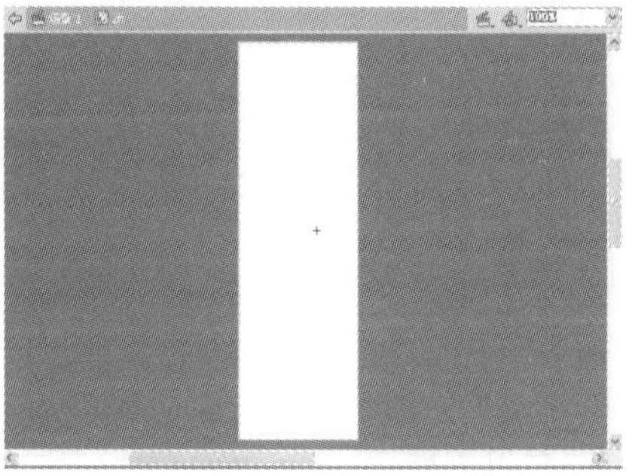

28 选择绘制的矩形，将“笔触颜色”的Alpha值设置为40%，将“填充颜色”的Alpha值设置为15%。

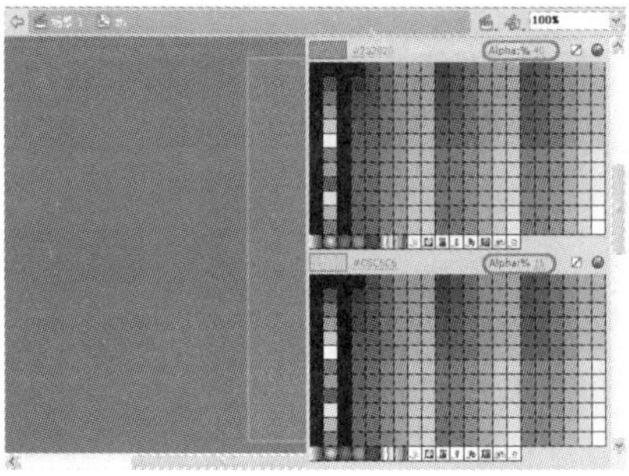

29 在“时间轴”面板中单击“新建图层”按钮，新建图层。

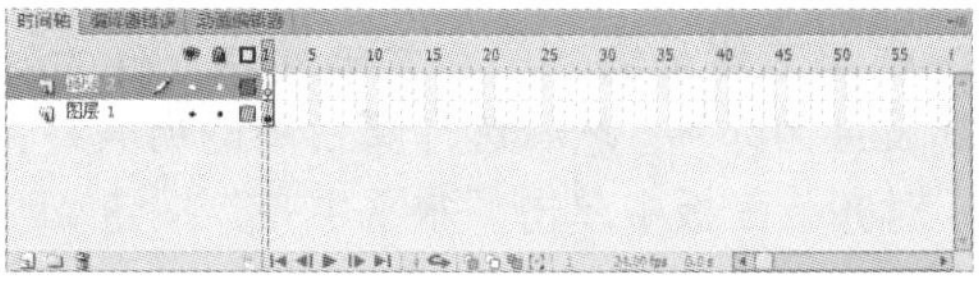

30 选择“库”面板中的按钮元件，将它们按顺序拖曳至舞台中，并对齐排列。

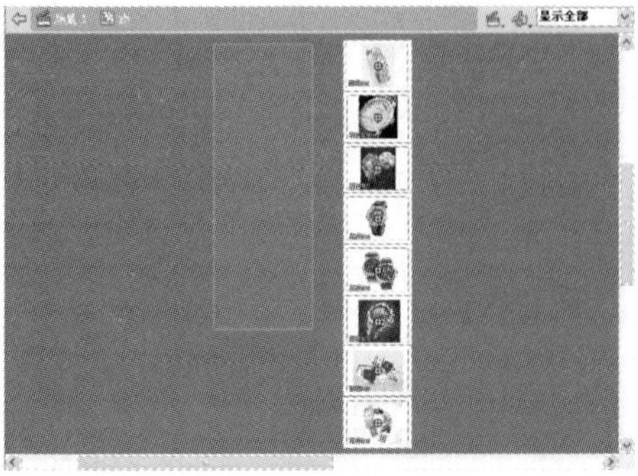

31 选择舞台中的矩形，然后使用“任意变形工具” 根据按钮调整矩形的大小。

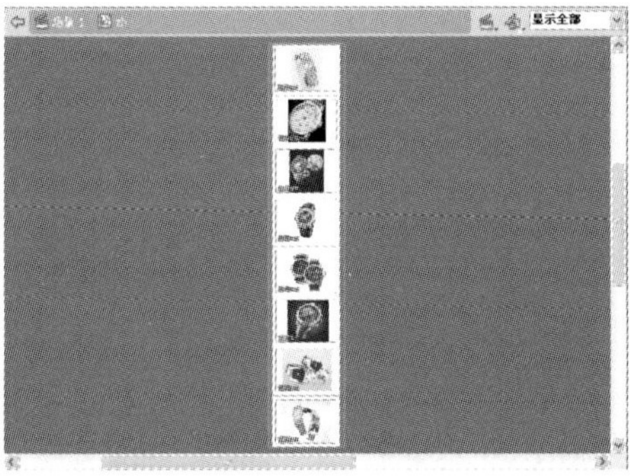

32 选择舞台中的第一个按钮元件，在“属性”面板中，将“色彩效果”选项组中的“样式”设置为“Alpha”，将“Alpha”值设置为80%。

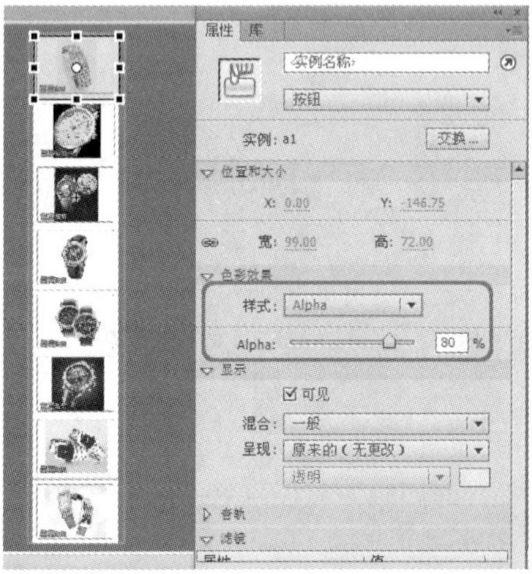

33 使用同样的方法，将其他按钮元件的Alpha值都设置为80%，然后选择舞台中的所有对象，在“对齐”面板中单击“水平中齐”按钮 。

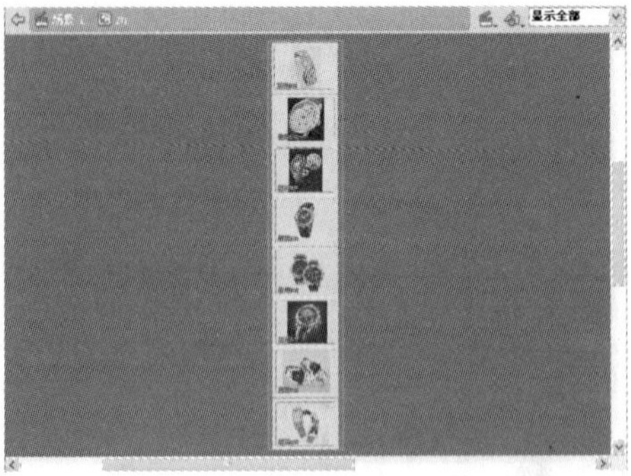

34 返回“场景1”中，在“库”面板中选择“mingbiao”元件，将其拖至舞台中，并调整好位置。

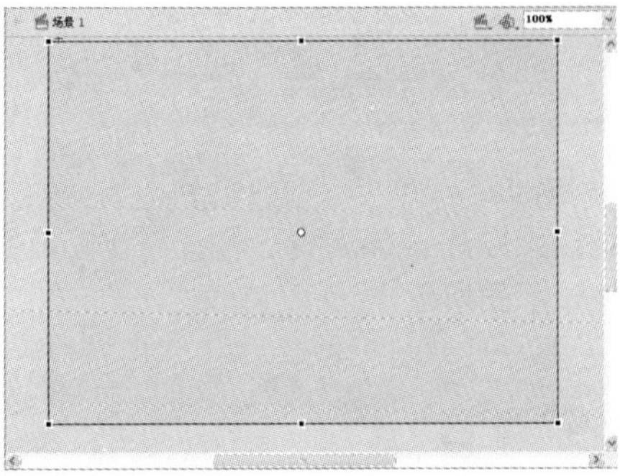

35 在“属性”面板中，将“实例名称”设置为“screen”。

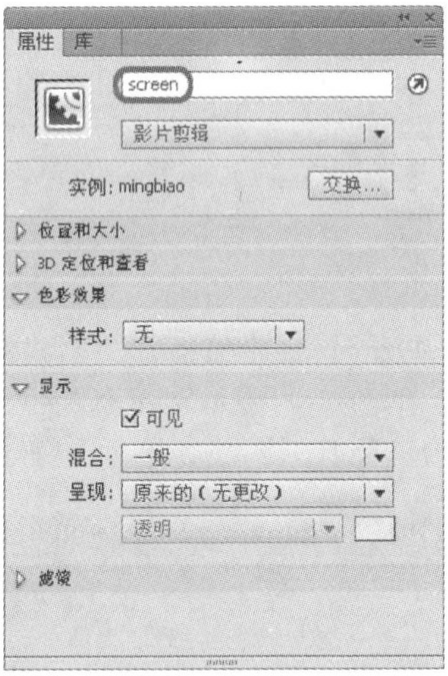

36 在“时间轴”面板中单击“新建图层”按钮，新建图层。

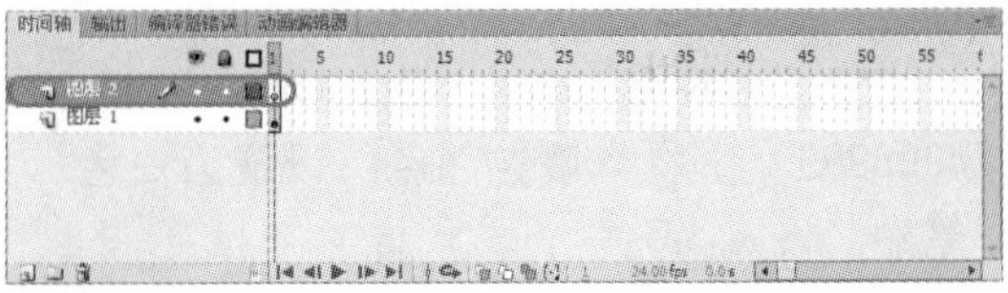

37 在“库”面板中选择“zh”元件，将其拖曳至舞台中，在“属性”面板中将“实例”名称设置为“fr”。

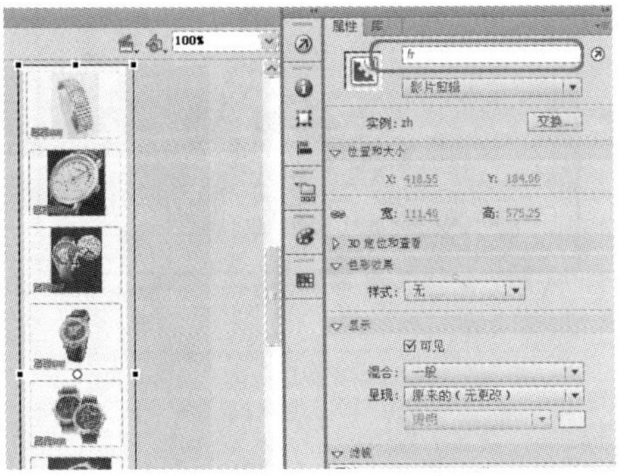

38 使用“任意变形工具” 调整实例的大小，并在“对齐”面板中单击“垂直中齐”按钮 和“水平中齐”按钮 。

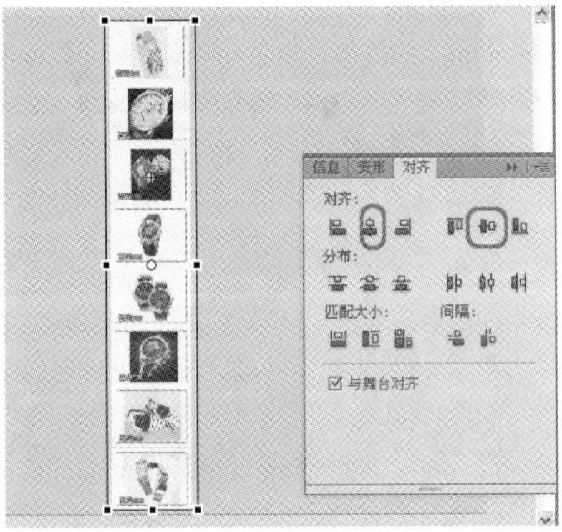

39 在“时间轴”面板中单击“新建图层”按钮 ，新建图层。按【F9】键打开“动作”面板，在其中输入以下脚本。

```
stop();
fr.onEnterFrame = function() {
    if (_xmouse<100) {
            this._x = this._x-(this._x-100)*0.2;
    } else if (_xmouse>500) {
            this._x = this._x-(this._x-500)*0.2;
    } else {
            this._x = this._x-(this._x-_xmouse)*0.2;
    }
};
```

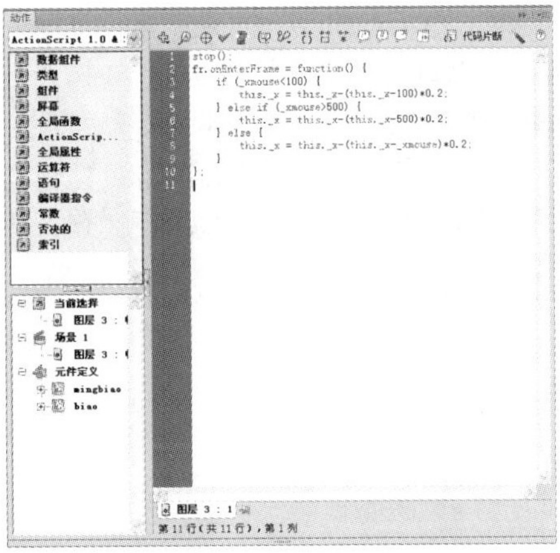

40 双击舞台中的“fr”元件，选择“a1”按钮元件，在“动作”面板中输入以下脚本。

```
on (release) {
    _parent.screen.gotoAndPlay(2);
    _parent.screen.auto.gotoAndStop(1);
}
```

41 选择“a2”按钮元件，将“a1”的脚本复制到“a2”按钮元件的“动作”面板中，将“gotoAndStop(1)”中的“1”改为“2”。

42 选择“a3”按钮元件，为其复制脚本，并将“gotoAndStop(1)”中的“1”改为“3”，按照这种规律，为剩余的按钮元件设置脚本。

43 返回“场景1”，按【Ctrl+Enter】组合键测试影片，最后，将完成的场景文件保存，再将影片输出。

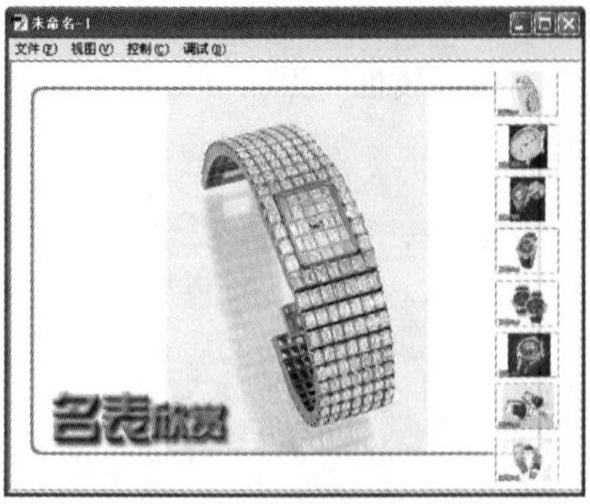

第18章

本章导读：
前面讲解了怎样绘制素材，这章开始学习怎样制作简单的动画，动画中最基本的单位是帧，由于帧都是和时间轴及层联系在一起，因此本章主要介绍时间轴和图层的应用。包括图层的管理、属性、混合模式。对关键帧、空白关键帧、普通帧及多个帧的编辑。

Flash组件的应用

【基础知识：50分钟】

组件基础讲解	5分钟
UI组件	30分钟
媒体组件	10分钟
Video组件	5分钟

【演练：1小时10分钟】

电子日历	30分钟
圣诞贺卡	40分钟

18.1 组件基础知识讲解

学习时间：5分钟

Flash组件是带参数的影片剪辑，可以修改它们的外观和行为。组件既可以是简单的用户界面控件（如单选按钮或复选框），也可以包含内容（如滚动窗格）；组件还可以是不可视的（如FocusManager，它允许用户控制应用程序中接收焦点的对象）。

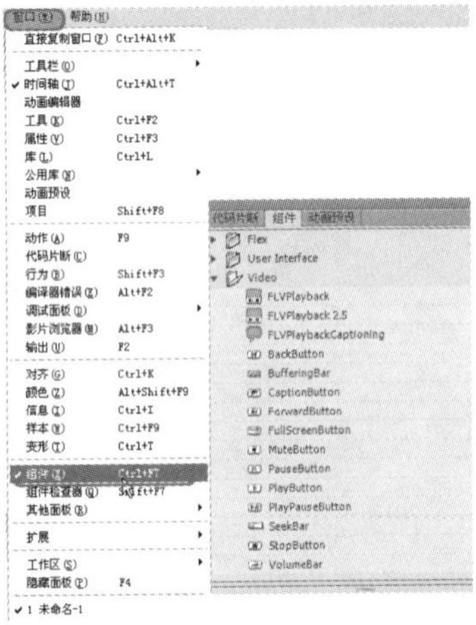

即使用户对ActionScript没有深入的了解，使用组件，也可以构建复杂的Flash应用程序。用户不必创建自定义按钮、组合框和列表，将这些组件从“组件”面板拖到应用程序中，即可为应用程序添加相应功能，还可以方便地自定义组件的外观，从而满足自己的设计需求，

每个组件都有预定义参数，可以在使用Flash进行创作时设置这些参数。每个组件还有一组独特ActionScript方法、属性和事件，它们也称为API（应用程序编程接口），使用户可以在运行时设置参数和其他选项。

向Flash影片中添加组件有以下几种方法：

- 初学者可以使用“组件”面板将组件添加到影片中，接着在“属性”面板中设置相应参数，再单击按钮，在打开的“组件检查器”面板中指定基本参数，最后使用“动作”面板编写动作脚本来控制该组件。
- 中级用户可以使用“组件”面板将组件添加到Flash影片中，然后使用“属性”面板或者动作脚本，或者将两者结合来指定参数。
- 高级用户可以将“组件”面板和动作脚本结合在一起使用，通过在影片运行时执行相应的动作脚本来添加并设置组件。
- 使用“组件”面板向Flash影片中添加组件时，只需打开“组件”面板，双击或者向舞台上拖曳该组件即可。

要从Flash影片中删除已添加的组件实例，可通过删除库中的组件类型图标或者直接选中舞台上的实例，然后按【BackSpace】键或者【Delete】键。ActionScript 3.0与ActionScript 2.0的组件之间也存在着差别。

18.2 UI组件

学习时间：30分钟

Flash中内嵌了标准的Flash UI组件：CheckBox、ComboBox、List、Button、RadioButton和ScrollPane等。用户既可以单独使用这些组件在Flash影片中创建简单的用户交互功能，也可以通过组合使用这些组件为Web表单或者应用程序创建一个完整的用户界面。

18.2.1 CheckBox（复选框）

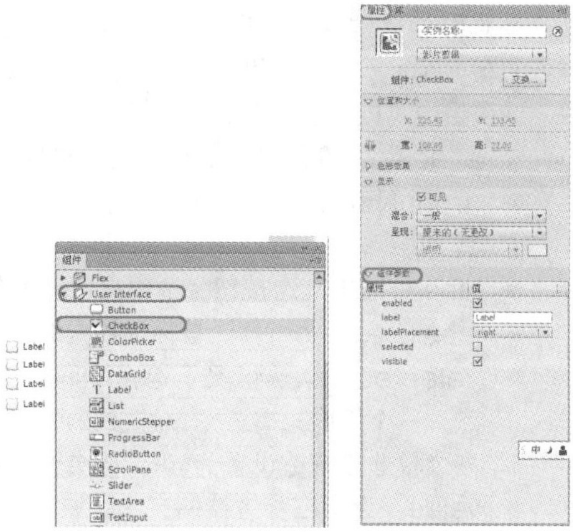

CheckBox即复选框，它是所有表单或Web应用程序中的一个基础部分。使用它的主要目的是判断是否选取其对应的选项内容，而一个表单中可以有许多不同的复选框，所以复选框大多数用在有许多选择且多项选择的情况下。CheckBox（复选框）组件的效果如右图所示，可以在“属性”面板的“组件参数”选项组中为Flash影片中的每个复选框实例设置下列参数。

- enabled：设置列表是否为被激活的，默认为true。
- label：指定在复选框旁边出现的文字，通常位于复选框的右面。
- labelPlacement：标签文本相对于复选框的位置，有上、下、左、右4个位置，用户可根据自己的要求来设置。
- selected：设置默认是否选中。
- visible：设置列表是否可见，默认为true。

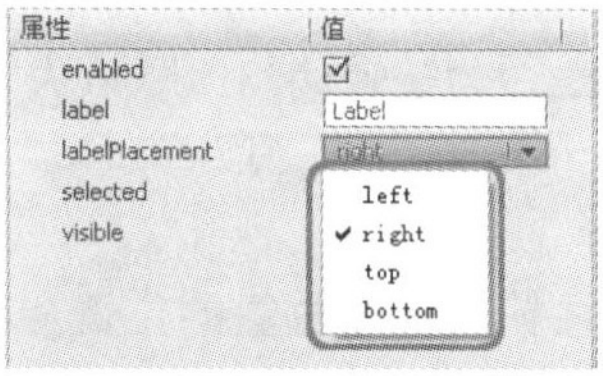

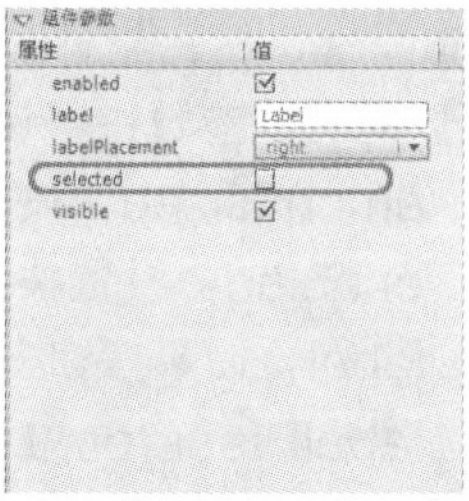

18.2.2 ComboBox（下拉列表框）

在任何需要从下拉列表框中选择的表单应用程序中，都可以使用ComboBox组件。它是将所有的选项都放置在同一个列表中，而且除非单击它，否则它都是收起来的。在“属性”面板的“组件参数”选项组中可以对它的参数进行设置。

- dataProvider：需要的数据在dataProvider中。
- editable：设置使用者是否可以修改菜单的内容，默认的是false。
- enabled：设置下拉列表框是否为被激活的，默认为true。
- prompt：显示提示对话框。
- restrict：设置限制列表数。
- rowCount：设置下拉列表框打开之后显示的行数。如果选项超过行数，就会出现滚动条，默认值为5。
- visible：设置列表是否可见，默认为true。

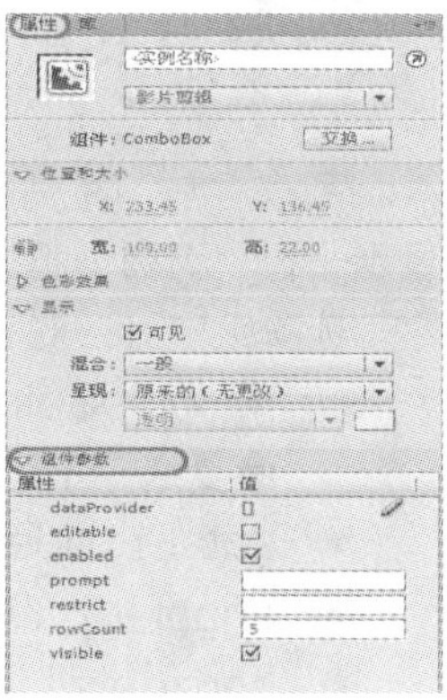

18.2.3 RadioButton（单选按钮）

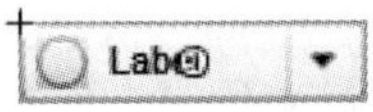

单选按钮通常用在选项不多的情况下，它与复选框的差异在于它必须设定群组（Group），同一群组的单选按钮不能复选。在“属性”面板的“组件参数”选项组中可以对它的参数进行设置。

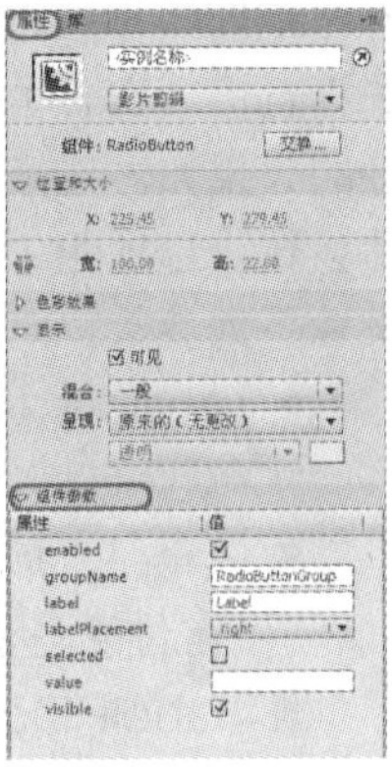

- enabled：设置单选按钮是否为被激活的，默认为true。
- groupName：用来判断是否被复选，同一群组内的单选按钮只能选择其一。
- label：设置单选按钮旁边的文字，主要是显示给用户看的。
- labelPlacement：设置标签放置的地方，是按钮的左边还是右边。
- selected：默认情况下选择false。被选中的单选按钮中会显示一个圆点。一个组内只有一个单选按钮可以有表示被选中的值true。如果组内有多个单选按钮被设置为true，则会选中最后实例化的单选按钮。
- value：设置在步进器的文本区域中显示的值，默认值为0。
- visible：设置单选按钮是否可见，默认为true。

18.2.4 Button（按钮）

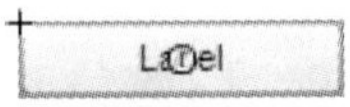

Button（按钮）组件效果如右图所示，在“属性”面板的“组件参数”选项组中可以对它的参数进行设置。

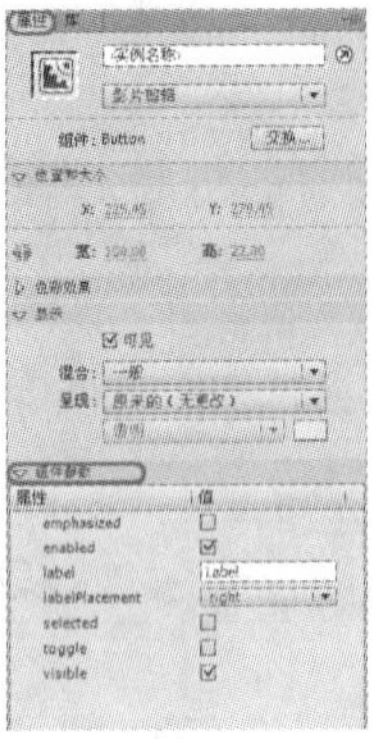

- emphasized：设置按钮是否为被强调的，默认为false。
- enabled：设置按钮是否为被激活的，默认为true。
- label：设置按钮上的文字。
- labelPlacement：设置按钮上标签放置的位置，有上、下、左、右4个位置，用户可根据自己的要求来设置。
- selected：设置默认是否选中。
- toggle：选择此复选框，则在鼠标按下、弹起、经过时会改变按钮外观。
- visible：设置按钮是否可见，默认为true。

18.2.5 List（列表框）

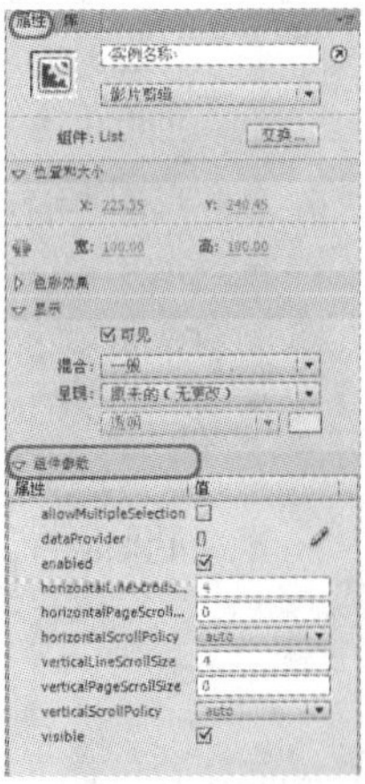

列表框与下拉列表框非常相似，只是下拉列表框一开始就显示一行，而列表框则显示多行。在“属性”面板的“组件参数”选项组中可以对它的参数进行设置。

- multipleSelection：如果选中此复选框，可以让使用者复选，不过要配合【Ctrl】键。
- dataProvider：使用方法和下拉列表框相同。
- enabled：设置列表框是否为被激活的，默认为true。
- horizontalLineScrollSize：指示每次单击滚动按钮时水平滚动条移动多少个单位，默认值为4。
- horizontalPageScrollSize：指示每次单击轨道时水平滚动条移动多少个单位，默认值为0。

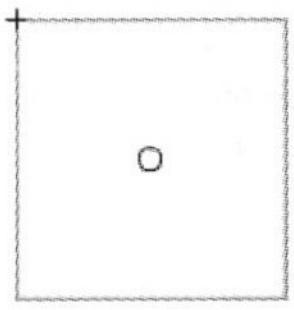

- horizontalScrollPolicy：显示水平滚动条，该值可以是on、off或auto，默认值为auto。
- verticalLineScrollSize：指示每次单击滚动按钮时垂直滚动条移动多少个单位，默认值为4。
- verticalPageScrollSize：指示每次单击滚动条轨道时，垂直滚动条移动多少个单位，默认值为0。
- verticalScrollPolicy：显示垂直滚动条，该值可以是on、off或auto，默认值为auto。
- visible：设置列表框是否可见，默认为true。

18.2.6 DataGrid（数据网格）组件

DataGrid（数据网格）组件能够创建强大的数据驱动的显示和应用程序。可以使用DataGrid组件来实例化使用 Flash Remoting的记录集，然后将其显示在列表框中。在“属性”面板中的“组件参数”选项组中可以对它的参数进行设置。

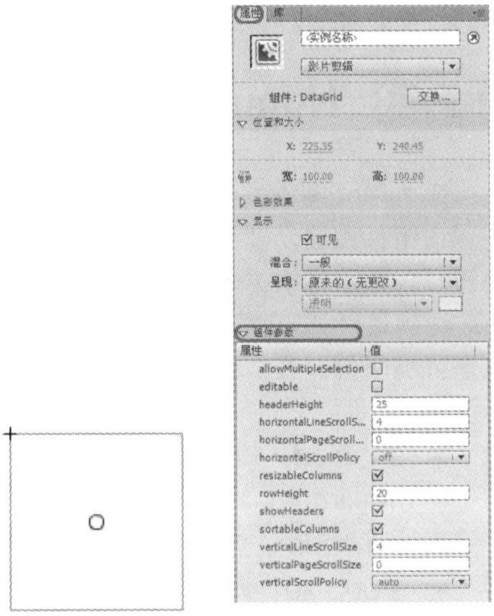

- editable：它是一个布尔值，用于指示网格是否可编辑。
- headerHeight：数据网格的标题栏的高度，默认值为25。
- horizontalLineScrollSize：指示每次单击滚动按钮时水平滚动条移动多少个单位，默认值为4。
- horizontalPageScrollSize：指示每次单击轨道时水平滚动条移动多少个单位，默认值为0。
- horizontalScrollPolicy：显示水平滚动条，该值可以是on、off或auto，默认值为off。
- resizableColumns：一个布尔值，它确定用户是（true）否（false）能够伸展网格的列。此属性必须为true才能让用户调整单独列的大小。默认值为true。
- rowHeight：指示每行的高度（以像素为单位）。更改字体大小不会更改行高度。默认值为20。
- showHeaders：一个布尔值，它指示数据网格是（true）否（false）显示列标题。列标题将被加上阴影，以区别于网格中的其他行。如果将DataGrid.sortableColumns设置为true，则用户可以单击列标题对列的内容进行排序。showHeaders的默认值为true。
- verticalLineScrollSize：指示每次单击滚动按钮时垂直滚动条移动多少个单位，默认值为4。
- verticalPageScrollSize：指示每次单击滚动条轨道时，垂直滚动条移动多少个单位，默认值为0。
- verticalScrollPolicy：显示垂直滚动条，该值可以是on、off或auto，默认值为auto。

18.2.7 Label（文本标签）组件

一个Label（文本标签）组件就是一行文本，可以指定一个标签采用HTML格式，也可以控制标签的对齐和大小。Label 组件没有边框，不能具有焦点，并且不广播任何事件。在“属性”面板的“组件参数”选项组中可以对它的参数进行设置。

◉ autoSize：指示如何调整标签的大小并对齐标签以适合文本。默认为none。

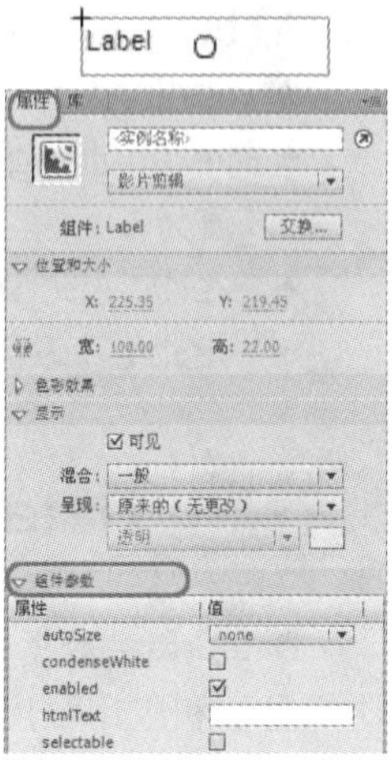

◉ condenseWhite：一个布尔值，指定当HTML文本字段在浏览器中呈现时是否删除字段中的额外空白（空格、换行符等）。默认值为false。

◉ enabled：指定列表是否为被激活的，默认为true。

◉ htmlText：指示标签是否采用HTML格式。如果选中此复选框，则不能使用样式来设置标签的格式，但可以使用font标记将文本格式设置为HTML。

◉ text：指示标签的文本，默认值是 Label。

◉ visible：指定文本标签是否可见，默认为true。

18.2.8 NumericStepper（数字微调）组件

NumericStepper（数字微调）组件允许用户逐个通过一组经过排序的数字。该组件由显示在上、下三角按钮旁边的文本框中的数字组成。用户按下按钮时，数字将根据stepSize参数中指定的单位递增或递减，直到用户释放按钮或达到最大/最小值为止。NumericStepper（数字微调）组件文本框中的文本也是可编辑的。在“属性”面板的“组件参数”选项组中可以对它的参数进行设置。

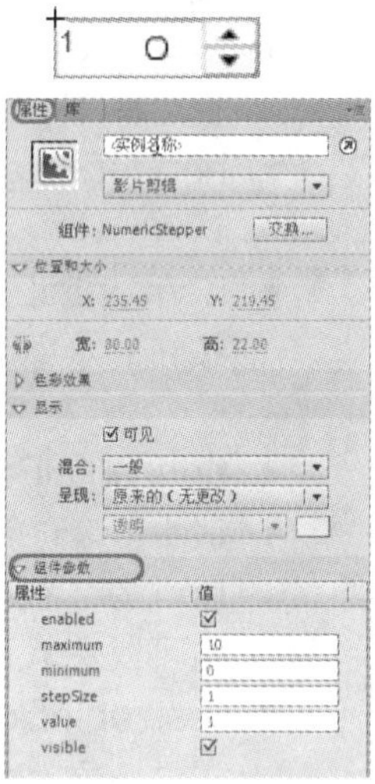

◉ enabled：指定数字微调框是否为被激活的，默认为true。

◉ maximum：设置可在步进器中显示的最大值，默认值为10。

◉ minimum：设置可在步进器中显示的最小值，默认值为0。

◉ stepSize：设置每次单击时步进器增大或减小的单位。默认值为1。

◉ value：设置在步进器的文本区域中显示的值。默认值为1。

◉ visible：指定数字微调框是否可见，默认为true。

18.2.9 ProgressBar（进度栏）组件

ProgressBar（进度栏）组件显示加载内容的进度。ProgressBar（进度栏）可用于显示加载图像和部分应用程序的状态。加载进程可以是确定的也可以是不确定的。在“属性”面板的“组件参数”选项组中可以对它的参数进行设置。

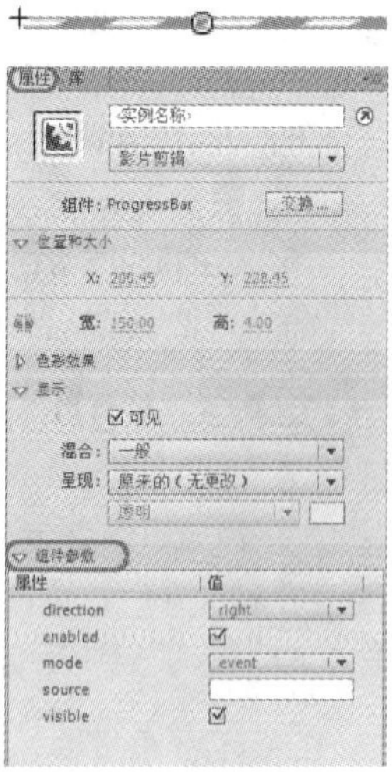

◉ direction：指示进度栏填充的方向。该值可以是right或left，默认值为 right。

◉ enabled：指定进度栏是否为被激活的，默认为true。

◉ mode：指定进度栏运行的模式。此值可以是event、polled或manual中的一个。默认值为event。

◉ source：是一个要转换为对象的字符串，它表示源的实例名称。

◉ visible：指定进度栏是否可见，默认为true。

18.2.10 TextArea（文本区域）组件

TextArea（文本区域）组件的效果是将ActionScript的TextField对象进行换行。可以使用样式自定义TextArea（文本区域）组件；当实例被禁用时，其内容以disabledColor样式所指示的颜色显示。TextArea（文本区域）组件也可以采用HTML格式，或者作为文本的密码字段。在“属性”面板的“组件参数”选面组中可以对它的参数进行设置。

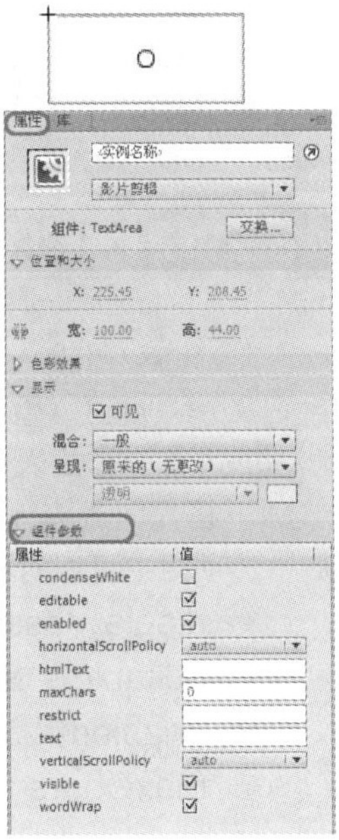

- condenseWhite：一个布尔值，指定当HTML文本字段在浏览器中呈现时是否删除字段中的额外空白（空格、换行符等）。默认值为false。
- editable：指示TextArea组件是否可编辑。
- enabled：指定文本区域是否为被激活的，默认为true。
- horizontalScrollPolicy：显示水平滚动条，该值可以是on、off或auto，默认值为auto。
- htmltext：指示文本是否采用HTML格式。如果选中此复选框，则可以使用字体标签来设置文本格式。
- maxChars：指定此文本区域最多可容纳的字符数。脚本插入的文本可能会比maxChars属性允许的字符数多；该属性只是指示用户可以输入多少文本。如果此属性的值为null，则对用户可以输入的文本量没有限制。默认值为null。
- restrict：指明用户可在组合框的文本字段中输入的字符集。默认值为undefined。
- text：指示TextArea组件的内容。
- verticalScrollPolicy：显示垂直滚动条，该值可以是on、off或auto，默认值为auto。
- visible：指定文本区域列表是否可见，默认为true。
- wordWrap：指示文本是否自动换行，默认为true。

18.2.11 ScrollPane（滚动窗格）组件

使用ScrollPane（滚动窗格）组件可以在一个可滚动区域中显示影片剪辑、JPEG文件和SWF文件。通过使用滚动窗格，可以限制这些媒体类型所占用的屏幕区域的大小。ScrollPane选项组（滚动窗格）可以显示从本地磁盘或Internet加载的内容。在“属性”面板的“组件参数”选项组中可以对它的参数进行设置。

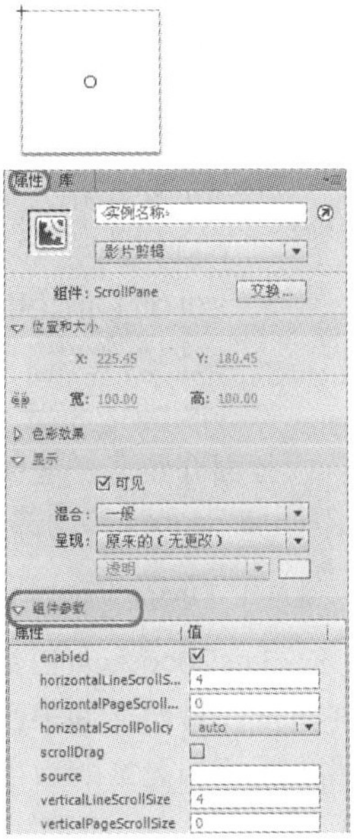

- enabled：指定滚动窗格是否为被激活的，默认为true。
- horizontaLineScrollSize：指示每次单击滚动按钮时水平滚动条移动多少个单位。默认值为4。
- horizontalPageScrollSize：指示每次单击轨道时水平滚动条移动多少个单位。默认值为0。
- horizontalScrollPolicy：显示水平滚动条，该值可以是on、off或auto。默认值为auto。
- scrollDrag：它是一个布尔值，用于确定当用户在滚动窗格中拖动内容时是否发生滚动。
- source：是一个要转换为对象的字符串，它表示源的实例名称。

- verticalLineScrollSize：指示每次单击滚动按钮时垂直滚动条移动多少个单位。默认值为4。
- verticalPageScrollSize：指示每次单击滚动条轨道时，垂直滚动条移动多少个单位，默认值为0。
- verticalScrollPolicy：显示垂直滚动条，该值可以是on、off或auto。默认值为auto。
- visible：指定滚动窗格是否可见，默认为true。

18.2.12 TextInput（输入文本框）组件

TextInput（输入文本框）组件是单行文本组件，该组件可以使用样式自定义TextInput（输入文本框）组件；当实例被禁用时，它的内容显示为disabledColor样式表示的颜色。TextInput（输入文本框）组件也可以采用HTML 格式，或者作为掩饰文本的密码字段。在“属性”面板的“组件参数”选项组中可以对它的参数进行设置。

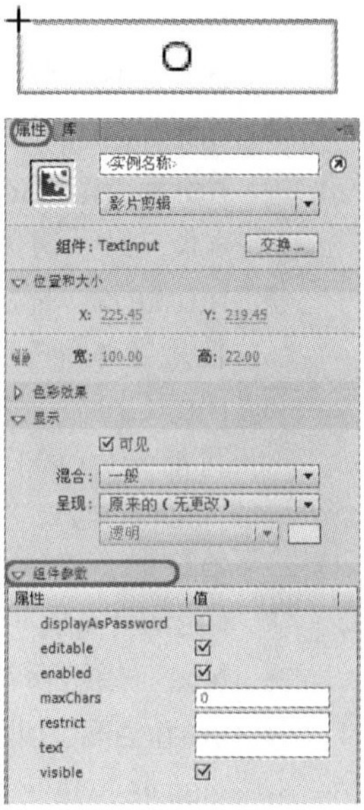

- diaplaypassword：指定是否显示密码字段。
- editable：指示TextInput 组件是否可编辑。
- enabled：指定输入文本框是否为被激活的，默认为true。
- maxChars：此文本区域最多可容纳的字符数。脚本插入的文本可能会比maxChars属性允许的字符数多；该属性只是指示用户可以输入多少文本。如果此属性的值为null，则对用户可以输入的文本量没有限制。默认值为null。
- restrict：指明用户可在组合框的文本字段中输入的字符集。默认值为 undefined。
- text：指定TextInput（输入文本框）组件的内容。
- visible：指定列表是否可见，默认为true。

18.2.13 UIScrollBar（UI滚动条）组件

UIScrollBar（UI滚动条）组件允许将滚动条添加至文本字段。既可以将滚动条添加至文本字段，也可以使用ActionScript语句在运行时添加。在“属性”面板的“组件参数”选项组中可以对它的参数进行设置。

- direction：指示进度栏填充的方向。该值可以是vertical或horizontal，默认值为vertical。
- scrollTargetName：指示UIScrollBar组件所附加到的文本字段实例的名称。
- visible：指定UI滚动条是否可见，默认为true。

上面介绍了一些关于ActionScript 3.0部分组件的信息，下面主要介绍ActionScript 2.0的部分组件信息。

1. DateChooser（日期选择）组件

DateChooser（日期选择）组件是一个允许用户选择日期的日历。它包含一些按钮，这些按钮允许用户在月份之间来回滚动并单击某个日期将其选中。可以设置指示月份和日期，以及每个星期的第一天和加亮显示当前日期的参数。在“属性”面板的“组件参数”选项组中可以对它的参数进行设置。

- dayNames：设置一星期中各天的名称。该值是一个数组，其默认值为“S”，“M”，“T”，“W”，“T”，“F”，“S”。
- disabledDays：指示一星期中禁用的各天。该参数是一个数组，并且最多具有7个值。默认值为 [] （空数组）。
- firstDayOfWeek：指示一星期中的哪一天（其值为0～6，0是dayNames数组的第一个元素）显示在日期选择器的第一列中。此属性可以更改“日”列的显示顺序。

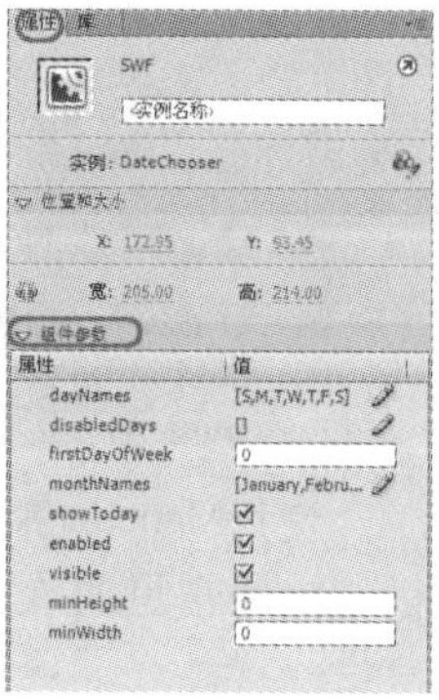

- monthNames：设置在日历的标题行中显示的月份名称。该值是一个数组，其默认值为［“January”，“February”，“March”，“April”，“May”，“June”，“July”，“August”，“September”，“October”，”November”，“December”］。
- showToday：指示是否要加亮显示今天的日期。
- enabled：指定日期选择框是否为被激活的，默认为true。
- visible：指定日期选择框是否可见，默认为true。
- minHeight：设置最小高度。
- minWidth：设置最小宽度。

2. Menu（菜单）组件

使用Menu（菜单）组件可以从弹出菜单中选择一个项目，这与大多数软件应用程序的“文件”或者“编辑”菜单很相似。在“属性”面板的“组件参数”选项组中可以对它的参数进行设置。

rowHeight：指示每行的高度（以像素为单位）。更改字体大小不会更改行高度。默认值为20。

3. DataField（数据域）组件

DateField（数据域）组件是一个不可选择的文本字段，用于显示右边带有日历图标的日期。如果未选定日期，则该文本字段为空白，并且当前日期的月份显示在日期选择器中。当用户在日期字段边框内的任意位置单击时，将会弹出一个日期选择器，并显示选定日期所在月份内的所有日期。当日期选择器打开时，用户可以使用月份滚动按钮在月份和年份之间来回滚动，并选择一个日期。如果选定某个日期，则会关闭日期选择器，并将所选日期输入到日期字段中。在“属性”面板的“组件参数”选项组中可以对它的参数进行设置。

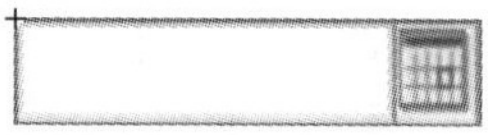

- dayNames：设置一星期中各天的名称。该值是一个数组，其默认值为［“S”，“M”，“T”，“W”，“T”，“F”，“S”］。
- disabledDays：指示一星期中禁用的各天。该参数是一个数组，并且最多具有7个值，默认值为 [](空数组)。
- firstDayOfWeek：指示一星期中的哪一天（其值为0～6，0是dayNames数组的第一个元素）显示在日期选择器的第一列中。此属性更改“日”列的显示顺序。默认值为0，即代表星期日的“S”。

- monthNames：设置在日历的标题行中显示的月份名称。该值是一个数组，其默认值为[“January”，“February”，“March”，“April”，“May”，“June”，“July”，“August”，“September”，“October”，”November”，“December”]。
- showToday：指示是否要加亮显示今天的日期。

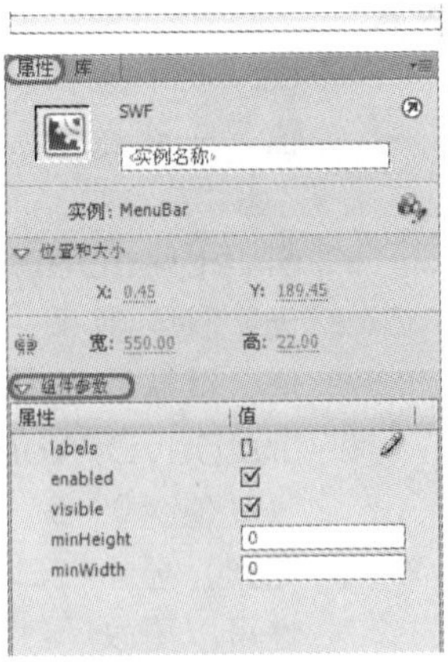

4. MenuBar（菜单栏）组件

使用MenuBar菜单栏）组件可以创建带有弹出菜单和命令的水平菜单栏，就像常见的软件应用程序中包含“文件”菜单和“编辑”菜单的菜单栏一样。在“属性”面板的“组件参数”选项组中可以对它的参数进行设置。

- labels：一个数组，它将带有指定标签的菜单激活器添加到MenuBar组件。默认值为 []（空数组）。
- enabled：指定菜单栏是否为被激活的，默认为true。
- visible：指定菜单栏是否可见，默认为true。
- minHeight：设置最小高度。
- minWidth：设置最小宽度。

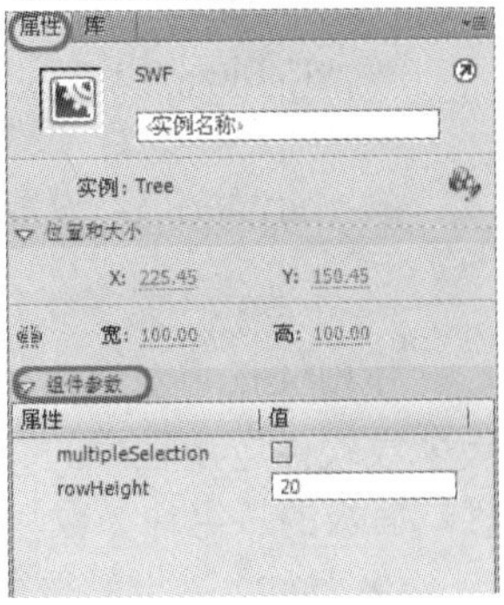

5. Tree（树）组件

使用Tree（树）组件可以查看分层数据。树显示在类似List（列表框）组件的框中，树中的每一项称为一个节点，并且可以是叶或者分支。默认情况下，用旁边带有文件图标的文本标签表示叶，用旁边带有文件夹图标的文本标签表示分支，并且文件夹图标带有展开箭头（展示三角形），用户可以打开它以显示子节点。分支的子项可以是叶或者分支。在“属性”面板的“组件参数”选项组中可以对它的参数进行设置。

- multipleSelection：它是一个布尔值，用于指示用户是否可以选择多个项。
- rowHeight：指示每行的高度（以像素为单位）。默认值为20。

6. Window（窗口）组件

使用Window（窗口）组件可以在一个具有标题栏、边框和“关闭”按钮（可选）的窗口内显示影片剪辑的内容。在“属性”面板的“组件参数”选项组中可以对它的参数进行设置。

- closeButton：指示是否显示“关闭”按钮。
- contentPath：指定窗口的内容。既可以是电影剪辑的链接标识符，或者是屏幕、表单或包含窗口内容的幻灯片的元件名称，也可以是要加载到窗口的SWF或JPEG文件的绝对或相对URL。
- title：指示窗口的标题。
- enabled：指定窗口是否为被激活的，默认为true。
- visible：指定窗口是否可见，默认为true。
- minHeight：设置最小高度。
- minWidth：设置最小宽度。

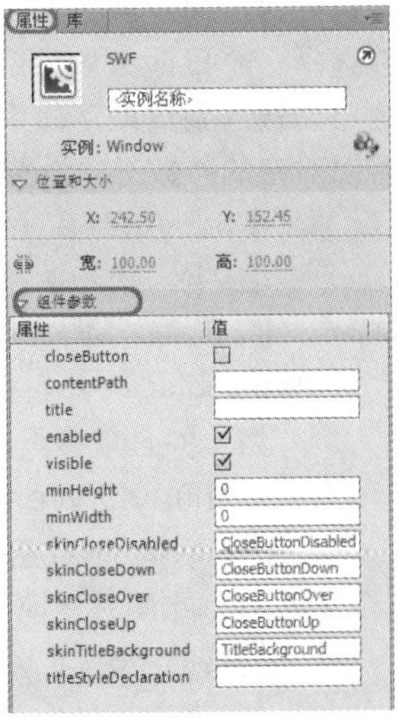

7. Loader（加载）组件

Loader（加载）组件是一个容器，可以显示SWF或JPEG文件。可以缩放加载器的内容，或者调整加载器自身的大小来匹配内容的大小。默认情况下，会调整内容的大小以适应加载器。在“属性”面板的“组件参数”选项组中可以对它的参数进行设置。

- autoLoad：指示内容是应该自动加载，还是应该等到调用Loader.load()方法时再进行加载。
- contentPath：是一个绝对或相对的URL，它指示要加载到加载器的文件。相对路径必须是相对于加载内容的SWF文件的路径。
- scaleContent：指示是内容进行缩放以适合加载器，还是加载器进行缩放以适合内容。
- enabled：指定加载器是否为被激活的，默认为true。
- visible：指定加载器是否可见，默认为true。
- minHeight：设置最小高度。
- minWidth：设置最小宽度

18.3 媒体组件

学习时间：10分钟

Media（媒体）组件应用于ActionScript 2.0中，其组件包括MediaController（媒体控制）、MediaDisplay（媒体显示）和MediaPlayBack（媒体回放）等内容。

18.3.1 MediaController（媒体控制）

MediaController（媒体控制）组件可以为媒体回放提供标准的用户界面控件（播放、暂停等）。在“属性”面板的“组件参数”选项组中可以对它的参数进行设置。

- activePlayControl：确定播放栏在实例化时是处于播放模式还是暂停模式。此模式确定在“播放”/“暂停”按钮上显示的图像，它与控制器实际所处的播放/暂停状态相反。
- backgroundStyle：确定是否为 MediaController 实例绘制背景。
- controllerPolicy：确定控制器是根据鼠标位置打开或关闭，还是锁定在打开或关闭状态。
- horizontal：确定实例的控制器部分为垂直方向还是水平方向。选中此复选框指示组件将为水平方向。
- enabled：指定媒体控制组件是否为被激活的，默认为true。
- visible：指定媒体控制组件是否可见，默认为true。
- minHeight：设置最小高度。
- minWidth：设置最小宽度。

18.3.2 MediaDisplay（媒体显示）

通过MediaDisplay（媒体显示）组件可以将媒体加入到Flash内容中。此组件可用于处理视频和音频数据。单独使用此组件时，用户将无法控制媒体。这个组件的参数设置要通过组件检查器来完成。

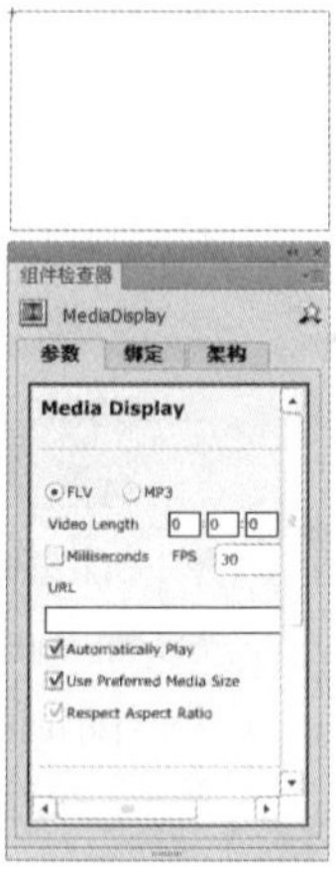

- FLV 或 MP3：指定要播放的媒体类型。
- Video Length：播放FLV媒体所需的总时间。此设置是确保播放栏正常工作所必需的。
- Milliseconds：确定播放栏是使用帧还是毫秒，以及提示点是使用秒还是帧。
- FPS：指示每秒的帧数。
- URL：一个字符串，保存要播放的媒体的路径和文件名。
- Automatically Play：确定是否在加载媒体后立刻播放该媒体。
- Use Preferred Media Size：确定与MediaDisplay实例关联的媒体是符合组件大小，还是仅使用其默认的大小。

18.3.3 MediaPlayBack（媒体回放）

MediaPlayBack（媒体回放）组件是 MediaController（媒体控制）和MediaDisplay（媒体显示）组件的结合，可以提供对媒体内容进行流式处理的方法。这个组件的参数设置要通过“组件检查器”面板来完成。

- Control Placement：指定控制器的位置。
- Control Visibility：确定控制器是否根据鼠标的位置而打开或关闭。

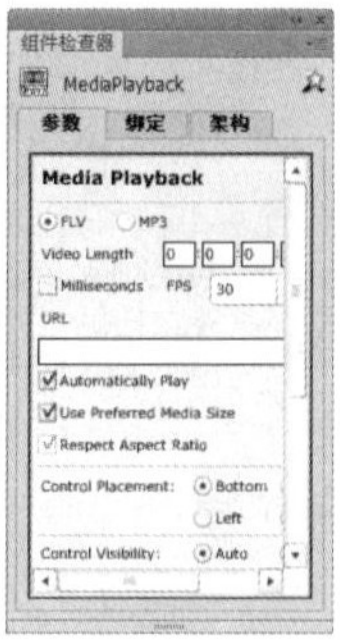

18.4 Video组件

学习时间：5分钟

Video（视频）组件主要包括FLV PlayBack（FLV回放）组件和一系列视频控制按键的组件。

通过FLV Playback组件，可以轻松地将视频播放器包括在Flash应用程序中，以便播放通过HTTP渐进式下载的Flash视频（FLV）文件。

FLV Playback（FLV回放）组件包括FLV Playback（FLV回放）自定义用户界面组件。FLV Playback 组件是显示区域（或视频播放器）的组合，从中可以查看FLV文件及允许对该文件进行操作的控件。FLV Playback（FLV回放）

自定义用户界面组件提供控制按钮和机制，可用于播放、停止、暂停FLV文件及对该文件进行其他控制。这些控件包括BackButton、BufferingBar、ForwardButton、MuteButton、PauseButton、PlayButton、PlayPauseButton、SeekBar、StopButton和VolumeBar。在“属性”面板的“组件参数”选项组中可以对它的参数进行设置。

- autoPlay：确定FLV文件播放方式的布尔值。如果选中此复选框，则该组件将在加载FLV文件后立即播放。如果没有选中此复选框，则该组件加载第1帧后暂停。对于默认视频播放器（0），默认值为选中，对于其他选项则与其相反。
- autoRewind：一个布尔值，用于确定 FLV 文件在完成播放时是否自动后退。如果选中此复选框，则播放头达到末端或者用户单击“停止”按钮时，FLV Playback组件会自动使FLV文件后退到开始处。如果没有选中此复选框，则组件在播放 FLV文件的最后一帧后会停止，并且不自动后退。
- autoSize：一个布尔值，如果选中此复选框，则在运行时调整组件大小，以使用源FLV文件尺寸。这些尺寸是在FLV文件中进行编码的，并且不同于FLV Playback组件的默认尺寸。
- bufferTime：在开始回放前，在内存中缓冲FLV文件的秒数。此参数影响FLV文件流，这些文件在内存中缓冲，但不下载。
- contentPath：一个字符串，指定FLV文件的URL，或者指定描述如何播放一个或多个FLV文件的XML文件。可以指定本地计算机上的路径、HTTP路径或者实时消息传输协议（RTMP）路径。
- cuePoints：描述FLV文件提示点的字符串。提示点允许同步包含Flash动画、图形或文本的FLV 文件中的特定点。默认值为无。
- isLive：一个布尔值，如果选中此复选框，则指定FLV文件正从 Flash Communication Server实时加载流。实时流的一个示例就是在发生新闻事件的同时显示这些事件的视频。
- maintainAspectRatio：一个布尔值，如果选中此复选框，则调整FLV Playback 组件中视频播放器的大小，以保持源FLV文件的高宽比；FLV文件根据舞台上FLV Playback组件的尺寸进行缩放。autoSize参数优先于此参数。
- skin：一个参数，用于打开“选择外观”对话框，从该对话框中可以选择组件的外观。默认值最初是预先设计的外观。
- skinAutoHide：一个布尔值，如果选中此复选框，则当鼠标指针不在FLV文件或者外观区域上时隐藏外观。
- totalTime：源FLV文件中的总秒数，精确到毫秒。默认值为 0。
- volume：一个从0到100的数字，用于表示相对于最大音量（100）的百分比。

18.5 案例制作

学习时间：1小时10分钟

18.5.1 电子日历

本例将利用DateChoser组件和TextArea组件制作一个电子日历，能够显示当前日期及所选的日期，重要的是通过绑定实现两个组件间的数据传输。完成的电子日历效果图如下图所示。

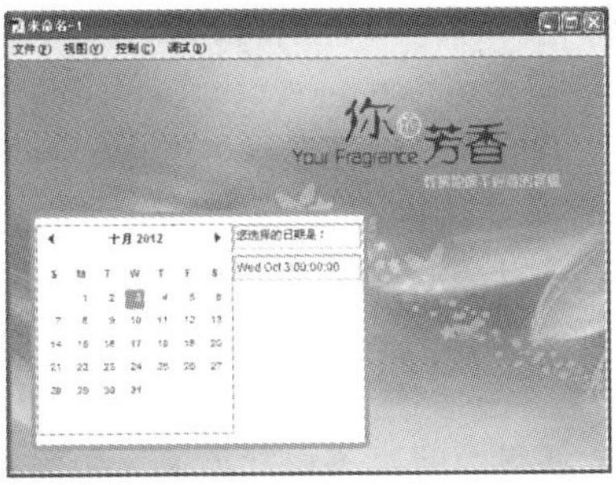

01 新建一个类型为“ActionScrpt 2.0”、“宽”、“高”的值分别为620、420像素的新文档，并导入“你的芳香.jpg”素材文件。

02 选中导入的素材文件，在“属性”面板中将“X”、“Y”设置为0，将“宽”和“高”分别设置为620、420。

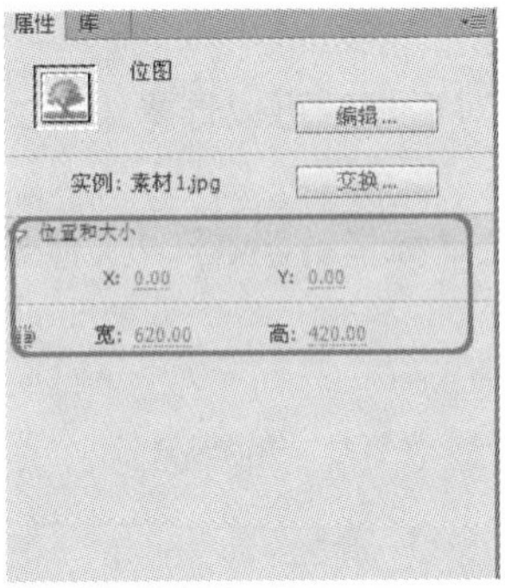

03 在菜单栏中选择“窗口”→“组件”命令，在“组件”面板中选择“User Interface”分类下的“DateChooser”组件，按下鼠标左键将其拖曳至舞台中。

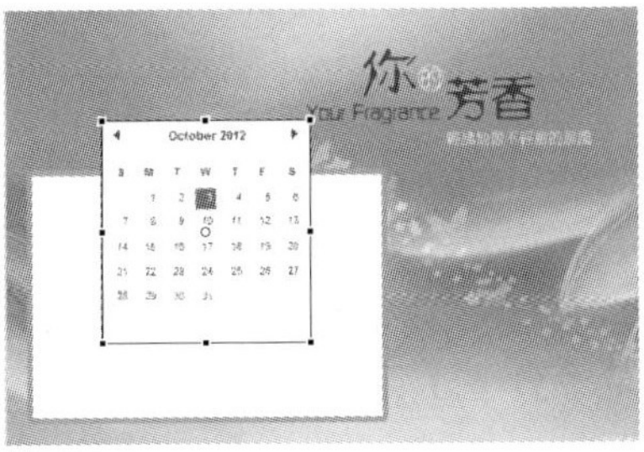

04 在舞台中选择实例，在“属性”面板中将实例命名为“rili”，将“X”、“Y”分别设置为28.45、168.45，将“宽”和“高”分别设置为205、214。

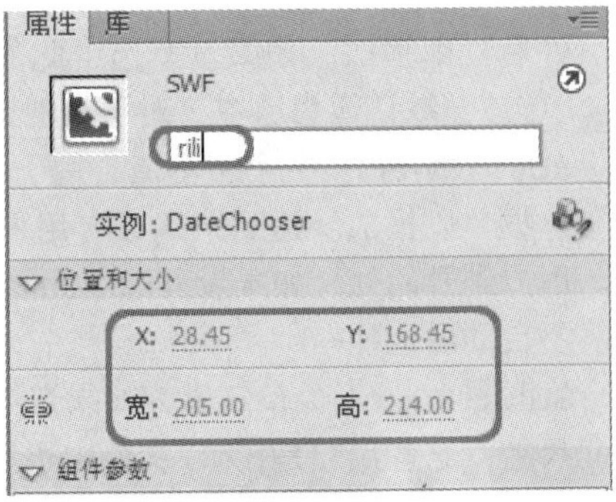

05 在“属性”面板中，找到mothNames的参数设置区，单击以打开“值”对话框，将英文名称改为相应的中文名称，单击“确定”按钮。

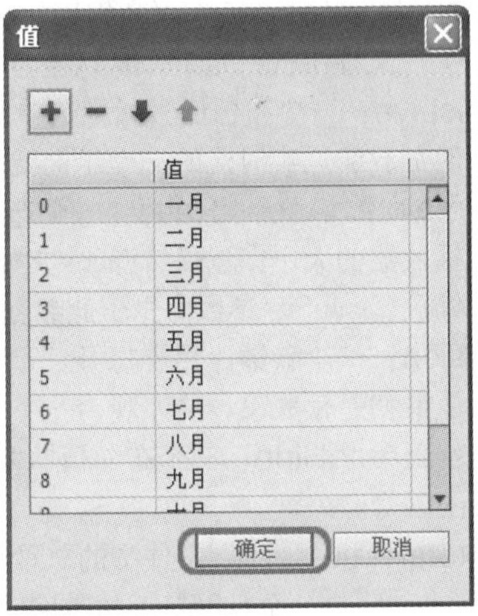

06 在“组件”面板中选择“User Interface”分类下的“TextArea”组件，按住鼠标左键将其拖至舞台中，并用“任意变形工具”，调整组件实例的大小。

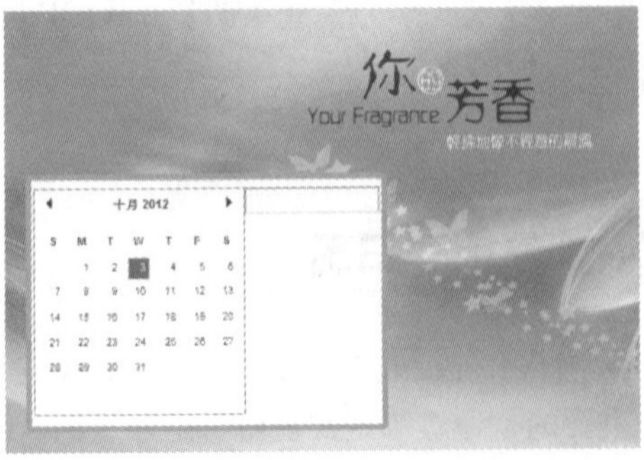

07 在“属性”面板中，选择text的“值”参数设置区，输入“您选择的日期是”。

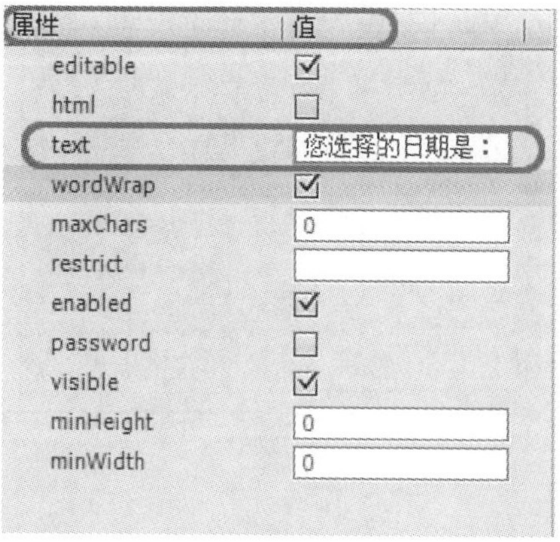

08 在舞台中选择TextArea组件实例，按住【Ctrl】键的同时按住鼠标左键将其向下拖动，复制出另一个TextArea组件实例。在“属性”面板中，选择“text”参数设置区中的文字，将其删除。

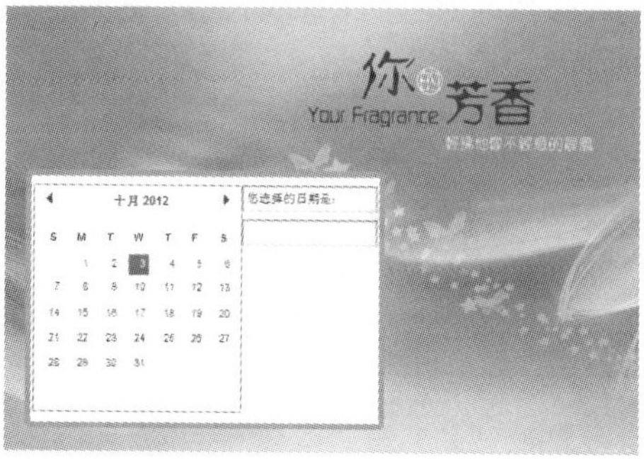

09 选择新复制的TextArea组件实例，在“属性”面板中将其命名为“date”。

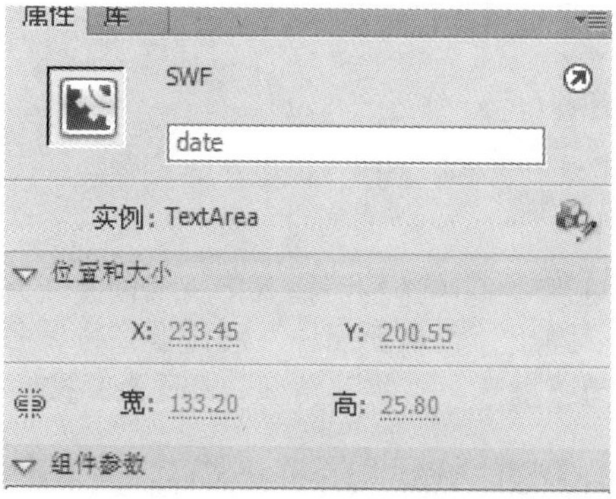

10 在舞台中选择“rili”实例，按【Shift+F7】组合键打开“组件检查器”面板。

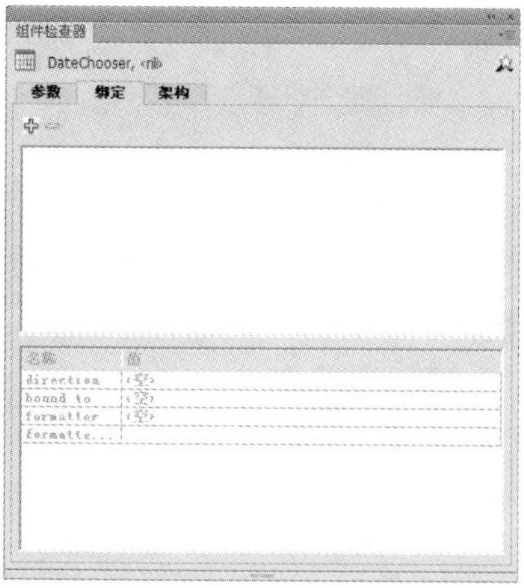

11 在弹出的对话框中选择“绑定”选项卡，单击“添加绑定”按钮，弹出“添加绑定”对话框，选择“selectedDate：Date”选项，单击“确定”按钮。

12 单击“确定”按钮，在“组件检查器”面板中选择“名称”列中的“bound to”选项，然后单击其右侧的按钮，在弹出的“绑定到”对话框中选择“TextArea,(date)”选项，单击“确定”按钮。

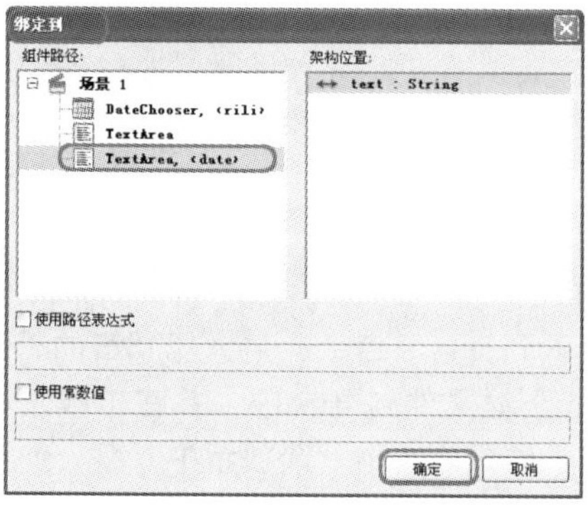

13 此时的“组件检查器”面板如下图所示。

14 按【Ctrl+Enter】组合键测试影片，最后保存场景文件。

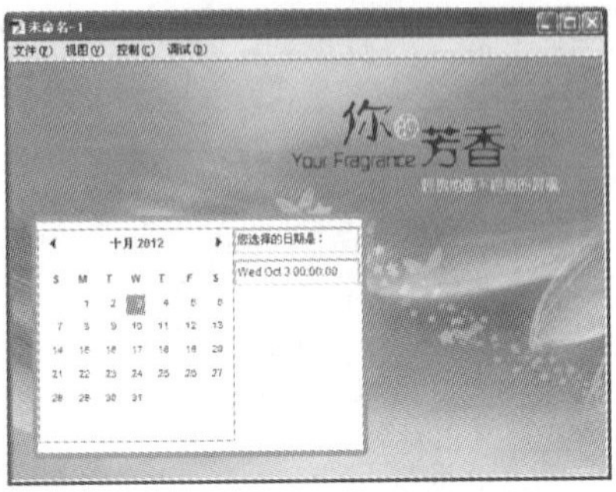

18.5.2 圣诞贺卡

本例主要使用Alert组件和Windows组件制作一个动画，使其具备简单的交互功能，使用户能够根据自己的需求有选择地浏览信息。利用Windows组件可以在一个具有标题栏、边框和关闭按扭的窗口中显示影片剪辑的内容。通过Alert组件能够弹出一个窗口，该窗口能够向用户呈现一条消息和响应按钮。本例制作的动画效果如下图所示。

01 新建一个“尺寸”为550×400像素，“背景颜色”为”#FFCC99“的新文档；

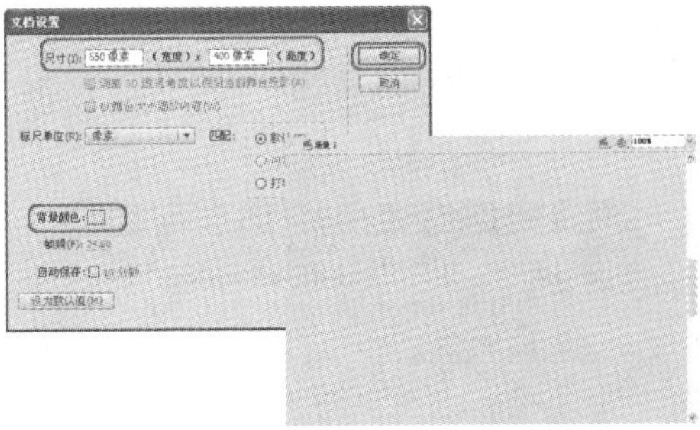

02 在菜单栏中选择“文件”→“导入”→“导入到舞台”命令，导入第18章的“圣诞背景.jpg”素材文件到舞台中，并在“属性”面板中，将“位置和大小”选项组中“X”、“Y”值都设置为0，将“宽”和“高”值分别设置为550和400。

03 在菜单栏中选择“插入”→“创建新元件”命令，弹出“创建新元件”对话框，将“名称”设置为“提示”，将“类型”设置为“按钮”。

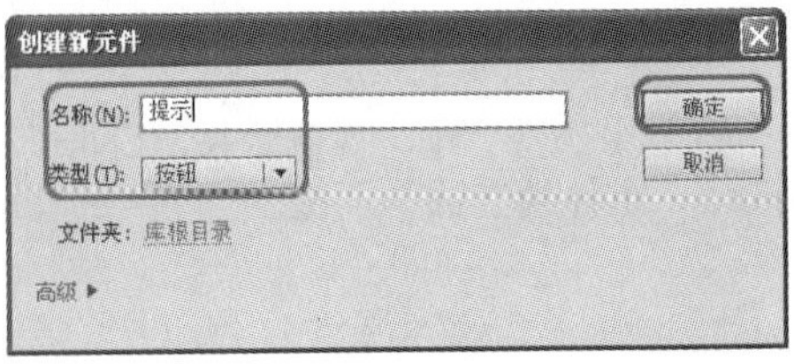

04 单击“确定”按钮，创建元件。在“时间轴”面板中，选择“图层1”的“点击”帧，按【F6】键插入关键帧。

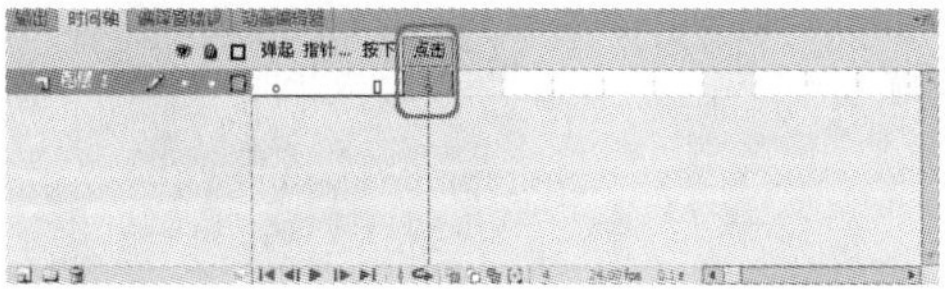

05 在工具箱中选择“矩形工具”，在“属性”面板中将“填充和笔触”选项组中的“笔触颜色”设置为无，“填充颜色”设置为白色。

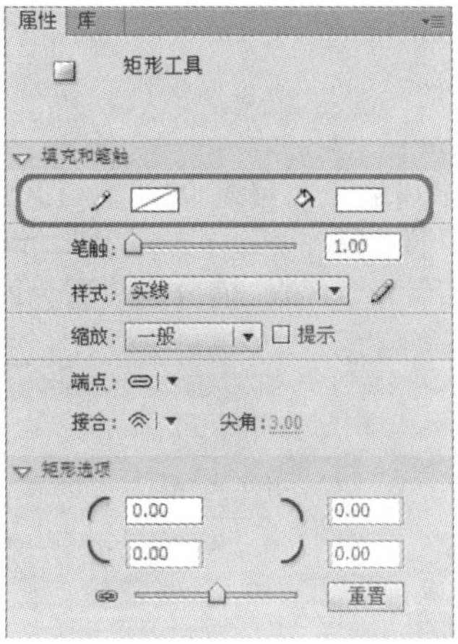

06 按住【Shift】键，在舞台中绘制一个正方形；绘制完成后，选中该正方形，并在“对齐”面板中单击“水平中齐”和“垂直中齐”按钮，使正方形在舞台中居中。

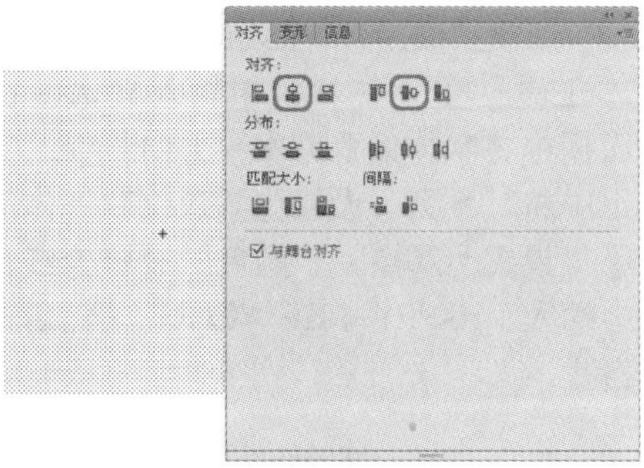

07 返回“场景1”的舞台中，在“时间轴”面板中，单击“新建图层”按钮，新建“图层2”图层。

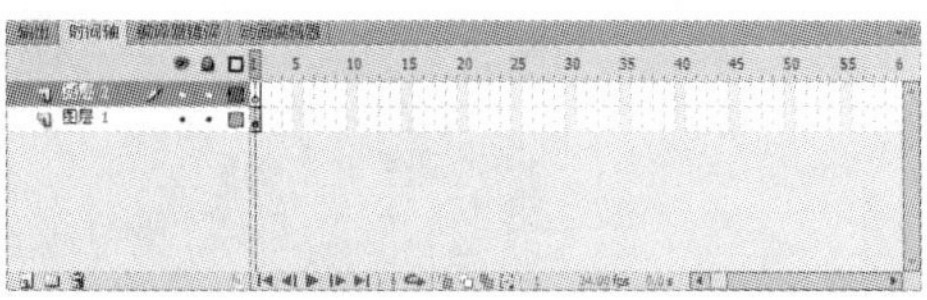

08 在“库”面板中选择“提示”按钮元件，将其拖曳至舞台中，放置在适当的位置，并使用“任意变形工具”调整按钮元件的大小。

```
on (press) {
    import mx.controls.Alert;
    Alert.okLabel = "退出”;
    Alert.cancelLabel = “返回”;
    var listenerObj:Object = new Object();
    listenerObj.click = function(evt) {
            switch (evt.detail) {
            case Alert.OK :
                    fscommand( “quit”, true);
                    break;
            case Alert.CANCEL :
                    break;
            }
    };
    Alert.show( “真的要离开吗？”,“真情提示”,Alert.OK | Alert.CANCEL, this, listenerObj);
}
```

09 打开“组件”面板，在“User Interface”类别中选择“Alert”组件，按下鼠标将其拖曳至舞台中，然后，将其删除。

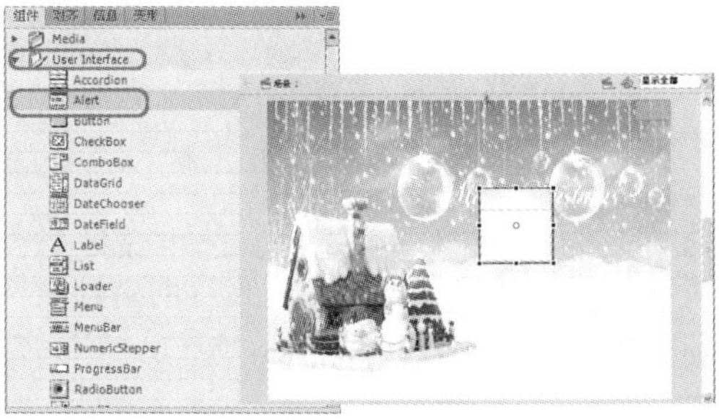

10 在舞台中选择“提示”按钮元件，按【F9】键打开“动作”面板，在其中输入代码。

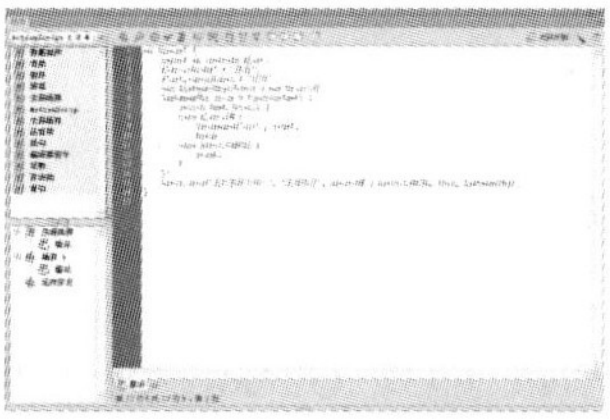

11 按【Ctrl+Enter】组合键，测试场景。

12 在菜单栏中选择“插入” → “新建元件”命令，弹出“创建新元件”对话框。将“名称”设置为“圣诞”，将“类型”设置为“影片剪辑”，单击“确定”按钮。

13 在工具箱中选择“矩形工具” ，在“属性”面板中将“填充和笔触”选项组中的“笔触颜色”设置为无，“填充颜色”设置为白色。

14 在舞台中绘制一个矩形，选中该矩形，在“属性”面板中将“宽”和“高”取消锁定，并分别将其设置为300和250，将“X”、“Y”都设置为0。

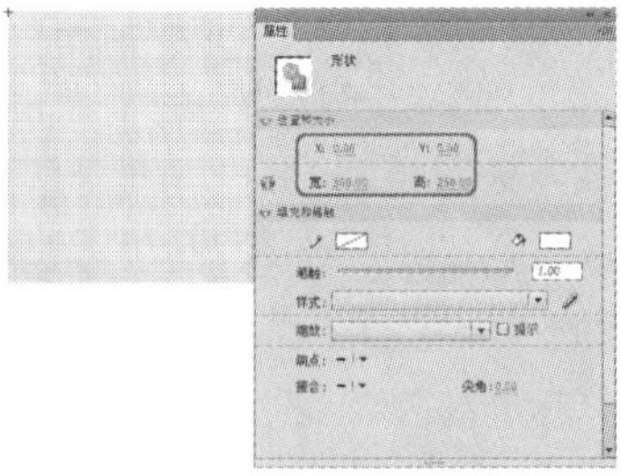

15 在“时间轴”面板中，单击“新建图层”按钮，新建“图层2”图层。

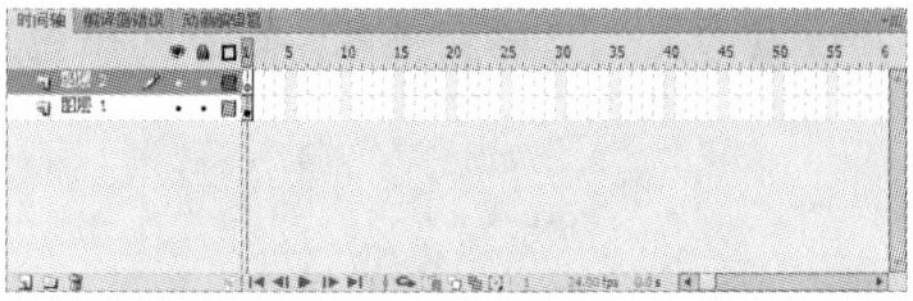

16 导入第18章的“背景.jpg”素材文件，在“属性”面板中将“宽”和“高”的值分别设置为250和200，将“X”、“Y”值分别设置为26和26。

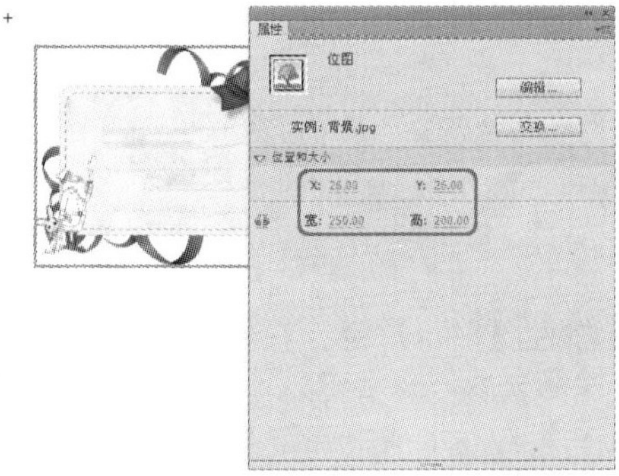

17 在“时间轴”面板中，单击“新建图层”按钮，新建“图层3”图层；在工具箱中选择“文本工具” T，在舞台中输入文本，在“属性”面板中将字体设置为水平方向，在“字符”选项组中将“系列”设置为“汉仪萝卜体简”、“大小”设置为20点、“颜色”设置为红色，在场景中输入“HAPPY NEY YEAR”，然后调整文本的格式。

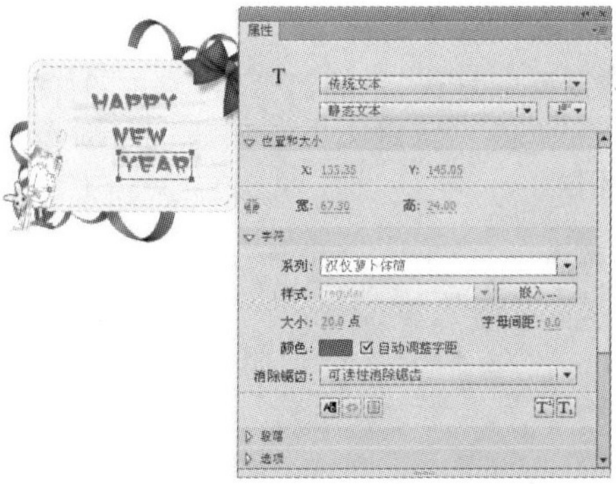

18 设置完成后，返回“场景1”中，在“时间轴”面板中，单击“新建图层”按钮，新建“图层3”图层。

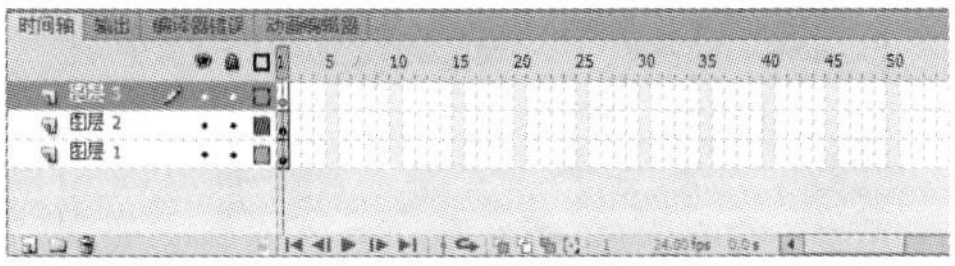

19 在“组件”面板中，选择Button组件，按下鼠标左键将其拖曳至场景舞台中。

20 在“属性”面板中将实例名称设置为“button”，将“位置和大小”选项组中的“X”和“Y”值分别设置为324和283，在“属性”选项组中将“label”设置为“圣诞快乐”。

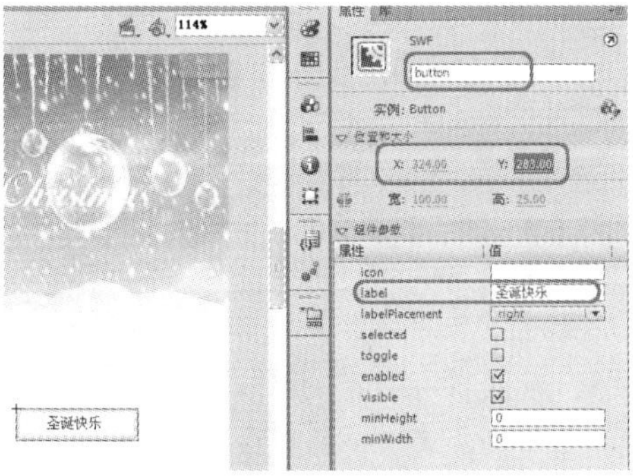

21 在“时间轴”面板中选择“图层3”图层的第1帧，在“动作”面板中输入代码。

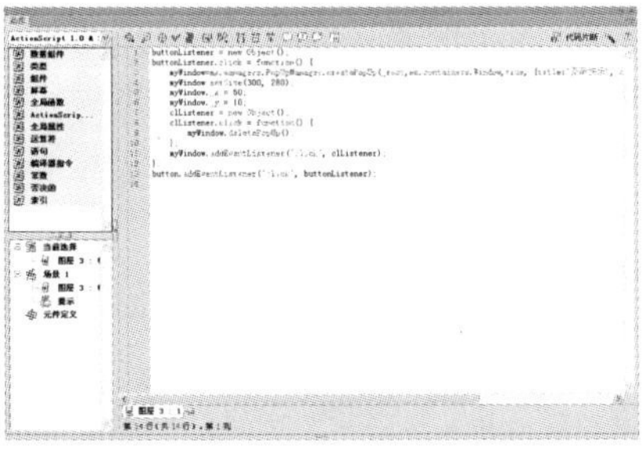

```
buttonListener = new Object();
buttonListener.click = function() {
    myWindow=mx.managers.PopUpManager.createPopUp(_root,mx.containers.Window,true,{title:” 圣诞快乐", contentPath:"shengdan", closeButton:true});
    myWindow.setSize(300, 280);
    myWindow._x = 50;
    myWindow._y = 10;
    clListener = new Object();
    clListener.click = function() {
        myWindow.deletePopUp();
    };
    myWindow.addEventListener("click", clListener);
};
button.addEventListener("click", buttonListener);
```

22 输入完成后，将该面板关闭，在“库”面板中选择“圣诞”元件，单击鼠标右键，在弹出的快捷菜单中选择“属性”命令，弹出“元件属性”对话框，选择“为ActionScript导出”和“在第1帧中导出”复选框，将“标识符”设置为“shengdan”。

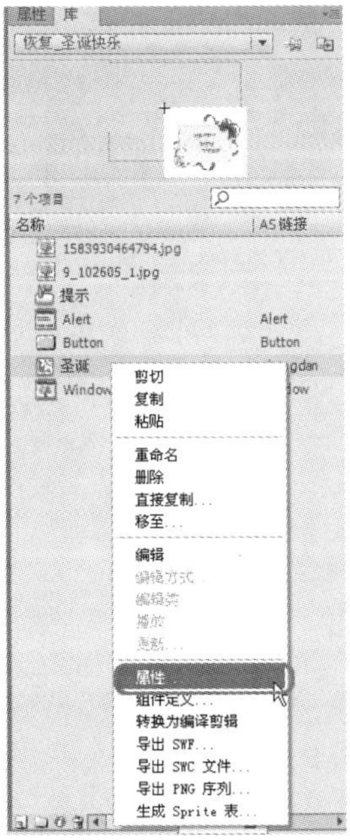

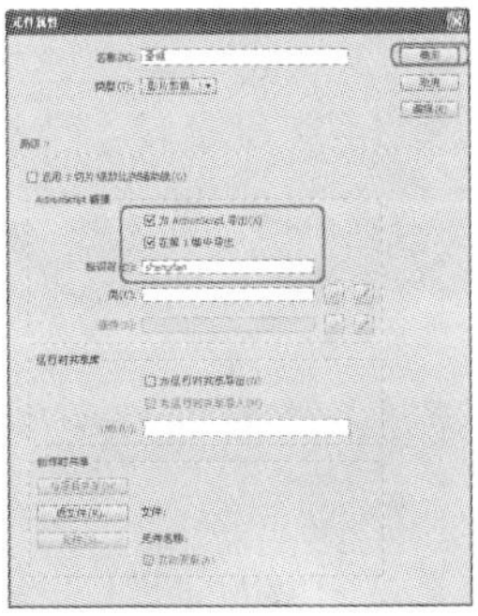

23 设置完成后，单击“确定”按钮，在“组件”面板中选择“Window”组件，将其拖曳至舞台中，然后，将其删除。

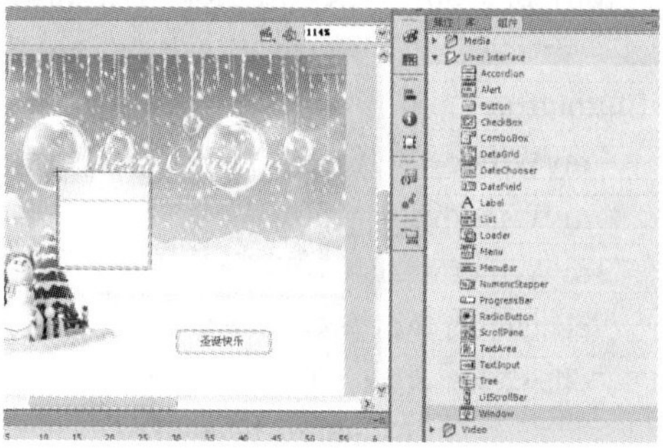

24 影片制作完成，按【Ctrl+Enter】组合键测试影片。影片制作完成，保存场景文件，并输出SWF影片即可。

第19章

本章导读：

当在Flash中制作完场景后，首先要对完成后的场景进行优化，从而减小影片的大小，本章将主要介绍动画的输出与发布。

动画的输出与发布

【基础知识：1小时】

测试Flash作品	15分钟
优化Flash作品	10分钟
Flash作品的导出	10分钟
发布Flash格式	20分钟
发布预览	5分钟

【演练：1小时】

导出影片	40分钟
发布作品	20分钟

19.1 测试Flash作品

学习时间：15分钟

由于Flash影片可以以流媒体的方式边下载边播放，因此如果影片播放到某一帧时，所需要的数据还没有下载完全，影片就会停止播放并等待数据下载。所以在影片正式发布前，需要测试影片在各帧的下载速度，找出在播放过程中有可能因为数据容量太大而造成影片播放停顿的地方。

打开准备发布的Flash影片的源文件，按【Ctrl+Enter】组合键测试影片，然后在菜单栏中选择“视图”→“宽带设置”命令。此时在测试面板中可以看到，柱状图代表每一帧的数据容量，数据容量大的帧所消耗的读取时间也会较多。如果某一帧的柱状图在红线以上，则表示该帧影片的下载速度会慢于影片的播放速度，需要适当地调整该帧内的数据容量。

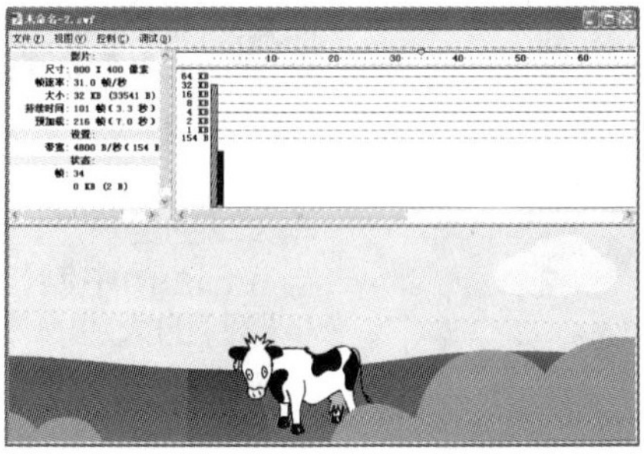

19.2 优化Flash作品

学习时间：10分钟

Flash影片制作完成后，就要准备将其发布为可播放的文件格式。发布影片是整个Flash影片制作中最后也是最关键的一步，由于Flash是为网络而生的，因此一定要充分考虑最终生成影片的大小、播放速度等一系列重要的问题。如果不能平衡好这些问题，即使Flash作品设计得再优秀与精彩，也不能使它在网页中流畅地播放，影片的价值就会大打折扣。

19.2.1 元件的灵活使用

如果一个对象在影片中被多次应用，那么一定要将其以元件的方式添加到库中，因为添加到库中的文件不会因为调用次数的增加而使影片文件的容量增大。

19.2.2 减少特殊绘图效果的应用

- 在使用“线条工具”绘制图像的时候要格外注意，如果不是十分必要，要尽量使用实线，因为实线相对其他特殊线条所占用的存储容量最小。

- 在填充色方面，应用渐变颜色的影片容量要比应用单色填充的影片容量大，因此应该尽可能地使用单色填充，并且要使用网络安全色。
- 对于由外部导入的矢量图形，在将其导入后应该使用菜单栏中的“修改”→“分离”命令将其打散，然后再使用菜单栏中的“修改” →“形状” →“优化”命令优化图形中多余的曲线，使矢量图占用的容量减少。

19.2.3 注意字体的使用

在字体的使用上，应尽量使用系统的默认字体。而且在使用“分离”命令打散文字时也应该多加注意，有的时候打散文字未必就能使文件所占的容量减少。

19.2.4 优化位图图像

对于影片中所使用的位图图像，应该尽可能地对其进行压缩优化，或者在“库”面板中的位图图像上单击鼠标右键，在弹出的快捷菜单中选择“属性”命令，再在弹出的“位图属性”对话框中对其图像属性进行重新设置。

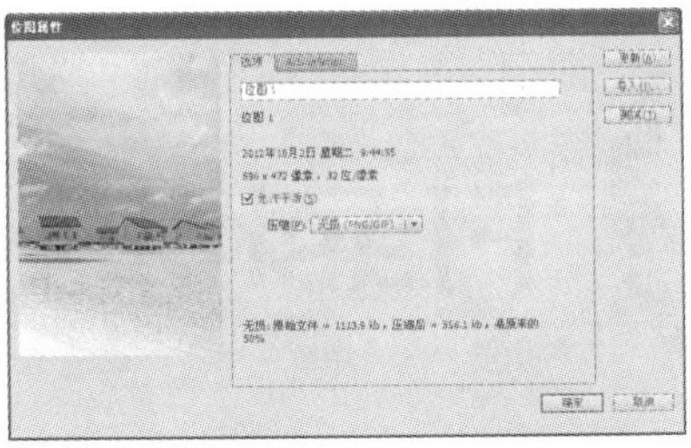

19.2.5 优化声音文件

导入声音文件应使用经过压缩的音频格式，如MP3。而对于WAV这种未经压缩的声音格式的文件应该尽量避免使用。对于“库”面板中的声音文件，在文件上单击鼠标右键，在弹出的快捷菜单中选择“属性”命令，在弹出的“声音属性”对话框中选择合适的压缩方式。

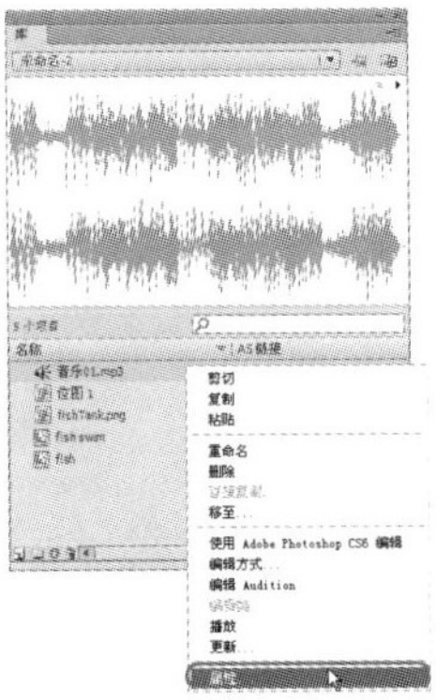

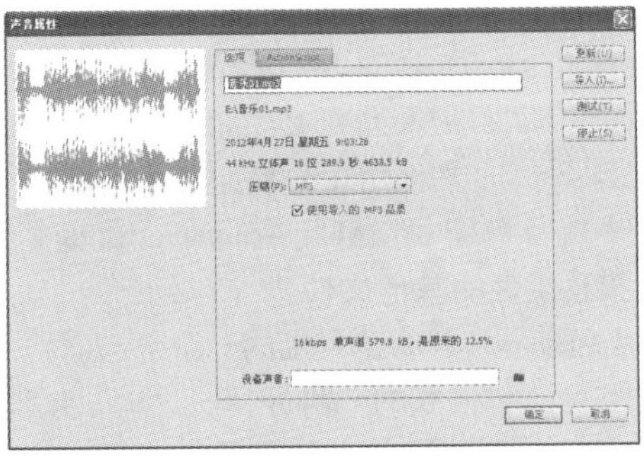

19.3 Flash作品的导出

学习时间：10分钟

Flash作品制作完毕后，就要将其导出成为影片了。导出Flash作品的具体操作步骤如下：

01 在菜单栏中选择“文件”→“导出”→“导出影片”命令。

02 打开“导出影片”对话框，在该对话框中设置影片导出路径及导出影片的名称，以及所导出的影片格式。

19.4 Flash发布格式

学习时间：20分钟

Flash影片可以导出成为多种文件格式，为了方便设置每种可以导出的文件格式的属性，Flash提供了一个“发布设置”对话框，在这个对话框中可以选择将要导出的文件类型及其导出路径，并且还可以一次性地同时导出多个格式的文件，本节将对几个常用的格式进行简单介绍。

19.4.1 发布格式设置

在菜单栏中选择“文件”→“发布设置”命令，打开“发布设置”对话框。在左侧列表中可以选择要导出的文件类型，各选项参数介绍如下。

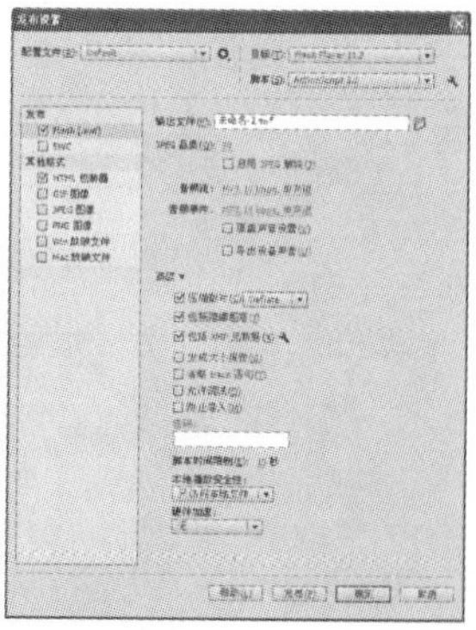

- **Flash（.swf）**：这是Flash默认的输出影片的格式。
- **SWC**：SWC 文件用于分发组件。SWC文件包含一个编译剪辑、组件的ActionScript类文件，以及描述组件的其他文件。
- **HTML包装器**：发布到网上的一个必选项，.html是网上对.swf格式的一种翻译，.html必须依附于.swf格式，它不允许单独选择。
- **GIF图像**：不带声音的动画组列形式，比如一些简单的运动，例如网上许多的QQ表情动画都可以做一些图像序列。

- **JPEG图像：**单帧的图像显示格式。
- **PNG图像：**.PNG格式的文件是带层次的单帧显示，可以将该格式文件导入一些专业的绘图软件中，然后对层进行编辑。
- **Win放映文件：**在没有播放软件的情况下，可以将动画打包成一个EXE文件，像一个运行文件，双击该文件即可播放Flash影片。
- **Mac放映文件：**该文件为电影文件。

19.4.2 发布Flash

在“发布设置”对话框的左侧列表中选“Flash（.swf）”复选框，既转到Flash影片文件的设置界面。

- **输出文件：**在右侧的文本框中输入导出影片的文件名，单击右侧的“选择发布目标”按钮，可以打开“选择发布目标”对话框。在该对话框中可以设置导出影片的路径和文件名。

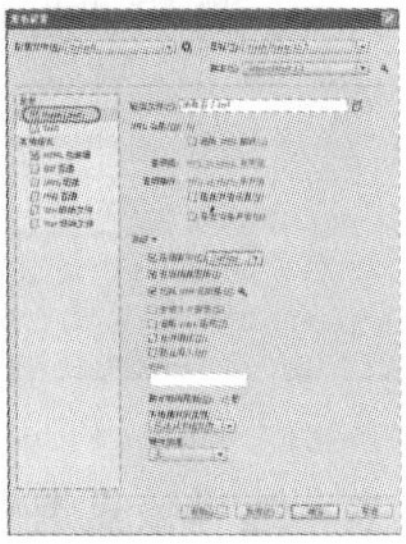

- **JPEG品质：**Flash动画中的位图都是使用JPEG格式进行压缩的，所以通过输入数值，可以设置位图在最终影片中的品质。
- **“启用JPEG解块”复选框：**选择该复选框，可以减少低品质设置的失真。
- **音频流/音频事件：**单击右侧的蓝色参数，可以打开“声音设置”对话框。在该对话框中可以对声音的压缩属性进行设置。

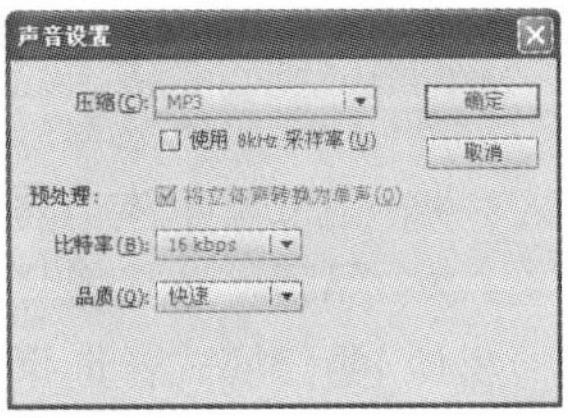

- **“覆盖声音设置”复选框：**选择该复选框后，影片中所有的声音压缩设置都将统一遵循音频流/音频事件的设置方案。
- **“导出设备声音”复选框：**选择该复选框后，可将设备声音导出。
- **“压缩影片”复选框：**选择该复选框后，将压缩影片文件的尺寸。通过右侧的下拉列表，可以选择压缩模式。
- **“包括隐藏图层”复选框：**选择该复选框后，可将动画中的隐藏层导出。
- **“包括XMP元数据”复选框：**选择该复选框后，可导出包括XMP播放器的使用数据。
- **“生成大小报告”复选框：**选择该复选框后，可产生一份详细的记载了帧、场景、元件和声音压缩情况的报告。
- **“省略trace语句”：**选择该复选框后，可以忽略当前SWF文件中的ActionScript trace语句。
- **“允许调试”：**选择该复选框后，可激活调试器并允许远程调试SWF文件。
- **“防止导入”：**选择该复选框后，可防止其他人将影片导入另外一部作品当中，例如将flash上传到网上之后，有很多人会去下载，选中该选项后下载该作品的用户只可以看，但不可以对其进行修改。
- **密码：**选择“防止导入”复选框后，可以为影片设置导入密码。
- **脚本时间限制：**设置脚本的运行时间限制。

◉ **本地播放安全性：**选择要使用的Flash安全模型。
◉ **硬件加速：**选择使用硬件加速的方式。

19.4.3 发布HTML

在“发布设置”对话框的左侧列表中选择“HTML包装器”复选框，即可将界面转换到HTML的发布文件设置界面。

◉ **输出文件：**在右侧的文本框中输入导出影片的文件名，单击右侧的“选择发布目标”按钮，可以打开“选择发布目标”对话框，在该对话框中可以设置导出影片的路径和文件名。
◉ **模板：**在右侧的下拉列表中选择生成HTML文件所需的模板，单击“信息”按钮，出“HTML模板信息”对话框，在该对话框中可以查看模板的信息。

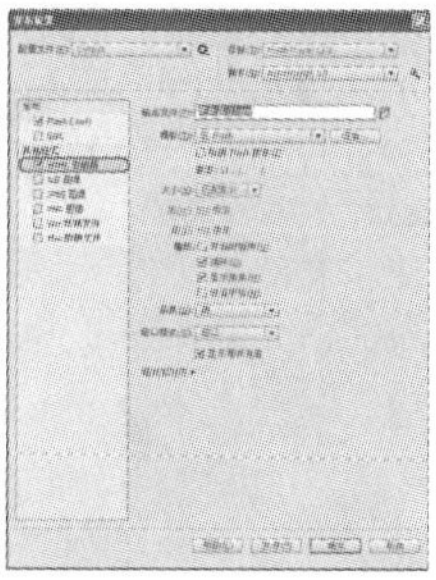

◉ **“检测Flash版本”复选框：**自动检测Flash的版本。选择该复选框后，可以进行版本检测的设置。
◉ **大小：**设置Flash影片在HTML文件中的尺寸。
◉ **“开始时暂停”复选框：**选择该复选框后，影片在第1帧暂停。
◉ **“循环”复选框：**选择该复选框后，将循环播放影片。
◉ **“显示菜单”复选框：**选择该复选框后，在生成的影片页面中单击鼠标右键，会弹出控制影片播放的菜单。
◉ **“设备字体”复选框：**选择该复选框后，将使用默认字体替换系统中没有的字体。
◉ **品质：**选择影片的图像质量。
◉ **窗口模式：**选择影片的窗口模式。
  - **窗口：**Flash影片在网页中的矩形窗口内播放。
  - **不透明无窗口：**使Flash影片的区域不露出背景元素。
  - **透明无窗口：**使网页的背景可以透过Flash影片的透明部分。
  - **直接：**当使用直接模式时，在HTML页面中，无法将其他非SWF图形放置在 SWF文件的上面。
◉ **“显示警告消息”复选框：**选择该复选框后，在标签设置发生冲突时会显示错误消息。
◉ **缩放和对齐：**设置动画的缩放方式和对齐方式。
  - **默认（显示全部）：**等比例大小显示Flash影片。
  - **无边框：**使用原有比例显示影片，但是去除超出网页的部分。
  - **精确匹配：**使影片大小按照网页的大小进行显示。
  - **无缩放：**不按比例缩放影片。
◉ **HTML对齐：**设置Flash影片在网页中的位置。

◉ **Flash水平对齐/ Flash垂直对齐**：设置影片在网页上的排列位置。

19.4.4 发布GIF

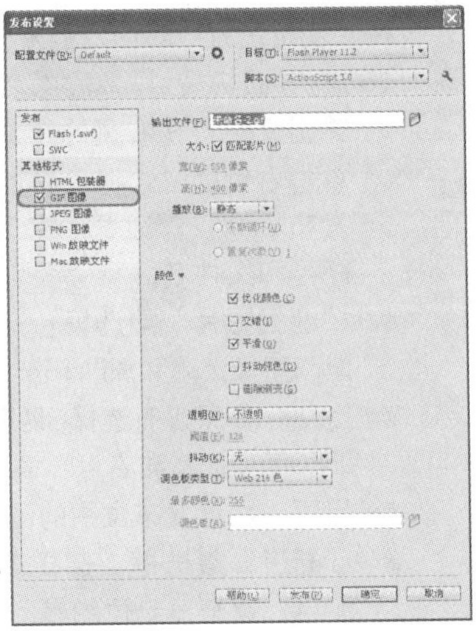

在“发布设置”对话框的左侧列表中选择“GIF图像”复选框，即可将界面转换到GIF的发布文件设置界面。

◉ **输出文件**：在右侧的文本框中输入导出影片的文件名，单击右侧的“选择发布目标”按钮，可以打开“选择发布目标”对话框，在该对话框中可以设置导出影片的路径和文件名。

◉ **“匹配影片”复选框**：选择该复选框后，可以使发布的GIF动画大小和原Flash影片大小相同。

◉ **宽/高**：如果没有选择“匹配影片”复选框，可以自定义设置GIF动画的宽和高。

◉ **播放**：包括两个选项。

- **静态**：发布的GIF为静态图像。
- **动画**：发布的GIF为动态图像，选择该选项后可以设置动画循环播放的次数。

◉ **“优化颜色”复选框**：选择该复选框后，可以删除GIF动画的颜色表中用不到的颜色。

◉ **“交错”复选框**：选择该复选框后，可以使GIF动画以由模糊到清晰的方式进行显示。

◉ **“平滑”复选框**：选择该复选框后，可以消除位图的锯齿。

◉ **“抖动纯”复选框**：选择该复选框后，可以使用相近的颜色来替代调色板中没有的颜色。

◉ **“删除渐变”复选框**：选择该复选框后，可以删除影片中出现的渐变颜色，将其转化为渐变色的第一个颜色。

◉ **透明**：设置GIF动画的透明效果。

- **不透明**：发布的GIF动画不透明。
- **透明**：发布的GIF动画透明。
- **Alpha**：可自由设置不透明度的数值。数值的范围是0～255。

◉ **抖动**：设置GIF动画抖动的方式。

- **无**：没有抖动处理。
- **有序**：在将增加文件大小控制在最小范围之内的前提下提供良好的图像质量。
- **扩散**：提供最好的图像质量。

◉ **调色板类型**：用于定义GIF动画的调色板。

- **Web 216色**：标准的网络安全色。
- **最合适**：为GIF动画创建最精确颜色的调色板。
- **接近Web最适色**：网络最佳色，将优化过的颜色转换为Web 216色的调色板。
- **自定义**：自定义添加颜色到调色板。

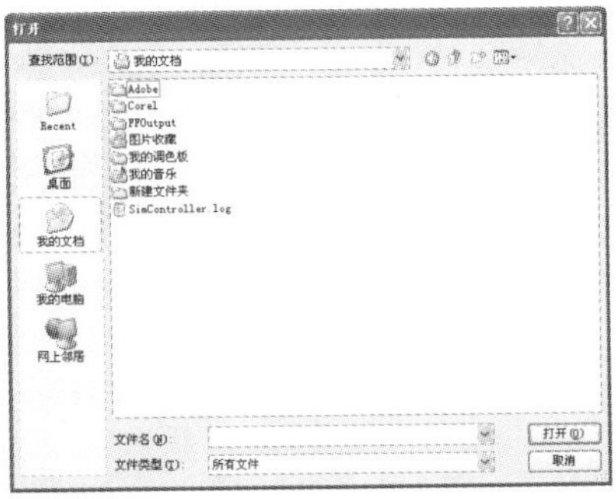

◉ **最多颜色**：设置GIF动画中所使用的最大颜色数。数值范围为2～255。

◉ **调色板**：选择“自定义”调色板后可以激活此选项，在文本框中输入调色板名称，也可以单击右侧的“浏览到调色板位置”按钮，在弹出的“打开”对话框中选择调色板文件。

19.4.5 发布JPEG

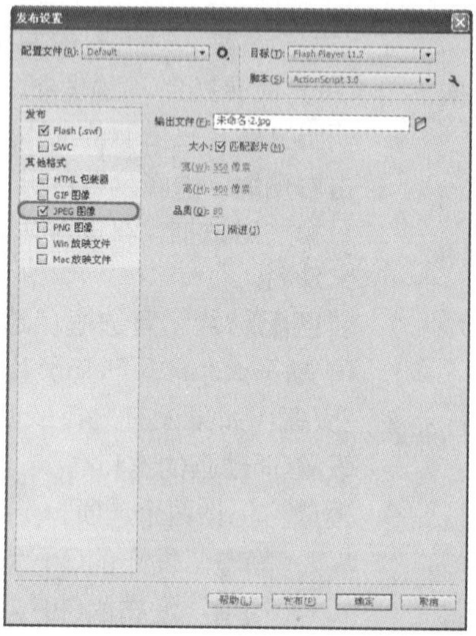

在“发布设置”对话框的左侧列表中选择“JPEG图像”复选框，即可将界面切换到JPEG的发布文件设置界面。

- **输出文件：**在右侧的文本框中输入导出影片的文件名，单击右侧的“选择发布目标”按钮，可以打开“选择发布目标”对话框，在该对话框中可以设置导出影片的路径和文件名。
- **“匹配影片”复选框：**选择该复选框后，可以使发布的JPEG图像大小和原Flash影片大小相同。
- **宽/高：**如果没有选择“匹配影片”复选框，可以自定义设置JPEG图像的宽和高。
- **品质：**设置发布位图的图像品质。
- **“渐进”复选框：**选择该复选框后，可以在低速网络环境中，逐渐显示位图。

技巧提示

此外，还可以选择和设置其他几种可以发布文件，但是，由于它们的使用概率较低，因此就不在此一一详细说明了。

19.5 发布预览

学习时间：5分钟

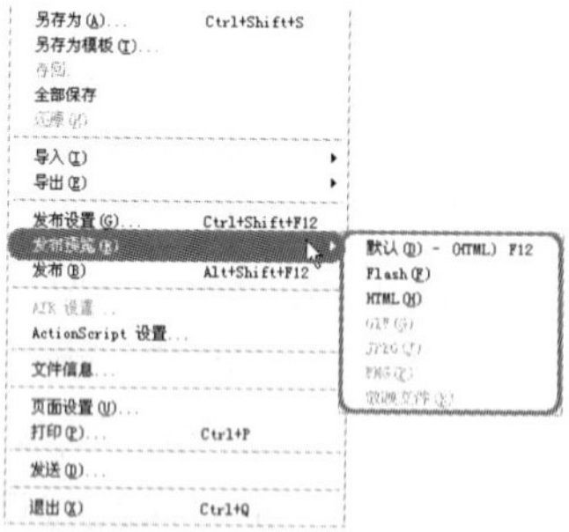

首先使用“发布设置”对话框指定可以导出的文件类型，然后在菜单栏中选择“文件”→“发布预览”命令，在其子菜单中选择预览的文件格式。这样Flash便可以创建一个指定的文件类型，并将它放在Flash影片文件所在的文件夹中。

技巧提示

在“发布预览”子菜单中可以选择的文件格式都是在“发布设置”对话框中指定的输出格式。

19.6 案例制作

学习时间：60分钟

19.6.1 导出影片

下面介绍如何制作水纹动画，其效果如下图所示，并对完成后的效果进行导出，具体操作步骤如下：

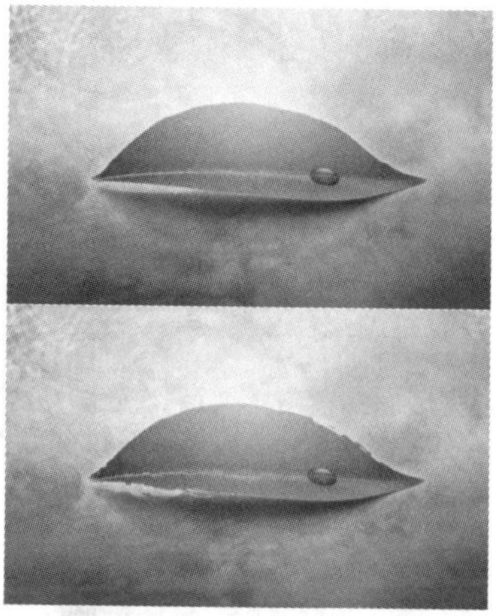

01 创建一个新的FLA文件，按【Ctrl+F3】组合键，在弹出的面板中将“FPS”设置为12，将“大小”设置为500×300。

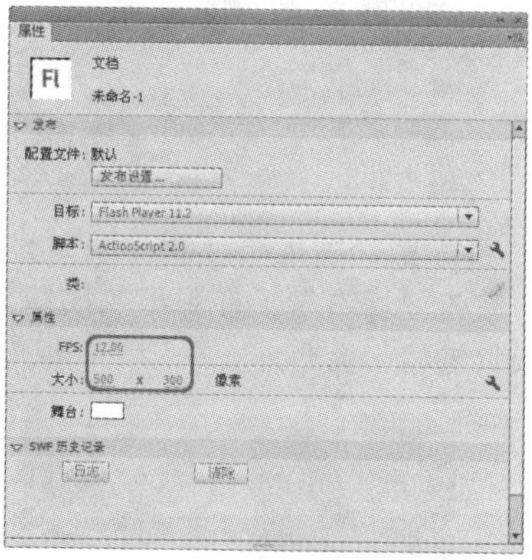

02 按【Ctrl+R】组合键，将第19章的“树叶.jpg”素材文件导入舞台中，再按【Ctrl+F3】组合键，在弹出的面板中单击“将宽度值和高度值锁定在一起”按钮，将“宽”设置为500，按【Ctrl+K】组合键，在弹出的面板中单击“底对齐”按钮。

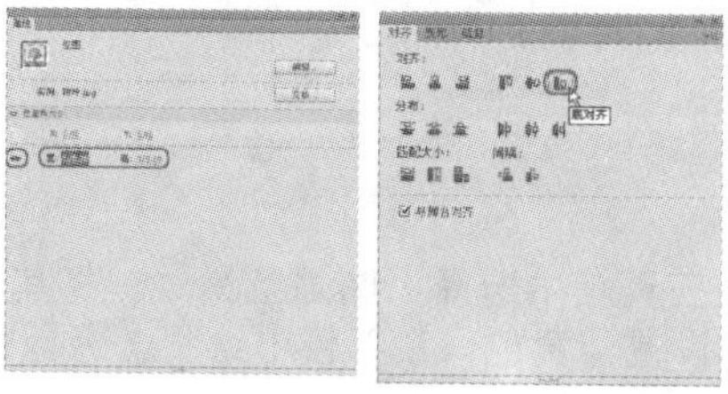

03 在菜单栏中选择“修改”→“转换为元件”命令，在弹出的对话框中将“名称”设置为“背景”，将“类型”设置为“影片剪辑”，单击“确定”按钮。

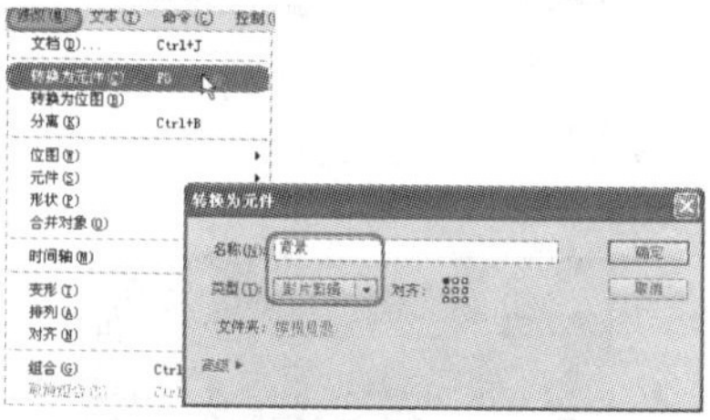

04 再按【Ctrl+F8】组合键，在弹出的对话框中将“名称”设置为“波纹”，将“类型”设置为“影片剪辑”。

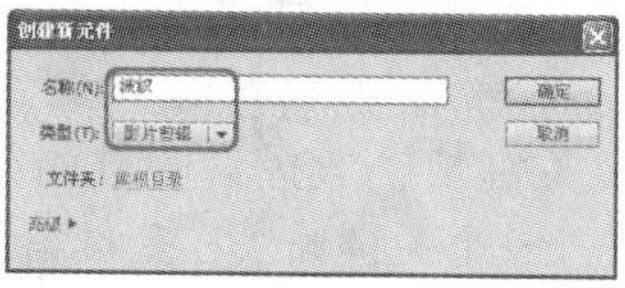

05 设置完成后，单击“确定”按钮，在工具箱中选择“椭圆工具”，将其“笔触颜色”设置为“无”，将“填充颜色”设置为红色，效果如下图所示。

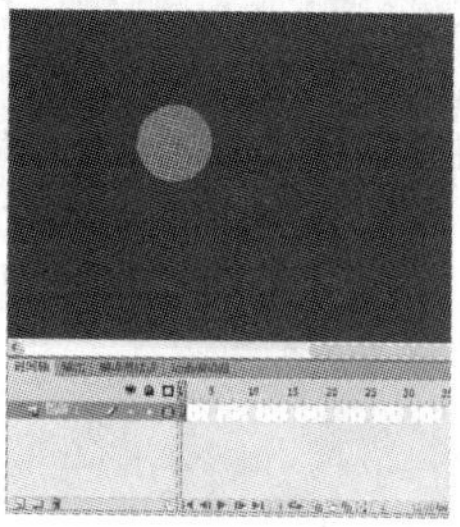

06 在工具箱中选择“部分选取工具”，在舞台中对所绘制的椭圆进行调整，调整后的效果如下图所示。

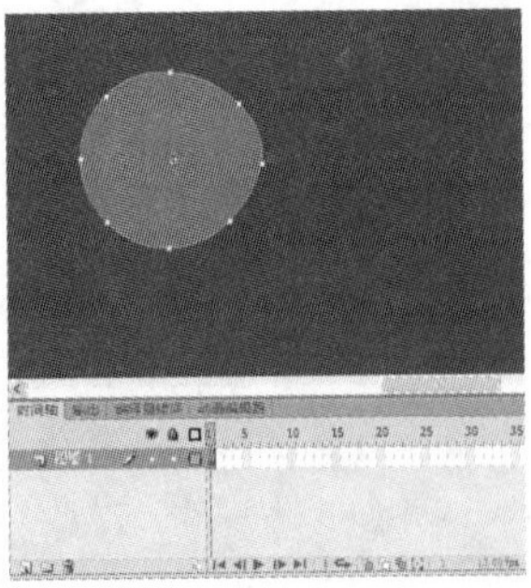

07 在工具箱中选择“椭圆工具”，将其“填充颜色”设置为黄色，在舞台中绘制一个椭圆形。

08 使用“选择工具”选中所绘制的黄色椭圆，按【Delete】键将该图形删除。

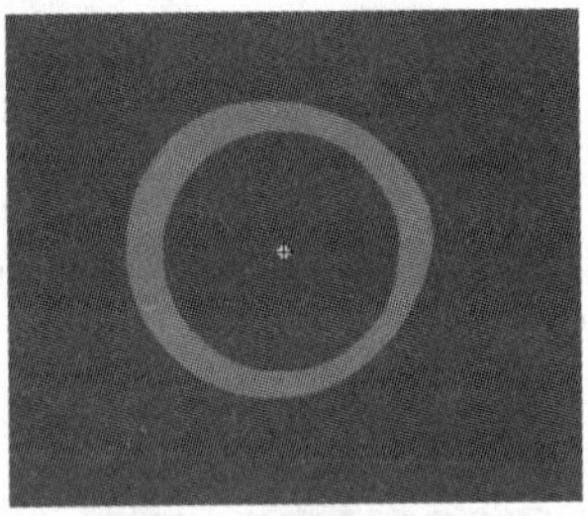

09 选择“图层1”图层的第16帧，按【F6】键插入一个关键帧，选择该图层的第17帧，按【F6】键插入一个关键帧，在工具箱中单击“部分选取工具”，在舞台中对所绘制的椭圆进行调整。

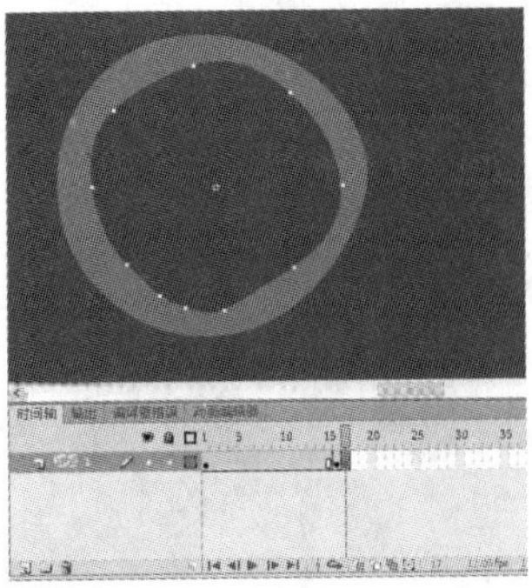

10 使用同样的方法在“图层1”图层的不同帧上插入关键帧，并对其进行调整。

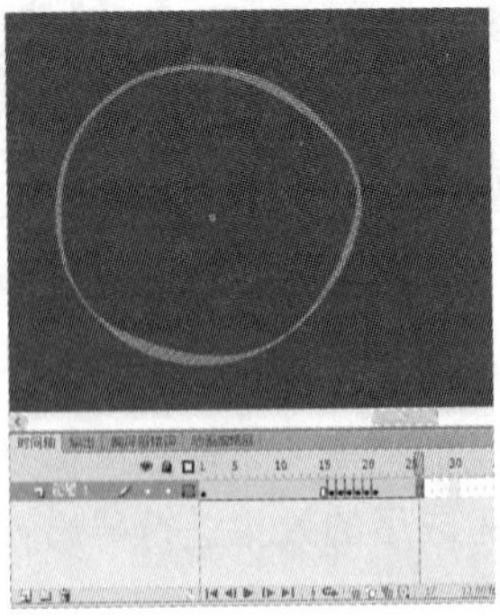

11 按【Ctrl+F8】组合键，在弹出的对话框中将“名称”设置为“波纹动画”，将“类型”设置为“影片剪辑”。

12 设置完成后，单击“确定”按钮，按【Ctrl+L】组合键，在弹出的面板中选择“波纹”元件，按下鼠标将其拖曳至舞台中，并调整其大小。

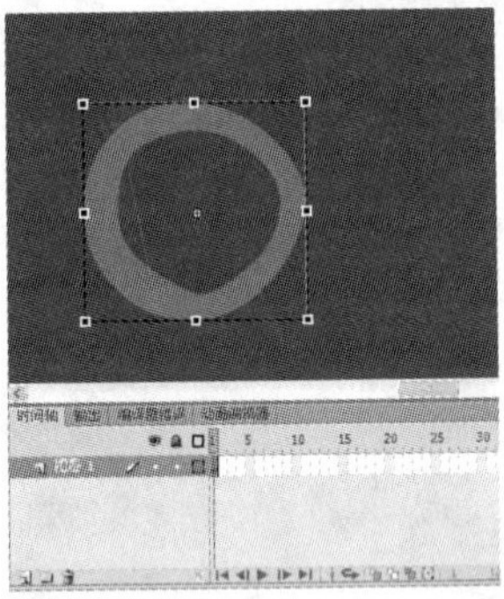

13 在“时间轴”面板中选择“图层1”图层的第21帧，单击鼠标右键，在弹出的快捷菜单中选择“插入关键帧”命令。

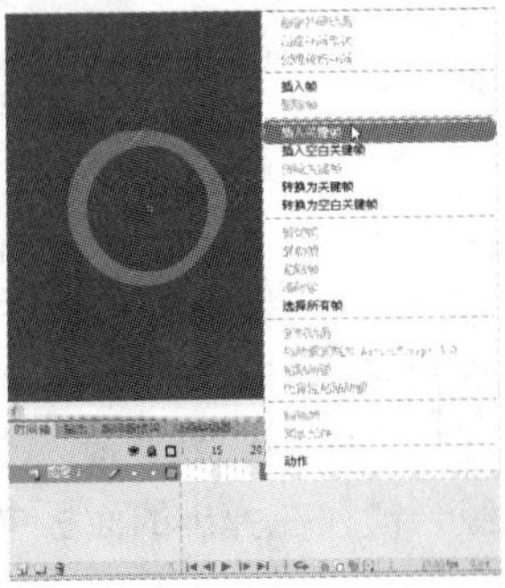

14 在该帧上调整元件的大小及其形状，调整后的效果如下图所示。

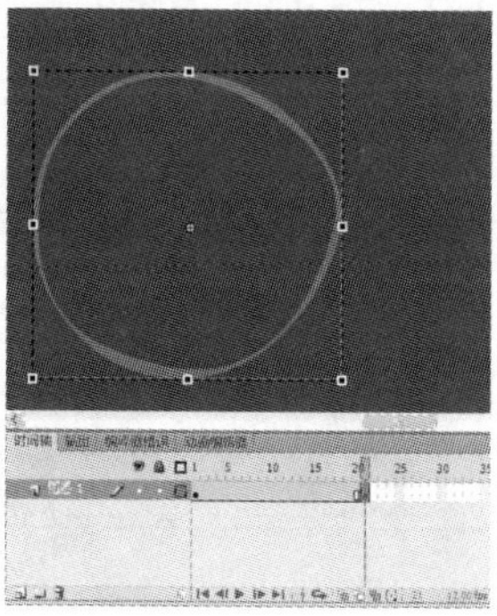

15 选择该图层的第1帧，单击鼠标右键，在弹出的快捷菜单中选择“创建传统补间”命令，选择任意一帧，按【Ctrl+F3】组合键，在弹出的面板中将“缓动”设置为76。

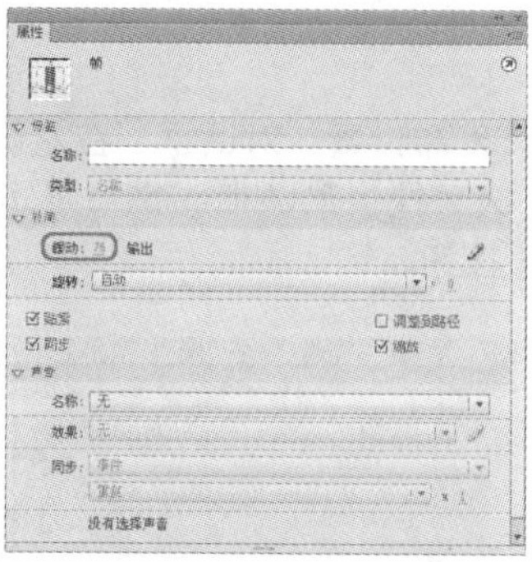

16 使用同样的方法创建其他动画。

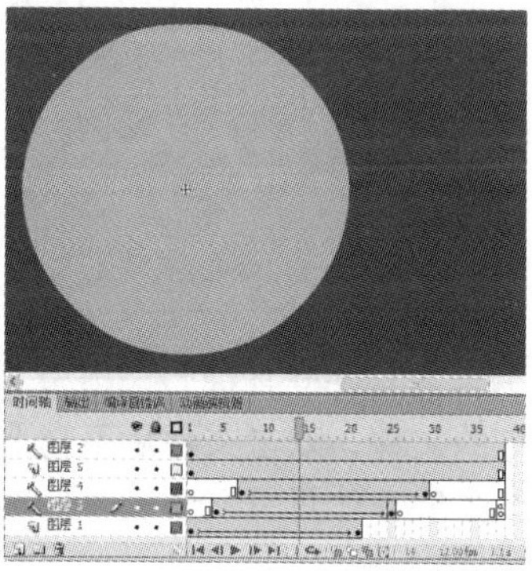

17 按【Ctrl+F8】组合键，在弹出的对话框中将“名称”设置为“图像波纹动画”，将“类型”设置为“影片剪辑”。

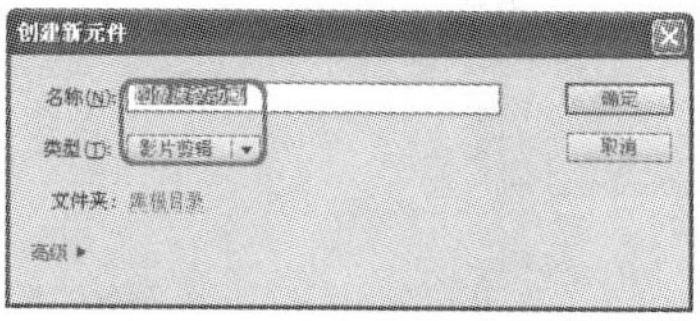

18 设置完成后，单击“确定”按钮，按【Ctrl+L】组合键，在弹出的面板中选择“背景”元件，按下鼠标将其拖曳至舞台中，并调整其位置。

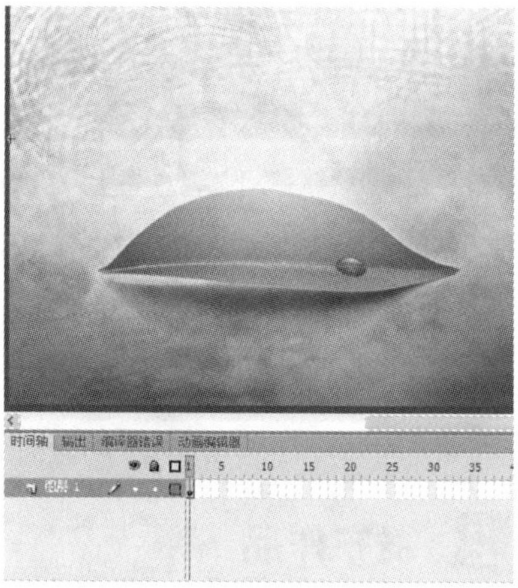

19 按【Ctrl+F3】组合键，在弹出的面板中将“实例名称”设置为“graphic”。

20 按【Ctrl+S】组合键，在弹出的对话框中选择保存路径，将“文件名”设置为“水纹动画”，将“保存类型”设置为“Flash CS6文档（*.fla）”。

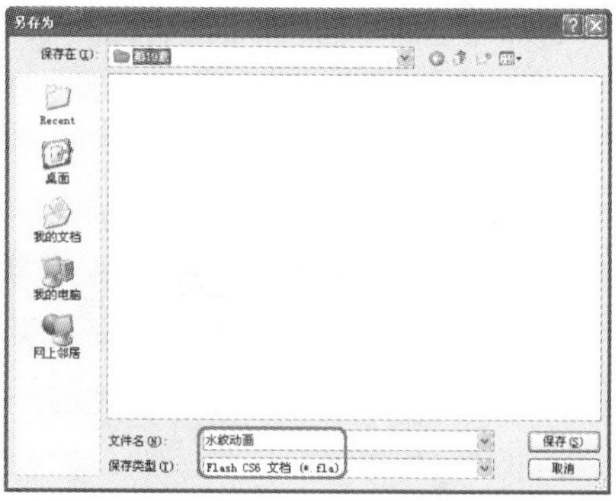

21 单击“保存”按钮，保存场景后，在菜单栏中选择“文件”→“导出”→“导出影片”命令。

22 在弹出的对话框中指定导出路径，将“保存类型”设置为“SWF影片（*.swf）”。设置完成后，单击“保存”按钮。

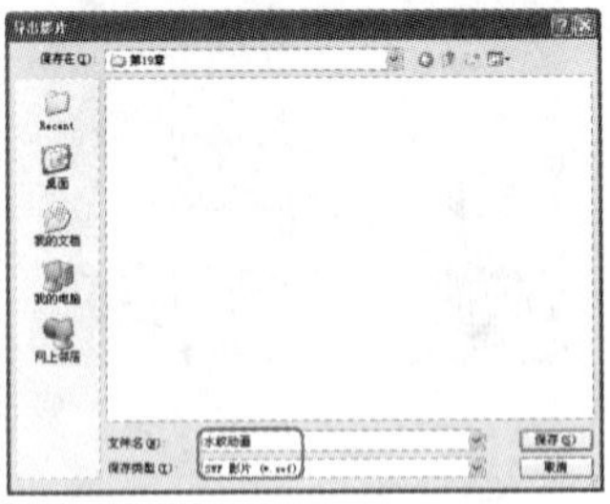

19.6.2 发布作品

下面再来为大家介绍如何将制作完成的Flash作品进行发布，具体操作步骤如下：

01 打开上一节中制作的“水纹效果.fla”场景文件。

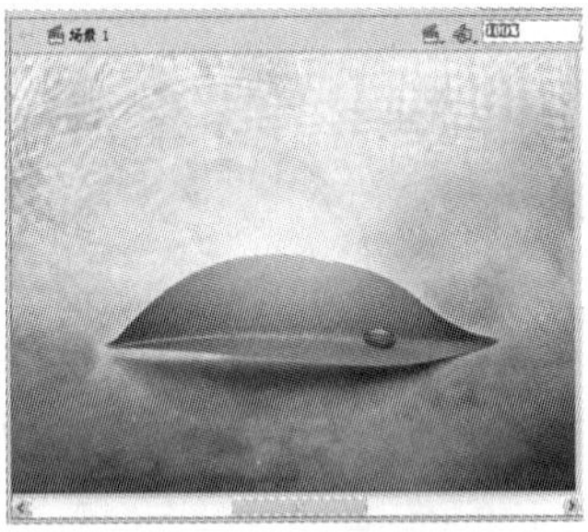

02 然后在菜单栏中选择“文件”→“发布设置”命令。

03 弹出“发布设置”对话框，在左侧列表中选择“Win放映文件”复选框，然后单击“发布”和“确定”按钮。

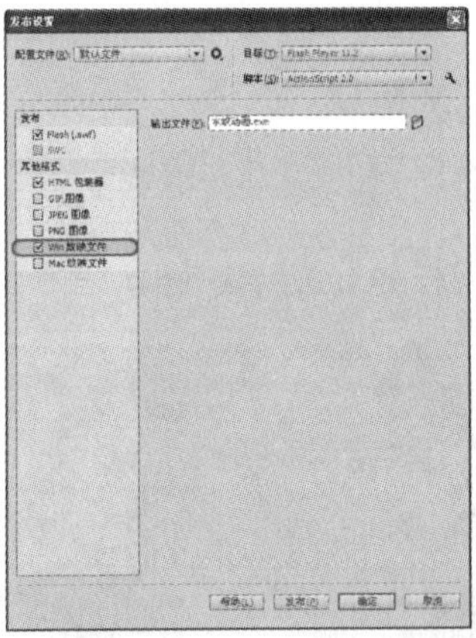

04 此时即在原影片文件保存的位置或者文件夹中生成发布的文件。双击文件后不需要任何其他附件，也不需要在计算机上安装Flash播放器，就可以直接观看此动画。

第20章

本章导读：

网站导航栏是网站中引导观众对主要栏目进行浏览的快捷途径，它可以将网站结构清晰地展示出来，本例将制作一个Flash动态导航栏。

制作导航栏

【演练：2小时】

制作导航栏　2小时

20.1 案例制作

学习时间：2小时

20.1.1 效果展示

本章制作的动画效果如下图所示。

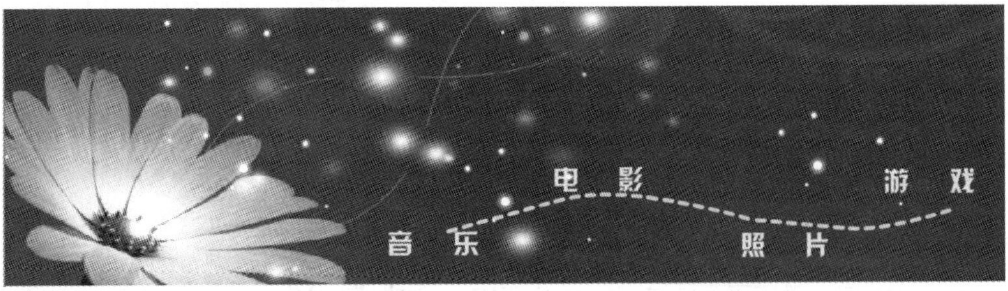

20.1.2 设计分析

该例主要应用遮罩层和创建传统补间的方法来制作按钮，使文字进行替换。并添加飘动的小球，使导航栏看上去更加漂亮，吸引眼球。要注意的是制作按钮时一定要加上动作语句“stop()；”，转换为元件时名称不要重复输入。

20.1.3 制作过程

01 新建一个“尺寸”为760像素（宽度）×205像素（高度）的新文档，将“帧频”设置为24。

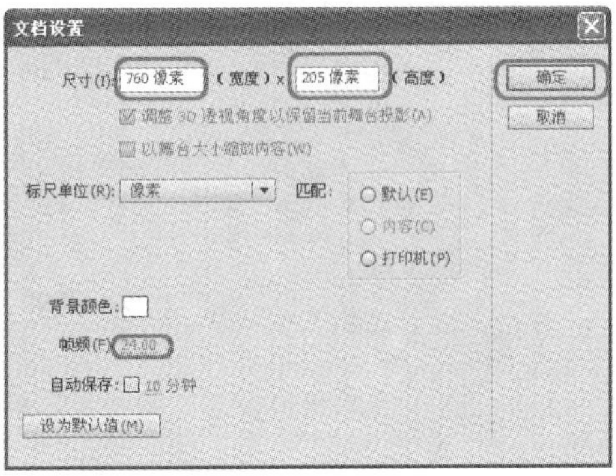

02 在“时间轴”面板中双击“图层1”图层的名称，使其处于编辑状态，然后将其名称改为“背景”。

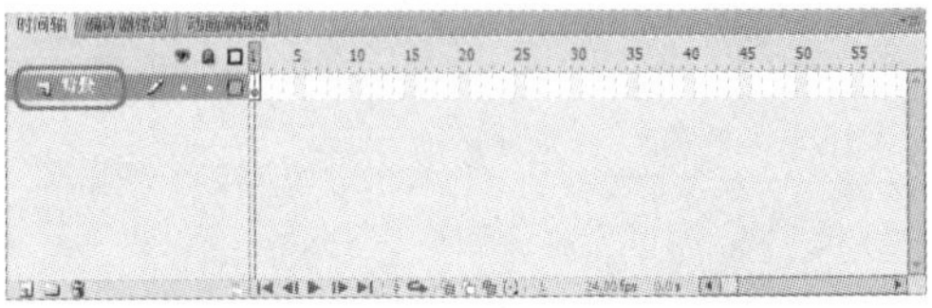

03 在菜单栏中选择“文件”→“导入”→“导入到舞台”命令，将素材文件“网页导航栏背景.jpg”导入舞台。

04 选择导入的素材文件，在“属性”面板中将“X”、“Y”设置为0，将“宽”和“高”分别设置为760和205。

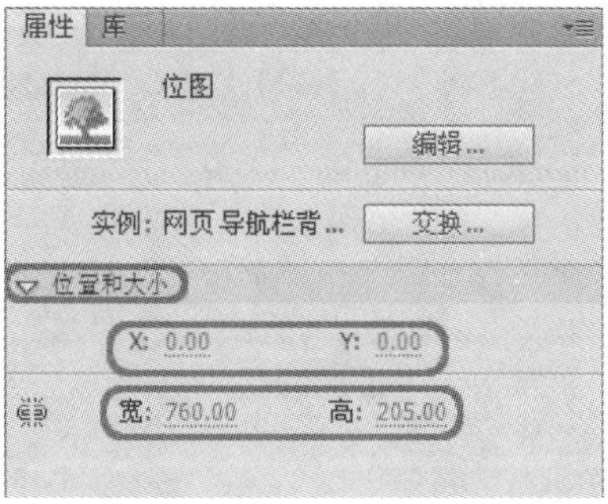

05 在“时间轴”面板中单击“新建图层”按钮，新建图层，并将图层命名为“曲线”。

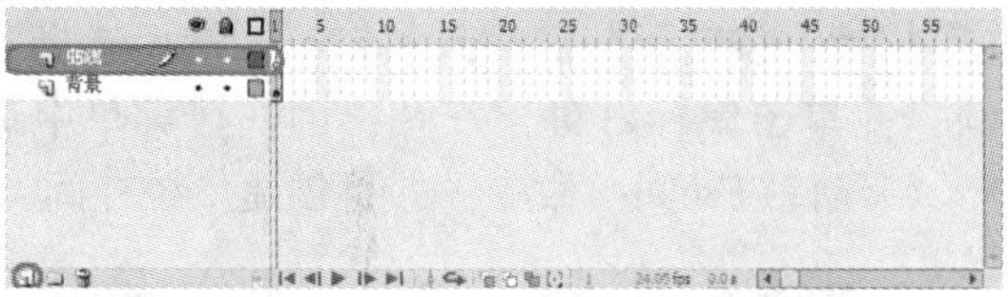

06 选择工具箱中的“钢笔工具”，在“属性”面板中将“样式”设置为“虚线”，将“笔触”设置为3，将笔触颜色设置为“#99FFFF”，然后在场景中绘制曲线。

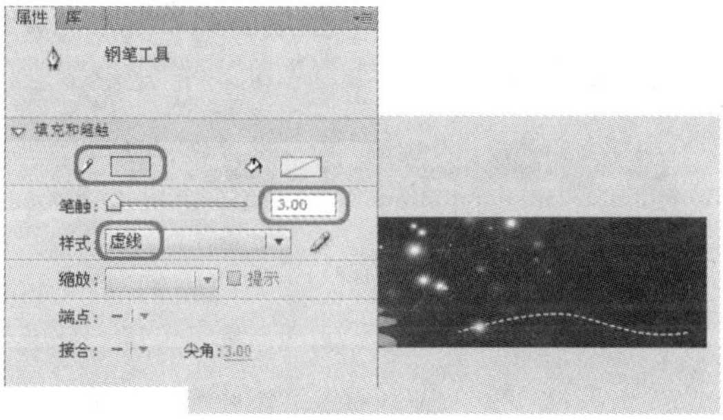

07 在“时间轴”面板中单击“新建图层”按钮，新建图层，并将图层命名为“按钮”。

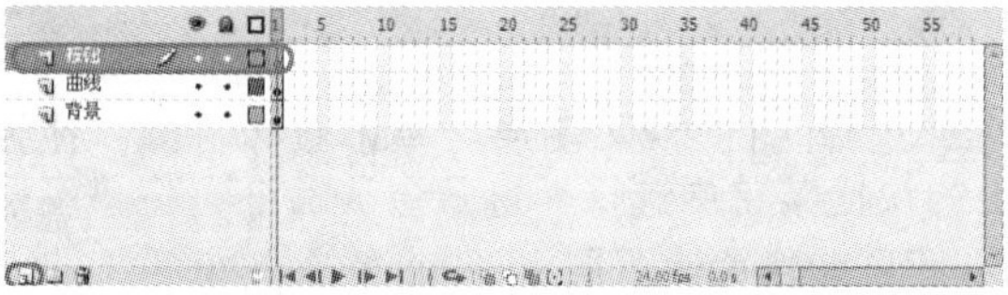

08 在菜单栏中选择“插入”→“新建元件”命令，打开“创建新元件”对话框，在“名称”文本框中输入“音乐”，将“类型”设置为“按钮”，单击“确定”按钮。

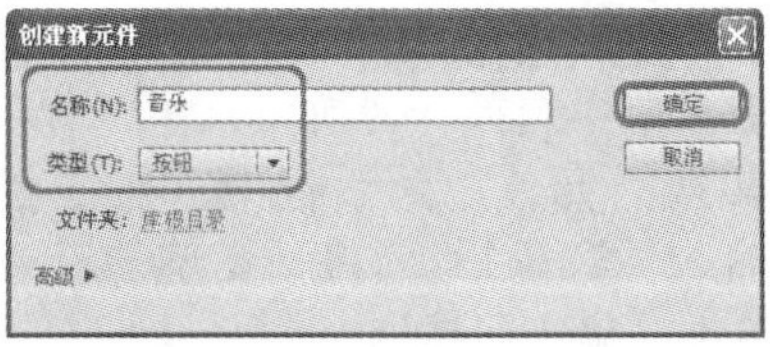

09 在“时间轴”面板中选择“弹起”帧。

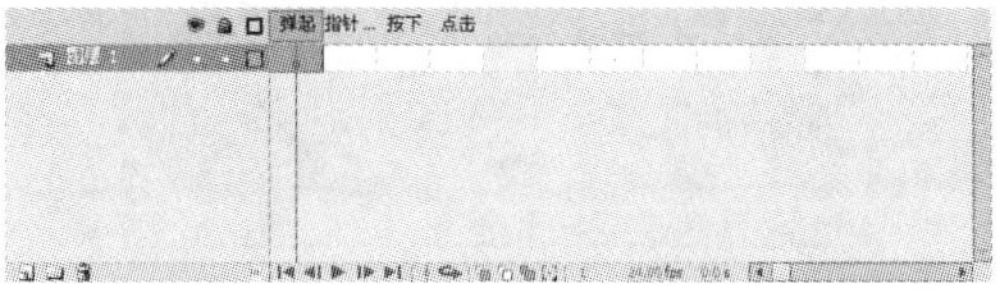

10 在工具箱中选择“文本工具”，打开“属性”面板，在“字符”选项组中将“系列”设置为“汉仪菱心体简”，将“大小”设置为33，将“颜色”设置为“#CCFFFF”。

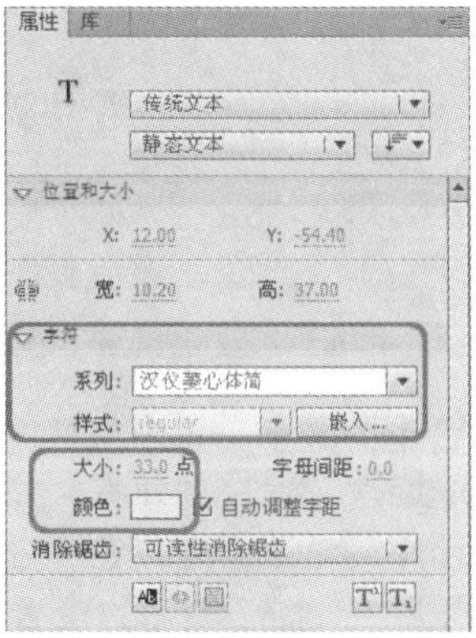

11 在舞台中输入“音乐”，在“对齐”面板中单击“水平中齐”按钮和“垂直中齐”按钮，使文字在舞台中居中对齐。

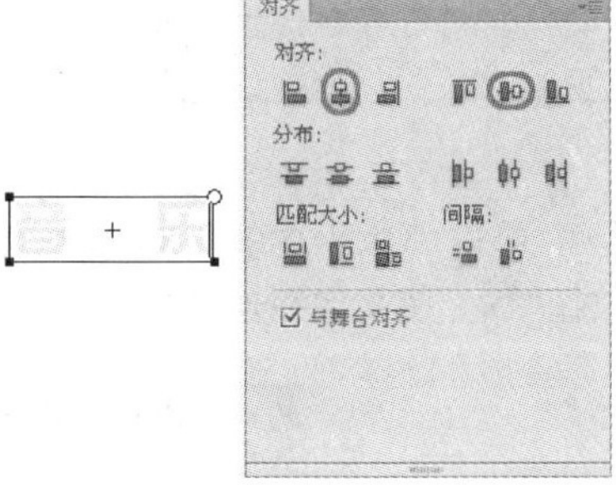

12 在“时间轴”面板中选择“指针经过”帧，按【F6】键插入关键帧。

13 选择舞台中的文字，单击鼠标右键，在弹出的快捷菜单中选择“转换为元件”命令，在打开的“转换为元件”对话框中，在“名称”文本框中输入“音乐1”，将“类型”设置为“图形”，单击“确定”按钮。

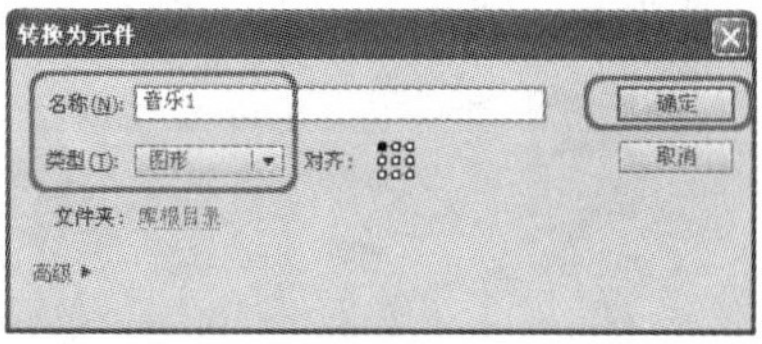

14 进入“音乐1”元件的编辑状态，在“音乐”的上方输入文字“MUSIC”，并设置文字居中对齐于舞台。

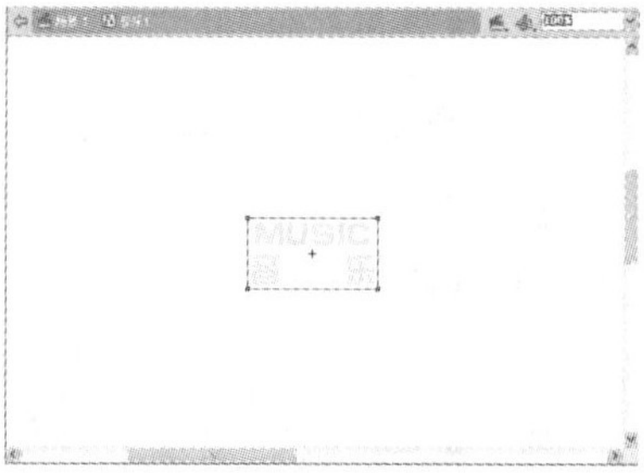

15 选择舞台中的文字，单击鼠标右键，在弹出的快捷菜单中选择“转换为元件”命令，在打开的“转换为元件”对话框中，在“名称”文本框中输入“音乐2”，将“类型”设置为“影片剪辑”，单击“确定”按钮。

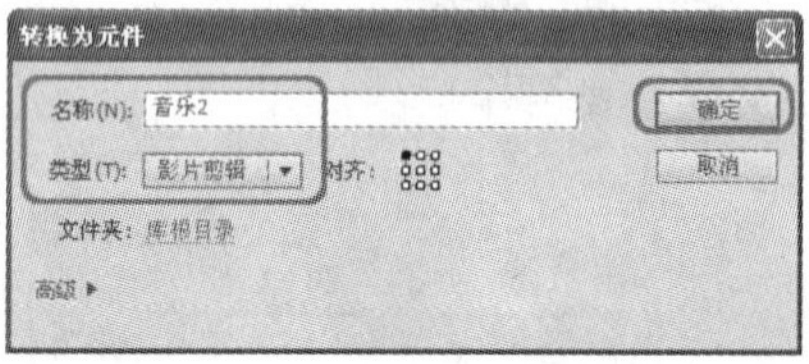

16 进入“音乐2”元件的编辑状态，在“对齐”面板中单击“水平中齐”按钮和“垂直中齐”按钮，使文字在舞台中居中对齐。

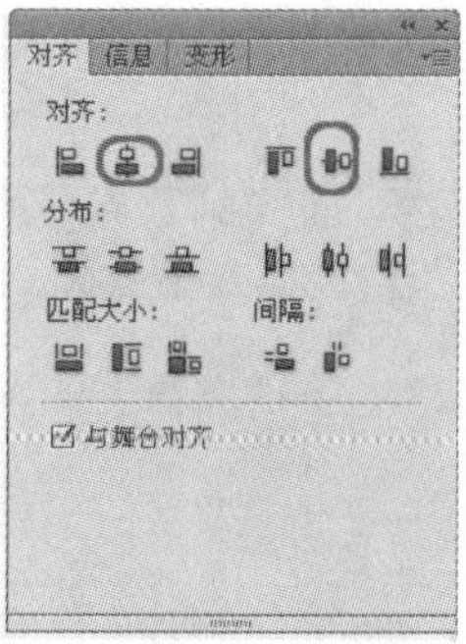

17 在“时间轴”面板中单击“新建图层”按钮，新建一个图层，然后使用“矩形工具”，在舞台中绘制一个无轮廓、半透明且颜色任意的矩形，能够覆盖“音乐”即可。

18 在“时间轴”面板中，选择“图层1”图层的第10帧，按【F6】键插入关键帧；然后选择第1帧，并单击鼠标右键，在弹出的快捷菜单中选择“创建传统补间”命令，即可创建传统补间。

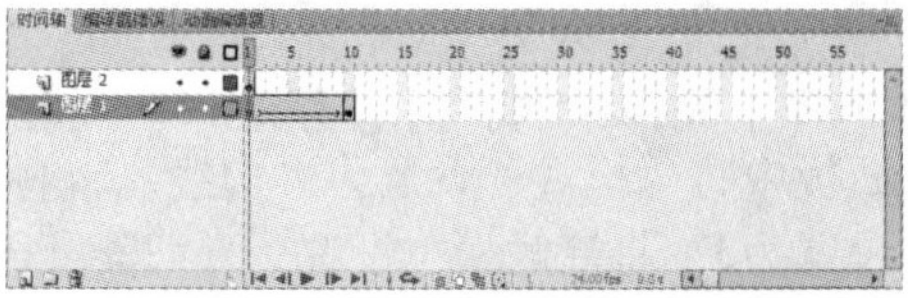

19 选择“图层2”的第10帧，按【F5】键插入帧。然后，选择“图层1”图层的第10帧，在舞台中向下移动文字，使文字“MUSIC”被矩形覆盖。

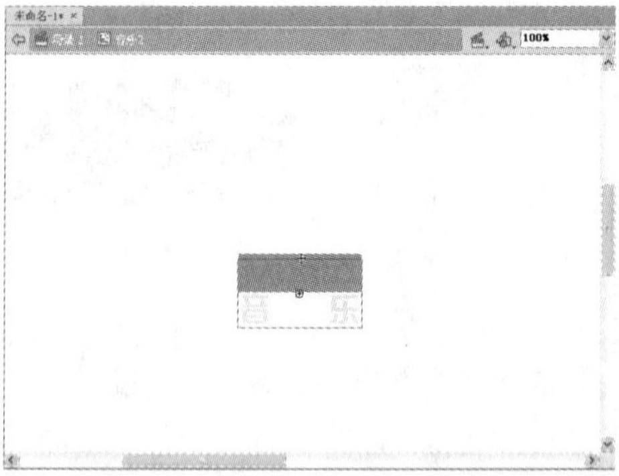

20 选择“图层2”图层，单击鼠标右键，在弹出的快捷菜单中选择“遮罩层”命令，将“图层2”图层转换为遮罩层。

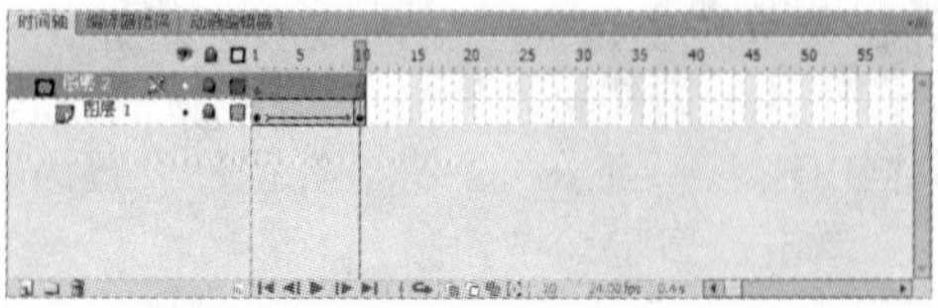

21 再次新建一个图层，选择该图层的第10帧，按【F6】键插入关键帧。

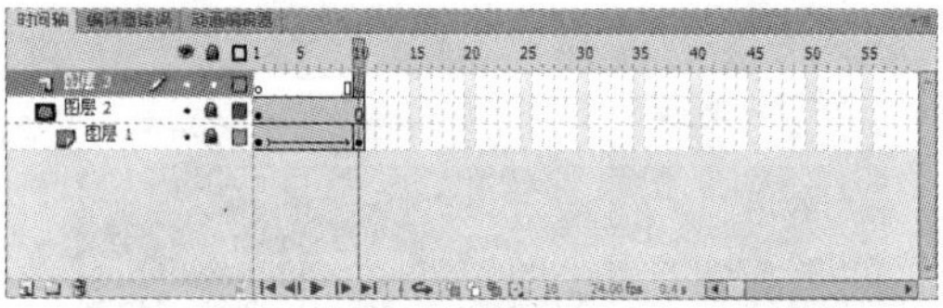

22 选择第10帧，打开【动作】面板，输入停止动画播放的动作命令“stop();”。

23 返回“音乐”元件的舞台，将文字在舞台中居中对齐。然后在“时间轴”面板中选择“按下”帧，单击鼠标右键，在弹出的快捷菜单中选择“插入空白关键帧”命令。

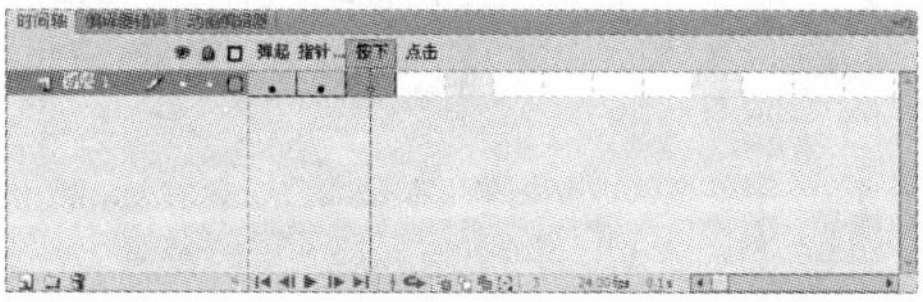

24 在“库”面板中选择“音乐2”元件，将其拖曳至舞台中，在“对齐”面板中单击“水平中齐”按钮和“垂直中齐”按钮，使元件在舞台中居中对齐。

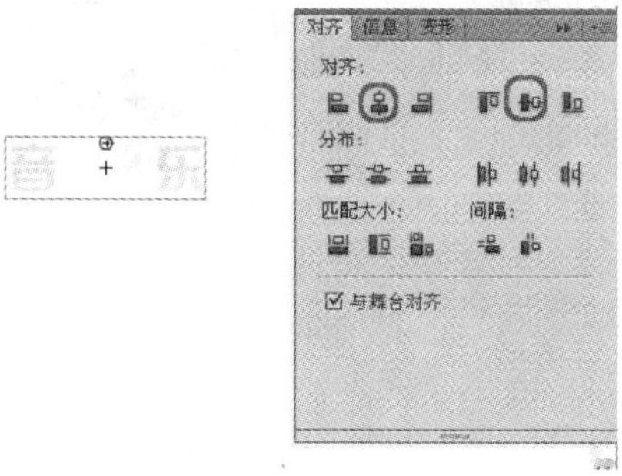

25 在菜单栏中选择“修改”→“分离”命令，得到下图所示的效果。

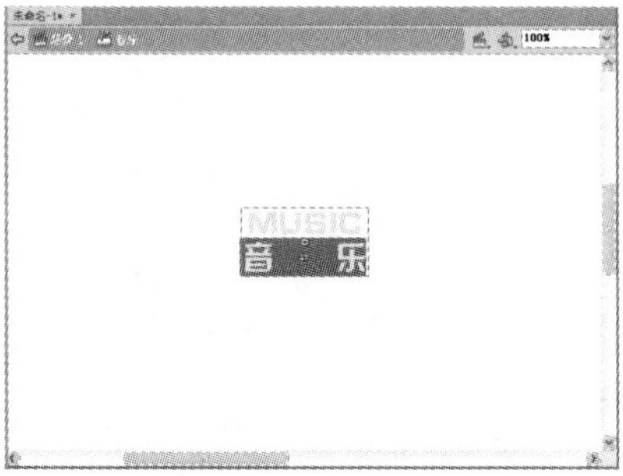

26 将半透明矩形删除，再次执行“分离”命令；然后使用“文本工具”编辑文字，选择“MUSIC”，按【Ctrl+X】组合键进行剪切，然后选择“音乐”，按【Ctrl+V】组合键进行粘贴，将“MUSIC”文字的颜色设置为“#CC00FF”。

27 在“时间轴”面板中选择“点击”帧，单击鼠标右键，在弹出的快捷菜单中选择“插入空白关键帧”命令，即可插入空白关键帧。

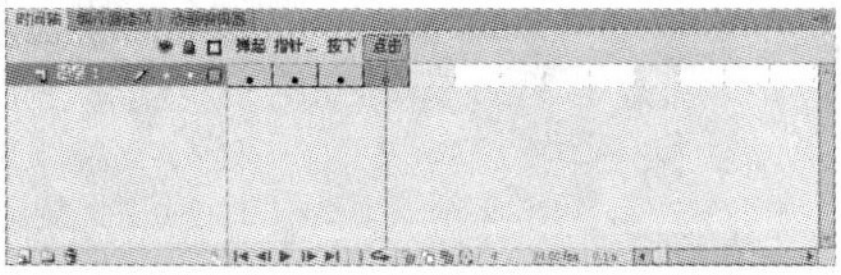

28 将“弹起”帧中的文字复制到“点击”帧，并设置在相同的位置，然后绘制一个任意颜色的矩形，能够覆盖文字即可，将其作为按钮的鼠标感应区域。

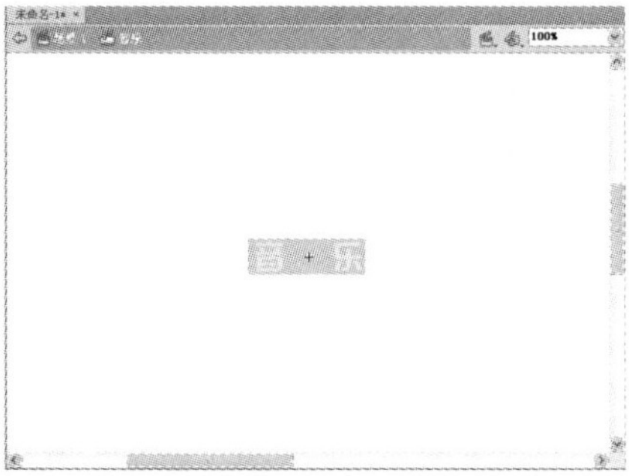

29 进入“补间2”元件的编辑状态，将文字“MUSIC”的颜色设置为“#CC00FF”。

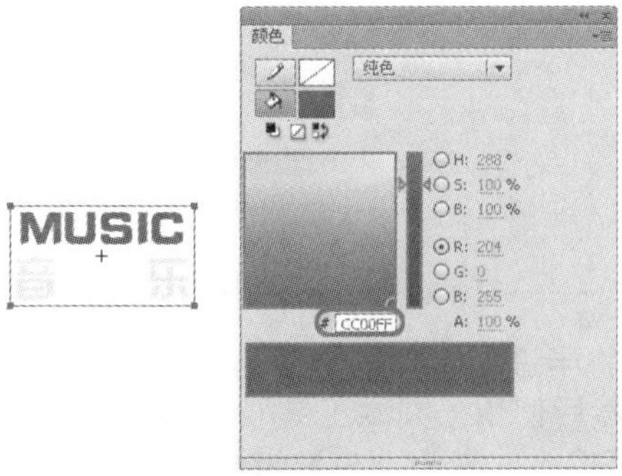

30 返回“场景1”中，将“音乐”元件在“库”面板中拖到场景中，并放置在合适的位置，使用“任意变形工具”调整其大小，然后按【Ctrl+Enter】组合键测试影片.

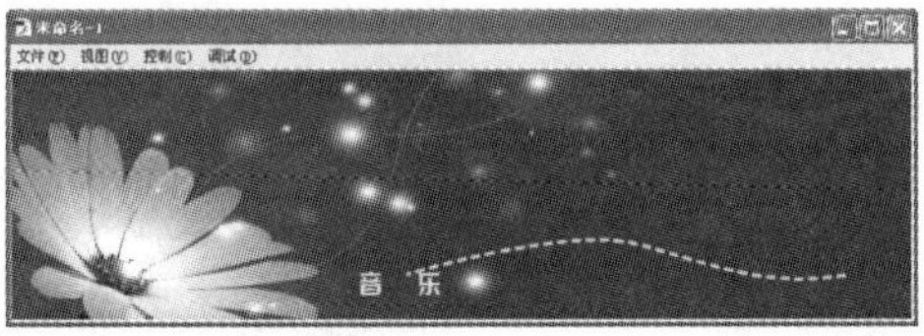

31 使用前面所讲的方法，制作按钮电影（movie）、照片（photo）、游戏（game）。制作完成后，将按钮元件拖至场景中，排列好位置。

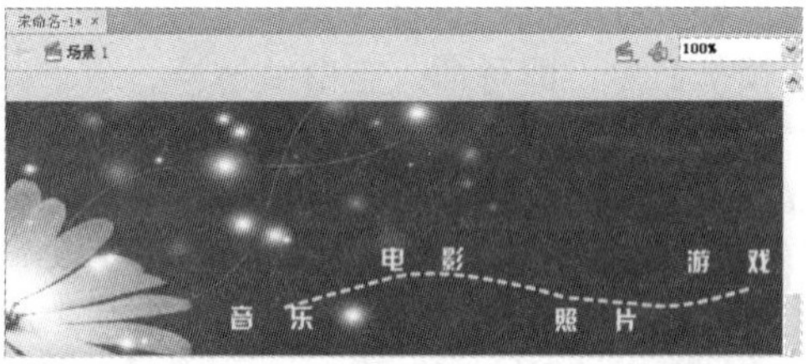

32 在“时间轴”面板中单击“新建图层”按钮，新建图层，并将其命名为“飘动的小球”。

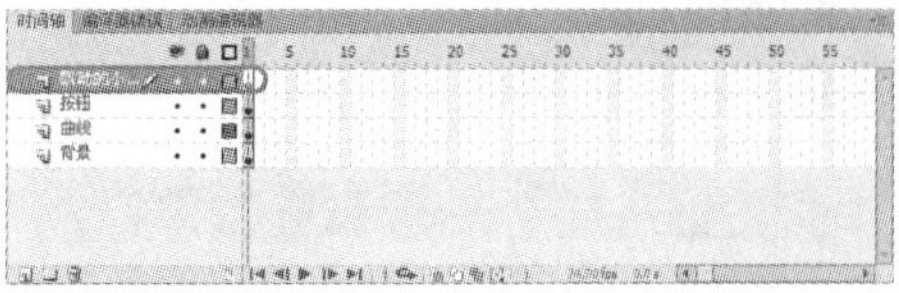

33 在菜单栏中选择“文件”→“打开”命令，导入素材文件“飘动的小球.fla”，然后按【Ctrl+A】键选择所有的对象。

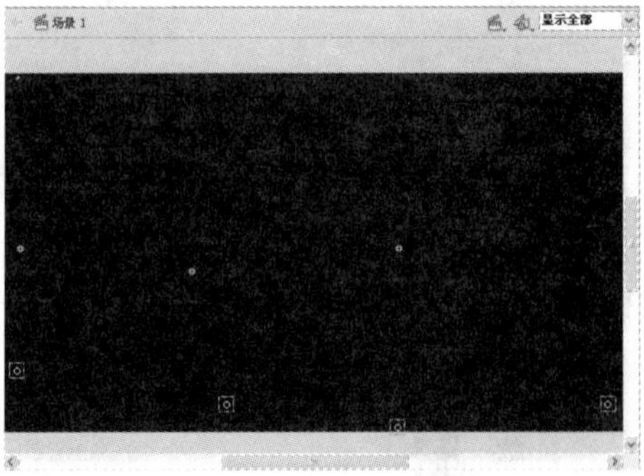

34 在菜单栏中选择“编辑”→“复制”命令，然后在菜单栏中选择“编辑”→“粘贴到当前位置”命令，将选择的对象粘贴到当前制作的场景中，然后在舞台中调整对象的位置。

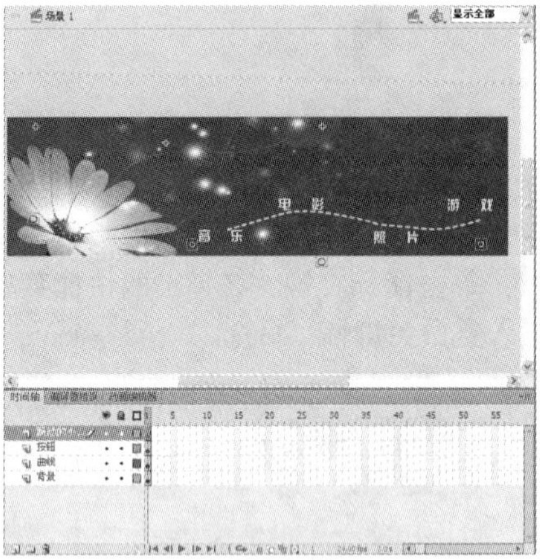

35 至此，网页导航栏动画就制作完成了，按【Ctrl+Enter】组合键测试影片。最后保存场景文件，并输出SWF影片即可。

第21章

本章导读：

虽然Flash不是专为制作游戏而开发的软件，但是随着ActionScript功能的强大，出现了很多种制作技法。并且，通过这些技法可以制作出简单、有趣的Flash游戏。本章将制作一个非常简单的Flash小游戏。

制作Flash小游戏

【演练：2小时】

制作Flash小游戏	2小时

21.1 案例制作

学习时间：2小时

21.1.1 效果展示

本章制作的动画效果如下图所示。

21.1.2 设计分析

本例首先制作动画场景，然后通过新建ActionScript文件将“类”绑定，并通过脚本语言实现对元件的控制。

21.1.3 制作过程

01 在菜单栏中选择“文件”→“新建”命令，弹出“新建文档”对话框，在“类型”列表框中选择“ActionScript 3.0”选项，然后在右侧的设置区域中将“宽”设置为800像素，将“高”设置为476像素，将“帧频”设置为12fps。

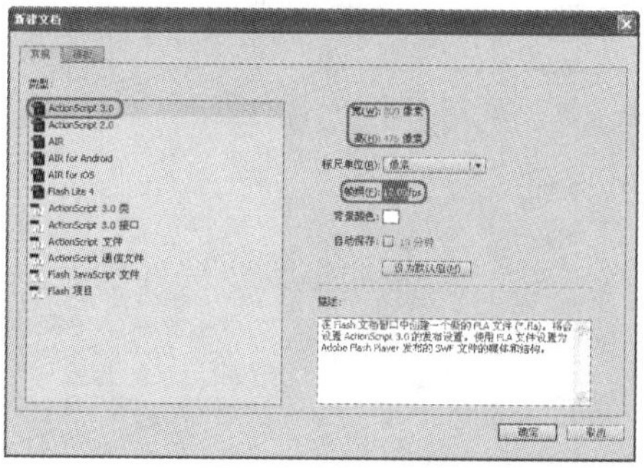

02 按【Ctrl+F8】组合键弹出“创建新元件”对话框，在该对话框中的“名称”为“风车”，将“类型”设置为“影片剪辑”。

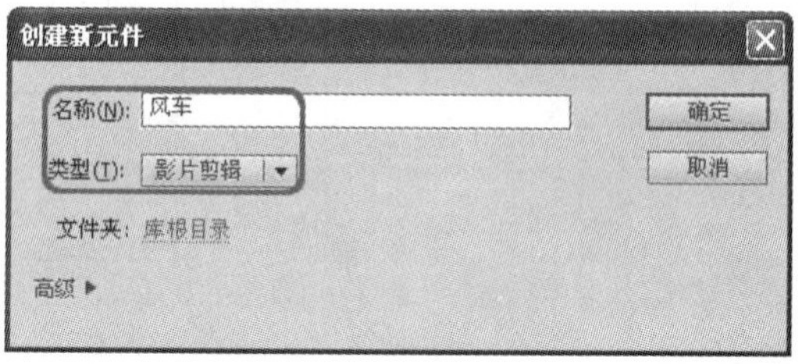

03 在菜单栏中选择“文件” →“导入”→“导入到舞台”命令，将“图片.png”素材文件导入舞台。

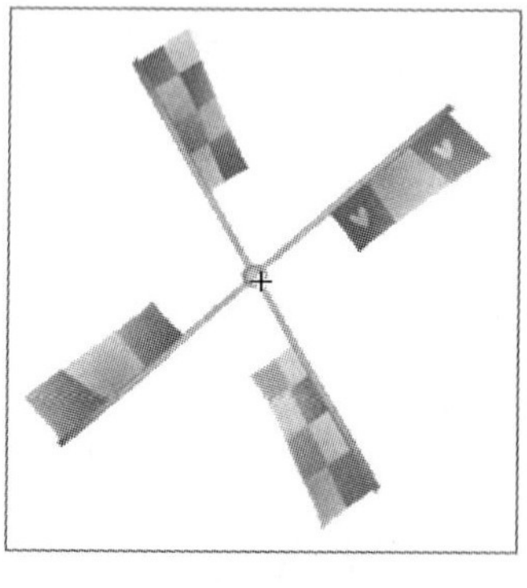

04 在“库”面板中的“风车”影片剪辑元件上单击鼠标右键，在弹出的快捷菜单中选择“属性”命令，弹出“元件属性”对话框，展开“高级”选项设置区域，在展开的面板中选择“为ActionScript导出”复选框，设置“类”为“Fs”，然后单击“确定”按钮。

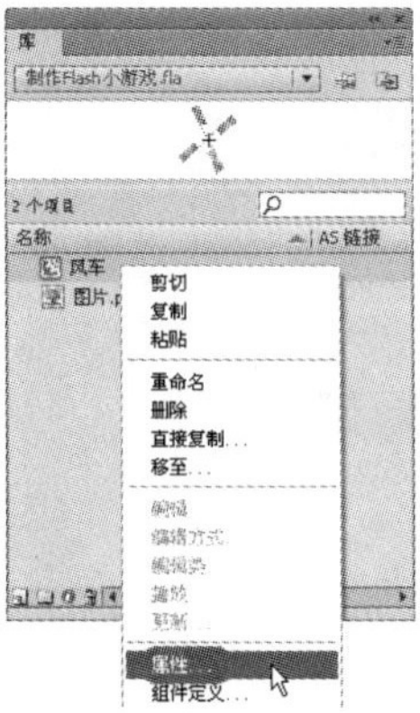

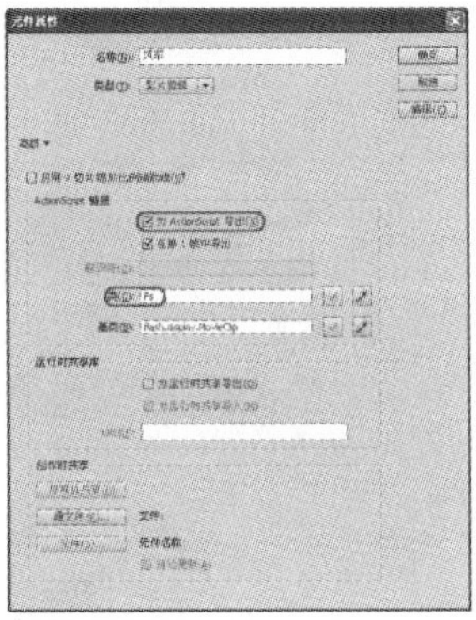

05 按【Ctrl+S】组合键，保存场景文件。在菜单栏中选择“文件”→“新建”命令，弹出“新建文档”对话框，在“类型”列表框中选择“ActionScript 文件”选项，新建一个ActionScript文件，然后在场景中输入脚本语言。

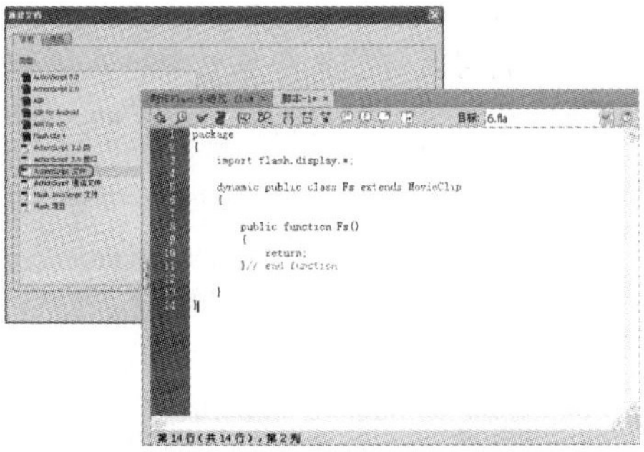

06 按【Ctrl+S】组合键，弹出“另存为”对话框，将ActionScript文件与“制作Flash小游戏.fla”文件保存在同一目录下，然后将“文件名”改为“Fs”。

07 返回到“场景1”中，在菜单栏中选择“文件”→“导入”→“导入到舞台”命令，将“背景.jpg”素材文件导入舞台，然后按【Ctrl+K】组合键弹出“对齐”面板，在该面板中选择“与舞台对齐”复选框，并单击“水平中齐”按钮和“垂直中齐”按钮。

08 在“时间轴”面板中单击“新建图层”按钮，新建“图层2”图层。

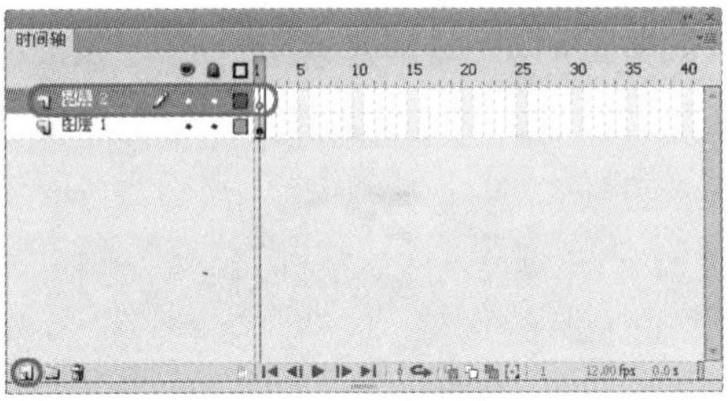

09 在工具箱中选择“文本工具”，然后在舞台中输入文字，并在“属性”面板中将字体设置为“方正大黑简体”，将“大小”设置为16点，将字体颜色设置为“#E53E72”。

10 在“时间轴”面板中单击“新建图层”按钮，新建“图层3”图层，按【Ctrl+F8】组合键弹出“创建新元件”对话框，在该对话框中的“名称”文本框中输入“按钮”，将“类型”设置为“按钮”。

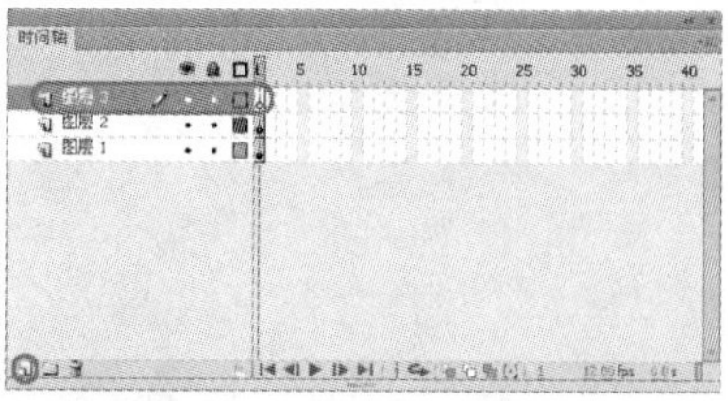

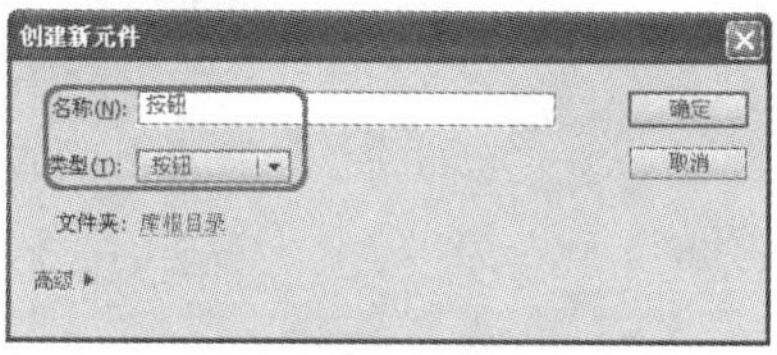

11 在菜单栏中选择“文件”→“导入”→“导入到舞台”命令，将“箭头.png”素材文件导入舞台，然后在“时间轴”面板中单击“新建图层”按钮，新建“图层2”图层。

12 在工具箱中选择“文本工具”，然后在舞台中输入文字，并在“属性”面板中将“系列”设置为“方正大黑简体”，将“大小”设置为18点，将字体颜色设置为白色。

13 选择“图层2”的“按下”帧，并单击鼠标右键，在弹出的快捷菜单中选择“插入帧”命令，在“图层1”的“点击”帧上插入帧。

14 返回到“场景1”中，选择“图层3”图层，在“库”面板中将“按钮”元件拖曳至舞台中，并在舞台中调整元件的大小和位置，在“属性”面板中设置元件的“实例名称”为“an_btn”。

15 取消选择场景中的任何对象，在“属性”面板中将“目标”设置为“Flash Player 9”，并在“类”文本框中输入“MainTimeline”。

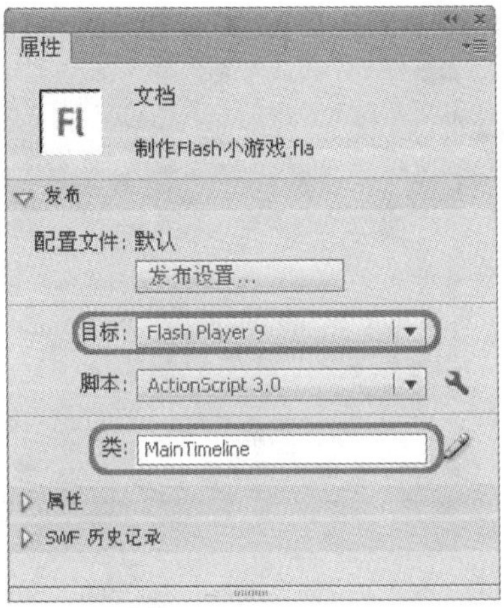

16 在菜单栏中选择“文件”→“新建”命令，弹出“新建文档”对话框，在“类型”列表框中选择“ActionScript 文件”选项。

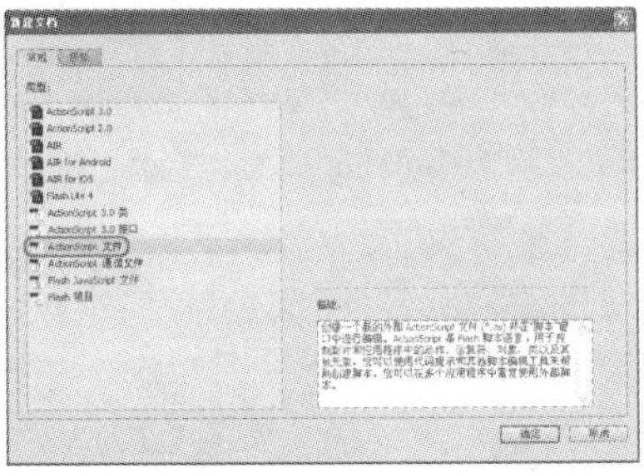

17 单击“确定”按钮，即可新建一个ActionScript 文件，然后在场景中输入脚本语言。

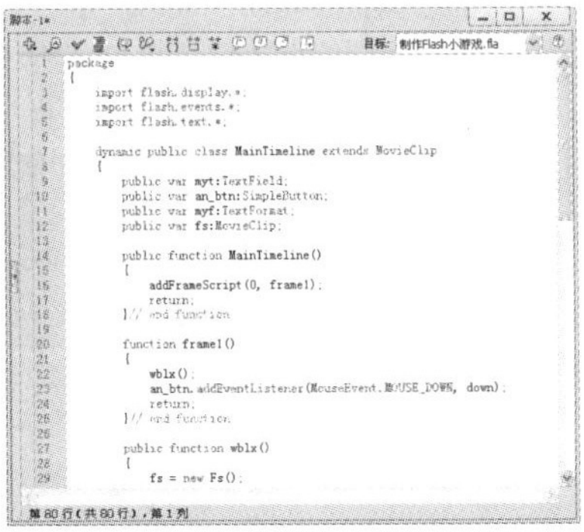

18 在菜单栏中选择“文件”→“保存”命令，弹出“另存为”对话框，将ActionScript文件与“制作Flash小游戏.fla”文件保存在同一目录下，然后设置“文件名”为“MainTimeline”。

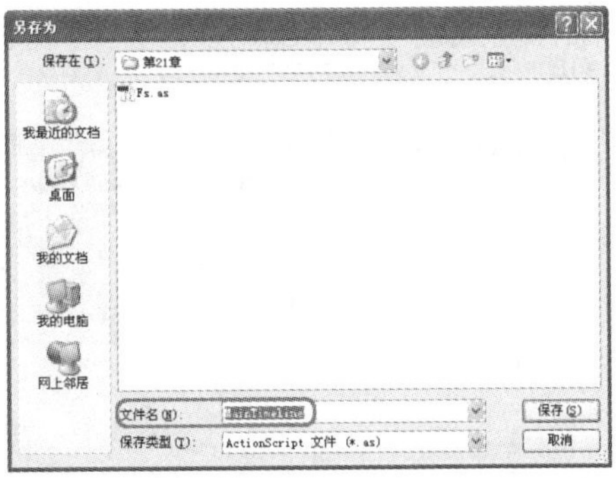

19 单击“保存”按钮，至此，Flash小游戏就制作完成了，按【Ctrl+Enter】组合键测试影片。

20 在菜单栏中选择“文件”→“保存”命令，保存制作的场景文件。

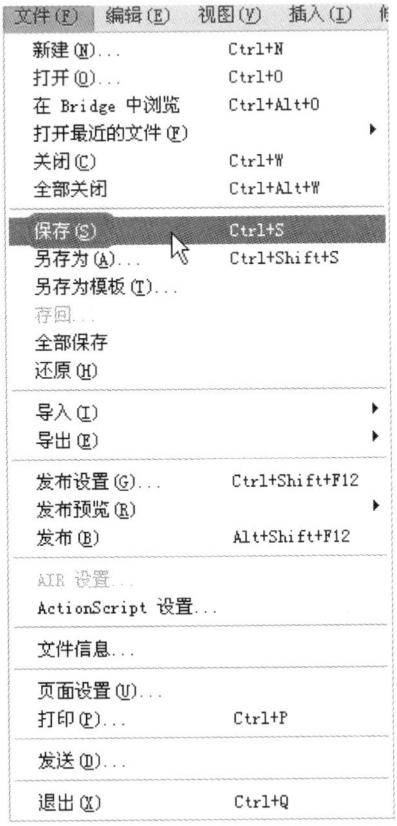

21 保存完成后，在菜单栏中选择“文件”→“导出”→“导出影片”命令。

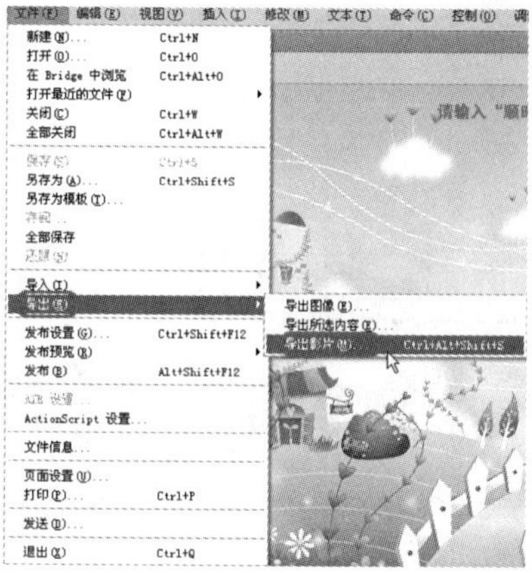

22 弹出“导出影片”对话框，在该对话框中选择一个导出路径，并将“保存类型”设置为“SWF影片（*.swf）”，然后单击“保存”按钮。

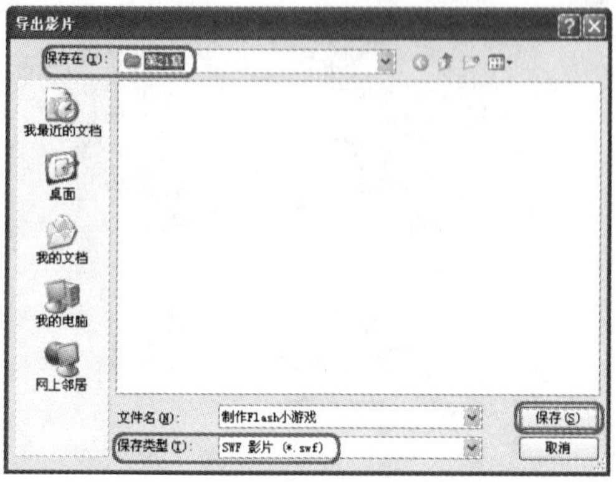

第22章

本章导读：

制做Flash贺卡最重要的是如何最好地实现创意。贺卡有自己的特殊性，它的情节非常简单，播放影片也很简短，一般仅仅只有几秒钟。它不像动画片那样有一条完整的故事线，所以设计者一定要在有限的时间内表达出主题，并且要给人留下深刻的印象。

制作友情贺卡——想你的朋友

【演练：2小时】

22.1 案例制作

学习时间：2小时

22.1.1 效果展示

本章制作的动画效果如下图所示。

22.1.2 设计分析

本实例中运用了Flash中的传统补间功能。通过制作元件突出贺卡温馨的感觉，并使用背景音乐烘托贺卡的气氛，使用文本动画表达贺卡的用意。

22.1.3 制作过程

01 新建一个“尺寸”为400像素（宽度）×300像素（高度）、“帧频”为16的新文档。

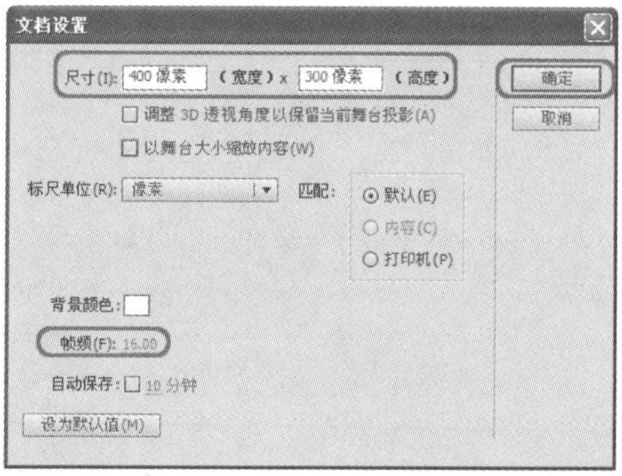

02 按【Ctrl+F8】组合键，弹出“创建新元件”对话框，在“名称”文本框中输入“背景1”，将“类型”设置为“图形”，单击“确定”按钮。

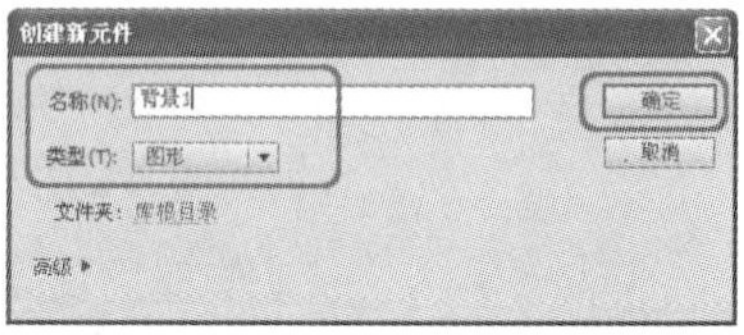

03 在菜单栏中选择“文件”→“导入”→“导入到舞台”命令，导入素材文件“背景1.jpg”文件，并在“属性”面板中将素材的“宽”和“高”分别设置为400和300。

04 在“对齐”面板中单击“垂直中齐”按钮和“水平中齐”按钮。

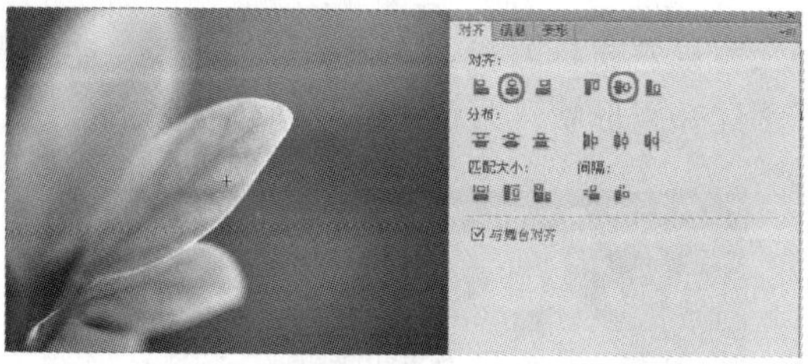

05 使用同样的方法，依次制作“类型”为“图形”的元件，然后导入所需要的素材图片，并对图片的大小和位置进行调整。

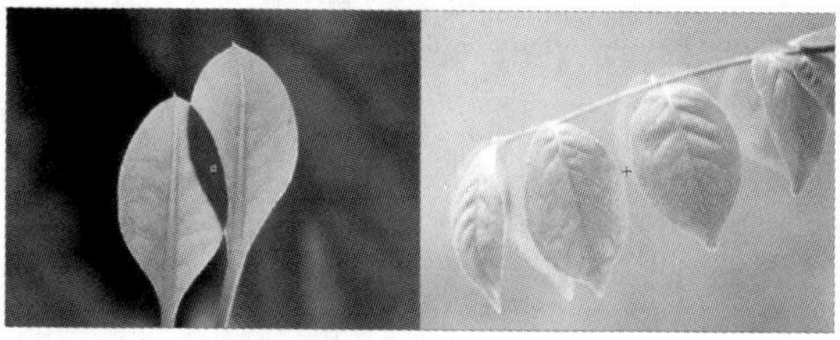

06 返回到“场景1”的编辑状态，将元件“背景1”拖入到场景中，并在“对齐”面板中单击“垂直中齐”按钮和“水平中齐”按钮。

07 在“时间轴”面板中选择“图层1”图层的第120帧，按【F6】键插入关键帧。

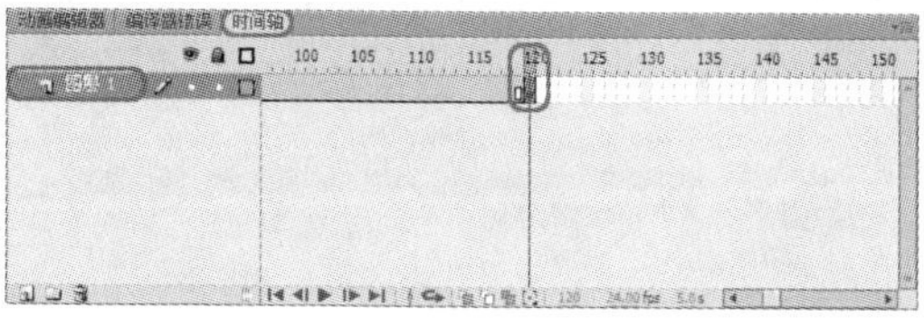

08 在“时间轴”面板中新建“图层2”图层，在工具箱中选择“矩形工具”，将“笔触颜色”设置为“无”，将“填充颜色”设置为白色，然后在舞台中绘制矩形。

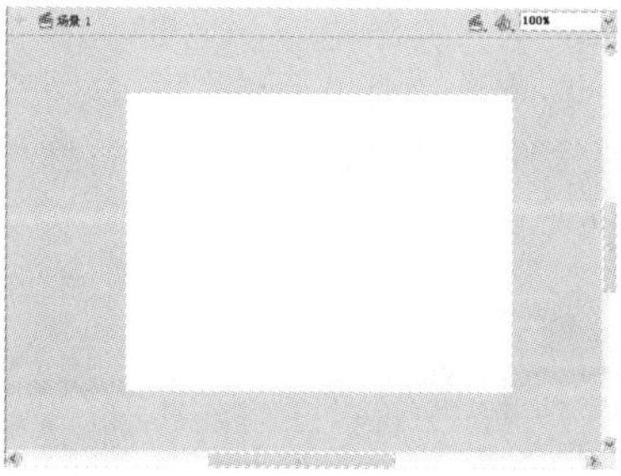

09 分别选择“图层2”图层中的第7帧和第60帧，按【F6】键插入关键帧，在“颜色”面板中，设置第60帧上矩形的Alpha值为0%。

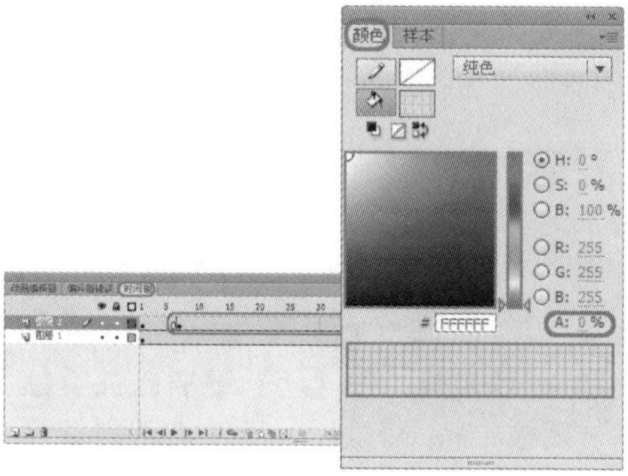

10 选择“图层2”图层的第7帧，并单击鼠标右键，在弹出的快捷菜单中选择“创建补间形状”命令，即可创建形状补间，然后将“图层2”图层中的多余帧删除，此时，“时间轴”面板如下图所示。

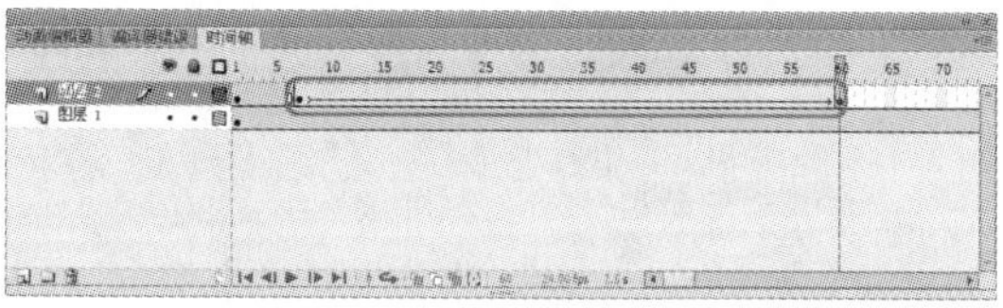

11 在“时间轴”面板中新建“图层3”图层，在第30帧按【F6】键插入关键帧，在工具箱中选择“文本工具”T，在场景中输入“冬去春来似水如烟”，在“属性”面板中将“系列”设置为“汉仪琥珀体简”，将“大小”设置为30，将“颜色”设置为白色，效果如下图所示。

12 选择文字，并单击鼠标右键，在弹出的快捷菜单中选择“转换为元件”命令，在弹出的“转换为元件”对话框中设置“名称”为“文本1”，将“类型”设置为“图形”，单击“确定”按钮。

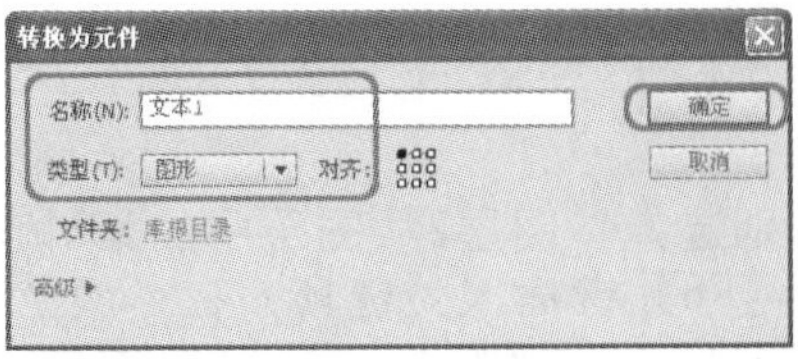

13 在“图层3”图层的第50帧、第100帧和第120帧插入关键帧，设置第30帧和第120帧的Alpha值为50%，并在各关键帧之间创建传统补间。

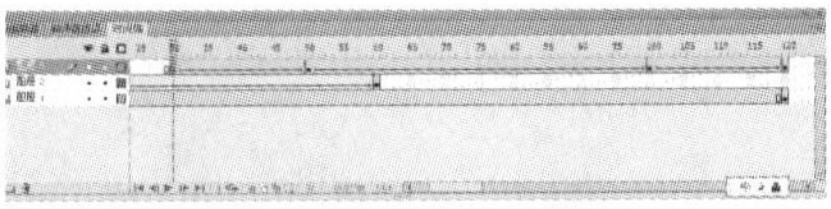

14 在“时间轴”面板中新建“图层4”图层，选择第100帧，按【F6】键插入关键帧，在“库”面板中将“背景2”元件拖入到场景中，选择图层的第220帧，按【F5】键插入帧。

15 在“时间轴”面板中新建“图层5”图层，选择第100帧，按【F6】键插入关键帧，在工具箱中选择“矩形工具”，将“笔触颜色”设置为无，将“填充颜色”设置为白色，将Alpha值设置为50%，然后在舞台中绘制矩形。

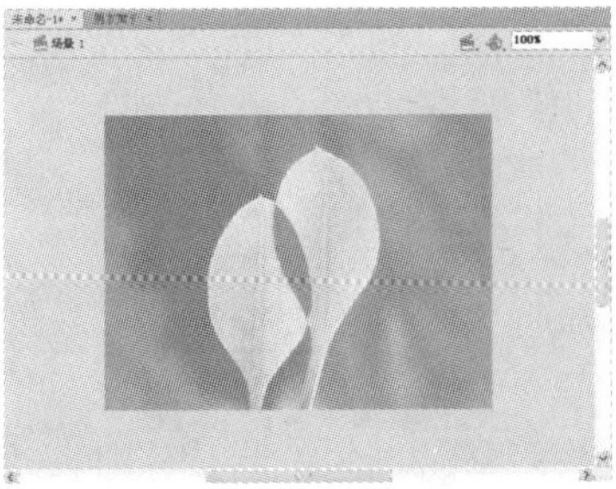

16 选择“图层5”图层的第160帧，按【F6】键插入关键帧，选择绘制的矩形，在“颜色”面板中设置Alpha值为0%。选择“图层5”图层的第100帧，并单击鼠标右键，在弹出的快捷菜单中选择“创建补间形状”命令，即可创建形状补间。

17 在“时间轴”面板中新建“图层6”图层，选择第130帧，按【F6】键插入关键帧，在工具箱中选择“文本工具”T，在场景中输入“流年不复返，人生需尽欢”，在“属性”面板中将“系列”设置为“汉仪琥珀体简”，将“大小”设置为30，将“颜色”设置为白色。使用前面介绍的方法，将输入的文字转换为元件，并在不同帧上插入关键帧，然后创建传统补间。

18 在“时间轴”面板中新建“图层7”图层，选择第200帧，按【F6】键插入关键帧，在“库”中将“背景3”元件拖入到场景中，选择第320帧，按【F5】键插入帧，效果如下图所示。

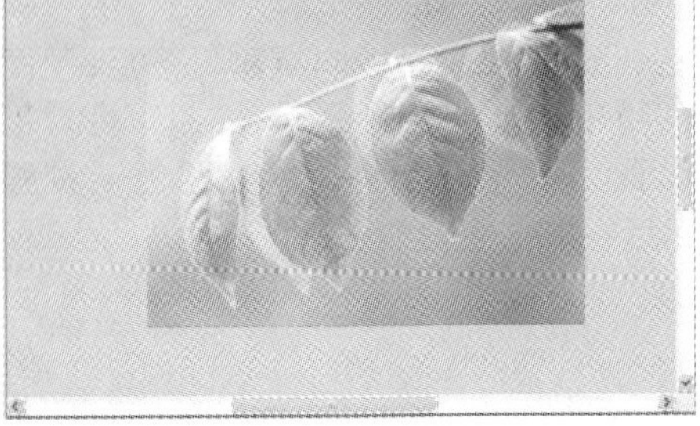

19 在“时间轴”面板中新建“图层8”图层，选择第200帧，按【F6】键插入关键帧，在工具箱中选择“椭圆工具” ，绘制椭圆，在绘制的椭圆上单击鼠标右键，在弹出的快捷菜单中选择“转换为元件”命令，在弹出的“转换为元件”对话框中设置“名称”为“遮罩”，将“类型”设置为“图形”，单击“确定”按钮。

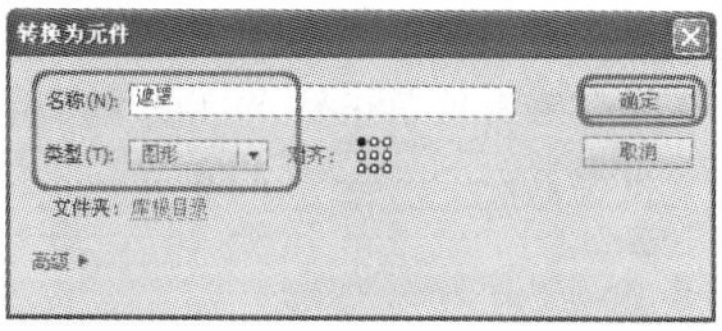

20 选择第220帧，按【F6】键插入关键帧，使用“任意变形工具” 放大椭圆，在第200帧上单击鼠标右键，在弹出的快捷菜单中选择“创建传统补间”命令，即可创建传统补间，然后选择“图层8”图层并单击鼠标右键，在弹出的快捷菜单中选择“遮罩层”命令。

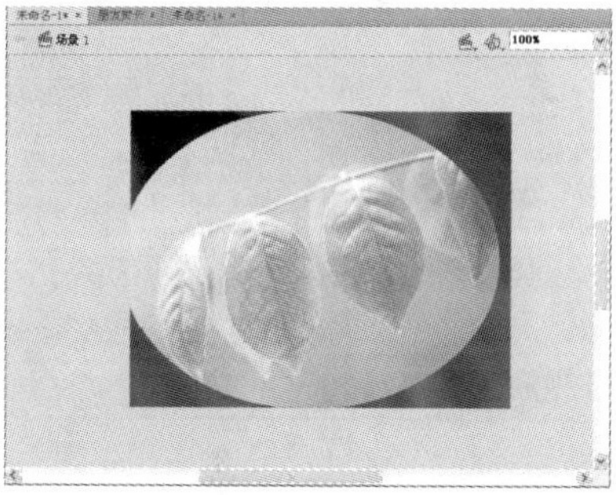

21 在“时间轴”面板中新建“图层9”图层，选择第230帧，按【F6】键插入关键帧，在工具箱中选择“文本工具” ，在场景中输入“说一声珍重道一声平安”，在“属性”面板中将“系列”设置为“汉仪琥珀体简”，将“大小”设置为30，将“颜色”设置为白色。使用前面介绍的方法，将输入的文字转换为元件，并在不同帧上插入关键帧，然后创建传统补间。

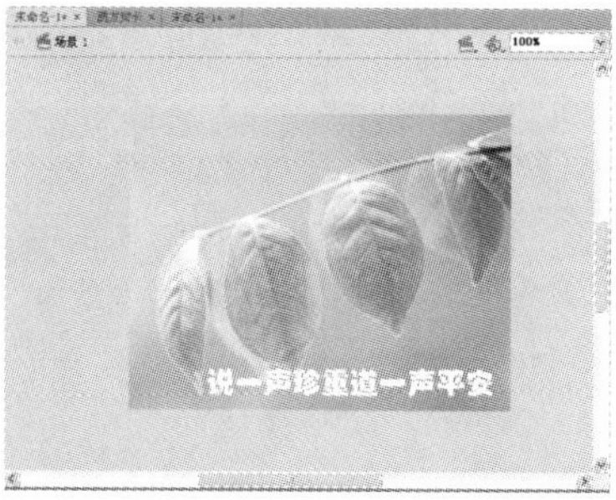

22 在“时间轴”面板中新建“图层10”图层，选择第250帧，按【F6】键插入关键帧，在工具箱中选择“文本工具” ，输入“朋”，在“属性”面板中将“系列”设置为“汉仪琥珀体简”，将“大小”设置为40，将“颜色”设置为白色。

23 按【F8】键弹出“转换为元件”对话框，在“名称”文本框中输入“朋”，将“类型”设置为“图形”，单击“确定”按钮。

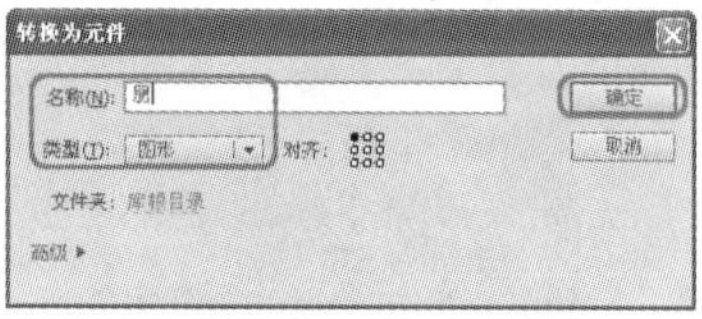

24 选择“图层10”图层的第320帧，按【F6】键插入关键帧，然后将第250帧上“朋”元件的“样式”设置为“Alpha”，将“Alpha”值设置为49%。

25 在第250帧上单击鼠标右键，在弹出的快捷菜单中选择“创建传统补间”命令，即可创建传统补间。

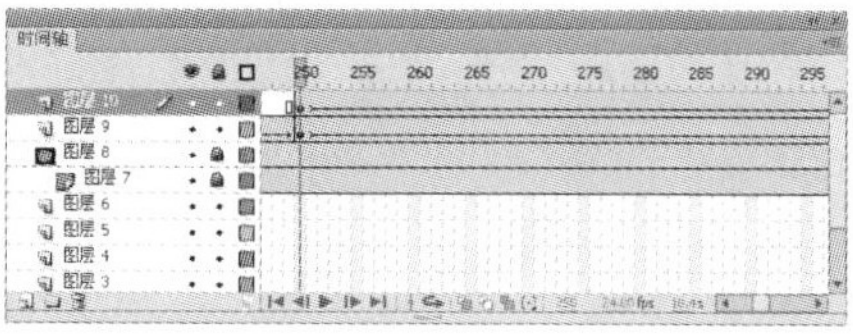

26 在“时间轴”面板中新建“图层11”图层，使用制作“朋”元件的方法制作“友”元件。

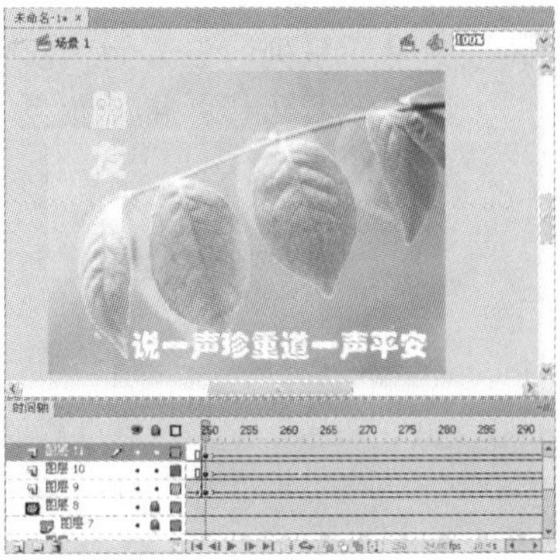

27 在“时间轴”面板中新建“图层12”图层，在菜单栏中选择“文件”→“打开”命令，打开素材文件“飘动的小球.fla”。

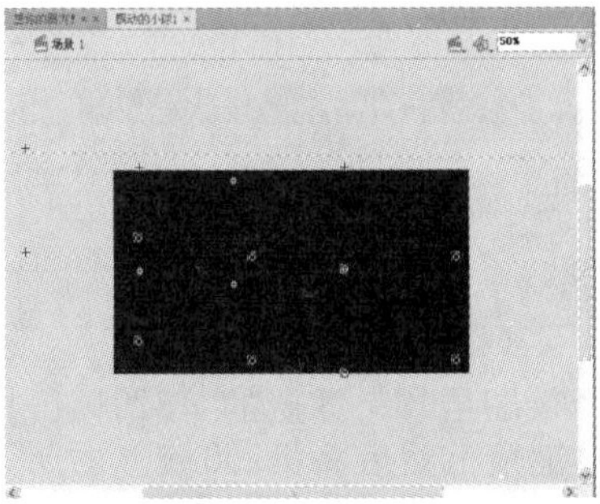

28 按【Ctrl+A】组合键选择所有的对象，在菜单栏中选择“编辑”→“复制”命令，返回到当前制作的场景中，然后在菜单栏中选择“编辑”→“粘贴到当前位置”命令，将选择的对象粘贴到当前制作的场景中，然后在舞台中调整对象的大小和位置。

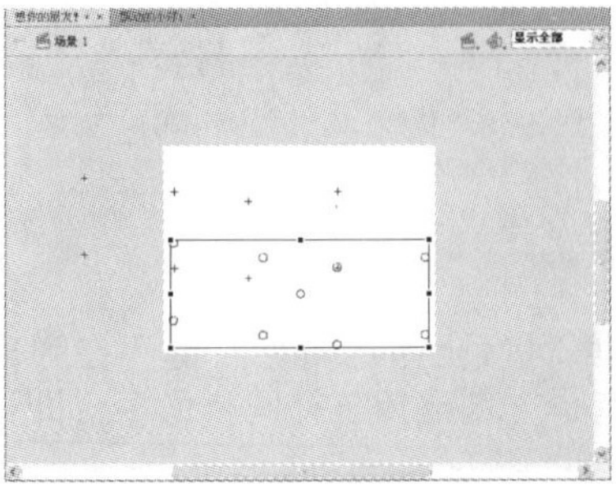

29 在“时间轴”面板中新建“图层13”图层，在菜单栏中选择“文件”→“导入”→“导入到库”命令，在弹出的“导入到库”对话框中选择音频文件“音乐.mp3”，单击“打开”按钮，即可将选择的音频文件导入到“库”面板中，然后在“库”面板中选择导入的音频文件，按下鼠标左键将其拖曳至舞台中，即可将其添加到“图层13”图层中。

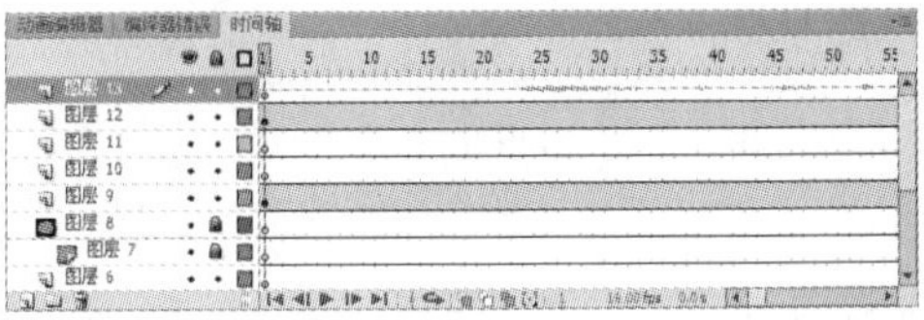

30 至此，“想你的朋友”动画就制作完成了，按【Ctrl+Enter】组合键测试影片，保存场景文件，并输出SWF影片即可。

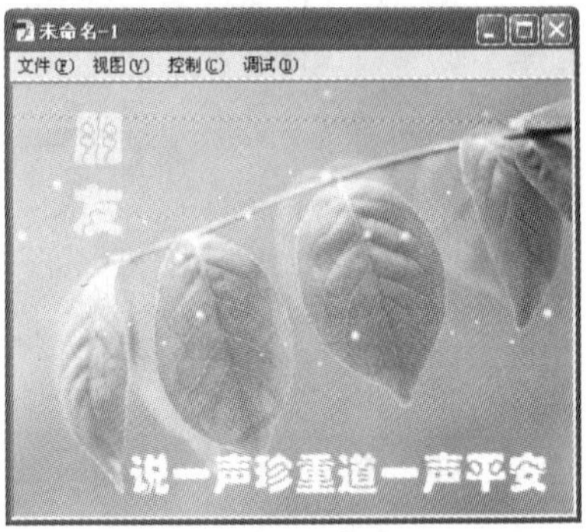

第23章

本章导读：

目前房地产市场上，开发商青睐的宣传途径主要包括报纸、房展会、路牌条幅、互连网络、电视广播、宣传单页及业主联谊等，本章将介绍使用Flash制作房地产宣传动画的方法。

制作房地产宣传动画

【演练：2小时】

制作房地产宣传动画	2小时

23.1 案例制作

学习时间：2小时

23.1.1 效果展示

本章将要制作的动画效果如下图所示。

23.1.2 设计分析

该例主要是在不同帧为背景图片和文字设置不同的属性，然后创建传统补间，实现动画效果。该例中比较复杂的部分是制作文字动画，因为该例中文字比较多，而且需要为每一个文字制作动画，因此制作起来会比较烦琐。

23.1.3 制作过程

01 在菜单栏中选择“文件”→“新建”命令，弹出“新建文档”对话框，在“类型”列表框中选择“ActionScript 2.0”选项，然后在右侧的设置区域中将“宽”设置为800像素，将“高”设置为500像素，将“帧频”设置为20fps，将“背景颜色”设置为黑色。

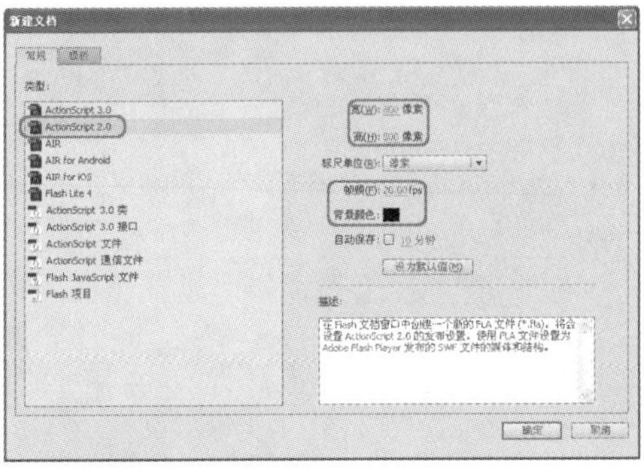

02 在菜单栏中选择“文件”→“导入”→“导入到舞台”命令，导入“楼房.jpg”素材文件，在“属性”面板中将“宽”和“高”分别设置为800和500，并调整素材文件的位置。

03 按【F8】键弹出“转换为元件”对话框，在该对话框中的“名称”文本框中输入“背景1”，将“类型”设置为“图形”，将素材文件转换为图形元件，然后在“属性”面板中将“样式”设置为“Alpha”，将“Alpha”值设置为20%。

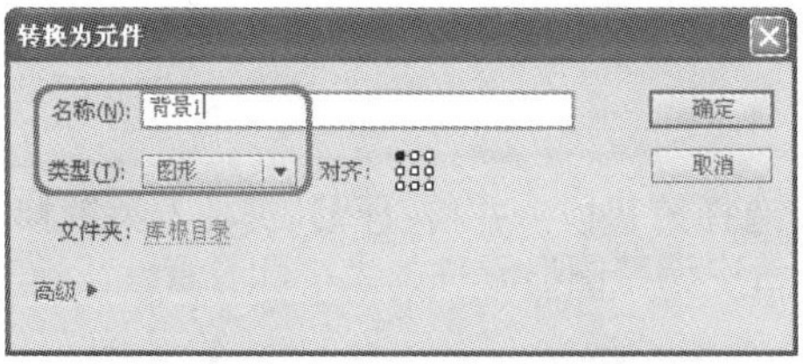

04 选择第35帧，按【F6】键插入关键帧，然后在舞台中调整图形元件的大小和位置，并在“属性”面板中将“样式”设置为“无”。

05 选择第10帧，并单击鼠标右键，在弹出的快捷菜单中选择“创建传统补间”命令，创建传统补间。

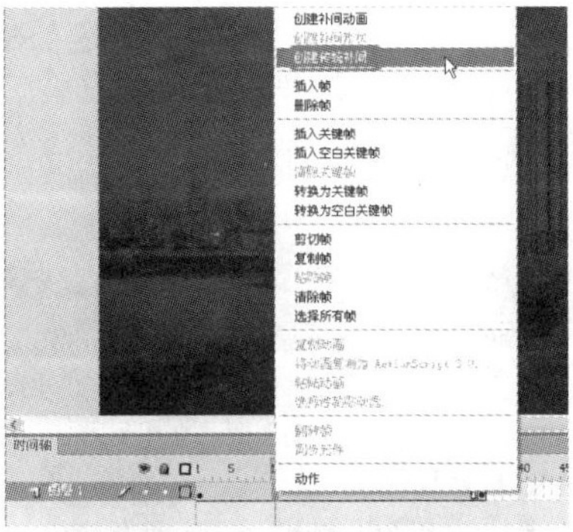

06 分别选择第100帧和第130帧，按【F6】键插入两个关键帧。

07 选择第130帧，在舞台中调整图形元件的大小和位置，并在“属性”面板中将“样式”设置为“Alpha”，将“Alpha”值设置为0%。

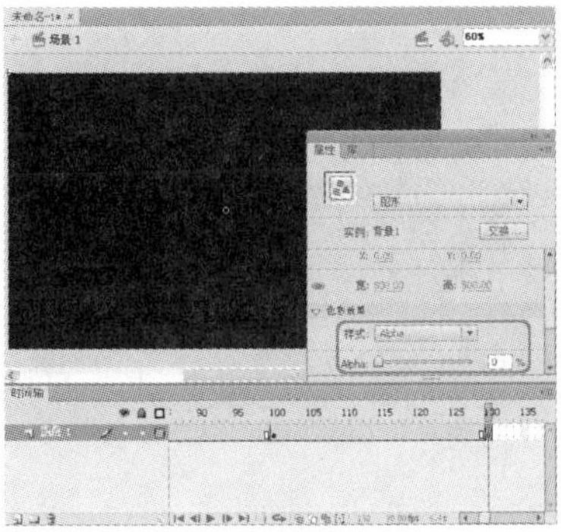

08 选择第110帧，并单击鼠标右键，在弹出的快捷菜单中选择“创建传统补间”命令，即可创建传统补间。

09 然后选择第203帧，并按【F6】键插入关键帧，按【Ctrl+F8】组合键弹出“创建新元件”对话框，在该对话框中的“名称”文本框中输入“文字动画1”，将“类型”设置为“影片剪辑”，新建影片剪辑元件。

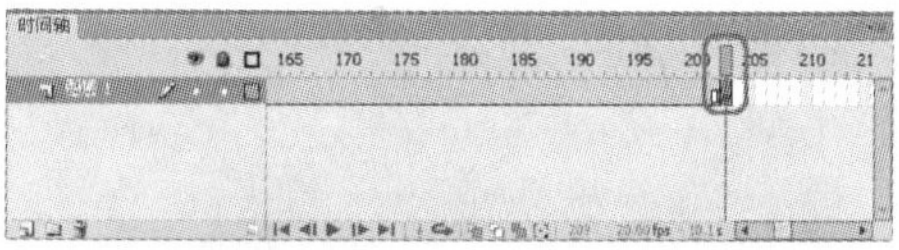

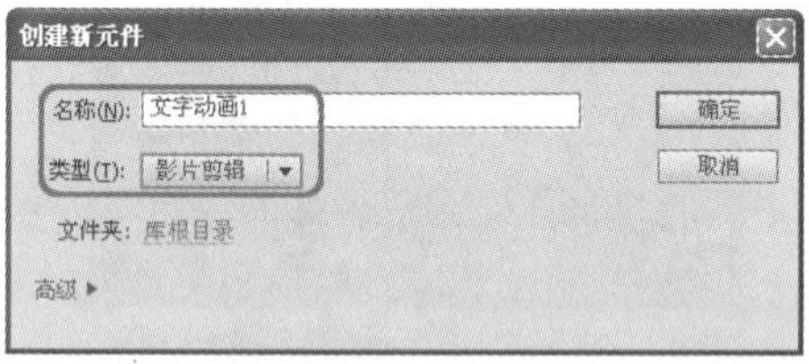

10 单击“确定”按钮，即可在工具箱中选择“文本工具”T，然后在舞台中输入文字，并在“属性”面板中将“系列”设置为“方正大黑简体”，将“大小”设置为40点，将字体”颜色“设置为白色。

11 按【F8】键弹出“转换为元件”对话框，在该对话框中的“名称”文本框中输入“诠释”，将“类型”设置为“图形”，将输入的文字转换为图形元件。

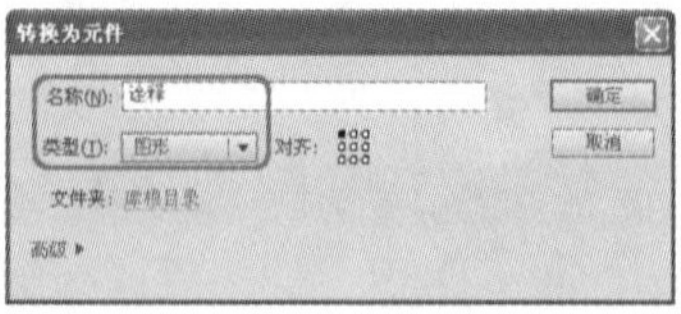

12 选择第16帧，并按【F6】键插入关键帧，并在舞台中调整图形元件的大小和位置。

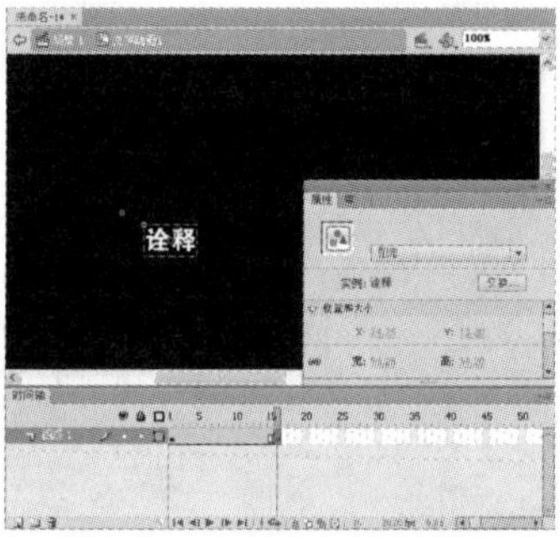

13 选择第5帧，并单击鼠标右键，在弹出的快捷菜单中选择“创建传统补间”命令，即可创建传统补间。

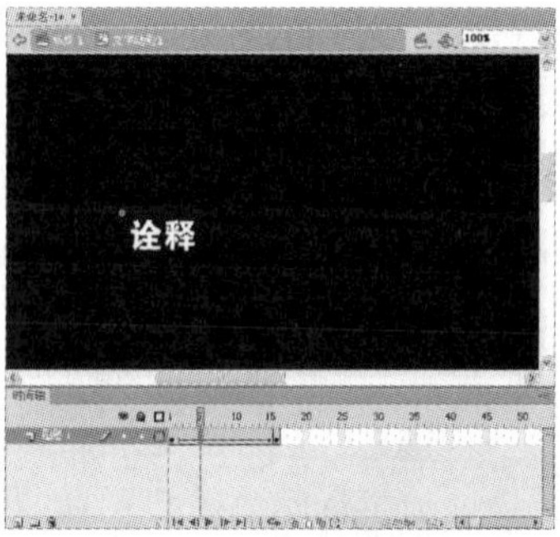

14 然后选择第86帧，按【F6】键插入关键帧，选择第101帧，按【F6】键插入关键帧。

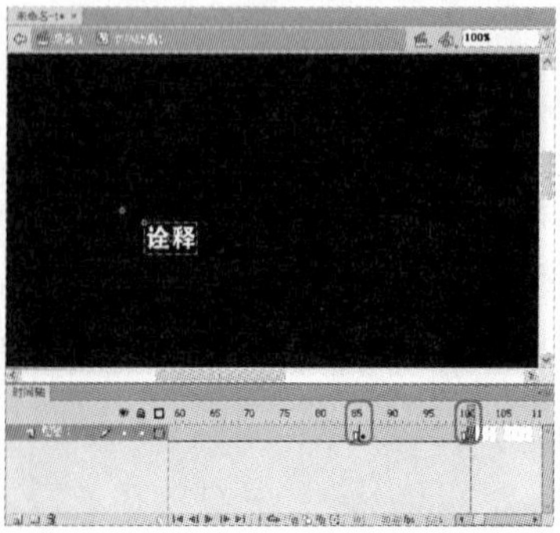

15 确定第101帧处于选择状态，在舞台中调整图形元件的大小和位置，并在“属性”面板中将“样式”设置为“Alpha”，将“Alpha”值设置为0%。

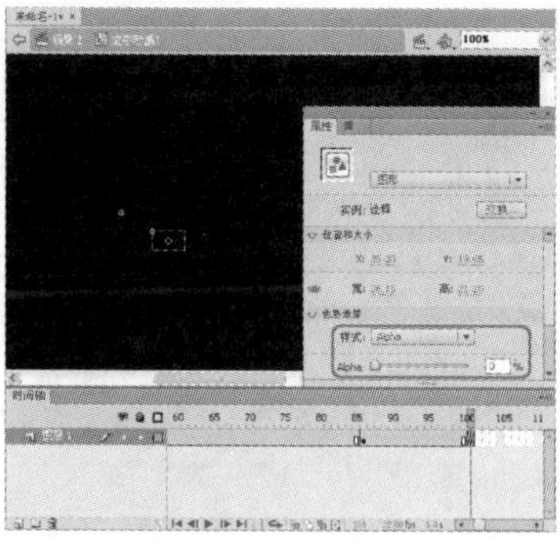

16 选择第90帧，并单击鼠标右键，在弹出的快捷菜单中选择“创建传统补间”命令，即可创建传统补间。

17 在“时间轴”面板中单击“新建图层”按钮，新建“图层2”图层，并选择第4帧，按【F6】键插入关键帧。

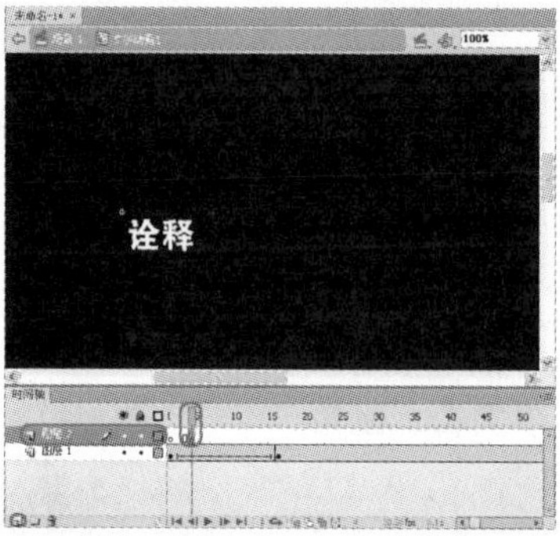

18 选择第4帧，在工具箱中选择“文本工具” T，然后在舞台中输入文字，并在“属性”面板中将“系列”设置为“方正大黑简体”，将“大小”设置为36点，将字体“颜色”设置为“#FF6600”。

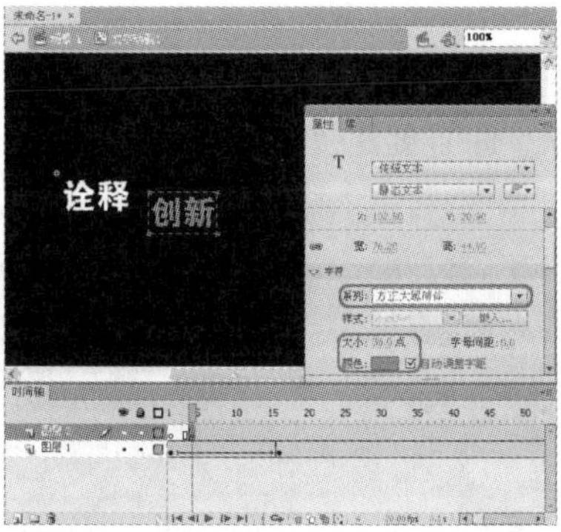

19 按【F8】键弹出“转换为元件”对话框，在该对话框中的“名称”文本框中输入“创新”，将“类型”设置为“图形”。

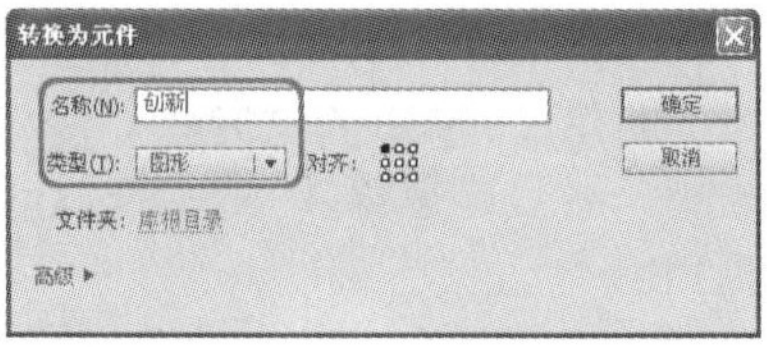

20 单击“确定”按钮，即可将输入的文字转换为图形元件，然后在“属性”面板中将“样式”设置为“Alpha”，将“Alpha”值设置为0%。

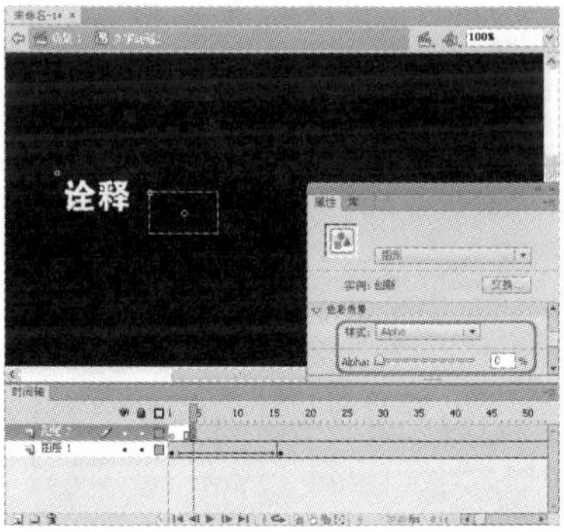

21 选择“图层2”图层的第19帧，按【F6】键插入关键帧，然后在舞台中调整图形元件的位置，并在“属性”面板中将“样式”设置为“无”。

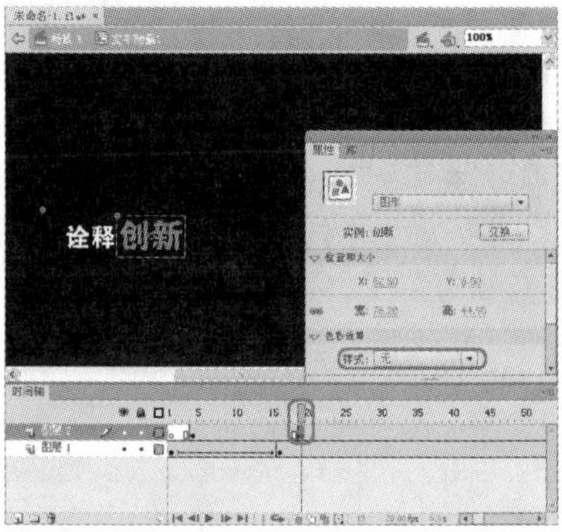

22 选择“图层2”图层的第10帧，并单击鼠标右键，在弹出的快捷菜单中选择“创建传统补间”命令，即可创建传统补间。

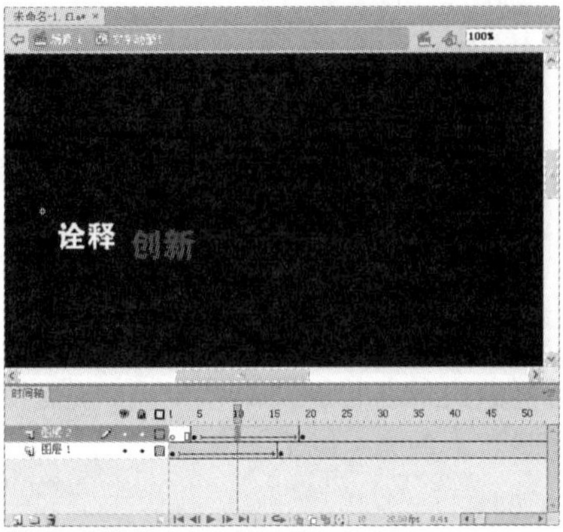

23 选择“图层2”图层的第89帧，按【F6】键插入关键帧，然后选择第104帧，按【F6】键插入关键帧。

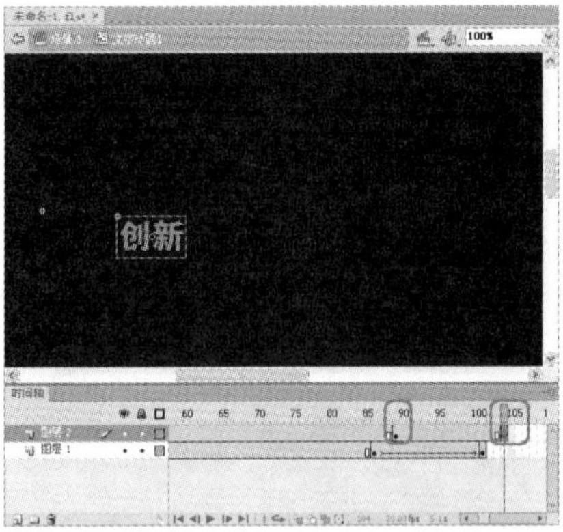

24 确定第104帧处于选择状态，在舞台中调整图形元件的大小和位置，然后在“属性”面板中将“样式”设置为“Alpha”，将“Alpha”值设置为0%。

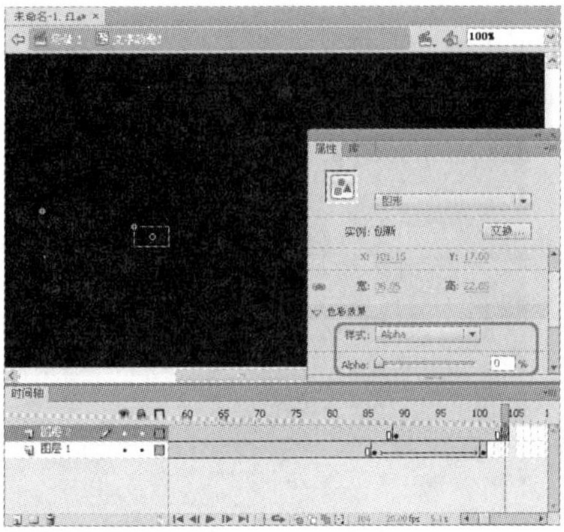

25 选择“图层2”图层的第95帧，并单击鼠标右键，在弹出的快捷菜单中选择“创建传统补间”命令，即可创建传统补间。

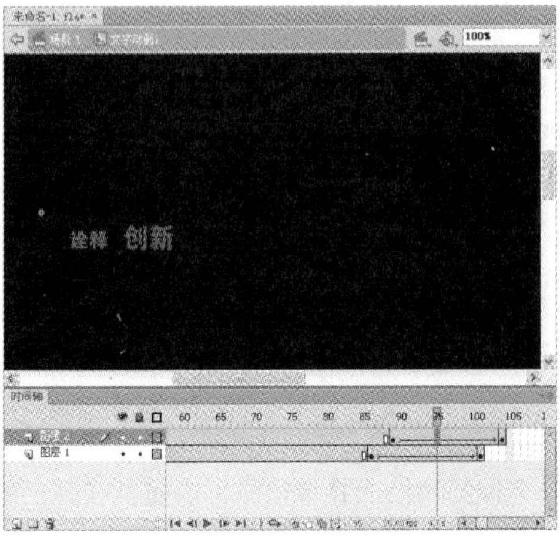

26 在“时间轴”面板中单击“新建图层”按钮，新建“图层3”图层，选择第6帧，按【F6】键插入关键帧，然后在工具箱中选择“文本工具”，在舞台中输入文字，并在“属性”面板中将“系列”设置为“方正大黑简体”，将“大小”设置为27点，将字体“颜色”设置为白色。

27 按【F8】键弹出“转换为元件”对话框，在该对话框中的“名称”文本框中输入“空”，将“类型”设置为“图形”。

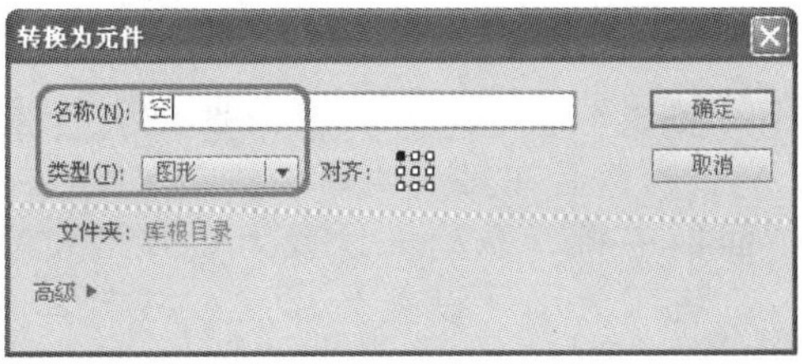

28 单击“确定”按钮，即可将输入的文字转换为图形元件，然后在“属性”面板中将“样式”设置为“高级”，并将“Alpha”值设置为0%，将红色偏移、绿色偏移和蓝色偏移均设置为255。

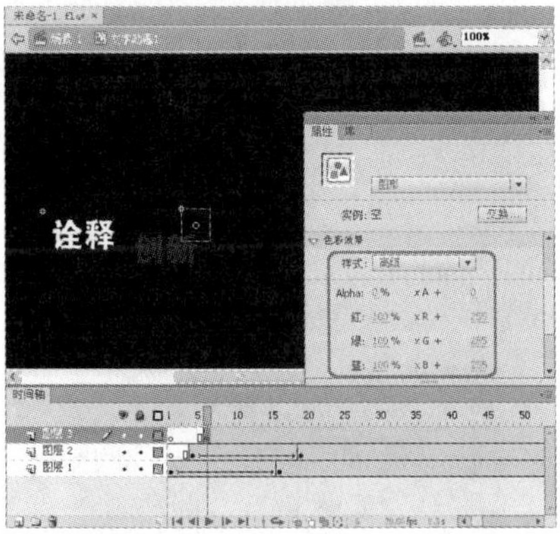

29 选择“图层3”图层的第21帧，按【F6】键插入关键帧，然后在舞台中垂直向下调整图形元件的位置，并在“属性”面板中将“样式”设置为“无”。

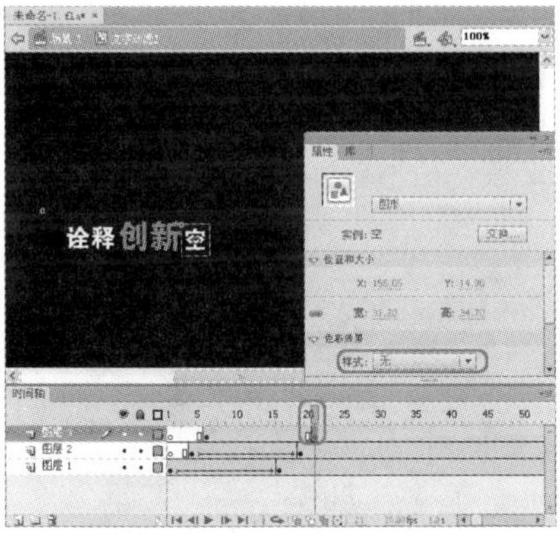

30 选择“图层3”图层的第10帧，并单击鼠标右键，在弹出的快捷菜单中选择“创建传统补间”命令，即可创建传统补间。

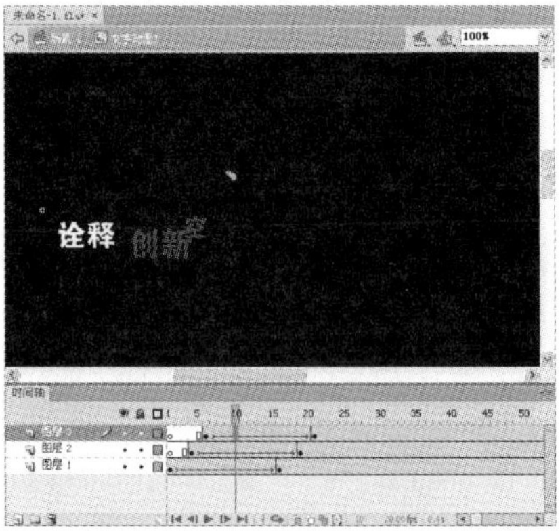

31 选择“图层3”图层的第92帧，按【F6】键插入关键帧，然后选择第107帧，按【F6】键插入关键帧。

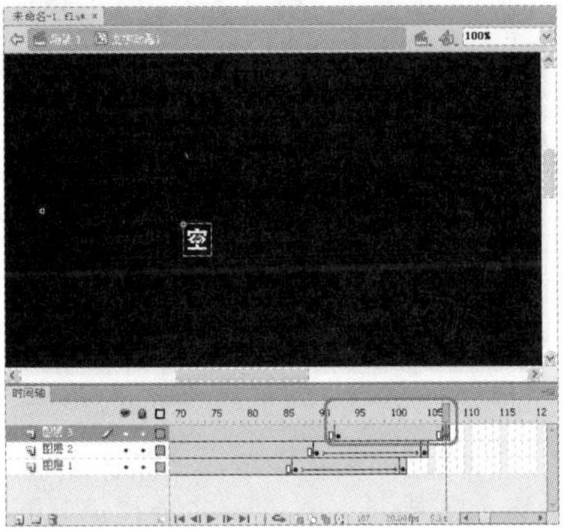

32 确定第107帧处于选择状态，在舞台中调整图形元件的大小和位置，然后在“属性”面板中将“样式”设置为“Alpha”，将“Alpha”值设置为0%。

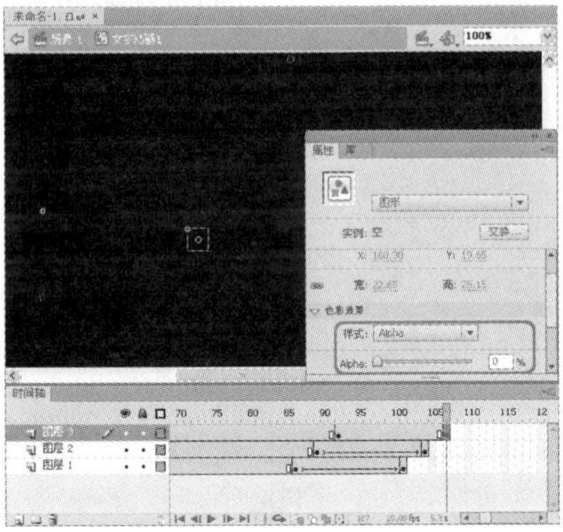

33 选择“图层3”图层的第100帧，并单击鼠标右键，在弹出的快捷菜单中选择“创建传统补间”命令，即可创建传统补间。

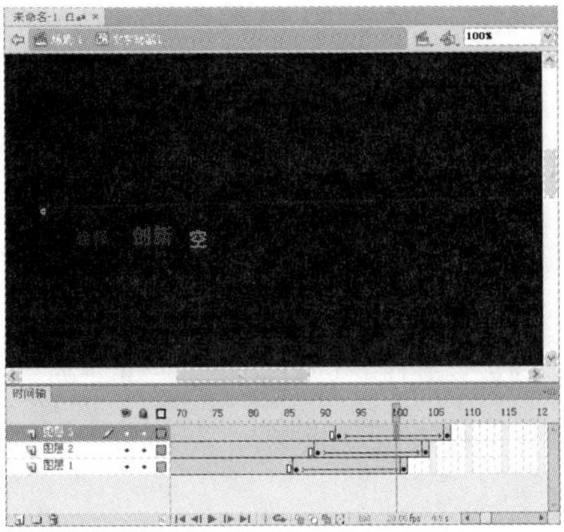

34 使用相同的方法，制作其他文字动画。

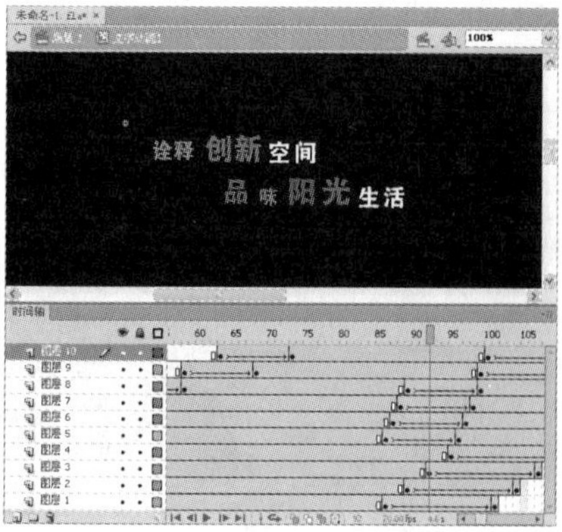

35 在“时间轴”面板中单击“新建图层”按钮，新建“图层11”图层，并选择第110帧，按【F6】键插入关键帧。

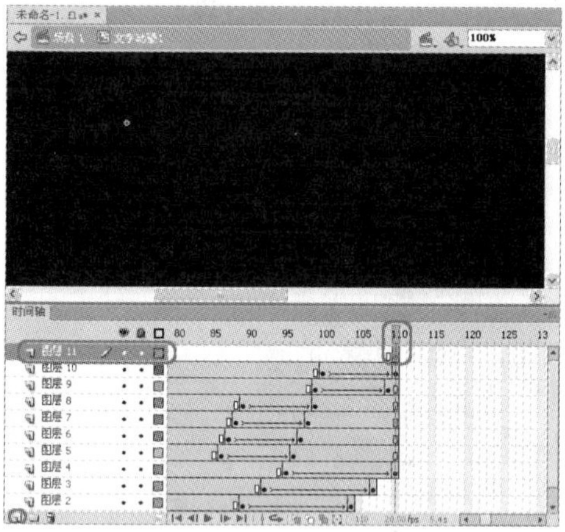

36 然后按【F9】键弹出“动作”面板，在该面板中输入动作语句“stop();”。

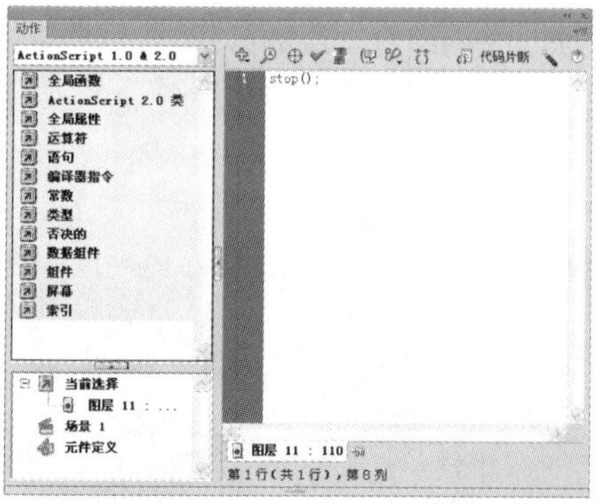

37 返回到“场景1”中，在“时间轴”面板中单击“新建图层”按钮，新建“图层2”图层，选择第10帧和第130帧处，分别按【F6】键插入关键帧。

38 选择“图层2”图层的第10帧，在“库”面板中将“文字动画1”影片剪辑元件拖曳至舞台中，并在舞台中调整元件的大小和位置。

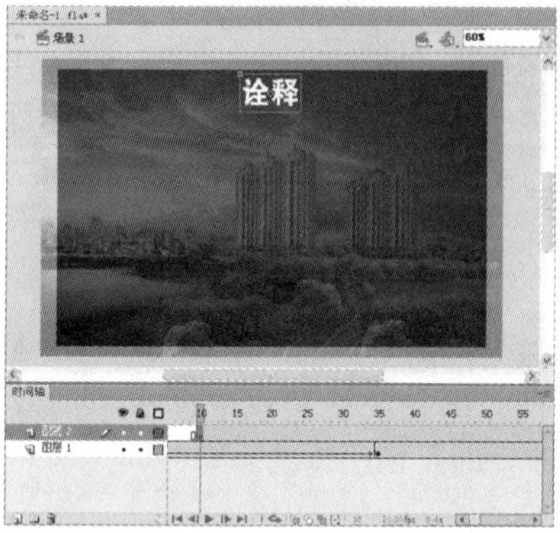

39 按【Ctrl+F8】组合键弹出“创建新元件”对话框，在该对话框中的“名称”文本框中输入“文字动画2”，将“类型”设置为“影片剪辑”，新建影片剪辑元件。

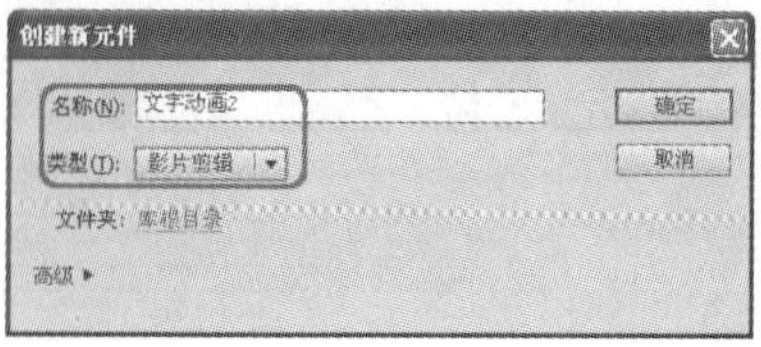

40 在工具箱中选择“文本工具” T，在舞台中输入文字，并在“属性”面板中将字体设置为“方正大黑简体”，将“大小”设置为24点，将字体颜色设置为白色。

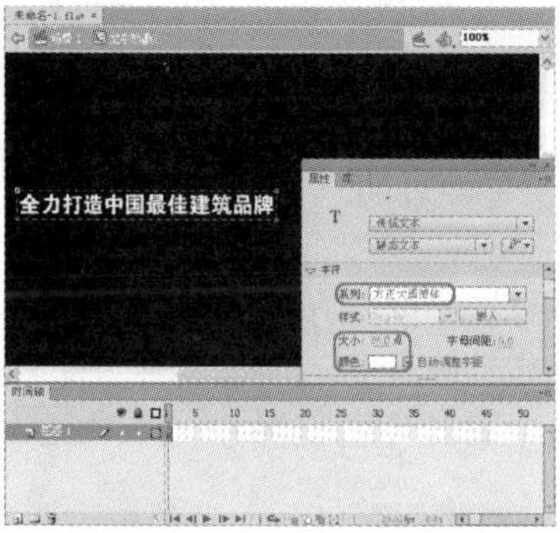

41 按【F8】键弹出“转换为元件”对话框，在该对话框中的“名称”文本框中输入“文字”，将“类型”设置为“图形”，将输入的文字转换为图形元件，并在舞台中调整图形元件的大小和位置，在“属性”面板中将“样式”设置为“Alpha”，将“Alpha”值设置为0%。

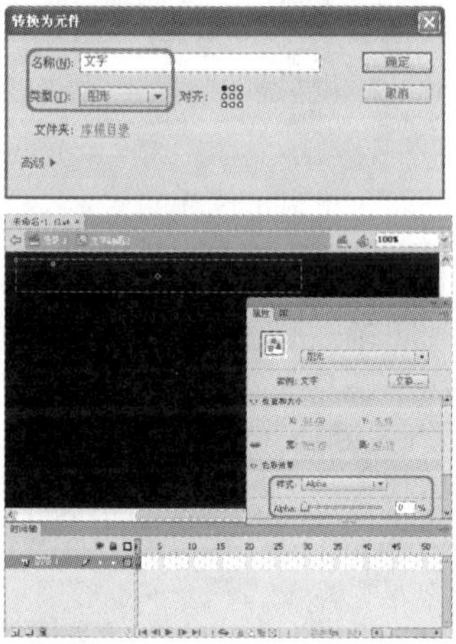

42 选择第30帧，按【F6】键插入关键帧，然后在舞台中调整图形元件的大小和位置，并在“属性”面板中将“样式”设置为“无”。

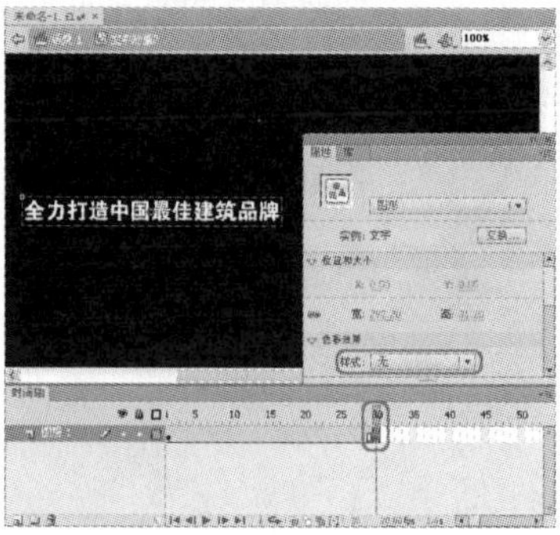

43 选择第15帧，并单击鼠标右键，在弹出的快捷菜单中选择“创建传统补间”命令，即可创建传统补间。

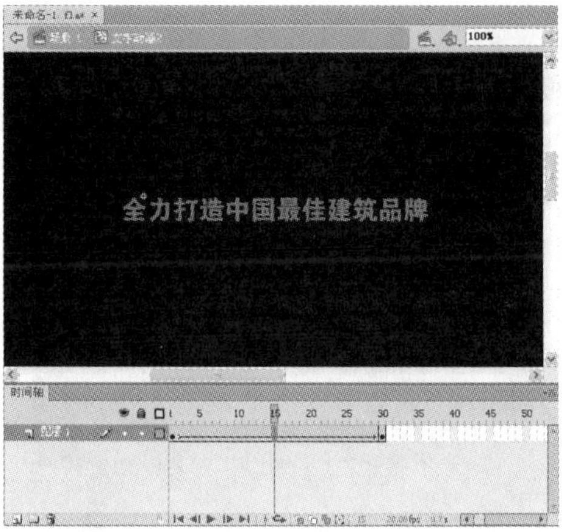

44 选择第62帧，按【F6】键插入关键帧。

45 再选择第72帧，按【F6】键插入关键帧，然后在舞台中调整图形元件的大小和位置，并在“属性”面板中将“样式”设置为“Alpha”，将“Alpha”值设置为0%。

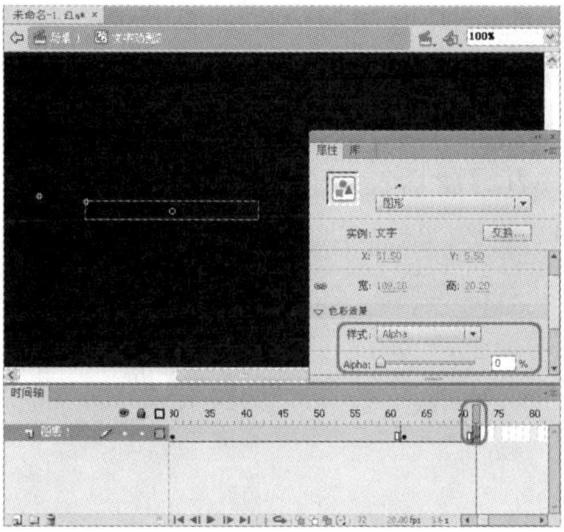

46 选择第65帧，并单击鼠标右键，在弹出的快捷菜单中选择“创建传统补间”命令，即可创建传统补间。

47 在“时间轴”面板中单击“新建图层”按钮，新建“图层2”图层，并选择第72帧，按【F6】键插入关键帧。

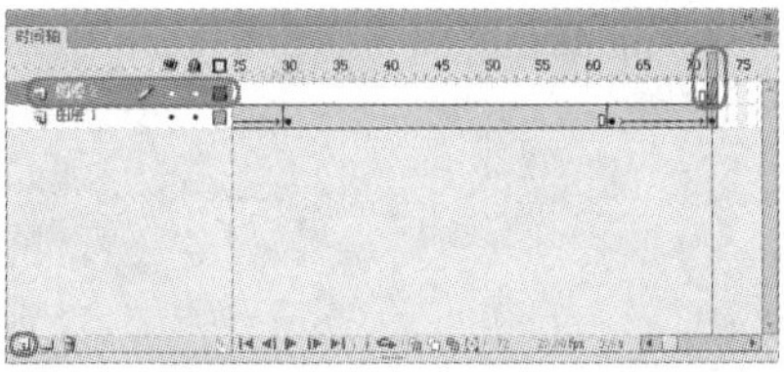

48 然后按【F9】键弹出“动作”面板，在该面板中输入动作语句“stop();”。

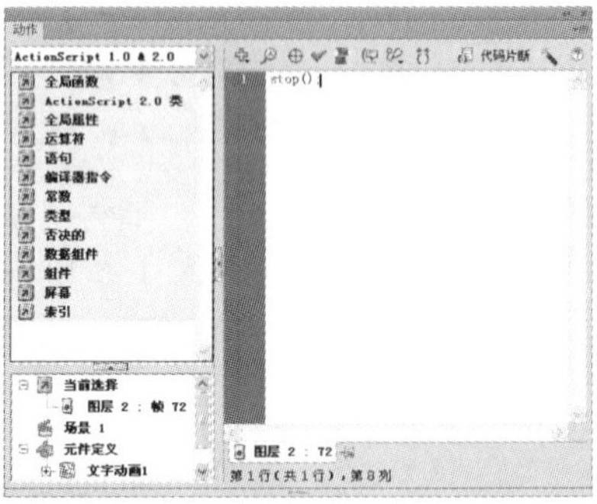

49 返回到“场景1”中，在“时间轴”面板中单击“新建图层”按钮，新建“图层3”图层，选择第40帧，按【F6】键插入关键帧。

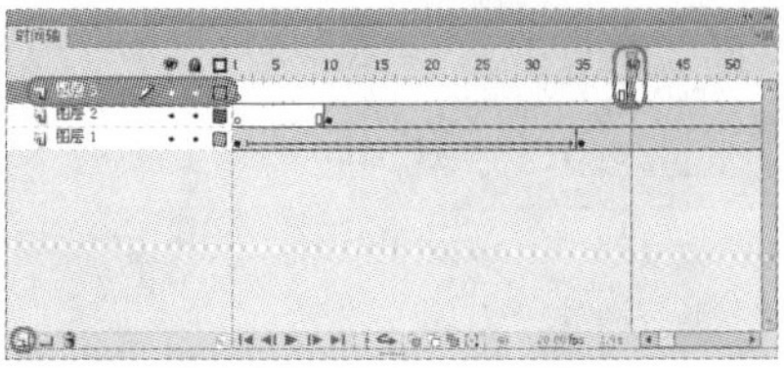

50 然后选择“图层3”的第130帧，按【F6】键插入关键帧。

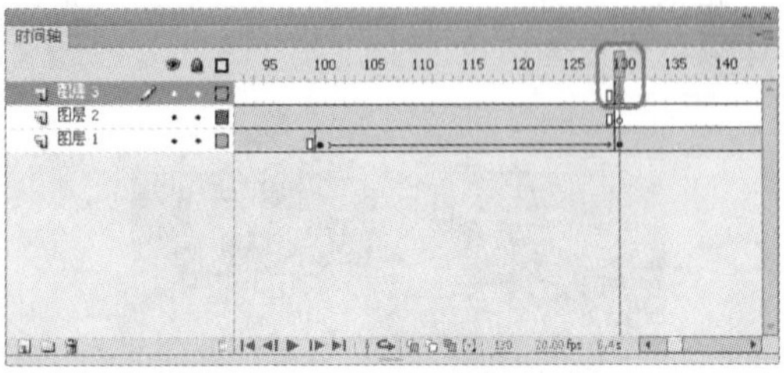

51 选择“图层3”图层的第40帧，在“库”面板中将“文字动画2”影片剪辑元件拖曳至舞台中，并在舞台中适当调整元件的大小和位置。

52 在“时间轴”面板中单击“新建图层”按钮，新建“图层4”图层，选择第100帧，按【F6】键插入关键帧。

53 按【Ctrl+R】组合键导入素材文件“蓝天.jpg”，然后在“属性”面板中将“宽”和“高”分别设置为800和500，并调整其位置。

54 按【F8】键弹出“转换为元件”对话框，在该对话框中的“名称”文本框中输入“背景2”，将“类型”设置为“图形”，将素材文件转换为元件，然后在“属性”面板中将“样式”设置为“Alpha”，将“Alpha”值设置为0%。

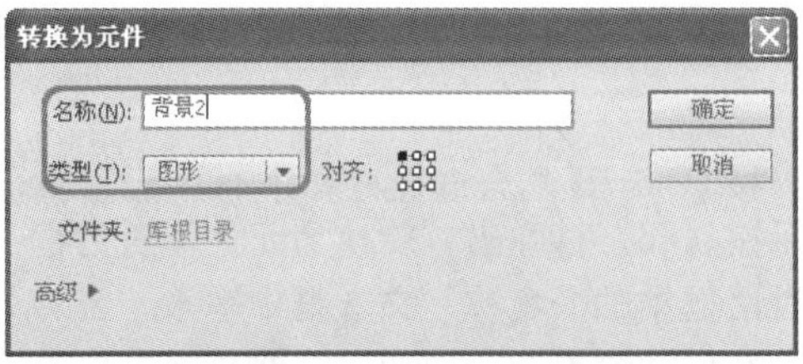

55 选择第130帧，按【F6】键插入关键帧，然后在舞台中调整图形元件的大小和位置，并在“属性”面板中将“样式”设置为“无”。

56 选择第110帧，并单击鼠标右键，在弹出的快捷菜单中选择“创建传统补间”命令，即可创建传统补间。

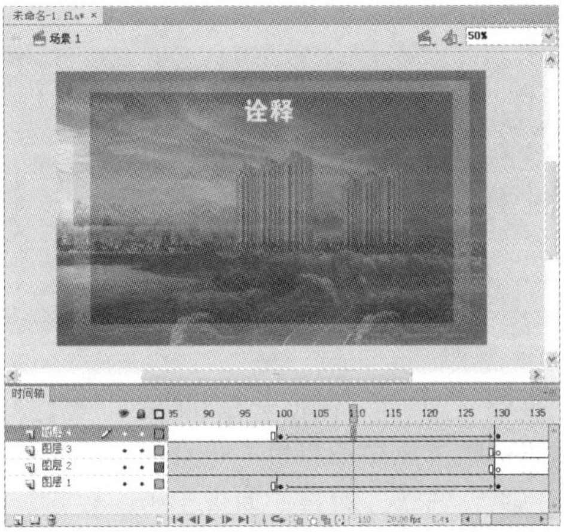

57 在“时间轴”面板中单击“新建图层”按钮，新建“图层5”图层，选择第130帧，按【F6】键插入关键帧。

58 按【Ctrl+R】组合键导入素材文件“家具.png”，按【F8】键弹出“转换为元件”对话框，在该对话框中的“名称”文本框中输入“家具”，将“类型”设置为“图形”，在舞台中调整图形元件的位置，并在“属性”面板中将“样式”设置为“Alpha”，将“Alpha”值设置为0%。

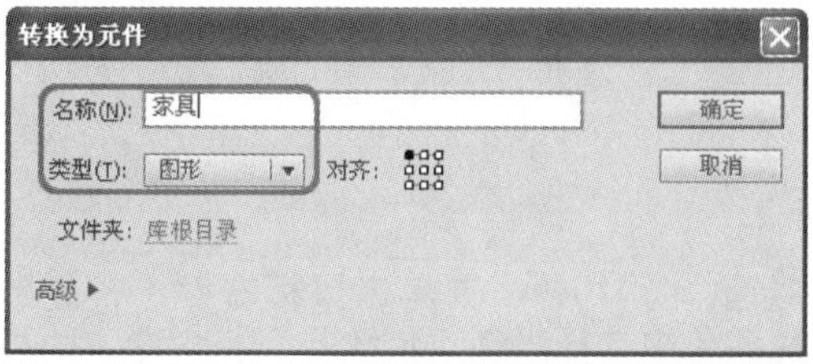

59 选择“图层5”图层的第155帧，按【F6】键插入关键帧，然后在舞台中垂直向上调整图形元件的位置，并在“属性”面板中将“样式”设置为“无”。

60 选择“图层5”图层的第140帧，并单击鼠标右键，在弹出的快捷菜单中选择“创建传统补间”命令，即可创建传统补间。

61 在“时间轴”面板中单击“新建图层”按钮，新建“图层6”图层，选择第130帧，按【F6】键插入关键帧。

62 按【Ctrl+R】组合键导入素材文件“云彩.png”，然后按【F8】键弹出“转换为元件”对话框，在该对话框中的“名称”文本框中输入“云彩”，将“类型”设置为“图形”，在舞台中调整图形元件的大小和位置。

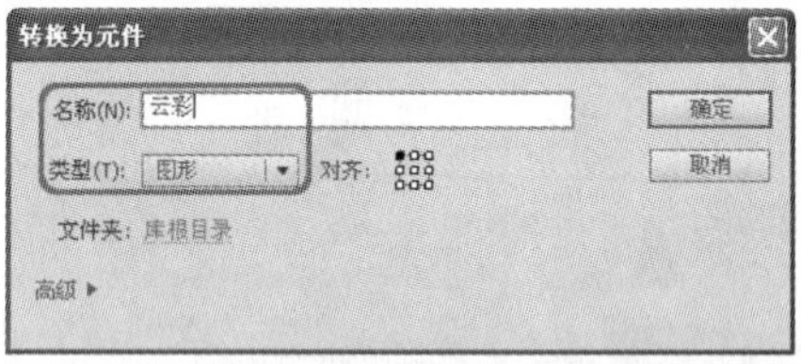

63 选择“图层6”的第190帧，按【F6】键插入关键帧，然后在舞台中水平向右调整图形元件的位置。

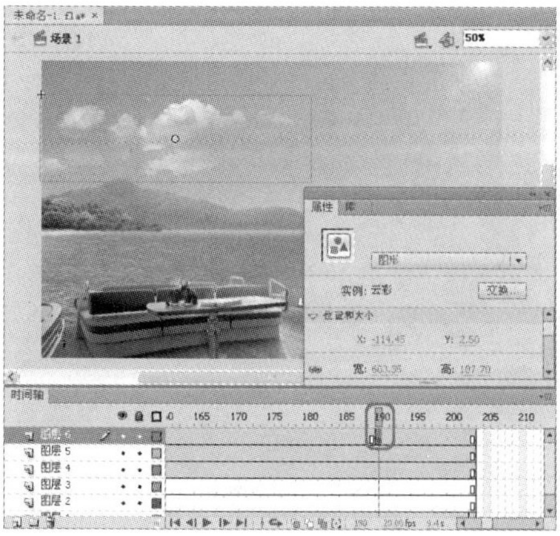

64 选择“图层6”图层的第170帧，并单击鼠标右键，在弹出的快捷菜单中选择“创建传统补间”命令，即可创建传统补间。

65 按【Ctrl+F8】组合键弹出“创建新元件”对话框，在该对话框中的“名称”文本框中输入“文字动画3”，将“类型”设置为“影片剪辑”。

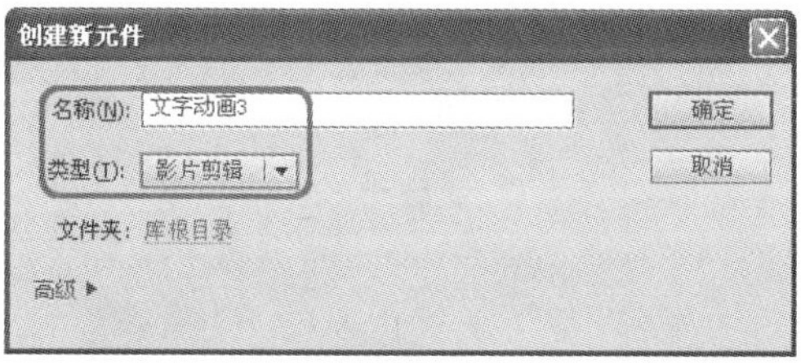

66 在工具箱中选择“文本工具”T，在舞台中输入文字，并在“属性”面板中将“系列”设置为“方正综艺简体”，将“大小”设置为75点，将字体颜色设置为白色。

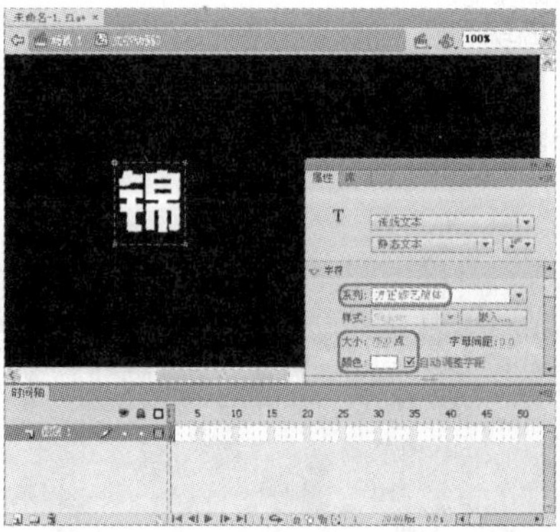

67 按【F8】键弹出“转换为元件”对话框，在该对话框中的“名称”文本框中输入“锦”，将“类型”设置为“图形”，调整图形元件的位置，并在“属性”面板中将“样式”设置为“Alpha”，将“Alpha”值设置为0%。

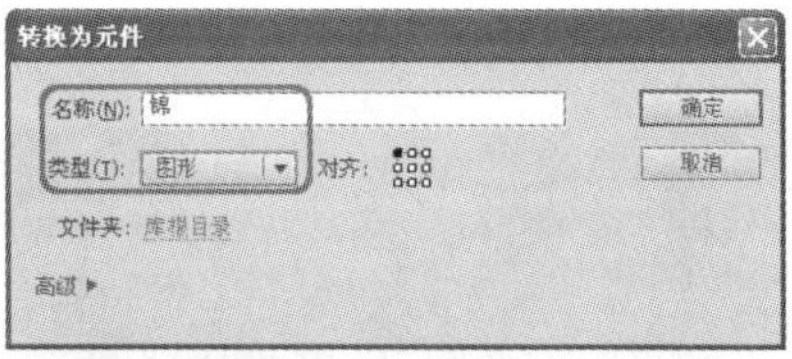

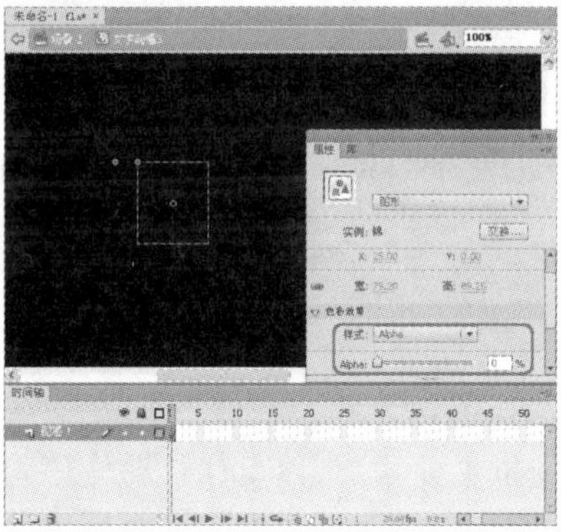

68 选择第15帧，按【F6】键插入关键帧，然后在舞台中水平向左调整元件的位置，并在“属性”面板中将“样式”设置为“无”。

69 选择第5帧，并单击鼠标右键，在弹出的快捷菜单中选择“创建传统补间”命令，即可创建传统补间。

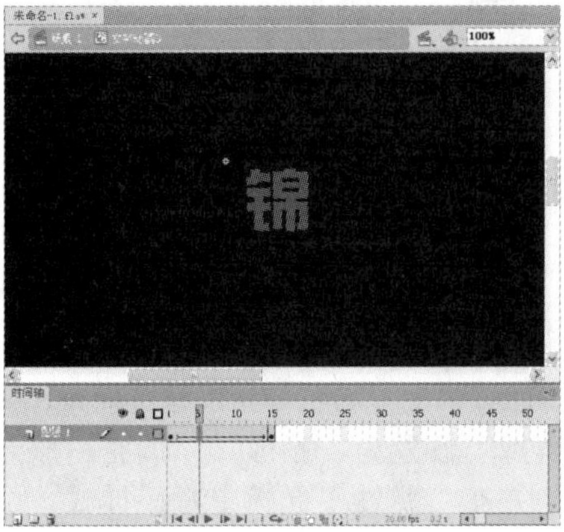

70 用同样的方法，制作其他文字动画。

71 并使用前面介绍的方法，新建图层，然后在第24帧位置处添加“stop();”动作语句。返回到“场景1”中，在“时间轴”面板中单击“新建图层”按钮，新建“图层7”图层，选择第165帧，按【F6】键插入关键帧，然后选择第203帧，按【F6】键插入关键帧。

72 选择“图层7”图层的第165帧，在“库”面板中将“文字动画3”影片剪辑元件拖曳至舞台中，并在舞台中适当调整元件的大小和位置。

73 在“时间轴”面板中单击“新建图层”按钮，新建“图层8”图层，选择第190帧，按【F6】键插入关键帧。

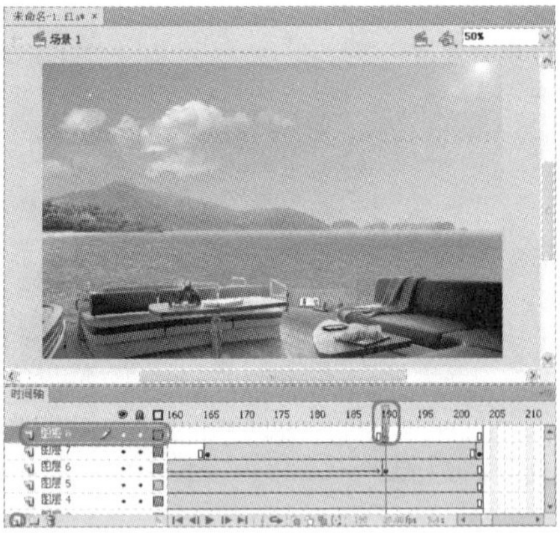

74 在工具箱中选择“文本工具”，在舞台中输入文字，并在“属性”面板中将“系列”设置为“方正综艺简体”，将“大小”设置为40点，将字体“颜色”设置为白色。

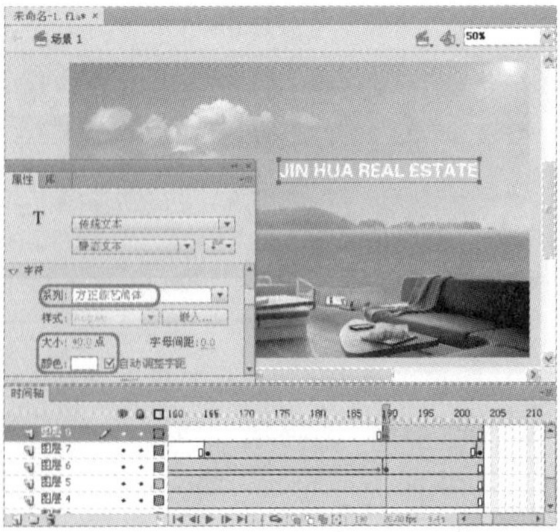

75 按【F8】键弹出“转换为元件”对话框，在该对话框中的“名称”文本框中输入“JIN”，将“类型”设置为“图形”，在舞台中调整图形元件的大小和位置，并在“属性”面板中将“样式”设置为“Alpha”，将“Alpha”值设置为0%。

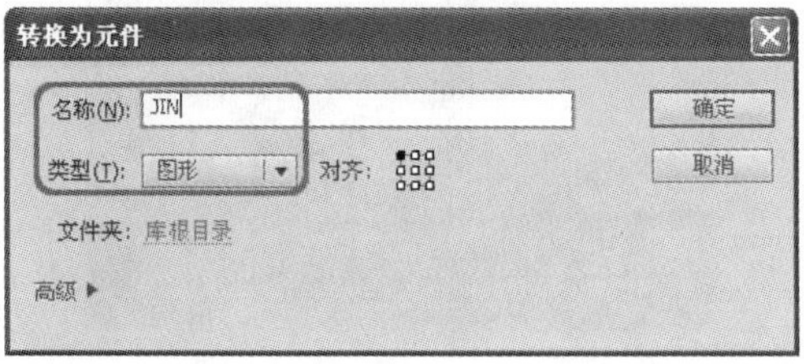

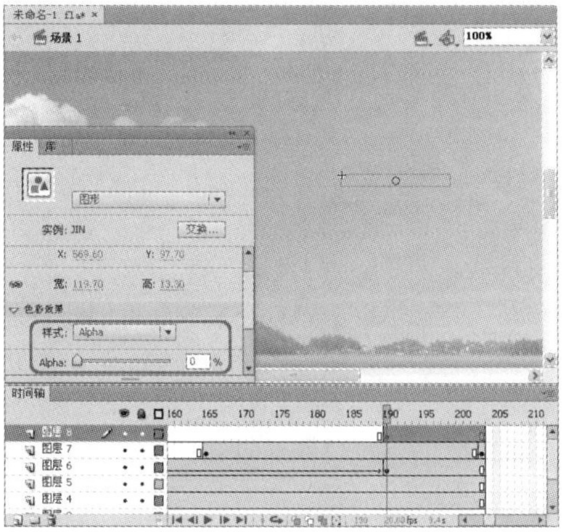

76 选择“图层8”图层的第203帧，按【F6】键插入关键帧，然后在舞台中调整图形元件的大小和位置，并在“属性”面板中将“样式”设置为“无”。

77 选择“图层8”图层的第195帧，并单击鼠标右键，在弹出的快捷菜单中选择“创建传统补间”命令，即可创建传统补间。

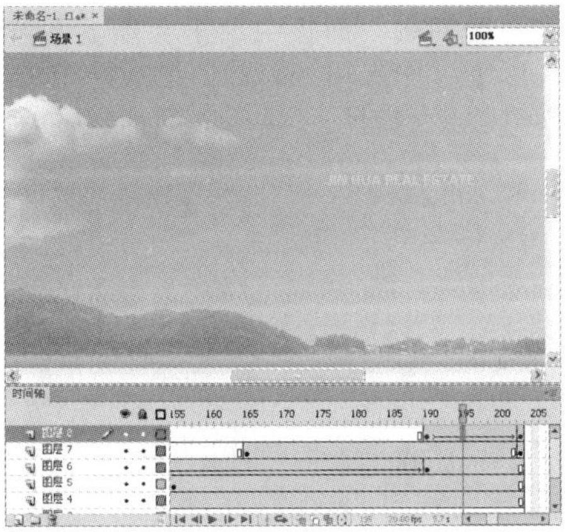

78 在菜单栏中选择“文件”→“导入”→“导入到库”命令，将音频文件“音乐.mp3”导入到库中。

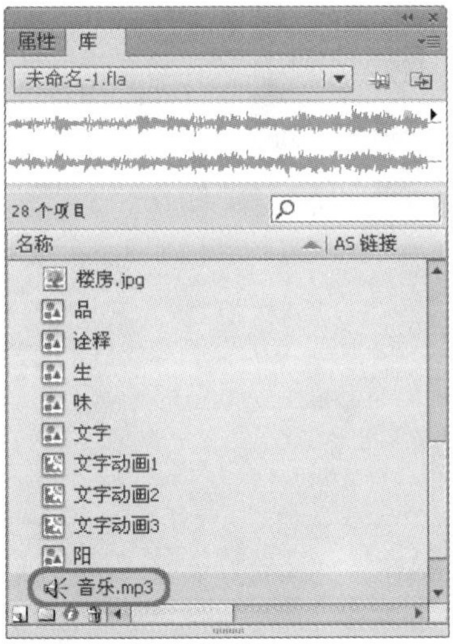

79 在“时间轴”面板中单击“新建图层”按钮，新建“图层9”图层，然后在“库”面板中选择导入的音频文件，按住鼠标左键将其拖曳至舞台中，即可将其添加到“图层9”中。

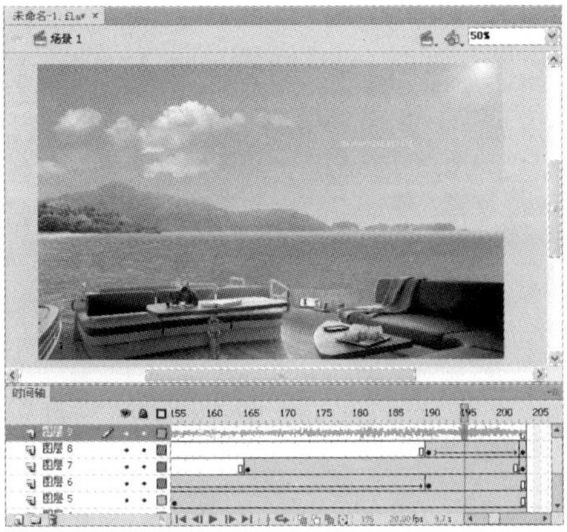

80 在“时间轴”面板中单击“新建图层”按钮，新建“图层10”图层，选择第203帧，按【F6】键插入关键帧。

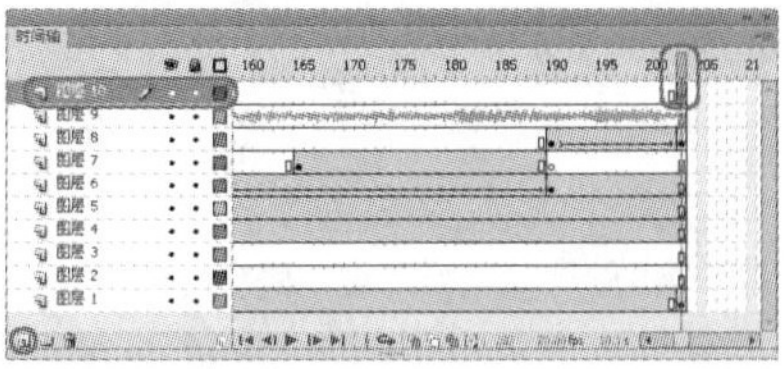

81 然后按【F9】键打开“动作”面板，并在该面板中输入动作语句“stop();”。

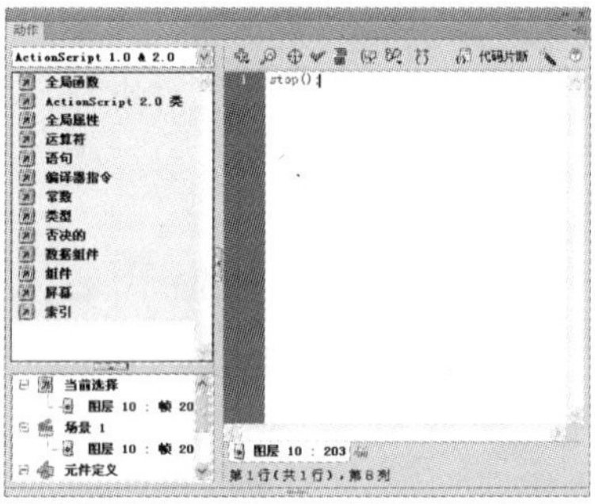

82 至此，房地产宣传动画就制作完成了，按【Ctrl+Enter】组合键测试影片，最后保存场景文件，并输出SWF影片即可。

第24章

本章导读：

公益广告是以为公众谋利益和提高福利待遇为目的而设计的广告；是企业或者社会团体向消费者阐明它对社会的功能和责任，表明自己追求的不仅仅是从经营中获利，而是过问和参与如何解决社会问题和环境问题这一意图的广告，它是指不以盈利为目的而为社会公众切身利益和社会风尚服务的广告。它具有社会的效益性、主题的现实性和表现的号召性三大特点。本章主要介绍如何制作公益广告宣传动画。

制作公益广告宣传动画

【演练：2小时】

制作公益广告宣传动画	2小时

24.1 案例制作

学习时间：2小时

24.1.1 效果展示

本章将要制作的动画效果如下图所示。

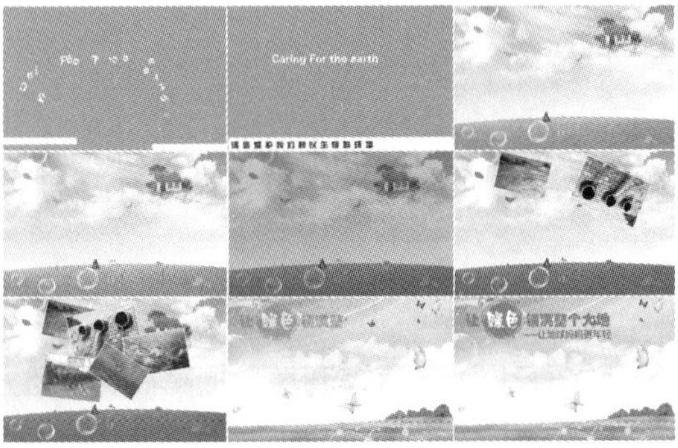

24.1.2 设计分析

该例中主要是通过对不同的图片添加不同的属性，并为其创建传统补间，从而达到美观而流畅的效果。在该例中，还对文字进行了相应的设置，因此通过该例的学习，使读者可以对前面所学的知识有所巩固。

24.1.3 制作过程

01 在菜单栏中选择“文件”→“新建”命令，弹出“新建文档”对话框，在“类型”列表框中选择“ActionScript 2.0”选项，然后在右侧的设置区域中将“宽”设置为688像素，将“高”设置为432像素，将“帧频”设置为9.5fps，将“背景颜色”设置为黑色。

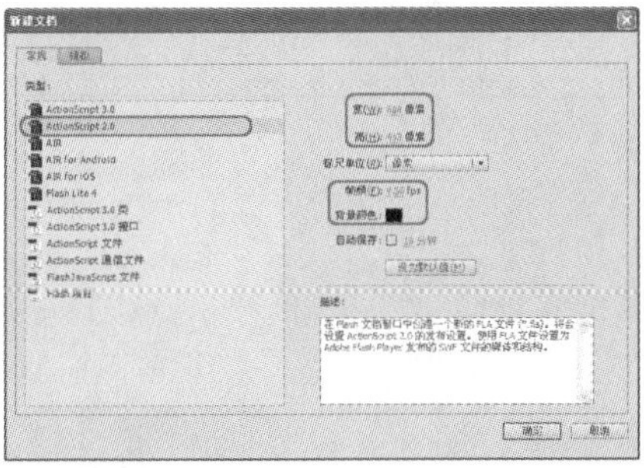

02 在工具箱中选择“矩形工具”，在舞台中绘制一个矩形，选中该图形，按【Ctrl+F3】组合键，在弹出的面板中将“笔触颜色”设置为“无”，将“填充颜色”设置为“#67C936”。

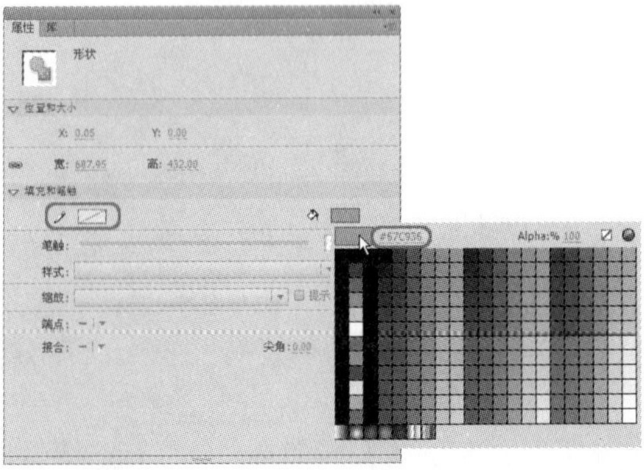

03 选中该矩形，在菜单栏中选择“修改”→“转换为元件”命令，弹出的对话框中将“名称”设置为“绿色矩形背景”，将“类型”设置为“图形”。

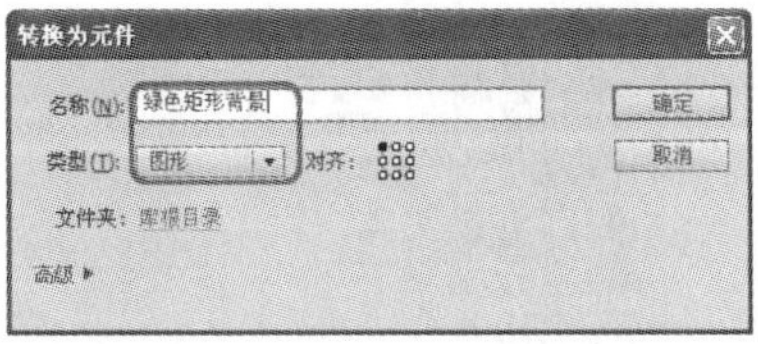

04 在“时间轴”面板中分别选择“图层1”图层的第50帧和第59帧，单击鼠标右键，在弹出的快捷菜单中选择“插入关键帧”命令，插入关键帧。

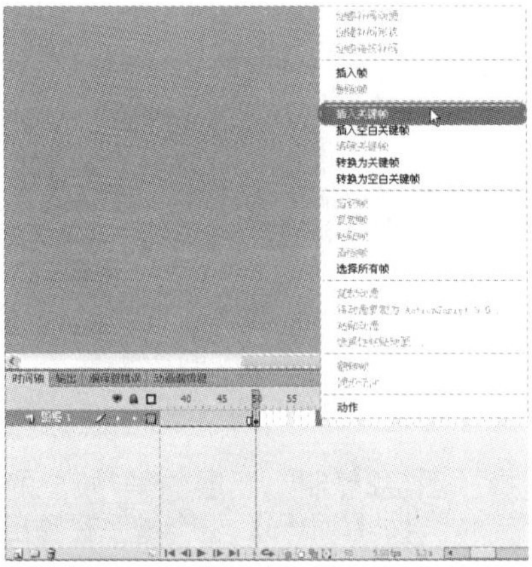

05 在舞台中选择该元件，按【Ctrl+F3】组合键，在弹出的面板中将“样式”设置为“Alpha”，将“Alpha”值设置为0%。

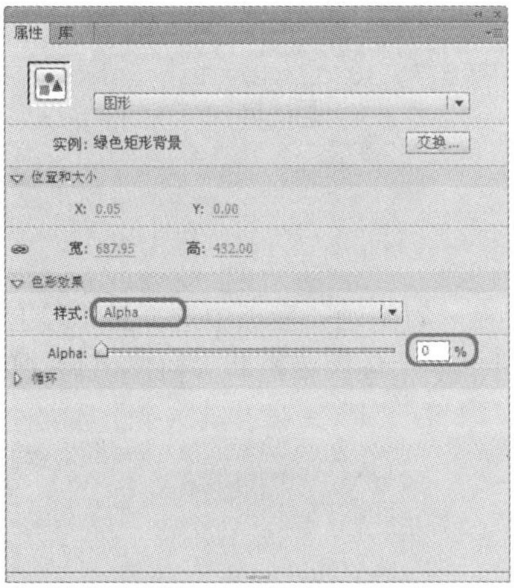

06 在“时间轴”面板中选择“图层1”图层的第50帧，单击鼠标右键，在弹出的快捷菜单中选择“创建传统补间”命令，创建传统补间。

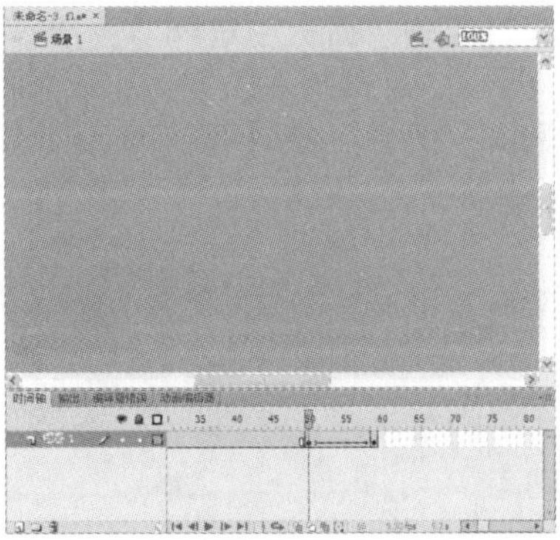

07 在【时间轴】面板中单击【新建图层】按钮，新建“图层2”，在工具箱中单击【矩形工具】，在舞台中绘制一个矩形，并将其填充颜设置为白色，

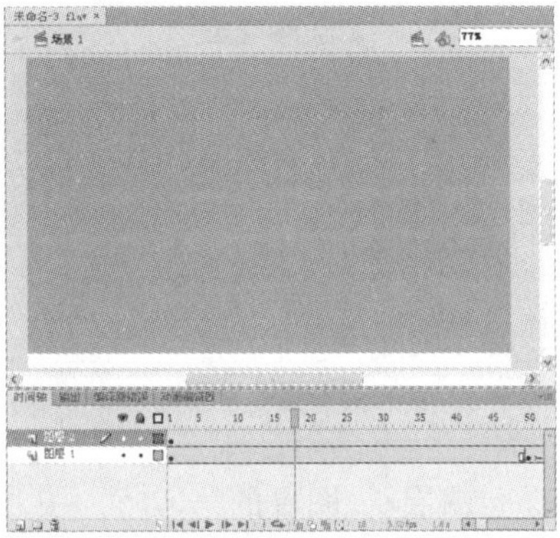

08 在舞台中选择该矩形，按【F8】键，在弹出的对话框中将“名称”设置为“白色矩形1”，将“类型”设置为“图形”。

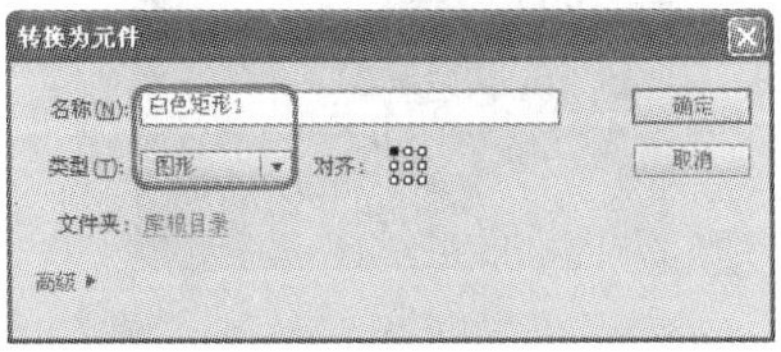

09 在“时间轴”面板中选择“图层2”图层的第1帧，在舞台中调整该矩形元件的位置。

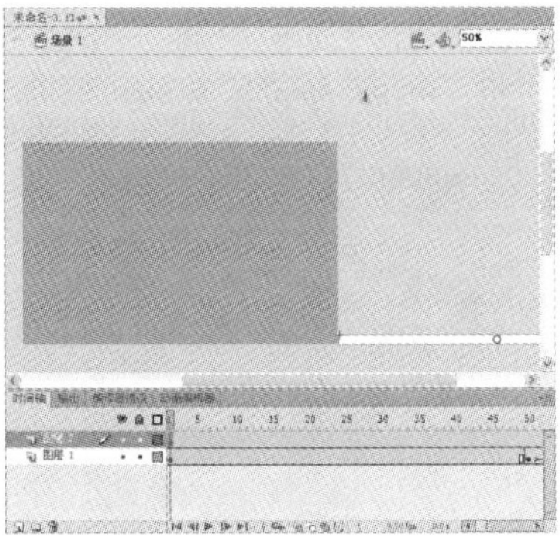

10 在“时间轴”面板中选择“图层2”图层的第19帧，按【F6】键插入关键帧，在舞台中选择“白色矩形1”元件，按【Ctrl+F3】组合键，在弹出的面板中将“X”设置为0。

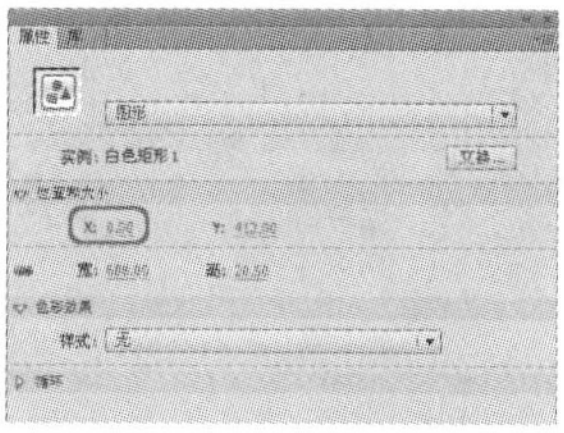

11 选择“图层2”图层的第1帧，单击鼠标右键，在弹出的快捷菜单中选择“创建传统补间”命令。

12 选择“图层2”图层的第50帧，按【F6】键插入一个关键帧，再选择第59帧，按【F6】键插入一个关键帧。

13 在舞台中选择白色的矩形元件，按【Ctrl+F3】组合键，在弹出的面板中将“样式”设置为“Alpha”，将“Alpha”值设置为0%。

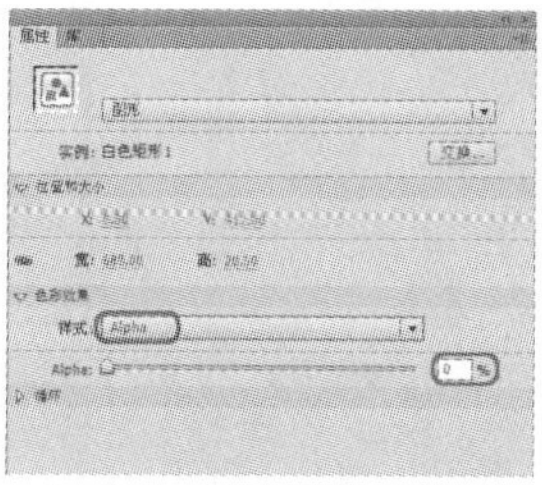

14 在“时间轴”面板中选择“图层2”图层的第50帧，单击鼠标右键，在弹出的快捷菜单中中选择“创建传统补间”命令。

15 在“时间轴”面板中选择“图层2”图层，单击鼠标右键，在弹出的快捷菜单中选择“复制图层”命令。

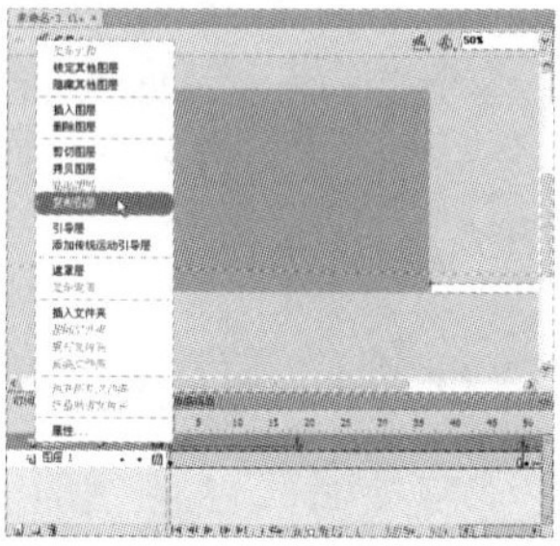

16 选择“图层2复制”图层的第1帧上的“白色矩形1”元件，按【Ctrl+F3】组合键，在弹出的对话框中将“X”、“Y”分别设置为－688.15、392.2。

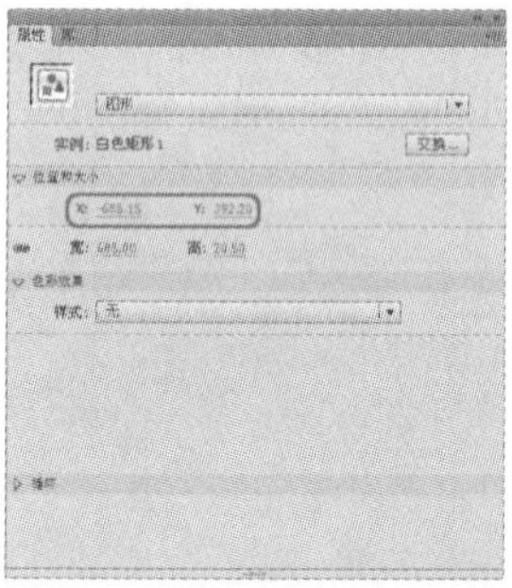

17 再在“时间轴”面板中选择第19帧上的“白色矩形1”元件，在“属性”面板中将“Y”设置为392.2。

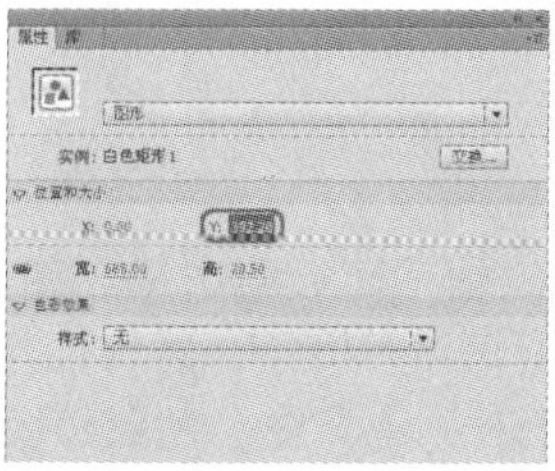

18 在菜单栏中选择“插入”→“新建元件”命令，在弹出的对话框中将“名称”设置为“文字分散动画”，将“类型”设置为“影片剪辑”。

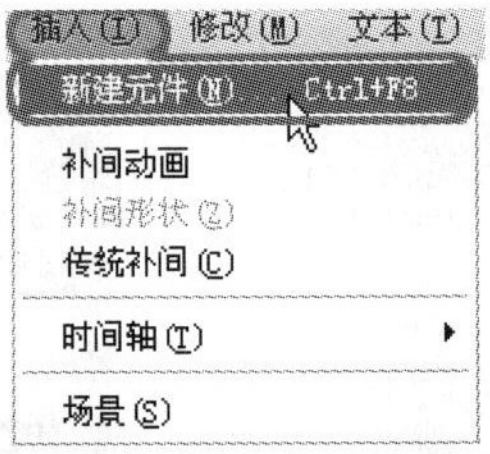

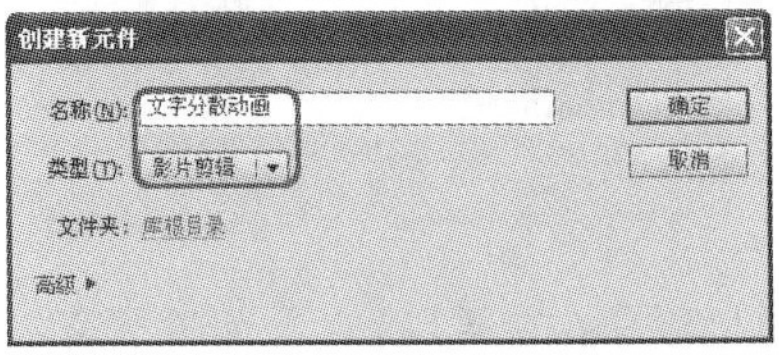

19 进入影片剪辑元件的编辑状态，在工具箱中选择“文本工具”，在舞台中单击鼠标，并输入文字，选中输入的文字，在“属性”面板中将“系列”设置为“方正综艺简体”，将“大小”设置为34，将“颜色”设置为白色。

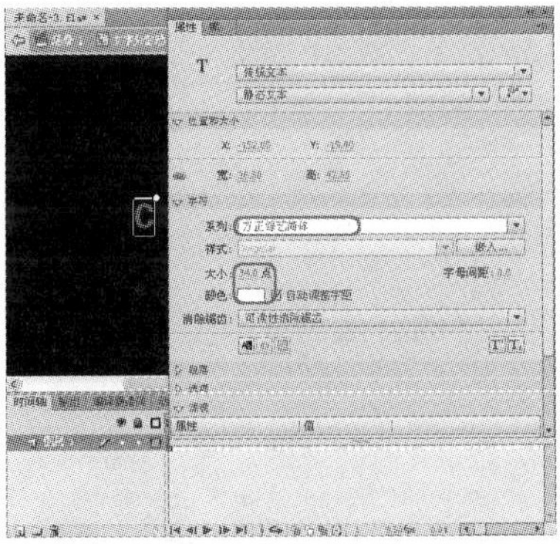

20 使用“选择工具”选择该文字，按【F8】键，在弹出的对话框中将“名称”设置为“文字1”，将“类型”设置为“图形”，在“属性”面板中将“X”、“Y”分别设置为－79.8、291.5。

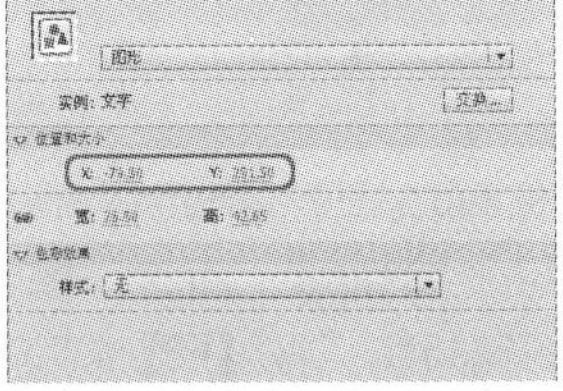

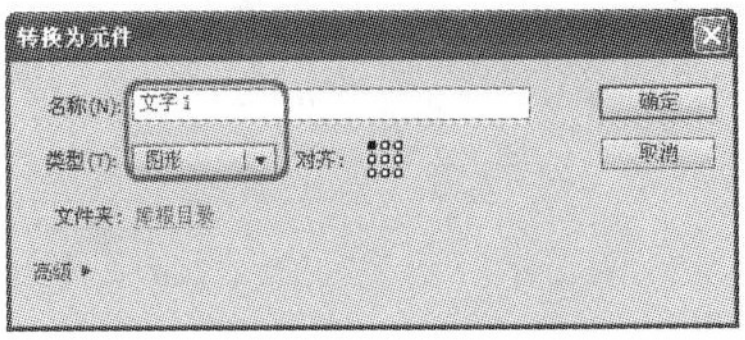

21 在“时间轴”面板中选择“图层1”的第15帧，按【F6】键插入关键帧，在舞台中选择该文字元件，在“属性”面板中将“X”、“Y”分别设置为143.55、161.3。

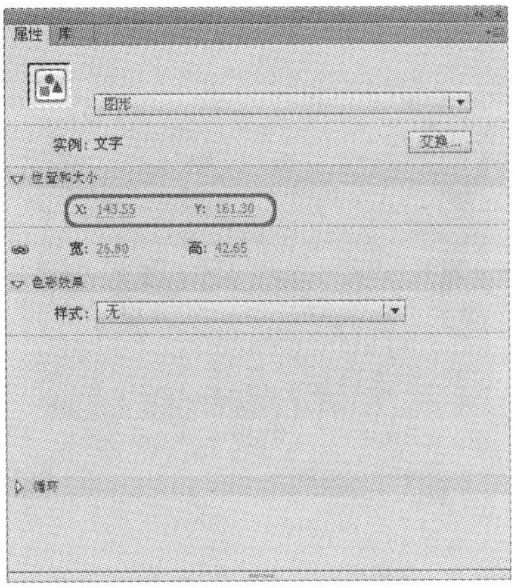

22 在“时间轴”面板中选择“图层1”图层的第1帧，单击鼠标右键，在弹出的快捷菜单中选择“创建传统补间”命令。

23 选择“图层1”图层的第1帧，在“属性”面板中将“旋转”设置为“顺时针”，将“旋转次数”设置为16。

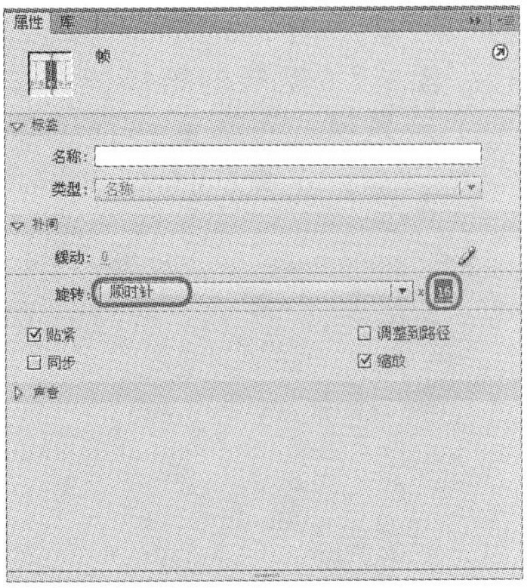

24 在“时间轴”面板中单击“新建图层”按钮，新建“图层2”图层，然后在工具箱中选择“文本工具”，在舞台中输入文字，并在“属性”面板中将“系列”设置为“方正综艺简体”，将“大小”设置为34点，将字体颜色设置为白色。

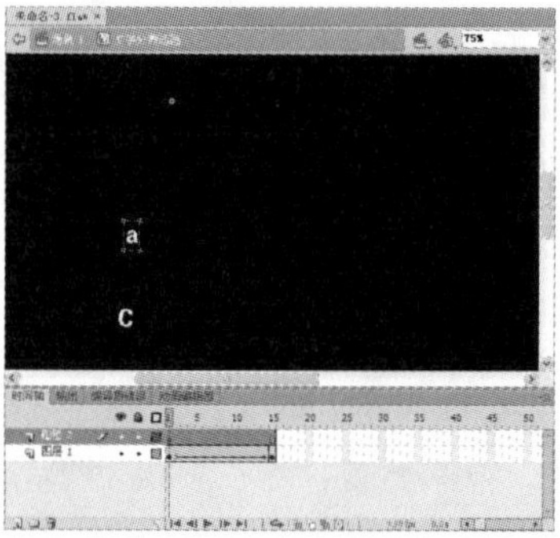

25 在舞台中选择该文字，按【F8】键，在弹出的对话框中将“名称”设置为“文字2”，将“类型”设置为“图形”，在“属性”面板中将“X”、“Y”分别设置为－67.75、145.25。

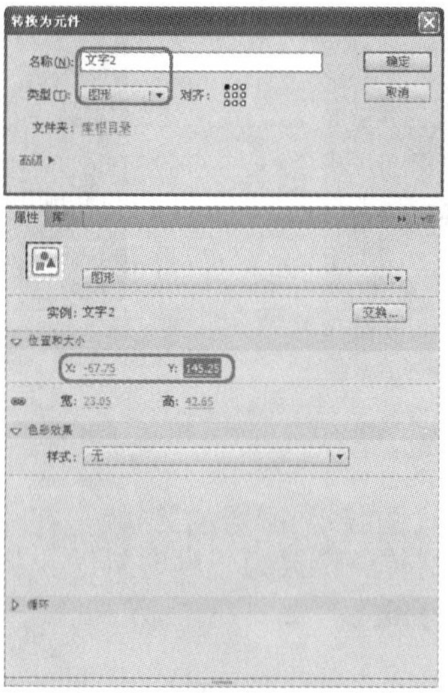

26 选择“图层2”图层的第15帧，按【F6】键插入一个关键帧，再在“属性”面板中将“X”、“Y”值分别设置为166.2、161.3。

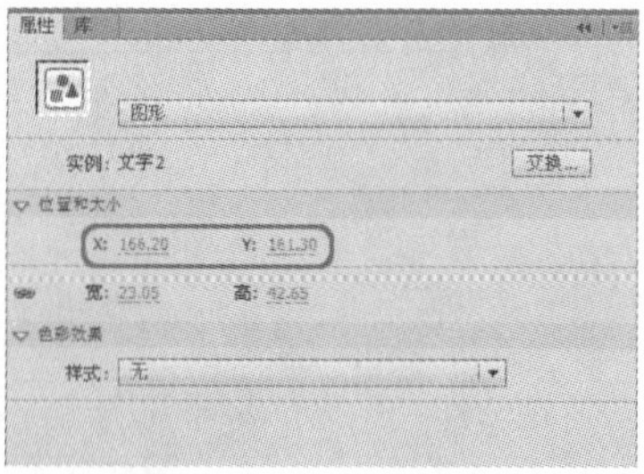

27 在“时间轴”面板中，选择“图层2”图层的第1帧，单击鼠标右键，在弹出的快捷菜单中选择“创建传统补间”命令。

28 确认该图层的第1帧处于选中状态，在“属性”面板中将“旋转”设置为“顺时针”，将“旋转次数”设置为7。

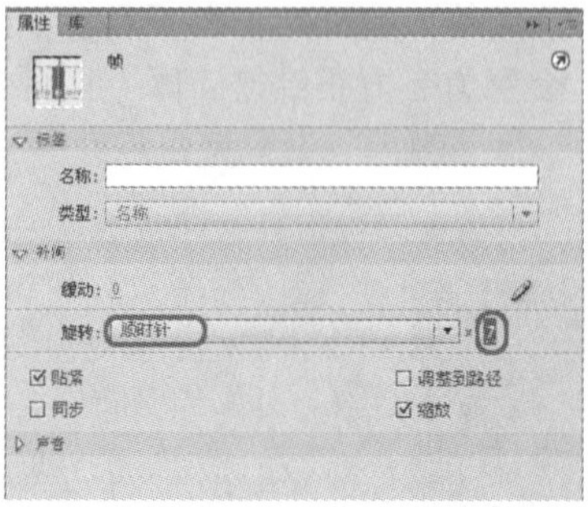

29 使用同样的方法创建其他字母，并为其添加动画效果。

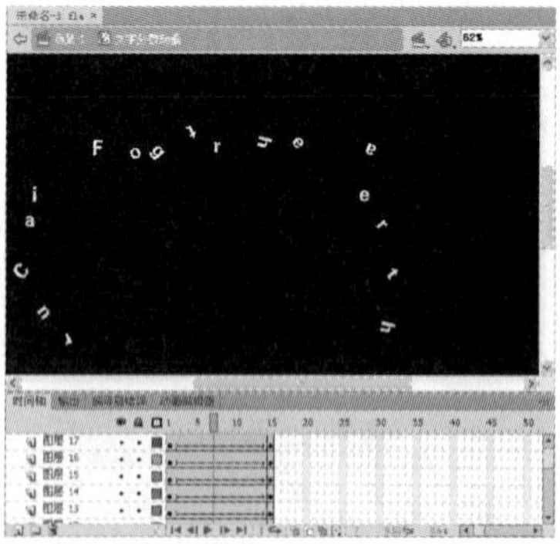

30 返回“场景1”中，在“时间轴”面板中单击“新建图层”按钮，新建“图层3”图层，选择该图层的第15帧，按【F6】键插入关键帧。

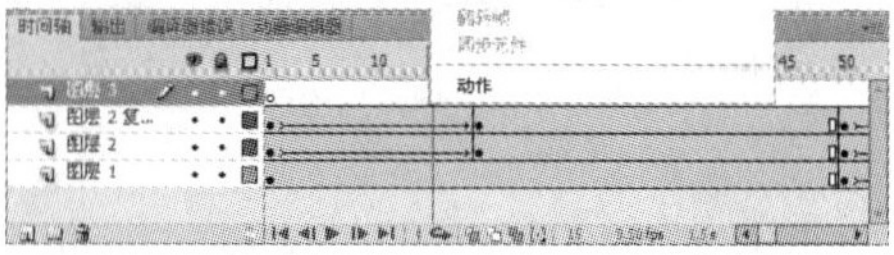

31 选择“图层3”图层的第1帧，按【Ctrl+L】组合键，在弹出的面板中选择“文字分散动画”元件，按下鼠标左键将其拖曳至舞台中，并调整其位置。

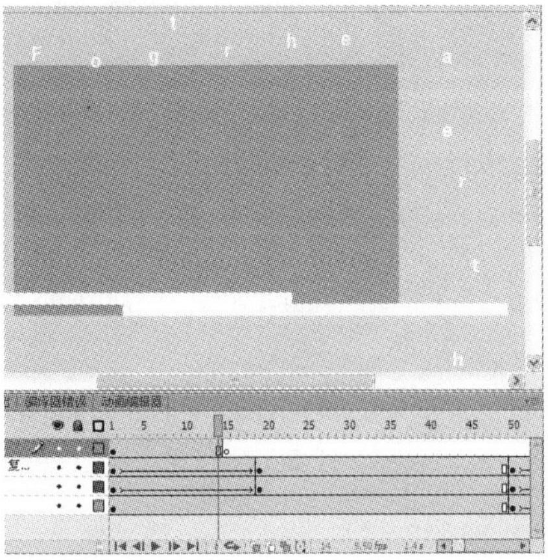

32 按【Ctrl+F8】组合键，在弹出的对话框中将“名称”设置为“文字18”，将“类型”设置为“图形”，在工具箱中选择“文本工具”，在舞台中单击鼠标，并输入文字，在“属性”面板中将“系列”设置为“方正综艺简体”，将“大小”设置为34，将“颜色”设置为白色。

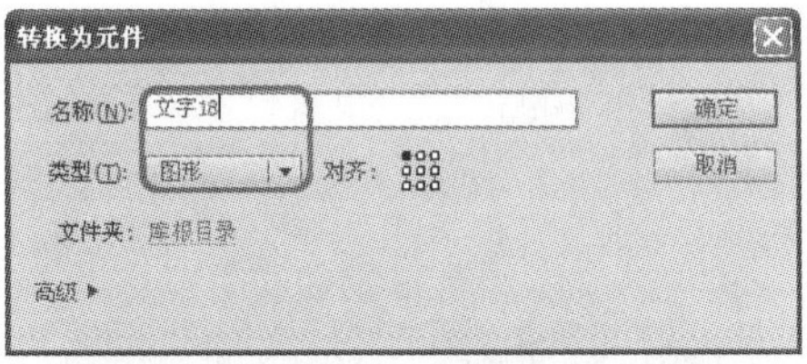

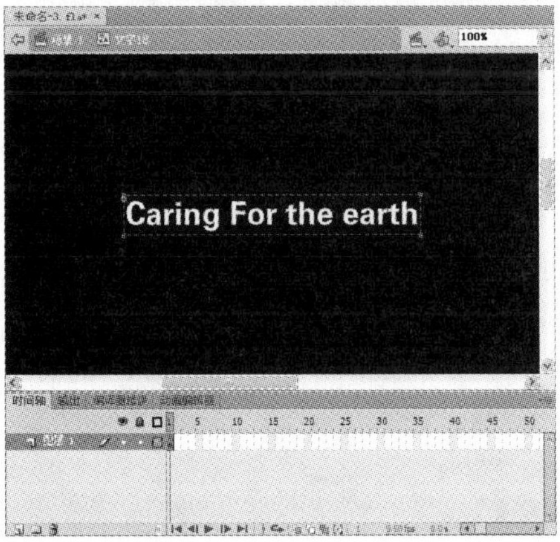

33 返回“场景1”中，在“时间轴”面板中选择“图层3”的第15帧，按【Ctrl+L】组合键，在弹出的面板中选择“文字18”元件，按下鼠标左键将其拖曳至舞台中，并调整其位置。

34 在“时间轴”面板中选择“图层3”图层的第50帧和第59帧，分别按【F6】键插入关键帧，在舞台中选择该文字元件，按【Ctrl+F3】组合键，在弹出的面板中将“样式”设置为“Alpha”，将“Alpha”值设置为0%。

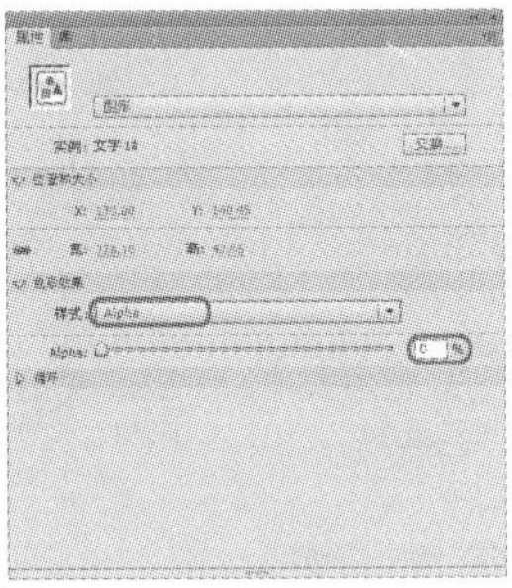

35 选择第50帧，单击鼠标右键，在弹出的快捷菜单中选择“创建传统补间”命令。

36 在“时间轴”面板中单击“新建图层”按钮，新建“图层4”图层，选择该图层的第22帧，单击鼠标右键，在弹出的快捷菜单中选择“插入空白关键帧”命令。

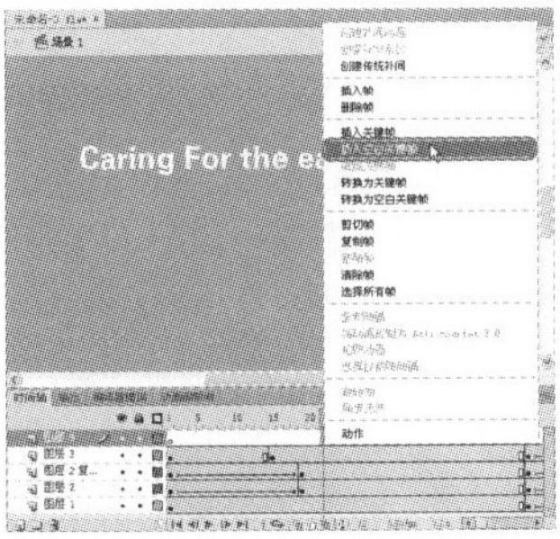

37 在工具箱中选择“文本工具”，在舞台中输入文字，在“属性”面板中将“系列”设置为“方正综艺简体”，将“大小”设置为23，将“字母间距”设置为11，将“颜色”设置为黑色。

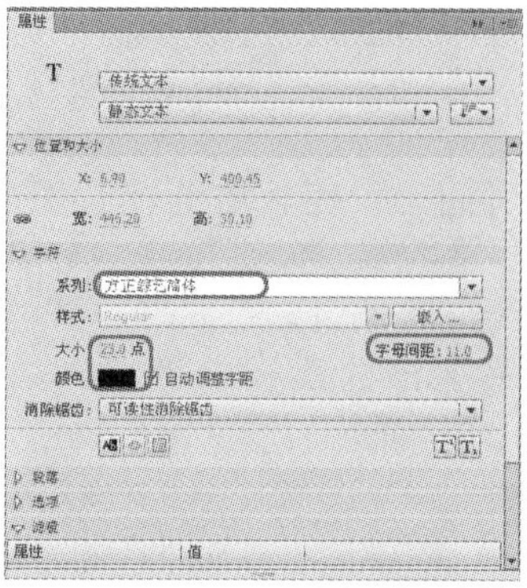

38 选中该文字，在菜单栏中选择“修改”→“分离”命令。

39 再在菜单栏中选择“修改”→“分离”命令，在“时间轴”面板中选择第23帧至第35帧，单击鼠标右键，在弹出的快捷菜单中选择“转换为关键帧”命令。

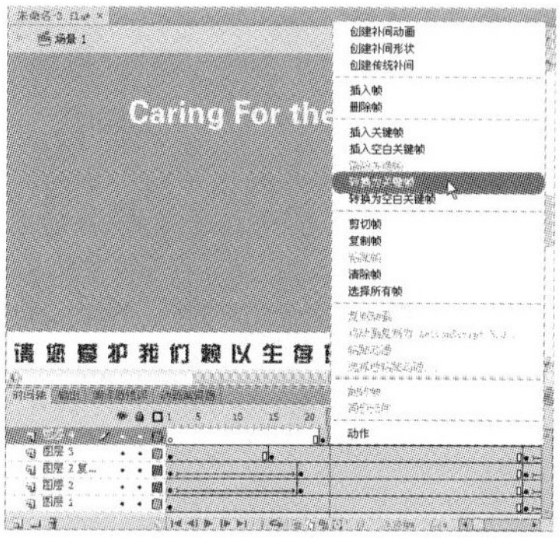

40 在“时间轴”面板中选择第22帧，在工具箱中选择“橡皮擦工具”，在舞台中对文字进行擦除。

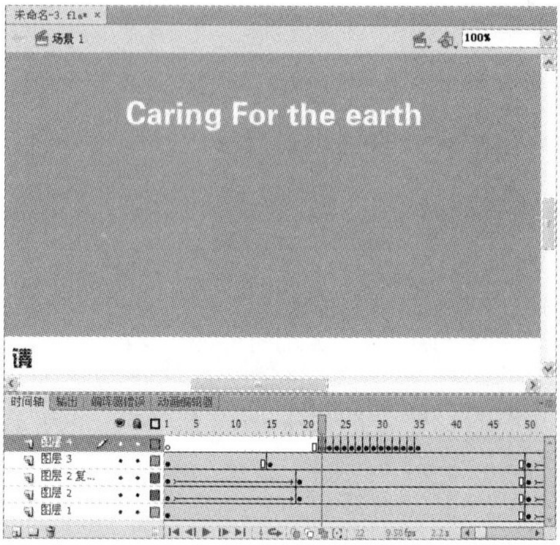

41 选择第23帧，使用“橡皮擦工具”再次对文字进行擦除。

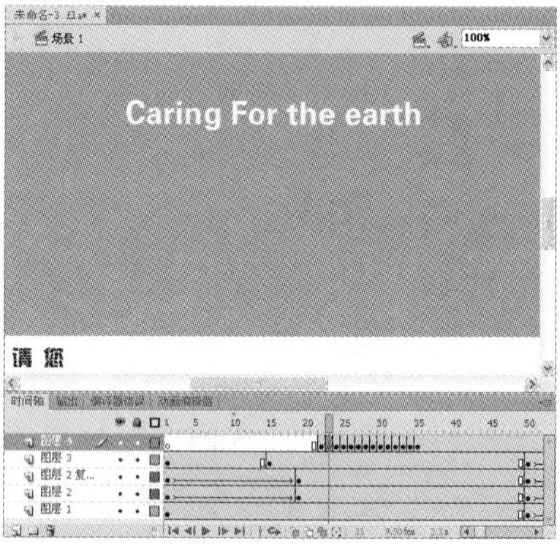

42 使用同样的方法对其他文字进行擦除。

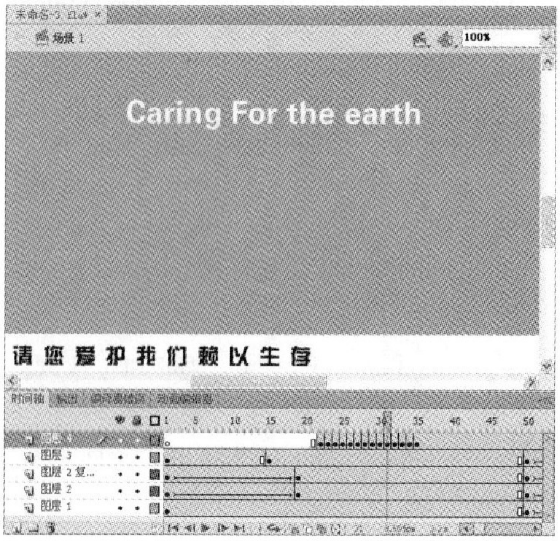

43 在“图层4”图层中选择第50帧，按【F6】键插入一个关键帧，选择擦除的文字，按【F8】键，在弹出的对话框中将“名称”设置为“文字19”，将“类型”设置为“图形”，再选择第59帧，按【F6】键插入一个关键帧，在舞台中选择擦除的文字，在“属性”面板中将“样式”设置为“Alpha”，将“Alpha”值设置为0%。

44 选择第50帧，并单击鼠标右键，在弹出的快捷菜单中选择“创建传统补间”命令，即可创建传统补间。

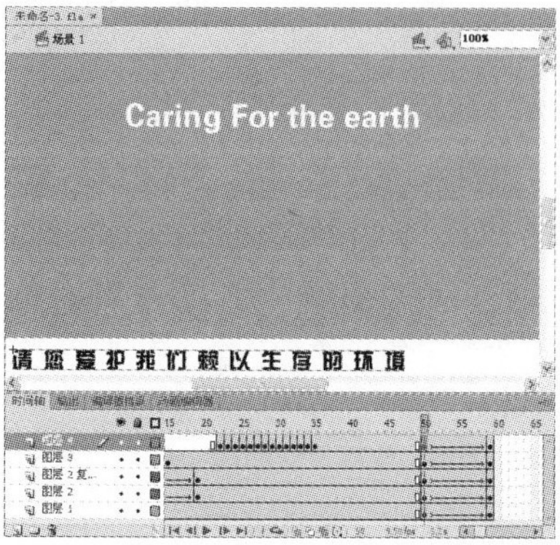

45 在“时间轴”面板中单击“新建图层”按钮，新建“图层5”图层，并选择第50帧，单击鼠标右键，在弹出的快捷菜单中选择“插入空白关键帧”命令。

46 按【Ctrl+R】组合键，将第24章的“种树背景.jpg”素材文件导入到舞台中，调整其大小及位置。按【F8】键，在弹出的对话框中将“名称”设置为“种树背景”，将“类型”设置为“图形”。

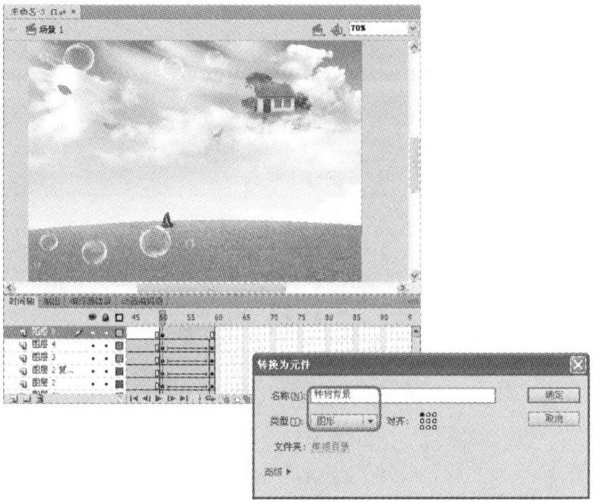

47 在“时间轴”面板中选择该图层的第160帧，单击鼠标右键，在弹出的快捷菜单中选择“插入帧”命令。

48 在“时间轴”面板中选择该图层的第50帧，在舞台中选择该元件，按【Ctrl+T】组合键，在弹出的面板中将“缩放宽度”和“缩放高度”都设置为239.8。

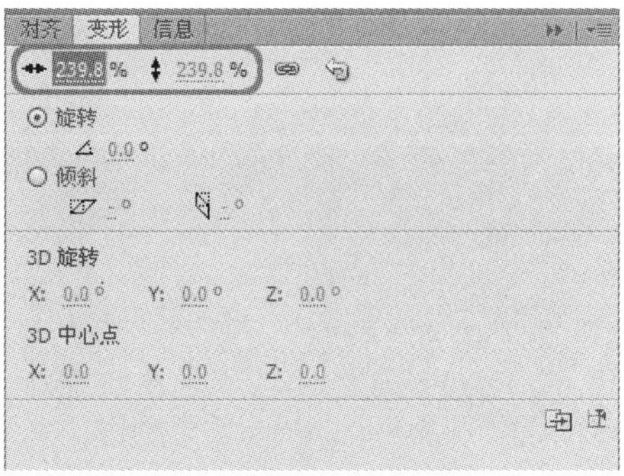

49 确认该元件处于选中状态，按【Ctrl+F3】组合键，在弹出的面板中将“样式”设置为“Alpha”，将“Alpha”值设置为0%。

50 选择第60帧，按【F6】键插入一个关键帧，选中该元件，按【Ctrl+T】组合键，在弹出的面板中将将“缩放宽度”和“缩放高度”都设置为100，在“属性”面板中“X”、“Y”分别设置为0.1、-27.1，将“样式”设置为“Alpha”，将“Alpha”值设置为100%。

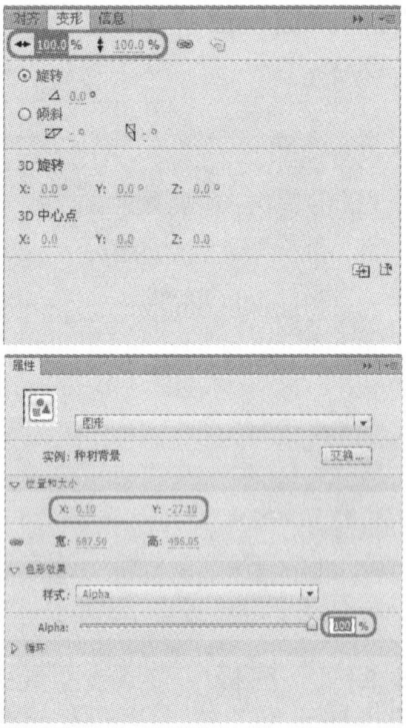

51 选择第50帧，单击鼠标右健，在弹出的快捷菜单中选择“创建传统补间”命令。

52 在“时间轴”面板中分别选择第130帧第145帧，按【F6】键插入两个关键帧，在舞台中选择该元件，在“属性”面板中将“Alpha”值设置为0%。

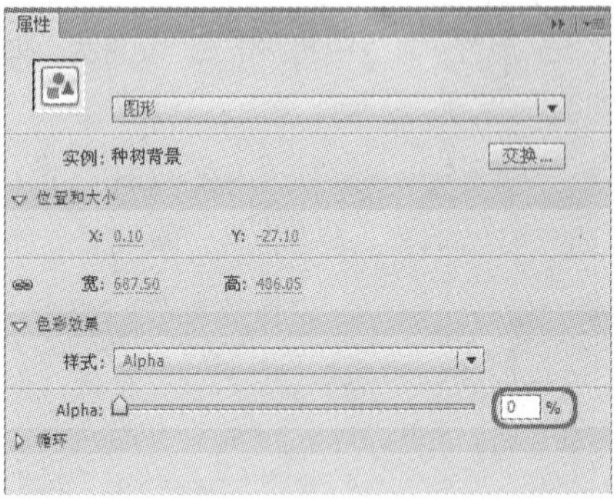

53 选择第130帧，并单击鼠标右键，在弹出的快捷菜单中选择“创建传统补间”命令，即可创建传统补间。

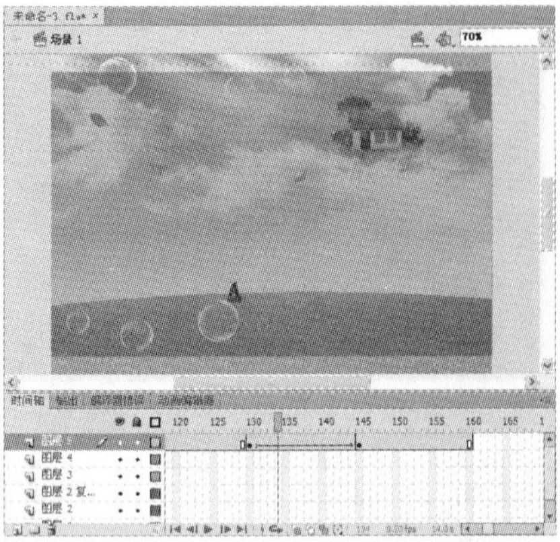

54 在“时间轴”面板中单击“新建图层”按钮，新建“图层6”图层，选择第130帧，按【F7】键插入空白关键帧。

55 按【Ctrl+R】组合键弹出“导入”对话框，导入第24章的“种树背景灰色.jpg”素材文件到舞台中，并调整其大小及位置。

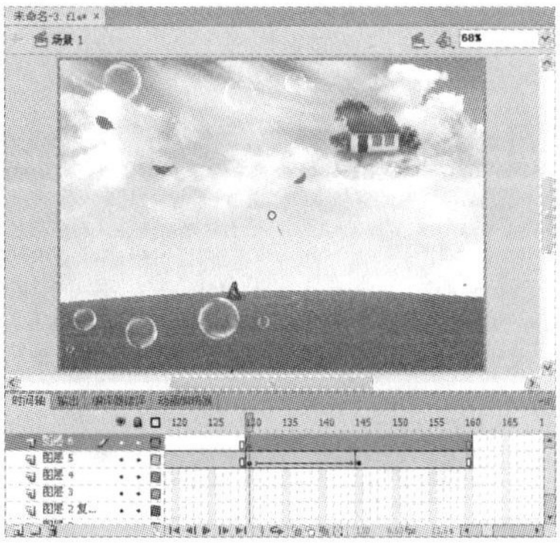

56 然后按【F8】键弹出“转换为元件”对话框，在该对话框中的“名称”文本框中输入“种树背景灰色”，将“类型”设置为“图形”，并在“属性”面板中将“样式”设置为“Alpha”，将“Alpha”值设置为0%。

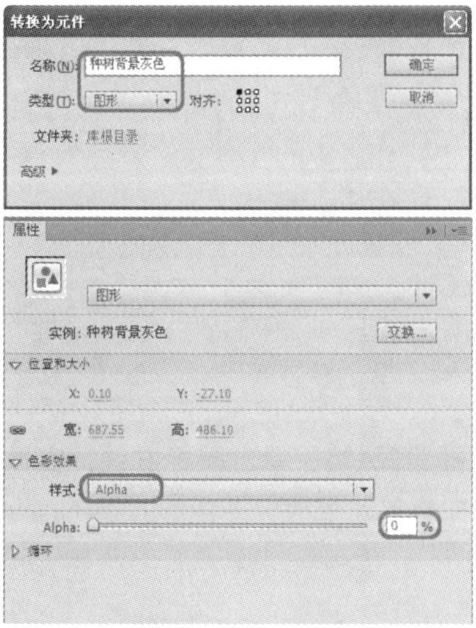

57 选中第15帧，按【F6】键插入一个关键帧，选择舞台中的元件，在“属性”面板中将“样式”设置为“无“。

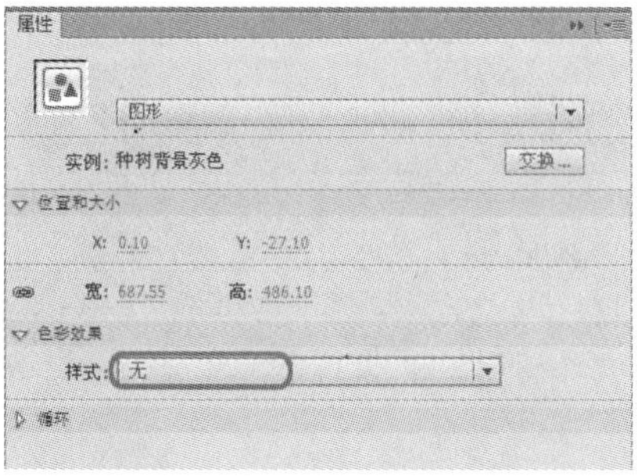

58 选择“图层6”图层的第130帧，并单击鼠标右键，在弹出的快捷菜单中选择“创建传统补间”命令，即可创建传统补间。

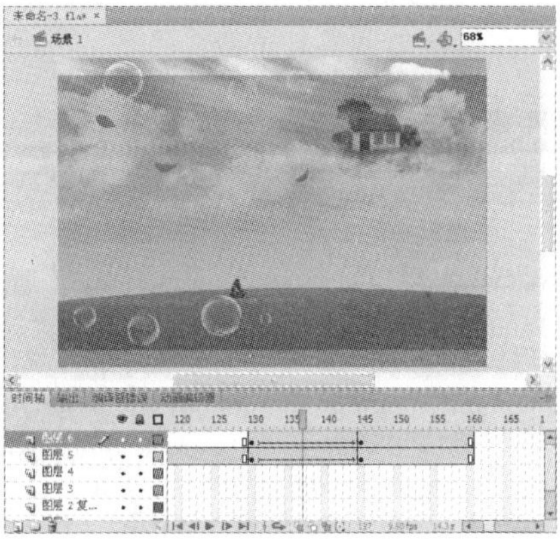

59 选择“图层6”图层的第254帧，按【F5】键插入一个帧，在“时间轴”面板中单击“新建图层”按钮，新建“图层7”图层，选择第61帧，按【F7】键插入空白关键帧。

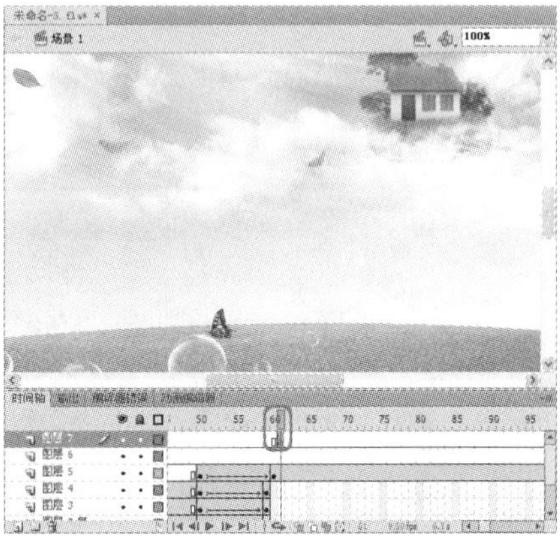

60 按【Ctrl+R】组合键，将第24章的“图片1.png”素材导入到舞台中，并调整其大小。

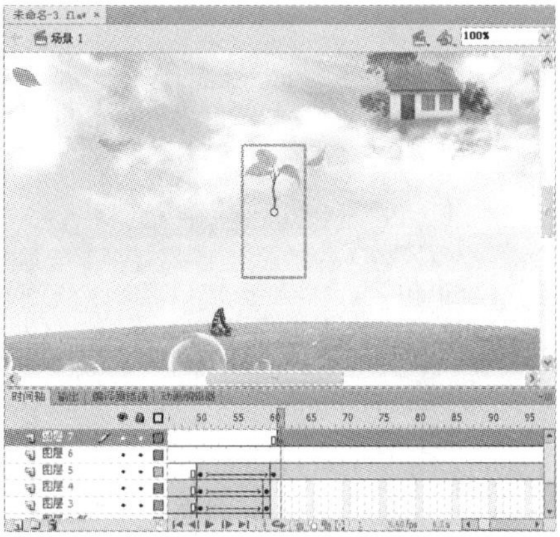

61 选中该图像，按【F8】键，在弹出的对话框中将“名称”设置为“小树苗”，将“类型”设置为“图形”，按【Ctrl+T】组合键，在弹出的面板中将“缩放宽度”和“缩放高度”都设置为17.5，并在舞台中调整其位置。

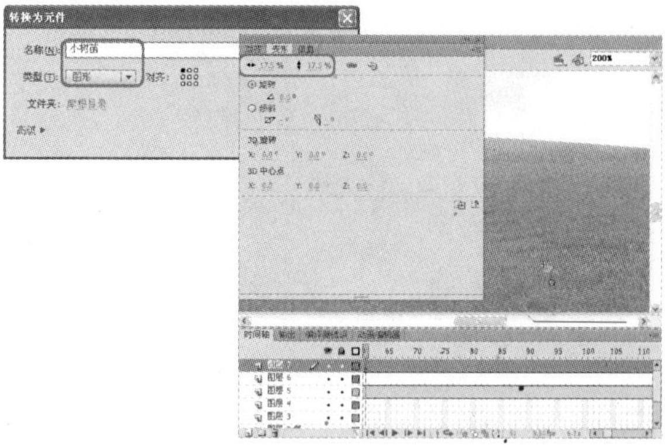

62 在“时间轴”面板中选择“图层7”图层的第79帧，按【F6】键插入一个关键帧，在“变形”面板中将“缩放宽度”和“缩放高度”都设置为100，并在舞台中调整其位置。

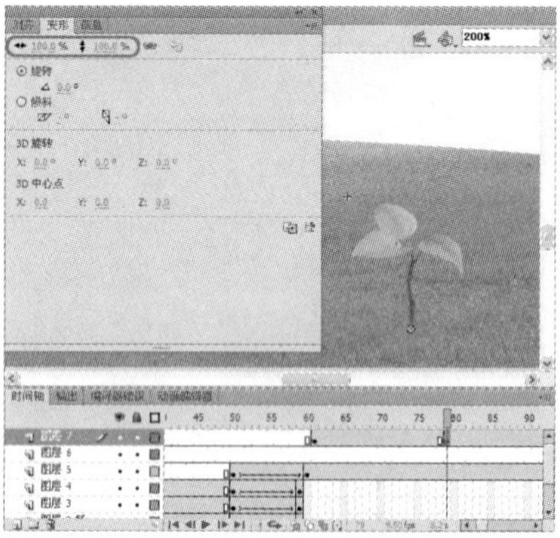

63 选择第61帧，单击鼠标右键，在弹出的快捷菜单中选择“创建传统补间”命令。

64 在“时间轴”面板中选择“图层7”图层的第124帧，按【F6】键插入一个关键帧。

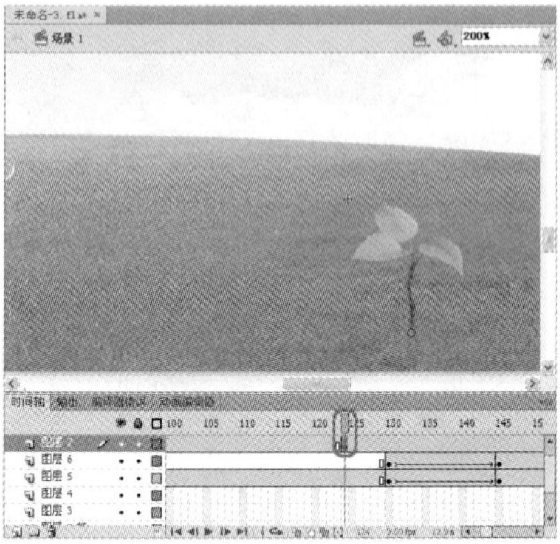

65 选择第139帧，按【F6】键插入一个关键帧，并在“属性”面板中将“样式”设置为“Alpha”，将“Alpha”值设置为0%。

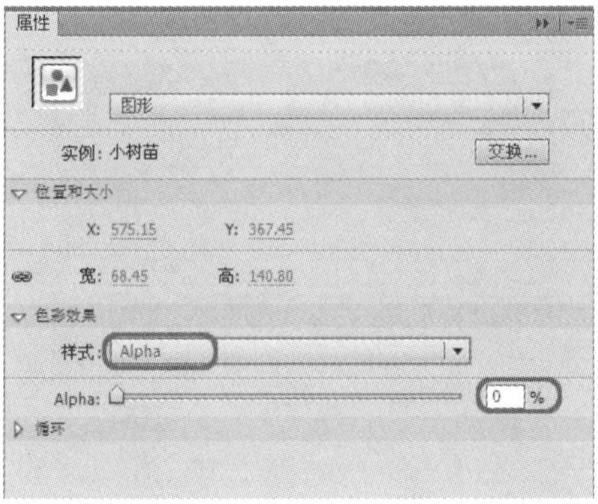

66 选择第124帧，单击鼠标右键，在弹出的快捷菜单中选择“创建传统补间”命令，即可创建传统补间。